Enterprise Application Development with Go

企业级Go项目开发实战

孔令飞◎著

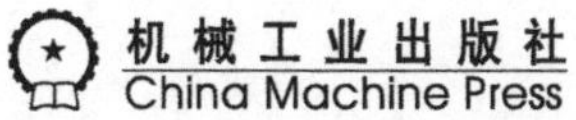
机械工业出版社
China Machine Press

图书在版编目（CIP）数据

企业级 Go 项目开发实战 / 孔令飞著．—北京：机械工业出版社，2022.9（2024.1 重印）
ISBN 978-7-111-71634-1

I. ①企…　II. ①孔…　III. ①程序语言－程序设计　IV. ①TP312

中国版本图书馆 CIP 数据核字（2022）第 174310 号

企业级 Go 项目开发实战

出版发行：机械工业出版社（北京市西城区百万庄大街 22 号　邮政编码：100037）

责任编辑：陈　洁	责任校对：李小宝　王明欣
印　　刷：北京建宏印刷有限公司	版　　次：2024 年 1 月第 1 版第 2 次印刷
开　　本：186mm×240mm　1/16	印　　张：41.25
书　　号：ISBN 978-7-111-71634-1	定　　价：129.00 元

客服电话：（010）88361066　68326294

Preface 前　言

“云”是大势所趋，而 Go 是云时代的语言

最近几年，我发现腾讯很多团队都开始将 Go 语言作为开发语言，并且在 2022 年，Go 首次超越 C++ 成为腾讯最热门语言。其实，不只腾讯，像阿里、华为和百度这类国内一线大厂也都在积极使用 Go。甚至，不少团队的所有项目都是用 Go 构建的。随之而来的是，各公司对 Go 开发工程师的需求越来越旺盛。那么，Go 为什么会变得这么火热呢？我认为，原因主要体现在两个方面。

一方面，Go 是一门非常优秀的语言，它具有很多核心优势，例如：语言简单，从语言层面支持并发编程，可跨平台编译，自带垃圾回收机制，等等。这也是这些团队选择 Go 的最根本原因。

另一方面，Go 是云时代的语言。为什么这么说呢？下面，我来详细说明。

随着云计算平台的逐渐成熟，应用上云已经成为一个不可逆转的趋势，很多公司都选择将基础架构、业务架构云化，例如阿里、腾讯都在将公司内部业务全面云化。可以说，全面云化已经是公司层面的核心 KPI，我们甚至可以认为以后所有的技术都会围绕着云来构建。

云目前是朝着云原生架构的方向演进，而云原生架构中具有统治力（影响力）的项目绝大部分又是用 Go 构建的。我们从下面这幅云原生技术栈语言组成图中可以看到，有 63% 的云原生项目都是基于 Go 语言构建的。

> 提示　完整的云原生技术栈可参考云原生技术图谱，地址为 https://landscape.cncf.io/images/landscape.png。

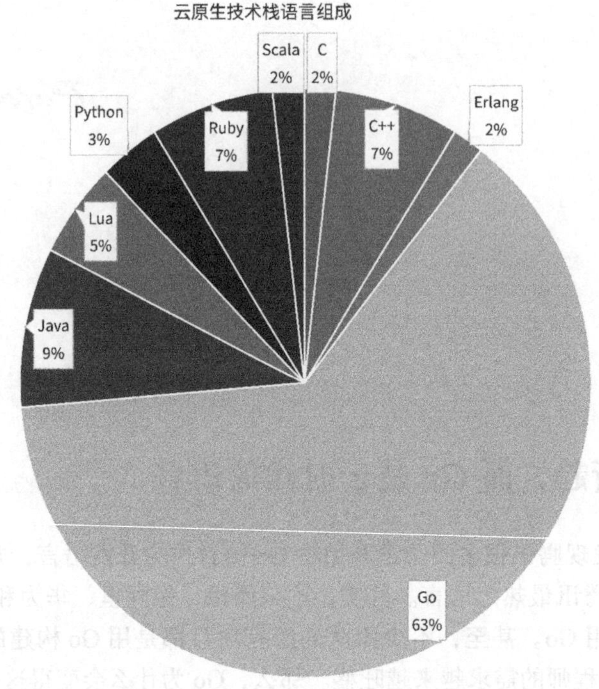

因此，实现基础架构、业务架构云化，离不开对这些云原生开源项目的学习、改造。而一个团队为了节省成本，技术栈最好是统一的。既然一定要会 Go 语言，而且它这么优秀，那最好的方式就是将整个团队的技术栈都基于 Go 语言构建，这也是 Go 之所以重要的另一个原因。

至于未来云的演进方向，我认为仍然会基于云原生架构来演进。所以，即使在未来，Go 的地位仍然举足轻重，学习 Go 势在必行。

但很多开发者在用 Go 语言进行项目开发时会面临一系列问题。

学习 Go 项目开发面临的问题

我辅导过不少刚接触 Go 语言的开发者，他们为了学习 Go 项目开发，会上网搜很多与 Go 相关的技术文章，也花了很多时间去学习。但是，我在代码审核时发现他们写的代码存在很多问题。

比如，有个开发者写的代码依赖数据库连接，不编写单元测试。细问之后，我发现他参考的文章没有提示通过接口将数据库层与业务层解耦。

再比如，一些开发者开发的项目很难维护，在项目中出现了大量的 Go 包，如 `common`、`util`、`const`。只看包名，我完全不知道包所实现的功能是什么，询问之后才发现开发者是参考了一个带有 dao、model 目录的 Java 项目。

这些问题其实只是冰山一角。总的来说，我们在学习 Go 项目开发时会面临以下 4 类问题。

- **知识盲区**：Go 项目开发会涉及很多知识点，但是自己对这些知识点却一无所知；想要学习，却发现网上很多文章结构混乱、讲解不透彻，想要搜索、找出优秀的文章，要花费很多时间，劳神劳力。
- **学不到最佳实践，能力提升有限**：网上有很多文章介绍 Go 项目的构建方法，但大部分文章介绍的方法并不是最佳实践，学完之后不能在能力和认知上带来有效提升，还需要自己花时间整理，事倍功半。
- **不知道如何完整地开发一个 Go 项目**：学了很多 Go 开发相关的知识点、构建方法，但都不成体系，既不全面也不深入。学完后，自己并不能把它们有机地结合成一个 Go 项目开发体系，真正实践时还是一团乱，效率也很低。
- **缺乏一线项目练手，很难检验学习成果**：为了避免闭门造车，我们肯定想学习一线大厂的大型项目构建和开发经验，在学习过程中逐步检验自己的学习成果，但自己平时很难接触到这样的项目，没有这样的学习途径。

为了解决这些问题，我写了这本书，希望可以帮助读者成为一名优秀的 Go 开发者，并在职场中建立自己的核心竞争力。

本书是如何设计的

针对上述问题，本书会围绕一个可部署、可运行的企业应用源码案例，详细讲解实际开发过程中涉及的知识点和技能点，帮助读者学会构建企业级 Go 项目，并解决 Go 项目开发所面临的各类问题。通过阅读本书，你会有以下收获。

一方面，你能够俯瞰整个 Go 企业应用的开发流程，不仅能知道一个优秀的企业应用涉及的技能点和开发工作，还能知道如何高效地完成每个阶段的开发工作。

另一方面，你能够深入每个技能点，掌握它们的具体构建方法、业界的最佳实践和一线开发经验。

除了介绍基础的项目开发知识和宝贵的项目开发经验之外，本书最终会交付一套优秀、可运行的企业应用代码。这套代码能够适用于绝大多数的企业应用开发场景，让你可以基于它进行二次开发，快速构建自己的企业应用。

为了从整体上分析技能点，我按照开发顺序把 Go 项目开发中的绝大部分技能点总结在这张技术鸟瞰图中。

除此之外，针对**本书中的每个技能点，我都会尽可能朝着最佳实践的方向去设计**。例如，书中使用的是业界采纳度最高的 Go 包，设计时尽可能遵循了 Go 设计模式、Go 开发规范、Go 最佳实践、Go 简洁架构等优秀的编程方法。同时，我也会尽量把自己**做一线 Go 项目开发的经验融合到讲解的过程中**，给出最靠谱的建议，让你在构建应用的过程中少走弯路。

本书共31章，分为六个部分。其中，第一部分是实战环境准备，第二～六部分会按照开发流程来构建一个真实的企业应用。各部分详细介绍如下。

- **项目准备（第1～2章）**：介绍IAM实战项目，并手把手教你搭建开发环境、部署IAM实战项目。在帮助你加深对实战项目理解的同时，本书还会讲解一些部署的技能点，包括如何准备开发环境、制作CA证书、安装和配置用到的数据库、部署IAM系统、Shell脚本编写技巧等。
- **项目设计（第3～8章）**：详细介绍开发中常见的规范，例如目录规范、日志规范、错误规范、Commit Message规范等。通过本部分内容，你能够学习如何设计常见的规范，为高效开发一个高质量、易阅读、易维护的Go应用打好基础。
- **项目管理（第9～12章）**：讲解如何管理IAM项目，包括静态代码检查、Makefile编写、生成API文档和开发流程管理等。
- **项目开发（第13～24章）**：这部分会先教你设计和开发一些Go应用中的基础功能，这些功能会影响整个应用的构建方式，例如日志包、错误包、错误码、ORM等。接着，带你一起解析一个企业级的Go项目代码，让你学会开发Go应用。在解析的过程中，本书会详细讲解Go应用开发各个阶段的各个技能点，例如如何设计和开发API服务、数据处理服务、分布式作业服务、Go SDK、客户端工具等。其中还会穿插一些我的经验和建议，可以帮你少走弯路。
- **项目测试（第25～27章）**：这部分围绕实战项目来讲解如何进行单元测试、功能测试、性能分析和性能调优，帮助你交付一个性能和稳定性都经过充分测试的、生产级可用的应用。
- **项目部署（第28～31章）**：通过实战项目告诉你如何部署一个高可用、高安全、具备容灾能力且可以轻松水平扩展的企业应用。这里，我会重点介绍两种部署方式——基于虚拟机的部署和容器化的部署，每种方式在部署方法、复杂度和能力上都有所不同。

最后，关于如何学习这本书，我还有一些建议。

- 建议先学习本书的图文内容，再详细学习源码。在学习过程中，如果你产生一些想法，可以通过修改代码、重新编译、运行并查看运行结果的方式来加以验证。本书的代码都放在 GitHub 上，其地址为 https://github.com/marmotedu/iam。
- 在书中，我不会详细介绍每行代码，只会挑选一些核心代码来讲。如果对一些没有讲到或讲透的地方有疑问，你可以在 GitHub 上提 Issue 或者给我发邮件。

本书读者对象

本书内容有浅有深，比较适合以下读者阅读。

- 刚开始学习 Go 语言，只知道 Go 语言开发的基本语法，缺乏实际开发经验，想要系统、全面地学习 Go 项目开发的工程师。
- 有一定 Go 开发经验，想要了解业界的最佳实践，提高自己能力上限的读者。
- 想要了解 Go 开发的常见问题、实践痛点的读者。
- 想学习一个优秀的 Go 项目源码，并基于它进行二次开发的读者。

资源和勘误

由于水平有限，加之编写时间仓促，书中难免会有错误与纰漏。如果你发现本书或者代码有错误的地方，烦请不吝赐教。如果是代码问题，你也可以直接在 GitHub 上提 Issue，地址为 https://github.com/marmotedu/iam/issues。

本书使用的实战项目后续会不断更新迭代，欢迎关注与转发。如果你有更多的宝贵意见，也欢迎发送邮件至我的邮箱 colin404@foxmail.com，期待你的真挚反馈。

最后，衷心希望本书能够让你的 Go 项目开发能力有一个质的飞跃！

目　录 Contents

前言

第一部分　项目准备

第1章　Go开发环境准备……2

1.1　机器选择……2

1.1.1　开发机选择……3

1.1.2　办公机选择……3

1.2　Windows终端模拟器安装和配置……3

1.3　Linux服务器申请和配置……4

1.3.1　Linux服务器申请……4

1.3.2　登录Linux服务器……5

1.3.3　Linux服务器配置……6

1.3.4　依赖安装和配置……8

1.4　Go编译环境安装和配置……9

1.4.1　Go编译工具安装和配置……10

1.4.2　Protobuf编译环境安装……11

1.5　Go IDE安装和配置……12

1.6　本章总结……14

第2章　快速部署IAM系统……15

2.1　为什么选择IAM系统作为实战项目…15

2.2　IAM系统概述……16

2.2.1　IAM资源授权流程……16

2.2.2　IAM系统架构介绍……17

2.2.3　通过使用流程理解架构……18

2.3　下载IAM项目代码……20

2.4　安装和配置数据库……21

2.4.1　配置scripts/install/environment.sh…21

2.4.2　安装和配置MariaDB……21

2.4.3　安装和配置Redis……22

2.4.4　安装和配置MongoDB……22

2.5　安装和配置IAM系统……24

2.5.1　准备工作……25

2.5.2　安装和配置iam-apiserver……28

2.5.3　安装iamctl……32

2.5.4　安装和配置iam-authz-server……34

2.5.5　安装和配置iam-pump……36

2.5.6　安装和配置iam-watcher……38

2.5.7　安装man文件……39

2.5.8　测试IAM系统是否安装成功……40

2.6　彩蛋：一键安装……40

2.7　本章总结……41

第二部分　项目设计

第3章　规范设计……44

3.1　有哪些地方需要制定规范……44

3.2 开源规范……45
3.2.1 开源协议概述……45
3.2.2 开源协议选择……46
3.2.3 开源规范有什么……47
3.2.4 开源规范详细内容……47
3.2.5 运营开源项目……48
3.3 文档规范……49
3.3.1 README 文档规范……49
3.3.2 项目文档规范……50
3.3.3 API 文档规范……51
3.4 Commit Message 规范……53
3.4.1 Commit Message 规范有哪些……53
3.4.2 与 Commit Message 相关的 3 个重要内容……59
3.4.3 Commit Message 规范自动化……66
3.5 版本规范……67
3.5.1 什么是语义化版本规范……67
3.5.2 语义化版本规范示例……69
3.5.3 如何确定版本号……69
3.6 本章总结……69

第 4 章 目录结构设计……71

4.1 如何规范目录……71
4.2 平铺式目录结构……72
4.3 结构化目录结构……73
4.3.1 Go 应用：主要存放前后端代码……75
4.3.2 Go 应用：主要存放测试相关的文件和代码……78
4.3.3 Go 应用：存放与应用部署相关的文件……78
4.3.4 项目管理：存放管理 Go 项目的各类文件……79
4.3.5 文档：主要存放项目的各类文档……80
4.3.6 不建议的目录……82
4.4 一些建议……82
4.5 本章总结……83

第 5 章 工作流设计……84

5.1 集中式工作流……84
5.2 功能分支工作流……85
5.3 Git Flow 工作流……88
5.3.1 Git Flow 的 5 种分支……88
5.3.2 Git Flow 开发流程……88
5.4 Forking 工作流……91
5.5 本章总结……93

第 6 章 研发流程设计……95

6.1 如何设计 Go 项目的研发流程……95
6.2 在设计研发流程时，需要关注哪些点……96
6.3 业界相对标准的研发流程……96
6.3.1 需求阶段……96
6.3.2 设计阶段……98
6.3.3 开发阶段……98
6.3.4 测试阶段……100
6.3.5 发布阶段……100
6.3.6 运营阶段……102
6.4 角色与分工……102
6.5 如何管理应用的生命周期……104
6.6 应用生命周期管理技术有哪些……104
6.7 研发模式……105
6.8 CI/CD：自动化构建和部署应用……106
6.8.1 持续集成……107
6.8.2 持续交付……107

6.8.3 持续部署 ························107

6.9 DevOps：研发运维一体化 ···········108

6.9.1 AIOps：智能运维 ·················108

6.9.2 ChatOps：聊着天就把事情给办了 ·························109

6.9.3 GitOps：一种实现云原生的持续交付模型 ···················109

6.9.4 NoOps：无运维 ···················110

6.10 如何选择合适的应用生命周期管理技术 ·························111

6.11 本章总结 ·························111

第 7 章 如何写出优雅的 Go 项目 ··· 112

7.1 优雅 Go 项目实现思路 ··············112

7.2 编写高质量的 Go 应用 ··············113

7.2.1 代码结构 ·························114

7.2.2 代码规范 ·························115

7.2.3 代码质量 ·························116

7.2.4 编程哲学 ·························119

7.2.5 软件设计方法 ·····················124

7.3 高效管理项目 ······················125

7.3.1 高效的开发流程 ···················125

7.3.2 使用 Makefile 管理项目 ············126

7.3.3 自动生成代码 ·····················126

7.3.4 善于借助工具 ·····················127

7.3.5 对接 CI/CD ·······················127

7.4 编写高质量的项目文档 ··············128

7.5 本章总结 ··························128

第 8 章 Go 语言设计模式 ············130

8.1 创建型模式 ························131

8.1.1 单例模式 ·························131

8.1.2 工厂模式 ·························133

8.2 行为型模式 ························136

8.2.1 策略模式 ·························136

8.2.2 模板模式 ·························138

8.3 结构型模式 ························139

8.3.1 代理模式 ·························139

8.3.2 选项模式 ·························140

8.4 本章总结 ··························144

第三部分 项目管理

第 9 章 如何编写 Makefile ············148

9.1 规划 Makefile 要实现的功能 ·········149

9.2 设计合理的 Makefile 结构 ···········151

9.3 掌握 Makefile 编写技巧 ·············153

9.3.1 善用通配符和自动变量 ·············153

9.3.2 善用函数 ·························153

9.3.3 依赖需要用到的工具 ···············154

9.3.4 把常用功能放在 /Makefile 中，不常用的放在分类 Makefile 中 ···154

9.3.5 编写可扩展的 Makefile ·············155

9.3.6 将所有输出存放在一个目录下，方便清理和查找 ···················156

9.3.7 使用带层级的命名方式 ·············156

9.3.8 做好目标拆分 ·····················157

9.3.9 设置 OPTIONS ····················157

9.3.10 定义环境变量 ····················158

9.3.11 自己调用自己 ····················159

9.4 本章总结 ··························159

第 10 章　IAM 项目研发流程实战…160

10.1　开发阶段……160

10.1.1　代码开发……160

10.1.2　代码提交……165

10.2　测试阶段……167

10.3　IAM 项目的 Makefile 项目管理技巧……168

10.3.1　Makefile help 命令自动解析……169

10.3.2　在 options 中指定变量值……169

10.3.3　自动生成 CHANGELOG……169

10.3.4　自动生成版本号……169

10.3.5　保持行为一致……170

10.4　本章总结……171

第 11 章　静态代码检查……172

11.1　为什么选择 golangci-lint 做静态代码检查……172

11.2　golangci-lint 命令……173

11.3　golangci-lint 配置……175

11.4　如何使用 golangci-lint 进行静态代码检查……178

11.5　golangci-lint 使用技巧……180

11.6　本章总结……182

第 12 章　生成 Swagger API 文档…183

12.1　Swagger 介绍……183

12.2　Swagger 和 OpenAPI 的区别……184

12.3　用 go-swagger 来生成 Swagger API 文档……184

12.3.1　安装 swagger 工具……185

12.3.2　swagger 命令行工具介绍……185

12.4　如何使用 swagger 命令生成 Swagger 文档……186

12.4.1　解析注释生成 Swagger 文档…186

12.4.2　go-swagger 其他常用功能介绍…192

12.5　IAM Swagger 文档……194

12.6　本章总结……195

第四部分　项目开发

第 13 章　错误处理……198

13.1　错误码设计……198

13.1.1　期望错误码实现的功能……199

13.1.2　常见的错误码实现方式……199

13.1.3　错误码设计建议……201

13.1.4　业务 Code 码设计……201

13.1.5　如何设置 HTTP 状态码……202

13.2　IAM 项目错误码设计规范……203

13.2.1　错误码设计规范……203

13.2.2　错误信息规范说明……204

13.2.3　IAM API 返回值说明……204

13.3　错误包……204

13.3.1　错误包需要具有哪些功能……204

13.3.2　错误包的实现……208

13.3.3　如何记录错误……212

13.4　一个错误码的具体实现……215

13.5　错误码实际使用示例……218

13.6　本章总结……219

第 14 章　日志处理……220

14.1　如何设计日志包……220

14.1.1　基础功能……220

14.1.2 高级功能 …… 222

14.1.3 可选功能 …… 224

14.1.4 设计时需要关注的点 …… 226

14.2 如何记录日志 …… 226

14.2.1 在何处打印日志 …… 227

14.2.2 在哪个日志级别打印日志 …… 228

14.2.3 如何记录日志内容 …… 229

14.2.4 记录日志的最佳实践总结 …… 230

14.3 拓展内容：分布式日志解决方案（EFK/ELK） …… 230

14.4 有哪些优秀的开源日志包 …… 231

14.4.1 标准库 log 包 …… 232

14.4.2 glog …… 232

14.4.3 logrus …… 232

14.4.4 zap …… 233

14.4.5 开源日志包选择 …… 233

14.5 从零开始编写一个日志包 …… 234

14.5.1 定义日志级别和日志选项 …… 234

14.5.2 创建 Logger 及各级别日志打印方法 …… 236

14.5.3 将日志记录到支持的输出中 …… 237

14.5.4 自定义日志输出格式 …… 239

14.5.5 测试日志包 …… 239

14.6 IAM 项目日志包设计实战 …… 240

14.7 本章总结 …… 244

第 15 章　GORM ORM 应用 …… 245

15.1 GORM 基础知识 …… 245

15.2 通过示例学习 GORM …… 246

15.2.1 自动迁移表结构 …… 248

15.2.2 插入表记录 …… 248

15.2.3 获取符合条件的记录 …… 248

15.2.4 更新表记录 …… 248

15.2.5 删除表记录 …… 249

15.2.6 获取表记录列表 …… 249

15.3 GORM 常用操作讲解 …… 249

15.3.1 模型定义 …… 250

15.3.2 连接数据库 …… 251

15.3.3 创建记录 …… 251

15.3.4 删除记录 …… 252

15.3.5 更新记录 …… 253

15.3.6 查询数据 …… 253

15.3.7 高级查询 …… 254

15.3.8 原生 SQL …… 255

15.3.9 GORM 钩子 …… 255

15.4 iam-apiserver 中的 CURD 操作 …… 256

15.5 本章总结 …… 260

第 16 章　Web 服务功能实现 …… 261

16.1 Web 服务的核心功能 …… 261

16.1.1 基础功能 …… 262

16.1.2 高级功能 …… 262

16.2 Web 框架为什么选择 Gin …… 263

16.3 Gin 是如何支持 Web 服务的基础功能的 …… 264

16.3.1 HTTP/HTTPS 支持 …… 268

16.3.2 JSON 数据格式支持 …… 269

16.3.3 路由匹配 …… 270

16.3.4 路由分组 …… 270

16.3.5 一进程多服务 …… 271

16.3.6 参数解析、参数校验、逻辑处理、返回结果 …… 272

16.4 Gin 是如何支持 Web 服务的高级功能的 …… 274

16.4.1 中间件 ···274
16.4.2 认证、RequestID、跨域 ···277
16.4.3 优雅关停 ···277
16.5 本章总结 ···279

第 17 章 IAM 应用构建 ···280

17.1 如何构建应用框架 ···280
17.2 应用构建三剑客 ···281
17.2.1 命令行参数解析工具：Pflag ···281
17.2.2 配置解析神器：Viper ···285
17.2.3 现代化的命令行框架：Cobra ···291
17.3 构建应用的基础：应用的三大基本功能 ···297
17.4 iam-apiserver 是如何构建应用框架的 ···298
17.5 App 包的设计和实现 ···300
17.5.1 构建应用 ···301
17.5.2 命令行程序构建 ···301
17.5.3 命令行参数解析 ···302
17.5.4 配置文件解析 ···305
17.6 IAM 应用构建的优秀特性 ···306
17.7 构建应用的注意事项 ···307
17.8 本章总结 ···307

第 18 章 IAM 认证功能实现 ···309

18.1 认证与授权的区别 ···309
18.2 4 种基本的认证方式 ···310
18.2.1 基础认证 ···310
18.2.2 摘要认证 ···311
18.2.3 开放授权认证 ···312
18.2.4 令牌认证 ···314
18.3 基于 JWT 的 Token 认证机制实现 ···314
18.3.1 JWT 简介 ···314
18.3.2 JWT 认证流程 ···315
18.3.3 JWT 格式 ···315
18.4 如何设计 IAM 项目的认证功能 ···318
18.5 IAM 项目是如何实现 Basic 认证的 ···320
18.6 IAM 项目是如何实现 Bearer 认证的 ···326
18.6.1 iam-authz-server Bearer 认证实现 ···326
18.6.2 iam-apiserver Bearer 认证实现 ···330
18.7 IAM 项目认证功能设计技巧 ···333
18.8 本章总结 ···334

第 19 章 IAM API 服务构建 ···335

19.1 RESTful API 介绍 ···335
19.1.1 什么是 RESTful API ···336
19.1.2 RESTful API 设计原则 ···337
19.1.3 RESTful API 示例 ···341
19.2 RPC API 介绍 ···341
19.2.1 什么是 RPC ···341
19.2.2 gRPC 简介 ···342
19.2.3 Protocol Buffers 介绍 ···343
19.2.4 gRPC 示例 ···344
19.3 REST 与 gRPC ···351
19.4 iam-apiserver 服务介绍 ···352
19.4.1 iam-apiserver 功能介绍 ···352
19.4.2 iam-apiserver 使用方法介绍 ···353
19.5 iam-apiserver 代码实现 ···357
19.5.1 iam-apiserver 配置处理 ···357
19.5.2 iam-apiserver 启动流程 ···359

19.5.3 iam-apiserver 的 RESTful API 请求处理流程 ······ 360
19.5.4 iam-apiserver 代码架构 ······ 361
19.6 iam-apiserver 服务核心功能实现讲解 ······ 369
19.6.1 与应用框架相关的特性 ······ 369
19.6.2 与编程规范相关的特性 ······ 375
19.6.3 其他特性 ······ 383
19.7 本章总结 ······ 387

第 20 章 IAM Authz 服务构建 ······ 388

20.1 权限基础知识介绍 ······ 388
20.1.1 权限相关术语介绍 ······ 389
20.1.2 权限模型介绍 ······ 389
20.1.3 相关开源项目 ······ 395
20.1.4 开源项目选择建议 ······ 396
20.2 iam-authz-server 的功能介绍 ······ 396
20.2.1 github.com/ory/ladon 包介绍 ··· 396
20.2.2 iam-authz-server 使用方法介绍 ······ 399
20.3 iam-authz-server 的代码实现 ······ 401
20.3.1 iam-authz-server 的配置处理 ··· 401
20.3.2 iam-authz-server 启动流程 ······ 402
20.3.3 iam-authz-server 的 RESTful API 请求处理流程 ······ 402
20.3.4 iam-authz-server 的代码架构 ··· 403
20.4 iam-authz-server 关键代码分析 ······ 404
20.4.1 资源授权 ······ 404
20.4.2 缓存设计 ······ 406
20.4.3 数据一致性 ······ 412
20.5 本章总结 ······ 412

第 21 章 IAM Pump 服务构建 ······ 414

21.1 数据采集方式的分类 ······ 414
21.2 数据采集系统设计 ······ 415
21.2.1 设计时需要解决的核心问题 ··· 415
21.2.2 数据上报功能设计 ······ 416
21.2.3 数据采集功能设计 ······ 416
21.2.4 数据采集应用模型 ······ 417
21.3 数据采集系统落地项目：iam-authz-server+iam-pump ······ 417
21.3.1 iam-authz-server：数据上报设计 ······ 417
21.3.2 启动数据上报服务 ······ 420
21.3.3 异步上报授权日志 ······ 422
21.3.4 优雅关停数据上报 ······ 423
21.4 iam-pump：数据采集设计 ······ 423
21.4.1 数据采集插件定义 ······ 424
21.4.2 初始化数据采集插件 ······ 425
21.4.3 健康检查 ······ 426
21.4.4 定期消费 Redis 数据 ······ 426
21.4.5 优雅关停数据采集服务 ······ 428
21.4.6 使用分布式锁机制，避免重复消费 ······ 428
21.5 本章总结 ······ 429

第 22 章 分布式作业系统设计与实现 ··· 430

22.1 任务分类 ······ 430
22.2 作业系统的常见实现 ······ 431
22.3 IAM 作业系统设计与实现 ······ 434
22.3.1 IAM 作业系统实现所使用的 Go 包 ······ 435
22.3.2 IAM 作业系统特点 ······ 437

22.3.3 IAM 作业系统实现……438
22.3.4 IAM 作业系统实现解读……440
22.4 本章总结……441

第 23 章 IAM SDK 设计与实现……442

23.1 什么是 SDK……442
23.2 SDK 设计要点……443
23.2.1 如何给 SDK 命名……443
23.2.2 SDK 的目录结构……443
23.2.3 SDK 的设计方法……444
23.3 公有云厂商采用的 SDK 设计方式……445
23.3.1 API 层：创建客户端实例……446
23.3.2 基础层：构建并执行 HTTP 请求……447
23.4 marmotedu-sdk-go 客户端设计与创建……451
23.4.1 marmotedu-sdk-go 客户端设计……453
23.4.2 项目级别客户端创建……455
23.4.3 应用级别客户端创建……455
23.4.4 服务级别客户端创建……456
23.5 marmotedu-sdk-go 的实现……456
23.5.1 RESTClient 客户端实现……457
23.5.2 Request 模块实现……459
23.5.3 请求认证……463
23.6 本章总结……464

第 24 章 IAM 客户端工具构建……465

24.1 常见客户端介绍……465
24.2 大型系统客户端的特点……466
24.3 iamctl 的核心实现……468
24.3.1 iamctl 的功能……468
24.3.2 iamctl 代码结构……468
24.3.3 iamctl 命令行选项……469
24.3.4 iamctl 配置文件解析……469
24.4 iamctl 中子命令是如何构建的……470
24.4.1 如何优雅地构建一个命令……470
24.4.2 自动生成命令……471
24.4.3 命令自动补全……472
24.4.4 更友好的输出……473
24.5 iamctl 是如何调用 API 的……473
24.5.1 客户端配置文件……474
24.5.2 SDK 调用……475
24.5.3 RESTful API 调用……475
24.6 本章总结……475

第五部分 项目测试

第 25 章 代码测试……478

25.1 如何测试 Go 代码……478
25.2 测试命名规范……479
25.2.1 测试文件的命名规范……479
25.2.2 测试包的命名规范……479
25.2.3 测试函数的命名规范……480
25.2.4 测试变量的命名规范……480
25.3 4 种基本测试类型……481
25.3.1 单元测试……481
25.3.2 性能测试……486
25.3.3 模糊测试……489
25.3.4 示例测试……490
25.4 Go 语言其他测试类型……493

25.4.1 TestMain 函数 ······ 493
25.4.2 Mock 测试 ······ 494
25.4.3 Fake 测试 ······ 499
25.5 何时编写和执行单元测试用例 ······ 499
25.5.1 编码前：TDD 测试 ······ 500
25.5.2 编码中：增量测试 ······ 500
25.5.3 编码后：存量测试 ······ 500
25.6 测试覆盖率 ······ 500
25.7 IAM 项目测试实战 ······ 502
25.7.1 IAM 项目是如何执行测试用例的 ······ 502
25.7.2 IAM 项目测试案例分享 ······ 504
25.8 其他测试工具和包 ······ 507
25.9 本章总结 ······ 507

第 26 章 性能分析 ······ 509

26.1 生成性能数据文件 ······ 509
26.1.1 通过命令行生成性能数据文件 ······ 509
26.1.2 通过代码生成性能数据文件 ······ 510
26.1.3 通过 net/http/pprof 生成性能数据文件 ······ 511
26.2 生成 IAM 测试用例的性能数据 ······ 513
26.3 CPU 性能分析 ······ 513
26.4 内存性能分析 ······ 521
26.5 本章总结 ······ 523

第 27 章 API Server 性能测试和调优 ······ 524

27.1 API 性能测试指标 ······ 524
27.2 API 性能测试方法 ······ 525
27.2.1 Wrk 的安装方法 ······ 525
27.2.2 Wrk 的使用方法 ······ 526
27.3 API Server 性能测试实践 ······ 527
27.3.1 性能测试脚本介绍 ······ 528
27.3.2 关闭 Debug 配置选项 ······ 530
27.3.3 使用 wrktest.sh 测试 IAM API 性能 ······ 530
27.4 API Server 性能分析 ······ 533
27.5 API Server 性能测试注意事项 ······ 536
27.6 本章总结 ······ 537

第六部分 项目部署

第 28 章 基于虚拟机部署 IAM 系统 ······ 540

28.1 部署方案 ······ 540
28.2 Nginx 安装和配置 ······ 542
28.2.1 Nginx 功能简介 ······ 542
28.2.2 Nginx 安装和配置步骤 ······ 544
28.2.3 Nginx 常用命令 ······ 544
28.3 Keepalived 安装和配置 ······ 545
28.3.1 Keepalived 介绍 ······ 545
28.3.2 Keepalived 安装步骤 ······ 546
28.3.3 Keepalived 配置文件解析 ······ 546
28.4 部署 IAM 系统 ······ 549
28.4.1 部署 IAM 系统中的服务 ······ 549
28.4.2 配置 Nginx 作为反向代理 ······ 550
28.4.3 配置 Nginx 处理负载均衡 ······ 552
28.4.4 配置 Keepalived ······ 556
28.5 IAM 系统安全性加固 ······ 564
28.5.1 iptables 简介 ······ 564
28.5.2 网络数据包处理流程 ······ 565
28.5.3 iptables 工具的使用 ······ 566

28.5.4 IAM 安全加固（内网不安全）……569
28.5.5 IAM 安全加固（内网安全）…573
28.6 弹性伸缩……574
28.6.1 系统扩容……575
28.6.2 系统缩容……575
28.7 本章总结……575

第 29 章 IAM 容器化部署……576

29.1 Docker 镜像的构建原理和方式……576
29.1.1 通过 docker commit 命令构建镜像……576
29.1.2 通过 Dockerfile 来构建镜像…577
29.1.3 其他镜像构建方式……579
29.2 编写 Dockerfile 文件……580
29.2.1 Dockerfile 指令介绍……580
29.2.2 Dockerfile 最佳实践……581
29.3 编写 Kubernetes 资源定义文件……582
29.3.1 为什么选择 YAML 格式来定义 Kubernetes 资源……582
29.3.2 Kubernetes 资源定义概述……584
29.3.3 常用的 Kubernetes 资源定义…586
29.3.4 YAML 文件编写技巧……593
29.3.5 使用 Kubernetes YAML 时的一些推荐工具……594
29.4 Kubernetes 部署实战：部署准备工作……596
29.4.1 开通腾讯云容器服务镜像仓库……596
29.4.2 安装 Docker……599
29.4.3 准备一个 Kubernetes 集群……601
29.5 Kubernetes 部署实战：安装 IAM 系统……602
29.6 Kubernetes 部署实战：测试 IAM 系统……605
29.7 Kubernetes 部署实战：销毁 Serverless 集群及其资源……605
29.8 本章总结……606

第 30 章 Helm 应用部署……607

30.1 Helm 基础知识介绍……607
30.1.1 Helm 是什么……607
30.1.2 Helm 中的三大基本概念……608
30.1.3 我们为什么要使用 Helm……609
30.2 Helm 基本操作实战……611
30.2.1 安装 Helm……611
30.2.2 Helm 快速入门……611
30.2.3 Helm 命令……616
30.3 使用 Helm 部署 IAM 系统……617
30.3.1 制作 IAM Chart 包……618
30.3.2 IAM Chart 包部署……621
30.3.3 多环境部署 IAM 系统……624
30.4 本章总结……624

第 31 章 基于 GitHub Actions 的 CI 实战……625

31.1 GitHub Actions 的基础知识……625
31.1.1 GitHub Actions 的基本概念……626
31.1.2 工作流程文件介绍……626
31.2 GitHub Actions 的进阶用法……629
31.2.1 为工作流加一个 Badge 标记…629
31.2.2 构建矩阵……630
31.2.3 使用密钥……630
31.2.4 使用 Artifact 保存构建产物……631
31.3 GitHub Actions 实战……632
31.4 IAM GitHub Actions 实战……636
31.5 本章总结……639

第一部分 *Part 1*

项目准备

本书是一本实战类图书。在学习的过程中建议大家跟随书中的思路去分析实战项目的代码实现，并根据需要修改代码、重新编译部署，以加深对代码的理解。学习本书需要一个动手实操的环境。所以，作为本书的第一部分，我会介绍IAM项目，并教你快速部署好Go开发环境和IAM系统。

注意，本部分命令行操作比较多，建议你跟着书中的步骤一步一步操作。操作过程也是学习的过程，在操作的过程中你可以试着去理解这些操作的功能和用法。另外，安装教程也有对应的Markdown格式文档，以便复制命令并执行。文档请参考https://github.com/marmotedu/iam/blob/v1.6.2/docs/guide/zh-CN/installation/installation-procedures.md。

本部分内容如下：

- 第1章 Go开发环境准备
- 第2章 快速部署IAM系统

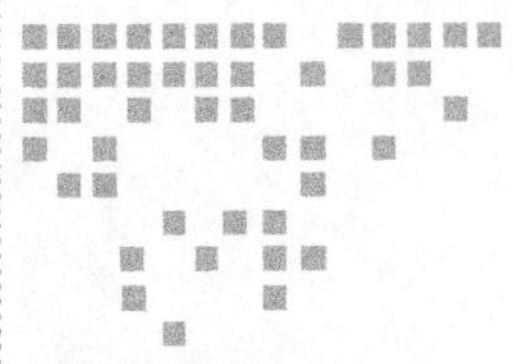

Chapter 1 第1章

Go 开发环境准备

作为一本实战类教程，本书中的很多地方都需要你去修改、编写代码，以熟悉、验证书中的知识点，所以需要我们先准备好 Go 开发环境。你可以通过以下 5 步配置一个 Go 开发环境。

1）机器选择。

2）Windows 环境配置。

3）Linux 服务器申请和配置。

4）Go 编译环境安装和配置。

5）Go 开发所需的 IDE 的安装和配置。

> 提示 每个人的开发习惯不同，个人选择也会不同。你可以根据个人偏好选择和配置办公机，但开发机建议选择 Linux 系统，因为本书的所有操作都是基于 Linux 系统来操作的，选择 Linux 可以避免很多错误。

1.1 机器选择

要配置开发环境，首先需要申请机器。在申请机器之前，最好先规划要申请的机器类型和机器配置，这样可以使申请的机器满足开发需求，并最大化提高开发效率。

机器类型根据用途可以分为以下两种。

- **开发机**：用来进行代码编写、编译和部署的机器，因为 Go 语言是跨平台的，所以操作系统可以选择 macOS、Windows 或者 Linux。
- **办公机**：可以满足除了开发之外的其他工作需求，比如浏览网页、写文档、记笔记、工作交流、画架构图等，同样可以选择 macOS、Windows 或者 Linux。

如果机器用来开发和办公，现阶段机器的 CPU 配置基本是过剩的，所以最好选择一个大内存的机器。机器配置推荐如下。

- **开发机**：2 核，4 GB 及以上内存，如果经济充裕，可以选择 4 核，8 GB 内存或更大的配置。
- **办公机**：4 核，8 GB 及以上内存。

1.1.1　开发机选择

Go 后端服务绝大部分部署在 Linux 服务器上，为了与部署环境保持一致，开发机可以选择 Linux 系统。选择 Linux 系统的另一个好处是：Linux 下丰富的命令行工具，可以极大地提高开发、编译和部署的效率。

当然，也有很多开发者的开发机是 macOS 或 Windows 系统，通常同时作为办公机。这种方式在绝大部分情况下是可行的，但对一些对安全要求较高的公司会有一些不便的地方。比如，这些公司开发环境的 Linux 服务器所在的网络环境与办公机所在的网络环境是隔离的，可能导致以下问题。

- 对于一个大的项目来说，其所依赖的数据库、第三方服务几乎都是部署在公司的开发环境中的，所以如果在办公机上部署服务，会访问不了开发机上部署的服务，从而导致无法调试。
- 因为网络隔离，我们很难通过 SCP 或者 FileZilla 等工具直接将二进制文件上传到部署机。你可能需要申请开通网络策略，或者先将二进制文件上传到跳板机 / 堡垒机，再上传到部署机上，还可能需要使用 Linux 服务器提供的 rz 工具将本地的二进制文件上传上去。不管哪种方式，都会降低你的开发效率。

所以最好的方式是申请一台与部署机在同一个网络环境的 Linux 服务器，在该服务器上进行开发、编译和调试等操作。

1.1.2　办公机选择

办公机需要满足多样化的工作需求，此时可以通过一些优秀的软件来实现。Windows 系统因为其强大的生态，有很多可供选择的软件以及 Office 套件，成为办公机的首选。当然你也可以根据个人喜好选择 macOS，甚至 Linux 桌面系统，比如 Ubuntu、Fedora 等。

综上，本书的开发机选择了 Linux 系统，办公机选择了 Windows，具体开发模式如图 1-1 所示。

1.2　Windows 终端模拟器安装和配置

你可以在 Windows 系统上完成非开发类工作，并通过终端模拟器登录到 Linux 系统进行代码开发。Windows 系统上的终端模拟器有很多，比较常用的有 Xshell 和 SecureCRT，我更喜欢 Xshell。

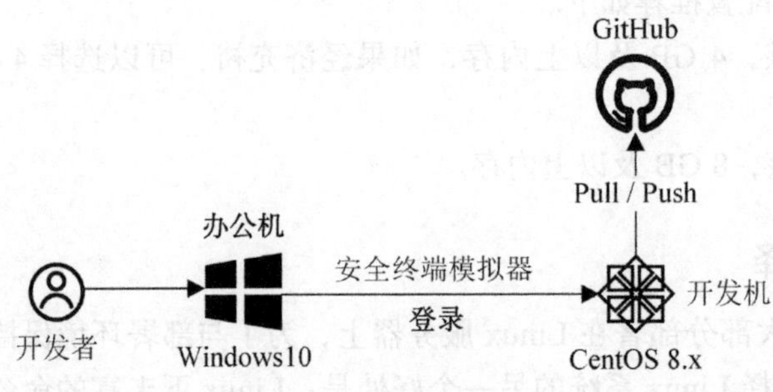

图 1-1 开发模式

Xshell 是一款常用的安全终端模拟器，可以远程登录 Linux 服务器。Xshell 在功能、显示和操作方面都很优秀，能满足我们对终端模拟器的各种需求，还能结合 Xftp 来高效地完成本地和远程文件的传输。

Xshell 当前最新版本是 Xshell 7。Xshell 7 的安装和配置步骤如下。

1）从官网（https://www.netsarang.com/zh/xshell/）下载 Xshell 7 免费版本。

2）下载完成后，运行安装文件，根据提示完成安装即可。

3）安装成功后，打开 Xshell，按 Alt + P 组合键进入 Xshell 配置界面，根据个人偏好配置 Xshell。

1.3 Linux 服务器申请和配置

毫无疑问，要搭建 Go 项目的开发环境，你首先需要有一个 Linux 服务器。有很多 Linux 发行版可供选择，例如 CentOS、Ubuntu、RHEL、Debian 等，但目前生产环境用得最多的还是 CentOS 系统。为了跟生产环境保持一致，我们选择当前 CentOS 的最新版本：CentOS 8.4。

因为本书的所有操作都是在 CentOS 8.4 系统上进行的，为了避免环境不一致导致的操作失败，建议使用 CentOS 8.x 操作系统。

1.3.1 Linux 服务器申请

我们可以通过以下 3 种方式来安装一个 CentOS 8.4 系统。

1）在物理机上安装一个 CentOS 8.4 系统。

2）在 Windows、macOS 上安装虚拟机管理软件，用该软件创建 CentOS 8.4 虚拟机。建议 Windows 系统用 VMWare Workstation 来创建虚拟机；建议 macOS 用 VirtualBox 来创建虚拟机。

3）在腾讯云购买一个 CVM 虚拟机，并预装 CentOS 8.4 系统。

如果经济条件允许的话，我其实更建议你在腾讯云上购买一个 CentOS 8.4 系统，而且第一次购买会有很大的优惠。我用的就是腾讯云 CVM 机器。

> 提示　腾讯云 CVM 官网购买链接为 https://console.cloud.tencent.com/cvm，根据官网提示购买即可。建议选择**包年包月**的计费方式，费用更加便宜。购买时，记得勾选“**免费分配独立公网 IP**”，公网带宽选择“**按使用流量**”。

1.3.2　登录 Linux 服务器

购买完 Linux 服务器之后，你可以从腾讯云控制台获取到服务器的外网 IP，结合你设置的用户名和密码，在 Xshell 中新建一个 Session 并配置这些信息。

1）配置 IP 和端口，如图 1-2 所示。

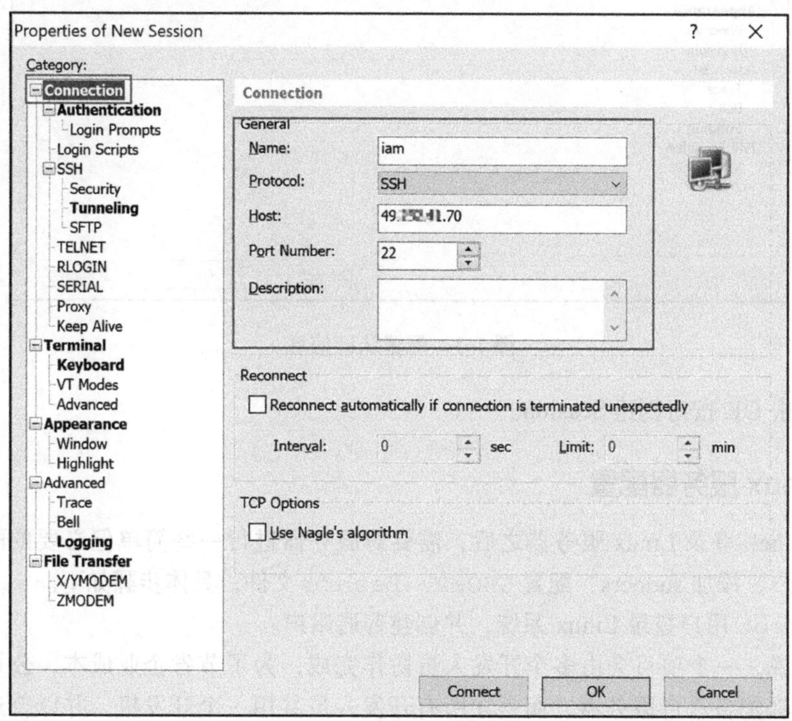

图 1-2　配置 IP 和端口

设置 Connection 的相关参数。

- Name：根据需要自行填写，例如 iam。
- Protocol：填 SSH。
- Host：填写申请到的虚拟机公网 IP。
- Port Number：填写 22。

2）配置认证信息（用户名和密码），如图 1-3 所示。

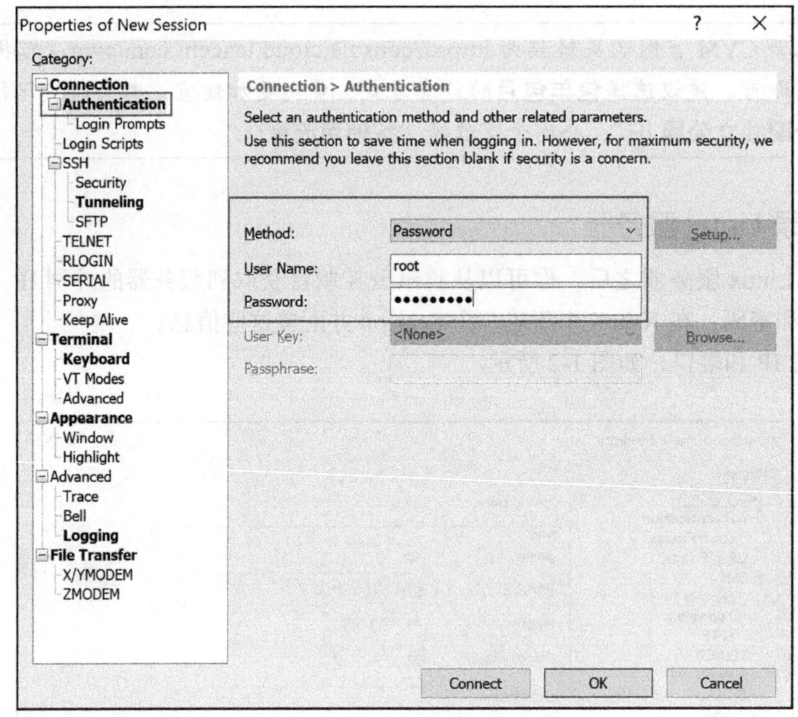

图 1-3　配置认证信息

最后单击 OK 按钮创建 Session。

1.3.3　Linux 服务器配置

通过 Xshell 登录 Linux 服务器之后，需要对服务器进行一些简单但必要的配置，包括创建普通用户、添加 sudoers、配置 `$HOME/.bashrc` 文件，具体步骤如下。

1）用 `root` 用户登录 Linux 系统，并创建普通用户。

一般来说，一个项目会由多个开发人员协作完成，为了节省企业成本，公司不会给每个开发人员都配备一台服务器，而是让所有开发人员共用一个开发机，并以普通用户身份登录开发机进行开发。为了模拟真实的企业开发环境，我们也以一个普通用户身份进行项目开发。创建普通用户的方法如下：

```
# useradd going    # 创建going用户，通过going用户登录开发机进行开发
# passwd going     # 设置going用户的登录密码
Changing password for user going.
New password:
Retype new password:
passwd: all authentication tokens updated successfully.
```

不仅如此，以普通用户登录和操作开发机也可以保证系统的安全性，这是一个比较好的习惯，所以你在日常开发中也要尽量避免使用 root 用户。

2）添加 sudoers。

我们知道，很多时候，普通用户在进行一些操作时也需要 root 权限，但 root 用户的密码一般是由系统管理员维护并定期更改的，每次都向管理员询问密码会很麻烦。因此，我建议你将普通用户加入 sudoers 中，这样普通用户就可以通过 sudo 命令来暂时获取 root 权限。具体来说，你可以执行以下命令将 going 用户添加到 sudoers 中：

```
# sed -i '/^root.*ALL=(ALL).*ALL/a\going\tALL=(ALL) \tALL' /etc/sudoers
```

3）替换 CentOS 8.4 系统中自带的 Yum 源。

由于 Red Hat 宣布 CentOS 8 于 2021 年 12 月 31 日停止维护，官方的 Yum 源已不可使用，因此需要切换官方的 Yum 源，这里选择阿里提供的 Yum 源。切换命令如下：

```
# mv /etc/yum.repos.d /etc/yum.repos.d.bak # 先备份原有的 Yum 源
# mkdir /etc/yum.repos.d
# wget -O /etc/yum.repos.d/CentOS-Base.repo
  https://mirrors.aliyun.com/repo/Centos-vault-8.5.2111.repo
# yum clean all && yum makecache
```

4）在 Xshell 中新建一个 Session，用新的用户名（going）和密码通过 Xshell 登录 Linux 服务器。

5）配置 $HOME/.bashrc 文件。

我们登录新服务器后要做的第一步就是配置 $HOME/.bashrc 文件，以使 Linux Shell 更加易用。例如，配置 LANG 解决中文乱码问题，以及配置 PS1 可以使命令行提示符显示更简洁。配置后的内容如下：

```
# .bashrc

# 用户特定的别名和函数

alias rm='rm -i'
alias cp='cp -i'
alias mv='mv -i'

# 源全局定义
if [ -f /etc/bashrc ]; then
    . /etc/bashrc
fi

if [ ! -d $HOME/workspace ]; then
    mkdir -p $HOME/workspace
fi

# 用户特定环境
# Basic envs
```

```
export LANG="en_US.UTF-8"                 # 设置系统语言为 en_US.UTF-8，避免终端出现中文乱码
export PS1='[\u@dev \W]\$ '               # 默认的 PS1 设置会展示全部的路径，为了防止过长，这里
                                            只展示："用户名 @dev 最后的目录名"
export WORKSPACE="$HOME/workspace"        # 设置工作目录
export PATH=$HOME/bin:$PATH               # 将 $HOME/bin 目录加入 PATH 变量中

# 默认入口目录
cd $WORKSPACE                             # 登录系统，默认进入 workspace 目录
```

有一点需要注意，在执行命令 `export PATH` 时，最好把 `$PATH` 放到最后，因为添加到 `$HOME/bin` 目录中的命令是期望被优先搜索并使用的。

`$HOME/.bashrc` 文件会自动创建工作目录 workspace，所有的工作都可以在这个目录下展开。这样做可以带来以下几点好处。

- ❑ 可以使我们的 `$HOME` 目录保持整洁，便于以后的文件查找和分类。
- ❑ 如果哪一天分区空间不足，可以将整个 workspace 目录移动到另一个分区中，并在分区中保留软连接，例如：`/home/going/workspace -> /data/workspace/`。
- ❑ 如果哪天想备份所有的工作文件，可以直接备份 workspace。

配置好 `$HOME/.bashrc` 文件后，我们就可以执行 bash 命令将配置加载到当前 Shell 中了。

至此，我们就完成了 Linux 开发机的初步配置。

1.3.4 依赖安装和配置

在 Linux 系统上安装 IAM 应用会依赖一些 RPM 包和工具，有些是直接依赖，有些是间接依赖。为了避免后续的操作出现依赖错误，例如因为包不存在而导致的编译、命令执行错误等，本节会预先安装和配置这些依赖包与工具。依赖安装和配置的具体步骤如下。

1）安装依赖。

你可以在 CentOS 系统上通过 yum 命令来安装需要的依赖工具，安装命令如下：

```
$ sudo yum -y install make autoconf automake cmake perl-CPAN libcurl-devel
    libtool gcc gcc-c++ glibc-headers zlib-devel git-lfs telnet lrzsz jq expat-
    devel openssl-devel
```

如果系统提示 `Package xxx is already installed.`，说明 xxx 包在系统中已经安装过了，你可以忽略该类报错提示。

2）安装 Git。

因为安装 IAM 应用、执行 `go get` 命令、安装 Protobuf 工具等都会通过 Git 来下载安装包，所以我们还需要安装 Git。由于低版本的 Git 不支持 `--unshallow` 参数，而 `go get` 在安装 Go 包时会用到 `git fetch --unshallow` 命令，因此我们要确保安装一个高版本的 Git，具体的安装方法如下：

```
$ cd /tmp
$ wget --no-check-certificate https://mirrors.edge.kernel.org/pub/software/scm/
  git/git-2.36.1.tar.gz
$ tar -xvzf git-2.36.1.tar.gz
$ cd git-2.36.1/
$ ./configure
$ make
$ sudo make install
$ git --version                                    # 输出 Git 版本号，说明安装成功
git version 2.36.1
```

安装好 Git 后，还需要把 Git 的二进制目录添加到 PATH 路径中，不然 Git 可能会因为找不到一些命令导致 Git 报错。你可以执行以下命令来添加目录：

```
$ tee -a $HOME/.bashrc <<'EOF'
# Configure for git
export PATH=/usr/local/libexec/git-core:$PATH
EOF
```

3）配置 Git。

你可以直接执行以下命令来配置 Git：

```
$ git config --global user.name "Lingfei Kong"          # 把用户名改成自己的名称
$ git config --global user.email "colin404@foxmail.com" # 把邮箱改成自己的邮箱
$ git config --global credential.helper store           # 设置 git，保存用户名和密码
$ git config --global core.longpaths true    # 解决 Git 中 'Filename too long' 的错误
```

除了按照上述步骤配置 Git 之外，这里还有以下两点需要注意。

- 在 Git 中，我们把非 ASCII 字符叫作 Unusual 字符。这类字符在 Git 输出到终端时默认是用八进制转义字符输出的（以防乱码），但现在的终端多数都支持直接显示非 ASCII 字符，所以我们可以关闭这个特性，具体命令如下：

```
$ git config --global core.quotepath off
```

- GitHub 限制最大只能克隆 100 MB 的单个文件，为了能够克隆大于 100 MB 的文件，我们还需要安装 Git Large File Storage 库，安装方式如下：

```
$ git lfs install --skip-repo
```

1.4　Go 编译环境安装和配置

我们知道，Go 是一门编译型语言，所以在部署 IAM 应用之前，我们需要将代码编译成可执行的二进制文件。也就是说，我们需要安装 Go 编译环境。

除了 Go，本书也会用 gRPC 框架展示 RPC 通信协议的用法，这就需要将 Protobuf 的 .proto 文件编译成 Go 语言的接口，因此我们也需要配置 Protobuf 的编译环境。

1.4.1 Go编译工具安装和配置

安装Go的编译环境步骤比较简单，只需下载源码包、设置相应的环境变量即可。具体步骤如下。

1）下载安装包。

可以从Go语言官方网站下载对应的Go安装包以及源码包，下面的命令会下载Go 1.18.3安装包：

```
$ wget-p/tmp/https://golang.google.cn/dl/go1.18.3.linux-amd64.tar.gz
```

2）解压并安装。

执行以下命令，解压并安装Go编译工具和源码：

```
$ mkdir -p $HOME/go
$ tar -xvzf /tmp/go1.18.3.linux-amd64.tar.gz -C $HOME/go
$ mv $HOME/go/go $HOME/go/go1.18.3
```

3）配置 `$HOME/.bashrc` 文件。

你可以执行以下命令，将下列环境变量追加到 `$HOME/.bashrc` 文件中。

```
$ tee -a $HOME/.bashrc <<'EOF'
# Go envs
export GOVERSION=go1.18.3                          # Go 版本设置
export GO_INSTALL_DIR=$HOME/go                     # Go 安装目录
export GOROOT=$GO_INSTALL_DIR/$GOVERSION           # GOROOT 设置
export GOPATH=$WORKSPACE/golang                    # GOPATH 设置
# 将 Go 语言自带的和通过 go install 安装的二进制文件加入 PATH 路径中
export PATH=$GOROOT/bin:$GOPATH/bin:$PATH
export GO111MODULE="on"                            # 开启 Go moudles 特性
export GOPROXY=https://goproxy.cn,direct           # 安装 Go 模块时，代理服务器设置
export GOPRIVATE=
export GOSUMDB=off                                 # 关闭校验 Go 依赖包的哈希值
EOF
```

Go语言是通过环境变量来控制Go编译器行为的。因此，你需要理解这些环境变量的含义。环境变量列表如表1-1所示。

表1-1 环境变量列表

环境变量	含 义
GOROOT	Go语言编译工具、标准库等的安装路径
GOPATH	Go的工作目录，也就是编译后二进制文件的存放目录和导入包时的搜索路径
GO111MODULE	通过设置GO111MODULE的值（on、off、auto）来控制是否开启Go modules特性。①on代表开启Go modules特性，这会让Go编译器忽略$GOPATH和vendor目录，只根据go.mod下载依赖。②off代表关闭Go modules特性，这会让Go编译器在$GOPATH目录和vendor目录来查找依赖关系。③auto在Go 1.14及以上版本中是默认值：当设置为auto，源码在$GOPATH/src下，如果没有包含go.mod则关闭Go modules，其他情况下都开启Go modules

（续）

环境变量	含义
GOPROXY	Go 包下载代理服务器。如果网络环境无法访问 golang.org 等 Google 网站，但很多依赖包都要从 Google 的服务器上下载则可设置一个代理服务器，以便我们能够使用 go get 下载依赖包
GOPRIVATE	指定不使用代理的 Go 包域名。go get 通过代理服务拉取私有仓库（内部仓库或托管站点的私有仓库），而代理服务无法访问私有仓库，会出现 404 错误。Go 1.13 版本提供了解决方案——GOPRIVATE 环境变量，通过该变量，我们无须通过代理下载指定的包，而是直接下载
GOSUMDB	GOSUMDB 的值是一个 Web 服务器，默认值是 sum.golang.org，该服务可以用来查询依赖包指定版本的哈希值，保证拉取到的模块版本数据未经篡改

因为 Go 使用 Go modules 来管理依赖，所以建议你将 GO111MODULE 设置为 on。在使用模块的时候，$GOPATH 是无意义的，不过 Go 还是会把下载的依赖包存储在 $GOPATH/pkg/mod 目录中，也会把 go install 的二进制文件存放在 $GOPATH/bin 目录中。

另外，你需要将 $GOPATH/bin、$GOROOT/bin 加入 Linux 可执行文件搜索路径中，这样就能直接在 bash shell 中执行 Go 安装包中的命令，也能通过 go install 来安装命令。

4）测试是否安装成功。

如果你执行 go version 命令时可以成功输出 Go 的版本，就说明 Go 编译环境安装成功。具体命令如下：

```
$ bash
$ go version
go version go1.18.3 linux/amd64
```

5）初始化工作区。

本书使用的 Go 版本为 1.18.3，该版本支持多模块工作区，所以这里也需要初始化该工作区。初始化命令如下：

```
$ mkdir -p $GOPATH && cd $GOPATH
$ go work init
$ go env GOWORK # 执行此命令，查看 go.work 工作区文件路径
/home/going/workspace/golang/go.work
```

1.4.2　Protobuf 编译环境安装

本节我们再来安装 Protobuf 的编译器 protoc。protoc 需要 protoc-gen-go 插件来完成 Go 语言的代码转换，因此我们需要安装 protoc 和 protoc-gen-go 这两个工具。它们的安装方法比较简单，具体分为以下两步。

1）安装 Protobuf。

```
$ cd /tmp/
$ git clone -b v3.21.1 --depth=1 https://github.com/protocolbuffers/protobuf
$ cd protobuf
$ ./autogen.sh
$ ./configure
$ make
$ sudo make install
$ protoc --version # 查看protoc版本，若成功输出版本号，则说明安装成功
libprotoc 3.21.1
```

在执行 autogen.sh 脚本时，如果遇到以下错误：

```
configure.ac:48: installing './install-sh'
configure.ac:109: error: required file './ltmain.sh' not found
configure.ac:48: installing './missing'
benchmarks/Makefile.am: installing './depcomp'
conformance/Makefile.am:362: warning: shell python --version 2>&1: non-POSIX
    variable name
conformance/Makefile.am:362: (probably a GNU make extension)
conformance/Makefile.am:372: warning: shell python --version 2>&1: non-POSIX
    variable name
conformance/Makefile.am:372: (probably a GNU make extension)
parallel-tests: installing './test-driver'
autoreconf: automake failed with exit status: 1
```

可以通过以下命令配置 libtoolize，并再次运行 autogen.sh 来解决：

```
$ libtoolize --automake --copy --debug -force
$ ./autogen.sh
```

2）安装 protoc-gen-go。

```
$ go install github.com/golang/protobuf/protoc-gen-go@v1.5.2
```

当第一次执行 go install 命令时，因为本地无缓存，需要下载所有的依赖模块，所以安装速度会比较慢，请耐心等待。

1.5 Go IDE 安装和配置

编译环境准备完之后，你还需要一个代码编辑器才能开始 Go 项目的开发。为了提高开发效率，你还需要将这个编辑器配置成 Go IDE。

目前，GoLand、VSCode 等 IDE 都很优秀，但它们都是 Windows 系统下的 IDE。在 Linux 系统下，我们可以选择将 Vim 配置成 Go IDE。熟练 Vim IDE 操作之后，开发效率

不输 GoLand 和 VSCode。有多种方法可以配置一个 Vim IDE，这里我选择使用 vim-go 将 Vim 配置成一个 Go IDE。vim-go 是在社区中比较受欢迎的 Vim Go 开发插件，可以方便地将一个 Vim 配置成 Vim IDE。其官网为 https://github.com/faith/vim-go。

Vim IDE 的安装和配置步骤介绍如下。

1）安装 vim-go。

安装命令如下：

```
$ rm -f $HOME/.vim; mkdir -p ~/.vim/pack/plugins/start/
$ git clone --depth=1 https://github.com/fatih/vim-go.git ~/.vim/pack/plugins/
    start/vim-go
```

2）Go 工具安装。

vim-go 会用到一些 Go 工具，比如在函数跳转时会用到 `guru`、`godef` 工具，在格式化时会用到 `goimports`，所以你也需要安装这些工具。安装方式如下：执行 `vi /tmp/test.go` 命令，然后输入 `:GoInstallBinaries`，以安装 vim-go 需要的工具。

安装后的 Go IDE 常用操作的按键及其功能描述如表 1-2 所示。

表 1-2　Go IDE 常用操作的按键及其功能描述

按　键	功能描述
gd/ctrl +]/<Enter>	`:GoDef`，跳转到光标所在标识符的声明或者定义位置
Ctrl+I	`:GoDefPop`，跳转到堆栈的上一个位置
Ctrl+O	回到上一次位置
Shift+K	`:GoDoc`，在新 Vim 窗口中显示光标处 word 或者给定 word 的 Go 文档
Shift+M	`:GoInfo`，显示光标所在的标识符的信息，比如显示函数的声明信息，变量的数据类型
Shift+T	`:GoDefType`，跳转到光标所在标识符的类型定义位置
Shift+L	`:GoAddTag`，给结构体字段添加 json tags
Shift+P	`:GoImplements`，列出一个接口的所有可能实现
Shift+R	`:GoRename`，重命名 Go 标识符
Shift+F	`:GoFillStruct`，给结构体变量填充默认值
Shift+C	`:GoCallers`，列出一个函数 / 方法的所有调用者
Shift+H	`:GoSameIdsToggle`，高亮光标下的所有标识符
Ctrl+N	自动补全时下一个补全项
Ctrl+P	自动补全时上一个补全项

1.6 本章总结

本章我们一起安装和配置了一个 Go 开发环境。有了这个开发环境，接下来你就可以在学习的过程中随时进行编码，来熟悉和验证知识点了。本书使用 Linux 服务器进行实战开发，里面的很多操作步骤也是基于 Linux 服务器，所以这里你需要使用 Linux 服务器作为开发机。办公机你可以根据偏好自行选择，这对学习本书没有影响。

第 2 章 Chapter 2

快速部署IAM系统

为了给后面的学习打下基础，本章会详细介绍IAM系统，包括IAM项目诞生背景、IAM系统功能和IAM系统架构。另外，要想有效学习源码还应学会部署和使用IAM系统，所以本章也会教你如何快速部署好IAM系统。通过部署IAM系统，不仅能帮助你了解IAM系统中各个组件之间的关系，加深你对IAM系统的理解，还可以协助你排障，尤其是与部署相关的故障。此外，部署好IAM系统也能给你后面的学习准备好实验环境，边学、边练，提高你的学习效率。

因为IAM系统是一个企业级的项目，有一定的复杂度，所以我建议你严格按照本章的步骤去操作，否则可能会安装失败。总的来说，整个安装过程可以分成两步。

1）**安装和配置数据库：**你需要安装和配置MariaDB、Redis、MongoDB。

2）**安装和配置IAM服务：**你需要安装和配置iam-apiserver、iam-authz-server、iam-pump、iam-watcher、iamctl、man文件。

2.1 为什么选择IAM系统作为实战项目

我们在做Go项目开发时，绕不开的一个话题是安全，换句话说，如何保证Go应用的安全，是每个开发者都要解决的问题。虽然Go应用的安全包含很多方面，但大体可分为以下两类。

- **服务自身的安全：**为了保证服务的安全，需要禁止非法用户访问服务。这可以从服务器和软件两个层面来解决。在服务器层面，可以通过物理隔离、网络隔离、防火墙等技术从底层保证服务的安全性；在软件层面，可以通过HTTPS、用户认证等手段来加强服务的安全性。服务器层面一般由运维团队来保障，软件层面则需要开发者来保障。

- **服务资源的安全**：服务内有很多资源，为了避免非法访问，开发者要避免 UserA 访问到 UserB 的资源，即需要对资源进行授权。通常，我们可以通过资源授权系统来对资源进行授权。

也就是说，为了保障 Go 应用的安全，我们一定要掌握如何进行认证和授权。

认证功能不复杂，我们可以通过 JWT（JSON Web Token）认证来实现。但是授权功能比较复杂，囊括了很多 Go 开发的技能点。因此，本书将认证和授权的功能实现升级为一个 IAM 系统，通过讲解它的构建过程，讲清楚 Go 项目开发的全部流程。

2.2 IAM 系统概述

IAM（Identity and Access Management，身份识别与访问管理）系统是一个 Web 服务，用于给第三方用户提供资源访问控制服务。

IAM 系统可以帮用户解决的问题是：在特定的条件下，谁能够对哪些资源做哪些操作（Who is able to do what on something given some context），即完成资源授权功能。

提示 本书后面如有提到 IAM 系统或者 IAM 时都是指代 IAM 应用。

2.2.1 IAM 资源授权流程

那么，IAM 系统是如何进行资源授权的呢？下面，我们通过 IAM 系统的资源授权流程，来看下它是如何工作的，整个过程可以分为 4 步，如图 2-1 所示。

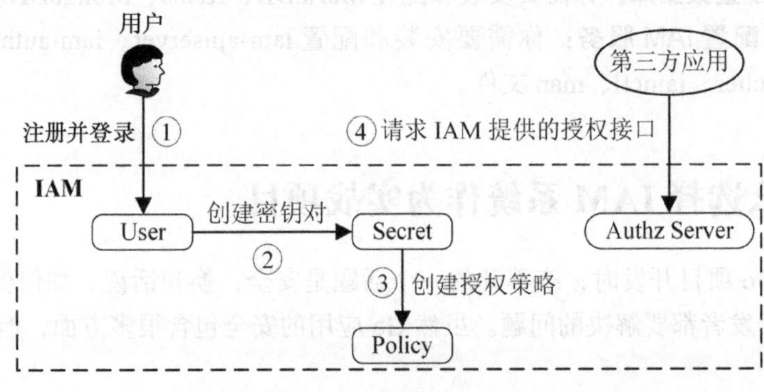

图 2-1 IAM 功能图

步骤详细说明如下。

1）注册并登录。用户需要提供用户名、密码、昵称、邮箱、电话等信息注册并登录到 IAM 系统。

2）创建密钥对。因为访问 IAM 的资源授权接口需要通过 Bearer 认证，而 Bearer 认证需要密钥对（secretID/secretKey）来生成 Token，所以用户需要在 IAM 中创建属于自己的密钥对。

3）创建授权策略。IAM 通过授权策略完成授权，所以用户需要在 IAM 系统中创建授权策略。

4）第三方应用请求 IAM 提供的授权接口。Authz Server 会根据第三方应用的请求参数和授权策略来决定一个授权请求是否被允许。

可以看到，在上面的流程中，IAM 使用了 3 种系统资源：用户（User）、密钥（Secret）、策略（Policy）。它们映射到程序设计中就是 3 种 REST 资源。

- User：实现对用户的增、删、改、查、修改密码、批量修改等操作。
- Secret：实现对密钥的增、删、改、查操作。
- Policy：实现对策略的增、删、改、查、批量删除操作。

2.2.2　IAM 系统架构介绍

介绍了 IAM 的功能之后，再来详细说说 IAM 系统的架构，如图 2-2 所示。

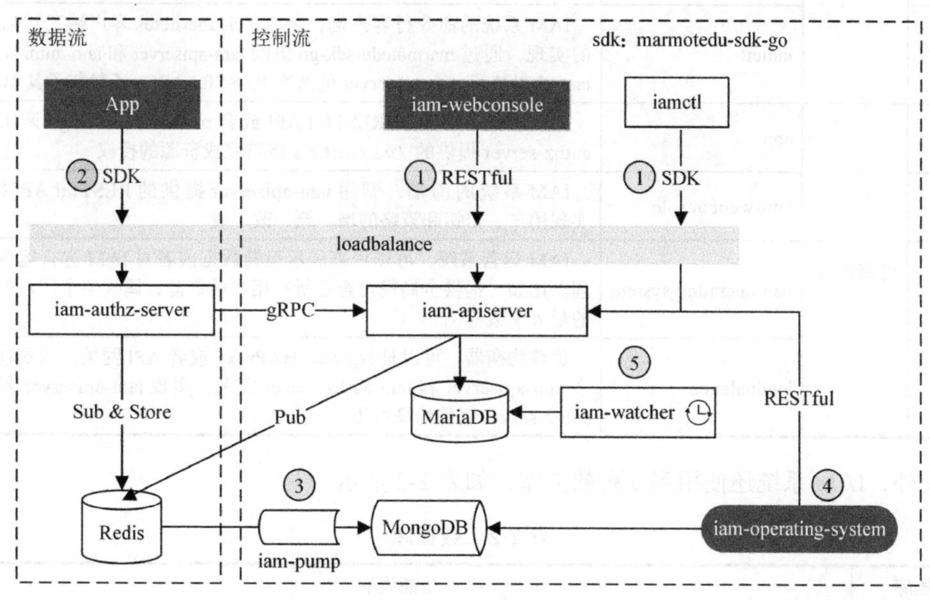

图 2-2　IAM 系统架构图

总的来说，IAM 架构中包括 10 个组件和 3 种数据库。我将这些组件和功能都总结在了表 2-1 中。其中，前 6 个组件是我们需要实现的核心组件，后 4 个组件是一些旁路组件[⊖]，当前还没有实现，但不影响本书的学习。如果感兴趣，你可以自行实现。10 个组件介绍如

⊖ 旁路组件：与核心组件完全解耦的组件，用于实现一些附加功能，比如监控、告警等。这些旁路组件不会影响核心组件的开发、测试、发布、运行等。

表 2-1 所示。

表 2-1 组件与功能

序 号	分 类	组 件	功能说明
1	核心组件	iam-apiserver	IAM 控制面板服务，通过 RESTful API 完成用户、密钥和授权策略的增、删、改、查等操作
2		iam-authz-server	授权服务，从 iam-apiserver 拉取密钥和授权策略，并缓存在内存中，用户通过请求 iam-authz-server 提供的 `/v1/authz` 接口来完成资源的授权。`/v1/authz` 接口会查询缓存的授权策略，根据这些策略决定授权是否通过。iam-authz-server 也会将授权日志上报到 Redis 中
3		iam-pump	数据清洗服务，从 Redis 中拉取缓存的授权日志，分析后存入 MongoDB 中
4		iam-watcher	分布式作业服务，间隔一定时间查询 MariaDB 数据库，执行一些业务逻辑处理，例如从 `policy_audit` 表中删除超过指定天数的授权策略、禁用超过指定天数还没有登录过的用户
5		marmotedu-sdk-go	IAM 系统的 Go SDK，参考了 Kubernetes 的 client-go 的设计和实现，封装了 iam-apiserver 和 iam-authz-server 的所有 RESTful API 接口，方便开发者调用
6		iamctl	IAM 系统的命令行客户端，参考了 Kubernetes 客户端工具 kubectl 的实现，通过 marmotedu-sdk-go 访问 iam-apiserver 和 iam-authz-server。iamctl 封装了 iam-apiserver 的所有 RESTful API，还封装了其他功能
7	旁路组件	app	第三方应用，通过 RESTful API 或者 marmotedu-sdk-go 调用 iam-authz-server 提供的 `/v1/authz` 接口完成资源的授权
8		iam-webconsole	IAM 系统的前端，调用 iam-apiserver 提供的 RESTful API 接口，实现用户、密钥和策略的增、删、改、查
9		iam-operating-system	IAM 运营系统，可以用来展示运营数据或者对 IAM 进行运营类管理。比如，提供全局视角查看所有用户的资源，调整某个用户的密钥的最大个数等
10		loadbalance	负载均衡器，可以是 Nginx、HAProxy 或者 API 网关，后端挂载多个 iam-apiserver 和 iam-authz-server 实例，实现 iam-apiserver 和 iam-authz-server 组件的高可用

此外，IAM 系统还使用到 3 种数据库，如表 2-2 所示。

表 2-2 数据库

数据库	功能说明
Redis	缓存数据库，用来缓存 iam-authz-server 组件产生的授权日志。IAM 也使用了 Redis 的发布 - 订阅功能，以实现系统的消息通知功能
MariaDB	持久化存储用户、密钥和授权策略信息
MongoDB	持久化存储授权日志，供后期运营系统展示和分析

2.2.3 通过使用流程理解架构

上一节，我介绍了 IAM 的系统架构图和核心功能，那么整个系统是如何协作，并最终完成资源授权的呢？接下来，我会通过详细讲解 IAM 系统的使用流程及实现细节，来进一步加深你对 IAM 架构的理解。总的来说，你可以通过 5 步去使用 IAM 系统的核心功能。

1. 创建平台资源

用户通过 iam-webconsole 或 iamctl 客户端请求 iam-apiserver 提供的 RESTful API 接口完成用户、密钥、授权策略的增、删、改、查。iam-apiserver 会将这些资源数据持久化存储在 MariaDB 数据库中。为了确保通信安全，客服端访问服务端都是通过 HTTPS 协议来访问的。

2. 请求 iam-authz-server 完成资源授权

用户可以通过请求 iam-authz-server 提供的 `/v1/authz` 接口进行资源授权，请求 `/v1/authz` 接口需要通过 Bearer 认证。认证通过后，`/v1/authz` 接口会查询授权策略，并决定资源授权是否通过。

为了提高 `/v1/authz` 接口的性能，iam-authz-server 将密钥和策略信息缓存在内存中，以便实现快速查询。密钥和策略信息缓存机制如下。

- iam-authz-server 启动时，通过调用 iam-apiserver 提供的 gRPC 接口，将密钥和授权策略信息缓存到内存中。
- 当 iam-apiserver 中有密钥或策略被更新时，iam-apiserver 会往特定的 Redis channel（iam-authz-server 也会订阅该 channel）中发送 `PolicyChanged` 和 `SecretChanged` 消息。当 iam-authz-server 监听到有新消息时就会获取并解析消息，根据消息内容判断是否需要重新调用 gRPC 接口获取密钥和授权策略信息，并更新到内存中，以使 iam-authz-server 内存中的缓存信息和 iam-apiserver 中的信息保持一致。

3. 授权日志数据分析

iam-authz-server 会将授权日志上报到 Redis 高速缓存中，供 iam-pump 组件异步消费这些授权日志。iam-pump 会将清理后的数据保存在 MongoDB 中，供运营系统 iam-operating-system 查询。

iam-authz-server 将授权日志保存在 Redis 高性能 key-value 数据库中，可以最大化减少写入延时。不保存在内存中是因为授权日志量无法预测，当授权日志量很大时，很可能会耗尽服务器内存，造成服务异常。

4. 运营平台授权数据展示

iam-operating-system 是 IAM 的运营系统，它可以通过查询 MongoDB 获取并展示运营数据。比如，某个用户的授权成功与失败次数、授权失败时的授权信息等。我们也可以通过 iam-operating-system 调用 iam-apiserver 服务来做一些运营管理工作，比如：调整用户可创建密钥的最大个数，或者通过白名单的方式使某个用户不受密钥个数限制的影响等。

5. 异步作业处理

IAM 还实现了一个分布式作业服务，用来执行异步任务。出于安全起见，在删除授权策略时，iam-apiserver 会将被删除的授权策略同步保存在 policy_audit 表中作为历史，方便以后回溯。为防止 policy_audit 表中记录太多，占用数据库太多空间，iam-watcher 服务中的 clean watcher 会每隔一段时间从 policy_audit 表中清理超过指定天数的授权策略。

此外，iam-watcher 服务中的 task watcher 还会每隔一段时间禁用超过指定天数没有登录的用户。

2.3 下载 IAM 项目代码

因为 IAM 的安装脚本存放在 iam 代码仓库中，安装需要的二进制文件也需要通过编译 iam 源码来获得，所以在安装之前，你需要先下载 iam 源码。**本书使用的 iam 源码分支为 v1.6.2**。鉴于 iam 项目会持续更新迭代，可以下载 master 分支的代码，获取 iam 的最新源码。

iam 源码下载命令如下：

```
$ mkdir -p $WORKSPACE/golang/src/github.com/marmotedu
$ cd $WORKSPACE/golang/src/github.com/marmotedu
$ git clone -b v1.6.2 --depth=1 https://github.com/marmotedu/iam
$ go work use./iam
```

其中，marmotedu 和 marmotedu/iam 目录存放了本实战项目的代码。在学习的过程中，你需要频繁地访问这两个目录。为了方便访问，你可以追加以下 2 个环境变量和 2 个 alias 命令到 $HOME/.bashrc 文件中：

```
$ tee -a $HOME/.bashrc << 'EOF'
# Alias for quick access
export GOSRC="$WORKSPACE/golang/src"
export IAM_ROOT="$GOSRC/github.com/marmotedu/iam"
alias mm="cd $GOSRC/github.com/marmotedu"
alias i="cd $GOSRC/github.com/marmotedu/iam"
EOF
$ bash
```

之后，你就可以先通过执行 alias 命令 mm 访问 $GOSRC/github.com/marmotedu 目录；通过执行 alias 命令 i 访问 $GOSRC/github.com/marmotedu/iam 目录。建议将常用操作配置成 alias 命令，方便以后操作。

在安装配置 IAM 系统之前，你需要执行以下命令导出 going 用户的密码，这里假设密码是 iam59!z$：

```
export LINUX_PASSWORD='iam59!z$'
```

在项目开发中，像密码、密钥 Key 这类敏感信息，一般不会直接硬编码在代码中，而是通过环境变量的方式来使用。如果应用的配置文件存放在一个安全的网络环境中，并且有访问授权流程，比较安全，该文件可以用于配置密码等敏感信息。

2.4　安装和配置数据库

因为 IAM 系统用到了 MariaDB、Redis、MongoDB 数据库来存储数据，而 IAM 服务在启动时会先尝试连接这些数据库，所以为了避免启动时连接数据库失败，我们先来安装需要的数据库。

2.4.1　配置 scripts/install/environment.sh

因为 IAM 组件的安装配置都是通过环境变量文件 scripts/install/environment.sh 进行配置的，所以你需要先配置好 scripts/install/environment.sh。文件里的环境变量都有注释，你可以根据注释来配置。当然，你也可以直接使用 environment.sh 中配置的默认值，以提高安装效率。

scripts/install/environment.sh 文件中 MariaDB 用户名的配置语句如下：

```
readonly MARIADB_USERNAME=${MARIADB_USERNAME:-iam}
```

readonly 说明 MARIADB_USERNAME 只能被赋值一次。${MARIADB_USERNAME:-iam} 使用了 Bash shell 的变量扩展语法，其语法格式为 ${ 待测变量 :- 默认值 }，该语法表示：如果待测变量不存在或其值为空，则返回默认值，否则返回待测变量的值。

提示　书中文件的引用路径如无特殊说明，均以 iam 源码根目录为根的相对路径。

2.4.2　安装和配置 MariaDB

IAM 会把 REST 资源的定义信息存储在关系型数据库中，这里我选择了 MariaDB。你可能会问为什么选择 MariaDB，而不是 MySQL。一方面，它是发展最快的 MySQL 分支，相比 MySQL，它加入了很多新的特性，并且能够完全兼容 MySQL，包括 API 和命令行。另一方面，MariaDB 是开源的，而且迭代速度很快。

MariaDB 的安装和配置步骤如下。

1）安装和配置 MariaDB。

你可以通过以下命令，安装和配置 MariaDB，并将 root 密码设置为 iam59!z$：

```
$ cd $IAM_ROOT
$ ./scripts/install/mariadb.sh iam::mariadb::install
```

2）测试 MariaDB 是否安装成功。

你可以通过以下命令，来测试 MariaDB 是否安装成功：

```
$ mysql -h127.0.0.1 -uroot -p'iam59!z$'
MariaDB [(none)]>
```

执行上述命令后，如果成功进入 MariaDB 的交互界面，并且没有报错，则说明 MariaDB 安装成功。

2.4.3 安装和配置 Redis

在 IAM 系统中，由于 iam-authz-server 是从 iam-apiserver 拉取并缓存用户的密钥 / 策略信息的，因此同一份密钥 / 策略数据会分别存在两个服务中，这可能会导致数据出现不一致的情况。数据不一致会带来一些问题，例如，当我们通过 iam-apiserver 创建了一对密钥，但是这对密钥没有被 iam-authz-server 缓存时，通过这对密钥访问 iam-authz-server 就会失败。

为了保证数据的一致性，我们可以使用 Redis 的发布 - 订阅（Pub/Sub）功能进行消息通知。同时，iam-authz-server 也会将授权审计日志缓存到 Redis 中，所以我们需要安装 Redis 数据库。

Redis 安装和配置步骤如下。

1）安装和配置 Redis。

你可以通过以下命令来安装和配置 Redis，并将 Redis 的初始密码设置为 `iam59!z$`：

```
$ cd $IAM_ROOT
$ ./scripts/install/redis.sh iam::redis::install
```

这里我们要注意，在 `scripts/install/redis.sh` 脚本中，`iam::redis::install` 函数对 Redis 做了一些配置，例如修改 Redis 使其以守护进程的方式运行、修改 Redis 的密码为 `iam59!z$` 等。具体的配置内容，可查看 `iam::redis::install` 函数。

2）测试 Redis 是否安装成功。

安装完成后，你可以通过以下命令来测试 Redis 是否安装成功：

```
$ redis-cli -h 127.0.0.1 -p 6379 -a 'iam59!z$' # 连接 Redis，-h 指定主机，-p 指定监听端
                                                  口，-a 指定登录密码
127.0.0.1:6379>
```

执行上述命令后，如果成功进入 Redis 的交互界面，并且没有报错，则说明 Redis 安装成功。

2.4.4 安装和配置 MongoDB

因为 iam-pump 会将 iam-authz-server 产生的授权日志处理后存储在 MongoDB 中，所以也需要安装 MongoDB 数据库，可以通过以下两步来安装。

1）安装 MongoDB。

2）创建 MongoDB 账号。

1. 安装 MongoDB

你可以通过以下 4 步来安装 MongoDB。

1）配置 MongoDB yum 源，并安装 MongoDB。

CentOS 8.x 系统默认没有配置安装 MongoDB 需要的 yum 源，所以你需要先配置好 yum 源再安装：

```
$ sudo tee /etc/yum.repos.d/mongodb-org-5.0.repo<<'EOF'
[mongodb-org-5.0]
name=MongoDB Repository
baseurl=https://repo.mongodb.org/yum/redhat/$releasever/mongodb-org/5.0/x86_64/
gpgcheck=1
enabled=1
gpgkey=https://www.mongodb.org/static/pgp/server-5.0.asc
EOF

$ sudo yum install -y mongodb-org
```

2）关闭 SELinux。

在安装的过程中，SELinux 可能会阻止 MongoDB 访问 `/sys/fs/cgroup`，所以你还需要关闭 SELinux：

```
$ sudo setenforce 0
$ sudo sed -i 's/^SELINUX=.*$/SELINUX=disabled/' /etc/selinux/config # 永久关闭 SELINUX
```

3）开启外网访问权限和登录验证。

MongoDB 安装完之后，默认情况下是不会开启外网访问权限和登录验证的，但为了方便使用和保证安全，我建议你先开启这些功能，命令如下：

```
$ sudo sed -i '/bindIp/{s/127.0.0.1/0.0.0.0/}' /etc/mongod.conf
$ sudo sed -i '/^#security/a\security:\n  authorization: enabled' /etc/mongod.conf
```

4）启动 MongoDB。

配置完 MongoDB 之后，可以通过以下命令来启动 MongoDB：

```
$ sudo systemctl start mongod
$ sudo systemctl enable mongod # 设置开机启动
# 查看mongod运行状态，如果输出中包含active(running)字样，说明mongod成功启动
$ sudo systemctl status mongod
```

启动成功之后，你可以通过 mongo 命令登录 MongoDB：

```
$ mongosh --quiet "mongodb://127.0.0.1:27017"
test >
```

执行上述命令后，如果成功进入 MongoDB 的交互界面，并且没有报错，说明 MongoDB 安装成功。

2. 创建 MongoDB 账号

安装完 MongoDB 后，默认是没有用户的，为了方便使用 IAM 应用，你需要先创建好

管理员账号。通过管理员账号登录 MongoDB 后，你可以执行创建普通用户、数据库等操作。具体操作步骤如下。

1）创建管理员账号。

通过 use admin 命令切换到 admin 数据库，再通过 db.auth("用户名","用户密码")验证用户登录权限。如果返回 1，表示验证成功；如果返回 0，表示验证失败。具体命令如下：

```
$ mongosh --quiet "mongodb://127.0.0.1:27017"
test > use admin
switched to db admin
admin > db.createUser({user:"root",pwd:"iam59!z$",roles:["root"]})
{ok:1}
admin > db.auth("root", "iam59!z$")
{ok:1}
```

提示 如果想删除用户，可以使用 db.dropUser("用户名")命令来删除。

db.createUser 用于创建一个 MongoDB 用户，它涉及以下 3 个参数。

- user：用户名。
- pwd：用户密码。
- roles：用于设置用户的权限，比如读、写等。

因为 admin 用户具有 MongoDB 的 root 权限，权限过大，安全性会降低。为了提高安全性，还需要创建一个 iam 普通用户账号来连接和操作 MongoDB。

2）创建 iam 用户。

创建 iam 用户命令如下：

```
$ mongosh --quiet mongodb://root:'iam59!z$'@127.0.0.1:27017/iam_analytics?
    authSource=admin # 用管理员账户连接 MongoDB
iam_analytics > db.createUser({user:"iam",pwd:"iam59!z$",roles:["dbOwner"]})
{ok:1}
iam_analytics > db.auth("iam", "iam59!z$")
{ok:1}
```

创建完 iam 普通用户账号后，可以执行以下命令，通过 iam 用户登录 MongoDB：

```
$ mongosh --quiet mongodb://iam:'iam59!z$'@127.0.0.1:27017/iam_analytics?auth
    Source=iam_analytics
```

至此，我们成功安装了 IAM 系统需要的数据库 MariaDB、Redis 和 MongoDB。

2.5 安装和配置 IAM 系统

要想完成 IAM 系统的安装，你还需要安装和配置 iam-apiserver、iamctl、iam-authz-server、iam-pump、iam-watcher 和 man page。下面先来看安装和配置的准备工作。

2.5.1 准备工作

在开始安装之前，我们需要先做一些准备工作，主要有以下 4 步。

1）初始化 MariaDB 数据库，创建 iam 数据库。

2）创建需要的目录。

3）创建 CA 根证书和密钥。

4）配置 hosts。

1. 初始化 MariaDB 数据库

安装完 MariaDB 数据库之后，还需要在 MariaDB 数据库中创建 IAM 系统需要的数据库、表和存储过程。创建 SQL 语句并保存在 configs/iam.sql 文件中。具体的创建步骤如下。

1）登录数据库并创建 iam 用户：

```
$ cd $IAM_ROOT
$ mysql -h127.0.0.1 -P3306 -uroot -p'iam59!z$' # 连接 MariaDB，-h 为指定主机，-P 为指定监听
                                                  端口，-u 为指定登录用户，-p 为指定登录密码
MariaDB [(none)]> grant all on iam.* TO iam@127.0.0.1 identified by 'iam59!z$';
Query OK, 0 rows affected (0.000 sec)
MariaDB [(none)]> flush privileges;
Query OK, 0 rows affected (0.000 sec)
```

2）用 iam 用户登录 MariaDB，执行 configs/iam.sql 文件，从而创建 iam 数据库：

```
$ mysql -h127.0.0.1 -P3306 -uiam -p'iam59!z$'
MariaDB [(none)]> source configs/iam.sql;
MariaDB [iam]> show databases;
+--------------------+
| Database           |
+--------------------+
| iam                |
| information_schema |
| test               |
+--------------------+
3 rows in set (0.000 sec)
```

上面的命令除了会创建 iam 数据库之外，也会在 iam 数据库中创建以下资源。

- **表**：user 是用户表，用来存放用户信息；secret 是密钥表，用来存放密钥信息；policy 是策略表，用来存放授权策略信息；policy_audit 是授权策略历史表，被删除的授权策略会被转存到该表。
- **admin 用户**：在 user 表中，我们需要创建一个管理员用户，用户名是 admin，初始密码是 Admin@2021。
- **存储过程**：删除用户时会自动删除该用户所属的密钥和策略信息。

2. 创建需要的目录

在安装和运行 IAM 系统的时候，我们需要将配置、二进制文件和数据文件存放到指定的目录。所以我们需要先创建好这些目录，创建命令如下：

```
$ cd $IAM_ROOT
$ source scripts/install/environment.sh  # 加载环境文件中的环境配置
$ sudo mkdir -p ${IAM_DATA_DIR}/{iam-apiserver,iam-authz-server,iam-pump,iam-watcher}
                                         # 创建 Systemd WorkingDirectory 目录
$ sudo mkdir -p ${IAM_INSTALL_DIR}/bin   # 创建 IAM 系统安装目录
$ sudo mkdir -p ${IAM_CONFIG_DIR}/cert   # 创建 IAM 系统配置文件存放目录
$ sudo mkdir -p ${IAM_LOG_DIR}           # 创建 IAM 日志文件存放目录
```

注意 执行命令 `source scripts/install/environment.sh` 时，如果遇到 `bash: XXXXXX: readonly variable` 这类报错，说明变量已经被加载到当前 Shell 中了，可以忽略这类报错。

---

3. 创建 CA 根证书和密钥

为了确保安全，IAM 系统各组件需要使用 x509 证书对通信进行加密和认证。所以，这里我们需要先创建 CA 证书。CA 根证书是所有组件共享的，只需要创建一个 CA 证书，后续创建的所有证书都由它签名。

我们可以使用 CloudFlare 的 PKI 工具集 cfssl 来创建所有的证书。创建步骤如下。

1）安装 cfssl 工具集。

我们可以直接安装 cfssl 已经编译好的二进制文件，cfssl 工具集包含很多工具，这里我们需要安装 cfssl、cfssljson、cfssl-certinfo，功能如下。

- cfssl：证书签发工具。
- cfssljson：将 cfssl 生成的证书（JSON 格式）转变为文件承载式证书。
- cfssl-certinfo：可以显示 CSR 或者证书文件的详细信息。

可以通过以下命令来安装这 3 个工具：

```
$ cd $IAM_ROOT
$ ./scripts/install/install.sh iam::install::install_cfssl
```

2）创建配置文件。

CA 配置文件用来配置根证书的使用场景（profile）和具体参数（usage，包括过期时间、服务端认证、客户端认证、加密等），也可以在签名其他证书时指定特定场景：

```
$ cd $IAM_ROOT
$ tee ca-config.json << EOF
{
    "signing": {
        "default": {
            "expiry": "87600h"
        },
```

```
        "profiles": {
            "iam": {
                "usages": [
                    "signing",
                    "key encipherment",
                    "server auth",
                    "client auth"
                ],
                "expiry": "876000h"
            }
        }
    }
}
EOF
```

在上面的JSON配置中，一些字段的解释如下。

- signing：表示该证书可用于签名其他证书（生成的 `ca.pem` 证书中的 `CA=TRUE`）。
- server auth：表示客户端可以用该证书对服务端提供的证书进行验证。
- client auth：表示服务端可以用该证书对客户端提供的证书进行验证。
- expiry：设置为876000h，表示证书有效期设置为100年。

3）创建证书签名请求文件。

我们通过以下命令来创建生成CA证书签名请求（CSR）的JSON配置文件：

```
$ cd $IAM_ROOT
$ tee ca-csr.json << EOF
{
    "CN": "iam-ca",
    "key": {
        "algo": "rsa",
        "size": 2048
    },
    "names": [
        {
            "C": "CN",
            "ST": "BeiJing",
            "L": "BeiJing",
            "O": "marmotedu",
            "OU": "iam"
        }
    ],
    "ca": {
        "expiry": "876000h"
    }
}
EOF
```

在上面的JSON配置中，一些字段的解释如下。

- C：对应英文为Country，表示国家。

- ST：对应英文为 State，表示省份。
- L：对应英文为 Locality (L) 或 City，表示城市。
- CN：对应英文为 Common Name，iam-apiserver 从证书中提取该字段作为请求的用户名，浏览器使用该字段验证网站是否合法。
- O：对应英文为 Organization，iam-apiserver 从证书中提取该字段作为请求用户所属的组（Group）。
- OU：对应英文为 Organization Unit（或者 Company Division），部门 / 单位。

除此之外，还有两点需要注意。

- 不同证书 CSR 文件的 CN、C、ST、L、O、OU 组合必须不同，否则可能出现 PEER'S CERTIFICATE HAS AN INVALID SIGNATURE 错误。
- 后续创建证书的 CSR 文件时，保证 CN、OU 都不相同（C、ST、L、O 相同），以达到区分的目的。

4）创建 CA 证书和私钥。

可以通过 cfssl gencert 命令来创建 CA 证书和私钥：

```
$ cd $IAM_ROOT
$ source scripts/install/environment.sh
$ cfssl gencert -initca ca-csr.json | cfssljson -bare ca
$ ls ca*
ca-config.json  ca.csr  ca-csr.json  ca-key.pem  ca.pem
$ sudo mv ca* ${IAM_CONFIG_DIR}/cert # 需要将证书文件拷贝到指定文件夹下（分发证书），方便
                                       各组件引用
```

上述命令会创建运行 CA 所必需的文件 ca-key.pem（私钥）和 ca.pem（证书），还会生成 ca.csr（证书签名请求），用于交叉签名或重新签名。

创建完之后，我们可以通过 cfssl certinfo 命名查看 cert 和 csr 信息：

```
$ cfssl certinfo -cert ${IAM_CONFIG_DIR}/cert/ca.pem # 查看 cert（证书信息）
$ cfssl certinfo -csr ${IAM_CONFIG_DIR}/cert/ca.csr  # 查看 csr（证书签名请求）信息
```

4. 配置 hosts

IAM 通过域名访问 API 接口，因为这些域名没有注册过，还不能在互联网上被解析出来，所以需要配置 hosts，我们通过 hosts 来解析。配置命令如下：

```
$ sudo tee -a /etc/hosts <<EOF
127.0.0.1 iam.api.marmotedu.com
127.0.0.1 iam.authz.marmotedu.com
EOF
```

2.5.2 安装和配置 iam-apiserver

完成了准备工作之后，我们就可以安装 IAM 系统的各个组件了。可以通过以下 3 步来安装 iam-apiserver 服务。

1. 创建 iam-apiserver 证书和私钥

其他服务为了安全都是通过 HTTPS 协议访问 iam-apiserver，所以要先创建 iam-apiserver 的证书和私钥。具体步骤如下。

1）创建证书签名请求。

```
$ cd $IAM_ROOT
$ source scripts/install/environment.sh
$ tee iam-apiserver-csr.json <<EOF
{
    "CN": "iam-apiserver",
    "key": {
        "algo": "rsa",
        "size": 2048
    },
    "names": [
        {
            "C": "CN",
            "ST": "BeiJing",
            "L": "BeiJing",
            "O": "marmotedu",
            "OU": "iam-apiserver"
        }
    ],
    "hosts": [
        "127.0.0.1",
        "localhost",
        "iam.api.marmotedu.com"
    ]
}
EOF
```

上述 JSON 配置中的 `hosts` 字段用来指定授权使用该证书的 IP 和域名列表，上面的 `hosts` 列出了 iam-apiserver 服务的 IP 和域名。

2）生成证书和私钥。

通过 `cfssl gencert` 来生成证书和私钥：

```
$ cfssl gencert -ca=${IAM_CONFIG_DIR}/cert/ca.pem \
    -ca-key=${IAM_CONFIG_DIR}/cert/ca-key.pem \
    -config=${IAM_CONFIG_DIR}/cert/ca-config.json \
    -profile=iam iam-apiserver-csr.json | cfssljson -bare iam-apiserver
$ sudo mv iam-apiserver*pem ${IAM_CONFIG_DIR}/cert # 将生成的证书和私钥文件拷贝到配置文件目录
```

2. 安装并运行 iam-apiserver

iam-apiserver 是 IAM 系统的核心组件，需要第一个安装。具体安装步骤如下。

1）安装 iam-apiserver 可执行二进制文件。

```
$ cd $IAM_ROOT
$ source scripts/install/environment.sh
```

```
$ make build BINS=iam-apiserver
$ sudo cp _output/platforms/linux/amd64/iam-apiserver ${IAM_INSTALL_DIR}/bin
```

2）生成并安装 iam-apiserver 的配置文件（iam-apiserver.yaml）。

```
$ ./scripts/genconfig.sh scripts/install/environment.sh configs/iam-apiserver.
    yaml > iam-apiserver.yaml
$ sudo mv iam-apiserver.yaml ${IAM_CONFIG_DIR}
```

3）创建并安装 iam-apiserver systemd unit 文件。

```
$ ./scripts/genconfig.sh scripts/install/environment.sh init/iam-apiserver.service >
    iam-apiserver.service
$ sudo mv iam-apiserver.service /etc/systemd/system/
```

4）启动 iam-apiserver 服务。

```
$ sudo systemctl daemon-reload
$ sudo systemctl enable iam-apiserver
$ sudo systemctl restart iam-apiserver
$ systemctl status iam-apiserver # 查看iam-apiserver运行状态，如果输出中包含active
                                   (running)字样，说明iam-apiserver成功启动
```

3. 测试 iam-apiserver 是否成功安装

测试 iam-apiserver 主要是测试用户、密钥、授权策略这 3 类 REST 资源的增删改查操作。

首先，我们需要执行以下命令来获取访问 iam-apiserver 的 token：

```
$ curl -s -XPOST -H'Content-Type: application/json' -d'{"username":"admin","pass
    word":"Admin@2021"}' http://127.0.0.1:8080/login | jq -r .token
eyJhbGciOiJIUzI1NiIsInR5cCI6IkpXVCJ9.eyJhdWQiOiJpYW0uYXBpLm1hcm1vdGVkdS5jb20iLCJ
    leHAiOjE2MzA5NDExODMsImlkZW50aXR5IjoiYWRtaW4iLCJpc3MiOiJpYW0tYXBpc2VydmVyIiw
    ib3JpZ19pYXQiOjE2MzA4NTQ3ODMsInN1YiI6ImFkbWluIn0.TvraWpcjk2Izp2S98u4Tghrh20Q
    i2AeblUGhU0BnsTY
```

下面的操作都会使用 `curl` 命令来发送 HTTP 请求，在请求时，需要通过 `-H'Authorization: Bearer $token'` 指定认证头信息。

为了操作方便，可以将获取到的 token 保存在 `token` 变量中：

```
$ export token=`curl -s -XPOST -H'Content-Type: application/json' -d'{"username"
    :"admin","password":"Admin@2021"}' http://127.0.0.1:8080/login | jq -r .token`
```

接下来，可以通过以下 3 步来完成 iam-apiserver 的测试。

1）用户的增删改查。

创建用户、列出用户、获取用户详细信息、修改用户、删除单个用户、批量删除用户的请求方法如下：

```
# 创建用户
$ curl -s -XPOST -H'Content-Type: application/json' -d'{"password":"User@2021",
    "metadata":{"name":"colin"},"nickname":"colin","email":"colin@foxmail.com",
    "phone":"1812884xxxx"}' http://127.0.0.1:8080/v1/users
```

```
# 列出用户
$ curl -s -XGET -H"Authorization: Bearer $token" 'http://127.0.0.1:8080/v1/
    users?offset=0&limit=10'
# 获取 colin 用户的详细信息
$ curl -s -XGET -H"Authorization: Bearer $token" http://127.0.0.1:8080/v1/users/colin
# 修改 colin 用户
$ curl -s -XPUT -H'Content-Type: application/json' -H"Authorization: Bearer $token" -d'
    {"nickname":"colin","email":"colin_modified@foxmail.com","phone":"1812884xxxx"}'
    http://127.0.0.1:8080/v1/users/colin

# 删除 colin 用户
$ curl -s -XDELETE -H"Authorization: Bearer $token" http://127.0.0.1:8080/v1/
    users/colin

# 批量删除用户
$ curl -s -XDELETE -H"Authorization: Bearer $token" 'http://127.0.0.1:8080/v1/
    users?name=colin&name=mark&name=john'
```

2）密钥的增、删、改、查。

创建密钥、列出密钥、获取密钥详细信息、修改密钥、删除密钥的请求方法如下：

```
# 创建 secret0 密钥
$ curl -s -XPOST -H'Content-Type: application/json' -H"Authorization: Bearer
    $token" -d'{"metadata":{"name":"secret0"},"expires":0,"description":"admin
    secret"}' http://127.0.0.1:8080/v1/secrets

# 列出密钥
$ curl -s -XGET -H"Authorization: Bearer $token" http://127.0.0.1:8080/v1/secrets

# 获取 secret0 密钥的详细信息
$ curl -s -XGET -H"Authorization: Bearer $token" http://127.0.0.1:8080/v1/
    secrets/secret0
# 修改 secret0 密钥
$ curl -s -XPUT -H'Content-Type: application/json' -H"Authorization: Bearer
    $token" -d'{"metadata":{"name":"secret0"},"expires":0,"description":"admin
    secret(modified)"}' http://127.0.0.1:8080/v1/secrets/secret0
# 删除 secret0 密钥
$ curl -s -XDELETE -H"Authorization: Bearer $token" http://127.0.0.1:8080/v1/
    secrets/secret0
```

这里需要注意，因为密钥属于重要资源，被删除会导致所有的访问请求失败。所以，为了安全，不支持批量删除密钥。

3）授权策略的增、删、改、查。

创建策略、列出策略、获取策略详细信息、修改策略、删除策略的请求方法如下：

```
# 创建策略
$ curl -s -XPOST -H'Content-Type: application/json' -H"Authorization: Bearer
    $token" -d'{"metadata":{"name":"policy0"},"policy":{"description":"One
    policy to rule them all.","subjects":["users:<peter|ken>","users:maria","gro
    ups:admins"],"actions":["delete","<create|update>"],"effect":"allow","resou
    rces":["resources:articles:<.*>","resources:printer"],"conditions":{"remote
    IPAddress":{"type":"CIDRCondition","options":{"cidr":"192.168.0.1/16"}}}}}'
    http://127.0.0.1:8080/v1/policies

# 列出策略
$ curl -s -XGET -H"Authorization: Bearer $token" http://127.0.0.1:8080/v1/
    policies

# 获取policy0策略的详细信息
$ curl -s -XGET -H"Authorization: Bearer $token" http://127.0.0.1:8080/v1/
    policies/policy0

# 修改policy0策略
$ curl -s -XPUT -H'Content-Type: application/json' -H"Authorization: Bearer
    $token" -d'{"metadata":{"name":"policy0"},"policy":{"description":"One
    policy to rule them all(modified).","subjects":["users:<peter|ken>","use
    rs:maria","groups:admins"],"actions":["delete","<create|update>"],"effec
    t":"allow","resources":["resources:articles:<.*>","resources:printer"],
    "conditions":{"remoteIPAddress":{"type":"CIDRCondition","options":{"ci
    dr":"192.168.0.1/16"}}}}}' http://127.0.0.1:8080/v1/policies/policy0

# 删除policy0策略
$ curl -s -XDELETE -H"Authorization: Bearer $token" http://127.0.0.1:8080/v1/
    policies/policy0
```

2.5.3 安装iamctl

2.5.2节，我们安装了IAM系统的iam-apiserver服务。但是如果想要访问iam服务，我们还需要安装客户端工具iamctl。具体来说，我们可以通过3步完成iamctl的安装和配置。

1. 创建iamctl证书和私钥

iamctl使用HTTPS协议与iam-apiserver进行通信，由iam-apiserver对iamctl请求包含的证书进行认证和授权。因为iamctl需要对IAM系统进行访问和管理，所以这里创建具有最高权限的admin证书。

1）创建证书签名请求。

因为下面创建的证书只会被iamctl当作client证书使用，所以hosts字段为空。创建命令如下：

```
$ cd $IAM_ROOT
$ source scripts/install/environment.sh
$ cat > admin-csr.json <<EOF
```

```
{
    "CN": "admin",
    "key": {
        "algo": "rsa",
        "size": 2048
    },
    "names": [
        {
            "C": "CN",
            "ST": "BeiJing",
            "L": "BeiJing",
            "O": "marmotedu",
            "OU": "iamctl"
        }
    ],
    "hosts": []
}
EOF
```

2）生成证书和私钥。

```
$ cfssl gencert -ca=${IAM_CONFIG_DIR}/cert/ca.pem \
    -ca-key=${IAM_CONFIG_DIR}/cert/ca-key.pem \
    -config=${IAM_CONFIG_DIR}/cert/ca-config.json \
    -profile=iam admin-csr.json | cfssljson -bare admin
$ mkdir -p $(dirname ${CONFIG_USER_CLIENT_CERTIFICATE}) $(dirname ${CONFIG_USER_
    CLIENT_KEY})                                          # 创建客户端证书存放的目录
$ mv admin.pem ${CONFIG_USER_CLIENT_CERTIFICATE}   # 安装 TLS 的客户端证书
$ mv admin-key.pem ${CONFIG_USER_CLIENT_KEY}       # 安装 TLS 的客户端私钥文件
```

2. 安装 iamctl

iamctl 是 IAM 系统的客户端工具，其安装位置和 iam-apiserver、iam-authz-server、iam-pump、iam-watcher 位置不同。为了能够在 shell 下直接运行 iamctl 命令，我们需要将 iamctl 安装到 `$HOME/bin` 下，同时将 iamctl 的配置存放到默认加载的 `$HOME/.iam` 目录下。具体来说，可以通过以下步骤来完成。

1）安装 iamctl 可执行程序。

```
$ cd $IAM_ROOT
$ source scripts/install/environment.sh
$ make build BINS=iamctl
$ cp _output/platforms/linux/amd64/iamctl $HOME/bin
```

2）生成并安装 iamctl 的配置文件（`iamctl.yaml`）。

```
$ ./scripts/genconfig.sh scripts/install/environment.sh configs/iamctl.yaml >
    iamctl.yaml
$ mkdir -p $HOME/.iam
$ mv iamctl.yaml $HOME/.iam
```

iamctl 是一个客户端工具，可能会在多台机器上运行。为了简化部署 iamctl 工具的

复杂度，我们可以把 iamctl.yaml 配置文件中与 CA 认证相关的 CA 文件内容用 base64 加密，并放置在 iamctl.yaml 配置文件中，这样我们就不需要再部署这些 CA 文件了。具体的加密方法为：把 iamctl.yaml 文件中的配置项 client-certificate、client-key、certificate-authority 分别用如下配置项替换 client-certificate-data、client-key-data、certificate-authority-data。假如 certificate-authority 值为 /etc/iam/cert/ca.pem，则 certificate-authority-data 的值为 cat "/etc/iam/cert/ca.pem" | base64 | tr -d '\r\n'，其他 xxx-data 变量的值与此类似。

3. 测试 iamctl 是否成功安装

执行命令 iamctl user list 可以列出预创建的 admin 用户，如图 2-3 所示。

```
[going@dev iam]$ iamctl user list
NAME   NICKNAME   EMAIL               PHONE         CREATED                UPDATED
admin  admin      admin@foxmail.com   1812884xxxx   2021-05-27 18:01:40    2021-05-06 05:13:14
[going@dev iam]$
```

图 2-3 用户列表

2.5.4 安装和配置 iam-authz-server

接下来，我们需要安装另外一个核心组件，iam-authz-server，可以通过以下 3 步来安装。

1. 创建 iam-authz-server 证书和私钥

1）创建证书签名请求。

```
$ cd $IAM_ROOT
$ source scripts/install/environment.sh
$ tee iam-authz-server-csr.json <<EOF
{
  "CN": "iam-authz-server",
  "key": {
      "algo": "rsa",
      "size": 2048
  },
  "names": [
      {
          "C": "CN",
          "ST": "BeiJing",
          "L": "BeiJing",
          "O": "marmotedu",
          "OU": "iam-authz-server"
      }
  ],
  "hosts": [
      "127.0.0.1",
      "localhost",
      "iam.authz.marmotedu.com"
  ]
```

```
}
EOF
```

iam-authz-server-csr.json配置文件中的hosts字段指定了授权使用iam-authz-server证书的IP和域名列表。

2）生成证书和私钥。

```
$ cfssl gencert -ca=${IAM_CONFIG_DIR}/cert/ca.pem \
    -ca-key=${IAM_CONFIG_DIR}/cert/ca-key.pem \
    -config=${IAM_CONFIG_DIR}/cert/ca-config.json \
    -profile=iam iam-authz-server-csr.json | cfssljson -bare iam-authz-server
# 将生成的证书和私钥文件拷贝到配置文件目录
$ sudo mv iam-authz-server*pem ${IAM_CONFIG_DIR}/cert
```

2. 安装并运行iam-authz-server

安装并运行iam-authz-server的步骤与iam-apiserver基本一样，也需要4步。

1）安装iam-authz-server可执行程序。

```
$ cd $IAM_ROOT
$ source scripts/install/environment.sh
$ make build BINS=iam-authz-server
$ sudo cp _output/platforms/linux/amd64/iam-authz-server ${IAM_INSTALL_DIR}/bin
```

2）生成并安装iam-authz-server的配置文件（iam-authz-server.yaml）。

```
$ ./scripts/genconfig.sh scripts/install/environment.sh configs/iam-authz-server.
   yaml > iam-authz-server.yaml
$ sudo mv iam-authz-server.yaml ${IAM_CONFIG_DIR}
```

3）创建并安装iam-authz-server systemd unit文件。

```
$ ./scripts/genconfig.sh scripts/install/environment.sh init/iam-authz-server.
   service > iam-authz-server.service
$ sudo mv iam-authz-server.service /etc/systemd/system/
```

4）启动iam-authz-server服务。

```
$ sudo systemctl daemon-reload
$ sudo systemctl enable iam-authz-server
$ sudo systemctl restart iam-authz-server
# 查看iam-authz-server运行状态，如果输出中包含 active(running)字样，则说明iam-authz-
  server成功启动
$ systemctl status iam-authz-server
```

3. 测试iam-authz-server是否成功安装

1）重新登录系统，并获取访问令牌。

```
$ token=`curl -s -XPOST -H'Content-Type: application/json' -d'{"username":"admin",
    "password":"Admin@2021"}' http://127.0.0.1:8080/login | jq -r .token`
```

2）创建授权策略。

```
$ curl -s -XPOST -H"Content-Type: application/json" -H"Authorization: Bearer
    $token" -d'{"metadata":{"name":"authztest"},"policy":{"description":"One -
    policy to rule them all.","subjects":["users:<peter|ken>","users:maria","gr-
    oups:admins"],"actions":["delete","<create|update>"],"effect":"allow","reso-
    urces":["resources:articles:<.*>","resources:printer"],"conditions":{"remot-
    eIPAddress":{"type":"CIDRCondition","options":{"cidr":"192.168.0.1/16"}}}}}'
    http://127.0.0.1:8080/v1/policies
```

3）创建密钥，并从命令的输出中提取 secretID 和 secretKey。

```
$ curl -s -XPOST -H"Content-Type: application/json" -H"Authorization: Bearer
    $token" -d'{"metadata":{"name":"authztest"},"expires":0,"description":"adm-
    in secret"}' http://127.0.0.1:8080/v1/secrets
{"metadata":{"id":23,"name":"authztest","createdAt":"2021-04-08T07:24:50.0716714
  22+08:00","updatedAt":"2021-04-08T07:24:50.071671422+08:00"},"username":"adm-
  in","secretID":"ZuxvXNfG08BdEMqkTaP41L2DLArlE6Jpqoox","secretKey":"7Sfa5EfAP
  IwcTLGCfSvqLf0zZGCjF3l8","expires":0,"description":"admin secret"}
```

4）生成访问 iam-authz-server 的 Token。

iamctl 提供了 jwt sigin 命令，可以根据 secretID 和 secretKey 来签发 Token，更加方便。

```
$ authzAccessToken=`iamctl jwt sign EqmMJgOFHyexjNE3q3LbqcfkUp0IQqf2n8F4 Iavj7aS
    OuekrmuOeoUl21MQ6hD46GzKG` # iamctl jwt sign $secretID $secretKey
```

如果你在开发过程中有重复的操作，为了方便使用，也可以将这些操作以 iamctl 子命令的方式集成到 iamctl 命令行中。

5）测试资源授权是否通过。

我们可以通过请求 /v1/authz API 来完成资源授权：

```
$ curl -s -XPOST -H'Content-Type: application/json' -H"Authorization: Bearer
    $authzAccessToken" -d'{"subject":"users:maria","action":"delete","resou-
    rce":"resources:articles:ladon-introduction","context":{"remoteIPAddre-
    ss":"192.168.0.5"}}' http://127.0.0.1:9090/v1/authz
{"allowed":true}
```

如果授权通过会返回：{"allowed":true}。

2.5.5 安装和配置 iam-pump

安装 iam-pump 的步骤和安装 iam-apiserver、iam-authz-server 的步骤类似，具体需要通过 5 步来完成。

1. 安装 iam-pump 可执行程序

可以通过执行以下命令来安装 iam-pump 可执行程序：

```
$ cd $IAM_ROOT
$ source scripts/install/environment.sh
```

```
$ make build BINS=iam-pump
$ sudo cp _output/platforms/linux/amd64/iam-pump ${IAM_INSTALL_DIR}/bin
```

2. 生成并安装 iam-pump 的配置文件

iam-pump 的配置文件为 `iam-pump.yaml`，生成及安装命令如下：

```
$ ./scripts/genconfig.sh scripts/install/environment.sh configs/iam-pump.yaml >
    iam-pump.yaml
$ sudo mv iam-pump.yaml ${IAM_CONFIG_DIR}
```

3. 创建并安装 systemd unit 文件

iam-pump 的 systemd uint 文件为 `iam-pump.service`，生成及安装命令如下：

```
$ ./scripts/genconfig.sh scripts/install/environment.sh init/iam-pump.service >
    iam-pump.service
$ sudo mv iam-pump.service /etc/systemd/system/
```

4. 启动 iam-pump 服务

可以通过执行以下命令来启动 iam-pump 服务：

```
$ sudo systemctl daemon-reload
$ sudo systemctl enable iam-pump
$ sudo systemctl restart iam-pump
$ systemctl status iam-pump # 查看 iam-pump 运行状态，如果输出中包含 active(running) 字样，
                              说明 iam-pump 成功启动
```

5. 测试 iam-pump 是否安装成功

可以通过执行以下命令来测试 iam-pump 服务是否安装成功：

```
$ curl http://127.0.0.1:7070/healthz
{"status": "ok"}
```

经过以上 5 个步骤，如果返回 `{"status": "ok"}` 就说明 iam-pump 服务安装成功。

当然，你还可以通过一个真实的授权请求，来看 iam-pump 是否成功将授权日志分析后转存到 MongoDB 中，具体操作如下：

```
# 1. 创建访问 iam-authz-server 需要用到的密钥对
$ iamctl secret create pumptest
secret/pumptest created

# 2. 使用步骤 1 创建的密钥对生成 JWT Token
$ authzAccessToken=`iamctl jwt sign njcho8gJQArsq7zr5v1YpG5NcvL0aeuZ38Ti if70HgR
    gp021iq5ex2l7pfy5XvgtZM3q`

# 3. 创建授权策略
$ iamctl policy create pumptest '{"metadata":{"name":"policy0"},"policy":{"des-
    cription":"One policy to rule them all.","subjects":["users:<peter|ken>",
    "users:maria","groups:admins"],"actions":["delete","<create|update>"],
    "effect":"allow","resources":["resources:articles:<.*>","resources:printer"],
    "conditions":{"remoteIPAddress":{"type":"CIDRCondition","options":{"ci-
    dr":"192.168.0.1/16"}}}}}'
```

```
policy/pumptest created

# 4. 访问 /v1/authz 接口进行资源授权
$ curl -s -XPOST -H'Content-Type: application/json' -H"Authorization: Bearer
    $authzAccessToken" -d'{"subject":"users:maria","action":"delete","resou-
    rce":"resources:articles:ladon-introduction","context":{"remoteIPAddre
    ss":"192.168.0.5"}}' http://127.0.0.1:9090/v1/authz

# 5. 登录 MongoDB，查看经过解析后的授权日志。如果出现以下记录，说明 iam-pump 正常工作
$ mongosh --quiet mongodb://iam:'iam59!z$'@127.0.0.1:27017/iam_analytics?authSource=
    iam_analytics
iam_analytics> db.iam_analytics.find()
[
  {
      _id: ObjectId("62a9e8b85f395dc7a4ce1767"),
      timestamp: Long("1655302321"),
      username: 'admin',
      effect: 'allow',
      conclusion: 'policies policy0 allow access',
      request: '{"resource":"resources:articles:ladon-introduction","action":
        "delete","subject":"users:maria","context":{"remoteIPAddress":"192.
        168.0.5","username":"admin"}}',
      policies: '',
      deciders: '',
      expireAt: ISODate("2122-05-22T14:12:01.423Z")
  }
]
```

2.5.6 安装和配置 iam-watcher

安装 iam-watcher 的步骤也与安装 iam-apiserver、iam-authz-server、iam-pump 的步骤类似，具体通过 5 步来完成。

1. 安装 iam-watcher 可执行程序

可以通过执行以下命令来安装 iam-watcher 可执行程序：

```
$ cd $IAM_ROOT
$ source scripts/install/environment.sh
$ make build BINS=iam-watcher
$ sudo cp _output/platforms/linux/amd64/iam-watcher ${IAM_INSTALL_DIR}/bin
```

2. 生成并安装 iam-watcher 的配置文件

iam-watcher 的配置文件为 `iam-watcher.yaml`，生成及安装命令如下：

```
$ ./scripts/genconfig.sh scripts/install/environment.sh configs/iam-watcher.yaml
    > iam-watcher.yaml
$ sudo mv iam-watcher.yaml ${IAM_CONFIG_DIR}
```

3. 创建并安装 systemd unit 文件

iam-watcher 的 systemd uint 文件为 `iam-watcher.service`，生成及安装命令如下：

```
$ ./scripts/genconfig.sh scripts/install/environment.sh init/iam-watcher.service
    > iam-watcher.service
$ sudo mv iam-watcher.service /etc/systemd/system/
```

4. 启动 iam-watcher 服务

可以通过执行以下命令来启动 iam-watcher 服务：

```
$ sudo systemctl daemon-reload
$ sudo systemctl enable iam-watcher
$ sudo systemctl restart iam-watcher
$ systemctl status iam-watcher # 查看 iam-watcher 运行状态，如果输出中包含 active (running)
                                 字样，说明 iam-watcher 成功启动
```

5. 测试 iam-watcher 是否安装成功

可以通过执行以下命令来测试 iam-watcher 服务是否安装成功：

```
$ curl http://127.0.0.1:5050/healthz
{"status": "ok"}
```

经过以上 5 个步骤，如果返回 {"status": "ok"}，则说明 iam-watcher 服务安装成功。

2.5.7　安装 man 文件

IAM 系统通过组合调用包 github.com/cpuguy83/go-md2man/v2/md2man 和 github.com/spf13/cobra 提供的函数生成了各个组件的 man 文件。具体来说，安装 man 文件需要通过 3 步实现。

1）生成各个组件的 man 文件。

```
$ cd $IAM_ROOT
$ ./scripts/update-generated-docs.sh
```

2）安装生成的 man 文件。

```
$ sudo cp docs/man/man1/* /usr/share/man/man1/
```

3）检查是否成功安装了 man 文件。

```
$ man iam-apiserver
```

执行 man iam-apiserver 命令后，会弹出 man 文档界面，如图 2-4 所示。

```
IAM(1)(iam)

Eric Paris Jan 2015

NAME
       iam-apiserver - The IAM API server to validates and configures data for the api objects

SYNOPSIS
       iam-apiserver [OPTIONS]

DESCRIPTION
```

图 2-4　man 文档界面

至此，IAM 系统所有组件都已经安装成功了，你可以通过 iamctl version 查看客户端和服务端的版本，命令如下：

```
$ iamctl version -o yaml
clientVersion:
    buildDate: "2022-06-16T14:32:58Z"
    compiler: gc
    gitCommit: eb0436e90e1adcedc2d6a8b3c3ea232491a65d92
    gitTreeState: clean
    gitVersion: v1.6.2
    goVersion: go1.18.3
    platform: linux/amd64
serverVersion:
    buildDate: "2022-06-16T14:31:58Z"
    compiler: gc
    gitCommit: eb0436e90e1adcedc2d6a8b3c3ea232491a65d92
    gitTreeState: clean
    gitVersion: v1.6.2
    goVersion: go1.18.3
    platform: linux/amd64
```

2.5.8 测试 IAM 系统是否安装成功

最后，我们可以执行以下命令来测试整个 IAM 系统是否被成功安装：

```
$ ./scripts/install/test.sh iam::test::test
```

如果安装成功，最后会输出一行：congratulations, install iam application successfully!。如图 2-5 所示。

```
congratulations, iamctl test passed!
congratulations, smoke test passed!
congratulations, man test passed!
congratulations, all test passed!
```

图 2-5 iam::test::test 运行结果

2.6 彩蛋：一键安装

> 提示 如果你觉得上面部署 IAM 系统的教程很复杂，你也可以直接执行以下脚本，来完成 IAM 系统的安装：
>
> ```
> $ export LINUX_PASSWORD='iam59!z$' # 重要：这里要导出 going 用户的密码
> $ curl-L https://github.com/marmotedu/iam/releases/download/v1.6.2/iam.tar.gz |
>   tar -xz -C /tmp/
> $ cd /tmp/iam/ && ./scripts/install/install.sh iam::install::install
> ```

2.7　本章总结

本章内容分为两大部分。第一部分重点介绍了 IAM 系统，包括 IAM 的功能、架构和使用流程。只有了解了 IAM 系统，才能更好地学习后面的内容。第二部分带你一步一步安装了 IAM 系统，完成安装的同时，也能加深你对 IAM 系统的理解，以及为后面的实战准备好环境。

第二部分 Part 2

项目设计

在正式开发项目之前，需要先做好项目设计。项目设计类似于指导方针，可以指导项目的开发，对项目后期的质量、演进都至关重要。本部分会详细介绍如何去设计一个优雅的Go项目。

本部分内容如下：

- 第3章 规范设计
- 第4章 目录结构设计
- 第5章 工作流设计
- 第6章 研发流程设计
- 第7章 如何写出优雅的Go项目
- 第8章 Go语言设计模式

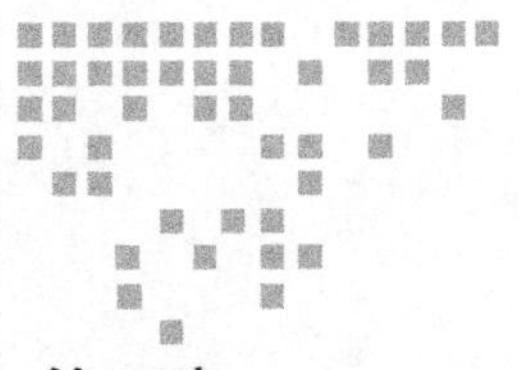

Chapter 3 第3章

规范设计

无规矩不成方圆，生活如此，软件开发也是如此。一个应用基本都是多人协作开发的，但不同开发者的开发习惯、方式都不同，如果没有一个统一的规范，就会造成非常多的问题，列举如下。

- **代码风格不一**：代码仓库中有多种代码风格，读/改他人的代码将是一件痛苦的事情，整个代码库也会看起来很乱。
- **目录杂乱无章**：相同的功能被放在不同的目录，或者从目录上根本看不出它的作用，新开发的代码也不知道放在哪个目录或文件。这些都会严重降低代码的可读性和可维护性。
- **接口不统一**：对外提供的API不统一，例如，修改用户接口为`/v1/users/colin`，但是修改密钥接口为`/v1/secret?name=secret0`，难以理解和记忆。
- **错误码不规范**：错误码格式不统一，导致难以辨别错误类型；同类错误拥有不同错误码，增加理解难度。

因此，我们需要一个好的规范来约束开发者，以确保大家开发的是“**一个应用**”。一个好的规范不仅可以提高软件质量，也可以提高软件的开发效率，降低维护成本，甚至减少Bug数，还可以使你的开发工作顺畅。所以，在编码之前，我们有必要花一些时间和团队成员一起讨论并制定规范。

3.1 有哪些地方需要制定规范

一个Go项目会涉及很多方面，所以会有多种规范，且同类规范也会因为团队差异而有所不同。本章只介绍一些开发中常用的规范。为了便于记忆，下面根据是否跟代码相关将这些规范分为非编码类规范和编码类规范。

- **非编码类规范**：主要包括开源规范、文档规范、Commit Message 规范、版本规范和发布规范。
- **编码类规范**：主要包括目录规范、代码规范、接口规范、日志规范和错误码规范。

为了便于记忆，我将这些规范整理在图 3-1 中。

非编码类规范	编码类规范
开源规范	目录规范
文档规范	代码规范
Commit Message规范	接口规范
版本规范	日志规范
发布规范	错误码规范

图 3-1 常见规范

本章，我先介绍开源规范、文档规范、Commit Message 规范和版本规范，至于其他规范，会在后面内容中介绍。例如日志规范，因为和日志设计结合比较紧密，我会放在第 14 章中一起讲解。

3.2 开源规范

其实业界并没有一个官方的开源规范，在实际开发中，也很少有人提这个。那么，我们为什么一定要知道开源规范呢？原因主要有以下两个方面。

- 开源项目在代码质量、代码规范、文档等方面的要求比非开源项目的要求高。在项目开发中按照开源项目的要求来规范自己的项目，可以更好地驱动项目质量的提高。
- 一些大公司为了不重复造轮子，会要求公司团队能够将自己的项目开源，所以提前按开源标准来驱动 Go 项目开发，也会为我们日后代码开源省去不少麻烦。

3.2.1 开源协议概述

一个开源项目一定需要一个开源协议，开源协议规定了你在使用开源软件时的权利和责任，也就是规定了你可以做什么，不可以做什么。所以，开源规范的第一条就是选择一个合适的开源协议。那么有哪些开源协议，如何选择呢？本节就来详细介绍下。

> 提示 只有开源项目才会用到开源协议，如果你的项目不准备开源，就用不到开源协议。但先了解一下总是没错的，以后总能用得上。

业界有上百种开源协议，每种开源协议的要求不一样，有的协议对使用条件要求比较苛刻，有的则相对宽松。我们无须记住全部开源协议，只需要知道经常使用的6种开源协议，也就是GPL、MPL、LGPL、Apache、BSD和MIT。这些协议的介绍如表3-1所示。

表3-1 开源协议介绍

开源协议	介 绍
GPL	GPL(General Public License）是开源项目最常用的许可证，衍生代码的分发需开源且遵守此协议。该协议也有很多变种，不同变种要求会略微不同
MPL	MPL协议允许免费重发布、修改，但要求修改后的代码版权归软件的发起者，即基于这种软件的修改将版权无偿贡献给该软件，这种授权维护了商业软件的利益
LGPL	LGPL（Lesser General Public Licence）是GPL主要为类库使用设计的一个开源协议。LGPL允许商业软件通过类库引用的方式使用LGPL类库而不需要开源商业软件的代码。但是如果修改LGPL协议的代码或者衍生，则所有修改的代码、涉及修改部分的额外代码和衍生的代码都必须采用LGPL协议
Apache	Apache协议是Apache软件基金会发布的一个自由软件许可证，Apache 2.0协议除了为用户提供版权许可之外，还提供专利许可，非常适合涉及专利内容的项目
BSD	BSD（Berkeley Software Distribution）协议在软件分发方面除需要包含一份版权提示和免责声明之外，没有任何限制，该协议还禁止用开源代码的作者/机构名字和原来产品的名字做市场推广
MIT	协议的主要内容为：软件及其相关文档对所有人免费，人们可以任意处置软件，包括使用、复制、修改、合并、发表、分发、再授权，甚至销售。唯一的限制是，软件中必须包含上述版权和许可提示。MIT协议是所有开源许可中最宽松的一个，除了必须包含许可声明外，再无任何限制

3.2.2 开源协议选择

那具体如何选择适合自己的开源协议呢？可以参考乌克兰程序员Paul Bagwell画的一张图，如图3-2所示。

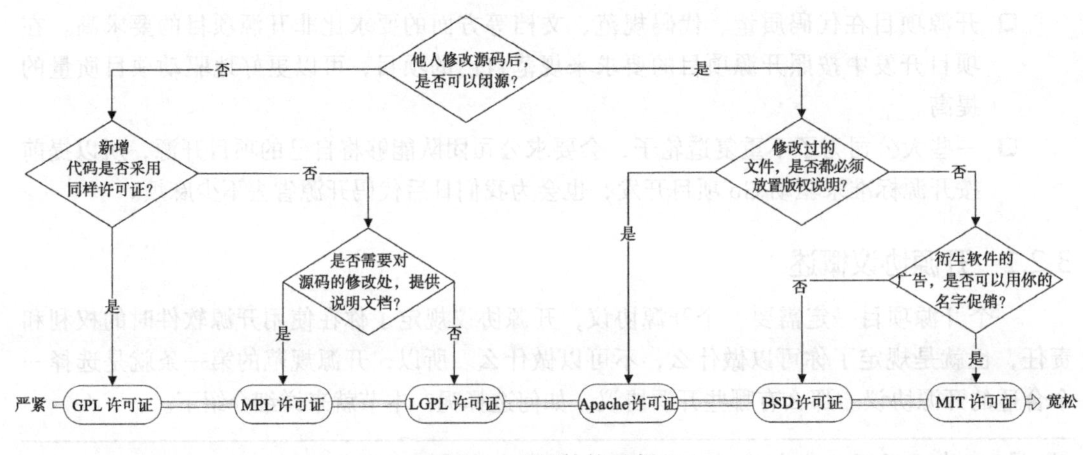

图3-2 开源协议选择

在图3-2中，右边的协议比左边的协议宽松，在选择时，你可以根据菱形框中的选择项从上到下进行选择。为了使你能够毫无负担地使用IAM项目提供的源码，我选择了最宽松的 MIT 协议。

另外，因为Apache是对商业应用友好的协议，使用者也可以在需要的时候修改代码来满足需要，并作为开源或商业产品发布或销售，所以大型公司的开源项目通常会采用Apache 2.0 开源协议。

3.2.3 开源规范有什么

那我们在参与开源项目，或者按照开源项目的要求来规范代码时，需要关注哪些方面？在我看来，一切能让项目变得更优秀的规范都应该属于开源规范。

开源项目的代码，除了要遵守上面所说的编码类规范和非编码类规范之外，还要遵守下面几个规范。

- 开源项目，应该有一个高的单元覆盖率，例如90%。这样，一方面可以确保第三方开发者在开发完代码之后，能够很方便地对整个项目做详细的单元测试，另一方面也能保证提交代码的质量。
- 要确保整个代码库和提交记录中不能出现内部IP、内部域名、密码、密钥这类信息，否则，就会造成敏感信息外漏，可能会对我们的内部业务造成安全隐患。
- 当我们的开源项目被别的开发者提交 Pull Request、Issue、评论时要及时处理，这一方面可以确保项目不断被更新，另一方面也可以激发其他开发者贡献代码的积极性。
- 好的开源项目，应该能够持续地更新功能，修复Bug。对于一些已经结项、不维护的开源项目，我们需要及时地对项目进行归档，并在项目描述中加以说明。

3.2.4 开源规范详细内容

除了上一节介绍的重要的开源规范，这里我再补充一些开源规范供你参考。

- **项目结构**：一个开源项目应该有一个合理、专业、符合语言特色的项目结构。
- **严格遵循代码规范**：开源代码面向的人群是所有的开发者，不规范的代码，不仅可读性差，也不利于其他开发者贡献代码。
- **代码质量**：开源代码一定要保证质量。低质量的代码，不仅隐藏了很多性能和功能缺陷，还会影响开源项目的品牌，进而影响开源效果。
- **版本发布规范**：开源项目要遵循既定的版本规范，整个项目的更新迭代要有版本号，目前用得比较多的是语义化的版本规范。
- **向下兼容**：代码要做到向下兼容，这样可以尽可能减少发布变更的影响；遵循语义化的版本规范，可以在一定程度上保证代码的向下兼容能力。
- **详细的文档说明**：要保证代码能够被其他开发者很容易地阅读和贡献代码，所以不仅要保证文档的质量和数量，还要确保有一些必要的文档。
    - **LICENSE（如果是开源项目，LICENSE是必选的）**：软件协议，声明该开源项目遵循什么软件协议。

- README.md：README 文件，放在项目的根目录下，包含项目的描述、依赖项、安装方法、使用方法、贡献方法、作者和遵循的软件协议等。
- CHANGELOG：目录，用来存放版本的变更历史，方便其他开发者了解新版本或旧版本的变更内容。
- Makefile：对于一个复杂的项目，通常也会包含一个 Makefile 文件，用来对项目进行构建、测试、安装等。
- CONTRIBUTING.md：用来说明如何给本项目贡献代码，包含贡献流程和流程中每个环节的详细操作。
- docs：目录，用来存放本项目所有文档，例如安装文档、使用文档、开发文档等。一些重要的文档，可以链接到项目根目录的 README.md 文档中。这些文档要确保开发者能够轻松地理解、部署和使用该项目。
- examples：存放一些示例代码。

- **完善的使用示例**：可以帮助用户快速学习和使用开源项目。
- **好的 Commit Message 记录**：开源项目在提交时，要遵循一定的规范，这样其他开发者才能够快速浏览和理解变更历史，减小学习成本。本书讲解的项目遵循 Angular Commit Message 规范。
- **发布可用的版本**：要确保每一次发布都经过充分的测试，每一个发布的版本都是可用的。
- **建立讨论小组**：如果条件允许，最好和贡献者建立讨论小组，并每周或每月组织讨论，大家共同维护。
- **做好推广**：如果有条件，可以宣传运营开源项目，让更多的人知道，让更多的人用，让更多的人贡献代码。例如在掘金、简书等平台发表文章，创建 QQ、微信交流群等。
- **Git 工作流**：选择合适的 Git 工作流，并遵循 Git 工作流使用规范，例如 GitFlow。

3.2.5 运营开源项目

开源项目应该能触达更多的开发者，只有这样才能使更多的开发者受益，并反哺开源项目，使开源项目不断更新迭代、发展壮大。你可以通过以下几种途径来运营开源项目。

- 积极在一些技术社区、论坛发表文章，分享开源项目相关的技术、功能等。也可以创建 QQ、微信群、微信公众号等社群，并积极参与社群的讨论和技术分享。
- 如果你英文好、有时间，最好中英文文档各准备 1 份，让更多的开发者都能了解、使用和参与你的项目。
- 积极参加一些技术峰会、技术沙龙，分享你的项目和技术。
- 如果有人力、财力，也可以招聘专门的开源社区经理运营开源项目。
- 采取一些手段来鼓励、吸引贡献者，适时地帮助他们解决问题。

3.3 文档规范

文档属于软件交付的一个重要组成部分，没有文档的项目很难理解、部署和使用。因此，编写文档是开发工作必不可少的环节。那么一个项目需要编写哪些文档，又该如何编写呢？我认为项目中最需要的 3 类文档是 README 文档、项目文档和 API 文档。

3.3.1 README 文档规范

README 文档是开发者学习项目时阅读的第一个文档，会放在项目的根目录下。因为它主要用于介绍项目的功能、安装、部署和使用，所以是可以规范化的。我们直接通过一个 README 模板来看一下 README 规范中的内容，模板内容如下：

```
# 项目名称

<!-- 写一段简短的话描述项目 -->

## 功能特性

<!-- 描述该项目的核心功能点 -->

## 软件架构（可选）

<!-- 可以描述一下项目的架构 -->

## 快速开始

### 依赖检查

<!-- 描述该项目的依赖，比如依赖的包、工具或者其他任何依赖项 -->

### 构建

<!-- 描述如何构建该项目 -->

### 运行

<!-- 描述如何运行该项目 -->

## 使用指南

<!-- 描述如何使用该项目 -->

## 如何贡献

<!-- 告诉其他开发者如果给该项目贡献代码 -->

## 社区（可选）
```

```
<!-- 如果有必要可以介绍一些社区相关的内容 -->

## 关于作者
<!-- 这里写上项目作者 -->

## 谁在用（可选）

<!-- 可以列出使用该项目的其他有影响力的项目，算是给项目打个广告吧 -->

## 许可证

<!-- 这里链接上该项目的开源许可证 -->
```

更具体的示例可以参考 IAM 项目根目录下的 README.md 文件。

> **提示** 有个在线的 README 生成工具可供参考，地址是 https://readme.so/。

3.3.2 项目文档规范

项目文档包括一切需要文档化的内容，它们通常集中放在 /docs 目录下。当我们在创建团队的项目文档时，通常会预先规划并创建好一些目录，用来存放不同的文档。因此，在开始 Go 项目开发之前，我们也要制定一个软件文档规范。好的文档规范有两个优点：易读和可以快速定位文档。

不同项目有不同的文档需求，在制定文档规范时，你可以考虑包含以下两类文档。

- **开发文档**：用来说明该项目的开发流程，比如如何搭建开发环境、构建二进制文件、测试、部署等。
- **用户文档**：软件的使用文档，对象一般是软件的使用者，内容可根据需要添加。比如，可以包括 API 文档、SDK 文档、安装文档、功能介绍文档、最佳实践、操作指南、常见问题等。

为了加深理解，这里我们来看一下 IAM 实战项目的文档目录结构：

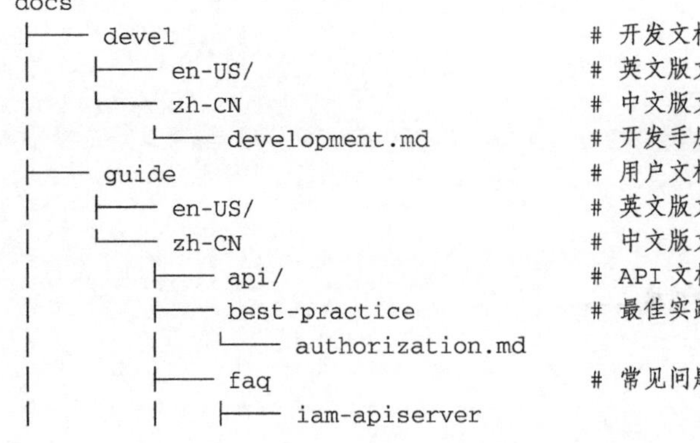

```
docs
├── devel                              # 开发文档，可以提前规划好英文版文档和中文版文档
│   ├── en-US/                         # 英文版文档，可以根据需要组织文件结构
│   └── zh-CN                          # 中文版文档，可以根据需要组织文件结构
│       └── development.md             # 开发手册，可以说明如何编译、构建、运行项目
├── guide                              # 用户文档
│   ├── en-US/                         # 英文版文档，可以根据需要组织文件结构
│   └── zh-CN                          # 中文版文档，可以根据需要组织文件结构
│       ├── api/                       # API 文档
│       ├── best-practice              # 最佳实践，存放一些比较重要的实践文章
│       │   └── authorization.md
│       ├── faq                        # 常见问题
│       │   ├── iam-apiserver
```

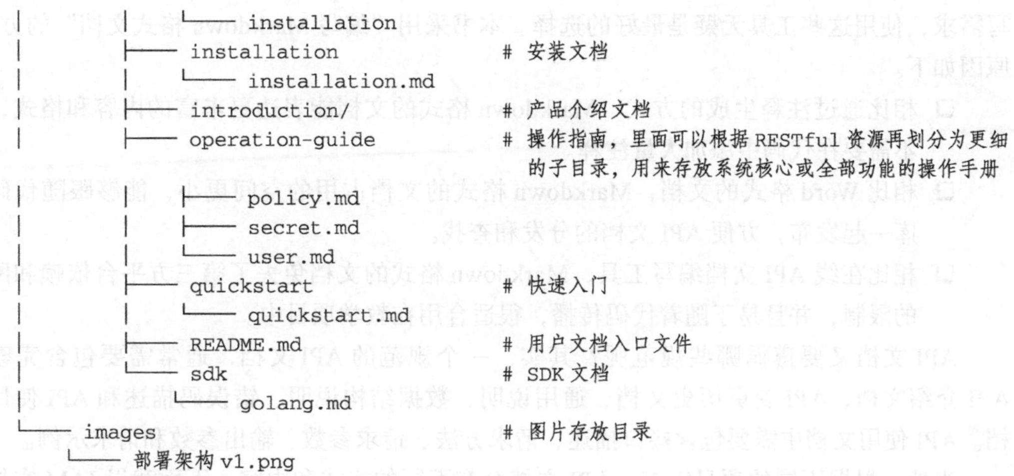

```
|   |   └── installation
|   ├── installation                # 安装文档
|   |   └── installation.md
|   ├── introduction/               # 产品介绍文档
|   ├── operation-guide             # 操作指南，里面可以根据RESTful资源再划分为更细
                                      的子目录，用来存放系统核心或全部功能的操作手册
|   |   ├── policy.md
|   |   ├── secret.md
|   |   └── user.md
|   ├── quickstart                  # 快速入门
|   |   └── quickstart.md
|   ├── README.md                   # 用户文档入口文件
|   └── sdk                         # SDK文档
|       └── golang.md
└── images                          # 图片存放目录
    └── 部署架构v1.png
```

3.3.3 API文档规范

接口文档又称API文档，一般由后台开发人员编写，用来描述组件提供的API，以及如何调用这些API。

在项目初期，接口文档可以解耦前后端，让前后端并行开发：前端只需要按照接口文档实现调用逻辑，后端只需要按照接口文档提供功能。前后端都开发完成之后，我们就可以直接进行联调，从而提高开发效率。在项目后期，接口文档可以提供给使用者，这样不仅可以降低组件的使用门槛，还能减少沟通成本。

显然，一个有固定格式、结构清晰、内容完善的接口文档是非常重要的。那么我们该如何编写接口文档，它又有什么规范呢？

接口文档有四种编写方式，包括编写Word格式文档、借助工具编写、通过注释生成和编写Markdown格式文档。具体的实现方式如表3-2所示。

表3-2 四种接口文档编写方式

实现方式	描述
编写Word格式文档	编写Word格式的接口文档。Word具有强大的排版功能，可以满足不同的API文档编写需求
借助工具编写	借助在线或离线的API文档编写工具编写接口文档，这些工具通常已经定义好了接口文档的格式，只需按照格式填写内容即可。通过工具编写文档，简单省事，格式统一
通过注释生成	在代码中添加注释，并通过Swagger工具生成符合Swagger规范的接口文档，这种方式更新比较方便
编写Markdown格式文档	在项目仓库中，编写Markdown格式的接口文档。Markdown因为轻量、占用空间小的特性，受到很多开发者欢迎

其中，“通过注释生成”和“编写Markdown格式文档”这两种方式用得最多。随着软件技术的发展，当前也有很多优秀的API文档编写工具，如果能够满足团队的API文档编

写需求，使用这些工具无疑是最好的选择。本书采用“编写 Markdown 格式文档”的方式，原因如下。

- ❑ 相比通过注释生成的方式，Markdown 格式的文档能表达更丰富的内容和格式，且不需要在代码中添加大量注释。
- ❑ 相比 Word 格式的文档，Markdown 格式的文档占用的空间更小，能够跟随代码仓库一起发布，方便 API 文档的分发和查找。
- ❑ 相比在线 API 文档编写工具，Markdown 格式的文档免去了第三方平台依赖和网络的限制，并且易于随着代码传播，很适合用在教学项目中。

API 文档又要遵循哪些规范呢？其实，一个规范的 API 文档，通常需要包含完整的 API 介绍文档、API 变更历史文档、通用说明、数据结构说明、错误码描述和 API 使用文档。API 使用文档中需要包含接口描述、请求方法、请求参数、输出参数和请求示例。

当然，根据不同的项目需求，API 文档会有不同的格式和内容。下面我以 IAM 实战项目采用的 API 文档规范为例简单说明。

我们可以将 IAM 项目的接口文档拆分为以下几个 Markdown 文件，并存放在目录 `docs/guide/zh-CN/api` 中。

- ❑ README.md：API 介绍文档，会分类介绍 IAM 支持的 API，并存放相关 API 文档的链接，方便开发者查看。
- ❑ CHANGELOG.md：API 文档变更历史，方便进行历史回溯，也可以方便调用者参考是否更新接口。
- ❑ generic.md：用来说明通用的请求参数、返回参数、认证方法和请求方法等。
- ❑ struct.md：用来列出接口文档中使用的数据结构。这些数据结构可能被多个 API 使用，会在 `user.md`、`secret.md`、`policy.md` 文件中被引用。
- ❑ user.md、secret.md、policy.md：API 文档，相同 REST 资源的接口会存放在一个文件中，以 REST 资源名命名文档。
- ❑ error_code.md：错误码描述，可通过程序自动生成。

这里我以 `user.md` 为例解释如何编写接口文档。`user.md` 文件记录了用户相关的接口，每个接口按顺序排列，包含以下 5 个部分。

- ❑ **接口描述**：描述接口实现了什么功能。
- ❑ **请求方法**：接口的请求方法，格式为 `HTTP 方法 请求路径`，例如 `POST /v1/users`。在 API 官方文档的**通用说明**中的**请求方法**部分，会说明接口的请求协议和请求地址。
- ❑ **输入参数**：接口的输入字段，分为 Header 参数、Query 参数、Body 参数、Path 参数。每个字段通过**参数名称**、**必选**、**类型**和**描述** 4 个属性来描述。如果参数有限制或者默认值，可以在描述部分注明。
- ❑ **输出参数**：接口的返回字段，每个字段通过**参数名称**、**类型**和**描述** 3 个属性来描述。
- ❑ **请求示例**：一个真实的 API 请求和返回示例。

> **提示** 掌握了这些内容之后，如果还想了解更详细的API文档规范，可以参考IAM项目的API文档（https://github.com/marmotedu/iam/tree/v1.6.2/docs/guide/zh-CN/api）。

3.4 Commit Message规范

在进行代码开发时，经常需要提交代码，且提交代码时需要填写Commit Message（提交说明），否则就不允许提交。而在实际开发中，我发现每个开发人员提交Commit Message的格式五花八门，有用中文的，有用英文的，甚至有的直接填写“11111”。这样的Commit Message，时间久了可能连提交者自己都看不懂所表达的意思，更别说给别人看了。

所以在Go开发项目中，一个好的Commit Message规范至关重要。它主要有以下作用。

- 可以使自己或者其他开发人员清晰地知道每个提交（以下称为commit）的变更内容，方便快速浏览变更历史，比如可以直接略过文档类型或者格式化类型的代码变更。
- 可以基于这些Commit Message进行过滤查找，比如只查找某个版本新增的功能：`git log --oneline --grep "^feat|^fix|^perf"`。
- 可以基于规范化的Commit Message生成变更日志。
- 可以依据某些类型的Commit Message触发构建或者发布流程，比如当类型为`feat`、`fix`时我们才触发CI流程。
- 可以用来确定语义化版本的版本号。比如`fix`类型可以映射为PATCH版本，`feat`类型可以映射为MINOR版本。带有`BREAKING CHANGE`的commit，可以映射为MAJOR版本。

总的来说，一个好的Commit Message规范可以使Commit Message的可读性更好，并且可以实现自动化。那究竟如何写一个易读的Commit Message呢？

下面我们就来看看如何规范Commit Message。另外，除了Commit Message之外，我还会介绍与commit相关的3个重点内容，以及如何通过自动化流程来保证Commit Message的规范化。

3.4.1 Commit Message规范有哪些

毫无疑问，你可以根据需要自己制定Commit Message规范，但是我更建议采用开源社区中比较成熟的规范。一方面，可以避免重复造轮子，提高工作效率；另一方面，这些规范是经过大量开发者验证的，是科学、合理的。

目前，社区有多种Commit Message规范，例如jQuery、Angular等。我将这些规范及其格式绘制成图3-3供你参考。

在这些规范中，Angular规范在功能上能够满足开发者的提交需求，在格式上清晰易读，目前也是用得最多的。

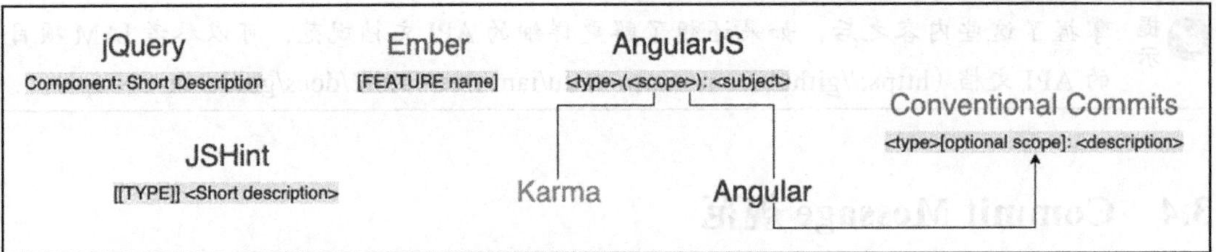

图 3-3 常用 Commit Message 规范及其格式

Angular 规范其实是一种语义化提交规范。语义化提交规范的要求如下。

- **Commit Message 是语义化的**：Commit Message 都会被归为一个有意义的类型，用来说明本次提交的类型。
- **Commit Message 是规范化的**：Commit Message 遵循预先定义好的规范，比如 Commit Message 格式固定，都属于某个类型；这些规范不仅可以被开发者识别，也可以被工具识别。

为了方便理解 Angular 规范，我们直接看一个符合 Angular 规范的 commit 历史记录，如图 3-4 所示。

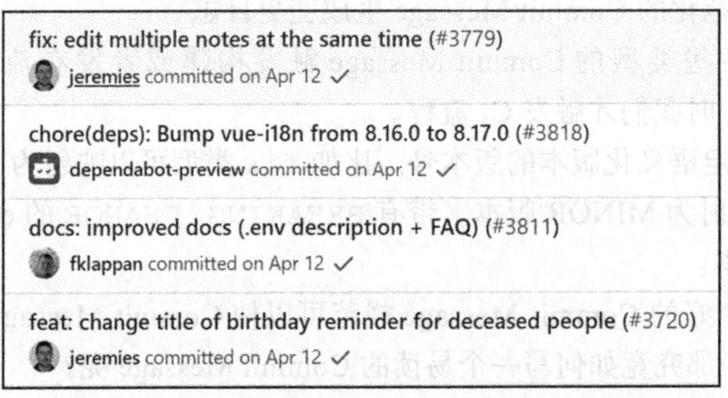

图 3-4 符合 Angular 规范的 commit 历史记录

再来看一个完整的符合 Angular 规范的 Commit Message，如图 3-5 所示。

```
commit ed55355363dad26778dfe61fe6fc0ffc521f0db6
Author: Igor Minar <igor@angular.io>
Date:   Tue Jul 30 14:36:35 2019 -0700

    fix(core): remove deprecated and defunct wtf* apis (#33949)

    These apis have been deprecated in v8, so they should stick around till v10,
    but since they are defunct we are removing them early so that they don't take up payload size.

    PR Close #33949
```

图 3-5 完整的符合 Angular 规范的 Commit Message

通过图 3-4 和图 3-5，我们可以看到符合 Angular Commit Message 规范的 commit 都是

有一定格式及语义的。

在 Angular 规范中，Commit Message 包含三个部分，分别是 Header、Body 和 Footer，格式如下：

```
<type>(<scope>): <subject>
// 空行
[optional body]
// 空行
[optional footer(s)]
```

其中，Header 是必需的，Body 和 Footer 可以省略。在以上规范中，`<scope>` 必须用括号 `()` 括起来，`<type>(<scope>)` 后必须紧跟冒号，冒号后必须紧跟空格，两个空行也是必需的。

在实际开发中，为了使 Commit Message 在 GitHub 或者其他 Git 工具上更加易读，我们往往会限制每行说明的长度。根据需要，可以限制为 50、72、100 个字符，这里我将长度限制在 72 个字符以内（也有一些开发者会将长度限制为 100，你可根据需要自行选择）。

以下是一个符合 Angular 规范的 Commit Message：

```
fix($compile): couple of unit tests for IE9
# Please enter the Commit Message for your changes. Lines starting
# with '#' will be ignored, and an empty message aborts the commit.
# On branch master
# Changes to be committed:
# ...

Older IEs serialize html uppercased, but IE9 does not...
Would be better to expect case insensitive, unfortunately jasmine does
not allow to user regexps for throw expectations.

Closes #392
Breaks foo.bar api, foo.baz should be used instead
```

接下来，我们详细看看 Angular 规范中 Commit Message 的三个部分。

1. Header

Header 部分只有一行，包括三个字段：type（必选）、scope（可选）和 subject（必选）。

（1）type

type 用于说明 Commit Message 的类型。为了方便记忆，我对这些类型做了归纳，将它们主要分为 Development 和 Production 两种类别，其含义如下。

- Development：这类修改一般是项目管理类的变更，不会影响最终用户和生产环境的代码，比如 CI 流程、构建方式等的修改。遇到这类修改，通常也意味着可以免测发布。
- Production：这类修改会影响生产环境的代码，所以对于这种改动，我们一定要慎重，并在提交前做好充分的测试。

我在这里列出了 Angular 规范中的常见类型和它们所属的类别，如表 3-3 所示。

表 3-3 Angular 规范中的常见类型和它们所属的类别

类 型	类 别	说 明
feat	Production	新增功能
fix	Production	修复缺陷
perf	Production	提高代码性能的变更
style	Development	代码格式类的变更，比如用 gofmt 格式化代码、删除空行等
refactor	Production	其他代码类的变更，这些变更不属于 feat、fix、perf 和 style，例如简化代码、重命名变量、删除冗余代码等
test	Development	新增测试用例或更新现有测试用例
ci	Development	持续集成和部署相关的改动，例如修改 Jenkins、GitLab CI 等 CI 配置文件或者更新系统单元文件
docs	Development	文档类的更新，包括修改用户文档、开发文档等
chore	Development	其他类型，例如构建流程、依赖管理或者辅助工具的变动等

你在提交 Commit Message 的时候，一定要注意区分它的类别。举个例子，我们在做代码审核时，如果遇到 Production 类别的代码，一定要认真审核，因为这种类别会影响到现网用户的使用和现网应用的功能。

表 3-3 中列出了 9 种类型，面对这么多类型，我们该如何确定一个 Commit Message 所属的类型呢？这里我们可以通过图 3-6 来确定。

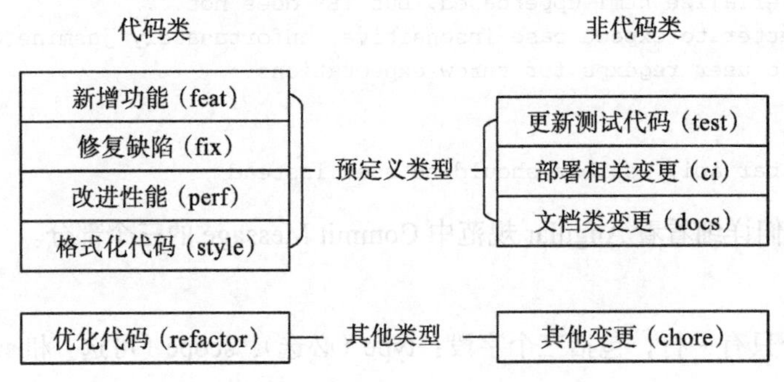

图 3-6 确定 Commit Message 的类型

如果我们变更了应用代码，比如变更了某个 Go 函数代码，那就属于代码类。在代码类中，有 4 种具有明确变更意图的类型，即 `feat`、`fix`、`perf` 和 `style`；如果我们的代码变更不属于这 4 类，那就全都归为 `refactor` 类，也就是优化代码。

如果我们变更的不是项目代码，例如更改了文档，那它属于非代码类。在非代码类中，有 3 种具有明确变更意图的类型，即 `test`、`ci`、`docs`；如果我们的非代码变更不属于这 3 类，那就全部归入 `chore` 类。

Angular 规范为 Commit Message 提供了大部分的类型，在实际开发中，我们可以使用该规范提供的类型，也可以扩展添加我们自己的类型。但无论选择哪种方式，我们一定要保证一个项目中的类型一致。

（2）scope

scope 用于说明 commit 的影响范围，它必须是名词。显然，不同项目会有不同的 scope。在项目初期，我们可以设置一些粒度比较大的 scope，比如可以按组件名或者功能来设置 scope。在项目后期，如果项目有变动或者增加了新功能，我们可以用追加的方式添加新的 scope。

IAM 项目采用的 scope 主要是根据组件名和功能来设置的。例如，支持 apiserver、authzserver、user 等 scope。

这里想强调的是，不适合为 scope 设置太具体的值。如果太具体，一方面会导致项目有太多的 scope，难以维护，另一方面也会使得开发者难以确定 commit 属于哪个具体的 scope，导致错放，失去了分类的意义。

当然，在指定 scope 时，我们也需要遵循预先规划的 scope 规范，所以我们要将 scope 文档化，放在类似 devel 这类文档中。这可以参考 IAM 项目的 scope 文档[⊖]。

（3）subject

subject 是 commit 的简短描述，必须以动词开头，使用现在时。比如，我们可以用 change，却不能用 changed 或 changes，而且这个动词的第一个字母必须小写。通过这个动词，我们可以明确地知道 commit 所执行的操作。此外我们还要注意，subject 的结尾不能加英文句号。

2. Body

Header 对 commit 做了高度概括，可以方便我们查看 Commit Message。那我们如何知道具体做了哪些变更呢？可以通过 Body 部分了解，它是对本次 commit 的更详细描述，是可选的。

Body 部分可以分成多行，而且格式也比较自由。不过，和 Header 里的 `<subject>` 一样，它也要以动词开头，使用现在时。此外，它还必须包括修改的动机，以及和跟上一版本相比的改动点。下面是一个 Body 示例：

```
The body is mandatory for all commits except for those of scope "docs". When the
    body is required it must be at least 20 characters long.
```

3. Footer

Footer 部分不是必选的，可以根据需要来选择，主要用来说明本次 commit 导致的后果。在实际应用中，Footer 通常用来说明不兼容的改动和关闭的 Issue 列表，格式如下：

⊖ 参见 https://github.com/marmotedu/iam/blob/v1.6.2/docs/devel/zh-CN/scope.md。

```
BREAKING CHANGE: <breaking change summary>
// 空行
<breaking change description + migration instructions>
// 空行
// 空行
Fixes #<issue number>
```

接下来详细说明这两种情况。

- **不兼容的改动**：如果当前代码与上一个版本不兼容，则 Footer 开始部分需要以 `BREAKING CHANGE:` 开头，后面是不兼容改动的摘要。Footer 的其他部分则需要说明变动的描述、变动的理由和迁移方法，例如：

```
BREAKING CHANGE: isolate scope bindings definition has changed and
    the inject option for the directive controller injection was removed.

    To migrate the code follow the example below:

    Before:

    scope: {
        myAttr: 'attribute',
    }

    After:

    scope: {
        myAttr: '@',
    }
    The removed `inject` wasn't generaly useful for directives so there should
        be no code using it.
```

- **关闭的 Issue 列表**：关闭的 Bug 需要在 Footer 部分新建一行，并以 `Closes` 开头列出，例如 `Closes #123`。如果关闭了多个 Issue，可以这样列出：`Closes #123, #432, #886`。例如：

```
Change pause version value to a constant for image

Closes #1137
```

4. Revert Commit

除了包括 Header、Body 和 Footer 这 3 个部分，Commit Message 还要遵循一种特殊规范：如果当前 commit 还原了先前的 commit，则应以 `revert:` 开头，后跟还原的 commit 的 Header。而且，在 Body 中必须写成 `This reverts commit <hash>`，其中 hash 是要还原的 commit 的 SHA 标识。例如：

```
revert: feat(iam-apiserver): add 'Host' option

This reverts commit 079360c7cfc830ea8a6e13f4c8b8114febc9b48a.
```

为了更好地遵循 Angular 规范，建议你在提交代码时养成不用 `git commit -m` 的习惯，即养成不用 `-m` 选项，而是直接用 `git commit` 或者 `git commit -a` 进入交互界面编辑 Commit Message 的习惯。这样可以更好地格式化 Commit Message。

3.4.2 与 Commit Message 相关的 3 个重要内容

除了 Commit Message 规范之外，在代码提交时，我们还需要关注以下 3 个重点内容：

- 提交频率；
- 合并提交；
- Commit Message 修改。

1. 提交频率

在实际项目开发中，如果是个人项目，随意提交可能影响不大，但如果是多人开发的项目，随意提交不仅会让 Commit Message 变得难以理解，还会让其他开发同事觉得你不专业。因此，我们要规定提交频率。那到底什么时候提交好呢？

我认为主要可以分成两种情况。一种情况是，只要对项目进行了修改，一通过测试就立即提交。比如修复完一个 Bug、开发完一个小功能，或者开发完一个完整的功能，在测试通过后就立即提交。另一种情况是，我们规定一个时间，定期提交。这里我建议在下班前固定提交一次，并且要确保本地未提交的代码在 1 天内提交到远端仓库。这样，如果本地代码丢失，可以尽可能减少丢失的代码量。

按照上面两种方式提交代码，你可能会觉得代码提交的次数比较多，看起来比较随意。或者说，我们想等开发完一个完整的功能之后，放在一个 commit 中一起提交。这时候，我们可以在最后合并代码或者提交 Pull Request 前，执行 `git rebase -i` 合并之前的所有 commit。

2. 合并提交

合并提交，就是将多个 commit 合并为一个 commit 提交。这里，我建议你把新的 commit 合并到主干时，只保留 2~3 个 commit 记录。那具体怎么做呢？

在 Git 中，我们主要使用 `git rebase` 命令来合并。`git rebase` 也是我们日后开发需要经常使用的一个命令，所以我们一定要掌握好它的使用方法。接下来介绍 `git rebase` 命令，并给出一个合并提交操作示例。

（1）git rebase 命令介绍

`git rebase` 的最大作用是它可以重写 commit 历史。我们通常会使用 `git rebase -i <commit ID>` 命令，`-i` 参数表示交互（interactive），该命令会进入一个交互界面中，其实就是 Vim 编辑器。在该界面中，我们可以对里面的 commit 做一些操作，交互界面如图 3-7 所示。

这个交互界面会首先列出给定 `<commit ID>` 之前（不包括 `<commit ID>`，越往下越新）的所有 commit，每个 commit 前面有一个操作命令，默认是 `pick`。我们可以选择不同的 commit，并修改 commit 前面的命令来对该 commit 执行不同的变更操作。

```
1git-rebase-todo
pick 5a26aa2 docs(docs): append test line 'update2' to README.md
pick 7157e9e docs(docs): append test line 'update3' to README.md

# Rebase 55892fa..7157e9e onto 55892fa (2 command(s))
#
# Commands:
# p, pick = use commit
# r, reword = use commit, but edit the commit message
# e, edit = use commit, but stop for amending
# s, squash = use commit, but meld into previous commit
# f, fixup = like "squash", but discard this commit's log message
# x, exec = run command (the rest of the line) using shell
# d, drop = remove commit
#
# These lines can be re-ordered; they are executed from top to bottom.
#
# If you remove a line here THAT COMMIT WILL BE LOST.
#
# However, if you remove everything, the rebase will be aborted.
#
# Note that empty commits are commented out
```

图 3-7 git rebase -i 交互界面

git rebase 支持的变更操作如表 3-4 所示。

表 3-4 git rebase 支持的变更操作

命令	目的
p, pick	不对该 commit 做任何处理
r, reword	保留该 commit，但是修改提交信息
e, edit	保留该 commit，但是变基时会暂停，允许修改这个 commit
s, squash	保留该 commit，但是会将当前 commit 与上一个 commit 合并
f, fixup	与 squash 相同，但不会保存当前 commit 的提交信息
x, exec	执行其他 shell 命令
d, drop	删除该 commit

在上面的 7 个命令中，squash 和 fixup 可以用来合并 commit。例如用 squash 来合并，我们只需要把合并的 commit 前面的动词改成 squash（或者 s）即可。下面是一个具体的示例：

```
pick 07c5abd Introduce OpenPGP and teach basic usage
s de9b1eb Fix PostChecker::Post#urls
s 3e7ee36 Hey kids, stop all the highlighting
pick fa20af3 git interactive rebase, squash, amend
```

变基（rebase）后，第 2 行和第 3 行的 commit 都会合并到第 1 行的 commit。这个时候，我们提交的信息会同时包含这三个 commit 的提交信息：

```
# This is a combination of 3 commits.
# The first commit's message is:
Introduce OpenPGP and teach basic usage

# This is the 2ndCommit Message:
Fix PostChecker::Post#urls

# This is the 3rdCommit Message:
Hey kids, stop all the highlighting
```

如果我们将第3行的 squash 命令改成 fixup 命令：

```
pick 07c5abd Introduce OpenPGP and teach basic usage
s de9b1eb Fix PostChecker::Post#urls
f 3e7ee36 Hey kids, stop all the highlighting
pick fa20af3 git interactive rebase, squash, amend
```

变基后，还是会生成两个commit，第2行和第3行的commit都合并到第1行的commit。但是，在新的提交信息里面，第3行commit的提交信息会被注释掉：

```
# This is a combination of 3 commits.
# The first commit's message is:
Introduce OpenPGP and teach basic usage

# This is the 2ndCommit Message:
Fix PostChecker::Post#urls

# This is the 3rdCommit Message:
# Hey kids, stop all the highlighting
```

除此之外，我们在使用 git rebase 进行操作的时候，还需要注意以下几点：

- 删除某个commit行，则该commit会被丢失。
- 删除所有的commit行，则rebase操作会被终止。
- 可以对commit进行排序，如git会从上到下进行合并。

（2）合并提交操作示例

假设我们需要研发一个新的模块——user，用来在平台里进行用户的注册、登录、注销等操作，当模块完成开发和测试后，需要合并到主干分支，具体步骤如下。

1）新建 feature/user 分支。

我们需要先基于master分支新建并切换到 feature/user 分支：

```
$ git checkout -b feature/user
Switched to a new branch 'feature/user'
```

这是所有commit历史：

```
$ git log --oneline
7157e9e docs(docs): append test line 'update3' to README.md
5a26aa2 docs(docs): append test line 'update2' to README.md
```

```
55892fa docs(docs): append test line 'update1' to README.md
89651d4 docs(doc): add README.md
```

2）在 feature/user 分支进行功能开发和测试。

我们在 feature/user 分支进行功能的开发和测试，并提交规范化的 commit。功能开发并测试完成后，Git 仓库的 commit 记录如下：

```
$ git log --oneline
4ee51d6 docs(user): update user/README.md
176ba5d docs(user): update user/README.md
5e829f8 docs(user): add README.md for user
f40929f feat(user): add delete user function
fc70a21 feat(user): add create user function
7157e9e docs(docs): append test line 'update3' to README.md
5a26aa2 docs(docs): append test line 'update2' to README.md
55892fa docs(docs): append test line 'update1' to README.md
89651d4 docs(doc): add README.md
```

可以看到我们提交了 5 个 commit。接下来，我们需要将 feature/user 分支的改动合并到 master 分支，但是 5 个 commit 太多了，我们想将这些 commit 合并后再提交到 master 分支。

3）合并所有的 commit。

在上一步中，我们知道 fc70a21 是 feature/user 分支的第一个 commit ID，其父 commit ID 是 7157e9e，所以我们需要将 7157e9e 之前的所有分支进行合并，这时可以执行：

```
$ git rebase -i 7157e9e
```

执行命令后，会进入一个交互界面，在该界面中，我们可以对需要合并的 4 个 commit 都执行 squash 操作，如图 3-8 所示。

```
1git-rebase-todo
pick fc70a21 feat(user): add create user function
s f40929f feat(user): add delete user function
s 5e829f8 docs(user): add README.md for user
s 176ba5d docs(user): update user/README.md
s 4ee51d6 docs(user): update user/README.md

# Rebase 7157e9e..4ee51d6 onto 7157e9e (5 command(s))
```

图 3-8 合并提交 1

修改完成后执行 :wq 命令进行保存，会跳转到一个新的交互界面，在该界面，我们可以编辑 Commit Message。编辑后的内容如图 3-9 所示。

开头的行是注释，可以忽略掉，在变基后，这些注释行将消失。修改完成后执行 :wq 命令进行保存，就完成了合并提交操作。

除此之外，这里有两点需要注意。

```
1COMMIT_EDITMSG
# This is a combination of 5 commits.
# The first commit's message is:
feat(user): add user module with all function implements

do the following updates:
1. create User go struct
2. (u *User) Create() function
3. add (u *User) Delete() function
4. add README.md for user module
```

图 3-9 合并提交 2

- ❑ git rebase -i <commid ID> 中的 <commid ID> 一定是需要合并 commit 中最旧 commit 的父 commit ID。
- ❑ 我们希望将 feature/user 分支的 5 个 commit 合并到一个 commit，在执行 git rebase 命令时，需要保证其中最新的一个 commit 是 pick 状态，这样我们才可以将其他 4 个 commit 合并进去。

4）检查 commit 是否成功合并。

我们可以使用如下命令来检查 commit 是否成功合并。由结果可知，我们成功将 5 个 commit 合并成一个 commit：d6b17e0。

```
$ git log --oneline
d6b17e0 feat(user): add user module with all function implements
7157e9e docs(docs): append test line 'update3' to README.md
5a26aa2 docs(docs): append test line 'update2' to README.md
55892fa docs(docs): append test line 'update1' to README.md
89651d4 docs(doc): add README.md
```

5）将 feature/user 分支的改动合并到 master 分支。

最后，我们可以将 feature/user 分支的改动合并到 master 分支，从而完成新功能的开发。

```
$ git checkout master
$ git merge feature/user
$ git log --oneline
d6b17e0 feat(user): add user module with all function implements
7157e9e docs(docs): append test line 'update3' to README.md
5a26aa2 docs(docs): append test line 'update2' to README.md
55892fa docs(docs): append test line 'update1' to README.md
89651d4 docs(doc): add README.md
```

如果你有太多 commit 需要合并，那么可以试试这种方式：先撤销过去的 commit，然后再建一个新的。

```
$ git reset HEAD~3
$ git add .
$ git commit -am "feat(user): add user resource"
```

需要说明一点：除非 commit 实在太多，否则我不建议用这种方法，该方法有点“粗暴”，而且之前提交的 Commit Message 都要重新整理一遍。

3. 修改 Commit Message

即使我们有了 Commit Message 规范，但仍然会遇到提交的 Commit Message 不符合规范的情况，此时我们就需要能够修改之前某次提交的 Commit Message。

具体来说，有两种修改方法，分别对应两种不同的情况。

- git commit --amend：修改最近一次的 Commit Message。
- git rebase -i：修改某次 Commit Message。

（1）git commit --amend

有时候，我们刚提交完一个 commit，却发现提交的说明不符合规范或者需要纠正，这时候，我们可以通过 `git commit --amend` 命令来修改刚刚提交的 Commit Message。具体修改步骤如下。

1）查看当前分支的日志记录。

```
$ git log -oneline
418bd4 docs(docs): append test line 'update$i' to README.md
89651d4 docs(doc): add README.md
```

可以看到，最近一次的 Commit Message 是 `docs(docs): append test line 'update$i' to README.md`，其中 `update$i` 正常应该是 `update1`。

2）更新最近一次提交的 Commit Message。

在当前 Git 仓库下执行命令 `git commit --amend`，会进入一个交互界面，在该交互界面中，修改最近一次的 Commit Message，如图 3-10 所示。

```
1COMMIT_EDITMSG
docs(docs): append test line 'update$i' to README.md

# Please enter the commit message for your changes. Lines starting
# with '#' will be ignored, and an empty message aborts the commit.
#
# Date:      Fri Sep 18 13:40:42 2020 +0800
#
# On branch master
# Changes to be committed:
#       modified:   README.md
#
```

将 $i 修改为：1

图 3-10 修改最近一次的 Commit Message

修改完成后执行 `:wq` 命令进行保存，退出编辑器之后，会在命令行显示该 Commit Message 的更新结果：

```
[master 55892fa] docs(docs): append test line 'update1' to README.md
 Date: Fri Sep 18 13:40:42 2020 +0800
 1 file changed, 1 insertion(+)
```

3）查看最近一次的 Commit Message 是否被更新。

```
$ git log --oneline
55892fa docs(docs): append test line 'update1' to README.md
89651d4 docs(doc): add README.md
```

可以看到最近一次的 Commit Message 成功被修改为我们期望的内容。

（2）git rebase -i

如果我们想修改的 Commit Message 不是最近一次的，可以通过`git rebase -i <父 commit ID>`命令来修改。这个命令在实际开发中使用频率比较高，是我们一定要掌握的。可以通过以下 3 步来使用该命令。

1）查看当前分支的日志记录。

```
$ git log --oneline
1d6289f docs(docs): append test line 'update3' to README.md
a38f808 docs(docs): append test line 'update$i' to README.md
55892fa docs(docs): append test line 'update1' to README.md
89651d4 docs(doc): add README.md
```

可以看到倒数第 3 次提交的 Commit Message 是`docs(docs): append test line 'update$i' to README.md`，其中`update$i`正常应该是`update2`。

2）修改倒数第 3 次提交的 Commit Message。

在 Git 仓库下直接执行命令`git rebase -i 55892fa`，会进入一个交互界面。在该交互界面中，修改最近一次的 Commit Message。这里我们使用`reword`或者`r`，保留倒数第 3 次的变更信息，但是修改其具体内容，如图 3-11 所示。

```
git-rebase-todo
r 5d58b2b docs(docs): append test line 'update$i' to README.md
pick 077f477 docs(docs): append test line 'update3' to README.md

# Rebase 55892fa..077f477 onto 55892fa (2 command(s))
#
# Commands:
```

图 3-11　修改倒数第 3 次提交

修改完成后执行`:wq`命令进行保存，会跳转到一个新的交互界面，如图 3-12 所示。

```
COMMIT_EDITMSG
docs(docs): append test line 'update$i' to README.md
                                  将 $i 改为：2
# Please enter the commit message for your changes. Lines starting
# with '#' will be ignored, and an empty message aborts the commit.
#
# Date:      Fri Sep 18 13:45:54 2020 +0800
#
# interactive rebase in progress; onto 55892fa
```

图 3-12　倒数第 3 次交互界面

修改完成后执行`:wq`命令进行保存，退出编辑器之后，会在命令行显示该 Commit

Message 的更新结果：

```
[detached HEAD 5a26aa2] docs(docs): append test line 'update2' to README.md
 Date: Fri Sep 18 13:45:54 2020 +0800
 1 file changed, 1 insertion(+)
Successfully rebased and updated refs/heads/master.
```

如代码所示，`Successfully rebased and updated refs/heads/master.` 说明变基成功。其实这里完成了两个步骤：更新说明、更新该 commit 的 HEAD 指针。

注意，这里一定要传入想要变更 Commit Message 的父 commit ID。

3）查看倒数第 3 次的 Commit Message 是否被更新。

```
$ git log --oneline
7157e9e docs(docs): append test line 'update3' to README.md
5a26aa2 docs(docs): append test line 'update2' to README.md
55892fa docs(docs): append test line 'update1' to README.md
89651d4 docs(doc): add README.md
```

可以看到，倒数第 3 次的 Commit Message 成功被修改为我们期望的内容。这里有两点需要注意。

- Commit Message 是 commit 数据结构中的一个属性，如果 Commit Message 变更，则 commit ID 一定会变，`git commit --amend` 只会变更最近一次的 commit ID，但是 `git rebase -i` 会变更父 commit ID 之后所有提交的 commit ID。
- 如果当前分支有未提交的代码，需要先执行 `git stash` 将工作状态进行暂存，当修改完成后再执行 `git stash pop` 恢复之前的工作状态。

3.4.3 Commit Message 规范自动化

其实，到这里我们可能会意识到一点：Commit Message 规范如果靠文档去约束，会严重依赖开发者的代码素养，并不能真正保证提交的 commit 是符合规范的。

那么，有没有一种方式可以确保我们提交的 Commit Message 一定符合规范呢？有的，我们可以通过一些工具来自动化地生成和检查 Commit Message 是否符合规范。

另外，既然 Commit Message 是规范的，那么我们能不能利用这些规范来实现一些更酷的功能呢？答案是能。下面我将展开介绍可以围绕 Commit Message 实现的一些自动化功能，如图 3-13 所示。

这些自动化功能可以分为以下两类。

- **生成和检查 Commit Message**：辅助生成 Commit Message、提交前检查、历史记录检查。
- **自动生成 CHANGELOG 和 SemVer 版本号**：基于 Commit Message 自动生成 CHANGELOG 和 SemVer 的工具。

我们可以通过表 3-5 中的 5 个工具自动完成上面的功能。

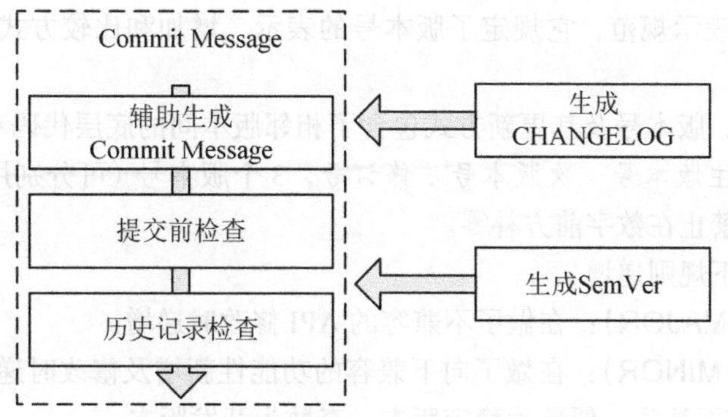

图 3-13 Commit Message 自动化

表 3-5 自动化工具

工具名	功 能
commitizen-go[㊀]	进入交互模式，并根据提示生成 Commit Message，然后提交
commit-msg	githooks，在 commit-msg 中指定检查的规则。commit-msg 是个脚本，可以根据需要自己写脚本实现。本书的 commit-msg 调用了 go-gitlint 来进行检查
go-gitlint[㊁]	检查历史提交的 Commit Message 是否符合 Angular 规范，可以将该工具添加在 CI 流程中，确保 Commit Message 都是符合规范的
gsemver[㊂]	语义化版本自动生成工具
git-chglog	根据 Commit Message 自动生成 CHANGELOG

3.5 版本规范

在做 Go 项目开发时，我建议将所有的组件都加入版本机制。原因主要有两个，分析如下。

- 通过版本号，我们可以很明确地知道当前组件是哪个版本，从而定位到该组件的功能和代码，方便后续定位问题。
- 发布组件时携带版本号，可以让使用者知道目前的项目进度，以及当前使用版本和上一个版本的功能差别等。

目前业界主流的版本规范是语义化版本规范，也是 IAM 项目采用的版本规范。

3.5.1 什么是语义化版本规范

语义化版本规范（Semantic Versioning，SemVer）是 GitHub 起草的一个具有指导意义

㊀ 参见 https://github.com/lintingzhen/commitizen-go。

㊁ 参见 https://github.com/llorllale/go-gitlint。

㊂ 参见 https://github.com/arnaud-deprez/gsemver。

的、统一的版本号表示规范，它规定了版本号的表示、增加和比较方式，以及不同版本号代表的含义。

在这套规范下，版本号及其更新方式包含了相邻版本间的底层代码和修改内容的信息。语义化版本格式为主版本号.次版本号.修订号，3个版本号（可分别用 x、y、z 表示）均为非负的整数，且禁止在数字前方补零。

版本号可按以下规则递增。

- **主版本号（MAJOR）**：在做了不兼容的API修改时递增。
- **次版本号（MINOR）**：在做了向下兼容的功能性新增及修改时递增。这里有个不成文的约定需要注意，偶数为稳定版本，奇数为开发版本。
- **修订号（PATCH）**：在做了向下兼容的问题修正时递增。

例如，`v1.2.3`是一个语义化版本号，版本号中每个数字的具体含义如图3-14所示。

你可能还看过这种版本号：`v1.2.3-alpha`。这其实是把先行版本号（Pre-release）和版本编译元数据（编译版本号）作为延伸加到了主版本号.次版本号.修订号的后面，格式为`x.y.z[-先行版本号][+版本编译元数据]`，如图3-15所示。

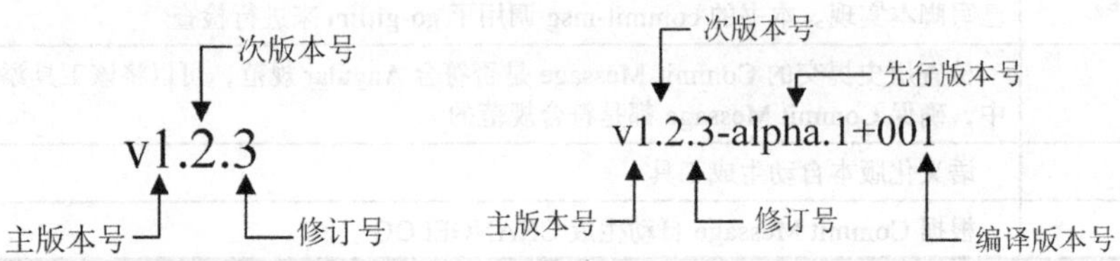

图3-14 语义化版本号　　　图3-15 语义化先行版本号

下面，我们来分别看一下先行版本号和编译版本号是什么意思。

先行版本号意味着该版本不稳定，可能存在兼容性问题，格式为`x.y.z-[一连串以句点分隔的标识符]`，比如下面这几个例子：

```
1.0.0-alpha
1.0.0-alpha.1
1.0.0-0.3.7
1.0.0-x.7.z.92
```

编译版本号，一般是编译器在编译过程中自动生成的，我们只定义其格式，并不进行人为控制。下面是一些编译版本号的示例：

```
1.0.0-alpha+001
1.0.0+20130313144700
1.0.0-beta+exp.sha.5114f85
```

> 注意　先行版本号和编译版本号只能是字母、数字，且不可以有空格。

3.5.2 语义化版本规范示例

语义化版本规范比较多，这里我介绍几个比较重要的。如果你需要了解更详细的规范，可以参考语义化版本 2.0.0 规范定义文档（https://semver.org/lang/zh-CN）。

- 标记版本号的软件发行后，禁止改变该版本软件的内容，任何修改都必须以新版本发行。
- 主版本号为零（0.*y*.*z*）的软件处于开发初始阶段，一切都可能随时被改变，这样的公共 API 不应该被视为稳定版。1.0.0 的版本号被界定为第一个稳定版本，之后的所有版本号更新都基于该版本进行修改。
- 修订号 *z*（$x.y.z \mid x > 0$）必须在只做了向下兼容的修正时才递增，这里的修正其实就是 Bug 修复。
- 次版本号 *y*（$x.y.z \mid x > 0$）必须在有向下兼容的新功能出现时递增，在任何公共 API 的功能被标记为弃用时必须递增，在有改进时也可以递增。其中可以包括修订级别的改变。每当次版本号递增时，修订号必须归零。
- 主版本号 *x*（$x.y.z \mid x > 0$）必须在有任何不兼容的修改被加入公共 API 时递增。其中可以包括次版本号及修订级别的改变。每当主版本号递增时，次版本号和修订号必须归零。

3.5.3 如何确定版本号

说了这么多，我们到底该如何确定版本号呢？这里我总结了以下几点经验供你参考。

1）在实际开发的时候，我建议你使用 `0.1.0` 作为第一个开发版本号，并在后续的每次发行时递增次版本号。

2）当我们的版本是一个稳定的版本，并且第一次对外发布时，版本号可以定为 `1.0.0`。

3）当我们严格按照 Angular Commit Message 规范提交代码时，版本号可以这样确定：

- fix 类型的 commit 可以将修订号 +1。
- feat 类型的 commit 可以将次版本号 +1。
- 带有 `BREAKING CHANGE` 的 commit 可以将主版本号 +1。

3.6 本章总结

一套好的规范，可以确保整个项目的可维护性、可阅读性，减少 Bug 数等。

新开发的项目最好按照开源标准来规范，以驱动其成为一个高质量的项目。开发之前，最好提前规范好文档目录，并选择一种合适的方式来编写 API 文档。在本书的实战项目中，我采用的是 Markdown 格式。项目要遵循版本规范，目前业界主流的版本规范是语义化版本规范，也是我推荐的版本规范。

另外，我还介绍了 Commit Message 规范。目前业界使用最多的 Commit Message 规范是

Angular 规范。在 Angular 规范中，Commit Message 包含三个部分：Header、Body 和 Footer。Header 对 commit 做了高度概括，Body 是对本次 commit 的更详细描述，Footer 主要用来说明本次 commit 导致的后果。

在提交 commit 时，我们也需要控制 commit 的提交频率，比如可以在开发完一个功能、修复完一个 Bug、下班前提交 commit。我们也需要掌握一些常见的提交操作，例如通过 `git rebase -i` 来合并提交 commit，通过 `git commit --amend` 或 `git rebase -i` 来修改 Commit Message。

第 4 章 Chapter 4

目录结构设计

目录结构是一个项目的门面。很多时候，根据目录结构就能看出开发者对这门语言的掌握程度。所以，在我看来，遵循一个好的目录规范，把代码目录设计的可维护、可扩展，甚至比文档规范、Commit Message 规范都要重要。

那具体怎么组织一个好的代码目录呢？本章我会从两个维度来解答这个问题。

首先，我会介绍组织目录的一些基本原则，这些原则可以指导你去组织一个好的代码目录。然后，我会介绍一些具体的、优秀的目录结构。通过学习它们，你可以提炼总结出自己的目录结构设计方法，也可以直接用它们作为你的目录结构规范。

4.1 如何规范目录

目录规范，通常是指我们的项目由哪些目录组成，每个目录下存放什么文件、实现什么功能，以及各个目录间的依赖关系是什么等。在我看来，一个好的目录结构至少要满足以下几个要求。

- **命名清晰**：目录名要清晰、简洁，不要太长，也不要太短，要能清晰地表达出该目录实现的功能，并且目录名最好用单数。一方面，单数足以说明这个目录的功能；另一方面，可以统一规范，避免单复混用的情况。
- **功能明确**：一个目录所要实现的功能应该是明确的，并且在整个项目目录中具有很高的辨识度。也就是说，当需要新增一个功能时，我们能够非常清楚地知道把这个功能放在哪个目录下。
- **全面性**：目录结构应该尽可能全面地包含研发过程中需要的功能，例如文档、脚本、源码管理、API 实现、工具、第三方包、测试、编译产物等。

- **可预测性**：项目规模一定是从小到大的，所以一个好的目录结构应该能够在项目变大时，仍然保持之前的目录结构。
- **可扩展性**：每个目录下存放的功能类型是一样的，在项目变大时，这些目录应该可以存放更多同类功能。举个例子，有如下目录结构：

```
$ ls internal/
app  pkg  README.md
```

internal 目录用来实现内部代码，internal/app 和 internal/pkg 目录下的所有文件都属于内部代码。如果 internal 目录不管项目大小，永远只有两个文件，即 app 和 pkg，那么就说明 internal 目录是不可扩展的。

相反，如果 internal 目录下直接存放每个组件的源码目录（一个项目可以由一个或多个组件组成），当项目变大、组件增多时，可以将新增加的组件代码存放到 internal 目录，这时 internal 目录就是可扩展的。例如：

```
$ ls internal/
apiserver  authzserver  iamctl  pkg  pump  watcher
```

刚才我介绍了目录结构的总体规范，现在来看两个具体的、可以作为目录规范的目录结构。通常，根据功能，可以将目录结构分为以下两种。

- **平铺式目录结构**：主要用在 Go 包中，相对简单。
- **结构化目录结构**：主要用在 Go 应用中，相对复杂。

4.2 平铺式目录结构

一个 Go 项目可以是一个应用，也可以是一个代码框架或库。当项目是代码框架或库时，比较适合采用平铺式目录结构。

平铺式目录结构就是在项目的根目录下存放项目的代码，整个目录结构看起来更像是一层的。这种方式在很多框架或库中存在，它的好处是引用路径长度明显减少，比如 github.com/marmotedu/log/pkg/options，可缩短为 github.com/marmotedu/log/options。例如 github.com/golang/glog 包就是平铺式的，目录内容如下：

```
$ ls glog/
glog_file.go  glog.go  glog_test.go  LICENSE  README
```

对于一些功能简单的工具或项目，也可以采用平铺式目录结构，以减小开发者的理解成本和编写复杂度。

4.3 结构化目录结构

当前 Go 社区比较推荐的结构化目录结构是 project-layout[㊀]。虽然它并不是官方和社区认证的规范，但因为组织方式比较合理，被很多 Go 开发人员接受。所以，我们可以把它当作一个事实上的规范。

我结合 project-layout 和自己的开发经验总结出了一套 Go 的代码结构组织方式，即 IAM 项目使用的目录结构。这种方式保留了 project-layout 的优势，同时加入了一些我个人的理解，希望可以为你提供一个拿来即用的目录结构规范。

接下来，我们一起看看 IAM 项目所采用的 Go 目录结构。因为 IAM 项目目录比较多，这里只列出了一些重要的目录和文件，你可以快速浏览以加深理解：

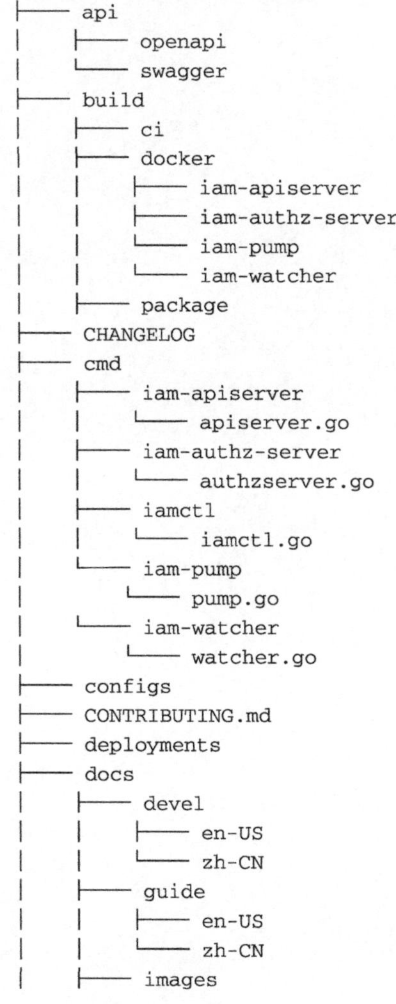

```
├── api
│   ├── openapi
│   └── swagger
├── build
│   ├── ci
│   ├── docker
│   │   ├── iam-apiserver
│   │   ├── iam-authz-server
│   │   └── iam-pump
│   │   └── iam-watcher
│   ├── package
├── CHANGELOG
├── cmd
│   ├── iam-apiserver
│   │   └── apiserver.go
│   ├── iam-authz-server
│   │   └── authzserver.go
│   ├── iamctl
│   │   └── iamctl.go
│   └── iam-pump
│       └── pump.go
│   └── iam-watcher
│       └── watcher.go
├── configs
├── CONTRIBUTING.md
├── deployments
├── docs
│   ├── devel
│   │   ├── en-US
│   │   └── zh-CN
│   ├── guide
│   │   ├── en-US
│   │   └── zh-CN
│   ├── images
```

㊀ 参见 https://github.com/golang-standards/project-layout。

```
│   └── README.md
├── examples
├── githooks
├── go.mod
├── go.sum
├── init
├── internal
│   ├── apiserver
│   │   ├── api
│   │   │   └── v1
│   │   │       └── user
│   │   ├── apiserver.go
│   │   ├── options
│   │   ├── service
│   │   ├── store
│   │   │   ├── mysql
│   │   │   ├── fake
│   │   └── testing
│   ├── authzserver
│   │   ├── api
│   │   │   └── v1
│   │   │       └── authorize
│   │   ├── options
│   │   ├── store
│   │   └── testing
│   ├── iamctl
│   │   ├── cmd
│   │   │   ├── completion
│   │   │   ├── user
│   │   └── util
│   ├── pkg
│   │   ├── code
│   │   ├── options
│   │   ├── server
│   │   ├── util
│   │   └── validation
├── LICENSE
├── Makefile
├── _output
│   ├── platforms
│   │   └── linux
│   │       └── amd64
├── pkg
│   ├── util
│   │   └── genutil
├── README.md
├── scripts
│   ├── lib
│   ├── make-rules
├── test
```

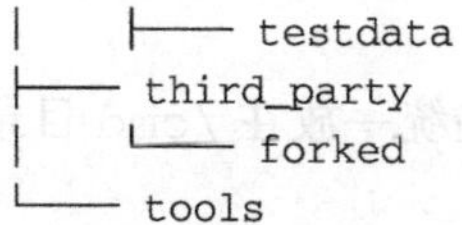

```
|    ├── testdata
├── third_party
|    └── forked
└── tools
```

看到这一长串目录是不是有些晕？没关系，这里我们先一起给这个大目录分下类，再具体看看每一类目录的作用。

在我看来，一个 Go 项目包含 3 个部分：Go 应用、项目管理和文档。所以，我们的项目目录也可以分为 3 类。同时，Go 应用又贯穿开发阶段、测试阶段和部署阶段，相应的，应用类的目录又可以按开发流程分为更小的子类。当然了，这些是我建议的目录，Go 项目目录中还有一些不建议的目录。所以整体来看，我们的目录结构可以按图 4-1 所示的方式来分类。

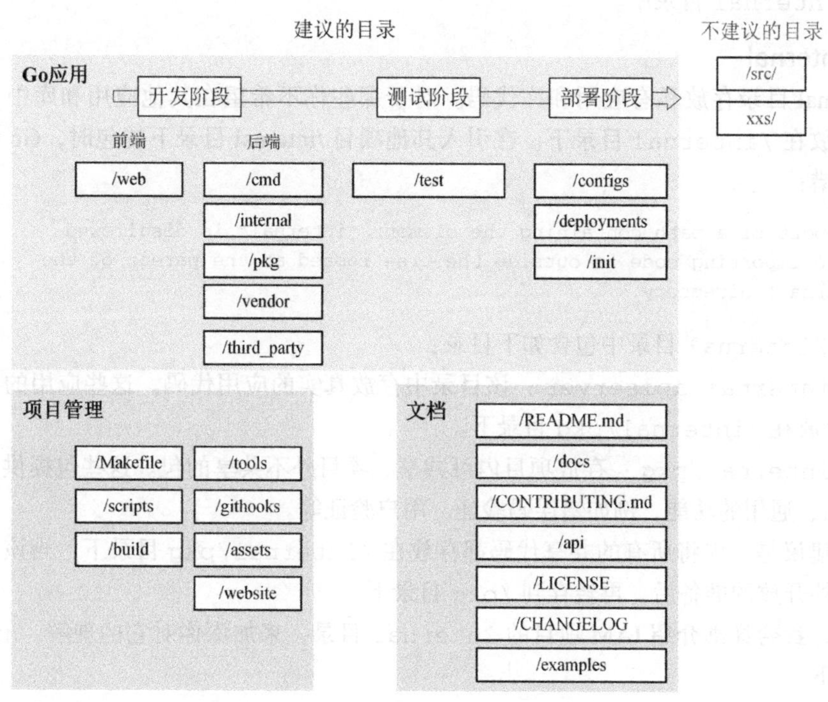

图 4-1　目录结构分类

4.3.1　Go 应用：主要存放前后端代码

我们先来说说开发阶段所涉及的目录。我们开发的代码包含前端代码和后端代码，可以分别存放在前端目录和后端目录中。

1. /web

前端代码存放目录，主要用来存放 Web 静态资源、服务端模板和单页应用。

2. /cmd

一个项目有很多组件，可以把各组件 main 函数所在的文件夹统一放在 /cmd 目录下，例如：

```
$ ls cmd/
gendocs   geniamdocs   genman   genswaggertypedocs   genyaml   iam-apiserver   iam-
     authz-server  iamctl  iam-pump  iam-watcher
$ ls cmd/iam-apiserver/
apiserver.go
```

每个组件的目录名应该跟你期望的可执行文件名保持一致。这里要注意 /cmd/< 组件名 > 目录下不要存放太多的代码，如果你认为代码可以导入并在其他项目中使用，那么它应该位于 /pkg 目录中。如果代码不是可重用的，或者你不希望其他人重用它，请将该代码放到 /internal 目录中。

3. /internal

/internal 目录存放私有应用和库代码。对于那些你不希望在其他应用和库中导入的代码，可以放在 /internal 目录下。在引入其他项目 /internal 目录下的包时，Go 语言会在编译时报错：

```
An import of a path containing the element "internal" is disallowed
if the importing code is outside the tree rooted at the parent of the
"internal" directory.
```

建议 /internal 目录中包含如下目录：

- /internal/apiserver：该目录中存放真实的应用代码。这些应用的共享代码存放在 /internal/pkg 目录下。
- /internal/pkg：存放项目内可共享、项目外不共享的包。这些包提供了比较基础、通用的功能，例如错误码验证、用户验证等。

我的建议是，先将所有的共享代码都存放在 /internal/pkg 目录下，当该共享代码做好了对外开放的准备后，再转存到 /pkg 目录下。

下面，我会详细介绍 IAM 项目的 internal 目录，来加深你对它的理解。/internal 目录结构如下：

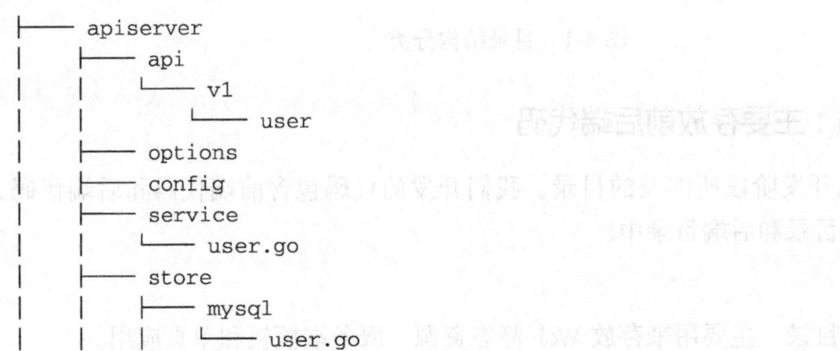

```
├── apiserver
│   ├── api
│   │   └── v1
│   │       └── user
│   ├── options
│   ├── config
│   ├── service
│   │   └── user.go
│   ├── store
│   │   ├── mysql
│   │   │   └── user.go
```

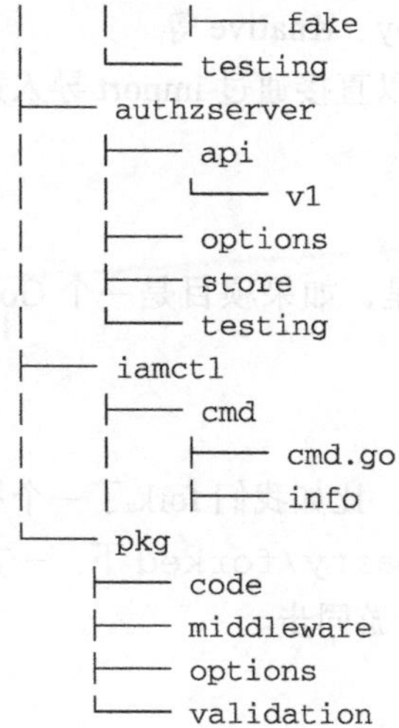

```
│   │   ├── fake
│   └── testing
├── authzserver
│   ├── api
│   │   └── v1
│   ├── options
│   ├── store
│   └── testing
├── iamctl
│   ├── cmd
│   │   ├── cmd.go
│   │   ├── info
└── pkg
    ├── code
    ├── middleware
    ├── options
    └── validation
```

/internal 目录大概包含 3 类子目录：

- ❑ /internal/pkg：内部共享包存放的目录。
- ❑ /internal/authzserver、/internal/apiserver、/internal/pump、/internal/watcher：应用目录，里面包含应用程序的实现代码。
- ❑ /internal/iamctl：对于一些大型项目，可能还会需要一个客户端工具，该目录用来存放客户端工具的实现代码。

每个应用程序内部也会有一些目录结构，这些目录结构主要根据功能来划分。

- ❑ /internal/apiserver/controller/v1：HTTP API 接口的具体实现，主要用来做 HTTP 请求的解包、参数校验、业务逻辑处理、返回。注意，这里的业务逻辑处理应该是轻量级的，如果业务逻辑比较复杂，代码量比较多，建议放到 /internal/apiserver/service 目录下。
- ❑ /internal/apiserver/options：应用的 command 命令行选项。
- ❑ /internal/apiserver/config：根据命令行参数创建应用配置。
- ❑ /internal/apiserver/service：存放应用实际的业务处理代码。
- ❑ /internal/apiserver/store/mysql：一个应用可能要持久化地存储一些数据，这里主要存放跟数据库交互的代码，比如 Create、Update、Delete、Get、List 等。

/internal/pkg 目录存放项目内可共享的包，通常可以包含以下目录。

- ❑ /internal/pkg/code：项目业务 Code 码。
- ❑ /internal/pkg/validation：一些通用的验证函数。
- ❑ /internal/pkg/middleware：HTTP 处理链。

4. /pkg

/pkg 目录是 Go 语言项目中非常常见的目录，我们几乎能够在所有知名的开源项目

（非框架）中找到它的身影，例如 Kubernetes、Prometheus、Moby、Knative 等。

该目录中存放可以被外部应用使用的代码库，其他项目可以直接通过 import 导入这里的代码。所以，我们在将代码库放入该目录时一定要慎重。

5. /vendor

项目依赖，可通过 `go mod vendor` 创建。需要注意的是，如果项目是一个 Go 库，不要提交 vendor 依赖包。

6. /third_party

外部工具、分支代码或其他第三方应用（例如 Swagger UI）。比如我们 fork 了一个第三方 Go 包，并做了一些小的改动，此时可以放在目录 `/third_party/forked` 下。一方面可以很清楚地知道该包是第三方的，另一方面又能够方便地和上游同步。

4.3.2 Go 应用：主要存放测试相关的文件和代码

我们再来看下测试阶段相关的目录，它可以存放测试相关的文件。

/test

用于存放其他外部测试应用和测试数据。`/test` 目录的构建方式比较灵活：对于大的项目，有一个数据子目录是有意义的。例如，如果需要 Go 忽略该目录中的内容，可以使用 `/test/data` 或 `/test/testdata` 目录。

需要注意的是，Go 也会忽略以“.”或“_”开头的目录或文件，这样在命名测试数据目录方面，可以具有更大的灵活性。

4.3.3 Go 应用：存放与应用部署相关的文件

我们再来看下与部署阶段相关的目录，这些目录可以存放部署相关的文件。

1. /configs

用于存放文件模板或默认配置。例如，可以存放 confd 或 consul-template 模板文件。这里有一点要注意，配置中不能携带敏感信息，但可以用占位符来替代敏感信息，例如：

```
apiVersion: v1
user:
    username: ${CONFIG_USER_USERNAME}  # iam用户名
    password: ${CONFIG_USER_PASSWORD}  # iam密码
```

2. /deployments

用于存放容器编排部署模板和配置（Docker-Compose、Kubernetes/Helm、Mesos、Terraform、Bosh）。在一些项目，特别是用 Kubernetes 部署的项目中，这个目录可能命名为 deploy。

为什么要将这类与 Kubernetes 相关的目录放到目录结构中呢？主要是因为当前软件部署基本都在朝着容器化的部署方式演进，应用几乎不可避免地要在 Kubernetes 集群中部署。

3. /init

用于存放初始化系统（systemd、upstart、sysv）和进程管理配置文件（runit、supervisord），比如 sysemd 的 unit 文件。这类文件在非容器化部署的项目中会用到。

4.3.4 项目管理：存放管理 Go 项目的各类文件

在做项目开发时，还有些目录用于存放与项目管理相关的文件，这里我们一起来看下。

1. /Makefile

虽然 Makefile 是一个很老的项目管理工具，但它仍然是最优秀的。所以，一个 Go 项目在其根目录下应该有一个 Makefile 工具，用来对项目进行管理。Makefile 通常用来执行静态代码检查、单元测试、编译等功能。其他常见功能可以参考表 4-1。

表 4-1 Makefile 常见功能

Makefile 目标名称	说 明
lint	静态代码检查，推荐用 golangci-lint
test	单元测试，运行 `go test ./...`
build/build.multiarch	编译源码，支持不同的平台、不同的 CPU 架构
image/image.multiarch	构建 Docker 镜像
push/push.multiarch	构建 Docker 镜像，并推送到镜像仓库
clean	清理临时文件或者编译后的产物
gen	代码生成，比如要编译生成 Protobuf pb.go 文件
deploy	部署（可选），一键部署功能，方便测试
release	发布功能，比如发布到 Docker Hub、GitHub 等
help	帮助，告诉 Makefile 有哪些功能，如何执行这些功能
add-copyright	版权声明，如果是开源项目，可能需要在每个文件中添加版权头，可以通过 Makefile 来添加
release	发布版本，比如构建镜像并推送到镜像仓库，上传制品到制品库等
swagger	生成 swagger 格式的 API 文档。当然，也可以是其他格式的 API 文档
format	格式化代码
install	一键部署项目到测试环境

在实际开发中，我们可以将一些重复性的工作自动化，并添加到 Makefile 文件中统一管理。

2. /scripts

该目录主要用来存放脚本文件，实现构建、安装、分析等不同功能。不同项目，可能存放不同的文件，但通常包含以下 3 个目录：

- /scripts/make-rules：用于存放 Makefile 文件，实现 /Makefile 文件中的各个功能。Makefile 有很多功能，为了保持它的简洁，我建议你将各个功能的具体实现放在 /scripts/make-rules 文件夹下。
- /scripts/lib：shell 库，用于存放 shell 脚本。一个大型项目中有很多自动化任务，比如发布、更新文档、生成代码等，所以要写很多 shell 脚本。这些 shell 脚本会有一些通用功能，可以抽象成库，存放在 /scripts/lib 目录下，比如 logging.sh，util.sh 等。
- /scripts/install：如果项目支持自动化部署，则可以将自动化部署脚本放在此目录下。如果部署脚本简单，也可以直接放在 /scripts 目录下。

另外，针对 shell 脚本中的函数名，建议采用语义化的命名方式，例如 iam::log::info 这种语义化的命名方式，可以使调用者轻松地辨别出函数的功能类别，便于函数的管理和引用。Kubernetes 的脚本中就大量采用了这种命名方式。

3. /build

用于存放安装包和持续集成相关的文件。这个目录下有 3 个大概率会使用到的目录，在设计目录结构时可以考虑进去。

- /build/package：存放容器（Docker）、系统（deb，rpm，pkg）的包配置和脚本。
- /build/ci：存放 CI（travis、circle、drone）的配置文件和脚本。
- /build/docker：存放子项目各个组件的 Dockerfile 文件。

4. /tools

用于存放这个项目的支持工具。这些工具可导入来自 /pkg 和 /internal 目录的代码。

5. /githooks

Git 钩子。比如，我们可以将 commit-msg 存放在该目录。

6. /assets

用于存放项目使用的其他资源（图片、CSS、JavaScript 等）。

7. /website

如果你不使用 GitHub 页面，那么可以在这里放置项目网站相关的数据。

4.3.5 文档：主要存放项目的各类文档

一个项目，也包含一些文档，这些文档有很多类别，需要存放在目录中。

1. /README.md

项目的 README 文档一般包含了项目的介绍、功能、快速安装和使用指引、详细的文档链接以及开发指引等。有时候 README 文档内容会比较长，为了能够快速定位到所需内容，需要添加 Markdown TOC 索引。可以借助工具 tocenize[⊖]来完成索引的添加。

这里还有个建议，前面我们也介绍过 README 是可以规范化的，所以这个 README 文档可以通过脚本或工具来自动生成。

2. /docs

/docs 用于存放设计文档、开发文档和用户文档等（除了 godoc 生成的文档）。推荐存放以下几个子目录：

- /docs/devel/{en-US,zh-CN}：存放开发文档、hack 文档等。
- /docs/guide/{en-US,zh-CN}：存放用户手册，安装、quickstart、产品文档等，分为中文文档和英文文档。
- /docs/images：存放图片文件。

3. /CONTRIBUTING.md

如果是一个开源就绪的项目，最好还要有一个 CONTRIBUTING.md 文件，用来说明如何贡献代码、如何开源协同等。CONTRIBUTING.md 不仅能规范协同流程，还能降低第三方开发者贡献代码的难度。

4. /api

/api 目录中存放的是当前项目对外提供的各种不同类型的 API 接口定义文件，其中可能包含类似 /api/protobuf-spec、/api/thrift-spec、/api/http-spec、openapi、swagger 的目录，这些目录包含了当前项目对外提供和依赖的所有 API 文件。如下是 IAM 项目的 /api 目录：

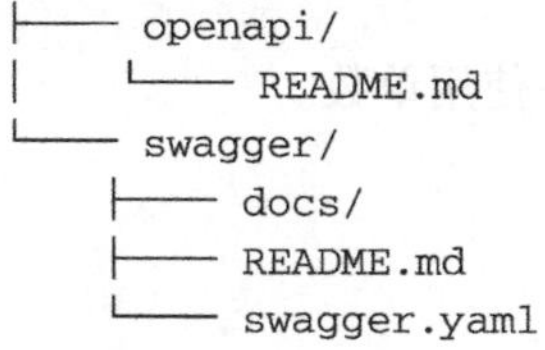

```
├── openapi/
│   └── README.md
└── swagger/
    ├── docs/
    ├── README.md
    └── swagger.yaml
```

5. LICENSE

版权文件可以是私有的，也可以是开源的。常用的开源协议有 Apache 2.0、MIT、BSD、GPL、Mozilla、LGPL。建议在项目规划初期能规划好未来产品的走向，选择合适的 LICENSE。

为了声明版权，你可能会需要将 LICENSE 头添加到源码文件或者其他文件中，这部分工作可以通过工具实现自动化，推荐使用 addlicense[⊜]。

当代码中引用了其他开源代码时，需要在 LICENSE 中说明对其他源码的引用，这就需要知道代码引用了哪些源码，以及这些源码的开源协议。可以借助工具来进行检查，推荐

⊖ 参见 https://github.com/nochso/tocenize。

⊜ 参见 https://github.com/marmotedu/addlicense。

使用 glice[1]。至于如何说明对其他源码的引用，你可以参考下 IAM 项目的 LICENSE 文件。

6. /CHANGELOG

当项目有更新时，为了方便了解当前版本的更新内容或者历史更新内容，需要将更新记录存放到 /CHANGELOG 目录。编写 CHANGELOG 是一个复杂、烦琐的工作，我们可以结合 Angular 规范[2]和 git-chglog 来自动生成 CHANGELOG。

7. /examples

用于存放应用程序或者公共包的示例代码。这些示例代码可以降低使用者的上手门槛。

4.3.6 不建议的目录

除了上面这些我们建议的目录，在 Go 项目中，还有一些目录是不建议包含的，因为这些目录不符合 Go 的设计哲学。

1. /src/

在 Java 项目中，src 目录是一种常见的模式，但在 Go 项目中，不建议使用 src 目录。其中一个重要的原因是：在默认情况下，Go 语言的项目都会被放置到 $GOPATH/src 目录下。这个目录中存放着所有代码，如果我们在自己的项目中使用 /src 目录，那么这个包的导入路径中就会出现两个 src，例如：

```
$GOPATH/src/github.com/marmotedu/project/src/main.go
```

这样的目录结构看起来非常怪。

2. xxs/

在 Go 项目中，要避免使用带复数的目录或者包。建议统一使用单数。

4.4 一些建议

上面介绍的目录结构包含很多目录，但一个小型项目用不到这么多目录。对于小型项目，可以考虑先包含 cmd、pkg、internal 3 个目录，再按需创建其他目录，例如：

```
$ tree --noreport -L 2 tms
tms
├── cmd
├── internal
├── pkg
└── README.md
```

另外，在设计目录结构时，一些空目录无法提交到 Git 仓库中，但我们又想将这个空目

[1] 参见 https://github.com/ribice/glice。

[2] 参见 https://github.com/angular/angular/blob/22b96b9/CONTRIBUTING.md#-commit-message-guidelines。

录上传到 Git 仓库，以保留目录结构，此时，可以在空目录下加一个 `.keep` 文件，例如：

```
$ ls -A build/ci/
.keep
```

如果目录结构比较复杂，建议将目录结构及每个目录的功能注释放在文档中，方便开发者理解每个目录的功能，并起到一定的规范作用。

4.5　本章总结

本章介绍了如何设计代码的目录结构。先讲了目录结构的设计思路：在设计目录结构时，要确保目录名是清晰的，功能是明确的，并且设计的目录结构是可扩展的。

然后，介绍了两种具体的目录结构：平铺式目录结构和结构化目录结构。结构化目录结构比较适合 Go 应用，平铺式目录结构比较适合框架或库。因为这两种目录结构组织比较合理，可以把它们作为目录规范来使用。

你还可以结合 IAM 项目的例子，来加深对这两种目录结构的理解。对于结构化目录结构，你可以参考本书 IAM 项目的目录结构；对于平铺式的目录结构，你可以参考本书实战部分设计的 log[⊖]包。

⊖ 参见 https://github.com/marmotedu/log。

Chapter 5 第 5 章

工作流设计

一个企业级项目通常是由多人合作完成的，不同开发者在本地开发完代码之后，可能提交到同一个代码仓库，同一个开发者也可能同时开发几个功能特性。这种多人合作、多功能并行开发的特性如果处理不好，就会带来诸如丢失代码、合错代码、代码冲突等问题。

所以，在编码之前，我们需要设计一个合理的开发模式。又因为目前开发者基本都是基于 Git 开发的，所以本章，我会教你如何基于 Git 设计出一个合理的开发模式。

那么如何设计工作流呢？你可以根据需要，自己设计工作流，也可以采用业界沉淀下来的、设计好的、受欢迎的工作流。一方面，这些工作流经过长时间的实践，被证明是合理的；另一方面，采用一种被大家熟知且业界通用的工作流，会减少团队内部磨合的时间。

在使用 Git 开发时，有 4 种常用的工作流，也叫开发模式，按演进顺序分为集中式工作流、功能分支工作流、Git Flow 工作流和 Forking 工作流。接下来，我会按演进顺序分别介绍这 4 种工作流。

5.1 集中式工作流

我们先来看看集中式工作流，它是最简单的一种开发方式。集中式工作流的工作模式如图 5-1 所示。

A、B、C 为 3 位开发者，每位开发者都在本地有一份远程仓库的副本：本地仓库。A、B、C 在本地的 master 分支开发完代码之后，将修改后的代码提交到远程仓库，如果有冲突就先解决本地的冲突再提交。在进行了一段时间的开发之后，远程仓库 master 分支的日志可能如图 5-2 所示。

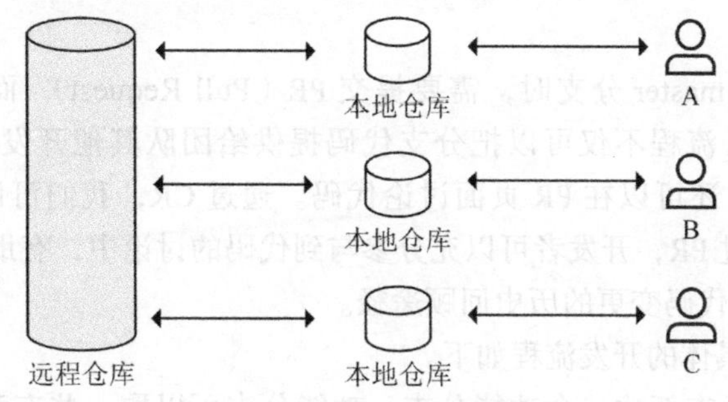

图 5-1 集中式工作流

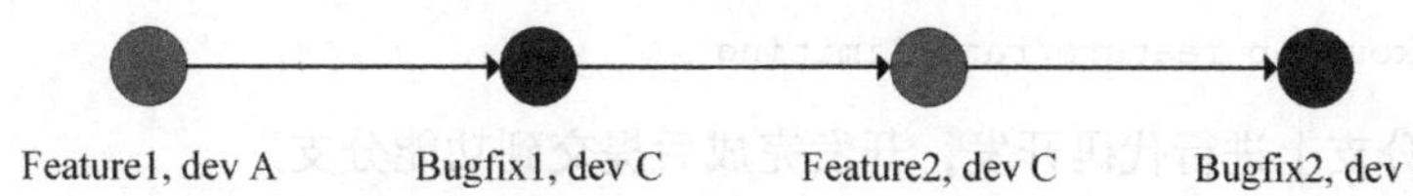

图 5-2 集中式工作流 Git 日志

集中式工作流是最简单的开发模式，但它的缺点也很明显：不同开发人员的提交日志混杂在一起，难以定位问题。如果同时开发多个功能，不同功能同时往 master 分支合并，代码之间也会相互影响，从而产生代码冲突。

和其他工作流相比，集中式工作流的代码管理较混乱，容易出问题，因此适合用在团队人数少、开发不频繁、不需要同时维护多个版本的小项目中。当我们想要并行开发多个功能时，这种工作流就不适用了，这时候怎么办呢？可以使用功能分支工作流。

5.2 功能分支工作流

功能分支工作流基于集中式工作流演进而来。它的工作模式是，在开发新功能时，基于 master 分支新建一个功能分支，在功能分支上进行开发，而不是直接在本地的 master 分支开发，开发完成之后合并到 master 分支，如图 5-3 所示。

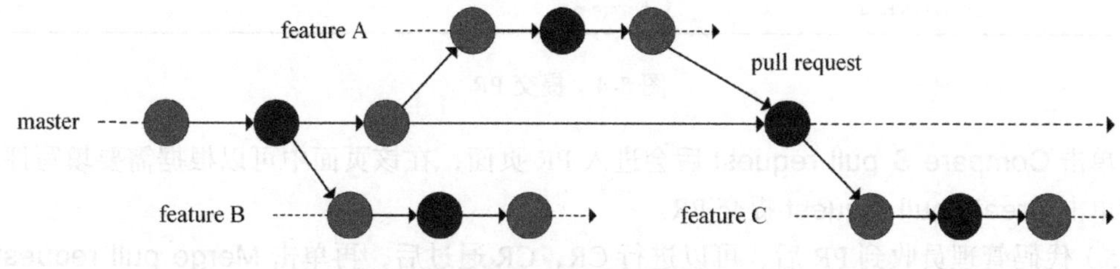

图 5-3 功能分支工作流 Git 日志

相较集中式工作流，功能分支工作流这种让不同功能在不同的分支进行开发，只在最后一步合并到 master 分支的方式，不仅可以避免不同功能之间的相互影响，还可以使提交历史看起来更加简洁。

还有，在合并到 master 分支时，需要提交 PR（Pull Request），而不是直接将代码合并到 master 分支。PR 流程不仅可以把分支代码提供给团队其他开发人员进行 CR（Code Review，代码审查），还可以在 PR 页面讨论代码。通过 CR，我们可以确保合并到 master 的代码是健壮的；通过 PR，开发者可以充分参与到代码的讨论中，有助于提高代码的质量。PR 页面还提供了一个代码变更的历史回顾途径。

功能分支工作流具体的开发流程如下。

1）基于 master 分支新建一个功能分支，功能分支可以取一些有意义的名字，便于理解，例如 `feature/rate-limiting`。

```
$ git checkout -b feature/rate-limiting
```

2）在功能分支上进行代码开发，开发完成后提交到功能分支。

```
$ git add limit.go
$ git commit -m "add rate limiting"
```

3）将本地功能分支代码推送到远程仓库。

```
$ git push origin feature/rate-limiting
```

4）在远程仓库上创建 PR（例如 GitHub）。

进入 GitHub 平台上的项目主页，单击 Compare & pull request 提交 PR，如图 5-4 所示。

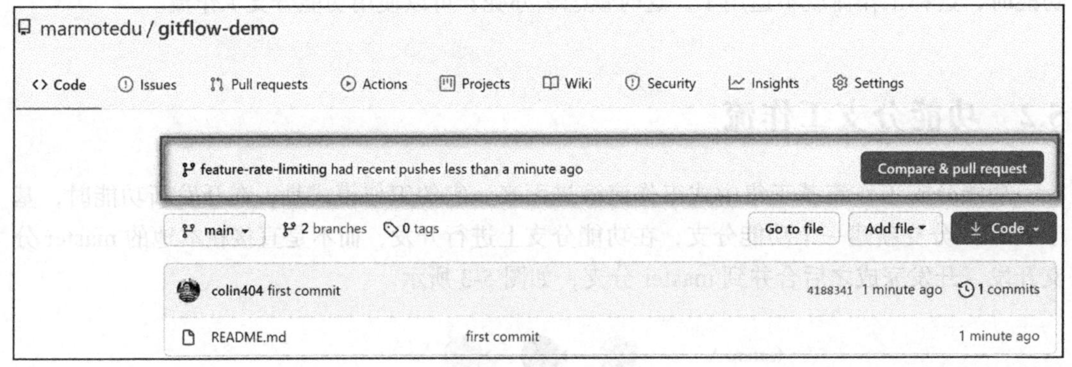

图 5-4 提交 PR

单击 Compare & pull request 后会进入 PR 页面，在该页面中可以根据需要填写评论，最后单击 Create pull request 提交 PR。

5）代码管理员收到 PR 后，可以进行 CR，CR 通过后，再单击 Merge pull request 将 PR 合并到 master，如图 5-5 所示。

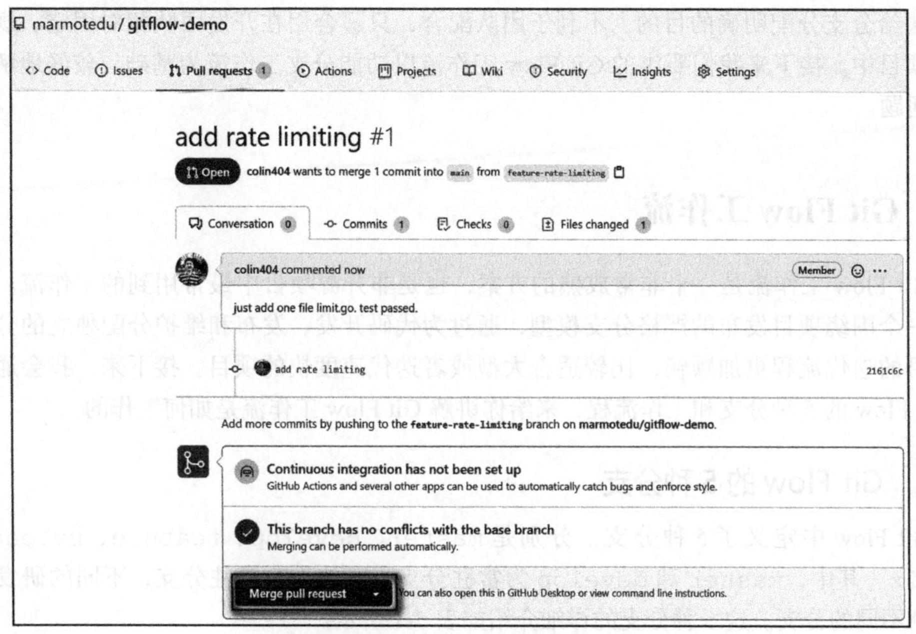

图 5-5　合并功能分支到 master

图中的 Merge pull request 提供了 3 种合并方法。

- Create a merge commit（创建 merge commit）：GitHub 的底层操作是 `git merge --no-ff`。feature 分支上所有的 commit 都会加到 master 分支上，并且生成一个 merge commit。这种方式可以让我们清晰地知道是谁做了提交、做了哪些提交，回溯历史的时候也会更加方便。
- Squash and merge（挤压与合并）：GitHub 的底层操作是 `git merge --squash`。这种方法会使该 PR 请求上的所有 commit 都合并成一个 commit，然后加到 master 分支上，但原来的 commit 历史会丢失。如果开发人员在 feature 分支上提交的 commit 非常随意，不符合规范，那么我们可以选择这种方法来丢弃无意义的 commit。但是在大型项目中，每个开发人员都应该是遵循 Commit Message 规范的，因此我不建议在团队开发中使用这种方法。
- Rebase and merge（变基与合并）：GitHub 的底层操作是 `git rebase`。这种方法会将 PR 上的所有提交历史按照原有顺序依次添加到 master 分支的头部（HEAD）。因为执行 git rebase 命令有风险，在你不完全熟悉 Git 工作流时，不建议选择这种方法。

通过分析每个方法的优缺点，在实际的项目开发中，我比较推荐 Create a merge commit 方法。

从刚才讲完的具体开发流程中，我们可以感受到，功能分支工作流上手比较简单，不仅能使你并行开发多个功能，还可以添加代码审查流程，保障代码质量。当然它也有缺点，即无法给分支分配明确的目的，不利于团队配合，只适合用在开发团队相对固定、规模较小的项目中。接下来我们要讲的 Git Flow 工作流以功能分支工作流为基础，较好地解决了上述问题。

5.3 Git Flow 工作流

Git Flow 工作流是一个非常成熟的方案，也是非开源项目中最常用到的工作流。它定义了一个围绕项目发布的严格分支模型，通过为代码开发、发布和维护分配独立的分支来让项目的迭代流程更加顺畅，比较适合大型或者迭代速度快的项目。接下来，我会通过介绍 Git Flow 的 5 种分支和工作流程，来给你讲解 Git Flow 工作流是如何工作的。

5.3.1 Git Flow 的 5 种分支

Git Flow 中定义了 5 种分支，分别是 `master`、`develop`、`feature`、`release` 和 `hotfix`。其中，`master` 和 `develop` 为常驻分支，其他为非常驻分支，不同的研发阶段会用到不同的分支。这 5 种分支的详细介绍如表 5-1 所示。

表 5-1 5 种分支介绍

分支名	描述
master	该分支上的最新代码永远是发布状态，不能直接在该分支上开发。master 分支每合并一个 `hotfix/release` 分支，都会打一个版本标签
develop	该分支上的代码是开发中的最新代码，该分支只做合并操作，不能直接开发
feature	在研发阶段用来做功能开发。一个新功能会基于 develop 分支新建一个 feature 分支，分支名建议命名为 `feature/xxxx-xxx`。功能开发完成之后会合并到 develop 分支并删除该 feature 分支。这里有一点需要注意，feature 分支在申请合并之前，最好是先拉取一下 develop 分支，看一下有没有冲突，如果有就先解决冲突，然后再申请合并
release	在发布阶段用作版本发布的预发布分支，基于 develop 分支创建，分支名建议命名为 `release/xxxx-xxx`。例如，`v1.0.0` 版本的功能全部开发测试完成后，提交到 develop 分支，然后基于 develop 分支创建 `release/1.0.0` 分支，并提交测试，测试中遇到的问题在 release 分支修改。release 分支通过测试后，合并到 master 和 develop 分支，并在 master 分支打上 v1.0.0 的版本标签，最后删除 `release/1.0.0` 分支
hotfix	在维护阶段用作紧急 Bug 修复分支，在 master 分支上创建，修复完成后合并到 master。分支名建议命名为 `hotfix/xxxx-xxx`。例如当线上某个版本出现 Bug 后，从 master 检出对应版本的代码，创建 hotfix 分支，并在 hotfix 分支修复问题。问题修复后，将 hotfix 分支合并到 master 和 develop 分支，并在 master 分支打上修复后的版本标签，最后删除 hotfix 分支

5.3.2 Git Flow 开发流程

这里我们用一个实际的例子来演示下 Git Flow 的开发流程。场景如下。

- 当前版本为 `0.9.0`。
- 需要新开发一个功能，使程序执行时输出 “hello world” 字符串。

❑ 在开发阶段，线上代码有Bug需要紧急修复。

假设我们的Git项目名为gitflow-demo，项目目录下有2个文件，分别是README.md和main.go，内容如下：

```
package main

import "fmt"

func main() {
    fmt.Println("callmainfunction")
}
```

具体的开发流程有12步，你可以跟着以下步骤来操作练习。

1）创建一个常驻的分支：develop。

```
$ git checkout -b develop master
```

2）基于develop分支，新建一个功能分支：feature/print-hello-world。

```
$ git checkout -b feature/print-hello-world develop
```

3）在feature/print-hello-world分支的main.go文件中添加一行代码fmt.Println("Hello")，添加后的代码如下：

```
package main

import "fmt"

func main() {
    fmt.Println("callmainfunction")
    fmt.Println("Hello")
}
```

4）紧急修复Bug。我们正处在新功能的开发中（只完成了fmt.Println("Hello")而非fmt.Println("Hello World")），突然发现线上代码有一个Bug，此时我们要立即停止手上的工作，修复线上的Bug，步骤如下。

```
$ git stash # 1. 开发工作只完成了一半，还不想提交，可以临时保存修改至堆栈区
$ git checkout -b hotfix/print-error master          # 2. 从master建立hotfix分支
$ vi main.go # 3. 修复bug，callmainfunction改为call main function
$ git commit -a -m 'fix print message error bug' # 4. 提交修复
$ git checkout develop                            # 5. 切换到develop分支
$ git merge --no-ff hotfix/print-error            # 6. 把hotfix分支合并到develop分支
$ git checkout master                             # 7. 切换到master分支
$ git merge --no-ff hotfix/print-error            # 8. 把hotfix分支合并到master
$ git tag -a v0.9.1 -m "fix log bug"              # 9. master分支打tag
$ go build -v .                         # 10. 编译代码，并将编译好的二进制更新到生产环境
$ git branch -d hotfix/print-error                # 11. 修复好后，删除hotfix/xxx分支
$ git checkout feature/print-hello-world          # 12. 切换到开发分支下
$ git merge --no-ff develop             # 13. 因为develop有更新，这里最好同步更新下
```

```
$ git stash pop # 14. 恢复到修复前的工作状态
```

5）继续开发。在 main.go 中加入 fmt.Println("Hello World")。

6）提交代码到 feature/print-hello-world 分支。

```
$ git commit -a -m "print 'hello world'"
```

7）在 feature/print-hello-world 分支上做代码审查。

首先，我们需要将 feature/print-hello-world 推送到代码托管平台，例如 GitHub 上。

```
$ git push origin feature/print-hello-world
```

然后，我们在 GitHub 上基于 feature/print-hello-world 创建 PR，如图 5-6 所示。

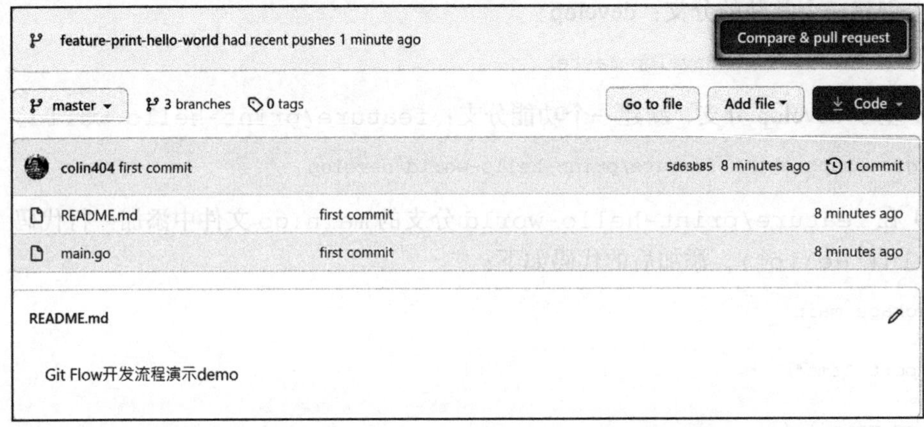

图 5-6 创建 PR

创建完 PR 之后，我们就可以指定审查者进行代码审查，如图 5-7 所示。

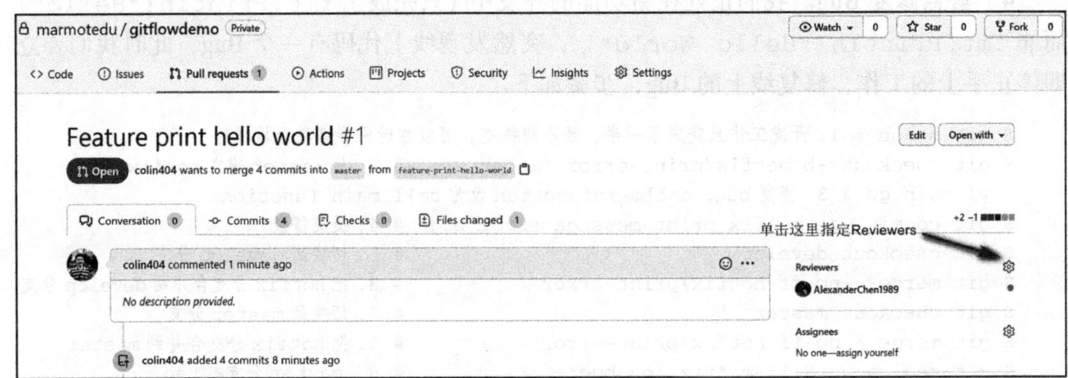

图 5-7 指定审查者

8）代码审查通过后，由代码仓库matainer将功能分支合并到 develop 分支。

```
$ git checkout develop
$ git merge --no-ff feature/print-hello-world
```

9）基于 develop 分支创建 release 分支，测试代码。

```
$ git checkout -b release/1.0.0 develop
$ go build -v . # 创建后，部署二进制文件并测试
```

10）测试失败，因为我们要求打印“hello world”，但现在打印的是“Hello World”。修复的时候，我们直接在 `release/1.0.0` 分支修改代码，修改完成后，提交并编译部署。

```
$ git commit -a -m "fix bug"
$ go build -v .
```

11）测试通过后，将功能分支合并到 master 分支和 develop 分支。

```
$ git checkout develop
$ git merge --no-ff release/1.0.0
$ git checkout master
$ git merge --no-ff release/1.0.0
$ git tag -a v1.0.0 -m "add print hello world" # master 分支打 tag
```

12）删除 `feature/print-hello-world` 分支，也可以选择性删除 `release/1.0.0` 分支。

```
$ git branch -d feature/print-hello-world
```

亲自操作一遍之后，你应该会更了解这种模式的优缺点。虽然 Git Flow 工作流有一定的上手难度，但它还是有很多优点的。Git Flow 工作流的每个分支分工明确，可以最大程度减少它们之间的相互影响。因为可以创建多个分支，所以也可以并行开发多个功能。另外，和功能分支工作流一样，它也可以添加代码审查流程，保障代码质量。

因此，Git Flow 工作流比较适合开发团队相对固定、规模较大的项目。

5.4 Forking 工作流

上面讲的 Git Flow 工作流是非开源项目中最常用的工作流，在开源项目中，最常用的是 Forking 工作流，例如 Kubernetes、Docker 等项目用的就是这种工作流。这里，我们先来了解下 fork 操作。

fork 操作是指在个人远程仓库新建一份目标远程仓库的副本，比如在 GitHub 上操作时，在项目的主页单击 fork 按钮（页面右上角），即可拷贝该目标远程仓库。Forking 工作流的工作流程如图 5-8 所示。

假设开发者 A 拥有一个远程仓库，如果开发者 B 也想参与 A 项目的开发，B 可以 fork 一份 A 的远程仓库到自己的 GitHub 账号下。后续 B 可以在自己的项目进行开发，待开发完成后，给 A 提交一个 PR。这时候 A 会收到通知，A 会去查看新提交的 PR 并进行代码审

查。如果有问题，A 会直接在 PR 页面提交评论，B 看到评论后会做进一步的修改。最后 A 通过 B 的 PR，将代码合并到 A 的仓库。这样就完成了 A 代码仓库新特性的开发。如果有其他开发者想给 A 贡献代码，也会执行相同的操作。

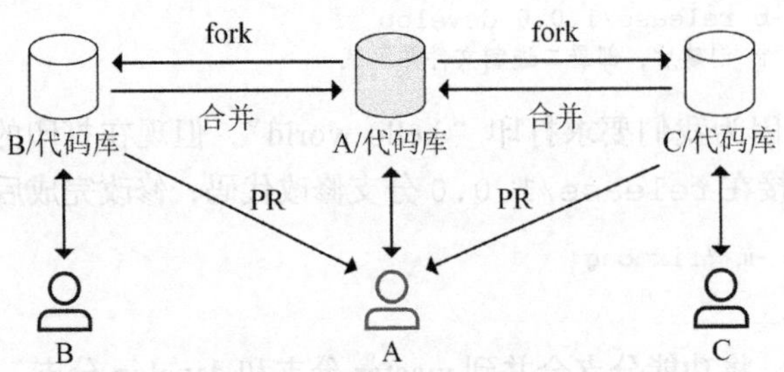

图 5-8 Forking 工作流

GitHub 中的 Forking 工作流的详细步骤共有 6 步（假设目标仓库为 `gitflow-demo`），你可以跟着以下步骤操作练习。

1）Fork 远程仓库到自己的账号下。访问 https://github.com/marmotedu/gitflow-demo，单击 Fork 0 按钮，成功后，仓库地址为 https://github.com/colin404fork/gitflow-demo。

2）克隆 fork 的仓库到本地。

```
$ git clone https://github.com/colin404fork/gitflow-demo
$ cd gitflow-demo
$ git remote add upstream https://github.com/marmotedu/gitflow-demo
$ git remote set-url --push upstream no_push # 永远不推送到上游仓库
$ git remote -v                              # 检查下 remote 是否设置成功
origin    https://github.com/colin404fork/gitflow-demo (fetch)
origin    https://github.com/colin404fork/gitflow-demo (push)
upstream    https://github.com/marmotedu/gitflow-demo (fetch)
upstream    https://github.com/marmotedu/gitflow-demo (push)
```

3）创建功能分支。首先，要同步本地仓库的 master 分支为最新的状态（与 upstream/master 分支一致）。

```
$ git fetch upstream
$ git checkout master
$ git rebase upstream/master
```

然后，创建功能分支。

```
$ git checkout -b feature/add-function
```

4）提交。在 `feature/add-function` 分支上开发代码，开发完代码后，提交 commit。

```
$ git fetch upstream # commit 前需要再次同步 feature 与 upstream/master
$ git rebase upstream/master
$ git add <file>
$ git status
$ git commit
```

分支开发完成后，可能会有一堆 commit，但是合并到主干时，我们往往希望只有一个（或最多两三个）commit，保证功能修改都放在一个或几个 commit 中，以便后面的阅读和维护。此时，我们可以用 git rebase 命令来合并和修改我们的 commit，操作如下：

```
$ git rebase -i origin/master
```

第 3 章中已经介绍过 `git rebase -i` 的使用方法，这里不再赘述。

还有另外一种合并 commit 的简便方法，即先撤销过去 5 个 commit，再新建一个：

```
$ git reset HEAD~5
$ git add .
$ git commit -am "Here's the bug fix that closes #28"
$ git push --force
```

`squash` 和 `fixup` 命令还可以当作命令行参数使用，自动合并 commit。

```
$ git commit --fixup
$ git rebase -i --autosquash
```

5）推送功能分支到个人远程仓库。在完成了开发并提交后，需要将功能分支推送到个人远程代码仓库，代码如下：

```
$ git push -f origin feature/add-function
```

6）在个人远程仓库页面创建 PR。

提交到远程仓库以后，我们就可以创建 PR，然后请求审查者进行代码审查，确认后再合并到 master。这里要注意，创建 PR 时，base 通常选择目标远程仓库的 master 分支。

结合操作特点，我们来看看 Forking 工作流的优点。在 Forking 工作流中，项目远程仓库和开发者远程仓库完全独立，开发者通过提交 PR 的方式给远程仓库贡献代码，项目维护者选择性地接受任何开发者的提交。这种方式可以避免授予开发者项目远程仓库的权限，从而提高项目远程仓库的安全性，也可以使任意开发者参与到项目的开发中。

但 Forking 工作流也有局限性，即对于职能分工明确且不对外开源的项目优势不大。Forking 工作流比较适用于以下三种场景。

- 开源项目中。
- 开发者有衍生出自己的衍生版的需求。
- 开发者不固定，可能是任意一个能访问到项目的开发者。

5.5　本章总结

本章基于 Git 介绍了 4 种开发模式：

- **集中式工作流**：开发者直接在本地 master 分支开发代码，开发完成后推送到远端仓库 master 分支。

- **功能分支工作流**：开发者基于 master 分支创建一个新分支，在新分支进行开发，开发完成后合并到远端仓库 master 分支。
- **Git Flow 工作流**：Git Flow 工作流为不同的分支分配一个明确的角色，并定义分支之间什么时候、如何进行交互，比较适合大型项目的开发。
- **Forking 工作流**：开发者先 fork 项目到个人仓库，在个人仓库完成开发后，提交 PR 到目标远程仓库，远程仓库审查后，合并 PR 到 master 分支。

集中式工作流是最早的 Git 工作流，功能分支工作流以集中式工作流为基础，Git Flow 工作流又是以功能分支工作流为基础，Forking 工作流则在 Git Flow 工作流基础上，解耦了个人远端仓库和项目远端仓库。

每种工作流各有优缺点，适用于不同的场景，如表 5-2 所示。

表 5-2 不同工作流优缺点

工作流	优 点	缺 点	使用场景
集中式工作流	上手最简单	代码管理较混乱，容易出问题	团队人数少，开发不频繁，不需要同时维护多个版本的小项目
功能分支工作流	上手比较简单，支持并行开发，支持代码审查	无法给分支分配明确的目的，不利于团队配合	开发团队相对固定、规模较小的项目
Git Flow 工作流	每个分支分工明确，可以最大程度减少它们之间的相互影响，也可以并行开发，支持代码审查	有一定上手难度	比较适合开发团队相对固定、规模较大的项目
Forking 工作流	完全解耦个人远端仓库和项目远端仓库，最大程度上保证项目远端仓库的安全	对于职能分工明确且不对外开源的项目优势不大	比较适用于开源项目中，或者开发者有衍生出自己的衍生版的需求，又或者开发者不固定，可能是任意一个能访问到项目的开发者

总的来说，在选择工作流时，我的推荐如下：

- 非开源项目采用 Git Flow 工作流。
- 开源项目采用 Forking 工作流。

因为本书的实战项目对于项目开发者来说是一个偏大型的非开源项目，所以采用了 Git Flow 工作流。

第 6 章 Chapter 6

研发流程设计

在 Go 项目开发中，我们不仅要完成产品功能的开发，还要确保整个过程是高效的，代码是高质量的。这就离不开一套设计合理的研发流程和一个高效的应用生命周期管理方法。本章我们就来看下如何设计研发流程。本章主要包括以下两部分内容。

❑ 如何设计 Go 项目的研发流程。

❑ 如何管理应用的生命周期。

6.1 如何设计 Go 项目的研发流程

一个不合理的研发流程会带来很多问题，列举如下。

❑ **代码管理混乱**：合并代码时出现合错、合丢、代码冲突等问题。

❑ **研发效率低**：编译、测试、静态代码检查等全靠手动操作，效率低下。甚至，因为没有标准的流程，一些开发者会漏掉测试、静态代码检查等环节。

❑ **发布效率低**：发布周期长，以及发布不规范造成的现网问题频发。

所以，针对 Go 项目开发，我们一定要设计一个合理的研发流程，来提高开发效率、减少软件维护成本。研发流程会因为项目、团队和开发模式等的不同而有所不同，但不同的研发流程依然会有一些相似点。

项目研发流程会因为团队、项目、需求等的不同而不同，很难概括出一个研发流程设计方法论。本章我会介绍一种业界已经设计好的、相对标准的研发流程，来告诉你如何设计研发流程。通过学习该流程，你不仅能够了解项目研发的通用流程，而且可以基于这个流程进行优化、定制，以满足你自己的流程需求。

6.2 在设计研发流程时，需要关注哪些点

虽然我们刚才说了，不同团队、项目、需求的研发流程不会一成不变，但为了最大限度地提高研发效能，这些不同的流程都会遵循下面几个原则。

- **发布效率高**：研发流程应该能提高发布效率，减少发布时间和人工介入的工作量。
- **发布质量高**：研发流程应该能够提高发布质量，确保发布出去的代码是经过充分测试的，并且完全避免人为因素造成的故障。
- **迭代速度快**：整个研发流程要能支持快速迭代，产品迭代速度越快，意味着产品的竞争力越强，在互联网时代越能把握先机。
- **明确性**：整个研发流程中角色的职责、使用的工具、方法和流程都应该是明确的，这可以增强流程的可执行性。
- **流程合理**：研发流程最终是供产品、开发、测试、运维等人员使用的，所以整个流程设计不能是反人类的，要能够被各类参与人员接受并执行。
- **柔性扩展**：研发流程应该是柔性且可扩展的，能够灵活变通，并适应各类场景。
- **输入输出**：研发流程中的每个阶段都应该有明确的输入和输出，这些输入和输出标志着上一个阶段的完成，下一个阶段的开始。

6.3 业界相对标准的研发流程

一个项目从立项到结项，中间会经历很多阶段。业界相对标准的划分，是把研发流程分为 6 个阶段，分别是需求阶段、设计阶段、开发阶段、测试阶段、发布阶段、运营阶段。其中，开发人员需要参与的阶段有 4 个：设计阶段、开发阶段、测试阶段和发布阶段。业界相对标准的研发流程如图 6-1 所示。

每个阶段结束时，都需要有一个最终的产出物，可以是文档、代码或者部署组件等。这个产出物既是当前阶段的结束里程碑，又是下一阶段的输入。所以说，各个阶段不是割裂的，而是密切联系的，是一个整体。每个阶段又细分为很多步骤，这些步骤需要不同的参与者去完成。在完成任务的过程中，可能需要经过多轮讨论、修改，最终形成定稿。

这里有一点需要注意：研发流程也是一种规范，很难靠开发者的自觉性去遵守。为了让项目参与人员尽可能地遵守规范，需要借助一些工具、系统来对他们进行强约束。所以，我们在设计完整个研发流程之后，需要认真思考下，有哪些地方可以实现自动化，有哪些地方可以靠工具、系统来保障规范的执行。

6.3.1 需求阶段

需求阶段是将一个抽象的产品思路具化成一个可实施产品的阶段。在这个阶段，产品人员会讨论产品思路、调研市场需求，并对需求进行分析，整理出一个比较完善的需求文档。最后，产品人员会组织相关人员对需求进行评审，如果评审通过，就会进入设计阶段。

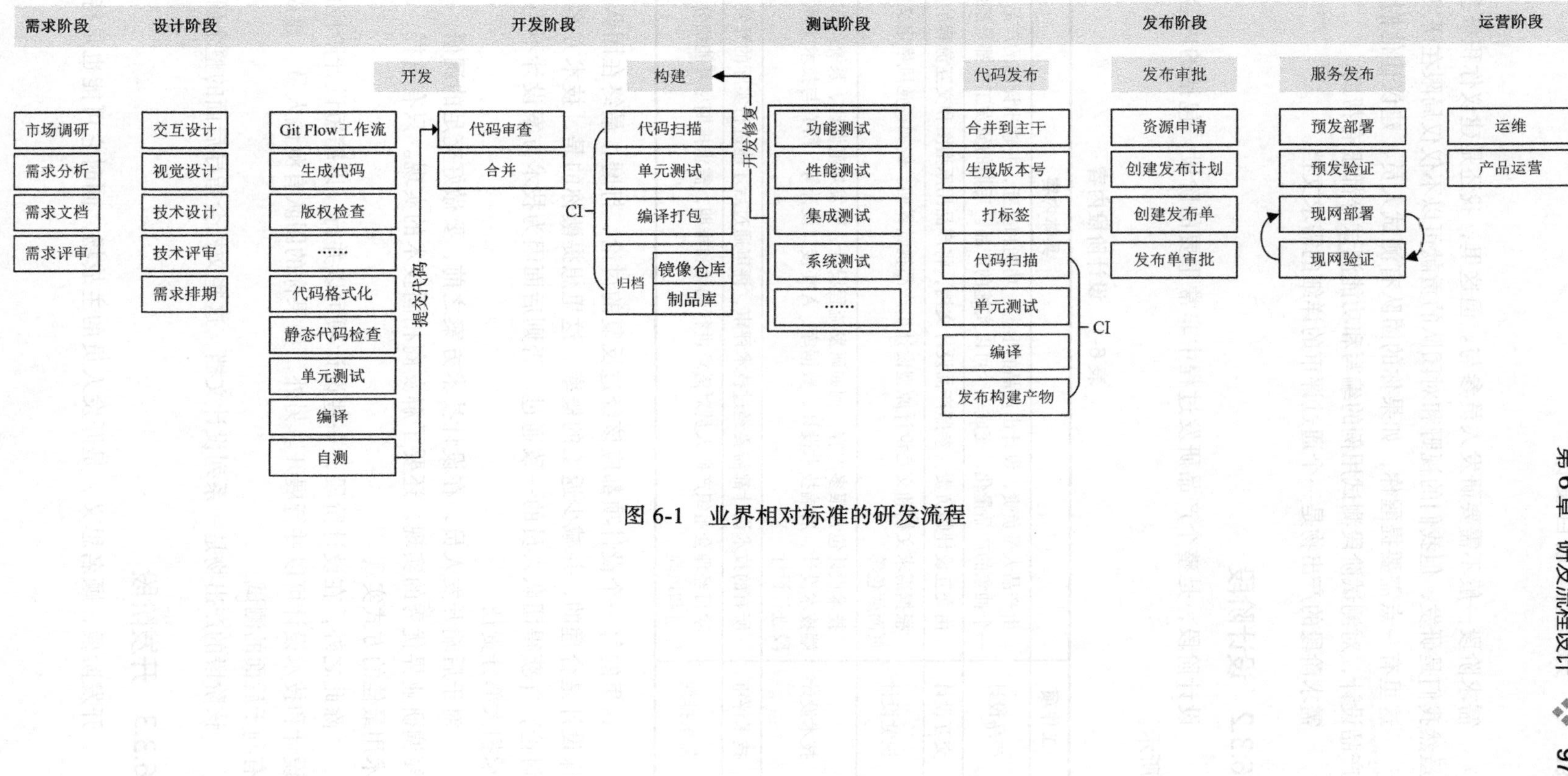

图 6-1　业界相对标准的研发流程

需求阶段一般不需要研发人员参与。但这里，我还是建议你积极参与产品需求的讨论。虽然我们是研发，但我们的视野和对团队的贡献可以不仅仅局限在研发领域。

这里有一点需要提醒你，如果你的团队有测试人员，建议让他们参与进来。因为了解产品设计，对测试阶段测试用例的编写和功能测试等都很有帮助。

需求阶段的产出物是一个通过评审的详细的需求文档。

6.3.2 设计阶段

设计阶段，是整个产品研发过程中非常重要的阶段，包括的内容也比较多，如表 6-1 所示。

表 6-1 设计阶段内容

工作项	具体内容
产品设计	由产品人员负责，设计出产品的形态、功能和交互，并输出详细的产品设计文档。该步骤最终将一个抽象的产品量化，变成一个可以实施的产品。后期的研发工作都是围绕该产品文档进行的
交互设计	由交互设计师负责，参照产品设计文档，将产品用原型图和交互流程的形式展现出来
视觉设计	根据需求文档和交互设计原型设计出产品视觉界面。例如视觉风格定义、图标设计、页面设计和页面颜色等
技术设计	技术设计包含很多内容，例如研发流程设计、研发规范设计、系统架构设计、软件架构设计、前端技术设计、后端技术设计、数据库、API 接口设计等，所有与技术实现相关的点都可以在这一阶段进行设计
技术评审	所有的技术设计都需要经过技术评审，评审通过后才能进行实际的开发
需求排期	项目经理会组织产研人员对需求进行细化和排期，需求排期尽可能细分，这样才能更好地评估工作量和风险

这里的每一个设计项都应该经过反复的讨论、打磨，最终在团队内达成共识，从而确保设计是合理的，并减少返工的概率。这里想提醒你的是，技术方案和实现都要经过认真讨论，并获得团队人员的一致通过，否则后面因为技术方案设计不当，需要返工时，你要承担大部分责任。

对于后端开发人员，在设计技术方案之前，要做好充足的调研。一个技术方案，不仅要调研业界优秀的实现，还要了解友商相同技术的实现。只有这样，才可以确保我们的技术用最佳的方式实现。

除此之外，在设计阶段，一些设计项可以并行，以缩短设计阶段的耗时。例如，产品设计和技术设计可以并行展开。另外，如果你的团队有测试人员，建议让他们也参与进来，有利于后面的测试。

该阶段的产出物是一系列设计文档，这些文档会指导后面的整个研发流程。

6.3.3 开发阶段

开发阶段，顾名思义，是开发人员的主战场，同时它可能也是持续时间最长的阶段。

在这一阶段，开发人员根据技术设计文档，编码实现产品需求。

开发阶段是整个项目的核心阶段，包含很多工作内容，而且每一个 Go 项目具体的步骤是不同的。开发阶段的整个步骤如图 6-2 所示。

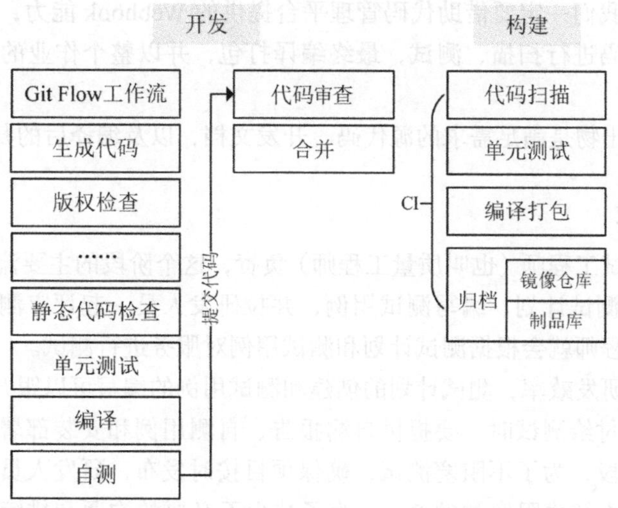

图 6-2　开发阶段

我们来详细看下图 6-2 里呈现的步骤。开发阶段又可以分为“开发”和“构建”两部分，我们先来看开发。

首先，我们需要制定一个所有研发人员共同遵循的 Git 工作流规范。最常使用的是 Git Flow 工作流或者 Forking 工作流。

为了提高开发效率，越来越多的开发者采用生成代码的方式来生成一部分代码，所以在真正编译之前可能还需要先生成代码，比如生成 .pb.go 文件、API 文档、测试用例、错误码等。我的建议是，在项目开发中，你要思考如何尽可能自动生成代码，这样不仅能提高研发效率，还能减少错误。

对于一个开源项目，我们可能还需要检查新增的文件是否有版权信息。此外，根据项目不同，开发阶段还可能有其他不同的步骤。在流程的最后，通常会进行静态代码检查、单元测试和编译。编译之后，我们就可以启动服务并进行自测了。

自测之后，我们可以遵循 Git Flow 工作流，将开发分支推送到代码托管平台进行代码审查。代码审查通过之后，我们就可以将代码合并到 develop 分支上了。

接下来进入构建阶段。这一阶段最好借助 CI/CD 平台实现自动化，提高构建效率。

合并到 develop 分支的代码同样需要进行代码扫描、单元测试，并编译打包。最后，我们需要进行归档，也就是将编译后的二进制文件或 Docker 镜像上传到制品库或镜像仓库。

可以看到，整个开发阶段的步骤很多，而且都是高频的操作。那如何提高效率呢？这里我推荐两种方法。

- 将开发阶段的步骤通过 Makefile 实现集中管理。
- 将构建阶段的步骤通过 CI/CD 平台实现自动化。

你还需要特别注意一点：在最终合并代码到 master 分支之前，要确保代码是经过充分测试的。这就要求我们一定要借助代码管理平台提供的 Webhook 能力，在代码提交时触发 CI/CD 作业，对代码进行扫描、测试，最终编译打包，并以整个作业的成功执行作为合并代码的先决条件。

开发阶段的产出物是满足需求的源代码、开发文档，以及编译后的归档文件。

6.3.4 测试阶段

测试阶段由测试工程师（也叫质量工程师）负责，这个阶段的主要流程是：测试工程师根据需求文档创建测试计划、编写测试用例，并拉研发人员一起评审测试计划和用例。评审通过后，测试工程师就会根据测试计划和测试用例对服务进行测试。

为了提高整个研发效率，测试计划的创建和测试用例的编写可以跟开发阶段并行。

研发人员在交付给测试时，要提供自测报告、自测用例和安装部署文档。这里我要强调的是：在测试阶段，为了不阻塞测试，确保项目按时发布，研发人员应该优先解决测试同学的 Bug，至少先解决阻塞类的 Bug。为了减少不必要的沟通和排障，安装部署文档要尽可能详尽和准确。

另外，你也可以及时跟进测试，了解测试同学当前遇到的卡点。因为在实际工作中，一些测试同学在遇到卡点时，不善于或者不会及时地跟你同步卡点，往往研发人员 1 分钟就可以解决的问题，可能要花测试人员几个小时或者更久的时间去解决。

当然，测试用例几乎不可能涵盖整个变更分支，所以对于一些难测、隐藏的测试，需要研发人员自己加强测试。

最后，一个大特性测试完，请测试同学吃个饭吧，大家唠唠家常，联络联络感情，下次合作会更顺畅。

测试阶段的产出物是满足产品需求、达到发布条件的源代码，以及编译后的归档文件。

6.3.5 发布阶段

发布阶段主要是将软件部署上线，为了保证发布的效率和质量，我们需要遵循一定的发布流程，如图 6-3 所示。

发布阶段按照时间线排序又分为代码发布、发布审批和服务发布 3 个子阶段。接下来，我将详细介绍这 3 个子阶段。我们先来看一下代码发布。

首先，开发人员需要将经过测试后的代码合并到主干，通常是 master 分支，并生成版本号，然后给最新的提交打上版本标签。之后，可以将代码推送到代码托管平台，并触发 CI 流程，CI 流程一般会执行代码扫描、单元测试、编译，最后将构建产物发布到制品库。

CI 流程中，我们可以根据需要添加任意功能。

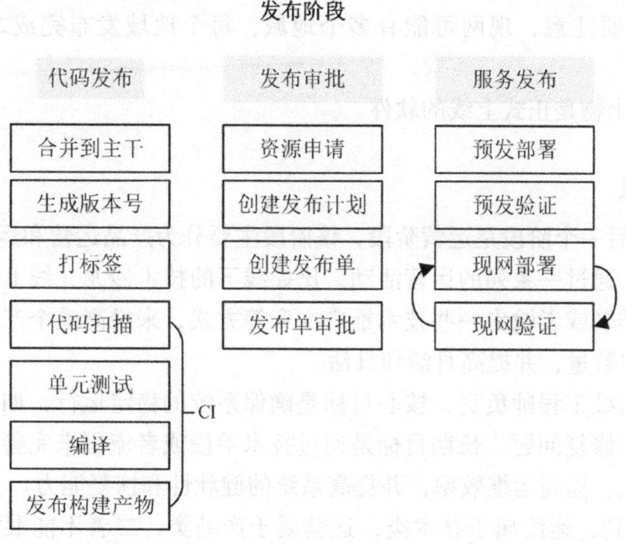

图 6-3 发布阶段

接着，进入发布审批阶段。首先需要申请资源，资源申请周期可能会比较久，所以申请得越早越好，甚至可以在测试阶段发起申请。在资源申请阶段，可以申请诸如服务器、MySQL、Redis、Kafka 之类资源。

资源申请通常是开发人员向运维人员提需求，由运维人员根据需求，在指定的时间前准备好各类资源。如果是物理机，通常申请周期会比较久，但当前越来越多的项目选择容器化部署，这可以极大地缩短资源的申请周期。如果在类似腾讯云 Serverless 集群这种平台上部署业务，甚至可以秒申请资源。所以这里，我也建议优先采用容器化部署。

发布之前需要创建发布计划，里面需要详细描述本次的变更详情，例如变更范围、发布方案、测试结果、验证和回滚方案等。这里需要注意，在创建发布计划时，一定要全面梳理这次变更的影响点。例如，是否有不兼容的变更，是否需要变更配置，是否需要变更数据库等。任何一个遗漏，都可能造成现网故障，影响产品声誉和用户使用。

接下来，创建发布单，在发布单中可以附上发布计划，并根据团队需求填写其他发布内容，发布计划需要跟相关参与者对齐流程、明确职责。发布单最终提交给审批人（通常是技术负责人）对本次发布进行审批，审批通过后，才可以进行部署。

最后，进入服务发布阶段，将服务发布到现网。在正式部署的时候，应用需要先部署到预发环境。在预发环境，产品人员、测试人员和研发人员会分别对产品进行验证。其中，产品人员主要验证产品功能的体验是否流畅，开发和测试人员主要验证产品是否有 Bug。只有预发环境验证通过，产品才能正式发布到现网。

这里，我强烈建议编写一些自动化的测试用例，在服务发布到现网之后，对现网服务做一次比较充分的回归测试。通过这个自动化测试，可以以最小的代价，最快速地验证现网功能，从而保障发布质量。

另外，我们还要注意，现网可能有多个地域，每个地域发布完成之后都要进行现网验证。

发布阶段的产出物是正式上线的软件。

6.3.6 运营阶段

研发流程的最后一个阶段是运营阶段，该阶段主要分为产品运营和运维两个部分。

- **产品运营**：通过一系列的运营活动，比如线下的技术沙龙、线上的免费公开课、提高关键词排名或者输出一些技术推广文章等方式，来推高整个产品的知名度，提高产品的用户数量，并提高月活和日活。
- **运维**：由运维工程师负责，核心目标是确保系统的稳定运行，如果系统异常，能够及时发现并修复问题。长期目标是通过技术手段或者流程来完善整个系统架构，减少人力投入、提高运维效率，并提高系统的健壮性和恢复能力。

从上面可以看到，运维属于技术类，运营属于产品类，二者不能混淆。运营阶段的内容如图 6-4 所示。

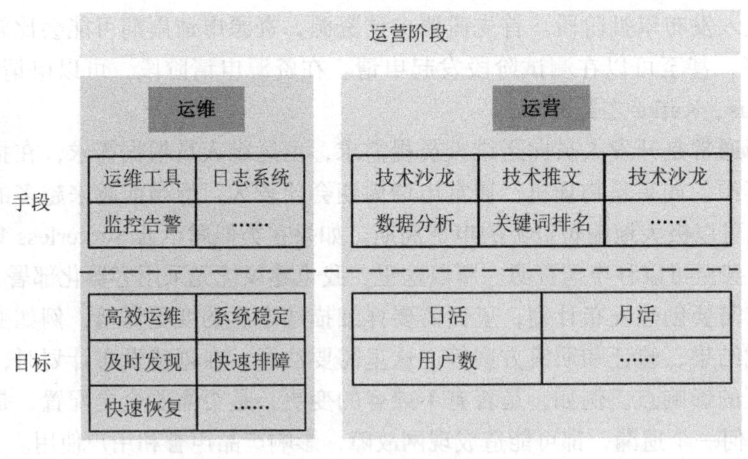

图 6-4 运营阶段

在运营阶段，研发人员的主要职责就是协助运维解决现网 Bug，优化部署架构。当然，研发人员可能也需要配合运营人员开发一些运营接口，供运营人员使用。

6.4 角色与分工

通过对研发流程的介绍，你可以发现整个研发流程中会涉及很多角色，不同角色参与不同的阶段，负责不同的任务。整个研发流程中涉及的核心角色如图 6-5 所示。

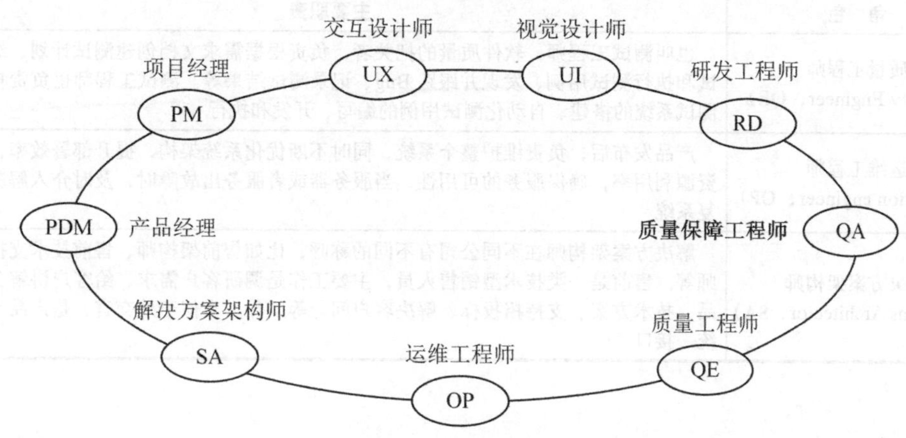

图 6-5 角色与分工

具体分工如表 6-2 所示。

表 6-2 角色与分工

角 色	主要职责
产品经理 （Product Manager，PDM）	产品经理负责市场调查，根据用户的需求，确定开发何种产品，选择何种技术、商业模式，并推动相应产品的开发组织。他还要根据产品的生命周期，协调研发、营销、运营等，确定和组织实施相应的产品策略，以及其他一系列相关的产品管理活动。在一些小型团队，产品经理也会兼任项目经理的工作
项目经理 （Project Manager，PM）	项目经理在不同的组织中有不同的职责。在软件研发领域，项目经理的主要职责是负责日常管理工作，制定项目计划，确定需求排期，并按计划推进和跟踪项目进度。项目经理也会协调各角色定期同步进展，了解其中的问题和风险，并协调各种资源（包括跨团队的资源），确保问题和风险及时解决，项目能够正常推进
交互设计师 （UX=UE=User Experience，UX）	交互设计师负责根据需求文档设计交互原型，关注用户体验流程、产品功能架构、页面跳转流程、交互方式等。例如，交互设计师会使用 Axure 等类似工具绘制交互原型，并将原型提供给 UI 设计师进行进一步的设计
视觉设计师 （User Interface Designer，UI）	视觉设计师（或称界面设计师、UI 设计师）负责根据需求文档和交互设计原型设计出产品视觉界面。例如视觉风格定义、图标设计、页面设计和页面颜色等
研发工程师 （Research and Development Engineer，RD）	研发工程师负责具体需求的技术选型、架构设计、编码实现、测试和发布。研发工程师又细分为：前端开发工程师、App 开发工程师和后台开发工程师。 ❑ **前端开发工程师**：前端开发工程师负责根据需求文档和界面设计稿，利用 HTML、CSS、JavaScript、React、Vue 等技术，并调用服务端 API 完成前端界面的开发 ❑ **App 开发工程师**：负责根据需求文档和界面设计稿，并调用服务端 API 开发出移动端 App 客户端 ❑ **后台开发工程师**：负责后台服务的开发，对外提供 HTTP、GRPC 接口供其他组件调用
质量保障工程师 （Quality Assurance Engineer，QA）	质量保障工程师在掌握质量管理方法概念的基础上，运用技术 / 业务知识，管控产品质量问题和风险，设计业务生命周期的流程规范，跟踪闭环，并建设度量体系，建设客观有效的目标，驱动问题解决。

（续）

角　色	主要职责
质量工程师（Quality Engineer，QE）	也叫测试工程师，软件质量的把关者，负责根据需求文档创建测试计划、编写测试和执行测试用例、发现并跟踪 Bug、记录测试结果等。测试工程师也负责自动化测试系统的搭建、自动化测试用例的编写、开发和执行
运维工程师（Operation engineer，OP）	产品发布后，负责维护整个系统，同时不断优化系统架构，提升部署效率，提高资源利用率，确保服务的可用性，当服务器或者服务出故障时，及时介入解决，恢复系统
解决方案架构师（Solutions Architector，SA）	解决方案架构师在不同公司有不同的称呼，比如售前架构师、售前技术支持工程师等。售前是一类技术型销售人员，主要工作是调研客户需求、给客户讲解公司产品、技术方案、支持招投标、解决客户问题等工作。类似于外交官，是产品对外的统一接口

6.5 如何管理应用的生命周期

前面介绍了一个相对标准的研发流程，这个研发流程可以确保我们高效地开发出一个优秀的 Go 项目。本节将介绍如何管理 Go 项目，也就是如何对应用的生命周期进行管理。

应用生命周期管理其实就是指采用一些好的工具或方法在应用的整个生命周期中对应用进行管理，以提高应用的研发效率和质量。

那么，如何设计一套优秀的应用生命周期管理手段呢？这就跟研发流程“设计”的思路一样，你可以自己设计，也可以采用业界沉淀下来的优秀管理手段。同样地，我更建议采用已有的最佳实践，因为重复造轮子、造一个好轮子太难了。

6.6 应用生命周期管理技术有哪些

你可以从两个维度来理解应用生命周期管理技术。

第一个维度是演进维度。应用生命周期，最开始主要是通过研发模式来管理的，按时间线先后出现了瀑布模式、迭代模式、敏捷模式。接着，为了解决研发模式中的一些痛点，出现了一种新的管理技术，也就是 CI/CD 技术。随着 CI/CD 技术的成熟，又催生了另一种更高级的管理技术 DevOps（Development 和 Operations 的组合）。

第二个维度是管理技术的类别。应用生命周期管理技术可以分为两类。

- **研发模式**：用来确保整个研发流程是高效的。
- **DevOps**：主要通过协调各个部门之间的合作，来提高软件的发布效率和质量。DevOps 中又包含了很多种技术，主要包括 CI/CD 和多种 Ops，例如 AIOps、ChatOps、GitOps、NoOps 等。其中，CI/CD 技术提高了软件的发布效率和质量，而 Ops 技术则提高了软件的运维和运营效率。

尽管这些应用生命周期管理技术有很多不同，但是它们彼此支持、相互联系。研发模式专注于开发过程，DevOps 技术里的 CI/CD 专注于流程，Ops 则专注于实战。

应用生命管理技术的演进过程如图 6-6 所示。

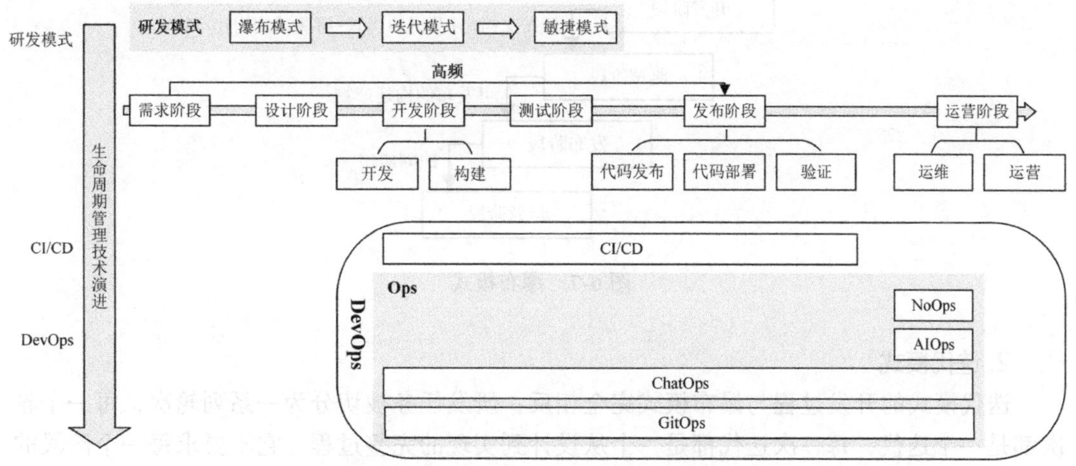

图 6-6　应用生命周期管理技术的演进过程

为了能够逻辑清晰地讲明白这些技术，我会从演进维度来展开，也就是按照这样的顺序进行讲解：研发模式（瀑布模式→迭代模式→敏捷模式）→CI/CD→DevOps。

6.7　研发模式

研发模式主要有三种，演进顺序为：瀑布模式→迭代模式→敏捷模式。

1. 瀑布模式

在早期阶段，软件研发普遍采用的是瀑布模式，像我们熟知的 RHEL、Fedora 等系统就是采用瀑布模式。

瀑布模式按照预先规划好的研发阶段来推进研发进度。比如，按照需求阶段、设计阶段、开发阶段、测试阶段、发布阶段、运营阶段的顺序串行执行开发任务。每个阶段完美完成之后，才会进入下一阶段，阶段之间通过文档进行交付。整个过程如图 6-7 所示。

瀑布模式最大的优点是简单。它严格按照研发阶段来推进研发进度，流程清晰，适合按项目交付的应用。但它的缺点也很明显，最突出体现在以下两方面。

- 只有在项目研发的最后阶段才会交付给客户。交付后，如果客户发现问题，变更就会非常困难，代价很大。
- 研发周期比较长，很难适应互联网时代对产品快速迭代的诉求。

为了解决这两个问题，迭代模式诞生了。

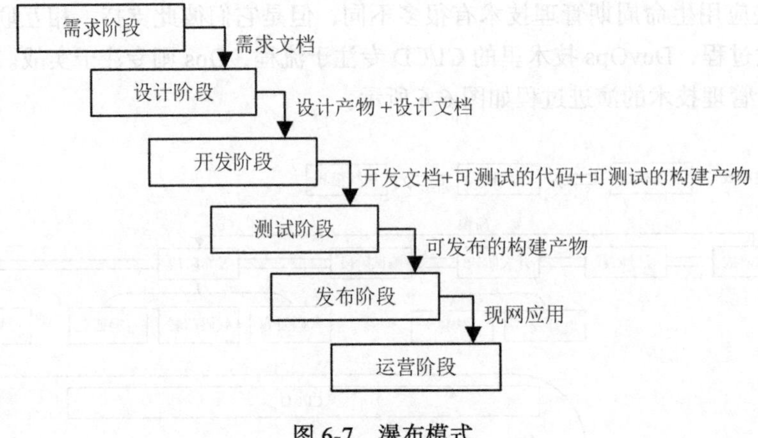

图 6-7 瀑布模式

2. 迭代模式

迭代模式的开发过程与瀑布模式完全相反：研发任务被切分为一系列轮次，每一个轮次都是一个迭代，每一次迭代都是一个从设计到实现的完整过程。它不要求每一个阶段的任务都做到最完美，而是先把主要功能搭建起来，再通过客户的反馈信息不断完善。

迭代开发可以帮助我们改进产品和把控进度，它的灵活性极大地提升了适应需求变化的能力，克服了高风险、难变更、复用性低的特点。

但是，迭代模式的问题在于比较专注于开发过程，很少从项目管理的视角去加速和优化项目开发过程。接下来要讲的敏捷模式，就弥补了这个缺点。

3. 敏捷模式

敏捷模式把一个大的需求分成多个、可分阶段完成的小迭代，每个迭代交付的都是一个可使用的软件。在开发过程中，软件要一直处于可使用状态。

敏捷模式中具有代表性的开发模式是 Scrum 开发模型。网上有很多关于 Scrum 开发模型的介绍，本书不再赘述。

在敏捷模式中，我们会把一个大的需求拆分成很多小的迭代，这意味着开发过程中会有很多个开发、构建、测试、发布和部署的流程。这种高频度的操作会给研发、运维和测试人员带来很大的工作量，降低了工作效率。为了解决这个问题，CI/CD 技术诞生了。

6.8 CI/CD：自动化构建和部署应用

CI/CD 技术通过自动化的手段，来快速执行代码检查、测试、构建、部署等任务，从而提高研发效率，解决敏捷模式带来的弊端。CI/CD 包含 3 个核心概念。

- CI：Continuous Integration，持续集成。
- CD：Continuous Delivery，持续交付。

❑ CD：Continuous Deployment，持续部署。

CI 容易理解，但两个 CD 非常容易混淆。这里，我来详细说说这 3 个核心概念。

6.8.1 持续集成

持续集成的含义为：频繁地（一天多次）将开发人员的代码合并到主干上。它的流程为：在开发人员完成代码开发并推送到 Git 仓库后，CI 工具可以立即对代码进行扫描、（单元）测试和构建，并将结果反馈给开发者。持续集成通过后，代码会被合并到主干。

CI 流程可以使应用软件的问题在开发阶段就暴露出来，让开发人员更早地发现并解决问题。因为 CI 流程内容比较多，而且执行比较频繁，所以 CI 流程需要有自动化工具来支撑。

6.8.2 持续交付

持续交付指的是一种能够使软件在较短的循环中可靠发布的软件方法。持续交付在持续集成的基础上，将构建后的产物自动部署在目标环境中。这里的目标环境可以是测试环境、预发环境或者现网环境。

通常来说，持续部署可以自动地将服务部署到测试环境或者预发环境，而部署到现网环境存在一定的风险，所以需要手工操作。手工操作的好处是可以使相关人员评估发布风险，确保发布的正确性。

6.8.3 持续部署

持续部署在持续交付的基础上，将经过充分测试的代码自动部署到生产环境，整个流程不再需要相关人员的审核。持续部署强调的是自动化部署，是交付的最高阶段。

持续集成、持续交付、持续部署的关系如图 6-8 所示。

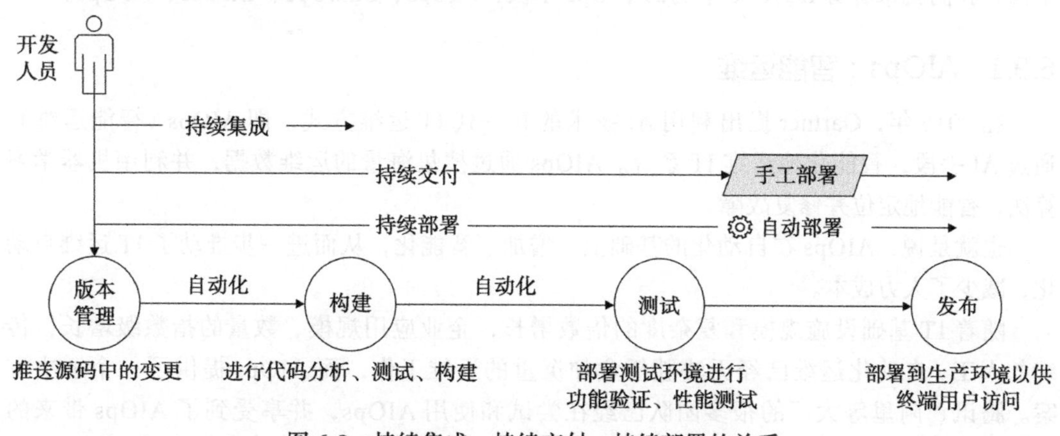

图 6-8　持续集成、持续交付、持续部署的关系

持续集成、持续交付和持续部署强调的是持续性，也就是能够支持频繁的集成、交付

和部署。它们离不开自动化工具的支持，否则 CI/CD 就不再具有可实施性。持续集成的核心点在代码，持续交付的核心点在可交付的产物，持续部署的核心点在自动部署。

6.9 DevOps：研发运维一体化

CI/CD 技术的成熟，加速了 DevOps 这种应用生命周期管理技术的成熟和落地。

DevOps 是一组过程、方法与系统的统称，用于促进开发（应用程序 / 软件工程）、技术运营和质量保障（QA）部门之间的沟通、协作与整合。这 3 个部门的相互协作，可以提高软件质量、快速发布软件，如图 6-9 所示。

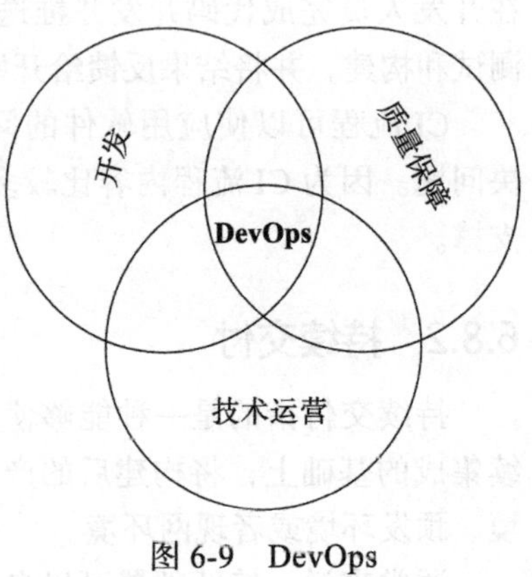

图 6-9 DevOps

要实现 DevOps，需要一些工具或者流程的支持。CI/CD 可以很好地支持 DevOps 这种软件开发模式，如果没有 CI/CD 自动化的工具和流程，DevOps 就是没有意义的。

> 注意 DevOps != CI/CD。DevOps 是一组过程、方法和系统的统称，而 CI/CD 只是一种软件构建和发布的技术。

DevOps 技术之前一直存在，但是落地不好，因为没有一个好的工具来实现 DevOps 的理念。但是随着容器、CI/CD 技术的诞生和成熟，DevOps 变得更加容易落地。也就是说，这几年越来越多的人采用 DevOps 手段来提高研发效能。

随着技术的发展，目前已经诞生了很多 Ops 手段，来实现运维和运营的高度自动化。下面，我们就来看看 DevOps 中的四个 Ops 手段：AIOps、ChatOps、GitOps、NoOps。

6.9.1 AIOps：智能运维

在 2016 年，Gartner 提出利用 AI 技术的新一代 IT 运维方式，即 AIOps（智能运维）。通过 AI 手段，智能化地运维 IT 系统。AIOps 通过搜集海量的运维数据，并利用机器学习算法，智能地定位并修复故障。

也就是说，AIOps 在自动化的基础上，增加了智能化，从而进一步推动了 IT 运维自动化，减少了人力成本。

随着 IT 基础设施规模和复杂度的倍数增长，企业应用规模、数量的指数级增长，传统的人工 / 自动化运维已经无法胜任愈加沉重的运维工作，而 AIOps 提供了一个解决方案。腾讯、阿里等大厂的很多团队已经在尝试和使用 AIOps，并享受到了 AIOps 带来的红利。例如，故障告警更加灵敏、准确，一些常见的故障可以自动修复，无须运维人员介入等。

6.9.2 ChatOps：聊着天就把事情给办了

随着企业微信、钉钉等企业内通信工具的兴起，最近几年出现了一个新的概念：ChatOps。

简单来说，ChatOps 就是在一个聊天工具中，发送一条命令给 ChatBot，然后 ChatBot 会执行预定义的操作，这些操作可以是执行某个工具、调用某个接口等，并返回执行结果。

这种新型智能工作方式的优势是什么呢？它可以利用 ChatBot 让团队成员和各项辅助工具连接在一起，以沟通驱动的方式完成工作。ChatOps 可以解决人与人、人与工具、工具与工具之间的信息孤岛，从而提高协作体验和工作效率。

ChatOps 的工作流程如图 6-10 所示。

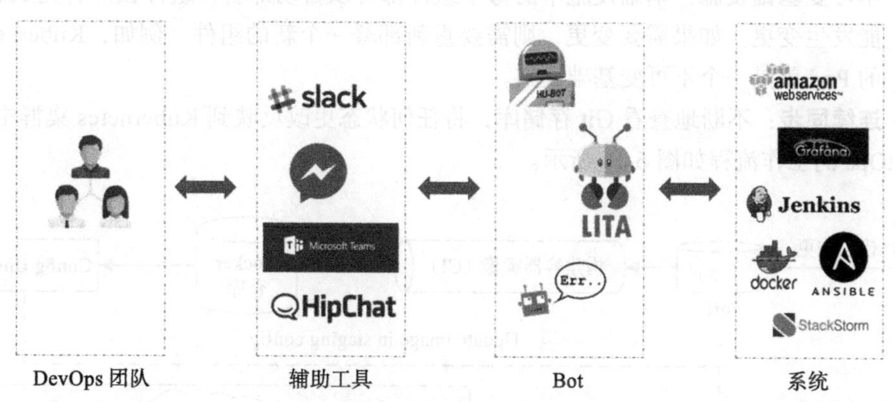

图 6-10 ChatOps 的工作流程

开发、运维、测试人员通过 @ 聊天窗口中的机器人 Bot 来触发任务，机器人后端会通过 API 接口调用等方式对接不同的系统，完成不同的任务，例如持续集成、测试、发布等工作。机器人可以是我们自己研发的，也可以是开源的。目前，业界有很多流行的机器人可供选择，常用的有 Hubot、Lita、Errbot、StackStorm 等。

使用 ChatOps 可以带来以下几点好处。

- **友好、便捷**：所有的操作均在同一个聊天界面中，通过 @ 机器人以聊天的方式发送命令，免去了打开不同系统、执行不同操作的烦琐操作，方式更加友好和便捷。
- **信息透明**：在同一个聊天界面中的所有同事都能够看到其他同事发送的命令，以及命令执行的结果，从而消除沟通壁垒，使工作历史有迹可循，团队合作更加顺畅。
- **移动友好**：可以在移动端向机器人发送命令、执行任务，让移动办公变为可能。
- **DevOps 文化打造**：通过与机器人对话，可以降低项目开发中各参与人员的理解和使用成本，从而使 DevOps 更容易落地和推广。

6.9.3 GitOps：一种实现云原生的持续交付模型

GitOps 是一种持续交付的运维方式。它的核心思想是将应用系统的声明性基础架构（YAML）和应用程序存放在 Git 版本库中。将 Git 作为交付流水线的核心，这样每个开发人员都可以提交 PR，并使用 Git 来加速和简化 Kubernetes 的应用程序部署和运维任务。

通过 Git 这样的工具，开发人员可以将精力聚焦在功能开发，而不是软件运维上，以此提高软件的开发效率和迭代速度。

GitOps 可以带来很多优点，其中最核心的是：当使用 Git 变更代码时，GitOps 可以自动将这些变更应用到程序的基础架构上。因为整个流程都是自动化的，所以部署时间更短。又因为 Git 代码是可追溯的，所以我们部署的应用也能够稳定且可重现地回滚。

我们可以从概念和流程上来理解 GitOps，它有 3 个关键概念。

- **声明性容器编排**：通过 Kubernetes YAML 格式的资源定义文件来定义如何部署应用。
- **不可变基础设施**：基础设施中的每个组件都可以自动部署，组件在部署完成后，不能发生变更。如果需要变更，则需要重新部署一个新的组件。例如，Kubernetes 中的 Pod 就是一个不可变基础设施。
- **连续同步**：不断地查看 Git 存储库，将任何状态更改反映到 Kubernetes 集群中。

GitOps 的工作流程如图 6-11 所示。

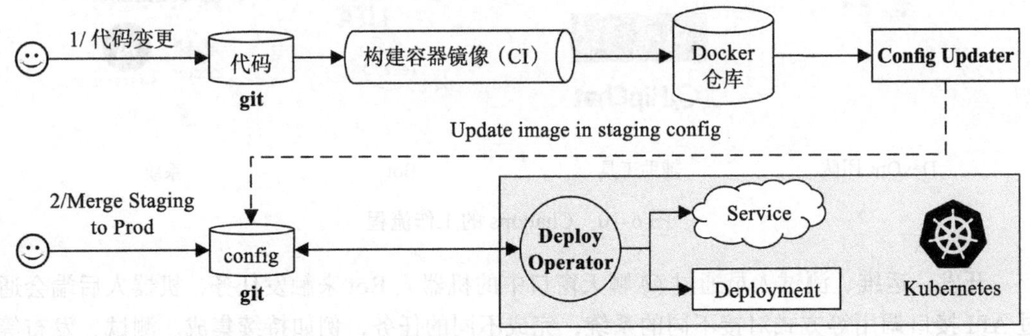

图 6-11 GitOps 的工作流程

GitOps 的工作流程分析如下。

1）开发人员开发完代码后将代码推送到 Git 仓库，触发 CI 流程，CI 流程通过编译构建出 Docker 镜像，并将镜像推送到 Docker 镜像仓库中。Push 动作会触发一个 push 事件，以 Webhook 的形式通知到 Config Updater 服务，Config Updater 服务会从 Webhook 请求中获取最新推送的镜像名，并更新 Git 仓库中的 Kubernetes YAML 文件。

2）GitOps 的 Deploy Operator 服务，检测到 YAML 文件的变动，会重新从 Git 仓库中提取变更的文件，并将镜像部署到 Kubernetes 集群中。Config Updater 和 Deploy Operator 两个组件需要开发人员设计开发。

6.9.4 NoOps：无运维

NoOps 即无运维，完全自动化的运维。NoOps 不再需要开发人员、运营人员、运维人员的协同，它把微服务、低代码、无服务全都结合了起来，使得开发者在软件生命周期中只需要聚焦业务开发即可，所有的维护都交由云厂商来完成。

毫无疑问，NoOps 是运维的终极形态，在我看来它像 DevOps 一样，更多的是一种理念，需要很多的技术和手段来支撑。当前整个运维技术也是朝着 NoOps 的方向去演进的，例如 GitOps、AIOps 可以使我们尽可能减少运维，Serverless 技术甚至可以使我们免运维。相信未来 NoOps 会像现在的 Serverless 一样，成为一种流行的、可落地的理念。

6.10　如何选择合适的应用生命周期管理技术

到这里我们就把主要的应用生命周期管理技术学得差不多了。那在实际开发中，如何选择适合自己的应用生命周期管理技术呢？在我看来，你可以从以下几个方面考虑。

- 根据团队、项目选择一个合适的研发模式。如果项目比较大，需求变更频繁、要求快速迭代，建议选择敏捷开发模式。敏捷开发模式也是很多大公司选择的研发模式，在互联网时代很受欢迎。
- 要建立自己的 CI/CD 流程。任何变更代码在合并到 master 分支时，一定要通过 CI/CD 的流程的验证。建议在 CI/CD 流程中设置质量红线，确保合并代码的质量。
- 除了建立 CI/CD 系统，我还建议将 ChatOps 带入工作中，尽可能地将工作自动化，并通过 ChatOps 来触发自动化流程。随着企业微信、钉钉等企业聊天软件的成熟和发展，ChatOps 变得流行和完善。
- GitOps、AIOps 可以将部署和运维自动化做到极致，在团队有人力的情况下，值得探索。

大厂普遍采用敏捷开发的模式，来满足互联网对应用快速迭代的诉求。例如，腾讯的 TAPD、Coding 的 Scrum 敏捷管理就是敏捷开发平台。综合来看，CI/CD 已强制落地，ChatOps 已经广泛使用，AIOps 也有很多落地案例，GitOps、NoOps 目前还处在积极探索阶段。

6.11　本章总结

在开发 Go 项目时，掌握项目的研发流程很重要。本章介绍了一套相对通用、标准的研发流程，包含需求、设计、开发、测试、发布和运营 6 个阶段。

另外本章还从技术演进的维度介绍了应用生命周期管理技术，这些技术可以提高应用的研发效率和质量。应用生命周期管理最开始是通过研发模式来管理的。在研发模式中，我按时间线分别介绍了瀑布模式、迭代模式和敏捷模式，其中的敏捷模式满足了互联网时代对应用快速迭代的诉求，所以用得越来越多。另外，我们还可以借助 CI/CD、DevOps 等技术来提高应用生命周期管理的效率。

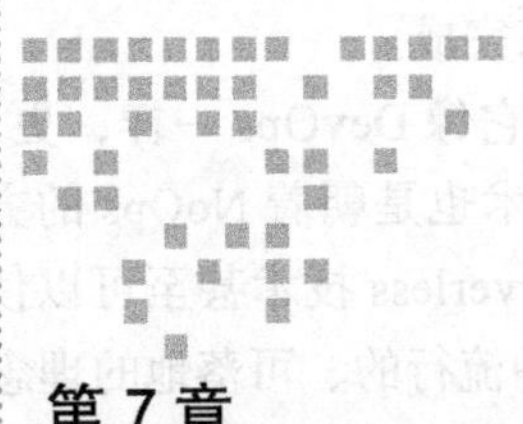

Chapter 7 第 7 章

如何写出优雅的 Go 项目

Go 语言简单易学，对于大部分开发者来说，使用 Go 语言编写可运行的代码并不是一件难事，但如果想真正成为 Go 编程高手，那么你需要花很多精力去研究 Go 的编程哲学。

在我的 Go 开发生涯中，我见过各种各样的代码问题，例如，代码不规范，难以阅读；函数共享性差，代码重复率高；不是面向接口编程，代码扩展性差，代码不可测；代码质量低下。究其原因，这些代码的开发者更多关注需求开发，而很少花时间去认真研究如何开发一个优雅的 Go 项目。

如果你也遇到过以上问题，那么是时候花点时间来研究下如何开发一个优雅的 Go 项目了。只有这样，你才能区别于绝大部分的 Go 开发者，在职场上建立自己的核心竞争力，并最终脱颖而出。

其实，我们之前所学的各种规范设计，也都是为了写出一个优雅的 Go 项目打基础。在这一章，我又补充了一些内容，形成了一套“写出优雅 Go 项目”的方法论。这一章内容虽然比较多，但很重要，希望你能花点精力认真掌握，开发出一个优秀的 Go 项目。

7.1 优雅 Go 项目实现思路

那么，如何写出一个优雅的 Go 项目呢？在回答这个问题之前，我们先来看另外两个问题。

1）为什么是 Go 项目，而不是 Go 应用？

2）一个优雅的 Go 项目具有哪些特点？

先来看第一个问题。Go 项目是一个偏工程化的概念，不仅包含 Go 应用，还包含项目管理和项目文档，如图 7-1 所示。

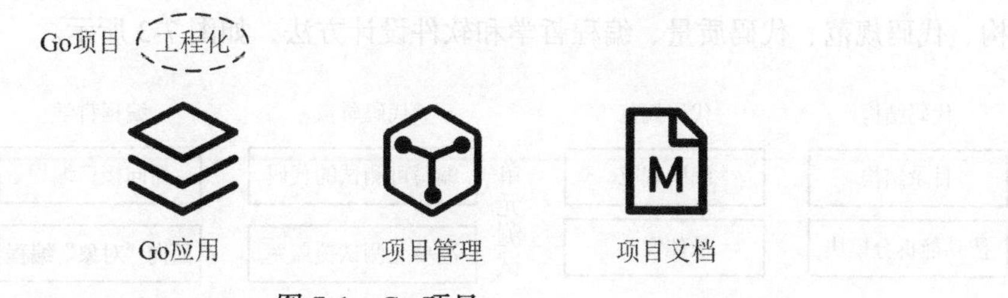

图7-1 Go项目

再来看下第二个问题。一个优雅的Go项目，不仅要求我们的Go应用是优雅的，还要确保我们的项目管理和文档也是优雅的。这样，我们根据前面几章学到的Go设计规范，很容易就能总结出一个优雅的Go项目需要具备的特点。

- 符合Go编码规范和最佳实践。
- 易阅读、易理解，易维护。
- 易测试、易扩展。
- 代码质量高。

要写出一个优雅的Go项目，在我看来，就是用“最佳实践”的方式去实现Go项目中的Go应用、项目管理和项目文档。具体来说，就是编写高质量的Go应用、高效管理项目、编写高质量的项目文档。

为了方便理解，我将这些逻辑绘制成了图7-2。

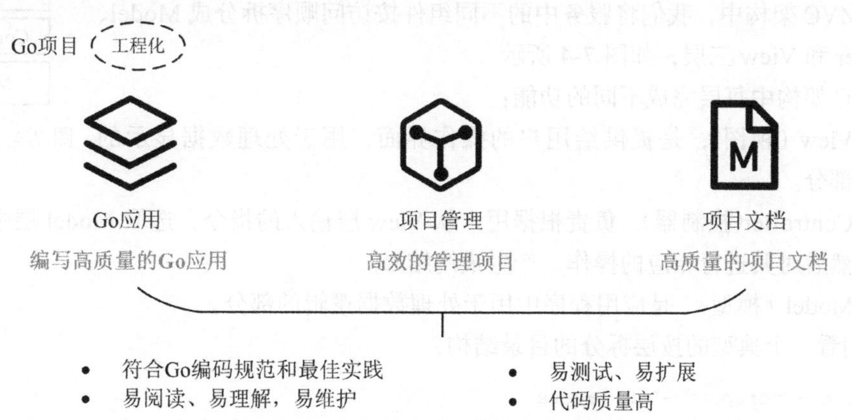

图7-2 开发优雅Go项目逻辑图

接下来，我们看看如何结合前面几章学习的Go项目设计规范，来实现一个优雅的Go项目。我们先从编写高质量的Go应用开始。

7.2 编写高质量的Go应用

基于我的研发经验，要编写一个高质量的Go应用，其实可以从5个方面入手：代码结构、代码规范、代码质量、编程哲学和软件设计方法，如图 7-3 所示。

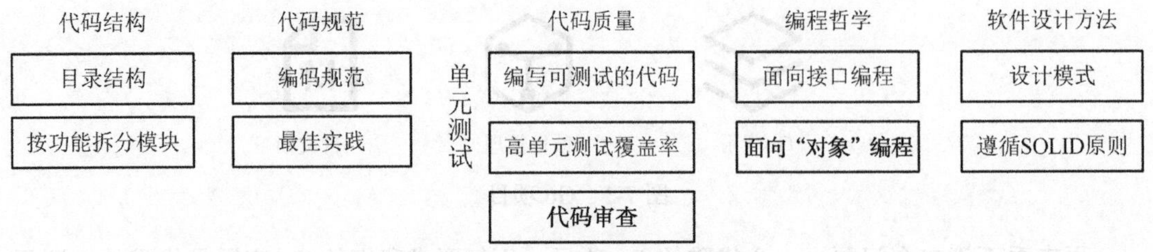

图 7-3 编写高质量的 Go 应用

7.2.1 代码结构

为什么先说代码结构呢？因为组织合理的代码结构是一个项目的门面。我们可以通过两个手段来组织代码结构。

第一个手段是，组织一个好的目录结构，具体可参考第 4 章的内容。

第二个手段是，选择一个好的模块拆分方法。做好模块拆分，可以使项目内模块职责分明，做到低耦合高内聚。那么在 Go 项目开发中，如何拆分模块呢？目前业界有两种拆分方法，分别是按层拆分和按功能拆分。

首先，我们看下按层拆分，最典型的是 MVC 架构中的模块拆分方式。在 MVC 架构中，我们将服务中的不同组件按访问顺序拆分成 Model、Controller 和 View 三层，如图 7-4 所示。

按层拆分

View
Controller
Model

图 7-4 按层拆分

MVC 架构中每层完成不同的功能：

- View（视图），是提供给用户的操作界面，用于处理数据显示的部分。
- Controller(控制器)，负责根据用户从 View 层输入的指令，选取 Model 层中的数据，然后对其进行相应的操作，产生最终结果。
- Model（模型），是应用程序中用于处理数据逻辑的部分。

我们看一个典型的按层拆分的目录结构：

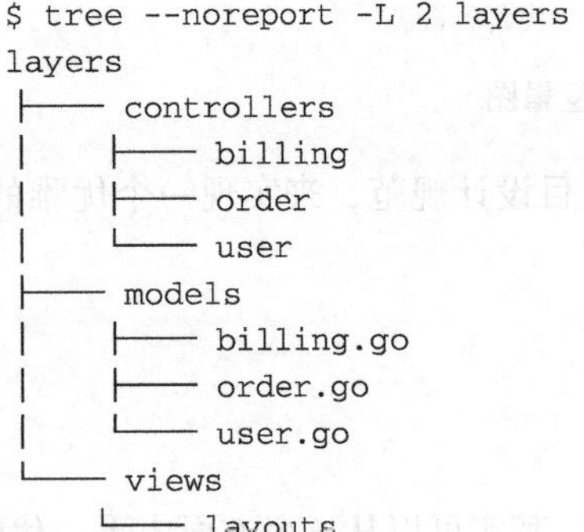

```
$ tree --noreport -L 2 layers
layers
├── controllers
│   ├── billing
│   ├── order
│   └── user
├── models
│   ├── billing.go
│   ├── order.go
│   └── user.go
└── views
    └── layouts
```

在 Go 项目中，按层拆分会带来很多问题。最大的问题是循环引用：相同功能可能在不同层被使用到，而这些功能又分散在不同的层中，很容易造成循环引用。在 Go 项目中我建议使用按功能拆分的方式，这也是 Go 项目中最常见的拆分方式。

我们通过一个例子来理解什么是按功能拆分。比如，一个订单系统，我们可以根据不同功能将其拆分成用户（user）、订单（order）和计费（billing）3 个模块，每一个模块提供独立的功能，功能更单一，如图 7-5 所示。

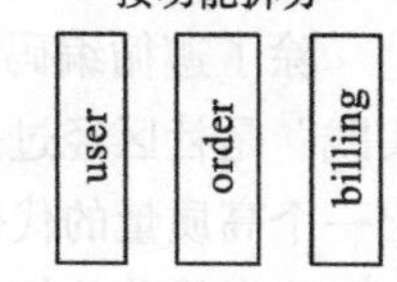

图 7-5　按功能拆分

下面是该订单系统的代码目录结构：

```
$ tree pkg
$ tree --noreport -L 2 pkg
pkg
├── billing
├── order
│   └── order.go
└── user
```

相较于按层拆分，按功能拆分可以带来以下好处：

- 不同模块，功能单一，可以实现高内聚低耦合的设计哲学。
- 所有的功能只需要实现一次，引用逻辑清晰，可以大大减少出现循环引用的概率。

所以，有很多优秀的 Go 项目采用的都是按功能拆分的模块拆分方式，例如 Kubernetes、Docker、Helm、Prometheus 等。

除了组织合理的代码结构这种方式外，编写高质量 Go 应用的另外一个行之有效的方式，是遵循 Go 语言代码规范来编写代码。在我看来，这也是最容易出效果的方式。

7.2.2　代码规范

那我们要遵循哪些代码规范呢？在我看来，其实就两类：编码规范和最佳实践。

首先，我们的代码要符合 Go 编码规范，这是最容易实现的。Go 社区有很多这类规范可供参考，其中，比较受欢迎的是 Uber Go 语言编码规范。

这些规范很有用，但需要花一些时间和精力。在参考了已有的很多规范后，我结合自己写 Go 代码的经验，整理了一篇 Go 编码规范——《可直接套用的 Go 编码规范[⊖]》供大家参考。

有了可以参考的编码规范之后，我们需要扩展到团队、部门甚至公司层面。只有大家一起参与、遵守，规范才会变得有意义。要开发者靠自觉来遵守所有的编码规范，不是一件容易的事儿。这时候，我们可以使用静态代码检查工具，来约束开发者的行为。

静态代码检查工具不仅可以确保开发者写出的每一行代码都符合 Go 编码规范，还可以将静态代码检查集成到 CI/CD 流程中。在代码提交后自动地检查代码，就保证了只有符合编

⊖ 参见 https://github.com/marmotedu/geekbang-go/blob/master/ 可直接套用的 Go 编码规范 .md。

码规范的代码才会被合入主干。

Go 语言的静态代码检查工具有很多，目前用得最多的是 golangci-lint，这也是我极力推荐的一个工具。本书第 11 章会详细介绍 golangci-lint 工具的使用方法。

除了遵循编码规范，要想成为 Go 编程高手，你还得学习并遵循一些最佳实践。“最佳实践”是社区经过多年探索沉淀下来的、符合 Go 语言特色的经验和共识，可以帮助你开发出一个高质量的代码。

这里推荐几篇介绍 Go 语言最佳实践的文档，供你参考。

- Effective Go㊀：高效 Go 编程，由 Go 官方编写，里面包含了编写 Go 代码的一些建议，也可以理解为最佳实践。
- Go Code Review Comments㊁：Go 官方编写的 Go 最佳实践，作为 Effective Go 的补充。
- Style guideline for Go packages㊂：包含如何组织 Go 包、如何命名 Go 包、如何写 Go 包文档的一些建议。

7.2.3 代码质量

有了组织合理的代码结构、符合 Go 语言代码规范的 Go 应用代码之后，我们还需要通过一些手段来确保我们开发出的是高质量的代码，这可以通过单元测试和代码审查来实现。

单元测试非常重要。我们开发完一段代码后，执行的第一个测试就是单元测试。它可以保证我们的代码是符合预期的，也可以及时感知到一些异常变动。要进行单元测试，我们不仅需要编写单元测试用例，还需要确保代码是可测试的，以及具有一个高的单元测试覆盖率。

接下来，我就来介绍下如何编写一个可测试的代码。

如果我们要对函数 A 进行测试，并且 A 中的所有代码均能够在单元测试环境下按预期执行，那么函数 A 的代码块就是可测试的。一般来说，单元测试环境有以下特点。

- 可能无法连接数据库。
- 可能无法访问第三方服务。

如果函数 A 依赖数据库连接、第三方服务，那么在单元测试环境下执行单元测试就会失败，函数就没法测试，即函数是不可测的。

解决方法很简单：将依赖的数据库、第三方服务等抽象成接口，在被测代码中调用接口的方法，在测试时传入 mock 类型，从而将数据库、第三方服务等依赖从具体的被测函数中解耦出去，如图 7-6 所示。

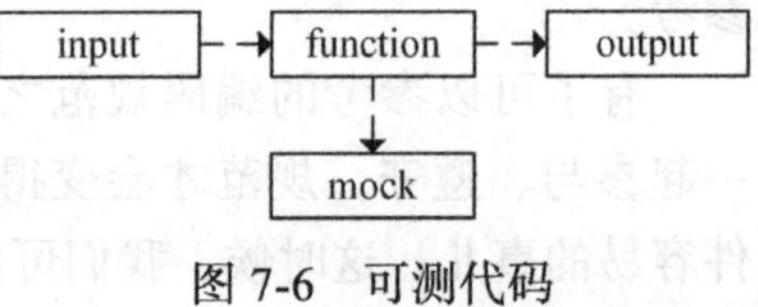

图 7-6 可测代码

㊀ 参见 https://golang.org/doc/effective_go。

㊁ 参见 https://github.com/golang/go/wiki/CodeReviewComments。

㊂ 参见 https://rakyll.org/style-packages/。

为了提高代码的可测性，降低单元测试的复杂度，对function和mock的要求如下。

- 要尽可能减少function中的依赖，让function只依赖必要的模块。编写一个功能单一、职责分明的函数，会有利于减少依赖。
- 依赖模块应该是易模拟的。

为了便于理解，我们来看一段不可测试的代码：

```
package post

import "google.golang.org/grpc"

type Post struct {
    Name    string
    Address string
}

func ListPosts(client *grpc.ClientConn) ([]*Post, error) {
    return client.ListPosts()
}
```

这段代码中的`ListPosts`函数是不可测试的。因为`ListPosts`函数中调用了`client.ListPosts()`方法，该方法依赖于一个gRPC连接。我们在做单元测试时，可能因为没有配置gRPC服务的地址、网络隔离等原因，导致没法建立gRPC连接，从而导致`ListPosts`函数执行失败。

下面，我们把这段代码改成可测试的，代码如下：

```
package main

type Post struct {
    Name    string
    Address string
}

type Service interface {
    ListPosts() ([]*Post, error)
}

func ListPosts(svc Service) ([]*Post, error) {
    return svc.ListPosts()
}
```

在上面的代码中，`ListPosts`函数的入参为`Service`接口类型，只要我们传入一个实现了`Service`接口类型的实例，`ListPosts`函数即可成功运行。因此，我们可以在单元测试中实现一个不依赖任何第三方服务的fake实例，并传给`ListPosts`。上述可测代码的单元测试代码如下：

```
package main

import "testing"
```

```
type fakeService struct {
}

func NewFakeService() Service {
    return &fakeService{}
}

func (s *fakeService) ListPosts() ([]*Post, error) {
    posts := make([]*Post, 0)
    posts = append(posts, &Post{
        Name:    "colin",
        Address: "Shenzhen",
    })
    posts = append(posts, &Post{
        Name:    "alex",
        Address: "Beijing",
    })
    return posts, nil
}

func TestListPosts(t *testing.T) {
    fake := NewFakeService()
    if _, err := ListPosts(fake); err != nil {
        t.Fatal("list posts failed")
    }
}
```

当我们的代码可测之后，就可以借助一些工具来 Mock 需要的接口了。常用的 Mock 工具有以下几个。

- golang/mock，是官方提供的 Mock 框架。它实现了基于接口的 Mock 功能，能够与 Go 内置的 testing 包做很好的集成，是最常用的 Mock 工具。golang/mock 提供了 mockgen 工具来生成接口对应的 Mock 源文件。
- sqlmock[㊀]，可以用来模拟数据库连接。数据库是项目中比较常见的依赖，在遇到数据库依赖时都可以用它。
- httpmock[㊁]，可以用来 Mock HTTP 请求。
- bouk/monkey[㊂]，猴子补丁，能够通过替换函数指针的方式来修改任意函数的实现。如果 golang/mock、sqlmock 和 httpmock 这几种方法都不能满足你的需求，你可以尝试通过猴子补丁的方式来 Mock 依赖。可以这么说，猴子补丁提供了单元测试 Mock 依赖的最终解决方案。

当我们编写了可测试的代码之后，接下来就需要编写足够的测试用例，用来提高项目的单元测试覆盖率。这里有两个建议供你参考。

㊀ 参见 https://github.com/DATA-DOG/go-sqlmock。

㊁ 参见 https://github.com/jarcoal/httpmock。

㊂ 参见 https://github.com/bouk/monkey。

- 使用 gotests 工具自动生成单元测试代码，减少编写单元测试用例的工作量，将你从重复的劳动中解放出来。
- 定期检查单元测试覆盖率。你可以通过以下方法来检查：

```
$ go test -race -cover  -coverprofile=./coverage.out -timeout=10m -short -v ./...
$ go tool cover -func ./coverage.out
```

上述命令执行结果如图 7-7 所示。

```
github.com/marmotedu/iam/pkg/shutdown/shutdown.go:250:                                AddShutdownManager          100.0%
github.com/marmotedu/iam/pkg/shutdown/shutdown.go:263:                                AddShutdownCallback         100.0%
github.com/marmotedu/iam/pkg/shutdown/shutdown.go:275:                                SetErrorHandler             100.0%
github.com/marmotedu/iam/pkg/shutdown/shutdown.go:283:                                StartShutdown               100.0%
github.com/marmotedu/iam/pkg/shutdown/shutdown.go:303:                                ReportError                 100.0%
github.com/marmotedu/iam/pkg/shutdown/shutdownmanagers/posixsignal/posixsignal.go:32:  NewPosixSignalManager       100.0%
github.com/marmotedu/iam/pkg/shutdown/shutdownmanagers/posixsignal/posixsignal.go:45:  GetName                     0.0%
github.com/marmotedu/iam/pkg/shutdown/shutdownmanagers/posixsignal/posixsignal.go:50:  Start                       100.0%
github.com/marmotedu/iam/pkg/shutdown/shutdownmanagers/posixsignal/posixsignal.go:65:  ShutdownStart               0.0%
github.com/marmotedu/iam/pkg/shutdown/shutdownmanagers/posixsignal/posixsignal.go:70:  ShutdownFinish              0.0%
github.com/marmotedu/iam/pkg/util/genutil/genutil.go:15:                              OutDir        函数的单测覆盖率 ——→ 80.0%
total:                                                                                (statements)  项目的单测覆盖率 ——→ 64.4%
```

图 7-7　单元测试覆盖率

在提高项目的单元测试覆盖率时，我们可以先提高单元测试覆盖率低的函数，再检查项目的单元测试覆盖率。如果项目的单元测试覆盖率仍然低于期望值，可以再次提高单元测试覆盖率低的函数的覆盖率，然后再检查。以此循环，最终将项目的单元测试覆盖率优化到预期值为止。

这里要注意，对于一些可能经常会变动的函数的单元测试，其覆盖率要达到 100%。

说完了单元测试，我们再看看如何通过代码审查来保证代码质量。

代码审查可以提高代码质量、交叉排查缺陷，并且促进团队内知识共享，是保障代码质量非常有效的手段。在我们的项目开发中，一定要建立一套持久可行的代码审查机制。

但在我的研发生涯中，我发现很多团队没有建立有效的代码审查机制。这些团队都认可代码审查机制带来的好处，但是因为流程难以遵守，慢慢地代码审查就变成了形式主义，最终不了了之。其实，建立代码审查机制很简单，主要有 3 点，分析如下。

- 首先，确保我们使用的代码托管平台有代码审查的功能。比如，GitHub、GitLab 这类代码托管平台都具备这种能力。
- 接着，建立一套代码审查规范，规定如何进行代码审查。
- 最后，也是最重要的，每次代码变更，相关开发人员都要去落实代码审查机制，并养成习惯，直到最后形成团队文化。

组织合理的代码结构、编写符合 Go 代码规范的代码、保证代码质量，在我看来都是编写高质量 Go 代码的外功。那内功是什么呢？就是编程哲学和软件设计方法。

7.2.4　编程哲学

编程哲学是什么意思呢？编程哲学，其实就是要编写符合 Go 语言设计哲学的代码。Go 语言有很多设计哲学，对代码质量影响比较大的有两个：面向接口编程和面向对象编程。

先来看面向接口编程。Go接口是一组方法的集合。任何类型，只要实现了该接口中的方法集，就属于这个类型，也称为实现了该接口。

接口的作用，其实就是为不同层级的模块提供一个定义好的中间层，使得上游不再需要依赖下游的具体实现，实现了上下游的充分解耦。很多流行的Go设计模式，就是通过面向接口编程的思想来实现的。

我们看一个面向接口编程的例子。下面这段代码定义了一个Bird接口，Canary和Crow类型均实现了Bird接口。

```
package main

import "fmt"

// 定义了一个鸟类
type Bird interface {
    Fly()
    Type() string
}

// 鸟类：金丝雀
type Canary struct {
    Name string
}

func (c *Canary) Fly() {
    fmt.Printf("我是%s，用黄色的翅膀飞\n", c.Name)
}
func (c *Canary) Type() string {
    return c.Name
}

// 鸟类：乌鸦
type Crow struct {
    Name string
}

func (c *Crow) Fly() {
    fmt.Printf("我是%s，我用黑色的翅膀飞\n", c.Name)
}

func (c *Crow) Type() string{
    return c.Name
}

// 让鸟类飞一下
func LetItFly(bird Bird) {
    fmt.Printf("Let %s Fly!\n", bird.Type())
    bird.Fly()
```

```
}

func main() {
    LetItFly(&Canary{"金丝雀"})
    LetItFly(&Crow{"乌鸦"})
}
```

在这段代码中，因为 Crow 和 Canary 都实现了 Bird 接口声明的 Fly、Type 方法，所以可以说 Crow、Canary 实现了 Bird 接口，属于 Bird 类型。在函数调用时，可以传入 Bird 类型，并在函数内部调用 Bird 接口提供的方法，以此来解耦 Bird 的具体实现。

使用接口具有以下好处。

- **提高代码扩展性**：例如，同样的 Bird，可以有不同的实现。在开发中用得比较多的是将数据库的 CURD 操作抽象成接口，从而实现同一份代码连接不同数据库的目的。
- **可以解耦上下游的实现**：例如，LetItFly 不用关注 Bird 是如何 Fly 的，只需要调用 Bird 提供的方法即可。
- **提高了代码的可测性**：因为接口可以解耦上下游实现，在单元测试需要依赖第三方系统 / 数据库的代码时，开发者可以利用接口将第三方系统 / 数据库的具体实现解耦，实现 fake 类型。
- **提高代码的健壮性**：例如，如果要更改 Fly 的方式，只需要更改相关类型的 Fly 方法即可，完全不会影响 LetItFly 函数。

再来看面向对象编程。面向对象编程（OOP）有很多优点，例如可以使我们的代码变得易维护、易扩展，可以提高开发效率等，所以一个高质量的 Go 应用在需要时，也应该采用面向对象的方法去编程。那什么叫"在需要时"？就是我们在开发代码时，如果一个功能可以通过接近于日常生活和自然的思考方式来实现，此时就应该考虑使用面向对象的编程方法。

Go 语言不支持面向对象编程，但是可以通过一些语言级的特性来实现类似的效果。面向对象编程有几个核心特性：类、实例、抽象，封装、继承、多态、构造函数、析构函数、方法重载、this 指针。在 Go 中，我们可以通过以下几个方式来实现类似的效果。

- 类、抽象、封装可以通过结构体来实现。
- 实例可以通过结构体变量来实现。
- 继承可以通过组合来实现。这里解释下什么叫组合：一个结构体嵌到另一个结构体，称作组合。例如一个结构体包含了一个匿名结构体，就说这个结构体组合了该匿名结构体。
- 多态可以通过接口来实现。

至于构造函数、析构函数、方法重载和 this 指针等，Go 为了保持语言的简洁性去掉了这些特性。面向对象编程概念和 Go 语言特性具体映射，如图 7-8 所示。

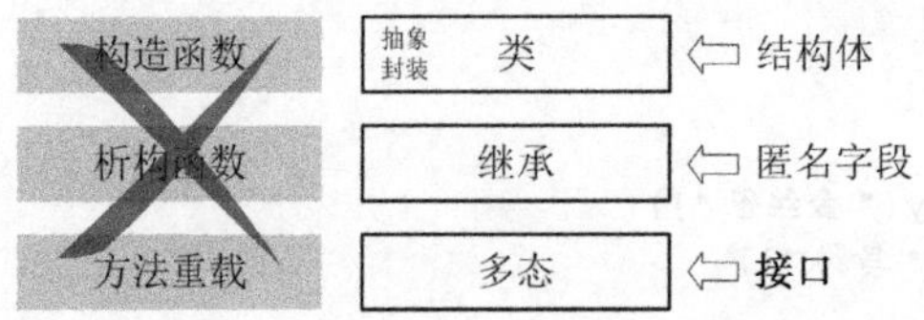

图 7-8 面向对象编程概念和 Go 语言特性具体映射

我们通过一个示例来具体看看 Go 是如何实现面向对象编程中的类、抽象、封装、继承和多态的，代码如下：

```
package main

import "fmt"

// 基类：Bird
type Bird struct {
    Type string
}

// 鸟的类别
func (bird *Bird) Class() string {
    return bird.Type
}

// 定义了一个鸟类
type Birds interface {
    Name() string
    Class() string
}

// 鸟类：金丝雀
type Canary struct {
    Bird
    name string
}

func (c *Canary) Name() string {
    return c.name
}

// 鸟类：乌鸦
type Crow struct {
    Bird
    name string
}

func (c *Crow) Name() string {
    return c.name
}
```

```
func NewCrow(name string) *Crow {
    return &Crow{
        Bird: Bird{
            Type: "Crow",
        },
        name: name,
    }
}

func NewCanary(name string) *Canary {
    return &Canary{
        Bird: Bird{
            Type: "Canary",
        },
        name: name,
    }
}

func BirdInfo(birds Birds) {
     fmt.Printf("I'm %s, I belong to %s bird class!\n", birds.Name(), birds.
Class())
}

func main() {
    canary := NewCanary("CanaryA")
    crow := NewCrow("CrowA")
    BirdInfo(canary)
    BirdInfo(crow)
}
```

将上述代码保存在 oop.go 文件中，执行命令，输出如下：

```
$ go run oop.go
I'm CanaryA, I belong to Canary bird class!
I'm CrowA, I belong to Crow bird class!
```

在上面的例子中，我们分别通过 Canary 和 Crow 结构体定义了金丝雀和乌鸦两种类别的鸟，并分别封装了 name 属性和 Name 方法。也就是说，通过结构体实现了类，该类抽象了鸟类，并封装了该鸟类的属性和方法。

Canary 和 Crow 结构体中都有一个 Bird 匿名字段，Bird 字段为 Canary 和 Crow 类的父类，Canary 和 Crow 继承了 Bird 类的 Class 属性和方法。也就是说，通过匿名字段实现了继承。

在 main 函数中，通过 NewCanary 创建了 Canary 鸟类实例，并将其传给 BirdInfo 函数。也就是说，通过结构体变量实现了实例。

在 BirdInfo 函数中，将 Birds 接口类型作为参数传入，并在函数中调用了 birds.Name 和 birds.Class 方法，这两个方法会根据 birds 类别的不同而返回不同的名字和类别。也就是说，通过接口实现了多态。

7.2.5 软件设计方法

接下来，我们继续学习编写高质量Go代码的第二项内功，即让编写的代码遵循一些业界沉淀下来的、优秀的软件设计方法。

优秀的软件设计方法有很多，其中有两类方法对我们代码质量的提升特别有帮助，分别是设计模式（Design Pattern）和SOLID原则。

1. 设计模式

设计模式可以理解为业界针对一些特定的场景总结出来的最佳实现方式。它的特点是场景比较具体，实施起来比较简单。而SOLID原则更侧重设计原则，需要我们彻底理解，并在编写代码时多思考和落地。

软件领域沉淀了一些比较优秀的设计模式，其中最受欢迎的是GOF设计模式。GOF设计模式中包含了3大类（创建型模式、结构型模式、行为型模式），共25种经典的、可以解决常见软件设计问题的设计方案。这25种设计方案同样也适用于Go语言开发的项目。25种设计模式如图7-9所示。

创建型模式	结构型模式		行为型模式
单例模式	访问者模式	中介者模式	适配器模式
简单工厂模式	模板模式	迭代器模式	桥接模式
抽象工厂模式	策略模式	解释器模式	组合模式
工厂方法模式	状态模式	命令模式	装饰模式
建造者模式	观察者模式	责任链模式	外观模式
原型模式	备忘录模式		享元模式
			代理模式
			选项模式

图7-9 设计模式

2. SOLID原则

如果说设计模式解决的是具体的场景问题，那么SOLID原则就是我们设计应用代码时的指导方针。SOLID原则，是由罗伯特·C.马丁在21世纪早期引入的，包括面向对象编程和面向对象设计的五个基本原则，如表7-1所示。

表7-1 SOLID原则

简 写	中文描述	介 绍
SRP	单一功能原则	一个类或者模块只负责完成一个职责（或者功能）
OCP	开闭原则	软件实体应该对扩展开放、对修改关闭
LSP	里氏替换原则	如果S是T的子类型，则类型T的对象可以替换为类型S的对象，而不会破坏程序

（续）

简 写	中文描述	介 绍
DIP	依赖倒置原则	依赖于抽象而不是一个实例，其本质是面向接口编程，而不是面向实现编程
ISP	接口分离原则	客户端程序不应该依赖它不需要的方法

遵循SOLID原则可以确保我们设计的代码是易维护、易扩展、易阅读的。SOLID原则同样也适用于Go程序设计。

到这里，我们就学完了“编写高质量的Go应用”这部分内容。接下来，我们来学习如何高效管理Go项目，以及如何编写高质量的项目文档。由于这里面的大部分内容我们在之前都有学习过，它们是“如何写出优雅的Go项目”的重要组成部分，所以这里只会简单介绍下。

7.3 高效管理项目

一个优雅的Go项目还需要具备高效的项目管理特性。那么如何高效管理我们的项目呢？不同团队、不同项目会采用不同的方法来管理项目，在我看来比较重要的有3点，分别是制定一个高效的开发流程、使用Makefile管理项目和将项目管理自动化。我们可以通过自动生成代码、借助工具、对接CI/CD系统等方法来将项目管理自动化。具体如图7-10所示。

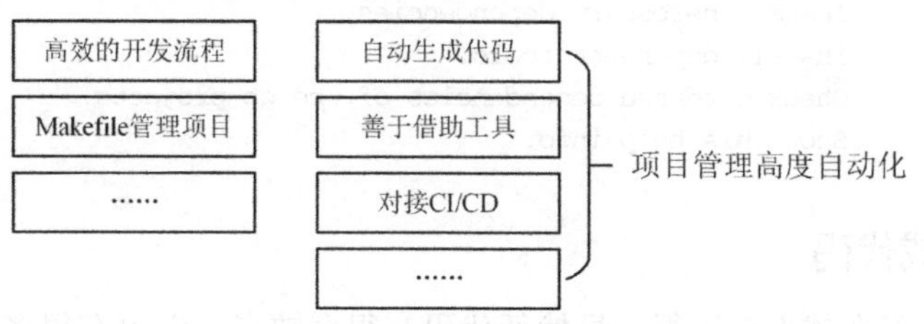

图7-10 高效的项目管理

7.3.1 高效的开发流程

高效管理项目的第一步，就是要有一个高效的开发流程，这可以提高开发效率、减少软件维护成本。本书第6章介绍了业界相对标准的Go项目开发流程，你可以参考此开发流程，结合当前项目的实际情况进行变更、优化。制定好开发流程之后，还需要将此流程规范化，形成文档，并在团队中推广使用。

在制定好开发流程之后，我们也要思考下流程中的哪些点可以实现自动化，以提高开发效率；还要思考下，流程规范中的哪些点可以通过程序来确保被执行到。

7.3.2 使用 Makefile 管理项目

为了更好地管理项目，除了一个高效的开发流程之外，使用 Makefile 管理项目也很重要。Makefile 可以将项目管理的工作通过 Makefile 依赖的方式实现自动化，除了可以提高管理效率之外，还可以减少人为操作带来的失误，统一操作方式，使项目更加规范。

IAM 项目的所有操作均是通过 Makefile 来完成的，具体如下所示：

```
build               Build source code for host platform.
build.multiarch     Build source code for multiple platforms. See option PLATFORMS.
image               Build docker images for host arch.
image.multiarch     Build docker images for multiple platforms. See option PLATFORMS.
push                Build docker images for host arch and push images to registry.
push.multiarch      Build docker images for multiple platforms and push images to registry.
deploy              Deploy updated components to development env.
clean               Remove all files that are created by building.
lint                Check syntax and styling of go sources.
test                Run unit test.
cover               Run unit test and get test coverage.
release             Release iam
format              Gofmt (reformat) package sources (exclude vendor dir if existed).
verify-copyright    Verify the boilerplate headers for all files.
add-copyright       Ensures source code files have copyright license headers.
gen                 Generate all necessary files, such as error code files.
ca                  Generate CA files for all iam components.
install             Install iam system with all its components.
swagger             Generate swagger document.
serve-swagger       Serve swagger spec and docs.
dependencies        Install necessary dependencies.
tools               install dependent tools.
check-updates       Check outdated dependencies of the go projects.
help                Show this help info.
```

7.3.3 自动生成代码

低代码的理念现在越来越流行。虽然低代码有很多缺点，但也有很多优点，举例如下。

- 自动化生成代码，减少工作量，提高工作效率。
- 代码有既定的生成规则，相比人工编写代码，准确性更高、更规范。

目前来看，自动生成代码现在已经成为趋势，比如 Kubernetes 项目有很多代码都是自动生成的。我认为，想写出一个优雅的 Go 项目，你也应该认真思考哪些地方的代码可以自动生成。IAM 项目中就有大量的代码是自动生成的，比如：

- 错误码、错误码说明文档；
- 自动生成缺失的 `doc.go` 文件；
- 利用 gotests 工具，自动生成单元测试用例；
- 使用 Swagger 工具，自动生成 Swagger 文档；
- 使用 Mock 工具，自动生成接口的 Mock 实例。

7.3.4 善于借助工具

在开发 Go 项目的过程中，我们也要善于借助工具，来帮助我们完成一部分工作。利用工具的好处列举如下。

- 解放双手，提高工作效率。
- 利用工具的确定性，可以确保执行结果的一致性。例如，使用 golangci-lint 对代码进行检查，可以确保不同开发者开发的代码至少都遵循 golangci-lint 的代码检查规范。
- 有利于实现自动化，可以将工具集成到 CI/CD 流程中，触发流水线自动执行。

Go 项目开发中也有一些很有用的工具，如表 7-2 所示。

表 7-2 有用的工具

工具名	功 能	工具名	功 能
golines	格式化 Go 代码中的长行为短行	gsemver	根据 git commit message 命令规范自动生成语义化版本
goimports	自动格式化 Go 代码并对所有引入的包进行管理，包括自动增删依赖的包，将依赖包按字母序排序并分类	git-chglog	根据 git commit 命令自动生成 CHANGELOG 日志
mockgen	接口 Mock 工具	github-release	命令行工具，用来创建、修改 GitHub 版本
gotests	根据 Go 代码自动生成单元测试模板	go-mod-outdated	检查依赖包是否有更新
go-junit-report	将 Go 测试的输出转化为 junit.xml 文件	depth	通过分析导入的库，将某个包的依赖关系用树状结构显示出来
richgo	用文本装饰丰富 Go 测试的输出	go-callvis	可视化显示 Go 调用关系
golangci-lint	静态代码检查工具	cfssl	Cloudflare 的 PKI 和 TLS 工具集
rts（response to struct）	用于根据服务器的响应生成 Go 结构体	addlicense	通过扫描指定的文件，来确保源码文件有版权头
protoc-go-inject-tag	往通过 protoc 工具生成的 pb.go 文件中注入自定义标签	gothanks	自动在 GitHub 上 Star 项目的依赖包所在的 GitHub 资源库
db2struct	将数据库表一键转换为结构体，支持自定义标签和多种命名格式配置	swagger	生成 Swagger 格式的 API 文档

所有这些工具都可以通过下面的命令来安装：

```
$ cd $IAM_ROOT
$ make tools.install
```

IAM 项目使用了上面这些工具的绝大部分，以尽可能地提高整个项目的自动化程度，提高项目维护效率。

7.3.5 对接 CI/CD

代码在合并入主干时，应该有一套 CI/CD 流程来自动化地对它进行检查、编译、单元测试、功能测试等，通过后才可以并入主干。通过这种方式，可以确保并入主干的代码是规范、经过充分测试的，也可以减少人力成本、提高效率，并使频繁检测成为可能。

要对接CI/CD就需要有CI/CD平台，CI/CD平台可以自研，大公司一般都会自研CI/CD平台，也可以借助一些开源的CI/CD平台来搭建。当前比较流行的CI/CD平台有Jenkins、GitLab、Argo、Github Actions、JenkinsX等。一般大公司也会有内部的CI/CD平台可以对接。

对接CI/CD可以极大地提高开发效率、减少人力成本、确保代码质量、提高项目管理效率。在实际开发中，建议项目一定要对接CI/CD平台。

7.4 编写高质量的项目文档

一个优雅的Go项目，还应该有完善的文档。例如README.md、安装文档、开发文档、使用文档、API文档、设计文档等。

可能很多开发者都不喜欢编写项目文档，觉得编写项目文档很烦琐。其实编写文档是一件很值得投入的事情。在我看来，编写文档至少有以下作用。

- **梳理思路**：编写文档的过程也是梳理思路的过程。
- **知识传承**：开发项目过程中的一些想法、经验、知识通过文档的形式沉淀下来，可以起到知识传承的作用。
- **工作产出**：文档产出也属于工作产出，可以写到自己的工作产出中，从而提高自己的绩效。
- **减少后期沟通成本**：后期在需要时可以直接提供文档，一方面可以减少沟通成本，另一方面可以减少不必要的重复工作，节省自己的时间。

另外，我们不仅要编写文档，还要编写高质量的文档。一个结构和内容混乱的低质量文档，是没有人愿意看的，这样的文档反而会拉低项目的质量。

7.5 本章总结

Go项目包含三大部分：Go应用、项目管理、项目文档。因此，开发一个优雅的Go项目，其实就是编写高质量的Go应用、高效管理项目和编写高质量的项目文档。针对每一项，本章都给出了一些实现方式，具体如图7-11所示。

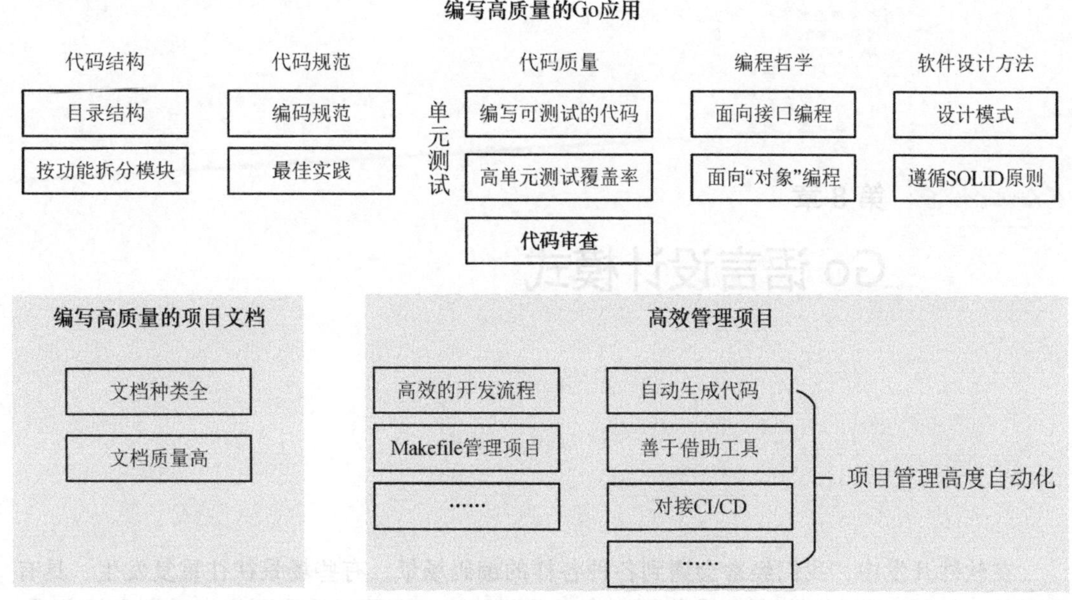

图 7-11　如何写出优雅的 Go 项目总结

Chapter 8 第 8 章

Go 语言设计模式

在软件开发中，我们经常会遇到各种各样的编码场景，有些场景往往重复发生，具有典型性。针对这些典型场景，我们可以自己编码解决，也可以采取更为省时省力的方式：直接采用设计模式。

设计模式是什么？简单来说，将软件开发中需要重复性解决的编码场景，按最佳实践的方式抽象成一个模型，模型描述的解决方法就是设计模式。使用设计模式，可以使代码更易于理解，保证代码的重用性和可靠性。

在软件领域，GoF（一般用来指经典名著《设计模式》的四位作者）首次系统化提出了三大类共 25 种可复用的经典设计方案来解决常见的软件设计问题，为可复用软件设计奠定了一定的理论基础。

从总体上说，这些设计模式可以分为创建型模式、行为型模式、结构型模式三大类，如图 8-1 所示。本章我会介绍几个在 Go 项目开发中比较常用的设计模式，帮助你用更加简单快捷的方法应对不同的编码场景。其中，简单工厂模式、抽象工厂模式和工厂方法模式都属于工厂模式，我会把它们放在一起讲解。

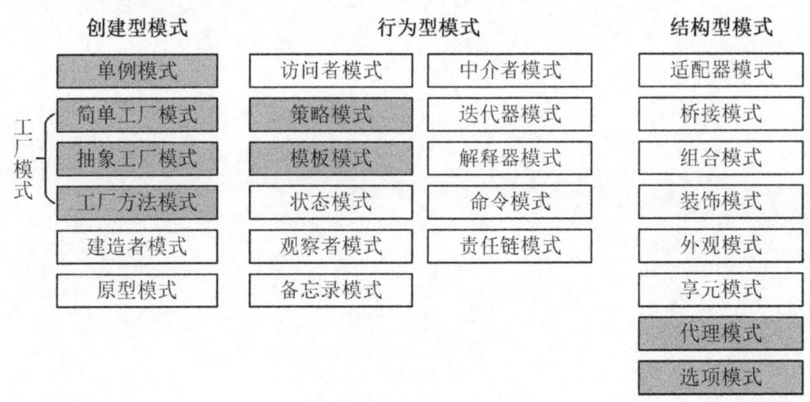

图 8-1 设计模式

8.1　创建型模式

创建型模式（Creational Pattern）提供了一种在创建对象的同时隐藏创建逻辑的方式，而不是使用 new 运算符直接实例化对象。

在这种类型的设计模式里，单例模式和工厂模式（具体包括简单工厂模式、抽象工厂模式和工厂方法模式 3 种）在 Go 项目开发中比较常用。

8.1.1　单例模式

单例模式（Singleton Pattern）是最简单的一个模式。在 Go 中，单例模式指的是全局只有一个实例，并且它负责创建自己的对象。单例模式有减少内存和系统资源开销、防止多个实例产生冲突等优点。

因为单例模式保证了实例的全局唯一性，而且只被初始化一次，所以比较适合全局共享一个实例，且只需要被初始化一次的场景，例如数据库实例、全局配置、全局任务池等。

单例模式又分为**饿汉方式**和**懒汉方式**。饿汉方式指全局的单例实例在包被加载时创建，而懒汉方式指全局的单例实例在第一次被使用时创建。可以看到，这种命名方式非常形象地体现了它们的不同特点。

接下来，我会分别介绍这两种方式。先来看饿汉方式。下面是一个饿汉方式的单例模式代码：

```
package singleton

type singleton struct {
}

var ins *singleton = &singleton{}

func GetInsOr() *singleton {
    return ins
}
```

这里需要注意，因为实例是在包被导入时初始化的，所以如果初始化时间增加，会导致程序加载时间比较长。

懒汉方式是开源项目中使用最多的方式，但它的缺点是“非并发安全”，在实际使用时需要加锁。以下是懒汉方式不加锁的一个实现：

```
package singleton

type singleton struct {
}

var ins *singleton

func GetInsOr() *singleton {
```

```
    if ins == nil {
        ins = &singleton{}
    }
    return ins
}
```

可以看到，在创建 ins 时，如果 ins==nil，就会再创建一个 ins 实例，这时候单例就会有多个实例。

为了解决懒汉方式非并发安全的问题，需要对实例进行加锁，下面是加锁的一个实现：

```
import "sync"

type singleton struct {
}

var ins *singleton
var mu sync.Mutex

func GetIns() *singleton {
    if ins == nil {
        mu.Lock()
        if ins == nil {
            ins = &singleton{}
        }
        mu.Unlock()
    }
    return ins
}
```

上述代码只有在创建时才会加锁，既提高了代码效率，又保证了并发安全。

除了饿汉方式和懒汉方式，在 Go 开发中，还有一种更优雅的实现方式，代码如下：

```
package singleton

import (
    "sync"
)

type singleton struct {
}

var ins *singleton
var once sync.Once

func GetInsOr() *singleton {
    once.Do(func() {
        ins = &singleton{}
    })
    return ins
}
```

使用 once.Do 可以确保 ins 实例全局只被创建一次，once.Do 函数还可以确保当同时创建多个动作时，只有一个动作被执行。

IAM 中大量使用了单例模式，如果你想了解更多单例模式的使用方式，可以直接查看 IAM 项目代码。IAM 中的单例模式有 GetStoreInsOr、GetEtcdFactoryOr、GetMySQLFactoryOr、GetCacheInsOr 等。

> 提示　函数名中有 Or 说明如果 GetStore、GetEtcdFactory、GetMySQLFactory 失败，会执行其他逻辑，比如 panic。

8.1.2　工厂模式

工厂模式（Factory Pattern）是面向对象编程中的常用模式。在 Go 项目开发中，你可以通过使用多种不同的工厂模式来使代码更简洁明了。Go 中的结构体，可以理解为面向对象编程中的类，例如 Person 结构体（类）实现了 Greet 方法。

```
type Person struct {
    Name string
    Age int
}

func (p Person) Greet() {
    fmt.Printf("Hi! My name is %s", p.Name)
}
```

有了 Person 类，就可以创建 Person 实例。我们可以通过简单工厂模式、抽象工厂模式、工厂方法模式这三种模式来创建一个 Person 实例。

在这三种工厂模式中，简单工厂模式是最常用、最简单的。它是一个接收一些参数，然后返回 Person 实例的函数：

```
type Person struct {
    Name string
    Age int
}

func (p Person) Greet() {
    fmt.Printf("Hi! My name is %s", p.Name)
}

func NewPerson(name string, age int) *Person {
    return &Person{
        Name: name,
        Age: age,
    }
}
```

和 p：= & Person {} 这种创建实例的方式相比，简单工厂模式可以确保我们创建的实例具有需要的参数，进而保证实例的方法可以按预期执行。例如，通过 NewPerson 创建 Person 实例时，可以确保实例的 name 和 age 属性被设置。

再来看抽象工厂模式，它和简单工厂模式的唯一区别是它返回的是接口而不是结构体。

通过返回接口，你可以在不公开内部实现的情况下让调用者使用你提供的各种功能，例如：

```
type Person interface {
    Greet()
}

type person struct {
    name string
    age int
}

func (p person) Greet() {
    fmt.Printf("Hi! My name is %s", p.name)
}

// NewPerson 返回一个接口，而不是一个结构体
func NewPerson(name string, age int) Person {
    return person{
        name: name,
        age: age,
    }
}
```

上面这段代码定义了一个不可导出的结构体 person。通过 NewPerson 创建的实例返回的是接口，而不是结构体。

通过返回接口，我们还可以使用多个工厂函数来返回不同的接口实现，例如：

```
// 这里我们定义了一个 Doer 接口，该接口具有一个 Do 方法
type Doer interface {
    Do(req *http.Request) (*http.Response, error)
}

// NewHTTPClient 返回一个 net/http 包提供的 HTTP 客户端
func NewHTTPClient() Doer {
    return &http.Client{}
}

type mockHTTPClient struct{}

func (*mockHTTPClient) Do(req *http.Request) (*http.Response, error) {
    res := httptest.NewRecorder()

    return res.Result(), nil
}

// NewMockHTTPClient 返回一个模拟的 HTTP 客户端
```

```
// 该 HTTP 客户端接收任何请求，并返回一个空的响应
func NewMockHTTPClient() Doer {
    return &mockHTTPClient{}
}
```

NewHTTPClient 和 NewMockHTTPClient 都返回了同一个接口类型 Doer，这使得二者可以互换使用。当你想测试一段调用了 Doer 接口 Do 方法的代码时，这一点特别有用。因为你可以使用一个模拟的 HTTP 客户端，从而避免了调用真实外部接口可能带来的失败。

来看个例子，假设我们想测试下面这段代码：

```
func QueryUser(doer Doer) error {
    req, err := http.NewRequest("Get", "http://iam.api.marmotedu.com:8080/v1/secrets",
        nil)
    if err != nil {
        return err
    }

    _, err := doer.Do(req)
    if err != nil {
        return err
    }

    return nil
}
```

其测试用例为：

```
func TestQueryUser(t *testing.T) {
    doer := NewMockHTTPClient()
    if err := QueryUser(doer); err != nil {
        t.Errorf("QueryUser failed, err: %v", err)
    }
}
```

另外，使用简单工厂模式和抽象工厂模式返回实例对象时，都可以返回指针。例如，简单工厂模式可以这样返回实例对象：

```
return &Person{
    Name: name,
    Age: age
}
```

抽象工厂模式可以这样返回实例对象：

```
return &person{
    name: name,
    age: age
}
```

在实际开发中，我建议返回非指针的实例，因为我们主要是想通过创建实例来调用其

提供的方法，而不是对实例做出更改。如果需要对实例做更改，可以使用 SetXXX 方法。通过返回非指针的实例，可以确保实例的属性不被意外（任意）修改。

在简单工厂模式中，依赖于唯一的工厂对象，如果我们需要实例化一个产品，就要向工厂中传入一个参数，获取对应的对象。如果要增加一种产品，就要在工厂中修改创建产品的函数，这会导致耦合性过高。此时我们可以使用工厂方法模式。

在工厂方法模式中，依赖工厂函数，我们可以通过实现工厂函数来创建多种工厂，将对象创建从由一个对象负责所有具体类的实例化，变成由一群子类负责对具体类的实例化，从而将过程解耦。下面是工厂方法模式的一个代码实现：

```
type Person struct {
    name string
    age int
}

func NewPersonFactory(age int) func(name string) Person {
    return func(name string) Person {
        return Person{
            name: name,
            age: age,
        }
    }
}
```

然后，我们可以使用此功能来创建具有默认年龄的工厂：

```
newBaby := NewPersonFactory(1)
baby := newBaby("john")

newTeenager := NewPersonFactory(16)
teen := newTeenager("jill")
```

8.2 行为型模式

行为型模式（Behavioral Pattern）的特点是关注类和对象的组合。对于这一类型，我想详细讲讲策略模式和模板模式。

8.2.1 策略模式

策略模式（Strategy Pattern）定义一组算法，将每个算法都封装起来，并且使它们之间可以互换。

在项目开发中，我们经常要根据不同的场景，采取不同的措施，也就是不同的策略。假设我们需要对 a、b 这两个整数进行计算，根据条件的不同，需要执行不同的计算方式。我们可以把所有的操作都封装在同一个函数中，然后通过 if ... else ... 的形式来调用不同的计算方式，这种方式称为硬编码。

在实际应用中，随着功能和体验的不断增长，我们需要经常添加/修改策略，进而需要不断修改已有代码，这不仅会让这个函数越来越难维护，还会因为修改带来一些 Bug。因此，为了解耦，我们需要使用策略模式，定义一些独立的类来封装不同的算法，每一个类封装一个具体的算法（即策略）。

下面是一段实现了策略模式的代码：

```
package strategy

// 策略模式

// 定义一个策略类
type IStrategy interface {
    do(int, int) int
}

// 策略实现：加
type add struct{}

func (*add) do(a, b int) int {
    return a + b
}

// 策略实现：减
type reduce struct{}

func (*reduce) do(a, b int) int {
    return a - b
}

// 具体的策略执行者
type Operator struct {
    strategy IStrategy
}

// 设置策略
func (operator *Operator) setStrategy(strategy IStrategy) {
    operator.strategy = strategy
}

// 调用策略中的方法
func (operator *Operator) calculate(a, b int) int {
    return operator.strategy.do(a, b)
}
```

在上述代码中，我们定义了策略接口 IStrategy，还定义了 add 和 reduce 两种策略。最后定义了一个策略执行者，策略执行者可以设置不同的策略并执行，例如：

```
func TestStrategy(t *testing.T) {
    operator := Operator{}

    operator.setStrategy(&add{})
    result := operator.calculate(1, 2)
    fmt.Println("add:", result)

    operator.setStrategy(&reduce{})
    result = operator.calculate(2, 1)
    fmt.Println("reduce:", result)
}
```

可以看到，我们可以随意更换策略，而不会影响 Operator 的所有实现。

8.2.2 模板模式

模板模式（Template Pattern）定义一个操作中算法的骨架，并将一些步骤延迟到子类中。这种方法可以让子类在不改变一个算法结构的情况下，重新定义该算法的某些特定步骤。

简单来说，模板模式就是将一个类中能够公共使用的方法放置在抽象类中实现，将不能公共使用的方法作为抽象方法，强制子类去实现，这样就做到了将一个类作为一个模板，让开发者去填充需要填充的地方。

以下是模板模式的一个实现：

```
package template

import "fmt"

type Cooker interface {
    fire()
    cooke()
    outfire()
}

// 类似于一个抽象类
type CookMenu struct {
}

func (CookMenu) fire() {
    fmt.Println("开火")
}

// 做菜，交给具体的子类实现
func (CookMenu) cooke() {
}

func (CookMenu) outfire() {
    fmt.Println("关火")
```

```
}

// 封装具体步骤
func doCook(cook Cooker) {
    cook.fire()
    cook.cooke()
    cook.outfire()
}

type XiHongShi struct {
    CookMenu
}

func (*XiHongShi) cooke() {
    fmt.Println(" 做西红柿 ")
}

type ChaoJiDan struct {
    CookMenu
}

func (ChaoJiDan) cooke() {
    fmt.Println(" 做炒鸡蛋 ")
}
```

这里来看一下测试用例：

```
func TestTemplate(t *testing.T) {
    // 做西红柿
    xihongshi := &XiHongShi{}
    doCook(xihongshi)

    fmt.Println("\n=====> 做另外一道菜 ")
    // 做炒鸡蛋
    chaojidan := &ChaoJiDan{}
    doCook(chaojidan)

}
```

8.3　结构型模式

结构型模式（Structural Pattern）的特点是关注对象之间的通信。在这类设计模式中，我会讲到代理模式和选项模式。

8.3.1　代理模式

代理模式（Proxy Pattern）可以为另一个对象提供一个替身或者占位符，以控制对这个对象的访问。以下代码是一个代理模式的实现：

```
package proxy

import "fmt"

type Seller interface {
    sell(name string)
}

// 火车站
type Station struct {
    stock int //库存
}

func (station *Station) sell(name string) {
    if station.stock > 0 {
        station.stock--
        fmt.Printf("代理点中：%s买了一张票，剩余：%d \n", name, station.stock)
    } else {
        fmt.Println("票已售空")
    }

}

// 火车代理点
type StationProxy struct {
    station *Station // 持有一个火车站对象
}

func (proxy *StationProxy) sell(name string) {
    if proxy.station.stock > 0 {
        proxy.station.stock--
        fmt.Printf("代理点中：%s买了一张票，剩余：%d \n", name, proxy.station.stock)
    } else {
        fmt.Println("票已售空")
    }
}
```

在上述代码中，StationProxy代理了Station，代理类中持有被代理类对象，并且和被代理类对象实现了同一接口。

8.3.2 选项模式

选项模式（Option Pattern）也是Go项目开发中经常用到的模式，例如，grpc/grpc-go的NewServer[⊖]函数，uber-go/zap包的New[⊜]函数都用到了选项模式。使用选项模式，我们可以创建一个带有默认值的struct变量，并选择性地修改其中一些参数的值。

⊖ 参见 https://github.com/grpc/grpc-go/blob/v1.37.0/server.go#L514。

⊜ 参见 https://github.com/uber-go/zap/blob/v1.16.0/logger.go#L65。

在 Python 语言中创建一个对象时，可以给参数设置默认值。这样在创建对象时，不传入任何参数就可以获得携带默认值的对象，并在需要时修改对象的属性。这种特性可以大大简化开发者创建一个对象的成本，尤其是在对象拥有众多属性时。

而在 Go 语言中，因为不支持给参数设置默认值，为了既能够创建带默认值的实例，又能够创建自定义参数的实例，不少开发者会通过以下两种方法来实现。

第一种方法：要分别开发两个创建实例的函数，一个可以创建带默认值的实例，一个可以定制化创建实例，代码如下。

```
package options

import (
    "time"
)

const (
    defaultTimeout = 10
    defaultCaching = false
)

type Connection struct {
    addr    string
    cache   bool
    timeout time.Duration
}

// NewConnect 创建一个 Connection
func NewConnect(addr string) (*Connection, error) {
    return &Connection{
        addr:    addr,
        cache:   defaultCaching,
        timeout: defaultTimeout,
    }, nil
}

// NewConnectWithOptions 使用 options 创建一个 Connection
func NewConnectWithOptions(addr string, cache bool, timeout time.Duration)
(*Connection, error) {
    return &Connection{
        addr:    addr,
        cache:   cache,
        timeout: timeout,
    }, nil
}
```

但是，使用这种方式创建同一个 Connection 实例时，要实现两个不同的函数，实现方式很不优雅。

第二种方法：我们需要创建一个带默认值的选项，并用该选项创建实例：

```
package options

import (
    "time"
)

const (
    defaultTimeout = 10
    defaultCaching = false
)

type Connection struct {
    addr    string
    cache   bool
    timeout time.Duration
}

type ConnectionOptions struct {
    Caching bool
    Timeout time.Duration
}

func NewDefaultOptions() *ConnectionOptions {
    return &ConnectionOptions{
        Caching: defaultCaching,
        Timeout: defaultTimeout,
    }
}

// NewConnect 使用 options 创建一个 Connection
func NewConnect(addr string, opts *ConnectionOptions) (*Connection, error) {
    return &Connection{
        addr:    addr,
        cache:   opts.Caching,
        timeout: opts.Timeout,
    }, nil
}
```

这种方式虽然只需要实现一个函数来创建实例，但是也有缺点：为了创建 Connection 实例，每次我们都要创建 ConnectionOptions，操作起来比较麻烦。

那么有没有更优雅的解决方法呢？答案当然是有的，就是使用选项模式来创建实例。以下代码通过选项模式实现上述功能：

```
package options

import (
    "time"
)

type Connection struct {
```

```
    addr    string
    cache   bool
    timeout time.Duration
}

const (
    defaultTimeout = 10
    defaultCaching = false
)

type options struct {
    timeout time.Duration
    caching bool
}

type Option interface {
    apply(*options)
}

type optionFunc func(*options)

func (f optionFunc) apply(o *options) {
    f(o)
}

func WithTimeout(t time.Duration) Option {
    return optionFunc(func(o *options) {
        o.timeout = t
    })
}

func WithCaching(cache bool) Option {
    return optionFunc(func(o *options) {
        o.caching = cache
    })
}

// NewConnect 创建一个 Connection
func NewConnect(addr string, opts ...Option) (*Connection, error) {
    options := options{
        timeout: defaultTimeout,
        caching: defaultCaching,
    }

    for _, o := range opts {
        o.apply(&options)
    }

    return &Connection{
        addr:    addr,
        cache:   options.caching,
```

```
        timeout: options.timeout,
    }, nil
}
```

在上面的代码中，首先我们定义了 options 结构体，它携带了 timeout、caching 两个属性。接下来，我们通过 NewConnect 创建了一个连接，NewConnect 函数中先创建了一个带有默认值的 options 结构体变量，并通过调用以下代码来修改所创建的 options 结构体变量。

```
for _, o := range opts {
    o.apply(&options)
}
```

需要修改的属性，是在新建连接时通过 Option 类型的选项参数传递进来的。可以通过 WithXXX 函数如 WithTimeout 和 WithCaching 来创建 Option 类型的选项参数。

Option 类型的选项参数需要实现 apply(*options) 函数——结合 WithTimeout、WithCaching 函数的返回值和 optionFunc 的 apply 方法实现，我们可以知道 o.apply(&options) 其实就是把 WithTimeout、WithCaching 传入的参数赋值给 options 结构体变量，并以此动态地设置 options 结构体变量的属性。

我们可以在 apply 函数中自定义赋值逻辑，例如 o.timeout = 100 * t。通过这种方式，我们设置结构体的属性会有更大的灵活性。

选项模式有很多优点，例如：支持传递多个参数，并在参数发生变化时保持兼容性；支持任意顺序传递参数；支持默认值；方便扩展；通过 WithXXX 的函数命名，可以使参数意义更加明确；等等。

不过，为了实现选项模式，我们增加了很多代码，所以在开发中，我们要根据实际场景选择是否使用选项模式。选项模式通常适用于以下场景。

- 结构体参数很多，创建结构体时，我们期望创建一个携带默认值的结构体变量，并选择性修改其中一些参数的值。
- 结构体参数经常变动，但我们又不想在参数变动时修改创建实例的函数。例如，在结构体中新增一个 retry 参数，但是我们不想在 NewConnect 入参列表中添加 retry int 这样的参数声明。

如果结构体参数比较少，可以慎重考虑要不要采用选项模式。

8.4 本章总结

设计模式是业界沉淀下来的针对特定场景的最佳解决方案。在软件领域，GoF 首次系统化提出了 3 类设计模式：创建型模式、行为型模式、结构型模式。

本章介绍了 Go 项目开发中 6 种常用的设计模式。每种设计模式解决某一类场景，如表 8-1 所示，你可以根据自己的需要进行选择。

表 8-1　设计模式总结

分　类	设计模式	常见应用场景
创建型模式	单例模式	全局共享一个实例，且只需要被初始化一次的场景
	工厂模式	❑ 简单工厂模式可以传入参数并返回一个结构体的实例 ❑ 抽象工厂模式可以返回一个接口，通过返回接口，在不公开内部实现的情况下，让调用者使用你提供的各种功能 ❑ 工厂方法模式将对象创建从由一个对象负责所有具体类的实例化，变成由一群子类负责对具体类的实例化，从而将过程解耦
行为型模式	代理模式	需要一个替身或者占位符，以控制对这个对象的访问的场景
	选项模式	❑ 结构体参数很多，期望创建一个携带默认值的结构体变量，并选择性修改其中一些参数的值 ❑ 结构体参数经常变动，变动时又不想修改创建实例的函数
结构型模式	策略模式	需要采用不同策略的场景
	模板模式	需要在不改变算法框架的情况下，改变算法执行效果的场景

第三部分 *Part 3*

项目管理

一个大型的项目，除了要有好的设计，还需要有高效的管理手段。一个高效的管理手段，不仅可以减少你的工作量，还可以减少很多不必要的错误。

本部分内容如下：

- 第 9 章　如何编写 Makefile
- 第 10 章　IAM 项目研发流程实战
- 第 11 章　静态代码检查
- 第 12 章　生成 Swagger API 文档

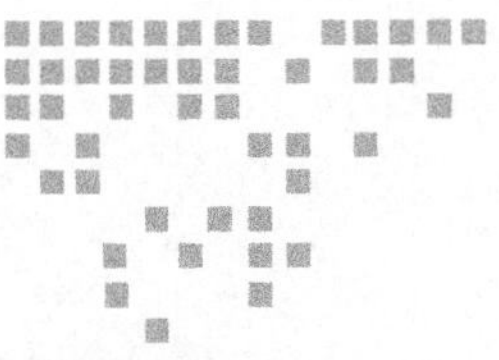

Chapter 9 第9章

如何编写 Makefile

我们在第 7 章学习过，要写出一个优雅的 Go 项目，不仅要开发一个优秀的 Go 应用，而且要能够高效地管理项目。管理的有效手段之一，就是通过 Makefile 来管理我们的项目，这就要求我们要为项目编写 Makefile。

在和其他开发人员交流时，我发现大家都认可 Makefile 强大的项目管理能力，也会自己编写 Makefile。但是其中一些开发者针对项目管理做得并不好。我和他们进一步交流后发现，这些开发者重复地使用简单的语法编写一些低质量的 Makefile 文件，根本没有把 Makefile 的优势充分发挥出来。下面是一个低质量的 Makefile 文件示例：

```
build: clean vet
	@mkdir -p ./Role
	@export GOOS=linux && go build -v .

vet:
	go vet ./...

fmt:
	go fmt ./...

clean:
	rm -rf dashboard
```

上面的 Makefile 存在不少问题。例如功能简单，只能完成最基本的编译、格式化等操作，无法实现类似构建镜像、自动生成代码等高阶功能；扩展性差，无法编译出可在 Mac 下运行的二进制文件；没有 Help 功能，使用难度高；单 Makefile 文件，结构单一，不适合添加一些复杂的管理功能等。

所以，我们不光要编写 Makefile，还要编写高质量的 Makefile。那么如何编写一个高质量的 Makefile 文件呢？我觉得可以通过以下方法来实现。

- 打好基础，也就是熟练掌握 Makefile 的语法。
- 做好准备工作，也就是提前规划 Makefile 要实现的功能。
- 科学设计，设计一个合理的 Makefile 结构。
- 掌握方法，用好 Makefile 的编写技巧。

工欲善其事，必先利其器。编写高质量 Makefile 文件的第一步，便是熟练掌握 Makefile 的核心语法。因为 Makefile 的语法比较多，本书并没有专门讲 Makefile 语法，你可以参考我整理的在线文档——《Makefile 基础知识[⊖]》，文档中包括 Makefile 规则语法、伪目标、变量赋值、条件语句和 Makefile 常用函数等。

接下来，我们详细介绍其他三种方法。

9.1 规划 Makefile 要实现的功能

除了需要熟练掌握 Makefile 语法，我们还需要提前规划 Makefile 要实现的功能，从而更好地设计 Makefile 的整体结构和实现方法。

不同项目拥有不同的 Makefile 功能，其中一小部分功能是通过目标文件来实现的，但更多的功能是通过伪目标来实现的。对于 Go 项目来说，虽然不同项目集成的功能不一样，但绝大部分项目都需要实现一些通用的功能。接下来，我们看看在一个大型 Go 项目中 Makefile 通常可以实现哪些功能。

下面是 IAM 项目的 Makefile 集成的功能，希望会对你日后设计 Makefile 有一定帮助。

```
$ make help

Usage: make <TARGETS> <OPTIONS> ...

Targets:
    # 构建类命令
    build              Build source code for host platform.
    build.multiarch    Build source code for multiple platforms. See option PLATFORMS.

    # Docker 镜像打包类命令
    image              Build docker images for host arch.
    image.multiarch    Build docker images for multiple platforms. See option PLATFORMS.
    push               Build docker images for host arch and push images to registry.
    push.multiarch     Build docker images for multiple platforms and push images to
                       registry.

    # 部署类命令
    deploy             Deploy updated components to development env.
    install            Install iam system with all its components.
```

⊖ 参见 https://github.com/marmotedu/geekbang-go/blob/master/makefile/Makefile 基础知识 .md。

```
    # 清理类命令
    clean               Remove all files that are created by building.

    # 静态代码检查
    lint                Check syntax and styling of go sources.

    # 测试类命令
    test                Run unit test.
    cover               Run unit test and get test coverage.

    # 格式化类命令
    format              Gofmt (reformat) package sources (exclude vendor dir if existed).
    verify-copyright    Verify the boilerplate headers for all files.
    add-copyright       Ensures source code files have copyright license headers.

    # 代码生成类命令
    gen                 Generate all necessary files, such as error code files.
    ca                  Generate CA files for all iam components.

    # 其他命令，不同项目会有区别
    release             Release iam
    swagger             Generate swagger document.
    serve-swagger       Serve swagger spec and docs.
    dependencies        Install necessary dependencies.
    tools               install dependent tools.
    check-updates       Check outdated dependencies of the go projects.

    # 帮助命令
    help                Show this help info.

# 选项
Options:
    DEBUG        Whether to generate debug symbols. Default is 0.
    BINS         The binaries to build. Default is all of cmd.
                 This option is available when using: make build/build.multiarch
                 Example: make build BINS="iam-apiserver iam-authz-server"
    ...
```

更详细的命令，你可以在IAM项目仓库根目录下执行make help命令查看。

通常，Go项目的Makefile应该实现以下功能：格式化代码、静态代码检查、单元测试、代码构建、文件清理、帮助等。如果通过Docker部署，还需要实现Docker镜像打包功能。因为Go是跨平台的语言，所以构建和Docker打包命令还需要支持不同的CPU架构和平台。为了能够更好地控制Makefile命令的行为，还需要支持Options。

为了方便查看Makefile集成了哪些功能，我们需要支持help命令。help命令最好通过解析Makefile文件来输出集成的功能，例如：

```
## help: Show this help info.
.PHONY: help
help: Makefile
```

```
	@echo -e "\nUsage: make <TARGETS> <OPTIONS> ...\n\nTargets:"
	@sed -n 's/^##//p' $< | column -t -s ':' | sed -e 's/^/ /'
	@echo "$$USAGE_OPTIONS"
```

上面的 `help` 命令，通过解析 Makefile 文件中的 `##` 注释，获取支持的命令。通过这种方式，我们以后新加命令时，就不用再修改 `help` 命令了。

你可以参考上面的 Makefile 管理功能，结合自己项目的需求，整理出一个 Makefile 要实现的功能列表，并初步确定实现思路和方法。做完这些，编写前的准备工作就基本完成了。

9.2　设计合理的 Makefile 结构

规划好 Makefile 需要实现的功能后，接下来我们就进入 Makefile 编写阶段。编写阶段的第一步，就是设计一个合理的 Makefile 结构。

大型项目需要管理的内容很多，所有管理功能都集成在一个 Makefile 中，可能会导致 Makefile 很大，难以阅读和维护，所以建议采用分层的设计方法：根目录下的 Makefile 聚合所有的 Makefile 命令，具体实现则按功能分类放在另外的 Makefile 中。

我们经常会在 Makefile 命令中集成 shell 脚本，但如果 shell 脚本过于复杂，也会导致 Makefile 内容过多，难以阅读和维护，编写体验很差。对于这种情况，可以将复杂的 shell 命令封装在 shell 脚本中，供 Makefile 直接调用，而一些简单的命令则可以直接集成在 Makefile 中。

所以，最终我推荐的 Makefile 结构如图 9-1 所示。

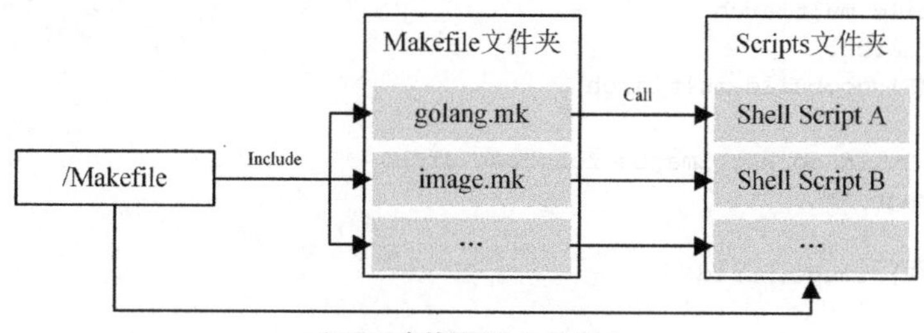

图 9-1　Makefile 结构

在上面的 Makefile 组织方式中，根目录下的 Makefile 聚合了项目所有的管理功能，这些管理功能通过 Makefile 伪目标的方式实现。同时，对这些伪目标进行分类，把相同类别的伪目标放在同一个 Makefile 中，这样可以使得 Makefile 更容易维护。对于复杂的命令，则编写成独立的 shell 脚本，并在 Makefile 命令中调用这些 shell 脚本。

举个例子，下面是 IAM 项目的 Makefile 组织结构：

```
├── Makefile
├── scripts
│   ├── gendoc.sh
│   ├── make-rules
│   │   ├── gen.mk
│   │   ├── golang.mk
│   │   ├── image.mk
│   │   └── ...
│   └── ...
```

我们将相同类别的操作统一放在 `scripts/make-rules` 目录下的 Makefile 文件中。Makefile 的文件名参考分类命名，例如 `golang.mk`。最后，在 `/Makefile` 中使用 include 关键字导入 Makefile。

为了跟 Makefile 的层级相匹配，`golang.mk` 中的所有目标都按 `go.xxx` 这种方式命名。通过这种命名方式，我们可以很容易地分辨出某个目标完成什么功能，放在什么文件里，这在复杂的 Makefile 中尤其有用。以下是 IAM 项目根目录下 Makefile 的内容摘录：

```
include scripts/make-rules/golang.mk
include scripts/make-rules/image.mk
include scripts/make-rules/gen.mk
include scripts/make-rules/...

## build: Build source code for host platform.
.PHONY: build
build:
    @$(MAKE) go.build

## build.multiarch: Build source code for multiple platforms. See option
PLATFORMS.
.PHONY: build.multiarch
build.multiarch:
    @$(MAKE) go.build.multiarch

## image: Build docker images for host arch.
.PHONY: image
image:
    @$(MAKE) image.build

## image.multiarch: Build docker images for multiple platforms. See option
PLATFORMS.
.PHONY: image.multiarch
image.multiarch:
    @$(MAKE) image.build.multiarch
```

一个合理的 Makefile 结构应该具有前瞻性。也就是说，要在不改变现有结构的情况下，接纳后面的新功能。这就需要我们整理好 Makefile 当前要实现的功能、即将要实现的功能和未来可能要实现的功能，然后基于这些功能，利用 Makefile 编程技巧，编写可扩展的 Makefile。

> **注意** 上面的 Makefile 通过 .PHONY 标识定义了大量的伪目标。定义伪目标时一定要加 .PHONY 标识，否则当有同名的文件时，伪目标可能不会被执行。

9.3　掌握 Makefile 编写技巧

最后，在编写过程中，你还需要掌握一些 Makefile 的编写技巧，这些技巧可以使你编写的 Makefile 扩展性更强，功能更强大。

接下来，我会把自己在开发过程中积累的一些 Makefile 编写经验分享给大家。针对这些技巧，你需要在实际编写中多加练习，并养成编写习惯。

9.3.1　善用通配符和自动变量

Makefile 允许对目标进行类似正则运算的匹配，主要用到的通配符是 %。通过通配符，我们可以使不同的目标使用相同的规则，从而使 Makefile 扩展性更强，文件更简洁。

我们的 IAM 实战项目中就大量使用了通配符 %，例如：go.build.%、ca.gen.%、deploy.run.%、tools.verify.%、tools.install.% 等。

这里，我们来看一个具体的例子，tools.verify.%（位于 scripts/make-rules/tools.mk 文件中）定义如下：

```
tools.verify.%:
	@if ! which $* &>/dev/null; then $(MAKE) tools.install.$*; fi
```

make tools.verify.swagger、make tools.verify.mockgen 等均可以使用上面定义的规则，% 分别代表了 swagger 和 mockgen。

如果不使用 %，则我们需要分别为 tools.verify.swagger 和 tools.verify.mockgen 定义规则，很麻烦，后面修改也困难。

另外，这里也能看出 tools.verify.% 这种命名方式的好处：tools 说明依赖的定义位于 scripts/make-rules/tools.mk 的 Makefile 中；verify 说明 tools.verify.% 伪目标属于 verify 分类，主要用来验证工具是否安装。通过这种命名方式，你可以很容易地知道目标位于哪个 Makefile 文件中，以及想要完成哪些功能。

另外，上面的定义中还用到了自动变量 $*，用来指代被匹配的 swagger、mockgen。

9.3.2　善用函数

Makefile 自带的函数能够帮助我们实现很多强大的功能，所以，我们在编写 Makefile 的过程中，如果有功能需求，可以优先使用这些函数。这些函数的更多内容可以参考《Makefile 常用函数列表[⊖]》。

⊖ 参见 https://github.com/marmotedu/geekbang-go/blob/master/makefile/Makefile 常用函数列表 .md。

IAM 的 Makefile 文件中大量使用了上述函数，如果你想查看这些函数的具体使用方法和场景，可以参考 IAM 项目的 Makefile 文件。

9.3.3 依赖需要用到的工具

如果 Makefile 某个目标的命令中用到了某个工具，可以将该工具放在目标的依赖中。这样，当执行该目标时，就可以检查当前系统是否安装该工具，如果没有安装则自动安装，从而实现更高程度的自动化。例如，/Makefile 文件中的 format 伪目标的定义如下：

```
.PHONY: format
format: tools.verify.golines tools.verify.goimports
    @echo "===========> Formating codes"
    @$(FIND) -type f -name '*.go' | $(XARGS) gofmt -s -w
    @$(FIND) -type f -name '*.go' | $(XARGS) goimports -w -local $(ROOT_PACKAGE)
    @$(FIND) -type f -name '*.go' | $(XARGS) golines -w --max-len=120 --reformat-
        tags --shorten-comments --ignore-generated .
    @$(GO) mod edit -fmt
```

可以看到，format 依赖 tools.verify.golines tools.verify.goimports。我们再来看下 tools.verify.golines 的定义：

```
tools.verify.%:
    @if ! which $* &>/dev/null; then $(MAKE) tools.install.$*; fi
```

再来看下 tools.install.$* 规则：

```
.PHONY: install.golines
install.golines:
    @$(GO) install github.com/segmentio/golines
```

通过 tools.verify.% 规则定义，我们可以知道，tools.verify.% 会先检查工具是否安装，如果没有安装，就会执行 tools.install.$* 来安装。这样一来，当我们执行 tools.verify.% 目标时，如果系统没有安装 golines 命令，就会自动调用 go install 安装，提高了 Makefile 的自动化程度。

9.3.4 把常用功能放在 /Makefile 中，不常用的放在分类 Makefile 中

一个项目，尤其是大型项目，有很多需要管理的地方，其中大部分都可以通过 Makefile 实现自动化操作。不过，为了保持 /Makefile 文件的整洁性，不能把所有的命令都添加在 /Makefile 文件中。

一个比较好的建议是：将常用功能放在 /Makefile 中，不常用的放在分类 Makefile 中，并在 /Makefile 中使用 include 关键字导入这些分类 Makefile。例如，IAM 项目的 /Makefile 集成了 format、lint、test、build 等常用命令，而将 gen.errcode.code、gen.errcode.doc 这类不常用的功能放在 scripts/make-rules/gen.mk 文件中。当然，我们也可以直接执行 make gen.errcode.code 来执行 gen.errcode.

code 伪目标。这种方式既可以保证 /Makefile 的简洁、易维护，又可以通过 make 命令来运行伪目标，更加灵活。

9.3.5 编写可扩展的 Makefile

什么叫可扩展的 Makefile 呢？在我看来，可扩展的 Makefile 包含两层含义。

1）可以在不改变 Makefile 结构的情况下添加新功能。

2）扩展项目时，新功能可以自动纳入 Makefile 现有逻辑中。

针对第一点，我们可以通过设计合理的 Makefile 结构来实现。针对第二点，我们需要在编写 Makefile 时采用一定的技巧，例如多用通配符、自动变量、函数等。这里我们通过一个例子来更好地理解上述内容。

在 IAM 实战项目的 **golang.mk** 中，执行 make go.build 时能够构建 cmd/ 目录下的所有组件，也就是说，当有新组件添加时，make go.build 仍然能够构建新增的组件，这就实现了上面说的第二点。

具体实现方法如下：

```
COMMANDS ?= $(filter-out %.md, $(wildcard ${ROOT_DIR}/cmd/*))
BINS ?= $(foreach cmd,${COMMANDS},$(notdir ${cmd}))

.PHONY: go.build
go.build: go.build.verify $(addprefix go.build., $(addprefix $(PLATFORM)., $(BINS)))
.PHONY: go.build.%

go.build.%:
	$(eval COMMAND := $(word 2,$(subst ., ,$*)))
	$(eval PLATFORM := $(word 1,$(subst ., ,$*)))
	$(eval OS := $(word 1,$(subst _, ,$(PLATFORM))))
	$(eval ARCH := $(word 2,$(subst _, ,$(PLATFORM))))
	@echo "===========> Building binary $(COMMAND) $(VERSION) for $(OS) $(ARCH)"
	@mkdir -p $(OUTPUT_DIR)/platforms/$(OS)/$(ARCH)
	@CGO_ENABLED=0 GOOS=$(OS) GOARCH=$(ARCH) $(GO) build $(GO_BUILD_FLAGS) -o
		$(OUTPUT_DIR)/platforms/$(OS)/$(ARCH)/$(COMMAND)$(GO_OUT_EXT) $(ROOT_
		PACKAGE)/cmd/$(COMMAND)
```

当执行 make go.build 时，会执行 go.build 的依赖 $(addprefix go.build., $(addprefix $(PLATFORM)., $(BINS)))，addprefix 函数最终返回字符串 go.build.linux_amd64.iamctl go.build.linux_amd64.iam-authz-server go.build.linux_amd64.iam-apiserver ...，这时候就会执行 go.build.% 伪目标。

在 go.build.% 伪目标中，通过 eval、word、subst 函数组合，算出了 COMMAND 的值 iamctl/iam-apiserver/iam-authz-server/...，最终通过 $(ROOT_PACKAGE)/cmd/$(COMMAND) 定位到需要构建的组件的 main 函数所在的目录。

上述实现中有两个需要注意的技巧。首先，通过以下两行代码获取 cmd/ 目录下的所有组件名。

```
COMMANDS ?= $(filter-out %.md, $(wildcard ${ROOT_DIR}/cmd/*))
BINS ?= $(foreach cmd,${COMMANDS},$(notdir ${cmd}))
```

接着，通过使用通配符和自动变量，自动匹配到 go.build.linux_amd64.iam-authz-server 这类伪目标并构建。

可以看到，想要编写一个可扩展的 Makefile，熟练掌握 Makefile 的用法只是基础，如何编写 Makefile 才是我们需要更多动脑思考的。

9.3.6 将所有输出存放在一个目录下，方便清理和查找

Makefile 在执行过程中，会输出各种各样的文件，例如 Go 编译后的二进制文件、测试覆盖率数据等，建议你把这些文件统一放在一个目录下，方便后期的清理和查找。通常我们可以把它们放在 _output 这类目录下，这样清理时就很方便，只需要清理 _output 文件夹就可以，例如：

```
.PHONY: go.clean
go.clean:
	@echo "===========> Cleaning all build output"
	@-rm -vrf $(OUTPUT_DIR)
```

注意，要用 -rm，而不是 rm，防止在没有 _output 目录时，执行 make go.clean 报错。

9.3.7 使用带层级的命名方式

通过使用带层级的命名方式，例如 tools.verify.swagger，我们可以实现目标分组管理。这样做的好处有很多。首先，当 Makefile 有大量目标时，通过分组，我们可以更好地管理这些目标。其次，分组也能方便理解，我们可以通过组名一眼识别出该目标的功能类别。最后，这样做还可以大大减小目标重名的概率。

例如，IAM 项目的 Makefile 就大量采用了下面这种命名方式：

```
.PHONY: gen.run
gen.run: gen.clean gen.errcode gen.docgo

.PHONY: gen.errcode
gen.errcode: gen.errcode.code gen.errcode.doc

.PHONY: gen.errcode.code
gen.errcode.code: tools.verify.codegen
...
.PHONY: gen.errcode.doc
gen.errcode.doc: tools.verify.codegen
	...
```

9.3.8 做好目标拆分

还有一个比较实用的技巧：我们要合理地拆分目标。比如，我们可以将安装工具拆分成两个目标：验证工具是否已安装和安装工具。目标拆分，可以给我们的 Makefile 带来更大的灵活性。例如我们可以根据需要选择性地执行其中一个操作，也可以同时执行两个操作。这里来看一个例子：

```
gen.errcode.code: tools.verify.codegen

tools.verify.%:
  @if ! which $* &>/dev/null; then $(MAKE) tools.install.$*; fi

.PHONY: install.codegen
install.codegen:
    @$(GO) install ${ROOT_DIR}/tools/codegen/codegen.go
```

在上面的 Makefile 中，gen.errcode.code 依赖了 tools.verify.codegen，tools.verify.codegen 会先检查 codegen 命令是否存在，如果不存在，再调用 install.codegen 来安装 codegen 工具。

如果我们的 Makefile 设计是：

```
gen.errcode.code: install.codegen
```

那每次执行 gen.errcode.code 都要重新安装 codegen 命令，这种操作是不必要的，还会影响 make gen.errcode.code 的执行速度。

9.3.9 设置 OPTIONS

编写 Makefile 时，我们还需要通过 OPTIONS 来控制一些可变的功能。为了便于理解，这里还是以 IAM 项目的 Makefile 为例进行分析。

假设我们需要通过一个选项 V，来控制是否需要在执行 Makefile 时打印详细的信息。我们可以通过以下两步来实现。

1）在 /Makefile 中定义 USAGE_OPTIONS。

定义 USAGE_OPTIONS 可以使开发者在执行 make help 命令后感知到此选项，并根据需要进行设置。

```
define USAGE_OPTIONS

Options:
    ...
    BINS        The binaries to build. Default is all of cmd.
                ...
    ...
    V           Set to 1 enable verbose build. Default is 0.
endef
export USAGE_OPTIONS
```

2）根据 V 选项适配不同的行为。

在 scripts/make-rules/common.mk 文件中，我们通过判断有没有设置 V 选项，来选择不同的行为：

```
ifndef V
MAKEFLAGS += --no-print-directory
endif
```

当然，我们还可以通过下面的方法来使用 V 选项：

```
ifeq ($(origin V), undefined)
MAKEFLAGS += --no-print-directory
endif
```

上面介绍了 V 选项，即在 Makefile 中通过判断有没有定义 V，来执行不同的操作。其实还有一种选项，这种选项的值在 Makefile 中是可以直接使用的，例如 BINS。针对这种选项，我们可以通过以下方式来使用：

```
BINS ?= $(foreach cmd,${COMMANDS},$(notdir ${cmd}))
...
go.build: go.build.verify $(addprefix go.build., $(addprefix $(PLATFORM)., $(BINS)))
```

也就是说，通过 ?= 来判断 BINS 变量有没有被赋值，如果没有，则赋予等号后的值。接下来，我们就可以在 Makefile 规则中使用它了。

9.3.10 定义环境变量

我们可以在 Makefile 中定义一些环境变量，例如：

```
GO := go
GO_SUPPORTED_VERSIONS ?= 1.13|1.14|1.15|1.16|1.17
GO_LDFLAGS += -X $(VERSION_PACKAGE).GitVersion=$(VERSION) \
    -X $(VERSION_PACKAGE).GitCommit=$(GIT_COMMIT) \
    -X $(VERSION_PACKAGE).GitTreeState=$(GIT_TREE_STATE) \
    -X $(VERSION_PACKAGE).BuildDate=$(shell date -u +'%Y-%m-%dT%H:%M:%SZ')
ifneq ($(DLV),)
    GO_BUILD_FLAGS += -gcflags "all=-N -l"
    LDFLAGS = ""
endif
GO_BUILD_FLAGS += -tags=jsoniter -ldflags "$(GO_LDFLAGS)"
...
FIND := find . ! -path './third_party/*' ! -path './vendor/*'
XARGS := xargs --no-run-if-empty
```

这些环境变量和编程中使用宏定义的作用是一样的：只要修改一处，就可以使很多地方同时生效，避免了重复的工作。

通常，我们可以将 GO、GO_BUILD_FLAGS、FIND 这类变量定义为环境变量。

9.3.11 自己调用自己

在编写 Makefile 的过程中，你可能会遇到这样一种情况：A-Target 目标命令需要完成操作 B-Action，而操作 B-Action 已经通过伪目标 B-Target 实现过。为了达到最大的代码复用度，这时候最好的方式是在 A-Target 的命令中执行 B-Target。方法如下：

```
tools.verify.%:
    @if ! which $* &>/dev/null; then $(MAKE) tools.install.$*; fi
```

这里，我们通过 `$(MAKE)` 调用了伪目标 `tools.install.$*`。需要注意的是，默认情况下，Makefile 在切换目录时会输出以下信息：

```
$ make tools.install.codegen
===========> Installing codegen
make[1]: Entering directory `/home/colin/workspace/golang/src/github.com/
    marmotedu/iam'
make[1]: Leaving directory `/home/colin/workspace/golang/src/github.com/
    marmotedu/iam'
```

如果觉得 `Entering directory` 这类信息很烦人，可以通过设置 `MAKEFLAGS += --no-print-directory` 来禁止 Makefile 打印这些信息。

9.4 本章总结

本章介绍了编写一个高质量的 Makefile 文件的四种方法，总结如下。

1）熟练掌握 Makefile 的语法。建议重点掌握 Makefile 规则语法、伪目标、变量赋值、特殊变量、自动化变量等语法。

2）提前规划 Makefile 要实现的功能。一个大型 Go 项目通常需要实现以下功能：代码生成类命令、格式化类命令、静态代码检查、测试类命令、构建类命令、Docker 镜像打包类命令、部署类命令、清理类命令，等等。

3）需要通过 Makefile 功能分类、文件分层、复杂命令脚本化等方式，来设计一个合理的 Makefile 结构。

4）需要掌握一些 Makefile 编写技巧，例如善用通配符、自动变量和函数；编写可扩展的 Makefile；使用带层级的命名方式，等等。这些技巧可以进一步保证我们编写出一个高质量的 Makefile。

Chapter 10 第 10 章

IAM 项目研发流程实战

在第 6 章和第 9 章，我们分别介绍了如何设计研发流程和如何基于 Makefile 高效地管理项目。本章我们就以研发流程为主线，来看看 IAM 项目是如何通过 Makefile 来高效管理项目的。学完这一章，你不仅能更加深刻地理解第 6 章和第 9 章的内容，还能学到很多可以直接用在实际操作中的经验、技巧。

研发流程有很多阶段，其中开发阶段和测试阶段是需要开发者深度参与的。所以在本章中，我会重点介绍这两个阶段中的 Makefile 项目管理功能，并且穿插一些我的 Makefile 设计技巧。

为了演示流程，这里先假设我们有一个需求：给 IAM 客户端工具 `iamctl` 增加一个 `helloworld` 命令，该命令向终端打印 `hello world`。

接下来，我们就来看看如何具体执行研发流程中的每一步。首先，我们进入开发阶段。

10.1 开发阶段

开发阶段是开发者的主战场，完全由开发者来主导，它又可分为代码开发和代码提交两个子阶段。我们先来看代码开发阶段。

10.1.1 代码开发

拿到需求之后，首先需要开发代码。这时，我们需要选择一个适合团队和项目的 Git 工作流。因为 Git Flow 工作流比较适合大型的非开源项目，所以这里我们选择 Git Flow 工作流。代码开发的具体步骤如下。

1）基于 develop 分支，新建一个功能分支 `feature/helloworld`。

```
$ git checkout -b feature/helloworld develop
```

这里需要注意：新建的分支的名称要符合 Git Flow 工作流的分支命名规则，否则，在代码提交阶段，会因为分支名称不规范导致提交失败。IAM 项目的分支命名规则具体如图 10-1 所示。

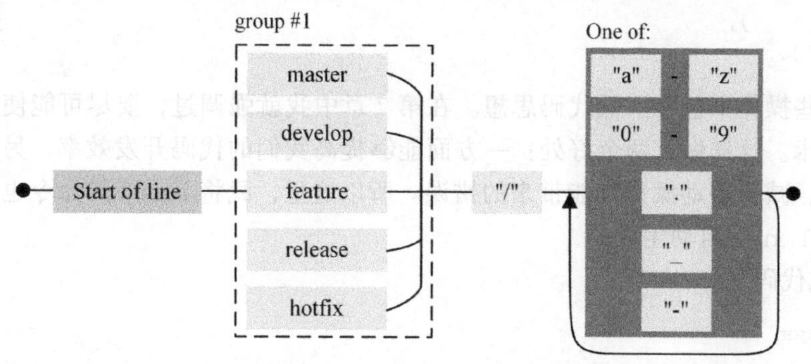

图 10-1 GitBranch 命名规则

IAM 项目通过 pre-commit 脚本来确保分支名是符合规则的。在 IAM 项目根目录下执行 git commit 命令，git 会自动执行 pre-commit 脚本[⊖]，该脚本会检查当前分支的名字是否符合规范。

这里还有一个地方需要注意：Git 不会提交 .git/hooks 目录下的 githooks 脚本，所以我们需要通过以下手段，确保开发者复制仓库之后，仍然能安装我们指定的 githooks 脚本到 .git/hooks 目录：

```
# Copy githook scripts when execute makefile
COPY_GITHOOK:=$(shell cp -f githooks/* .git/hooks/)
```

上述代码放在 scripts/make-rules/common.mk 文件中，在每次执行 make 命令时都会执行，以确保 githooks 都安装到 .git/hooks 目录下。

2）在 feature/helloworld 分支中，添加 helloworld 命令。

首先，通过 iamctl new helloworld 命令创建 helloworld 命令模板：

```
$ iamctl new helloworld -d internal/iamctl/cmd/helloworld
Command file generated: internal/iamctl/cmd/helloworld/helloworld.go
```

接着，编辑 internal/iamctl/cmd/cmd.go 文件，在源码文件中添加 helloworld.NewCmdHelloworld(f, ioStreams),，加载 helloworld 命令。这里将 helloworld 命令设置为 Troubleshooting and Debugging Commands 命令分组：

```
import (
    "github.com/marmotedu/iam/internal/iamctl/cmd/helloworld"
```

⊖ 参见 https://github.com/marmotedu/iam/blob/v1.6.2/githooks/pre-commit。

```
)
        ...
        {
            Message: "Troubleshooting and Debugging Commands:",
            Commands: []*cobra.Command{
                validate.NewCmdValidate(f, ioStreams),
                helloworld.NewCmdHelloworld(f, ioStreams),
            },
        },
```

上面这些操作中包含了低代码思想。在第 7 章中我就强调过，要尽可能使用代码自动生成这一技术。这样做有两个好处：一方面能够提高我们的代码开发效率，另一方面也能够保证规范，减少手动操作可能带来的错误。所以这里，我将 iamctl 的命令也模板化，并通过 `iamctl new` 自动生成。

3）生成代码。

```
$ make gen
```

如果改动不涉及代码生成，可以不执行 `make gen` 操作。`make gen` 执行的其实是 `gen.run` 伪目标：

```
gen.run: gen.clean gen.errcode gen.docgo.doc
```

可以看到，当执行 `make gen.run` 时，其实会先清理之前生成的文件，再分别自动生成错误代码和 `doc.go` 文件。

这里需要注意，通过 `make gen` 生成的存量代码要具有幂等性，以确保每次生成的代码是一样的，避免因不一致带来的问题。

我们可以将更多的与自动生成代码相关的功能放在 `gen.mk` Makefile 文件中。例如：

- `gen.docgo.doc`，代表自动生成 `doc.go` 文件。
- `gen.ca.%`，代表自动生成 `iamctl`、`iam-apiserver`、`iam-authz-server` 证书文件。

4）版权检查。

如果有新文件添加，我们还需要执行 `make verify-copyright`，来检查新文件有没有添加版权头信息。可以执行以下命令来检查：

```
$ make verify-copyright
```

如果版权检查失败，可以执行 `make add-copyright` 自动添加版权头。添加版权信息只针对开源软件，如果你的软件不需要添加，可以略过这一步。

这里还有一个 Makefile 编写技巧：如果 Makefile 的 <commands> 需要某个命令，就可以使该目标依赖类似 `tools.verify.addlicense` 这种目标，`tools.verify.addlicense` 会检查该工具是否已安装，如果没有就先安装，例如：

```
.PHONY: copyright.verify
copyright.verify: tools.verify.addlicense
```

```
    ...
tools.verify.%:
    @if ! which $* &>/dev/null; then $(MAKE) tools.install.$*; fi
.PHONY: install.addlicense
install.addlicense:
    @$(GO) get -u github.com/marmotedu/addlicense
```

通过这种方式，可以使make copyright.verify尽可能自动化，减少手动介入的概率。

提示 <commands> 指 Makefile 文件的命令（commands）部分。

5）代码格式化。

```
$ make format
```

执行make format会依次执行以下格式化操作。

- 调用gofmt格式化你的代码。
- 调用goimports工具，自动增删依赖的包，并将依赖包按字母序排序并分类。
- 调用golines工具，把超过120行的代码按golines规则，格式化成<120行的代码。
- 调用go mod edit -fmt格式化go.mod文件。

6）静态代码检查。

```
$ make lint
```

关于静态代码检查，在这里你可以先了解代码开发阶段有这个步骤，至于如何操作，本书第11章会详细介绍。

7）单元测试。

```
$ make test
```

这里要注意，并不是所有的包都需要执行单元测试。你可以通过以下命令，排除掉不需要单元测试的包：

```
go test `go list ./...|egrep -v $(subst $(SPACE),'|',$(sort $(EXCLUDE_TESTS)))`
```

在go.test的<commands>中，我们还运行了以下命令：

```
sed -i '/mock_.*.go/d' $(OUTPUT_DIR)/coverage.out
```

运行该命令的目的是把mock_.*.go文件中的函数单元测试信息从coverage.out中删除。mock_.*.go文件中的函数是不需要单元测试的，如果不删除，就会影响后面的单元测试覆盖率的计算。如果想检查单元测试覆盖率，可执行以下代码

```
$ make cover
```

默认测试覆盖率至少为60%。也可以在命令行指定覆盖率阈值为其他值，例如：

```
$ make cover COVERAGE=90
```

如果测试覆盖率不满足要求，就会返回以下错误信息：

```
test coverage is 62.1%
test coverage does not meet expectations: 90%, please add test cases!
make[1]: *** [go.test.cover] Error 1
make: *** [cover] Error 2
```

这里 make 命令的退出码为 1。

如果单元测试覆盖率达不到设置的阈值，就需要补充测试用例，否则禁止合并到 develop 和 master 分支。IAM 项目配置了 GitHub Actions CI 自动化流水线，CI 流水线会自动运行，检查单元测试覆盖率是否达到要求。

8）构建。

最后，我们执行 make build 命令，构建出 cmd/ 目录下所有的二进制安装文件。

```
$ make build
```

make build 会自动构建 cmd/ 目录下的所有组件，如果你只想构建其中的一个或多个组件，可以传入 BINS 选项，组件之间用空格隔开，并用双引号引起来：

```
$ make build BINS="iam-apiserver iamctl"
```

到这里，我们就完成了代码开发阶段的全部操作。

如果你觉得手动执行的 make<target> 命令比较麻烦，可以直接执行 make 命令：

```
$ make
===========> Generating iam error code go source files
===========> Generating error code markdown documentation
===========> Generating missing doc.go for go packages
===========> Verifying the boilerplate headers for all files
===========> Formating codes
===========> Run golangci to lint source codes
===========> Run unit test
...
===========> Building binary iam-pump v0.7.2-24-g5814e7b for linux amd64
===========> Building binary iamctl v0.7.2-24-g5814e7b for linux amd64
...
```

直接执行 make 命令会执行伪目标 all 所依赖的伪目标 all: tidy gen add-copyright format lint cover build，也即执行以下操作：依赖包添加 / 删除、生成代码、自动添加版权头、代码格式化、静态代码检查、覆盖率测试、构建。

这里需要注意一点：all 依赖 cover，cover 实际上指的是 go.test.cover，而 go.test.cover 又依赖 go.test，所以 cover 实际上是先执行单元测试，再检查单元测试覆盖率是否满足预设的阈值。

最后补充一点，在开发阶段我们可以根据需要随时执行 make gen、make format、make lint、make cover 等命令，目的是提前发现问题并改正。

10.1.2 代码提交

代码开发完成之后，我们就需要将代码提交到远程仓库，整个流程分为以下几个步骤。

1）开发完后，将代码提交到 `feature/helloworld` 分支，并推送到远端仓库。

```
$ git add internal/iamctl/cmd/helloworld internal/iamctl/cmd/cmd.go
$ git commit -m "feat: add new iamctl command 'helloworld'"
$ git push origin feature/helloworld
```

这里我建议只添加与 `feature/helloworld` 相关的改动，这样我们就知道一个 commit 做了哪些变更，方便以后追溯。我不建议直接执行 `git add .` 这类方式提交改动。

在提交 commit 时，`commit-msg` githooks 会检查 Commit Message 是否符合 Angular Commit Message 规范，如果不符合则报错。`commit-msage` 调用了 `go-gitlint` 来检查 Commit Message。`go-gitlint` 会读取 `.gitlint` 中配置的 Commit Message 格式：

```
--subject-regex=^((Merge branch.*of.*)|((revert: )?(feat|fix|perf|style|refactor
    |test|ci|docs|chore)(\(.+\))?: [^A-Z].*[^.]$))
--subject-maxlen=72
--body-regex=^([^\r\n]{0,72}(\r?\n|$))*$
```

IAM 项目配置了 GitHub Actions，当有代码被推送过来之后，会触发 CI 流水线，流水线会执行 make all 命令。GitHub Actions CI 流程执行记录如图 10-2 所示。

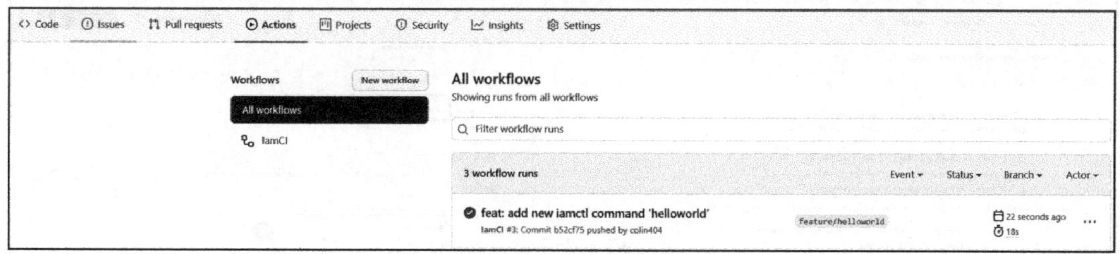

图 10-2 CI 流程执行记录

如果 CI 不通过，就需要修改代码，直到 CI 流水线通过为止。

2）提交 PR（Pull Request）。

登录 GitHub，基于 `feature/helloworld` 创建 PR，并指定 Reviewers 进行代码审查。具体操作如图 10-3 所示。

当有新的 PR 被创建后，也会触发 CI 流水线。

3）创建完 PR 后，就可以通知审查人来审查代码，GitHub 也会发站内信。

4）审查人对代码进行审查。

审查人通过审查 github diff 后的内容，结合 CI 流程从 Comment（仅评论）、Approve（通过）、Request Changes（不通过，需要修改）三种结果中选择一种，如图 10-4 所示。

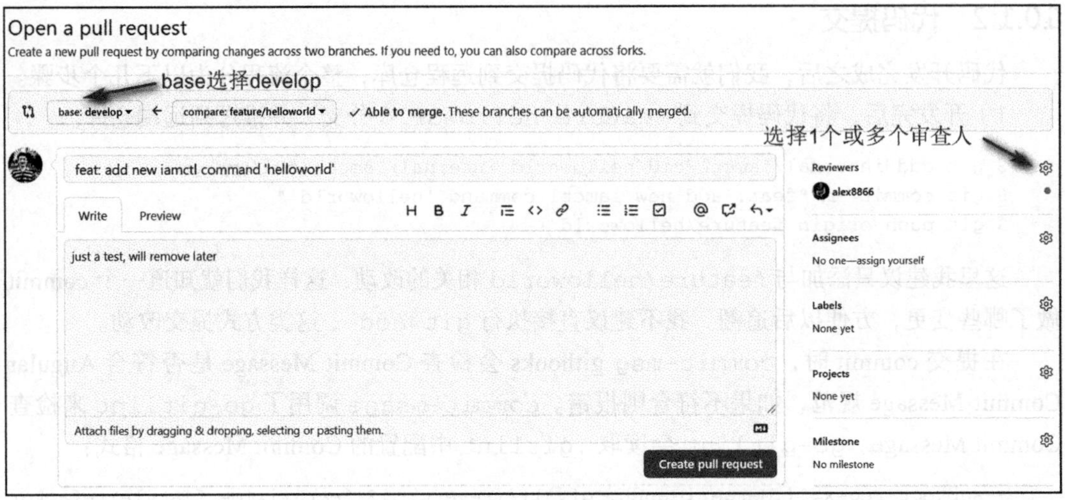

图 10-3 创建 PR

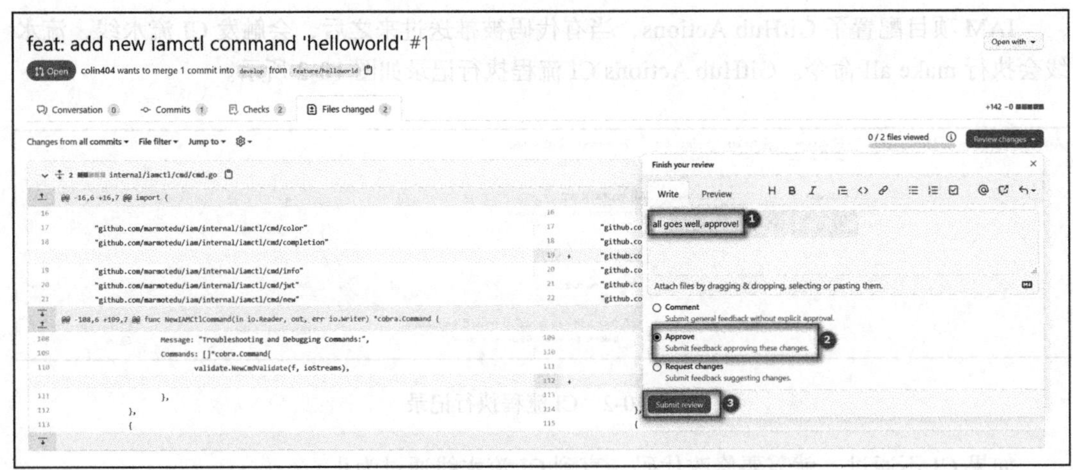

图 10-4 审查

如果审查不通过，开发者可以直接在 feature/helloworld 分支修正代码，并推送到远端的 feature/helloworld 分支，然后通知审查人再次审查。因为有 push 事件发生，所以会触发 GitHub Actions CI 流水线。

5）代码审查通过后，代码管理员就可以将新的代码合并到 develop 分支。

使用 Create a merge commit 的方式，将 PR 合并到 develop 分支，如图 10-5 所示。

Create a merge commit 的实际操作是 git merge --no-ff，feature/helloworld 分支上所有的提交都会加到 develop 分支上，并且生成一个合并提交。通过这种方式，我们可以清晰地知道是谁做了哪些提交，回溯历史的时候也会更加方便。

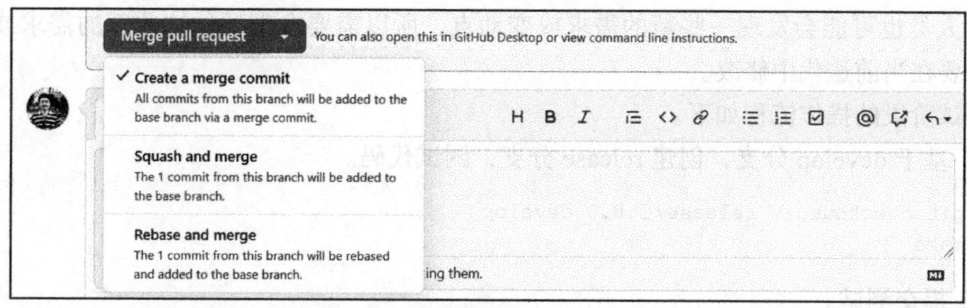

图 10-5 合并 PR

6）合并到 develop 分支后，触发 CI 流程。

到这里，开发阶段的操作就全部完成了，整体流程如图 10-6 所示。

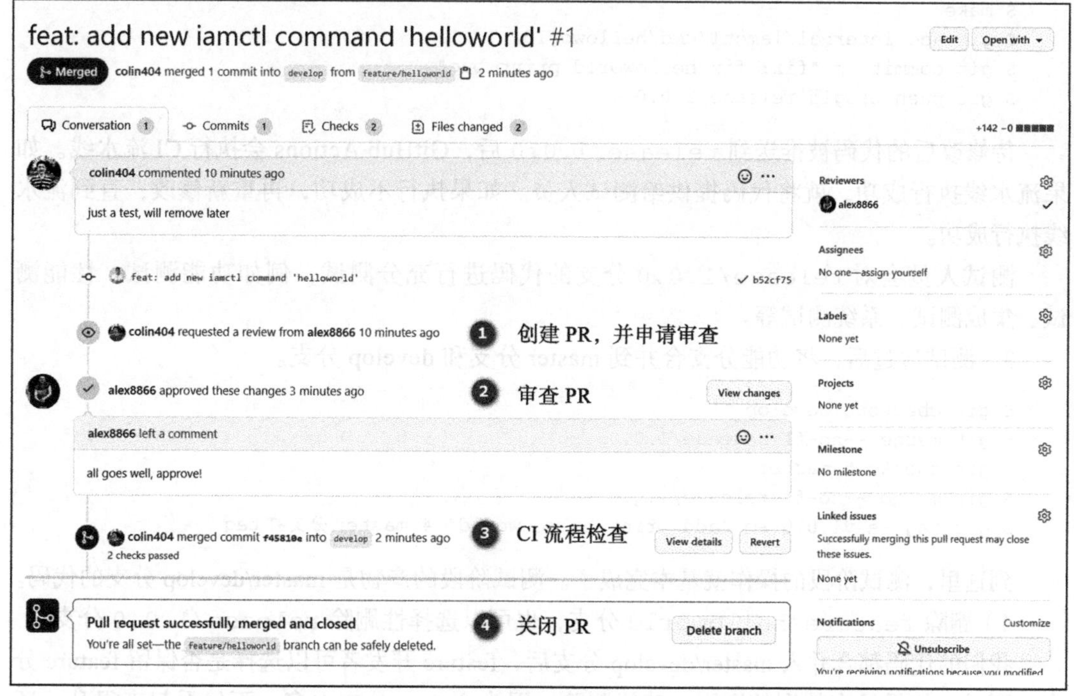

图 10-6 推送请求工作流

合并到 develop 分支之后，我们就可以进入下一阶段，也就是测试阶段了。

10.2 测试阶段

在测试阶段，开发人员主要负责提供测试包和修复测试期间发现的 Bug，在这个过程中开发人员也可能会发现一些新的需求或变动点，所以需要合理评估这些新的需求或变动点是否要在当前迭代中修改。

测试阶段的操作流程如下。

1）基于 develop 分支，创建 release 分支，测试代码。

```
$ git checkout -b release/1.0.0 develop
$ make
```

2）提交测试。

将 `release/1.0.0` 分支的代码提交给测试人员进行测试。这里假设一个测试失败的场景：我们要求打印“hello world”，但实际打印的是“Hello World”，需要修复。具体应该如何操作呢？

你可以直接在 `release/1.0.0` 分支修改代码，修改完成后，本地构建并提交代码：

```
$ make
$ git add internal/iamctl/cmd/helloworld/
$ git commit -m "fix: fix helloworld print bug"
$ git push origin release/1.0.0
```

待修改后的代码被推送到 `release/1.0.0` 后，GitHub Actions 会执行 CI 流水线。如果流水线执行成功，就将代码提供给测试人员。如果执行不成功，再重新修改，直到流水线执行成功。

测试人员会对 `release/1.0.0` 分支的代码进行充分测试，例如功能测试、性能测试、集成测试、系统测试等。

3）测试通过后，将功能分支合并到 master 分支和 develop 分支。

```
$ git checkout develop
$ git merge --no-ff release/1.0.0
$ git checkout master
$ git merge --no-ff release/1.0.0
$ git tag -a v1.0.0 -m "add print hello world" # master 分支打 tag
```

到这里，测试阶段的操作就基本完成了。测试阶段的产物是 master/develop 分支的代码。

4）删除 `feature/helloworld` 分支，也可以选择性删除 `release/1.0.0` 分支。

我们的代码都合并入 master/develop 分支后，feature 开发者可以选择是否保留 feature 分支。不过，如果没有特别的原因，建议删除。因为 feature 分支太多，不仅看起来很乱，还会影响性能，删除命令如下：

```
$ git branch -d feature/helloworld
```

10.3 IAM 项目的 Makefile 项目管理技巧

在上面的内容中，我们以研发流程为主线，亲身体验了 IAM 项目的 Makefile 项目管理功能。这些是你最应该掌握的核心功能，但 IAM 项目的 Makefile 还有很多其他功能和设计技巧。接下来，我会分享一些很有价值的 Makefile 项目管理技巧。

10.3.1　Makefile help 命令自动解析

随着项目的扩展，Makefile 大概率会不断加入新的管理功能，这些管理功能也需要加入 make help 输出中。但如果每添加一个目标都要修改 make help 命令，就比较麻烦，还容易出错。所以这里，我通过自动解析的方式，生成 make help 输出：

```
## help: Show this help info.
.PHONY: help
help: Makefile
	@echo -e "\nUsage: make <TARGETS> <OPTIONS> ...\n\nTargets:"
	@sed -n 's/^##//p' $< | column -t -s ':' | sed -e 's/^/ /'
	@echo "$$USAGE_OPTIONS"
```

help 命令通过 sed -n 's/^##//p' $< | column -t -s ':' | sed -e 's/^/ /' 命令，自动解析 Makefile 中 ## 开头的注释行，从而自动生成 make help 输出。

10.3.2　在 options 中指定变量值

通过以下赋值方式，可以在 Makefile options 中指定变量：

```
ifeq ($(origin COVERAGE),undefined)
COVERAGE := 60
endif
```

例如，如果我们执行 make，则 COVERAGE 设置为默认值 60。如果我们执行 make COVERAGE=90，则 COVERAGE 值为 90。通过这种方式，我们可以更灵活地控制 Makefile 的行为。

10.3.3　自动生成 CHANGELOG

一个项目最好有 CHANGELOG 来展示每个版本之间的变更内容，作为 Release Note 的一部分。但是，如果每次都要手动编写 CHANGELOG，会很麻烦，也不容易坚持，所以这里我们可以借助 git-chglog 工具来自动生成。

IAM 项目的 git-chglog 工具的配置文件放在 .chglog[⊖]目录下，你可以参考下。

10.3.4　自动生成版本号

一个项目也需要有一个版本号，当前用得比较多的是语义化版本号规范。但如果靠开发者手动打版本号，不仅工作效率低，还经常会出现漏打、打的版本号不规范等问题。所

⊖　参见 https://github.com/marmotedu/iam/tree/v1.6.2/.chglog。

以最好的办法是，版本号也通过工具自动生成。在IAM项目中，我们采用了gsemver工具来自动生成版本号。

整个IAM项目的版本号都是通过scripts/ensure_tag.sh脚本来生成的：

```
version=v`gsemver bump`
if [ -z "`git tag -l $version`" ];then
  git tag -a -m "release version $version" $version
fi
```

在scripts/ensure_tag.sh脚本中，通过gsemver bump命令来自动生成语义化的版本号，并执行git tag -a给仓库打上版本号标签，gsemver命令会根据Commit Message自动生成版本号。

之后，Makefile和shell脚本用到的所有版本号均统一使用scripts/make-rules/common.mk文件中的VERSION变量：

```
VERSION := $(shell git describe --tags --always --match='v*')
```

上述的shell命令通过git describe来获取离当前提交最近的tag（版本号）。

在执行git describe时，如果符合条件的tag指向最新提交，则只显示tag的名字，否则会显示相关的后缀，来描述该tag之后有多少次提交，以及最新的commit id。例如：

```
$ git describe --tags --always --match='v*'
v1.0.0-3-g1909e47
```

这里解释下版本号中各字符的含义。

- **3**：表示自v1.0.0以来有3次提交。
- **g1909e47**：g为git的缩写，在多种管理工具并存的环境中很有用处。后面的7位字符表示最新的commit id的前7位。

最后解释下参数，分析如下。

- **--tags**：使用所有的标签，而不是只使用带注释的标签（annotated tag）。git tag <tagname>生成一个不带注释的标签，git tag -a <tagname> -m '<message>'生成一个带注释的标签。
- **--always**：如果仓库没有可用的标签，那么使用commit缩写来替代标签。
- **--match <pattern>**：只考虑与给定模式相匹配的标签。

10.3.5 保持行为一致

上面我们介绍了一些管理功能，例如检查Commit Message是否符合规范、自动生成CHANGELOG、自动生成版本号。这些可以通过Makefile来操作，也可以手动执行。例如，通过以下命令，检查IAM的所有Commit是否符合Angular Commit Message规范：

```
$ go-gitlint
b62db1f: subject does not match regex [^(revert: )?(feat|fix|perf|style|refactor
    |test|ci|docs|chore)(\(.+\))?: [^A-Z].*[^.]$]
```

也可以通过以下命令，手动生成 CHANGELOG：

```
$ git-chglog v1.0.0 CHANGELOG/CHANGELOG-1.0.0.md
```

还可以执行 gsemver 来生成版本号：

```
$ gsemver bump
1.0.1
```

这里要强调的是，我们要保证不管是使用手动操作，还是通过 Makefile 操作，都要确保 git commit message 规范检查结果、生成的 CHANGELOG、生成的版本号是一致的，这就需要我们采用同一种操作方式。

10.4　本章总结

在整个研发流程中，开发人员需要深度参与的阶段有两个，分别是开发阶段和测试阶段。在开发阶段，开发者完成代码开发之后，通常需要执行生成代码、版权检查、代码格式化、静态代码检查、单元测试、构建等操作。我们可以将这些操作集成在 Makefile 中，来提高效率，并借此统一操作。

另外，IAM 项目在编写 Makefile 时也采用了一些技巧，例如 `make help` 命令中，help 信息是通过解析 Makefile 文件的注释来完成的；可以通过 `git-chglog` 自动生成 CHANGELOG；通过 `gsemver` 自动生成语义化的版本号等。

Chapter 11 第 11 章

静态代码检查

在做 Go 项目开发的过程中，我们肯定需要对 Go 代码做静态代码检查。虽然可以使用 `go vet` 和 `go tool vet` 命令来检查代码，但是它们检查的内容还不够全面，需要一种更加强大的静态代码检查工具。

其实，Go 生态中不乏一些比较优秀的工具，例如 golangci-lint，它是目前使用最多，也最受欢迎的静态代码检查工具，IAM 实战项目也用到了它。本章将详细介绍 golangci-lint 的使用方法以及使用技巧。

11.1 为什么选择 golangci-lint 做静态代码检查

选择 golangci-lint，是因为它具有其他静态代码检查工具不具备的一些优点。在我看来，它的核心优点至少有以下这些。

- **速度非常快**：golangci-lint 是基于 gometalinter 开发的，但是平均速度要比 gometalinter 快 5 倍。golangci-lint 速度快的原因有三个：可以并行检查代码，可以复用 `go build` 缓存，会缓存分析结果。
- **可配置**：支持 YAML 格式的配置文件，让检查更灵活，更可控。
- **IDE 集成**：可以集成多个主流的 IDE，例如 VS Code、GNU Emacs、Sublime Text、GoLand 等。
- **linter 聚合器**：1.41.1 版本的 golangci-lint 集成了 76 个 linter，而不需要再单独安装这 76 个 linter。golangci-lint 还支持自定义 linter。
- **最小的误报数**：golangci-lint 调整了所集成 linter 的默认设置，大幅度减少了误报。
- **良好的输出**：输出的结果带有颜色、代码行号和 linter 标识，易于查看和定位。

图 11-1 所示为一个 golangci-lint 的检查结果。

```
[colin@dev addlicense]$ golangci-lint run
addlicense.go:121: Function 'main' has too many statements (46 > 40) (funlen)
func main() {
addlicense.go:103: line is 141 characters (lll)
        checkonly = pflag.BoolP("check", "", false, "check only mode: verify presence of license headers and exit with non-zero code
 if missing")
addlicense.go:327: line is 146 characters (lll)
        case ".cc", ".cpp", ".cs", ".go", ".hh", ".hpp", ".java", ".m", ".mm", ".proto", ".rs", ".scala", ".swift", ".dart", ".groov
y", ".kt", ".kts":
addlicense.go:161:2: `if *licensef != ""` is deeply nested (complexity: 4) (nestif)
        if *licensef != "" {
        ^
addlicense.go:167:3: assignments should only be cuddled with other assignments (wsl)
                t, err = template.New("").Parse(string(d))
                ^
```

图 11-1　golangci-lint 检查结果

可以看到，输出的检查结果中包括如下信息。

- 检查出问题的源码文件、行号和错误行内容。
- 出问题的原因，也就是打印出不符合检查规则的原因。
- 报错的 linter。

通过查看 golangci-lint 的输出结果，我们可以准确地定位到报错的位置，快速弄明白报错的原因，方便开发者修复。

除了上述优点之外，我认为 golangci-lint 还有一个非常大的优点：当前更新迭代速度很快，不断有新的 linter 被集成到 golangci-lint 中。有这么全的 linter 为你的代码保驾护航，会让你在交付代码时更有自信。

目前，有很多公司 / 项目使用了 golangci-lint 工具作为静态代码检查工具，例如 Google、Meta、Istio、Red Hat OpenShift 等。

11.2　golangci-lint 命令

在使用之前，我们首先需要安装 golangci-lint。golangci-lint 的安装方法很简单，只需要执行以下命令即可。

```
$ go install github.com/golangci/golangci-lint/cmd/golangci-lint@v1.41.1
$ golangci-lint version    # 输出 golangci-lint 版本号，说明安装成功
golangci-lint has version v1.39.0 built from (unknown, mod sum: "h1:aAUjdBxARwkG
    Ld5PU0vKuym281f2rFOyqh3GB4nXcq8=") on (unknown)
```

注意，为了避免安装失败，强烈建议你安装 golangci-lint Releases 页面的指定版本，例如 `v1.41.1`。

另外，建议定期更新 golangci-lint 的版本，因为该项目正在被积极开发并不断改进。

安装完成之后，你就可以使用该命令了。我们可以通过执行 `golangci-lint -h` 查看其用法。golangci-lint 支持的子命令及其功能描述如表 11-1 所示。

表 11-1 golangci-lint 支持的子命令及其功能描述

子命令	功能描述
cache	缓存控制，并打印缓存的信息
completion	输出 bash/fish/powershell/zsh 自动补全脚本
config	打印 golangci-lint 当前使用的配置文件路径
help	打印 golangci-lint 的帮助信息
linters	打印 golangci-lint 所支持的 linter
run	使用 golangci-lint 对代码进行检查
version	打印 golangci-lint 的版本号

此外，golangci-lint 还支持一些全局选项，如表 11-2 所示。全局选项是指适用于所有子命令的选项。

表 11-2 golangci-lint 支持的全局选项及其功能描述

选 项	功能描述
--color	是否打印带颜色的输出，有 3 个值：always、auto（默认）、never
j, --concurrency	开启多少并发，默认：NumCPU
--cpu-profile-path	记录 CPU 性能数据到指定文件
--mem-profile-path	记录内存性能数据到指定文件
--trace-path	生成跟踪文件
-h, --help	输出 golangci-lint 的 help 信息
-v, --verbose	输出更多信息

接下来，我们详细介绍 golangci-lint 支持的核心子命令：`run`、`cache`、`completion`、`config`、`linters`。

1. run 命令

run 命令负责对代码进行检查，是 golangci-lint 最核心的命令之一。run 没有子命令，但有很多选项。run 命令的具体使用方法会在后文讲解如何执行静态代码检查的时候详细介绍。

2. cache 命令

cache 命令用来进行缓存控制，并打印缓存的信息。它包含 `clean`、`status` 两个子命令。

- `clean` 用来清除缓存，当我们觉得缓存内容异常，或者占用空间过大时，可以通过 `golangci-lint cache clean` 清除缓存。
- `status` 用来打印缓存的状态，比如缓存的存放目录和缓存大小，例如：

```
$ golangci-lint cache status
Dir: /home/colin/.cache/golangci-lint
Size: 773.4KiB
```

3. completion 命令

completion 命令包含 4 个子命令，bash、fish、powershell 和 zsh，分别用来输出 bash、fish、powershell 和 zsh 的自动补全脚本。

下面是一个配置 bash 自动补全的示例：

```
$ golangci-lint completion bash > ~/.golangci-lint.bash
$ echo "source '$HOME/.golangci-lint.bash'" >> ~/.bashrc
$ source ~/.bashrc
```

执行完上面的命令，输入如下命令，即可自动补全子命令：

```
$ golangci-lint comp<TAB>
```

上面的命令行会自动补全为 golangci-lint completion。

4. config 命令

config 命令可以打印 golangci-lint 当前使用的配置文件路径，例如：

```
$ golangci-lint config path
.golangci.yaml
```

5. linters 命令

linters 命令可以打印出 golangci-lint 所支持的 linter，并将这些 linter 分成两类，分别是配置为启用的 linter 和配置为禁用的 linter，例如：

```
$ golangci-lint linters
Enabled by your configuration linters:
...
deadcode: Finds unused code [fast: true, auto-fix: false]
...
Disabled by your configuration linters:
exportloopref: checks for pointers to enclosing loop variables [fast: true, auto-fix:
    false]
...
```

上面介绍了 golangci-lint 提供的命令，接下来，我们再来看一下 golangci-lint 的配置。

11.3　golangci-lint 配置

和其他 linter 相比，golangci-lint 一个非常大的优点是使用起来非常灵活，这要得益于它对自定义配置的支持。

golangci-lint 支持两种配置方式，分别是命令行选项和配置文件。如果 bool/string/int 的选项同时在命令行选项和配置文件中被指定，命令行的选项就会覆盖配置文件中的选项。如果是 slice 类型的选项，则命令行和配置文件中的配置会进行合并。

golangci-lint run 支持很多命令行选项，可通过 golangci-lint run -h 查

看，这里选择一些比较重要的选项进行介绍，如表 11-3 所示。

表 11-3 golangci-lint run 命令支持的命令行选项

选 项	功 能
--print-issued-lines	显示检查失败行所在的行号，默认显示
--print-linter-name	显示检查失败是由哪个 linter 引起的，默认显示
--timeout	设置 golangci-lint 检查超时时间，默认为 1min
--tests	是否检查 `*_test.go` 文件，默认检查
-c, --config PATH	指定配置文件，默认会从当前目录开始逐级往上查找 `.golangci.yaml`、`.golangci.json`、`.golangci.xml` 文件，一直查找到根（`/`）目录，如果找到则使用找到的文件作为配置文件
--no-config	不读取任何配置文件
--skip-dirs	设置需要忽略的文件夹，支持正则表达式，可以设置多个目录 / 正则表达式，用逗号隔开
--skip-dirs-use-default	使用预设的规则来忽略文件夹，默认为 `true`
--skip-files	设置需要忽略的文件，支持正则表达式，可以设置多个目录 / 正则表达式，用逗号隔开
-E, --enable	使用指定的 linter
-D, --disable	禁用指定的 linter
--disable-all	禁用所有的 linter
--fast	从启用的 linter 中选出支持快速检查的 linter，这些 linter 在第一次执行时，需要缓存类型信息，所以第一次检查并不快，但后续的检查会很快
-e, --exclude	设置需要忽略的检查错误
--exclude-use-default	忽略预设的错误，默认为 `true`
--exclude-case-sensitive	设置 exclude 规则时是否大小写敏感
--max-issues-per-linter	设置每个 linter 报告的最大错误数，默认为 `50`
--fix	如果 linter 支持修复功能，则修复发现的错误

此外，我们还可以通过 golangci-lint 配置文件进行配置，默认的配置文件名为 `.golangci.yaml`、`.golangci.toml`、`.golangci.json`，可以通过 `-c` 选项指定配置文件名。通过配置文件，可以实现下面几类功能。

- 设置 golangci-lint 本身的一些选项，比如超时、并发，是否检查 `*_test.go` 文件等。
- 配置需要忽略的文件和文件夹。
- 配置启用哪些 linter、禁用哪些 linter。
- 配置输出格式。
- golangci-lint 支持很多 linter，其中有些 linter 支持一些配置项，这些配置项可以在配置文件中配置。

❑ 配置符合指定正则表达式的文件可以忽略的 linter。

❑ 设置错误严重级别。像日志一样，检查错误也是有严重级别的。

更详细的配置内容可以参考 Configuration[⊖]。另外，你也可以参考 IAM 项目的 golangci-lint 配置 .golangci.yaml[⊜]。建议设置 .golangci.yaml 里面的一些配置，具体如下：

```
run:
    skip-dirs:                            # 设置要忽略的目录
        - util
        - .*~
        - api/swagger/docs
    skip-files:  # 设置不需要检查的 go 源码文件，支持正则表达式匹配，这里建议包括：_test.go
        - ".*\\.my\\.go$"
        - _test.go
linters-settings:
    errcheck:
        check-type-assertions: true # 这里建议设置为 true，如果确实不需要检查，可以写成
                                      num, _ := strconv.Atoi(numStr)
        check-blank: false
    gci:
        # 将以 github.com/marmotedu/iam 开头的包放在第三方包后面
        local-prefixes: github.com/marmotedu/iam
    godox:
        keywords:                         # 建议设置为 BUG、FIXME、OPTIMIZE、HACK
            - BUG
            - FIXME
            - OPTIMIZE
            - HACK
    goimports:
        # 设置哪些包放在第三方包后面，可以设置多个包，逗号隔开
        local-prefixes: github.com/marmotedu/iam
    gomoddirectives:                      # 设置允许在 go.mod 中替换的包
        replace-local: true
        replace-allow-list:
            - github.com/coreos/etcd
            - google.golang.org/grpc
            - github.com/marmotedu/api
            - github.com/marmotedu/component-base
            - github.com/marmotedu/marmotedu-sdk-go
    gomodguard:                           # 下面是根据需要选择可以使用的包和版本，建议设置
        allowed:
            modules:
                - gorm.io/gorm
                - gorm.io/driver/mysql
                - k8s.io/klog
            domains:                      # 列出所有允许的域名
                - google.golang.org
```

⊖ 参见 https://golangci-lint.run/usage/configuration/。

⊜ 参见 https://github.com/marmotedu/iam/blob/v1.6.2/.golangci.yaml。

```
                - gopkg.in
                - golang.org
                - github.com
                - go.uber.org
        blocked:
            modules:
                - github.com/pkg/errors:
                        recommendations:
                            - github.com/marmotedu/errors
                        reason: "`github.com/marmotedu/errors` is the log package
                            used by marmotedu projects."
            versions:
                - github.com/MakeNowJust/heredoc:
                        version: "> 2.0.9"
                        reason: "use the latest version"
            local_replace_directives: false
    lll:
        line-length: 240 # 这里可以设置为240，240一般是够用的
    importas:               # 设置包的别名，根据需要设置
        jwt: github.com/appleboy/gin-jwt/v2
        metav1: github.com/marmotedu/component-base/pkg/meta/v1
```

需要注意的是，不建议使用 golangci-lint 的 `enable-all: true` 选项。为了尽可能使用最全的 linter，我们可以使用以下配置：

```
linters:
    disable-all: true
    enable: # enable下列出 <期望的所有linter>
        - typecheck
        - ...
```

这里 `<期望的所有linter>` = `<golangci-lint支持的所有linter>` - `<不期望执行的linter>`，我们可以通过执行以下命令来获取：

```
$ ./scripts/print_enable_linters.sh
    - asciicheck
    - bodyclose
    - cyclop
    - deadcode
    - ...
```

然后，将以上输出结果替换掉 .golangci.yaml 配置文件中的 `linters.enable` 部分即可。

上面我们介绍了与 golangci-lint 相关的一些基础知识，接下来我将详细展示如何使用 golangci-lint 进行静态代码检查。

11.4 如何使用 golangci-lint 进行静态代码检查

要对代码进行静态检查，只需要执行 `golangci-lint run` 命令即可。接下来，我会

先介绍 5 种常见的 golangci-lint 使用方法。

1）对当前目录及子目录下的所有 Go 文件进行静态代码检查。

```
$ golangci-lint run
```

命令等效于 `golangci-lint run ./...`。

2）对指定的 Go 文件或者指定目录下的 Go 文件进行静态代码检查。

```
$ golangci-lint run dir1 dir2/... dir3/file1.go
```

这里需要注意的是：上述命令不会检查 `dir1` 下子目录的 Go 文件，如果想递归地检查一个目录，需要在目录后面追加 `/...`，例如 `dir2/...`。

3）根据指定配置文件进行静态代码检查。

```
$ golangci-lint run -c .golangci.yaml ./...
```

4）运行指定的 linter。

golangci-lint 可以在不指定任何配置文件的情况下运行，此时系统会运行默认启用的 linter，你可以通过 `golangci-lint help linters` 查看。

你可以传入参数 `-E/--enable` 来使某个 linter 可用，也可以使用 `-D/--disable` 参数来使某个 linter 不可用。下面的示例仅仅启用了 errcheck linter：

```
$ golangci-lint run --no-config --disable-all -E errcheck ./...
```

注意，默认情况下，golangci-lint 会从当前目录一层层往上寻找配置文件名 `.golangci.yaml`、`.golangci.toml`、`.golangci.json`，直到根（/）目录。如果找到，就以找到的配置文件作为本次运行的配置文件。所以为了防止读取到未知的配置文件，可以用 `--no-config` 参数使 golangci-lint 不读取任何配置文件。

5）禁止运行指定的 linter。

如果我们想禁用某些 linter，可以使用 `-D` 选项。

```
$ golangci-lint run --no-config -D godot,errcheck
```

在使用 golangci-lint 进行代码检查时，可能会有很多误报。所谓的误报，其实是我们希望 golangci-lint 的一些 linter 能够容忍某些问题。那么如何尽可能减少误报呢？golangci-lint 也提供了一些途径，建议使用以下三种。

- 在命令行中添加 `-e` 参数，或者在配置文件的 `issues.exclude` 部分设置要排除的错误。你也可以使用 `issues.exclude-rules` 来配置哪些文件忽略哪些 linter。
- 通过 `run.skip-dirs`、`run.skip-files` 或者 `issues.exclude-rules` 配置项来忽略指定目录下的所有 Go 文件，或者指定的 Go 文件。
- 通过在 Go 源码文件中添加 `//nolint` 注释来忽略指定的代码行。

因为 golangci-lint 设置了很多 linter，对于一个大型项目，启用所有的 linter 会检查出很多问题，并且每个项目对 linter 检查的粒度要求也不一样，所以 glangci-lint 使用 nolint

标记来控制某些检查项是否开启，不同位置的 nolint 标记效果也会不一样。接下来我会详细介绍 nolint 的几种用法。

1）忽略某一行所有 linter 的检查。

```
var bad_name int //nolint
```

2）忽略某一行指定 linter 的检查，可以指定多个 linter，用逗号隔开。

```
var bad_name int //nolint:golint,unused
```

3）忽略某个代码块的检查。

```
//nolint
func allIssuesInThisFunctionAreExcluded() *string {
    // ...
}

//nolint:govet
var (
    a int
    b int
)
```

4）忽略某个文件的指定 linter 检查。

在 `package xx` 上面一行添加 `//nolint` 注释。

```
//nolint:unparam
package pkg
...
```

在使用 nolint 的过程中，有 3 个地方需要注意。

- 如果启用了 nolint，你就需要在 `//nolint` 后面添加启用它的原因 `// xxxx`。
- 你使用的应该是 `//nolint` 而不是 `// nolint`。因为根据 Go 的规范，需要程序读取的注释 // 后面不应该有空格。
- 如果要忽略所有 linter，可以用 `//nolint`。如果要忽略某个指定的 linter，可以用 `//nolint:<linter1>,<linter2>`。

11.5 golangci-lint 使用技巧

下面是我在使用 golangci-lint 时总结的一些技巧，希望能够帮助你更好地使用 golangci-lint。

1. 第一次修改，可以按目录修改

如果你第一次使用 golangci-lint 检查你的代码，一定会有很多错误。为了减轻修改的压力，可以按目录检查代码并修改，这样可以有效减少失败条数。

当然，如果错误太多，一时半会儿改不完，想以后慢慢修改或者干脆不修复现存的问题，那么你可以使用 golangci-lint 的 --new-from-rev 选项，只检查新增的代码，例如：

```
$ golangci-lint run --new-from-rev=HEAD~1
```

2. 按文件修改，减少文件切换次数，提高修改效率

如果有很多检查错误，涉及很多文件，建议按文件一个一个修改，减少来回切换文件的次数。可以通过 grep 命令过滤出某个文件的检查失败项，例如：

```
$ golangci-lint run ./...|grep pkg/storage/redis_cluster.go
pkg/storage/redis_cluster.go:16:2: "github.com/go-redis/redis/v7" imported but
    not used (typecheck)
pkg/storage/redis_cluster.go:82:28: undeclared name: `redis` (typecheck)
pkg/storage/redis_cluster.go:86:14: undeclared name: `redis` (typecheck)
...
```

3. 把 linters-setting.lll.line-length 设置得大一些

在 Go 项目开发中，为了易于阅读代码，通常会将变量名、函数、常量等命名得有意义，这样很可能导致每行的代码过长，很容易超过 lll linter 设置的默认最大长度 80。这里建议将 linters-setting.lll.line-length 设置为 120 或 240。

4. 尽可能多地使用 golangci-lint 提供的 linter

golangci-lint 集成了很多 linter，可以通过如下命令查看：

```
$ golangci-lint linters
Enabled by your configuration linters:
deadcode: Finds unused code [fast: true, auto-fix: false]
...
varcheck: Finds unused global variables and constants [fast: true, auto-fix: false]

Disabled by your configuration linters:
asciicheck: Simple linter to check that your code does not contain non-ASCII
    identifiers [fast: true, auto-fix: false]
...
wsl: Whitespace Linter - Forces you to use empty lines! [fast: true, auto-fix:
    false]
```

这些 linter 分为两类，一类是默认启用的，另一类是默认禁用的。每个 linter 都有两个属性。

- fast：有两种取值，即 true 和 false。如果为 true，说明该 linter 可以缓存类型信息，支持快速检查。因为第一次缓存了这些信息，所以后续的运行会非常快。
- auto-fix：有两种取值，即 true 和 false。如果为 true 说明该 linter 支持自动修复发现的错误，如果为 false 说明不支持自动修复。

如果配置了 golangci-lint 配置文件，则我们可以通过命令 golangci-lint help linters 查看在当前配置下启用和禁用了哪些 linter。golangci-lint 也支持自定义 linter 插

件，具体可以参考New linters[1]。

在使用golangci-lint的时候，我们要尽可能多地使用linter。使用的linter越多，说明检查越严格，意味着代码越规范，质量越高。如果时间和精力允许，建议打开golangci-lint提供的所有linter。

5. 每次修改代码后，都要执行golangci-lint

每次修改完代码后都要执行golangci-lint，一方面可以及时修改不规范的地方，另一方面可以减少错误堆积，减轻后面的修改压力。

6. 建议在根目录下放一个通用的golangci-lint配置文件

在根目录下存放通用的golangci-lint配置文件，可以让你不用为每一个项目都配置golangci-lint。当你需要为某个项目单独配置golangci-lint时，只需在该项目根目录下增加一个项目级别的golangci-lint配置文件即可。

11.6 本章总结

在Go项目开发中，对代码进行静态代码检查是必要的操作。当前有很多优秀的静态代码检查工具，但golangci-lint因为具有检查速度快、可配置、少误报、内置了大量linter等优点，成为目前最受欢迎的静态代码检查工具。

golangci-lint功能非常强大，支持诸如run、cache、completion、linters等命令。其中最常用的是run命令，它可以通过以下方式来进行静态代码检查：

```
$ golangci-lint run                          #  对当前目录及子目录下的所有Go文件进行静态代码检查
$ golangci-lint run dir1 dir2/... dir3/file1.go # 对指定的Go文件或者指定目录下的Go文
                                                  件进行静态代码检查
$ golangci-lint run -c .golangci.yaml ./...     # 根据指定配置文件进行静态代码检查
$ golangci-lint run --no-config --disable-all -E errcheck ./... # 运行指定的 errcheck
                                                                   linter
$ golangci-lint run --no-config -D godot,errcheck  # 禁止运行指定的godot,errcheck linter
```

此外，golangci-lint还支持//nolint、//nolint:golint,unused等方式来减少误报。

最后，本章也分享了一些golangci-lint的使用技巧。例如第一次修改时，可以按目录修改；按文件修改，可以减少文件切换次数，提高修改效率；尽可能多地使用golangci-lint提供的linter。希望这些技巧对你使用golangci-lint有一定帮助。

[1] 参见 https://golangci-lint.run/contributing/new-linters。

第 12 章 Chapter 12

生成 Swagger API 文档

很多开发人员通常讨厌编写文档，因为这是一件重复且缺乏乐趣的事情。但是在开发过程中，有一些文档是我们必须要编写的，比如 API 文档。

一个企业级的 Go 后端项目，通常也会有配套的前端。为了加快研发进度，通常是后端和前端并行开发，这就需要后端开发人员在开发后端代码之前，先设计好 API，提供给前端。所以在设计阶段，我们就需要生成 API 文档。

一个好的 API 文档，可以降低用户上手的复杂度，也意味着更容易留住用户。好的 API 文档也可以减少沟通成本，帮助开发人员更好地理解 API 的调用方式，从而节省时间，提高开发效率。所以，我们都希望有一个工具能够帮我们自动生成 API 文档，解放我们的双手。Swagger 就是这样一种可以帮助我们生成易于共享且具有足够描述性的 API 文档的工具。

12.1 Swagger 介绍

Swagger 是一套围绕 OpenAPI 规范构建的开源工具，可以设计、构建、编写和使用 REST API。Swagger 包含很多工具，主要工具列举如下。

- **Swagger 编辑器**：基于浏览器的编辑器，可以在其中编写 OpenAPI 规范，并实时预览 API 文档。Swagger Editor[⊖]就是一个 Swagger 编辑器，你可以尝试在其中编辑和预览 API 文档。
- **Swagger UI**：将 OpenAPI 规范呈现为交互式 API 文档，并可以在浏览器中尝试 API 调用。

⊖ 参见 https://editor.swagger.io。

- Swagger Codegen：根据 OpenAPI 规范，生成服务器存根和客户端代码库，目前已涵盖了 40 多种语言。

12.2 Swagger 和 OpenAPI 的区别

我们在谈到 Swagger 时，也经常会谈到 OpenAPI。那么二者有什么区别呢？

OpenAPI 是一个 API 规范，它的前身叫 Swagger 规范，通过定义一种用来描述 API 格式或 API 定义的语言，来规范 RESTful 服务开发过程，目前最新的 OpenAPI 规范是 OpenAPI 3.0[一]（也就是 Swagger 2.0 规范）。

OpenAPI 规范规定了一个 API 必须包含的基本信息，具体包含以下内容：

- 对 API 的描述，介绍 API 可以实现的功能；
- 每个 API 上可用的路径（`/users`）和操作（`GET /users`，`POST /users`）；
- 每个 API 的输入或返回的参数；
- 验证方法；
- 联系信息、许可证、使用条款和其他信息。

所以，你可以简单地这么理解：OpenAPI 是一个 API 规范，Swagger 则是实现规范的工具。

另外，要编写 Swagger 文档，首先要会使用 Swagger 文档编写语法。因为 Swagger 涉及的语法比较多，这里不再展开介绍，你可以参考 Swagger 官方提供的 OpenAPI Specification[二] 自行学习。

12.3 用 go-swagger 来生成 Swagger API 文档

在 Go 项目开发中，我们可以通过下面两种方法来生成 Swagger API 文档。

1）如果你熟悉 Swagger 语法的话，可以直接编写 JSON 或 YAML 格式的 Swagger 文档。建议选择 YAML 格式，因为它比 JSON 格式更简洁直观。

2）通过工具生成 Swagger 文档，目前可以通过 swag[三] 和 go-swagger[四] 两个工具来生成。

对比这两种方法，直接编写 Swagger 文档不比编写 Markdown 格式的 API 文档的工作量小，我觉得这不符合程序员"偷懒"的习惯。所以，本书选择使用 go-swagger 工具，基于代码注释来自动生成 Swagger 文档。为什么选 go-swagger 呢？有以下几个原因。

- **go-swagger 比 Swagger 功能更强大**：go-swagger 提供了更灵活、更丰富的功能来

㊀ 参见 https://swagger.io/docs/specification。

㊁ 参见 https://swagger.io/specification/。

㊂ 参见 https://github.com/swaggo/swag。

㊃ 参见 https://github.com/go-swagger/go-swagger。

描述我们的 API。

- **使我们的代码更易读**：如果使用 swagger，每一个 API 都需要有一个冗长的注释，有时候代码注释比代码还要长。通过 go-swagger，我们可以将代码和注释分开编写，一方面可以使我们的代码保持简洁，清晰易读，另一方面可以使我们在另外一个包中统一管理这些 Swagger API 文档定义。
- **更好的社区支持**：go-swagger 目前有非常多的 GitHub star 数，出现 Bug 的概率很小，并且处在一个频繁更新的活跃状态。

go-swagger 是一个功能强大的、高性能的、可以根据代码注释生成 Swagger API 文档的工具。除此之外，go-swagger 还有很多其他特性。

- 根据 Swagger 定义文件生成服务端代码。
- 根据 Swagger 定义文件生成客户端代码。
- 校验 Swagger 定义文件是否正确。
- 启动一个 HTTP 服务器，使我们可以通过浏览器访问 API 文档。
- 根据 Swagger 文档定义的参数生成 Go 模型结构体定义。

可以看到，使用 go-swagger 生成 Swagger 文档，可以帮助我们减少编写文档的时间，提高开发效率，同时保证文档的及时性和准确性。

这里需要注意，如果我们要对外提供 API 的 Go SDK，可以考虑使用 go-swagger 来生成客户端代码。但是我觉得 go-swagger 生成的服务端代码不够优雅，所以建议你自行编写服务端代码。

目前，有很多知名公司和组织的项目都使用了 go-swagger，例如 Moby、CoreOS、Kubernetes、Cilium 等。

12.3.1 安装 swagger 工具

go-swagger 通过 swagger 命令行工具来完成其功能，安装方法如下：

```
$ go install github.com/go-swagger/go-swagger/cmd/swagger@latest
$ swagger version
dev
```

12.3.2 swagger 命令行工具介绍

swagger 命令格式为 `swagger [OPTIONS] <command>`。可以通过 `swagger -h` 查看 swagger 使用帮助。swagger 提供的子命令及功能如表 12-1 所示。

表 12-1　swagger 提供的子命令及功能

子命令	功能
diff	对比两个 Swagger 文档的差异
expand	展开 Swagger 定义文档中的 `$ref`

（续）

子命令	功 能
flatten	展平 Swagger 文档
generate	生成 Swagger 文档、客户端代码、服务端代码等
ini	初始化一个 Swagger 定义文档，初始化时可以指定一些配置
mix	合并 Swagger 文档
serv	启动 HTTP 服务，以查看 Swagger 文档
validate	验证 Swagger 定义文件是否正确
version	打印 swagger 命令版本

12.4 如何使用 swagger 命令生成 Swagger 文档

go-swagger 通过解析源码中的注释来生成 Swagger 文档，其详细注释语法可参考 go-swagger 官方文档[㊀]。常用的几类注释语法及功能如表 12-2 所示。

表 12-2 常用的注释语法及功能

注释语法	功 能
swagger:meta	定义 API 全局基本信息
swagger:route	定义路由信息
swagger:parameters	定义 API 请求参数
swagger:response	定义 API 响应参数
swagger:model	定义可以复用的 Go 数据结构
swagger:allOf	嵌入其他 Go 结构体
swagger:strfmt	定义格式化的字符串
swagger:ignore	定义需要忽略的结构体

12.4.1 解析注释生成 Swagger 文档

`swagger generate` 命令会找到 main 函数，然后遍历所有源码文件，解析源码中与 Swagger 相关的注释，然后自动生成 `swagger.json/swagger.yaml` 文件。

这一过程的示例代码为 `gopractise-demo/swagger`[㊁]。swagger 目录下有一个 `main.go` 文件，定义了如下 API：

㊀ 参见 https://goswagger.io。

㊁ 参见 https://github.com/marmotedu/gopractise-demo/tree/master/swagger。

```
package main

import (
    "fmt"
    "log"
    "net/http"

    "github.com/gin-gonic/gin"

    "github.com/marmotedu/gopractise-demo/swagger/api"
    // 这个匿名导入可以让go-swagger找到你的文档
    _ "github.com/marmotedu/gopractise-demo/swagger/docs"
)

var users []*api.User

func main() {
    r := gin.Default()
    r.POST("/users", Create)
    r.GET("/users/:name", Get)

    log.Fatal(r.Run(":5555"))
}

// 使用Create在内存中创建一个用户
func Create(c *gin.Context) {
    var user api.User
    if err := c.ShouldBindJSON(&user); err != nil {
        c.JSON(http.StatusBadRequest, gin.H{"message": err.Error(), "code": 10001})
        return
    }

    for _, u := range users {
        if u.Name == user.Name {
            c.JSON(http.StatusBadRequest, gin.H{"message": fmt.Sprintf("user %s
                already exist", user.Name), "code": 10001})
            return
        }
    }

    users = append(users, &user)
    c.JSON(http.StatusOK, user)
}

// 使用Get返回用户的详细信息
func Get(c *gin.Context) {
    username := c.Param("name")
    for _, u := range users {
        if u.Name == username {
            c.JSON(http.StatusOK, u)
            return
```

```
        }
    }

    c.JSON(http.StatusBadRequest, gin.H{"message": fmt.Sprintf("user %s not
        exist", username), "code": 10002})
}
```

main 包中引入的 User 结构体位于 gopractise-demo/swagger/api/user.go[⊖] 文件中：

```
// Package 接口定义了用户 model
package api

// User 定义了 User 资源创建和返回的字段
type User struct {
    // 用户的名字
    // Required: true
    Name string `json:"name"`

    // 用户的昵称
    // Required: true
    Nickname string `json:"nickname"`

    // 用户的家庭住址
    Address string `json:"address"`

    // 用户的电子邮箱
    Email string `json:"email"`
}
```

// Required: true 说明字段是必须的，生成 Swagger 文档时，也会在文档中声明该字段是必须字段。

为了使代码保持简洁，我们在另外一个 Go 包中编写带 go-swagger 注释的 API 文档。假设该 Go 包名字为 docs，在开始编写 Go API 注释之前，我们需要在 main.go 文件中导入 docs 包：

```
_ "github.com/marmotedu/gopractise-demo/swagger/docs"
```

通过导入 docs 包，可以使 go-swagger 在递归解析 main 包的依赖包时找到 docs 包，并解析包中的注释。

在 gopractise-demo/swagger 目录下，创建 docs 文件夹：

```
$ mkdir docs
$ cd docs
```

在 docs 目录下，创建一个 doc.go 文件，在该文件中提供 API 的基本信息：

⊖ 参见 https://github.com/marmotedu/gopractise-demo/blob/master/swagger/api/user.go。

```
// Package docs awesome.
//
// Documentation of our awesome API.
//
//     Schemes: http, https
//     BasePath: /
//     Version: 0.1.0
//     Host: some-url.com
//
//     Consumes:
//     - application/json
//
//     Produces:
//     - application/json
//
//     Security:
//     - basic
//
//    SecurityDefinitions:
//    basic:
//      type: basic
//
// swagger:meta
package docs
```

Package docs 后面的字符串 awesome 代表我们的 HTTP 服务名。Documentation of our awesome API 是对我们的 API 的描述。其他都是 go-swagger 可识别的注释，分别代表一定的意义。最后以 swagger:meta 注释结束。

编写完 doc.go 文件后，进入 gopractise-demo/swagger 目录，执行如下命令，生成 Swagger API 文档，并启动 HTTP 服务，在浏览器查看 Swagger：

```
$ swagger generate spec -o swagger.yaml
$ swagger serve --no-open -F=swagger --port 36666 swagger.yaml

2020/10/20 23:16:47 serving docs at http://localhost:36666/docs
```

swagger serve 命令的参数解释如下。

- -o：指定要输出的文件名。swagger 会根据文件名后缀 .yaml 或者 .json，决定生成的文件格式是 YAML 还是 JSON。
- --no-open：因为是在 Linux 服务器下执行命令，没有安装浏览器，所以使用 --no-open 命令禁止调用浏览器打开 URL。
- -F：指定文档的风格，可选 swagger 和 redoc。我选用了 redoc，因为我认为 redoc 格式更加易读和清晰。
- --port：指定启动的 HTTP 服务监听端口。

打开浏览器，访问 http://localhost:36666/docs，如图 12-1 所示。

图 12-1 Swagger Meta

如果我们想要 JSON 格式的 Swagger 文档，可执行如下命令，将生成的 swagger.yaml 转换为 swagger.json：

```
$ swagger generate spec -i ./swagger.yaml -o ./swagger.json
```

接下来，我们就可以编写 API 的定义文件（位于 gopractise-demo/swagger/docs/user.go 文件中）了：

```
package docs

import (
    "github.com/marmotedu/gopractise-demo/swagger/api"
)

// swagger:route POST /users user createUserRequest
// 创建用户
// responses:
//   200: createUserResponse
//   default: errResponse

// swagger:route GET /users/{name} user getUserRequest
// 获取用户
// responses:
//   200: getUserResponse
//   default: errResponse

// swagger:parameters createUserRequest
type userParamsWrapper struct {
    // 对请求体的描述
    // in:body
    Body api.User
}

// 对请求 URL 路径的描述
// swagger:parameters getUserRequest
type getUserParamsWrapper struct {
    // in:path
```

```
    Name string `json:"name"`
}

// 对响应体的描述
// swagger:response createUserResponse
type createUserResponseWrapper struct {
    // in:body
    Body api.User
}

// swagger:response getUserResponse
type getUserResponseWrapper struct {
    // in:body
    Body api.User
}

// 对错误响应体的描述
// swagger:response errResponse
type errResponseWrapper struct {
    // 错误代码
    Code int `json:"code"`

    // 错误信息
    Message string `json:"message"`
}
```

user.go 文件说明如下。

- **swagger:route**：代表 API 描述的开始，后面的字符串格式为 HTTP 方法 URL Tag ID。可以填写多个 Tag，相同 Tag 的 API 在 Swagger 文档中会被分为一组。ID 是一个标识符，swagger:parameters 是具有相同 ID 的 swagger:route 的请求参数。swagger:route 下面的一行是该 API 的描述，需要以英文点号为结尾。responses: 定义了 API 的返回参数，例如当 HTTP 状态码是 200 时，返回 createUserResponse。
- **swagger:response**：定义 API 的返回，例如 getUserResponseWrapper，关于名字，我们可以根据需要自由命名，不会有任何影响。getUserResponseWrapper 中有一个 Body 字段，其注释为 // in:body，说明该参数是在 HTTP Body 中返回。swagger:response 之上的注释会被解析为返回参数的描述。api.User 自动被 go-swagger 解析为 Example Value 和 Model。我们不用再去编写重复的返回字段，只需要引用已有的 Go 结构体即可，这也是通过工具生成 Swagger 文档的魅力所在。
- **swagger:parameters**：定义 API 的请求参数，例如 userParamsWrapper。userParamsWrapper 之上的注释会被解析为请求参数的描述，// in:body 代表该参数是位于 HTTP Body 中。同样，我们也可以随意命名 userParamsWrapper 结构体名，不会带来任何不同。swagger:parameters 之后的 createUserRequest

会跟 swagger:route 的 ID 进行匹配，匹配成功则说明是该 ID 所在 API 的请求参数。

进入 gopractise-demo/swagger 目录，执行如下命令，生成 Swagger API 文档，并启动 HTTP 服务，在浏览器查看 Swagger。

```
$ swagger generate spec -o swagger.yaml
$ swagger serve --no-open -F=swagger --port 36666 swagger.yaml
2020/10/20 23:28:30 serving docs at http://localhost:36666/docs
```

打开浏览器，访问 http://localhost:36666/docs，如图 12-2 所示。

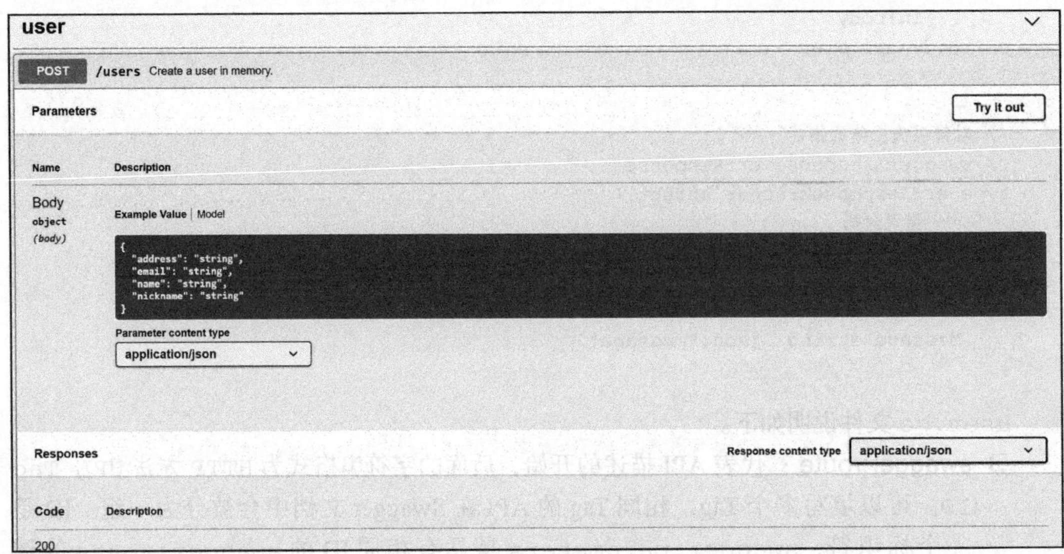

图 12-2 Swagger 用户端界面

上面我们生成了 Swagger 风格的 UI 界面，我们也可以使用 Redoc 风格的 UI 界面，如图 12-3 所示。

12.4.2 go-swagger 其他常用功能介绍

前面介绍了 Swagger 最常用的 generate、serve 命令，本节将介绍 Swagger 其他有用的命令。

1）对比 Swagger 文档。

```
$ swagger diff -d change.log swagger.new.yaml swagger.old.yaml
$ cat change.log

BREAKING CHANGES:
=================
/users:post Request - Body.Body.nickname.address.email.name.Body : User - Deleted property
compatibility test FAILED: 1 breaking changes detected
```

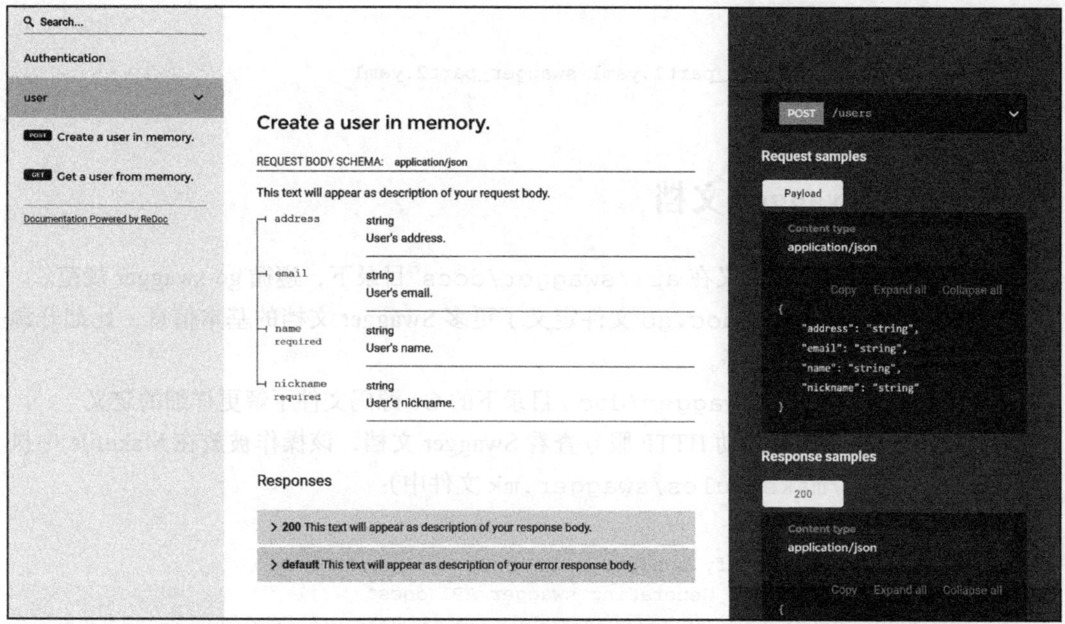

图 12-3　Swagger Redoc 风格界面

2）生成服务端代码。

我们也可以先定义 Swagger 接口文档，再用 swagger 命令，基于 Swagger 接口文档生成服务端代码。假设我们的应用名为 go-user，进入 gopractise-demo/swagger 目录，创建 go-user 目录，并生成服务端代码：

```
$ mkdir go-user
$ cd go-user
$ swagger generate server -f ../swagger.yaml -A go-user
```

上述命令会在当前目录生成 cmd、restapi、models 文件夹，可执行如下命令查看 server 组件启动方式：

```
$ go run cmd/go-user-server/main.go -h
```

3）生成客户端代码。

在 go-user 目录下执行如下命令：

```
$ swagger generate client -f ../swagger.yaml -A go-user
```

上述命令会在当前目录生成 client，包含 API 的调用函数，也就是 API 的 Go SDK。

4）验证 Swagger 文档是否合法。

```
$ swagger validate swagger.yaml
2020/10/21 09:53:18
The swagger spec at "swagger.yaml" is valid against swagger specification 2.0
```

5）合并 Swagger 文档。

```
$ swagger mixin swagger_part1.yaml swagger_part2.yaml
```

12.5 IAM Swagger 文档

IAM 的 Swagger 文档定义在 api/swagger/docs[⊖]目录下，遵循 go-swagger 规范。

api/swagger/docs/doc.go 文件定义了更多 Swagger 文档的基本信息，比如开源协议、联系方式、安全认证等。

你可以直接查看 api/swagger/docs 目录下的 Go 源码文件了解更详细的定义。

为了便于生成文档和启动 HTTP 服务查看 Swagger 文档，该操作被放在 Makefile 中执行（位于 scripts/make-rules/swagger.mk 文件中）：

```
.PHONY: swagger.run
swagger.run: tools.verify.swagger
	@echo "===========> Generating swagger API docs"
	@swagger generate spec --scan-models -w $(ROOT_DIR)/cmd/genswaggertypedocs
		-o $(ROOT_DIR)/api/swagger/swagger.yaml

.PHONY: swagger.serve
swagger.serve: tools.verify.swagger
	@swagger serve -F=redoc --no-open --port 36666 $(ROOT_DIR)/api/swagger/swagger.yaml
```

Makefile 文件说明如下。

- tools.verify.swagger：检查 Linux 系统是否安装了 go-swagger 的命令行工具 swagger，如果没有安装则运行 go install 进行安装。
- swagger.run：运行 swagger generate spec 命令生成 Swagger 文档 swagger.yaml，运行前会检查 swagger 是否安装。--scan-models 指定生成的文档中包含带有 swagger:model 注释的 Go Models。-w 指定 swagger 命令运行的目录。
- swagger.serve：运行 swagger serve 命令打开 Swagger 文档 swagger.yaml，运行前会检查 swagger 是否安装。

在 iam 源码根目录下执行如下命令，即可生成并启动 HTTP 服务查看 Swagger 文档：

```
$ make swagger
$ make serve-swagger
2020/10/21 06:45:03 serving docs at http://localhost:36666/docs
```

打开浏览器，打开 http://x.x.x.x:36666/docs 查看 Swagger 文档，x.x.x.x 是服务器的 IP 地址，如图 12-4 所示。

⊖ 参见 https://github.com/marmotedu/iam/tree/v1.6.2/api/swagger/docs。

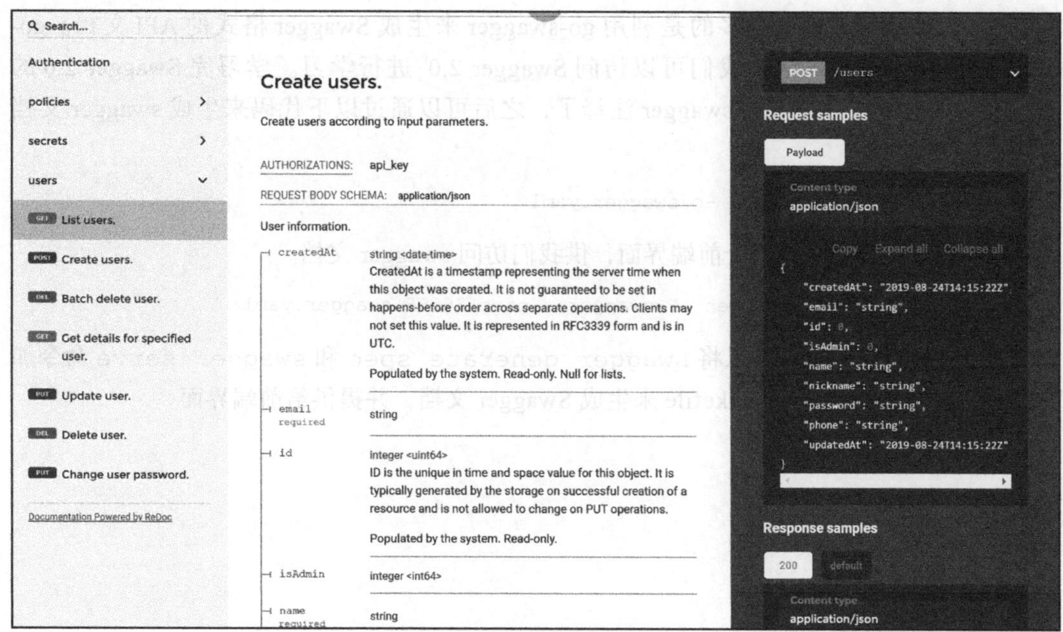

图 12-4　查 Swagger 文档

IAM 的 Swagger 文档还可以通过在 iam 源码根目录下执行 `go generate ./...` 命令生成，为此，我们需要在 `cmd/genswaggertypedocs/swagger_type_docs.go` 文件中添加 `//go:generate` 注释，如图 12-5 所示。

```go
package main

//go:generate swagger generate spec -o ../../api/swagger/swagger.yaml --scan-models

import (
    _ "github.com/marmotedu/iam/api/swagger/docs"
)

func main() {
}
```

图 12-5　通过 go generate 命令生成 Swagger 文档

12.6　本章总结

在做 Go 服务开发时，我们要向前端或用户提供 API 文档，手动编写 API 文档工作量大，也难以维护。所以，现在很多项目都是自动生成 Swagger 格式的 API 文档。提到 Swagger，很多开发者不清楚其和 OpenAPI 的区别：OpenAPI 是一个 API 规范，Swagger 则是实现规范的工具。

在Go中，我们用得最多的是利用go-swagger来生成Swagger格式的API文档。go-swagger包含了很多语法，我们可以访问Swagger 2.0[⊖]进行学习。学习完Swagger 2.0的语法之后，我们就可以编写swagger注释了，之后可以通过以下代码来生成swagger文档swagger.yaml。

```
$ swagger generate spec -o swagger.yaml
```

通过以下代码来提供一个前端界面，供我们访问swagger文档。

```
$ swagger serve --no-open -F=swagger --port 36666 swagger.yaml
```

为了方便管理，我们可以将swagger generate spec和swagger serve命令加入Makefile文件中，通过Makefile来生成Swagger文档，并提供给前端界面。

⊖ 参见 https://goswagger.io。

第四部分 *Part 4*

项 目 开 发

接下来，我们进入本书的第四部分：项目开发。在这个部分，我会讲解IAM项目各个服务的构建方式，帮助你掌握Go开发阶段的各个技能点。

在本书中，我不会讲解具体如何编码，但会讲解一些构建过程中的重点、难点，以及编码背后的设计思路。

本部分内容如下：

- 第 13 章　错误处理
- 第 14 章　日志处理
- 第 15 章　GORM ORM 应用
- 第 16 章　Web 服务功能实现
- 第 17 章　IAM 应用构建
- 第 18 章　IAM 认证功能实现
- 第 19 章　IAM API 服务构建
- 第 20 章　IAM Authz 服务构建
- 第 21 章　IAM Pump 服务构建
- 第 22 章　分布式作业系统设计与实现
- 第 23 章　IAM SDK 设计与实现
- 第 24 章　IAM 客户端工具构建

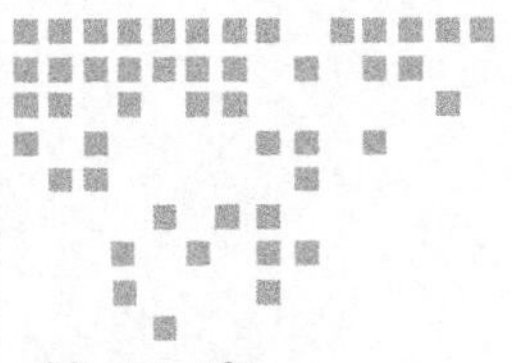

Chapter 13 第 13 章

错误处理

在 Go 项目开发中如果程序出错，需要用户或者开发者感知到这些错误，并且对一些有效的错误信息进行排障，即对错误进行处理。本章就来详细介绍如何在 Go 项目开发中处理错误，主要内容如下。

- 错误码设计。
- IAM 项目错误码设计规范。
- 错误包设计。
- 错误包设计实战。

> 提示 因为本部分代码比较多，为了方便指出代码位置，同时又方便你定位代码，这里统一约定代码的起始根目录为 https://github.com/marmotedu。举例：书中所说的 /iam/cmd 目录，实际对应的目录为 https://github.com/marmotedu/iam/tree/master/cmd。
>
> 本章代码主要存放在 /sample-code 目录中。

13.1 错误码设计

现代的软件架构，很多都是对外通过 RESTful API 进行通信，对内采用 RPC 协议进行通信。因为 RESTful API 有一些天生的优势，比如规范、调试友好、易懂，所以通常作为直接面向用户的通信规范。

既然接口要直接面向用户，那么首先就要求其消息返回格式是规范的；其次，如果接口报错，还要求它能给用户提供一些有用的报错信息，通常需要包含错误 Code（用来唯一定位一次错误）和 Message（用来展示出错的信息）。这就需要我们设计一套规范的、科学的错误码。

13.1.1 期望错误码实现的功能

要想设计一套错误码，我们首先要清楚我们的需求。

RESTful API 是基于 HTTP 的一系列 API 开发规范，HTTP 请求结束后，无论 API 请求成功或失败，都需要让客户端感知到，以便决定下一步该如何处理。

为了让用户拥有最好的体验，我们需要设计一个比较好的错误码实现方式。在设计错误码时，我们通常期望它具有以下两个功能。

- 有业务 Code 标识。
- 能够区分内外并展示不同的错误信息。

1. 有业务 Code 码标识

因为 HTTP Code 码有限，并且都是跟 HTTP 传输层相关的 Code 码，所以我们希望能有自己的错误 Code 码。一方面，可以根据需要自行扩展，另一方面也可以精准地定位到具体的错误。同时，因为 Code 码通常是对计算机友好的十进制整数，所以基于 Code 码，计算机也可以很方便地进行一些分支处理。当然，业务码也要有一定规则，以便开发者迅速判断出是哪类错误。

2. 能够区分内外并展示不同的错误信息

在开发一个对外的系统时，如果业务出错，我们需要一些机制告诉用户出了什么错误，甚至提供一些帮助文档以帮助用户更好地处理错误。但是，我们不可能把所有的错误都暴露给外部用户，这不仅没必要，也不安全。同时，我们也需要能让我们获取到更详细的内部错误信息的机制，这些内部错误信息可能包含一些敏感的数据，不宜对外展示，但可以协助我们进行问题定位。

所以，我们需要设计的错误码应该是规范的，能方便客户端感知到 HTTP 是否请求成功，并带有业务码和出错信息。

13.1.2 常见的错误码实现方式

业界目前有 3 种错误码实现方式。在本节，我将用一次因为没有找到用户账号而请求失败的例子分别介绍这 3 种方式。

1. 返回 HTTP 200 OK，Body 中携带错误信息

这种实现方式不论请求成功或失败，始终返回 HTTP 200 状态码，在 HTTP Body 中包含用户账号没有找到的错误信息。

例如 Facebook API 的错误码设计，始终返回 HTTP 200 状态码：

```
{
    "error": {
```

```
        "message": "Syntax error \"Field picture specified more than once. This is only
            possible before version 2.1\" at character 23: id,name,picture,picture",
        "type": "OAuthException",
        "code": 2500,
        "fbtrace_id": "xxxxxxxxxxx"
    }
}
```

采用固定返回 HTTP 200 状态码的方式有其合理性。比如，HTTP Code 通常代表 HTTP 传输层的状态信息。当我们收到 HTTP 请求并返回时，HTTP 传输层是成功的，所以从这个层面上来看，HTTP Status 固定为 200 也是合理的。

但是这个方式的缺点也很明显：对于每一次请求，都要解析 HTTP Body，以便从中解析出错误码和错误信息。实际上，在大部分情况下，对于成功的请求，要么直接转发，要么直接解析到某个结构体中；对于失败的请求，我们也希望能够更直接地感知到请求失败。这种方式对性能会有一定的影响，对客户端不友好。所以一般不建议使用这种方式。

2. 返回 HTTP 404 Not Found，Body 中携带简单的错误信息

这种实现方式会返回适配的 HTTP 状态码，并在 Body 中返回简单的错误信息。例如：Twitter API 的错误设计会根据错误类型返回合适的 HTTP Code，并在 Body 中返回错误信息和自定义业务 Code。

```
HTTP/1.1 400 Bad Request
x-connection-hash: xxxxxxxxxxxxxxxxxxxxxxxxxxxxxxxxxxxxxxxxxxxxxxxxxxxxxxxxxxxx
set-cookie: guest_id=xxxxxxxxxxxxxxxxxxxxxxxxxxxxxxxxxxxxxxxxxxxxxxxxxxxxxxxxxxx
Date: Thu, 01 Jun 2017 03:04:23 GMT
Content-Length: 62
x-response-time: 5
strict-transport-security: max-age=631138519
Connection: keep-alive
Content-Type: application/json; charset=utf-8
Server: tsa_b

{"errors":[{"code":215,"message":"Bad Authentication data."}]}
```

这种方式比第一种要好一些，通过 HTTP 状态码可以使客户端非常直接地感知到请求失败，并提供一些错误信息供客户端参考。但是仅仅靠这些信息，我们还不能准确地定位和解决问题。

3. 返回 HTTP 404 Not Found，Body 中携带详细的错误信息

这种实现方式会返回适配的 HTTP 状态码，并在 Body 中返回详细的错误信息。例如：微软 Bing API 的错误设计会根据错误类型返回合适的 HTTP Code，并在 Body 中返回详尽的错误信息。

```
HTTP/1.1 400
Date: Thu, 01 Jun 2017 03:40:55 GMT
Content-Length: 276
```

```
Connection: keep-alive
Content-Type: application/json; charset=utf 8
Server: Microsoft-IIS/10.0
X-Content-Type-Options: nosniff

{"SearchResponse":{"Version":"2.2","Query":{"SearchTerms":"api error codes"},"E
    rrors":[{"Code":1001,"Message":"Required parameter is missing.","Parameter"
    :"SearchRequest.AppId","HelpUrl":"http\u003a\u002f\u002fmsdn.microsoft.com\
    u002fen-us\u002flibrary\u002fdd251042.aspx"}]}}
```

这是我比较推荐的一种方式，它既能通过HTTP状态码使客户端方便地知道请求出错，又能使用户根据返回的信息知道哪里出错，以及如何解决问题。同时，返回了机器友好的业务Code码，可以在有需要时让程序进一步判断处理。

13.1.3 错误码设计建议

综合刚才讲到的内容，我们可以总结出一套优秀的错误码设计思路。

- 区别于HTTP状态码，业务码需要有一定规则，以便用户通过业务码判断出是哪类错误。
- 请求出错时，可以通过HTTP状态码直接感知到请求出错。
- 需要在请求出错时返回详细的信息，通常包括3类信息：业务Code码、错误信息和参考文档（可选）。
- 返回的错误信息，需要是可以直接展示给用户的安全信息，也就是说不能包含敏感信息。同时也要有内部更详细的错误信息，方便调试。
- 返回的数据格式应该是固定的、规范的。
- 错误信息要保持简洁，并且提供有用的信息。

这里其实还有两个功能点需要实现：业务Code码设计，以及请求出错时如何设置HTTP状态码。

13.1.4 业务Code码设计

在介绍解决业务Code码如何设计的问题前，我们先来看看为什么要引入业务Code码。在实际开发中，引入业务Code码有下面几个好处。

- 可以非常方便地定位问题和代码行（看到错误码就知道什么意思，搜索错误码就可以定位错误码所在行、某个错误类型的唯一标识）。
- 错误码包含一定的信息，通过错误码可以判断出错误级别、错误模块和具体错误信息。
- Go中的HTTP服务器开发都是引用`net/http`包，该包中只有60个状态码，且基本是与HTTP请求相关的错误码，在一个大型系统中，这些错误码完全不够用，同时，这些错误码跟业务没有任何关联，满足不了业务的需求，而业务Code码则可以解决这些问题。

- 在业务开发过程中，我们可能需要判断错误是哪种类型，以便做相应的逻辑处理，通过定制的错误可以很容易做到这点，例如：

```
if err == code.ErrBind {
    ...
}
```

这里要注意，业务 Code 码可以是一个整数，也可以是一个整型字符串，还可以是一个字符型字符串，它是错误的唯一标识。

通过研究腾讯云、阿里云、新浪的开放 API，我发现新浪的 API Code 码设计更合理些。所以，参考新浪的 Code 码设计，我总结出了一条 **Code 码设计规范：纯数字表示，不同部位代表不同的服务、不同的模块**。例如错误代码 `100101` 的说明如下。

- **10**：服务。
- **01**：某个服务下的某个模块。
- **01**：模块下的错误码序号，每个模块可以注册 100 个错误。

通过 `100101` 可以知道这个错误是服务 A 在数据库模块下的记录没有找到所导致。

你可能会问：按这种设计，每个模块下最多能注册 100 个错误，是不是有点少？其实在我看来，如果每个模块的错误码超过 100 个，要么说明这个模块太大了，建议拆分；要么说明错误码设计得不合理，共享性差，需要重新设计。

13.1.5 如何设置 HTTP 状态码

Go `net/http` 包提供了 60 个状态码，大致分为如下 5 类。

- 1XX（指示信息）表示请求已接收，继续处理。
- 2XX（请求成功）表示成功处理了请求的状态代码。
- 3XX（请求被重定向）表示要完成请求，需要进一步操作。通常，这些状态码用于重定向。
- 4XX（请求错误）表示请求可能出错，妨碍了服务器的处理，通常是客户端出错，需要客户端做进一步的处理。
- 5XX（服务器错误）表示服务器在尝试处理请求时发生内部错误。这些错误可能是由服务器本身出错导致，而不是客户端的问题。

可以看到 HTTP Code 有很多种，如果每个 Code 都做错误映射，会面临很多问题。比如开发者不太好判断错误属于哪种 HTTP 状态码，到最后很可能会导致错误地匹配了 HTTP 状态码。而且，客户端也难以应对这么多的 HTTP 错误码。

所以，这里建议不要使用太多 HTTP 状态码，基本上只需要以下 3 个 HTTP 状态码就够了。

- **200**：表示请求成功执行。
- **400**：表示客户端出问题。
- **500**：表示服务端出问题。

如果觉得这 3 个状态码不够用，还可以添加如下所示的 3 个状态码。

- ❑ 401：表示认证失败。
- ❑ 403：表示授权失败。
- ❑ 404：表示资源找不到，这里的资源可以是 URL 或者 RESTful 资源。

将错误码控制在适当的数目内，可以使客户端比较容易处理和判断，也可以使开发比较容易进行错误码映射。

13.2 IAM 项目错误码设计规范

上面介绍了如何设计错误码，本节来介绍 IAM 项目是如何设计错误码的。本节包括以下 3 部分：

- ❑ 错误码设计规范；
- ❑ 错误信息规范说明；
- ❑ IAM API 返回值说明。

13.2.1 错误码设计规范

先来看一下 IAM 项目业务的错误码设计规范，具体实现可参考 `internal/pkg/code` 目录。IAM 项目的错误码设计规范符合上面介绍的错误码设计思路和规范，具体如下。

错误码从 100001 开始，1000 以下为 `github.com/marmotedu/errors` 保留 Code。错误码 100001 各部分说明如表 13-1 所示。

表 13-1 错误码说明

数字标号	代表说明
10	服务
00	模块
01	模块下的错误码序号，每个模块可以注册 100 个错误

服务和模块说明如表 13-2 所示。

表 13-2 服务和模块说明

服 务	模 块	说明（服务 - 模块）
10	00	通用，基本错误
10	01	通用，数据库类错误
10	02	通用，认证授权类错误
10	03	通用，加解码类错误
11	00	iam-apiserver 服务，用户模块错误
11	01	iam-apiserver 服务，密钥模块错误
11	02	iam-apiserver 服务，策略模块错误

> 提示 “通用”说明这些是所有服务都可能出现的错误，这样定义可提高复用性，避免重复造轮子。

13.2.2 错误信息规范说明

针对错误信息，我有一些规范建议，具体如下。

- 对外暴露的错误，统一以大写开头，结尾不要加。
- 对外暴露的错误要简洁，并能准确说明问题。
- 对外暴露的错误说明，应该是**该怎么做**而不是**哪里错了**。
- 错误信息是直接暴露给用户的，不能包含敏感信息。

13.2.3 IAM API 返回值说明

如果返回结果中存在 `code` 字段，则表示调用 API 失败。例如：

```
{
    "code": 100101,
    "message": "Database error",
    "reference": "https://github.com/marmotedu/iam/tree/master/docs/guide/zh-CN/
        faq/iam-apiserver"
}
```

在上述返回结果中，`code` 表示错误码，`message` 表示该错误的具体信息。每个错误同时也对应一个 HTTP 状态码。比如上述错误码对应了 HTTP `500(Internal Server Error)` 状态的。另外，在出错时，也返回了 `reference` 字段，该字段包含了可以解决这个错误的文档链接地址。IAM 系统支持的错误码见 /iam/internal/pkg/code/code_generated.go。

13.3 错误包

除了本章上半部分学习过的错误码，处理错误也离不开错误包。业界有很多优秀的、开源的错误包可供选择，例如 Go 标准库自带的 `errors` 包、`github.com/pkg/errors` 包。但是这些包目前还不支持错误码，很难满足生产级应用的需求。所以，在实际开发中，我们有必要开发出适合自己错误码设计的错误包。当然，我们不用从 0 开发，可以基于一些优秀的包来进行二次封装。

本节我们就来一起看看，如何设计一个错误包来适配我们设计的错误码。

13.3.1 错误包需要具有哪些功能

要想设计一个优秀的错误包，首先得知道一个优秀的错误包需要具备哪些功能。在我看来，错误包至少需要具有下面 6 个功能。

1. 支持错误堆栈

错误包应该能支持错误堆栈。我们来看下面一段代码，假设保存在 bad.go[⊖]文件中：

```
package main

import (
    "fmt"
    "log"
)

func main() {
    if err := funcA(); err != nil {
        log.Fatalf("call func got failed: %v", err)
        return
    }

    log.Println("call func success")
}

func funcA() error {
    if err := funcB(); err != nil {
        return err
    }

    return fmt.Errorf("func called error")
}

func funcB() error {
    return fmt.Errorf("func called error")
}
```

执行上面的代码：

```
$ go run bad.go
2021/07/02 08:06:55 call func got failed: func called error
exit status 1
```

此时如果我们想定位问题，很难知道具体是哪行代码报错。为了解决这个问题，我们可以加一些调试信息来协助我们定位问题。这样做在测试环境是没问题的，但是在线上环境却不合适。一方面修改、发布都比较麻烦，另一方面问题可能比较难重现。此时，可以通过打印错误的堆栈来解决问题。例如：

```
2021/07/02 14:17:03 call func got failed: func called error
main.funcB
    /home/colin/workspace/golang/src/github.com/marmotedu/gopractise-demo/errors/
    good.go:27
main.funcA
```

⊖ 参见 https://github.com/marmotedu/gopractise-demo/blob/v1.0.0/errors/bad.go。

```
/home/colin/workspace/golang/src/github.com/marmotedu/gopractise-demo/errors/
    good.go:19
main.main
/home/colin/workspace/golang/src/github.com/marmotedu/gopractise-demo/errors/
    good.go:10
    runtime.main
        /home/colin/go/go1.21.4/src/runtime/proc.go:225
    runtime.goexit
        /home/colin/go/go1.21.4/src/runtime/asm_amd64.s:1371
    exit status 1
```

通过上面的错误输出，我们可以很容易地知道是哪行代码报的错，从而极大提高了问题定位的效率，降低了定位的难度。

2. 支持不同的打印格式

错误包应该能够支持不同的打印格式，例如 %+v、%v、%s 等格式，以便我们根据需要打印不同丰富度的错误信息。例如：

```
package main

import (
    "fmt"

    "github.com/marmotedu/errors"
)

func main() {
    err := errors.New("whoops")
    fmt.Printf("%+v\n", err)
}
```

将上述代码保存在 err.go 文件中，执行如下内容：

```
$ go run err.go
whoops
main.main
    /home/colin/workspace/golang/src/github.com/test/err.go:10
runtime.main
    /home/colin/go/go1.21.4/src/runtime/proc.go:255
runtime.goexit
    /home/colin/go/go1.21.4/src/runtime/asm_amd64.s:1581
```

可以看到通过 %+v 选项，我们打印出了每个错误堆栈的信息。

3. 支持 Wrap/Unwrap 功能

错误包能支持 Wrap/Unwrap 功能，也就是在已有的错误上，追加一些新的信息。例如 errors.Wrap(err, "open file failed")。Wrap 功能通常用在调用函数中。调用函数可以基于被调函数报错时的错误封装一些自己的信息，丰富报错信息，方便后期的错误定位，例如：

```
func funcA() error {
    if err := funcB(); err != nil {
        return errors.Wrap(err, "call funcB failed")
    }

    return errors.New("func called error")
}

func funcB() error {
    return errors.New("func called error")
}
```

这里要注意，不同的错误类型，Wrap 函数的逻辑也可以不同。另外，在调用 Wrap 时，也会生成一个错误堆栈节点。既然能够嵌套 error，那有时候还可能需要获取被嵌套的 error，这时就需要用到错误包提供的 Unwrap 函数。这里不再赘述。

4. 有 Is 方法

错误包应该有 Is 方法。在实际开发中，我们经常需要判断某个 error 是否是指定的 error。在 Go 1.13 版本之前，也就是没有嵌套 error 的时候，我们使用如下方法判断 error 是不是同一个：

```
if err == os.ErrNotExist {
    // 程序代码
}
```

但是现在，因为有了封装 error，这样的判断方法就会有问题。因为你根本不知道返回的 err 是不是一个嵌套 error，嵌套了几层。这种情况下，错误包就需要提供 Is 函数：

```
func Is(err, target error) bool
```

当 err 和 target 是同一个，或者 err 是一个嵌套 error 的时候，如果 target 也包含在这个嵌套 error 链中，返回 true，否则返回 fasle。

5. 支持 As 函数

错误包应该支持 As 函数。在 Go 1.13 版本之前，即没有嵌套 error 时，我们通常采用类型断言把 error 转为另外一个 error，例如：

```
if perr, ok := err.(*os.PathError); ok {
    fmt.Println(perr.Path)
}
```

但是现在，返回的 err 可能是嵌套的 error，甚至是好几层嵌套，这种方式就不能用了。所以，我们可以通过实现 As 函数来实现这种功能。现在我们把上面的例子用 As 函数实现一下：

```
var perr *os.PathError
if errors.As(err, &perr) {
    fmt.Println(perr.Path)
}
```

这样就可以完全实现类型断言的功能，而且更强大，因为它可以处理封装 error。

6. 支持格式化和非格式化错误创建

错误包需要能够支持两种错误创建方式：非格式化创建和格式化创建。例如：

```
errors.New("file not found")
errors.Errorf("file %s not found", "iam-apiserver")
```

上面，我介绍了一个优秀的错误包应该具备的功能。一个好消息是，GitHub 上有不少实现了这些功能的错误包，其中 github.com/pkg/errors 包最受欢迎。所以，我基于 github.com/pkg/errors 包进行了二次封装，用来支持本章前面部分所介绍的错误码。封装后的 errors 包的代码位于 https://github.com/marmotedu/errors 仓库中。

13.3.2 错误包的实现

明确优秀的错误包应该具备的功能后，我们再来看一下错误包的实现。实现的源码存放在 https://github.com/marmotedu/errors。

我通过在文件 errors.go[㊀]中增加新的 withCode 结构体，来引入一种新的错误类型，该错误类型可以记录错误码、错误堆栈、错误原因和具体的错误信息。

```
type withCode struct {
    err   error // 错误
    code  int   // 业务错误码
    cause error // 错误起因
    *stack      // 错误堆栈
}
```

下面，我们通过一个示例来了解 github.com/marmotedu/errors 所提供的功能。假设下述代码保存在 sample_errors.go[㊁]文件中：

```
package main

import (
    "fmt"

    "github.com/marmotedu/errors"
    code "github.com/marmotedu/sample-code"
)

func main() {
    if err := getUser(); err != nil {
        fmt.Printf("%+v\n", err)
        // 根据错误码进行一些业务逻辑处理
        if errors.IsCode(err, code.ErrEncodingFailed) {
            fmt.Println("this is a ErrEncodingFailed error")
```

㊀ 参见 https://github.com/marmotedu/errors/blob/v1.0.2/errors.go。

㊁ 参见 https://github.com/marmotedu/gopractise-demo/blob/v1.0.0/errors/sample_errors.go。

```
        }

            // error.Cause 可以返回最底层错误
            fmt.Println(errors.Cause(err))
        }
    }

    func getUser() error {
        if err := queryDatabase(); err != nil {
            return errors.WrapC(err, code.ErrEncodingFailed, "get user 'Lingfei Kong'
                failed.")
        }

        return nil
    }

    func queryDatabase() error {
        return errors.WithCode(code.ErrDatabase, "user 'Lingfei Kong' not found.")
    }
```

在上述代码中，我们通过 WithCode 函数来创建新的 withCode 类型的错误；通过 WrapC 来将一个 error 封装成一个 withCode 类型的错误；通过 IsCode 来判断一个 error 链中是否包含指定的 code。

withCode 错误实现了一个 func (w *withCode) Format(state fmt.State, verb rune) 方法，该方法用来打印不同的格式占位符的错误信息，如表 13-3 所示。

表 13-3 格式占位符及其描述

格式占位符	格式描述
%s	返回可以直接展示给用户的错误信息
%v	%s 格式占位符的别名
%-v	打印出调用栈、错误码、展示给用户的错误信息、展示给研发的错误信息（只展示错误链中最后一个错误）
%+v	打印出调用栈、错误码、展示给用户的错误信息、展示给研发的错误信息（展示错误链中的所有错误）
%#-v	JSON 格式打印出调用栈、错误码、展示给用户的错误信息、展示给研发的错误信息（只展示错误链中的最后一个错误）
%#+v	JSON 格式打印出调用栈、错误码、展示给用户的错误信息、展示给研发的错误信息（展示错误链中的所有错误）

例如，%+v 会打印以下错误信息：

```
get user 'Lingfei Kong' failed. - #1 [/home/colin/workspace/golang/src/github.
    com/marmotedu/gopractise-demo/errors/sample_errors.go:25 (main.getUser)]
    (100301) Encoding failed due to an error with the data; user 'Lingfei Kong'
    not found. - #0 [/home/colin/workspace/golang/src/github.com/marmotedu/
    gopractise-demo/errors/sample_errors.go:32 (main.queryDatabase)] (100101)
    Database error
```

你可能会问，这些错误信息中的 100101 错误码，还有 Database error 这种对外展示的报错信息等，是从哪里获取的？这里我简单解释一下。

首先，withCode 中包含了 int 类型的错误码，例如 100101。

其次，当使用 github.com/marmotedu/errors 包的时候，我们需要调用 Register 或者 MustRegister，将一个 Coder 注册到 github.com/marmotedu/errors 开辟的内存中，数据结构为：

```
var codes = map[int]Coder{}
```

Coder 是一个接口，定义如下：

```
type Coder interface {
    // HTTPStatus 定义了错误码关联的 HTTP 状态码
    HTTPStatus() int

    // String 返回外部用户可以直接看到的错误信息
    String() string

    // Reference 返回错误的详细描述文档地址
    Reference() string

    // Code 返回 int 类型的错误码
    Code() int
}
```

这样 withCode 的 Format 方法就能够通过 code 字段获取到对应的 Coder，并通过 Coder 提供的 HTTPStatus、String、Reference、Code 函数，来获取 withCode 中 code 的详细信息，最后格式化打印。

这里要注意，我们实现了两个注册函数：Register 和 MustRegister，二者的唯一区别是：当重复定义同一个错误 Code 时，MustRegister 会挂掉，这样可以防止后面注册的错误覆盖掉之前注册的错误。在实际开发中，建议使用 MustRegister。

XXX() 和 MustXXX() 的函数命名方式，是一种 Go 代码设计技巧，在 Go 代码中经常使用，例如 Go 标准库中 regexp 包提供的 Compile 和 MustCompile 函数。与 XXX() 相比，MustXXX() 会在某种情况不满足时异常。因此使用 MustXXX 的开发者看到函数名就会有一个心理预期：使用不当，会造成程序异常。

最后，我还有一个建议：在实际的生产环境中，我们可以使用 JSON 格式打印日志。JSON 格式的日志可以非常方便地供日志系统解析。开发者可以根据需要，选择 %#-v 或 %#+v 两种格式。

错误包在代码中，经常被调用，所以要保证错误包一定是高性能的，否则很可能会影响接口的性能。下面，我们再来看看 github.com/marmotedu/errors 包的性能。

在这里，我把这个错误包与 Go 标准库的 errors 包，以及 github.com/pkg/errors 包进行对比，来看看它们的性能：

```
$  go test -test.bench=BenchmarkErrors -benchtime="3s"
goos: linux
goarch: amd64
pkg: github.com/marmotedu/errors
BenchmarkErrors/errors-stack-10-8             57658672     61.8 ns/op    16 B/op   1 allocs/op
BenchmarkErrors/pkg/errors-stack-10-8          2265558     1547 ns/op   320 B/op   3 allocs/op
BenchmarkErrors/marmot/errors-stack-10-8       1903532     1772 ns/op   360 B/op   5 allocs/op
BenchmarkErrors/errors-stack-100-8             4883659      734 ns/op    16 B/op   1 allocs/op
BenchmarkErrors/pkg/errors-stack-100-8         1202797     2881 ns/op   320 B/op   3 allocs/op
BenchmarkErrors/marmot/errors-stack-100-8      1000000     3116 ns/op   360 B/op   5 allocs/op
BenchmarkErrors/errors-stack-1000-8             505636     7159 ns/op    16 B/op   1 allocs/op
BenchmarkErrors/pkg/errors-stack-1000-8         327681    10646 ns/op   320 B/op   3 allocs/op
BenchmarkErrors/marmot/errors-stack-1000-8      304160    11896 ns/op   360 B/op   5 allocs/op
PASS
ok      github.com/marmotedu/errors    39.200s
```

可以看到github.com/marmotedu/errors和github.com/pkg/errors包的性能基本持平。在对比性能时，我们需要重点关注ns/op，即每次error操作耗费的纳秒数。另外，还需要测试不同error嵌套深度下的error操作性能，嵌套越深，性能越差。例如：在嵌套深度为10的时候，github.com/pkg/errors包的ns/op值为1547，github.com/marmotedu/errors包的ns/op值为1772。可以看到，二者性能基本保持一致。具体性能数据对比如表13-4所示。

表13-4 错误包性能对比

包	嵌套深度	ns/op
github.com/pkg/errors	10	1547
github.com/marmotedu/errors	10	1772
github.com/pkg/errors	100	2881
github.com/marmotedu/errors	100	3116
github.com/pkg/errors	1000	10 646
github.com/marmotedu/errors	1000	11 896

我们是通过BenchmarkErrors测试函数来测试error包性能的，BenchmarkErrors代码如下：

```
func BenchmarkErrors(b *testing.B) {
    type run struct {
        stack int
        pkg   string
    }
    runs := []run{
        {10, "std"},
        {10, "pkg"},
        {10, "marmot"},
        {100, "std"},
```

```
        {100, "pkg"},
        {100, "marmot"},
        {1000, "std"},
        {1000, "pkg"},
        {1000, "marmot"},
    }
    for _, r := range runs {
        var part string
        var f func(at, depth int) error
        switch r.pkg {
        case "std":
            part = "errors"
            f = stdErrors
        case "pkg":
            part = "pkg/errors"
            f = pkgErrors
        case "marmot":
            part = "marmot/errors"
            f = marmotErrors
        default:
        }

        name := fmt.Sprintf("%s-stack-%d", part, r.stack)
        b.Run(name, func(b *testing.B) {
            var err error
            b.ReportAllocs()
            for i := 0; i < b.N; i++ {
                err = f(0, r.stack)
            }
            b.StopTimer()
            GlobalE = err
        })
    }
}
```

13.3.3 如何记录错误

前面，我们一起了解了如何设计一个优秀的错误包，那如何用我们设计的错误包来记录错误呢？根据我的开发经验，我推荐两种记录错误的方式。

1）通过 github.com/marmotedu/errors 包提供的错误堆栈能力来跟踪错误。示例代码如下：

```
package main

import (
    "fmt"

    "github.com/marmotedu/errors"

    code "github.com/marmotedu/sample-code"
```

```
)

func main() {
    if err := getUser(); err != nil {
        fmt.Printf("%+v\n", err)
    }
}

func getUser() error {
    if err := queryDatabase(); err != nil {
        return errors.Wrap(err, "get user failed.")
    }

    return nil
}

func queryDatabase() error {
    return errors.WithCode(code.ErrDatabase, "user 'Lingfei Kong' not found.")
}
```

执行上述代码，结果如下：

```
$ go run errortrack_errors.go
get user  failed. - #1  [/home/colin/workspace/golang/src/github.com/marmotedu/
    gopractise-demo/errors/errortrack_errors.go:19  (main.getUser)] (100101)
    Database error; user 'Lingfei Kong' not found. - #0 [/home/colin/workspace/
    golang/src/github.com/marmotedu/gopractise-demo/errors/errortrack_errors.
    go:26 (main.queryDatabase)] (100101) Database error
```

可以看到，日志中打印出了详细的错误堆栈，包括错误发生的函数、文件名、行号和错误信息，通过这些错误堆栈，我们可以很方便地定位问题。

当使用这种方法时，我推荐的用法是，在错误最开始处使用 errors.WithCode() 创建一个 WithCode 类型的错误。上层在处理底层返回的错误时，可以根据需要，使用 Wrap 函数基于该错误封装新的错误信息。如果要封装的 error 不是用 github.com/marmotedu/errors 包创建的，建议用 errors.WithCode() 新建一个 error。

2）在错误产生的最原始位置调用日志包记录函数，打印错误信息，其他位置则直接返回（当然，也可以选择性地追加一些错误信息，以便故障定位）。示例代码如下：

```
package main

import (
    "fmt"

    "github.com/marmotedu/errors"
    "github.com/marmotedu/log"

    code "github.com/marmotedu/sample-code"
)
```

```go
func main() {
    if err := getUser(); err != nil {
        fmt.Printf("%v\n", err)
    }
}

func getUser() error {
    if err := queryDatabase(); err != nil {
        return err
    }

    return nil
}

func queryDatabase() error {
    opts := &log.Options{
        Level:            "info",
        Format:           "console",
        EnableColor:      true,
        EnableCaller:     true,
        OutputPaths:      []string{"test.log", "stdout"},
        ErrorOutputPaths: []string{},
    }

    log.Init(opts)
    defer log.Flush()

    err := errors.WithCode(code.ErrDatabase, "user 'Lingfei Kong' not found.")
    if err != nil {
        log.Errorf("%v", err)
    }
    return err
}
```

执行上述代码，结果如下：

```
$ go run errortrack_log.go
2021-07-03 14:37:31.597    ERROR    errors/errortrack_log.go:41    Database error
Database error
```

当错误发生时，调用log包打印错误。通过log包的caller功能，我们可以定位到log语句的位置，也就是定位到错误发生的位置。当使用这种方式来打印日志时，我有两个建议。

- 只在错误产生的最初位置打印日志，其他地方则直接返回错误，一般不需要再对错误进行封装。
- 当代码调用第三方包的函数时，在第三方包函数出错时打印错误信息。比如：

```go
if err := os.Chdir("/root"); err != nil {
    log.Errorf("change dir failed: %v", err)
}
```

13.4 一个错误码的具体实现

本节介绍一个具体的错误码实现：github.com/marmotedu/sample-code。sample-code 实现了以下两类错误码。

- 通用错误码 sample-code/base.go[⊖]。
- 业务模块相关的错误码 sample-code/apiserver.go[⊜]。

先来看一下通用错误码的定义：

```
// 通用 : 基本错误
// 错误码必须以 1xxxxx 作为开始
const (
    // ErrSuccess - 200: OK.
    ErrSuccess int = iota + 100001

    // ErrUnknown - 500: Internal server error.
    ErrUnknown

    // ErrBind - 400: Error occurred while binding the request body to the struct.
    ErrBind

    // ErrValidation - 400: Validation failed.
    ErrValidation

    // ErrTokenInvalid - 401: Token invalid.
    ErrTokenInvalid
)
```

在实际开发中，我们通常使用整型常量（ErrSuccess）来代替整型错误码（100001），因为使用 ErrSuccess 时，我们可以轻易地看出它代表的错误类型。

错误码用来指代一个错误类型，该错误类型需要包含一些有用的信息，例如对应的 HTTP 状态码、对外展示的错误消息，以及与该错误匹配的帮助文档。所以，我们还需要实现一个 Coder 来承载这些信息。这里，我定义了一个实现了 github.com/marmotedu/errors.Coder 接口的 ErrCode 结构体：

```
// ErrCode 实现了 github.com/marmotedu/errors.Coder 接口
type ErrCode struct {
    // C 指向 ErrCode 的错误码
    C int

    // HTTP 代表错误码所映射的 HTTP 状态码
    HTTP int

    // Ext 包含外部用户能够直接看到的错误信息
```

⊖ 参见 https://github.com/marmotedu/sample-code/blob/v1.0.0/base.go。

⊜ 参见 https://github.com/marmotedu/sample-code/blob/v1.0.0/apiserver.go。

```
    Ext string

    // Ref 指向错误修复文档
    Ref string
}
```

可以看到，ErrCode 结构体包含了以下信息。

- ❑ int 类型的业务码。
- ❑ 对应的 HTTP 状态码。
- ❑ 暴露给外部用户的消息。
- ❑ 错误的参考文档。

下面是一个具体的 Coder 示例：

```
coder := &ErrCode{
    C:    100001,
    HTTP: 200,
    Ext:  "OK",
    Ref:  "https://github.com/marmotedu/sample-code/blob/master/README.md",
}
```

接下来，我们就可以调用 github.com/marmotedu/errors 包提供的 Register 或者 MustRegister 函数，将 Coder 注册到 github.com/marmotedu/errors 包开辟的内存中。

一个项目有很多个错误码，如果每个错误码都手动调用 MustRegister 函数会很麻烦，可以通过代码自动生成的方法来生成 register 函数调用：

```
//go:generate codegen -type=int
//go:generate codegen -type=int -doc -output ./error_code_generated.md
```

//go:generate codegen -type=int 会调用 codegen[⊖] 工具，生成 sample_code_generated.go 源码文件：

```
func init() {
    register(ErrSuccess, 200, "OK")
    register(ErrUnknown, 500, "Internal server error")
    register(ErrBind, 400, "Error occurred while binding the request body to the struct")
    register(ErrValidation, 400, "Validation failed")
}
```

这些 register 调用放在 init 函数中，在加载程序的时候被初始化。

注意，在注册的时候，我们会检查 HTTP 状态码，只允许定义 200、400、401、403、404、500 这 6 个 HTTP 错误码。这里我们通过程序保证了错误码是符合 HTTP 状态码使用要求的。

⊖ 参见 https://github.com/marmotedu/iam/tree/v1.6.2/tools/codegen。

//go:generate codegen -type=int -doc -output ./error_code_generated.md 会生成错误码描述文档 error_code_generated.md。当我们提供 API 文档时，也需要提供一份错误码描述文档，这样客户端才可以根据错误码，知道请求是否成功，以及具体发生哪类错误，以便针对性地做一些逻辑处理。

codegen 工具会根据错误码注释生成 sample_code_generated.go 和 error_code_generated.md 文件：

```
// ErrSuccess - 200: OK.
ErrSuccess int = iota + 100001
```

codegen 工具之所以能够生成 sample_code_generated.go 和 error_code_generated.md，是因为错误码注释是有规定格式的：// <错误码整型常量> - <对应的 HTTP 状态码>: <External Message>.。

我们可以在 IAM 项目根目录下，执行以下命令来安装 codegen 工具：

```
$ make tools.install.codegen
```

安装完 codegen 工具后，可以在 github.com/marmotedu/sample-code 包根目录下执行 go generate 命令，来生成 sample_code_generated.go 和 error_code_generated.md。这里有个技巧需要注意：生成的文件建议统一用 xxxx_generated.go 来命名，这样通过 generated，我们就可以知道这个文件是代码自动生成的。

在实际的开发中，我们可以将错误码独立封装成一个包，放在 internal/pkg/code/ 目录下，以便整个应用调用。例如 IAM 的错误码就放在 IAM 项目根目录下的 internal/pkg/code/ 目录下。

错误码是分服务和模块的，所以这里建议你把相同的服务放在同一个 Go 源文件中，例如 IAM 的错误码存放文件：

```
$ ls base.go apiserver.go authzserver.go
apiserver.go  authzserver.go  base.go
```

一个应用中会有多个服务，例如 IAM 应用就包含了 iam-apiserver、iam-authz-server、iam-pump、iam-watcher 4 个服务。这些服务有一些通用的错误码，为了便于维护，可以将这些通用的错误码统一放在 base.go 源码文件中。其他的错误码则可以按服务分别放在不同的文件中：将 iam-apiserver 服务的错误码统一放在 apiserver.go 文件中，将 iam-authz-server 服务的错误码统一存放在 authzserver.go 文件中，其他服务以此类推。

另外，针对同一个服务中不同模块的错误码，可以按以下格式来组织：将相同模块的错误码放在同一个 const 代码块中，将不同模块的错误码放在不同的 const 代码块中。每个 const 代码块的开头注释就是该模块的错误码定义。例如：

```
// iam-apiserver: 用户相关错误
const (
    // ErrUserNotFound - 404: User not found.
    ErrUserNotFound int = iota + 110001
```

```
    // ErrUserAlreadyExist - 400: User already exist.
    ErrUserAlreadyExist
)

// iam-apiserver: 密钥相关错误
const (
    // ErrEncrypt - 400: Secret reach the max count.
    ErrReachMaxCount int = iota + 110101

    //  ErrSecretNotFound - 404: Secret not found.
    ErrSecretNotFound
)
```

最后，我们还需要将错误码定义记录在项目的文件中，供开发者查阅、遵守和使用。例如IAM项目的错误码定义记录文档为code_specification.md[⊖]，这个文档中记录了错误码说明、错误描述规范和错误记录规范等。

13.5 错误码实际使用示例

前文讲解了错误包和错误码的实现方式，本节将通过一个在Gin框架中使用错误码的例子来详细介绍如何在实际开发中使用错误码。

```
// Response 定义了错误返回格式
type Response struct {
    Code      errors.Code `json:"code,omitempty"`
    Message   string      `json:"message,omitempty"`
    Reference string      `json:"reference,omitempty"`
    Data      interface{} `json:"data,omitempty"`
}

// WriteResponse 用于将错误和 JSON 数据写入 Response 结构体中
func WriteResponse(c *gin.Context, err error, data interface{}) {
    if err != nil {
        coder := errors.ParseCoder(err)

        c.JSON(coder.HTTPStatus(), Response{
            Code:      coder.Code(),
            Message:   coder.String(),
            Reference: coder.Reference(),
            Data:      data,
        })

        return
    }
```

⊖ 参见 https://github.com/marmotedu/iam/blob/v1.6.2/docs/guide/zh-CN/api/code_specification.md。

```
    c.JSON(http.StatusOK, Response{Data: data})
}

func GetUser(c *gin.Context) {
    log.Info("get user function called.", "X-Request-Id", requestid.Get(c))
    // 根据username从数据库中获取用户信息
    user, err := store.Client().Users().Get(c.Param("username"), metav1.GetOptions{})
    if err != nil {
        core.WriteResponse(c, errors.WithCode(code.ErrUserNotFound, err.Error()), nil)
        return
    }

    core.WriteResponse(c, nil, user)
}
```

在上述代码中，我们通过 WriteResponse 统一处理错误。在 WriteResponse 函数中，如果 err != nil，则从 error 中解析出 Coder，并调用 Coder 提供的方法，获取错误相关的 HTTP 状态码、int 类型的业务码、暴露给用户的信息、错误的参考文档链接，并返回 JSON 格式的信息。如果 err == nil 则返回 200 和数据。

13.6 本章总结

对外暴露的 API 需要有一套规范的、科学的错误码。本章介绍了一种错误码设计方法：错误码包含 HTTP Code 和业务 Code，并且业务 Code 会映射为一个 HTTP Code；错误码也会对外暴露两种错误信息，一种是直接暴露给用户的，不包含敏感信息，另一种是供内部开发查看的，定位问题的错误信息；错误码还支持返回参考文档，用于在出错时展示给用户，供用户查看并解决问题。本章还给出了一个具体的错误码设计示例：https://github.com/marmotedu/sample-code。

记录错误是应用程序必须要做的一件事情，在实际开发中，我们通常会封装自己的错误包。一个优秀的错误包应该能够支持错误堆栈、不同的打印格式、Wrap/Unwrap/Is/As 等函数，并能够支持格式化创建错误。根据这些错误包设计要点，我基于 github.com/pkg/errors 包设计了 IAM 项目的错误包 github.com/marmotedu/errors，该包符合本章设计的错误码规范。

Chapter 14 第14章

日志处理

在做 Go 项目开发时，除了处理错误之外，我们必须要做的另外一件事是记录日志。日志可以帮助我们完成一些基本功能，比如开发、测试期间的调试，故障排除，数据分析，监控告警，以及记录发生的事件等。本章就来详细介绍一下如何设计日志包以及如何记录日志，并手把手教你从 0 编写一个日志包。

提示 本章代码存放在 /gopractise-demo/log/cuslog 目录下。

14.1 如何设计日志包

目前，虽然有很多优秀的开源日志包可供选择，但在一个大型系统中，这些开源日志包很可能无法满足我们的定制化需求，需要我们自己开发日志包。

这些日志包可能是基于某个或某几个开源的日志包改造而来，也可能是全新开发的日志包。那么在开发日志包时，我们需要实现哪些功能，又如何实现这些功能呢？本节就来详细解答下这些问题。

先来看日志包需要具备哪些功能。根据功能的重要性，我将日志包需要实现的功能分为基础功能、高级功能和可选功能。基础功能是一个日志包必须要具备的功能。高级功能、可选功能是在特定场景下可增加的功能。

14.1.1 基础功能

基础功能，是优秀日志包必备的功能，能够满足绝大部分的使用场景，适合一些中小型的项目。一个日志包应该具备以下 4 个基础功能。

1. 支持基本的日志信息

日志包需要支持基本的日志信息，包括时间戳、文件名、行号、日志级别和日志信息。

时间戳可以记录日志发生的时间。在定位问题时，我们往往需要根据时间戳来复原请求过程，核对相同时间戳下的上下文，从而找出问题。

文件名和行号可以使我们更快速定位到打印日志的位置，找到问题代码。一个日志库如果不支持文件名和行号，就会使排查故障变得非常困难，基本只能靠搜索和记忆来定位代码。对于企业级的服务，我们需要保证服务在故障后能够快速恢复。恢复的时间越久，造成的损失就越大，影响就越大。这就要求研发人员能够快速定位并解决问题，而文件名和行号可以帮助我们实现这一功能。

日志级别可以使我们知道日志的错误类型，最通常的用法是：直接过滤出 Error 级别的日志，这样就可以直接定位出问题出错点，然后再结合其他日志，定位出错误的原因。如果系统不支持日志级别，在定位问题时，我们可能要查看一大堆无用的日志。在大型系统中，一次请求的日志量很多，会大大延长我们定位问题的时间。而通过日志信息，我们可以知道错误发生的具体原因。

2. 支持不同的日志级别

不同的日志级别代表不同的日志类型，例如 Error 级别的日志表示日志是错误类型，在排障时，要首先查看错误级别的日志；Warn 级别的日志表示出现异常，但还不至于影响程序运行，如果程序执行的结果不符合预期，则可以参考 Warn 级别的日志定位出异常所在；Info 级别的日志表示可以协助我们 Debug，并记录一些有用的信息，供后期进行分析。

通常一个日志包至少要实现 6 个级别，按优先级从低到高排列，如表 14-1 所示。

表 14-1 日志级别

日志级别	说 明
Debug	Debug 级别的日志主要用来提供一些调试信息，方便我们在开发、测试时定位问题，观察程序的运行是否符合预期等
Info	Info 通常是默认的日志级别，该级别的日志的主要目的是提供一些必要的日志信息，方便在业务出现问题时，结合 Error 级别的日志，快速排障
Warn	Warn 级别的日志，比 Info 级别的日志更加重要
Error	Error 级别的日志，代表程序执行出错，如果程序正常运行，不应该产生任何 Error 级别的日志。Error 级别的日志可以直接让我们定位到出错的原因，所以在实际的开发中，通常会把 Error 级别的日志输出到一个独立的文件中，方便出问题时查看
Panic	Panic 级别的日志，说明错误比较严重，在输出 Panic 日志内容后，会调用 panic(s)(s 为日志内容)使程序退出，并打印出错误堆栈，方便我们定位问题。如果程序设置了 defer…recover 语句，则可以用 `defer…recover` 语句捕获 Panic
Fatal	Fatal 级别的日志，表示程序遇到了致命的错误，需要退出。在输出日志内容后，调用 os.Exit 退出程序。例如，对于一个业务 API，如果连接数据库失败，则可以直接调用 log.Fatal 打印错误，并退出程序，因为如果连接数据库失败，那我们就没法做业务的增、删、改、查等操作，导致程序没法继续执行

有些日志包，例如 logrus，还支持 Trace 日志级别。Trace 级别比 Debug 级别还低，能够打印更细粒度的日志信息。在我看来，Trace 级别不是必需的，你可以根据需要自行选择。

打印日志时，一个日志调用其实具有两个属性。

- **输出级别**：打印日志时，期望日志的输出级别。例如，调用 `glog.Info("This is info message")` 打印一条日志，则输出日志级别为 Info。
- **开关级别**：启动应用程序时，期望哪些输出级别的日志被打印。例如，使用 glog 时设置 `-v=4`，说明只有日志级别高于 4 的日志才会被打印。

如果开关级别设置为 `L`，则只有输出级别大于或等于 `L` 时，日志才会被打印。例如，开关级别为 Warn，则只会记录 Warn、Error、Panic 和 Fatal 级别的日志。具体的输出关系如图 14-1 所示。

输出级别 / 开关级别	Fatal	Panic	Error	Warn	Info	Debug	Trace
Fatal							
Panic							
Error							
Warn							
Info							
Debug							
Trace							

图 14-1 日志级别输出关系

注：灰色背景代表可见，可以发现当设置开关级别为 Trace 时，会打印程序中所有级别的日志。

3. 支持自定义配置

不同的运行环境，需要不同的日志输出配置，例如：在开发测试环境，为了能够方便调试，需要设置日志级别为 Debug 级别；在现网环境，为了提高应用程序的性能，则需要设置日志级别为 Info 级别。又比如，在现网环境，为了方便日志采集，通常会输出 JSON 格式的日志；在开发测试环境，为了方便查看日志，通常会输出 TEXT 格式的日志。

所以，日志包需要能够被配置，还要不同环境采用不同的配置。通过配置，可以在不重新编译代码的情况下，改变记录日志的行为。

4. 支持输出到标准输出和保存到文件

日志总是要被读的，要么输出到标准输出，供开发者实时读取，要么保存到文件，供开发者日后查看。输出到标准输出和保存到文件是一个日志包最基本的功能。

14.1.2 高级功能

除了上面提到的这些基本功能外，在一些大型系统中，我们通常还会要求日志包具备一些高级功能。这些高级功能可以帮助我们更好地记录日志，并实现更丰富的功能，例如日志告警功能。那么一个日志包可以具备哪些高级功能呢？

1. 支持多种日志格式

日志格式也是我们要考虑的一个点。一个好的日志格式，不仅便于我们查看日志，还能便于日志采集组件采集日志，并对接类似 Elasticsearch 这样的日志搜索引擎。

一个日志包至少需要提供以下两种格式。

- **TEXT 格式**：TEXT 格式的日志具有良好的可读性，可以方便我们在开发联调阶段查看日志。例如：

```
2020-12-02T01:16:18+08:00 INFO example.go:11 std log
2020-12-02T01:16:18+08:00 DEBUG example.go:13 change std log to debug level
```

- **JSON 格式**：JSON 格式的日志可以记录更详细的信息，日志中包含一些通用的或自定义的字段，可以供日后的查询、分析使用，也可以很方便地供 Filebeat、Logstash 这类日志采集工具采集并上报。下面是 JSON 格式的日志：

```
{"level":"DEBUG","time":"2020-12-02T01:16:18+08:00","file":"example.go:15","func":"main.
    main","message":"log in json format"}
{"level":"INFO","time":"2020-12-02T01:16:18+08:00","file":"example.go:16","func":"main.
    main","message":"another log in json format"}
```

我建议在开发联调阶段使用 TEXT 格式的日志，在现网环境使用 JSON 格式的日志。一个优秀的日志库，例如 logrus，除了提供基本的输出格式外，还应该允许开发者自定义日志输出格式。

2. 支持按级别分类输出

为了能够快速定位到需要的日志，一个比较好的做法是将日志按级别分类输出，至少可以将错误级别的日志输出到独立的文件中。这样，当出现问题时，我们可以直接查找错误文件并定位问题。例如，glog 就支持分类输出，如图 14-2 所示。

```
[colin@dev log]$ ll
total 12
-rw-rw-r-- 1 colin colin 317 Dec  2 08:11 main.colin.colin.log.ERROR.20201202-081133.24123
-rw-rw-r-- 1 colin colin 589 Dec  2 08:11 main.colin.colin.log.INFO.20201202-081133.24123
-rw-rw-r-- 1 colin colin 456 Dec  2 08:11 main.colin.colin.log.WARNING.20201202-081133.24123
lrwxrwxrwx 1 colin colin  48 Dec  2 08:11 main.ERROR -> main.colin.colin.log.ERROR.20201202-081133.24123
lrwxrwxrwx 1 colin colin  47 Dec  2 08:11 main.INFO -> main.colin.colin.log.INFO.20201202-081133.24123
lrwxrwxrwx 1 colin colin  50 Dec  2 08:11 main.WARNING -> main.colin.colin.log.WARNING.20201202-081133.24123
```

图 14-2　glog 按级别分类输出

3. 支持结构化日志

结构化日志（Structured Log），就是使用 JSON 或者其他编码方式使日志结构化，这样可以方便后续使用 Filebeat、Logstash Shipper 等各种工具，对日志进行采集、过滤、分析和查找。例如，下面的代码使用 zap 包来进行日志打印：

```
package main

import (
```

```
    "time"

    "go.uber.org/zap"
)

func main() {
    logger, _ := zap.NewProduction()
    defer logger.Sync() // 程序退出时，将缓存的日志存储到硬盘中
    url := "http://marmotedu.com"
    // 结构化日志打印
    logger.Sugar().Infow("failed to fetch URL", "url", url, "attempt", 3, "backoff",
        time.Second)

    // 非结构化日志打印
    logger.Sugar().Infof("failed to fetch URL: %s", url)
}
```

上述代码的输出为：

```
{"level":"info","ts":1607303966.9903321,"caller":"zap/structured_log.go:14","msg":"failed
    to fetch URL","url":"http://marmotedu.com","attempt":3,"backoff":1}
{"level":"info","ts":1607303966.9904354,"caller":"zap/structured_log.go:17","msg":"failed
    to fetch URL: http://marmotedu.com"}
```

4. 支持日志轮转

一个大型项目，一天可能会产生几十 GB 的日志。为了防止日志把磁盘空间占满，导致服务器或者程序异常，需要在日志大小达到一定量级时，对日志进行切割、压缩，并转存。

如何切割呢？可以按照日志大小进行切割，也可以按照日期切割。日志的切割、压缩和转存功能可以基于 GitHub 上一些优秀的开源包来封装，例如 natefinch/lumberjack 支持按大小和日期归档日志，lestrrat-go file-rotatelogs 支持按小时数进行日志切割。

对于日志轮转功能，其实我不建议在日志包中添加，因为这会增加日志包的复杂度，而是建议借助其他的工具来实现日志轮转。例如，在 Linux 系统中可以使用 Logrotate 来轮转日志。Logrotate 功能强大，是一个专业的日志轮转工具。

5. 具备 Hook 能力

Hook 能力可以使我们对日志内容进行自定义处理。例如，当某个级别的日志产生时，可以发送邮件或者调用告警接口进行告警。很多优秀的开源日志包提供了 Hook 能力，例如 logrus 和 zap。

在一个大型系统中，日志告警是非常重要的功能，但更好的实现方式是将告警能力做成旁路功能。通过旁路功能，我们可以保证日志包功能聚焦、简洁。例如：可以将日志收集到 Elasticsearch，并通过 ElastAlert 进行日志告警。

14.1.3 可选功能

除了基础功能和高级功能外，日志包还需要具备一些可选功能。这些功能不会影响到

日志包的核心功能，但是如果具有这些功能，会使日志包更加易用。比如下面这 3 个功能。

1. 支持颜色输出

在开发、测试时开启颜色输出，使不同级别的日志被不同颜色标识，这样我们可以很轻松地发现一些 Error、Warn 级别的日志，方便开发调试。在将项目发布到生产环境时，我们可以关闭颜色输出，以提高性能。

2. 兼容标准库 log 包

因为一些早期的 Go 项目大量使用了标准库 log 包，所以如果日志库能够兼容标准库 log 包，那么我们就可以很容易地替换掉标准库 log 包。例如，logrus 就兼容标准库 log 包。这里，我们来看一个使用了标准库 log 包的代码：

```
package main

import (
    "log"
)

func main() {
    log.Print("call Print: line1")
    log.Println("call Println: line2")
}
```

只需要使用 `log "github.com/sirupsen/logrus"` 替换上面代码中的 `"log"` 就可以完成标准库 log 包的切换：

```
package main

import (
    log "github.com/sirupsen/logrus"
)

func main() {
    log.Print("call Print: line1")
    log.Println("call Println: line2")
}
```

3. 支持输出到不同的位置

在分布式系统中，一个服务会被部署在多台机器上，此时如果要查看日志，就需要分别登录不同的机器查看，非常麻烦。我们更希望将日志统一投递到 Elasticsearch 上，在 Elasticsearch 上查看日志。

我们还可能需要从日志中分析某个接口的调用次数、某个用户的请求次数等信息，这就需要我们能够对日志进行处理。一般的做法是将日志投递到 Kafka，由数据处理服务消费 Kafka 中保存的日志，从而分析出调用次数等信息。

以上两种场景，分别需要把日志投递到 Elasticsearch、Kafka 等组件，如图 14-3 所示。

如果日志包支持将日志投递到不同的目的端，那会是一项非常让人期待的功能。如果日志不支持投递到不同的下游组件，例如 Elasticsearch、Kafka、Fluentd、Logstash 等位置，也可以通过 Filebeat 采集磁盘上的日志文件，进而投递到下游组件。

14.1.4 设计时需要关注的点

前文介绍了日志包具备的功能，这些功能可以指导我们完成日志包设计。这里，我们再来看看设计日志包时还需要关注的几个层面。

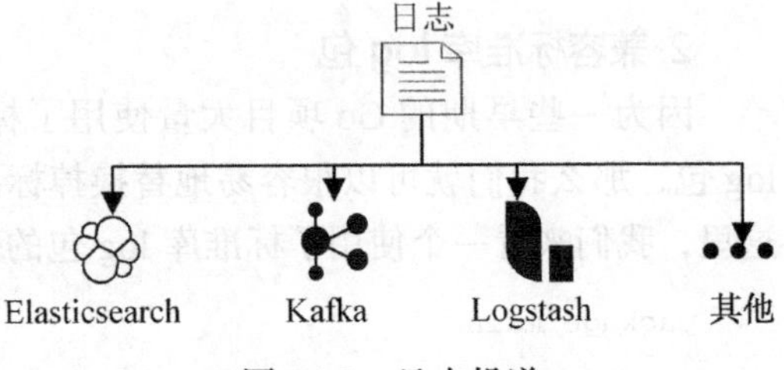

图 14-3 日志投递

- **高性能**：因为我们要在代码中频繁调用日志包，记录日志，所以日志包的性能是首先要考虑的点，一个性能很差的日志包必然会导致整个应用性能很差。
- **并发安全**：Go 应用程序会大量使用 Go 语言的并发特性，这就意味着需要我们并发地记录日志，即需要日志包是并发安全的。
- **插件化能力**：日志包应该能提供一些插件化的能力，比如允许开发者自定义输出格式、自定义存储位置、自定义错误发生时的行为（例如告警、发邮件等）。插件化的能力不是必需的，因为日志自身的特性就能满足我们绝大部分的使用需求，例如输出格式支持 JSON 和 TEXT，存储位置支持标准输出和文件，日志监控可以通过一些旁路系统来实现。
- **日志参数控制**：日志包应该能够灵活地进行配置，例如在初始化时配置或者在程序运行时配置。例如：初始化配置可以通过 Init 函数完成，运行时配置可以通过 `SetOptions` / `SetLevel` 等函数来完成。

14.2 如何记录日志

前面介绍了在设计日志包时，日志包要包含的一些功能、实现方法和注意事项。但在这个过程中，还有一项重要工作需要注意，那就是日志记录。

日志并不是越多越好，在实际开发中，我们经常会遇到一大堆无用的日志，或者有效的日志被大量无用的日志淹没，查找起来非常困难。

一个优秀的日志包可以协助我们更好地记录、查看和分析日志，但是如何记录日志决定了我们能否获取到有用的信息。日志包是工具，日志记录才是灵魂。

想要更好地记录日志，我们需要解决以下几个问题：

- 在何处打印日志？
- 在哪个日志级别打印日志？
- 如何记录日志内容？

14.2.1 在何处打印日志

日志主要是用来定位问题的，所以整体来说，我们要在有需要的地方打印日志。那么具体是哪些地方呢？我有以下几条建议。

- 在分支语句处打印日志。这样可以判断出代码走了哪个分支，有助于判断请求的下一跳，以进一步排查问题。
- 写操作必须打印日志。写操作最可能引起比较严重的业务故障，写操作打印日志，可以在出问题时找到关键信息。
- 在循环中打印日志要慎重。如果循环次数过多，会导致打印大量的日志，严重拖累代码的性能，建议在循环中记录要点，在循环外面总结打印出来。
- 在错误产生的最原始位置打印日志。对于嵌套的 Error，可在 Error 产生的最初位置打印 Error 日志，如果上层不需要添加必要的信息，可以直接返回下层的 Error。例如：

```
package main

import (
    "flag"
    "fmt"

    "github.com/golang/glog"
)

func main() {
    flag.Parse()
    defer glog.Flush()

    if err := loadConfig(); err != nil {
        glog.Error(err)
    }
}

func loadConfig() error {
    return decodeConfig() // 直接返回
}

func decodeConfig() error {
    if err := readConfig(); err != nil {
        return fmt.Errorf("could not decode configuration data for user %s:
            %v", "colin", err) // 添加必要的信息，如用户名称
    }

    return nil
}

func readConfig() error {
```

```
    glog.Errorf("read: end of input.")
    return fmt.Errorf("read: end of input")
}
```

如上述代码所示，通过在最初产生错误的位置打印日志，可以很方便地追踪到日志的根源，进而在上层追加一些必要的信息。这可以让我们了解到该错误产生的影响，有助于排障。另外，直接返回下层日志，还可以减少重复的日志打印。

当代码调用第三方包的函数，且第三方包函数出错时，会打印错误信息。比如：

```
if err := os.Chdir("/root"); err != nil {
    log.Errorf("change dir failed: %v", err)
}
```

14.2.2 在哪个日志级别打印日志

不同级别的日志，具有不同的意义，能实现不同的功能。在开发中，我们应该根据目的，在合适的级别记录日志，具体建议如下。

1. Debug 级别

为了获取足够的信息进行调试，我们通常会在 Debug 级别打印很多日志。例如，可以打印整个 HTTP 请求的请求 Body 或者响应 Body。

Debug 级别需要打印大量的日志，这会严重影响程序的性能。同时由于 Debug 级别的日志多是一些不影响现网业务的日志信息，所以，我们一定要在服务上线时将其禁止掉，否则，就可能会因为大量的日志导致硬盘空间快速用完，从而造成服务宕机，也可能会影响服务的性能和产品体验。

Debug 级别的日志可以随意输出，任何你觉得有助于开发、测试阶段调试的日志，都可以在这个级别打印。

2. Info 级别

Info 级别的日志可以记录一些有用的信息，供以后的运营分析，所以 Info 级别的日志应以满足需求为主要目标。一些关键日志，可以在 Info 级别记录，但如果日志量大、输出频度过高，则要考虑在 Debug 级别记录。

现网的日志级别一般是 Info 级别，为了不使日志文件占满整个磁盘空间，在记录日志时，我们要注意避免产生过多的 Info 级别的日志。例如，在 for 循环中，我们要慎用 Info 级别的日志。

3. Warn 级别

一些警告类的日志可以记录在 Warn 级别。Warn 级别的日志往往表示程序运行异常，不符合预期，但又不影响程序的继续运行，或者是暂时影响，但后续会恢复。对于这类日志，我们需要重点关注。Warn 级别的日志更多是业务级别的警告日志。

4. Error 级别

Error 级别的日志表示我们的程序执行出错，这些错误肯定会影响程序的执行结果，例如请求失败、创建资源失败等。要记录每一个发生错误的日志，以避免日后排障过程中忽略这些错误。大部分的错误可以归在 Error 级别。

5. Panic 级别

Panic 级别的日志在实际开发中很少用，通常只在需要错误堆栈，或者不想因为发生严重错误导致程序退出，而采用 defer 处理错误时使用。

6. Fatal 级别

Fatal 是最高级别的日志，这个级别的日志表示问题已经相当严重，严重到程序无法继续运行，通常是系统级的错误。在开发中也很少使用 Fatal 级别的日志，除非我们觉得某个错误发生时，整个程序无法继续运行。

这里用图 14-4 来总结下如何选择 Debug、Info、Warn、Error、Panic、Fatal 这几种日志级别。

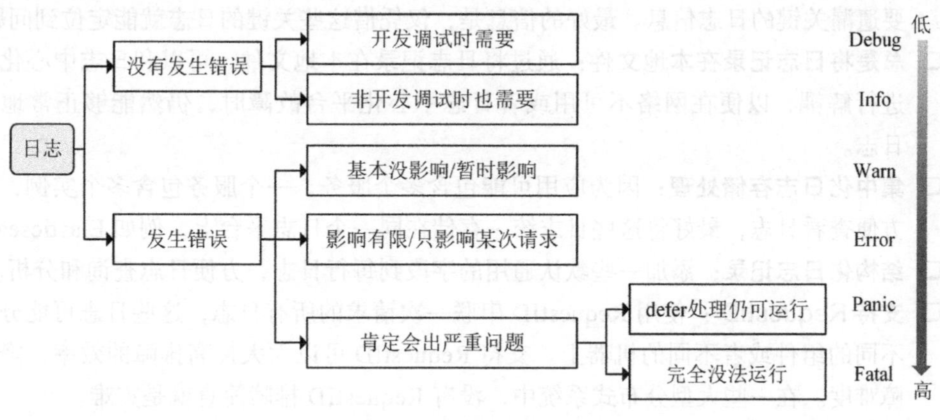

图 14-4　日志级别选择

14.2.3　如何记录日志内容

关于如何记录日志内容，我有以下几条建议。

- 在记录日志时，不要输出一些敏感信息，例如密码、密钥等。
- 为了方便调试，通常会在 Debug 级别记录一些临时日志，这些日志内容可以用一些特殊的字符开头，例如 `log.Debugf("XXXXXXXXXXXX-1:Input key was: %s", setKeyName)`。这样，在完成调试后，我们就可以通过查找 XXXXXXXXXXXX 字符串，找到这些临时日志，在提交前删除。
- 日志内容应该以小写字母开头，以英文点号 . 结尾，例如 `log.Info("update user function called.")`。

- 为了提高性能，尽可能使用明确的类型，例如使用 `log.Warnf("init datastore: %s", err.Error())` 而非 `log.Warnf("init datastore: %v", err)`。
- 根据需要，日志最好包含两个信息。一个是请求 ID（RequestID），即每次请求的唯一 ID，用于从海量日志中过滤出某次请求的日志，可以将请求 ID 放在请求的通用日志字段中。另一个是用户和行为，用于标识谁做了什么。
- 不要将日志记录在错误的日志级别上。例如，将正常的日志信息打印在 Error 级别，将错误的日志信息打印在 Info 级别。

14.2.4 记录日志的最佳实践总结

综合来说，对于记录日志的最佳实践的重点总结如下，以便你后续查阅。

- **在排障过程中不断优化日志打印**：好的日志，可能不是一次就可以写好的，可以在实际开发测试过程中，或者在现网定位问题时，不断优化。但这需要你重视日志，而不是把日志仅仅当成记录信息的一种方式，甚至不知道为什么打印一条 Info 日志。
- **日志打印以合适为主**：打印日志要“不多不少”，避免打印没有作用的日志，也不要遗漏关键的日志信息。最好的信息是，仅凭借这些关键的日志就能定位到问题。
- **总是将日志记录在本地文件**：通过将日志记录在本地文件，可以和日志中心化平台进行解耦，以便在网络不可用或者日志中心化平台故障时，仍然能够正常地记录日志。
- **集中化日志存储处理**：因为应用可能包含多个服务，一个服务包含多个实例，为了方便查看日志，最好将这些日志统一存储在同一个日志平台上，例如 Elasticsearch。
- **结构化日志记录**：添加一些默认通用的字段到每行日志，方便日志查询和分析。
- **支持 RequestID**：使用 RequestID 串联一次请求的所有日志，这些日志可能分布在不同的组件或者不同的机器上。支持 RequestID 可以大大提高排障的效率，降低排障难度。在一些大型分布式系统中，没有 RequestID 排障简直就是灾难。
- **支持动态开关 Debug 日志**：对于定位一些隐藏得比较深的问题，可能需要更多的信息，这时候可能需要打印 Debug 日志。但现网的日志级别会设置为 Info 级别，为了获取 Debug 日志，我们可能会修改日志级别为 Debug 级别并重启服务，定位完问题后，再修改日志级别为 Info 级别，然后重启服务。这种方式不仅麻烦而且可能会对现网业务造成影响，最好的办法是能够在请求中通过 `debug=true` 这类参数动态控制某次请求是否开启 Debug 日志。

14.3 拓展内容：分布式日志解决方案（EFK/ELK）

前文介绍了设计日志包和记录日志的规范，除此之外，还有一个问题需要我们了解：我们记录的日志如何收集、处理和展示。

在实际 Go 项目开发中，为了实现高可用，同一个服务至少需要部署两个实例，并通过负载均衡策略转发请求。另外，一个应用又可能包含多个服务。假设我们的应用包含两个服务，每个服务部署两个实例，如果应用出现故障，我们可能需要登录 4（2×2）台服务器查看本地的日志文件，使得定位问题非常麻烦，也会增加故障恢复时间。所以在真实的企业场景中，我们会将这些日志统一收集并展示。

目前，日志的收集、处理和展示早已经有了一套十分流行的日志解决方案：EFK（Elasticsearch + Filebeat + Kibana）或者 ELK（Elasticsearch + Logstash + Kibana）。EFK 可以理解为 ELK 的演进版，它把日志收集组件从 Logstash 替换成了 Filebeat。用 Filebeat 替换 Logstash 的主要原因是 Filebeat 更轻量级，占用的资源更少。日志处理架构如图 14-5 所示。

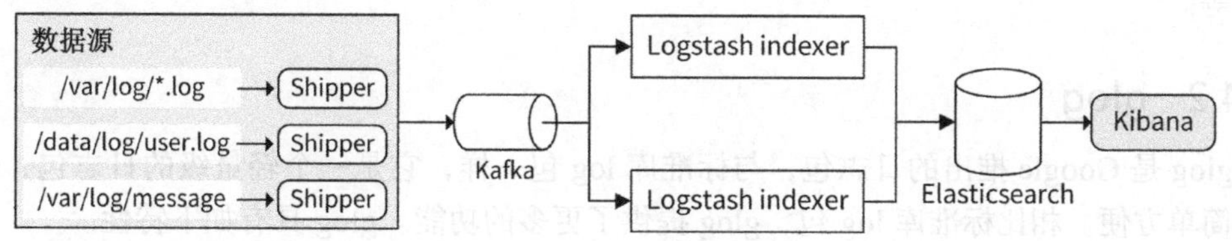

图 14-5　日志处理架构

通过 log 包将日志记录在本地文件中（`*.log` 文件），再通过 Shipper 收集到 Kafka 中。Shipper 可以根据需要灵活选择。常见的 Shipper 有 Logstash Shipper、Flume、Fluentd、Filebeat。其中 Filebeat 和 Logstash Shipper 用得最多。Shipper 之所以没有直接将日志投递到 Logstash indexer 或者 Elasticsearch，是因为 Kafka 能够支持更大的吞吐量，具有削峰填谷的作用。

Kafka 中的日志消息会被 Logstash indexer 消费，并在处理后被投递到 Elasticsearch 中存储起来。Elasticsearch 是实时全文搜索和分析引擎，提供搜集、分析、存储数据三大功能。Elasticsearch 中存储的日志，可以通过 Kibana 提供的图形界面来展示。Kibana 是一个基于 Web 的图形界面，用于搜索、分析和可视化存储在 Elasticsearch 中的日志数据。

Logstash 负责采集、转换和过滤日志。它支持几乎任何类型的日志，包括系统日志、错误日志和自定义应用程序日志。Logstash 又分为 Logstash Shipper 和 Logstash indexer。其中，Logstash Shipper 用于监控并收集日志，并将日志内容发送到 Logstash indexer；Logstash indexer 用于过滤日志，并将日志提交给 Elasticsearch。

14.4　有哪些优秀的开源日志包

在 Go 项目开发中，我们可以通过修改一些优秀的开源日志包，来作为项目的日志包。Go 生态中有很多优秀的开源日志包，例如标准库 log 包、glog、logrus、zap、seelog、zerolog、log15、apex/log、go-logging 等。其中，用得比较多的是标准库 log 包、glog、 logrus 和 zap。

为了更好地了解开源日志包的现状，接下来我会简单介绍几个常用的日志包。至于它们的具体使用方法，可以参考我整理的一篇文章《**优秀开源日志包使用教程**[⊖]》。

14.4.1 标准库 log 包

标准库 log 包的功能非常简单，只提供 Print、Panic 和 Fatal 3 类函数用于日志输出。因为是标准库自带的，所以不需要下载安装，使用起来非常方便。

标准库 log 包只有不到 400 行的代码量，如果你想研究如何实现一个日志包，阅读标准库 log 包是一个不错的开始。Go 的标准库大量使用了 log 包，例如 `net/http`、`net/rpc` 等。

14.4.2 glog

glog 是 Google 推出的日志包，与标准库 log 包一样，它是一个轻量级的日志包，使用起来简单方便。相比标准库 log 包，glog 提供了更多的功能。glog 具有如下特性。

- 支持 4 种日志级别：Info、Warning、Error、Fatal。
- 支持命令行选项，例如 `-alsologtostderr`、`-log_backtrace_at`、`-log_dir`、`-logtostderr`、`-v` 等，每个参数实现某种功能。
- 支持根据文件大小切割日志文件。
- 支持日志按级别分类输出。
- 支持 V level。V level 特性可以使开发者自定义日志级别。
- 支持 vmodule。vmodule 可以使开发者对不同的文件使用不同的日志级别。
- 支持 traceLocation。traceLocation 可以打印出指定位置的栈信息。

14.4.3 logrus

logrus 是目前 GitHub 上 star 数量最多的日志包，它的优点是功能强大、性能高效、高度灵活，同时提供自定义插件的功能。很多优秀的开源项目，例如 Docker、Prometheus 等，都使用了 logrus。除了具有日志的基本功能外，logrus 还具有如下特性。

- **支持常用的日志级别**：支持 Debug、Info、Warn、Error、Fatal 和 Panic 等日志级别。
- **可扩展**：logrus 的 Hook 机制允许使用者通过 Hook 的方式，将日志分发到任意地方，例如本地文件、标准输出、Elasticsearch、Logstash、Kafka 等。
- **支持自定义日志格式**：logrus 内置了 `JSONFormatter` 和 `TextFormatter` 两种格式。除此之外，logrus 还允许使用者通过实现 Formatter 接口，来自定义日志格式。
- **结构化日志记录**：logrus 的 Field 机制允许使用者自定义日志字段，而不是通过冗长的消息来记录日志。

⊖ 参见 https://github.com/marmotedu/geekbang-go/blob/master/ 优秀开源日志包使用教程 .md。

- **预设日志字段**：logrus 的 Default Fields 机制可以给一部分或者全部日志统一添加共同的日志字段，例如给某次 HTTP 请求的所有日志添加 `X-Request-ID` 字段。
- **Fatal Handler**：logrus 允许注册一个或多个 handler，在产生 Fatal 级别的日志时调用。当需要优雅关闭时，这个特性会非常有用。

14.4.4 zap

zap 是 Uber 开源的日志包，以高性能著称，很多公司的日志包都是基于 zap 改造而来。除了具有日志基本的功能之外，zap 还具有很多强大的特性。

- 支持常用的日志级别，例如：Debug、Info、Warn、Error、DPanic、Panic、Fatal。
- 性能非常高。zap 具有非常高的性能，适合对性能要求比较高的场景。
- 支持针对特定的日志级别，输出调用堆栈。
- 像 logrus 一样，zap 也支持结构化的目录日志、预设日志字段，也因为支持 Hook 而具有可扩展性。

14.4.5 开源日志包选择

前文介绍了很多日志包，每种日志包的使用场景不同，你可以根据自己的需求，结合日志包的特性进行选择。

- **标准库 log 包**：标准库 log 包不支持日志级别、日志分割、日志格式等功能，所以在大型项目中很少直接使用，通常用于一些短小的程序，比如用于生成 JWT Token 的程序文件中。标准库 log 包也很适合一些简短的代码，用于快速调试和验证。
- **glog**：glog 实现了日志包的基本功能，非常适合一些对日志功能要求不多的小型项目。
- **logrus**：logrus 功能强大，不仅实现了日志包的基本功能，还实现了很多高级特性，适合一些大型项目，尤其是需要结构化日志记录的项目。
- **zap**：zap 提供了很强大的日志功能，性能高，内存分配次数少，适合对日志性能要求很高的项目。另外，zap 包中的子包 zapcore，提供了很多底层的日志接口，适合用来做二次封装。

这里举一个我自己选择日志包来进行二次开发的例子：我在做容器云平台开发时，发现 Kubernetes 源码中大量使用了 glog，这时就需要日志包能够兼容 glog。于是，我基于 zap 和 zapcore 封装了 `github.com/marmotedu/iam/pkg/log` 日志包，从而很好地兼容了 glog。

在实际项目开发中，我们可以根据项目需要，直接使用上面介绍的几个日志包，但更多时候，我们还需要基于这些包来进行定制开发。为了更深入地掌握日志包的设计和开发，接下来，我会从零开始开发一个日志包。

14.5 从零开始编写一个日志包

在本节，我会展示如何快速编写一个具备基本功能的日志包，并通过这个简短的日志包实现掌握日志包的核心设计思路。该日志包主要实现以下几个功能。

- 支持自定义配置。
- 支持文件名和行号。
- 支持 Debug、Info、Warn、Error、Panic、Fatal 等日志级别。
- 支持输出到本地文件和标准输出。
- 支持 JSON 和 TEXT 格式的日志输出，支持自定义日志格式。
- 支持选项模式。

日志包名称为 cuslog，示例项目完整代码存放在 https://github.com/marmotedu/gopractise-demo/tree/v1.0.0/log/cuslog。

具体实现分为以下 5 个步骤。

1）**定义**：定义日志级别和日志选项。

2）**创建**：创建 Logger 及各级别日志打印方法。

3）**写入**：将日志记录到支持的输出中。

4）**自定义**：自定义日志输出格式。

5）**测试**：日志包开发完成后，编写测试程序，测试所开发的日志包。

14.5.1 定义日志级别和日志选项

一个基本的日志包，首先需要定义好日志级别和日志选项。本示例将定义代码保存在 options.go 文件中。可以通过以下方式定义日志级别：

```
type Level uint8

const (
    DebugLevel Level = iota
    InfoLevel
    WarnLevel
    ErrorLevel
    PanicLevel
    FatalLevel
)

var LevelNameMapping = map[Level]string{
    DebugLevel: "DEBUG",
    InfoLevel:  "INFO",
    WarnLevel:  "WARN",
    ErrorLevel: "ERROR",
    PanicLevel: "PANIC",
    FatalLevel: "FATAL",
}
```

在输出日志时，要通过对比开关级别和输出级别的大小来决定是否输出，所以日志级别 Level 要定义成方便比较的数值类型。几乎所有的日志包都是用常量计数器 iota 来定义日志级别。

另外，因为要在日志输出中输出可读的日志级别（例如输出 INFO 而不是 1），所以需要定义 Level 到 Level Name 的映射 LevelNameMapping，LevelNameMapping 会在格式化时用到。

接下来定义日志选项。日志需要是可配置的，以便开发者根据不同的环境设置不同的日志行为。比较常见的配置选项列举如下。

- 日志级别。
- 输出位置，例如标准输出或者文件。
- 输出格式，例如 JSON 或者 TEXT 格式。
- 是否开启文件名和行号。

本示例的日志选项定义如下：

```
type options struct {
    output         io.Writer
    level          Level
    stdLevel       Level
    formatter      Formatter
    disableCaller bool
}
```

为了灵活地设置日志的选项，你可以通过选项模式来对日志选项进行设置：

```
type Option func(*options)

func initOptions(opts ...Option) (o *options) {
    o = &options{}
    for _, opt := range opts {
        opt(o)
    }

    if o.output == nil {
        o.output = os.Stderr
    }

    if o.formatter == nil {
        o.formatter = &TextFormatter{}
    }

    return
}

func WithLevel(level Level) Option {
    return func(o *options) {
        o.level = level
```

```
    }
}
...
func SetOptions(opts ...Option) {
    std.SetOptions(opts...)
}

func (l *logger) SetOptions(opts ...Option) {
    l.mu.Lock()
    defer l.mu.Unlock()

    for _, opt := range opts {
        opt(l.opt)
    }
}
```

针对具有选项模式的日志包，可通过以下方式来动态地修改日志的选项：

```
cuslog.SetOptions(cuslog.WithLevel(cuslog.DebugLevel))
```

你也可以根据需要，对每一个日志选项创建设置函数 WithXXXX。这个示例日志包支持如下设置函数。

- WithOutput（output io.Writer）：设置输出位置。
- WithLevel（level Level）：设置输出级别。
- WithFormatter（formatter Formatter）：设置输出格式。
- WithDisableCaller（caller bool）：设置是否打印文件名和行号。

14.5.2 创建 Logger 及各级别日志打印方法

为了打印日志，我们需要根据日志配置创建一个 Logger，然后通过调用 Logger 的日志打印方法，完成各级别日志的输出。本示例将创建代码保存在 logger.go 文件中。

可以通过如下方式创建 Logger：

```
var std = New()

type logger struct {
    opt       *options
    mu        sync.Mutex
    entryPool *sync.Pool
}

func New(opts ...Option) *logger {
    logger := &logger{opt: initOptions(opts...)}
    logger.entryPool = &sync.Pool{New: func() interface{} { return entry(logger) }}
    return logger
}
```

上述代码定义了一个 Logger，并实现了创建 Logger 的 New 函数。日志包都会有一个默认的全局 Logger，本示例通过 `var std = New()` 创建了一个全局的默认 Logger。`cuslog.Debug`、`cuslog.Info` 和 `cuslog.Warnf` 等函数，则通过调用 `std` Logger 所提供的方法来打印日志。

定义了一个 Logger 之后，还需要给该 Logger 添加最核心的日志打印方法，以提供所有支持级别的日志打印方法。

如果日志级别是 `Xyz`，则通常需要提供两类方法，分别是非格式化方法 `Xyz(args ...interface{})` 和格式化方法 `Xyzf(format string, args ...interface{})`，例如：

```
func (l *logger) Debug(args ...interface{}) {
    l.entry().write(DebugLevel, FmtEmptySeparate, args...)
}
func (l *logger) Debugf(format string, args ...interface{}) {
    l.entry().write(DebugLevel, format, args...)
}
```

本示例实现了如下方法：`Debug`、`Debugf`、`Info`、`Infof`、`Warn`、`Warnf`、`Error`、`Errorf`、`Panic`、`Panicf`、`Fatal`、`Fatalf`。更详细的实现，可以参考 `/gopratise-demo/log/cuslog/logger.go`。

这里要注意，`Panic`、`Panicf` 方法要调用 `panic()` 函数，`Fatal`、`Fatalf` 方法要调用 `os.Exit(1)` 函数。

14.5.3 将日志记录到支持的输出中

调用日志打印函数之后，我们还需要将这些日志记录到支持的输出中，所以需要实现 write 函数，它的写入逻辑保存在 entry.go 文件中。实现方式如下：

```
type Entry struct {
    logger *logger
    Buffer *bytes.Buffer
    Map    map[string]interface{}
    Level  Level
    Time   time.Time
    File   string
    Line   int
    Func   string
    Format string
    Args   []interface{}
}

func (e *Entry) write(level Level, format string, args ...interface{}) {
    if e.logger.opt.level > level {
        return
    }
    e.Time = time.Now()
    e.Level = level
```

```
    e.Format = format
    e.Args = args
    if !e.logger.opt.disableCaller {
        if pc, file, line, ok := runtime.Caller(2); !ok {
            e.File = "???"
            e.Func = "???"
        } else {
            e.File, e.Line, e.Func = file, line, runtime.FuncForPC(pc).Name()
            e.Func = e.Func[strings.LastIndex(e.Func, "/")+1:]
        }
    }
    e.format()
    e.writer()
    e.release()
}

func (e *Entry) format() {
    _ = e.logger.opt.formatter.Format(e)
}

func (e *Entry) writer() {
    e.logger.mu.Lock()
    _, _ = e.logger.opt.output.Write(e.Buffer.Bytes())
    e.logger.mu.Unlock()
}

func (e *Entry) release() {
    e.Args, e.Line, e.File, e.Format, e.Func = nil, 0, "", "", ""
    e.Buffer.Reset()
    e.logger.entryPool.Put(e)
}
```

上述代码首先定义了一个 Entry 结构体类型，该类型用于保存所有的日志信息，即日志配置和日志内容。写入逻辑都是围绕 Entry 类型的实例来完成的。

我们用 Entry 的 write 方法来完成日志的写入。在 write 方法中，我们会首先判断日志的输出级别和开关级别，如果输出级别小于开关级别，则直接返回，不做任何记录。我们还会判断是否需要记录文件名和行号，如果需要则调用 runtime.Caller() 来获取文件名和行号，调用 runtime.Caller() 时，要注意传入正确的栈深度。

write 方法调用 e.format 来格式化日志，调用 e.writer 来写入日志。在创建 Logger 传入的日志配置中，我们指定了输出位置 output io.Writer，output 类型为 io.Writer，示例如下：

```
type Writer interface {
    Write(p []byte) (n int, err error)
}
```

io.Writer 实现了 Write 方法可供写入，所以只需要调用 e.logger.opt.output.Write(e.Buffer.Bytes()) 即可将日志写入指定的位置中。最后，调用 release()

方法来清空缓存和对象池。至此，我们就完成了日志的记录和写入。

14.5.4 自定义日志输出格式

cuslog 包支持自定义输出格式，并且内置了 JSON 和 TEXT 格式的 Formatter。Formatter 接口定义为：

```
type Formatter interface {
    Format(entry *Entry) error
}
```

可通过如下方法实现一个 Formatter：

```
type TextFormatter struct {
}

func (f *TextFormatter) Format(e *Entry) error {
    // 格式化逻辑
    ...
    e.Buffer.WriteString("\n")

    return nil
}
```

cuslog 内置的 Formatter 有两个：json 和 text。

14.5.5 测试日志包

开发完 cuslog 日志包之后，我们就可以编写测试代码来测试 cuslog 包，代码如下：

```
package main

import (
    "log"
    "os"

    "github.com/marmotedu/gopractise-demo/log/cuslog"
)

func main() {
    cuslog.Info("std log")
    cuslog.SetOptions(cuslog.WithLevel(cuslog.DebugLevel))
    cuslog.Debug("change std log to debug level")
    cuslog.SetOptions(cuslog.WithFormatter(&cuslog.JsonFormatter{IgnoreBasicFields:
        false}))
    cuslog.Debug("log in json format")
    cuslog.Info("another log in json format")

    // 输出到文件
    fd, err := os.OpenFile("test.log", os.O_APPEND|os.O_CREATE|os.O_WRONLY, 0644)
```

```
    if err != nil {
        log.Fatalln("create file test.log failed")
    }
    defer fd.Close()

    l := cuslog.New(cuslog.WithLevel(cuslog.InfoLevel),
        cuslog.WithOutput(fd),
        cuslog.WithFormatter(&cuslog.JsonFormatter{IgnoreBasicFields: false}),
    )
    l.Info("custom log with json formatter")
}
```

将上述代码保存在 main.go 文件中，运行结果如下：

```
$ go run example.go
2020-12-04T10:32:12+08:00 INFO example.go:11 std log
2020-12-04T10:32:12+08:00 DEBUG example.go:13 change std log to debug level
{"file":"/home/colin/workspace/golang/src/github.com/marmotedu/gopractise-demo/
    log/cuslog/example/example.go:15","func":"main.main","message":"log in json
    format","level":"DEBUG","time":"2020-12-04T10:32:12+08:00"}
{"level":"INFO","time":"2020-12-04T10:32:12+08:00","file":"/home/colin/workspace/
    golang/src/github.com/marmotedu/gopractise-demo/log/cuslog/example/example.
    go:16","func":"main.main","message":"another log in json format"}
```

到这里日志包就开发完成了，完整包见 /gopratise-demo/log/cuslog。

14.6 IAM 项目日志包设计实战

在本章的最后，我们再来看一下 IAM 项目中是如何设计日志包的。

先来看一下 IAM 项目 log 包的存放位置：/iam/pkg/log。放在这个位置的原因主要有两个：第一个，log 包属于 IAM 项目，有定制开发的内容；第二个，log 包功能完备、成熟，外部项目也可以使用。

该 log 包是基于 go.uber.org/zap 包封装而来的，且根据需要添加了更丰富的功能。接下来，我们通过 log 包的 Options[⊖]结构体，来看一下 log 包实现的功能：

```
type Options struct {
    OutputPaths       []string `json:"output-paths"       mapstructure:"output-paths"`
    ErrorOutputPaths  []string `json:"error-output-paths" mapstructure:"error-output-paths"`
    Level             string   `json:"level"              mapstructure:"level"`
    Format            string   `json:"format"             mapstructure:"format"`
    DisableCaller     bool     `json:"disable-caller"     mapstructure:"disable-caller"`
    DisableStacktrace bool     `json:"disable-stacktrace" mapstructure:"disable-stacktrace"`
    EnableColor       bool     `json:"enable-color"       mapstructure:"enable-color"`
    Development       bool     `json:"development"        mapstructure:"development"`
    Name              string   `json:"name"               mapstructure:"name"`
}
```

⊖ 参见 https://github.com/marmotedu/iam/blob/v1.6.2/pkg/log/options.go。

Options 各配置项的含义如下。

- development：是否是开发模式。如果是开发模式，则会对 DPanicLevel 进行堆栈跟踪。
- name：Logger 的名字。
- disable-caller：是否开启 caller，如果开启，则会在日志中显示调用日志所在的文件、函数和行号。
- disable-stacktrace：是否在 Panic 及以上级别禁止打印堆栈信息。
- enable-color：是否开启颜色输出，true 表示是，false 表示否。
- level：日志级别，优先级从低到高依次为 Debug、Info, Warn、Error、Dpanic、Panic、Fatal。
- format：支持的日志输出格式，目前支持 Console 和 JSON 两种。Console 其实就是 Text 格式。
- output-paths：支持输出到多个输出，用逗号分开。支持输出到标准输出（stdout）和文件。
- error-output-paths：zap 内部（非业务）错误日志输出路径，若为多个输出，用逗号分开。

log 包的 Options 结构体支持以下 3 种方法。

- Build 方法：可以根据 Options 构建一个全局的 Logger。
- AddFlags 方法：可以将 Options 的各个字段追加到传入的 pflag.FlagSet 变量中。
- String 方法：可以将 Options 的值以 JSON 格式字符串返回。

log 包实现了以下 3 种日志记录方法：

```
log.Info("This is a info message", log.Int32("int_key", 10))
log.Infof("This is a formatted %s message", "info")
log.Infow("Message printed with Infow", "X-Request-ID", "fbf54504-64da-4088-
    9b86-67824a7fb508")
```

Info 使用指定的 key-value 记录日志。Infof 表示格式化记录日志。Infow 也使用指定的 key-value 记录日志，它与 Info 的区别是：使用 Info 需要指定值的类型，通过指定值的日志类型，日志库底层不需要进行反射操作，所以 Info 的性能更高。

提示　log 包支持非常丰富的类型，具体可以参考 types.go[⊖]。

上述日志的输出为：

```
2021-07-06 14:02:07.070 INFO This is a info message {"int_key": 10}
2021-07-06 14:02:07.071 INFO This is a formatted info message
```

⊖ 参见 https://github.com/marmotedu/iam/blob/v1.6.2/pkg/log/types.go。

```
2021-07-06 14:02:07.071 INFO Message printed with Infow {"X-Request-ID":
    "fbf54504-64da-4088-9b86-67824a7fb508"}
```

log 包为每种级别的日志都提供了 3 种日志记录方法。例如，假设日志格式为 `Xyz`，则 log 包分别提供了 `Xyz(msg string, fields ...Field)`，`Xyzf(format string, v ...interface{})`，`Xyzw(msg string, keysAndValues ...interface{})` 3 种日志记录方法。

另外，log 包相较于一般的日志包，还提供了众多记录日志的方法。

1）log 包支持 V Level，可以通过整型数值来灵活指定日志级别，数值越大，优先级越低。例如：

```
// V level
log.V(1).Info("This is a V level message")
log.V(1).Infof("This is a %s V level message", "formatted")
log.V(1).Infow("This is a V level message with fields", "X-Request-ID",
    "7a7b9f24-4cae-4b2a-9464-69088b45b904")
```

这里要注意，`Log.V` 只支持 `Info`、`Infof`、`Infow` 3 种日志记录方法。

2）log 包支持 `WithValues` 函数，例如：

```
// WithValues
lv := log.WithValues("X-Request-ID", "7a7b9f24-4cae-4b2a-9464-69088b45b904")
lv.Infow("Info message printed with [WithValues] logger")
lv.Infow("Debug message printed with [WithValues] logger")
```

上述日志输出如下：

```
2021-07-06 14:15:28.555 INFO Info message printed with [WithValues] logger
    {"X-Request-ID": "7a7b9f24-4cae-4b2a-9464-69088b45b904"}
2021-07-06 14:15:28.556 INFO Debug message printed with [WithValues] logger
    {"X-Request-ID": "7a7b9f24-4cae-4b2a-9464-69088b45b904"}
```

`WithValues` 可以返回一个携带指定 key-value 的 Logger，供后续使用。

3）log 包提供 `WithContext` 和 `FromContext` 函数，用来将指定的 Logger 添加到某个 Context 中，以及从某个 Context 中获取 Logger，例如：

```
// Context
ctx := lv.WithContext(context.Background())
lc := log.FromContext(ctx)
lc.Info("Message printed with [WithContext] logger")
```

`WithContext` 和 `FromContext` 非常适合用在以 `context.Context` 传递的函数中，例如：

```
func main() {
    ...
    // WithValues
  lv := log.WithValues("X-Request-ID", "7a7b9f24-4cae-4b2a-9464-69088b45b904")
```

```
    // Context
    lv.Infof("Start to call pirntString")
    ctx := lv.WithContext(context.Background())
    pirntString(ctx, "World")
}

func pirntString(ctx context.Context, str string) {
    lc := log.FromContext(ctx)
    lc.Infof("Hello %s", str)
}
```

上述代码的输出如下：

```
2021-07-06 14:38:02.050 INFO Start to call pirntString {"X-Request-ID":
    "7a7b9f24-4cae-4b2a-9464-69088b45b904"}
2021-07-06 14:38:02.050 INFO Hello World {"X-Request-ID": "7a7b9f24-4cae-4b2a-
    9464-69088b45b904"}
```

将 Logger 添加到 Context 中，并通过 Context 在不同函数间传递，使 key-value 在不同函数间传递。例如在上述代码中，X-Request-ID 在 main 函数、printString 函数中的日志输出中均有记录，从而实现了一种调用链的效果。

4）可以很方便地从 Context 中提取出指定的 key-value，作为上下文添加到日志输出中，例如 /iam/internal/apiserver/api/v1/user/create.go 文件中的日志调用：

```
log.L(c).Info("user create function called.")
```

调用 Log.L() 函数实现如下：

```
// L() 使用指定的 context 打印日志
func L(ctx context.Context) *zapLogger {
    return std.L(ctx)
}

func (l *zapLogger) L(ctx context.Context) *zapLogger {
    lg := l.clone()

    requestID, _ := ctx.Value(KeyRequestID).(string)
    username, _ := ctx.Value(KeyUsername).(string)
    lg.zapLogger = lg.zapLogger.With(zap.String(KeyRequestID, requestID), zap.
        String(KeyUsername, username))

    return lg
}
```

L() 方法会从传入的 Context 中提取出 requestID 和 username，追加到 Logger 中，并返回 Logger。这时调用该 Logger 的 Info、Infof、Infow 等方法记录日志，输出的日志中均包含 requestID 和 username 字段，例如：

```
2021-07-06 14:46:00.743 INFO    apiserver       secret/create.go:23     create
    secret function called.    {"requestID": "73144bed-534d-4f68-8e8d-
    dc8a8ed48507", "username": "admin"}
```

通过在函数间传递 Context，很容易就能实现调用链效果，例如：

```
// 创建新的密钥对
func (s *SecretHandler) Create(c *gin.Context) {
    log.L(c).Info("create secret function called.")
    ...
    secrets, err := s.srv.Secrets().List(c, username, metav1.ListOptions{
        Offset: pointer.ToInt64(0),
        Limit:  pointer.ToInt64(-1),
    })
    ...
    if err := s.srv.Secrets().Create(c, &r, metav1.CreateOptions{}); err != nil {
        core.WriteResponse(c, err, nil)

        return
    }

    core.WriteResponse(c, nil, r)
}
```

上述代码的输出为：

```
2021-07-06 14:46:00.743 INFO    apiserver    secret/create.go:23    create
    secret function called.  {"requestID": "73144bed-534d-4f68-8e8d-dc8a8ed48507",
    "username": "admin"}
2021-07-06 14:46:00.744 INFO    apiserver    secret/create.go:23    list
    secret from storage.  {"requestID": "73144bed-534d-4f68-8e8d-dc8a8ed48507",
    "username": "admin"}
2021-07-06 14:46:00.745 INFO    apiserver    secret/create.go:23    insert
    secret to storage.  {"requestID": "73144bed-534d-4f68-8e8d-dc8a8ed48507",
    "username": "admin"}
```

这里要注意，`log.L` 函数默认会从 Context 中提取 `requestID` 和 `username`，这跟 IAM 项目有耦合度，但不影响 log 包供第三方项目使用。这也是我建议封装日志包的原因。

14.7 本章总结

记录日志，是应用程序必备的功能。记录日志最大的作用是排障，如果想更好地排障，我们需要一个优秀的日志包。本章详细介绍了如何设计日志包。在设计日志包时，我认为日志包需要具备以下功能。

- **基础功能**：支持基本的日志信息、不同的日志级别、自定义配置以及输出到标准输出和文件。
- **高级功能**：支持多种日志格式、能够按级别分类输出、支持结构化日志、支持日志轮转、具备 Hook 能力。
- **可选功能**：支持颜色输出、兼容标准库 log 包、支持输出到不同的位置。

本章的最后，基于以上设计思路给出了一个具体的日志包实现：https://github.com/marmotedu/iam/tree/v1.6.2/pkg/log。该日志包也是 IAM 项目所使用的日志包。

第 15 章 Chapter 15

GORM ORM 应用

在用 Go 开发项目时，我们免不了要和数据库打交道。每种语言都有优秀的 ORM 可供选择，Go 也不例外，比如 gorm[一]、xorm[二]、gorose[三]等。目前，GitHub 上 star 数最多的是 GORM，它也是当前 Go 项目中使用最多的 ORM。

IAM 项目也使用了 GORM。本章就来详细讲解一下 GORM 的基础知识，以及 iam-apiserver 是如何使用 GORM 对数据进行 CURD 操作的。

15.1 GORM 基础知识

GORM 是 Go 语言的 ORM 包，功能强大、调用方便。像腾讯、华为、阿里这样的大厂，都在使用 GORM 来构建企业级的应用。GORM 有很多特性，开发中常用的核心特性列举如下。

- 功能全。GORM 中有使用 ORM 操作数据库的所有接口，可以满足我们在开发中对数据库调用的各类需求。
- 支持钩子方法。这些钩子方法可以应用在 Create、Save、Update、Delete、Find 方法中。
- 开发者友好，调用方便。
- 支持自动迁移。
- 支持关联查询。
- 支持多种关系数据库，例如 MySQL、PostgreSQL、SQLite、SQLServer 等。

㊀ 参见 https://github.com/go-gorm/gorm。

㊁ 参见 https://github.com/go-xorm/xorm。

㊂ 参见 https://github.com/gohouse/gorose。

GORM 有两个版本，V1[一]和 V2[二]。遵循用新不用旧的原则，IAM 项目使用了最新的 V2 版本。

15.2 通过示例学习 GORM

接下来，我们先快速看一个使用 GORM 的示例，通过该示例来学习 GORM。示例代码存放在 /gopractise-demo/gorm/main.go 文件中。因为代码比较长，你可以使用以下命令复制到本地查看：

```
$ mkdir -p $GOPATH/src/github.com/marmotedu
$ cd $GOPATH/src/github.com/marmotedu
$ git clone https://github.com/marmotedu/gopractise-demo
$ cd gopractise-demo/gorm/
```

假设我们有一个 MySQL 数据库，连接地址和端口为 127.0.0.1:3306，用户名为 iam，密码为 iam1234。创建完 main.go 文件后，执行以下命令来运行：

```
$ go run main.go -H 127.0.0.1:3306 -u iam -p iam1234 -d test
2020/10/17 15:15:50 totalcount: 1
2020/10/17 15:15:50     code: D42, price: 100
2020/10/17 15:15:51 totalcount: 1
2020/10/17 15:15:51     code: D42, price: 200
2020/10/17 15:15:51 totalcount: 0
```

在企业级 Go 项目开发中，GORM 库主要用于完成以下数据库操作。

- **连接和关闭数据库**：连接数据库时，可能需要设置一些参数，比如最大连接数、最大空闲连接数、最大连接时长等。
- **插入表记录**：可以插入一条记录，也可以批量插入记录。
- **更新表记录**：可以更新某一个字段，也可以更新多个字段。
- **查看表记录**：可以查看某一条记录，也可以查看符合条件的记录列表。
- **删除表记录**：可以删除某一条记录，也可以批量删除多条记录。支持永久删除和软删除。
- **表结构自动迁移**：在一些小型项目中，还会用到 GORM 的表结构自动迁移功能。

GORM 功能强大，上面的示例代码展示的是比较通用的操作方式。

下面首先定义一个 GORM 模型（Models），它是标准的 Go 结构体，用来代表数据库中的一个表结构。我们可以给模型添加 TableName 方法，来告诉 GORM 该模型映射到数据库中的哪张表。具体代码如下：

```
type Product struct {
    gorm.Model
```

[一] 参见 https://github.com/jinzhu/gorm。

[二] 参见 https://github.com/go-gorm/gorm。

```
    Code  string `gorm:"column:code"`
    Price uint   `gorm:"column:price"`
}

// TableName 指定了 Product 结构体所使用的数据库表名
func (p *Product) TableName() string {
    return "product"
}
```

如果没有指定表名，则 GORM 使用结构体名的蛇形复数作为表名。例如结构体名为 DockerInstance，则表名为 docker instances。

在之后的代码中，我们使用 Pflag 来解析命令行的参数，通过命令行参数指定数据库的地址、用户名、密码和数据库名。之后，使用这些参数生成建立 MySQL 连接需要的配置文件，并调用 gorm.Open 建立数据库连接：

```
var (
    host     = pflag.StringP("host", "H", "127.0.0.1:3306", "MySQL service host address")
    username = pflag.StringP("username", "u", "root", "Username for access to mysql
        service")
    password = pflag.StringP("password", "p", "root", "Password for access to mysql,
        should be used pair with password")
    database = pflag.StringP("database", "d", "test", "Database name to use")
    help     = pflag.BoolP("help", "h", false, "Print this help message")
)

func main() {
    // 解析命令行标志
    pflag.CommandLine.SortFlags = false
    pflag.Usage = func() {
        pflag.PrintDefaults()
    }
    pflag.Parse()
    if *help {
        pflag.Usage()
        return
    }

    dsn := fmt.Sprintf(`%s:%s@tcp(%s)/%s?charset=utf8&parseTime=%t&loc=%s`,
        *username,
        *password,
        *host,
        *database,
        true,
        "Local")
    db, err := gorm.Open(mysql.Open(dsn), &gorm.Config{})
    if err != nil {
        panic("failed to connect database")
    }
}
```

创建完数据库连接之后，会返回数据库实例 db，之后就可以调用 db 实例中的方法，完成数据库的 CURD 操作。通常，实现过程包含 6 个操作，具体介绍如下。

15.2.1 自动迁移表结构

自动迁移表结构的代码示例如下：

```
// 1.将指定的GORM模型同步到数据库中
db.AutoMigrate(&Product{})
```

我不建议在正式的代码中自动迁移表结构。因为变更现网数据库是一个高危操作，现网数据库字段的添加、类型变更等，都需要经过严格的评估才能实施。这里将变更隐藏在代码中，在组件发布时很难被研发人员感知到，如果组件启动，就可能会自动修改现网表结构，也可能会因此引起重大的现网事故。

GORM 的 AutoMigrate 方法，只对新增的字段或索引进行变更，理论上是没有风险的。在实际的 Go 项目开发中，也有很多人使用 AutoMigrate 方法自动同步表结构。但我更倾向于规范化、可感知的操作方式，所以我在实际开发中，都是手动变更表结构的。当然，具体使用哪种方法，可以根据需要自行选择。

15.2.2 插入表记录

插入表记录的示例代码如下：

```
// 2.向数据库表中插入记录
if err := db.Create(&Product{Code: "D42", Price: 100}).Error; err != nil {
    log.Fatalf("Create error: %v", err)
}
PrintProducts(db)
```

通过 db.Create 方法创建了一条记录。插入记录后，通过调用 PrintProducts 方法打印当前表中的所有数据记录，来测试是否成功插入。

15.2.3 获取符合条件的记录

获取符合条件的记录的示例代码如下：

```
// 3.根据查询条件，从数据库表中查询出第一条满足条件的记录
product := &Product{}
if err := db.Where("code= ?", "D42").First(&product).Error; err != nil {
    log.Fatalf("Get product error: %v", err)
}
```

First 方法只会返回记录列表中符合条件的第一条记录，可以使用 First 方法来获取某个资源的详细信息。

15.2.4 更新表记录

更新表记录的示例代码如下：

```
// 4. 更新数据库中的值
product.Price = 200
if err := db.Save(product).Error; err != nil {
    log.Fatalf("Update product error: %v", err)
}
PrintProducts(db)
```

通过 Save 方法，我们可以把 product 变量中所有与数据库不一致的字段更新到数据库中。具体操作是：先获取某个资源的详细信息，再通过 product.Price = 200 这类赋值语句，对其中的一些字段重新赋值。最后，调用 Save 方法更新这些字段。你可以将这些操作看作一种更新数据库的模式。

15.2.5　删除表记录

通过 Delete 方法删除表记录，代码如下：

```
// 5. 删除数据库中满足删除条件的记录
if err := db.Where("code = ?", "D42").Delete(&Product{}).Error; err != nil {
    log.Fatalf("Delete product error: %v", err)
}
PrintProducts(db)
```

这里需要注意，因为 Product 中有 gorm.DeletedAt 字段，所以，上述删除操作不会真正把记录从数据库表中删除，而只是通过将数据库的 product 表的 deletedAt 字段设置为当前时间以隐藏之前的记录。

15.2.6　获取表记录列表

获取表记录列表的示例代码如下：

```
products := make([]*Product, 0)
var count int64
d := db.Where("code like ?", "%D%").Offset(0).Limit(2).Order("id desc").
     Find(&products).Offset(-1).Limit(-1).Count(&count)
if d.Error != nil {
    log.Fatalf("List products error: %v", d.Error)
}
```

PrintProducts 函数会打印当前的所有记录，你可以根据输出，判断数据库操作是否成功。

15.3　GORM 常用操作讲解

看完上面的示例，我们已经初步掌握了 GORM 的使用方法。接下来，我将详细介绍 GORM 所支持的数据库操作。

15.3.1 模型定义

GORM 使用模型来映射一个数据库表。默认情况下，使用 ID 作为主键，使用结构体名的 snake_cases 作为表名，使用字段名的 snake_case 作为列名，并使用 CreatedAt、UpdatedAt、DeletedAt 字段追踪创建、更新和删除时间。

虽然使用 GORM 的默认规则可以减少代码量，但我更喜欢直接指明字段名和表名。例如，有以下模型：

```
type Animal struct {
    AnimalID int64                                          // 列名为 animal_id
    Birthday time.Time                                      // 列名为 birthday
    Age      int64                                          // 列名为 age
}
```

上述模型对应的表名为 animals，列名分别为 animal_id、birthday 和 age。我们可以通过以下方式来重命名表名和列名，并将 AnimalID 设置为表的主键：

```
type Animal struct {
    AnimalID int64      `gorm:"column:animalID;primarykey"` // 将列名设为 animalID
    Birthday time.Time `gorm:"column:birthday"`            // 将列名设为 birthday
    Age      int64      `gorm:"column:age"`                 // 将列名设为 age
}

func (a *Animal) TableName() string {
    return "animal"
}
```

上述代码通过 primaryKey 标签指定主键，通过 column 标签指定列名，通过给模型添加 TableName 方法指定表名。

数据库表通常会包含 4 个字段。

- ID：自增字段，也作为主键。
- CreatedAt：记录创建时间。
- UpdatedAt：记录更新时间。
- DeletedAt：记录删除时间（软删除时使用）。

GORM 也预定义了包含这 4 个字段的模型，在我们定义自己的模型时，可以直接内嵌到结构体内，例如：

```
type Animal struct {
    gorm.Model
    AnimalID int64      `gorm:"column:animalID"`           // 将列名设为 animalID
    Birthday time.Time `gorm:"column:birthday"`           // 将列名设为 birthday
    Age      int64      `gorm:"column:age"`                // 将列名设为 age
}
```

Models 中的字段能支持很多 GORM 标签，但如果我们不使用 GORM 自动创建表和迁移表结构的功能，很多标签实际上是用不到的。在开发中，用得最多的标签是 column 标签。

15.3.2 连接数据库

在进行数据库的 CURD 操作之前，首先需要连接数据库。你可以通过以下代码连接 MySQL 数据库：

```
import (
    "gorm.io/driver/mysql"
    "gorm.io/gorm"
)

func main() {
    // 参考 https://github.com/go-sql-driver/mysql#dsn-data-source-name 获取详情
    dsn := "user:pass@tcp(127.0.0.1:3306)/dbname?charset=utf8mb4&parseTime=True&loc=Local"
    db, err := gorm.Open(mysql.Open(dsn), &gorm.Config{})
}
```

如果需要 GORM 正确地处理 time.Time 类型，则需要在连接数据库时带上 parseTime 参数。如果要支持完整的 UTF-8 编码，可将 charset=utf8 更改为 charset=utf8mb4。

GORM 支持连接池，底层是用 database/sql 包来维护连接池的。连接池设置如下：

```
sqlDB, err := db.DB()
sqlDB.SetMaxIdleConns(100)              // 设置 MySQL 的最大空闲连接数（推荐设置为 100）
sqlDB.SetMaxOpenConns(100)              // 设置 MySQL 的最大连接数（推荐设置为 100）
sqlDB.SetConnMaxLifetime(time.Hour)  // 设置 MySQL 的空闲连接最大存活时间（推荐设置为 10s）
```

15.3.3 创建记录

我们可以通过 db.Create 方法来创建一条记录：

```
type User struct {
    gorm.Model
    Name        string
    Age         uint8
    Birthday    *time.Time
}
user := User{Name: "Jinzhu", Age: 18, Birthday: time.Now()}
result := db.Create(&user) // 通过数据的指针来创建
```

db.Create 函数会返回如下 3 个值。

- user.ID：返回插入数据的主键，这是直接赋值给 user 变量的。
- result.Error：返回 error。
- result.RowsAffected：返回插入记录的条数。

当需要插入的数据量比较大时，可以批量插入，以提高插入性能：

```
var users = []User{{Name: "jinzhu1"}, {Name: "jinzhu2"}, {Name: "jinzhu3"}}
DB.Create(&users)

for _, user := range users {
    user.ID // 1,2,3
}
```

15.3.4 删除记录

我们可以通过 Delete 方法删除记录：

```
// DELETE from users where id = 10 AND name = "jinzhu";
db.Where("name = ?", "jinzhu").Delete(&user)
```

GORM 也支持根据主键进行删除，例如：

```
// DELETE FROM users WHERE id = 10;
db.Delete(&User{}, 10)
```

不过，我更喜欢使用 db.Where 的方式进行删除，这种方式有两个优点。

- **删除方式更通用**：使用 db.Where 不仅可以根据主键删除，还可以随意组合条件进行删除。
- **删除方式更显式**：db.Where 会显式地告诉你删除时的匹配条件，如果使用 db.Delete(&User{}, 10)，你还需要确认 User 的主键，如果记错了主键，还可能会引入 Bug。

此外，GORM 也支持批量删除：

```
db.Where("name in (?)", []string{"jinzhu", "colin"}).Delete(&User{})
```

GORM 支持两种删除方法：软删除和永久删除，下面来分别介绍。

1. 软删除

软删除是指执行 Delete 操作时，不会将记录从数据库中真正删除。GORM 会将 deleted_at 设置为当前时间，并且不能通过正常的方式查询到该记录。如果模型包含了一个 gorm.DeletedAt 字段，则 GORM 在执行删除操作时会软删除该记录。

下面的删除操作就是软删除：

```
// UPDATE users SET deleted_at="2013-10-29 10:23" WHERE age = 20;
db.Where("age = ?", 20).Delete(&User{})

// SELECT * FROM users WHERE age = 20 AND deleted_at IS NULL;
db.Where("age = 20").Find(&user)
```

我们可以看到，GORM 并没有真正把记录从数据库删除，而是只更新了 deleted_at 字段。在查询时，GORM 在查询条件中新增了 AND deleted_at IS NULL 条件，所以这些被设置过 deleted_at 字段的记录不会被查询到。对于一些比较重要的数据，我们可以通过软删除的方式来删除记录。软删除可以使这些重要的数据在后期被恢复，以便于以后的排障工作的开展。

我们可以通过下面的方式查找被软删除的记录：

```
// SELECT * FROM users WHERE age = 20;
db.Unscoped().Where("age = 20").Find(&users)
```

2. 永久删除

如果想永久删除一条记录，可以使用 Unscoped：

```
// DELETE FROM orders WHERE id=10;
db.Unscoped().Delete(&order)
```

或者，你也可以在模型中去掉 gorm.DeletedAt。

15.3.5　更新记录

GORM 中最常用的更新方法如下：

```
db.First(&user)

user.Name = "jinzhu 2"
user.Age = 100
// UPDATE users SET name='jinzhu 2', age=100, birthday='2016-01-01', updated_at =
    '2013-11-17 21:34:10' WHERE id=111;
db.Save(&user)
```

上述方法会保留所有字段，所以执行 Save 命令时，需要先执行 First，获取某个记录的所有列的值，再对需要更新的字段设置值。

我们可以指定更新单个列：

```
// UPDATE users SET age=200, updated_at='2013-11-17 21:34:10' WHERE name='colin';
db.Model(&User{}).Where("name = ?", "colin").Update("age", 200)
```

我们也可以指定更新多个列：

```
// UPDATE users SET name='hello', age=18, updated_at = '2013-11-17 21:34:10'
    WHERE name = 'colin';
db.Model(&user).Where("name", "colin").Updates(User{Name: "hello", Age: 18,
    Active: false})
```

这里要注意，这个方法只会更新非零值的字段。

15.3.6　查询数据

GORM 支持不同的查询方法，下面我来介绍 3 种在开发中经常用到的查询方式，分别是检索单个记录、查询所有符合条件的记录和智能选择字段。

1. 检索单个记录

下面是检索单个记录的示例代码：

```
// 获取第一条记录（主键升序）
// SELECT * FROM users ORDER BY id LIMIT 1;
db.First(&user)

// 获取最后一条记录（主键降序）
// SELECT * FROM users ORDER BY id DESC LIMIT 1;
```

```
db.Last(&user)
result := db.First(&user)
result.RowsAffected // 返回找到的记录数
result.Error        // 返回错误

// 检查 ErrRecordNotFound 错误
errors.Is(result.Error, gorm.ErrRecordNotFound)
```

如果模型没有定义主键，则按第一个字段排序。

2. 查询所有符合条件的记录

查询所有符合条件的记录的示例代码如下：

```
users := make([]*User, 0)

// SELECT * FROM users WHERE name <> 'jinzhu';
db.Where("name <> ?", "jinzhu").Find(&users)
```

3. 智能选择字段

可以通过 Select 方法选择特定的字段。我们可以定义一个较小的结构体来接收选定的字段：

```
type APIUser struct {
    ID   uint
    Name string
}

// SELECT `id`, `name` FROM `users` LIMIT 10;
db.Model(&User{}).Limit(10).Find(&APIUser{})
```

15.3.7 高级查询

除了上面讲的 3 种常用的基本查询方法外，GORM 还支持很多高级查询功能。这里主要介绍 4 种。

- 指定查询记录时的排序方式。
- 查询时指定 Limit & Offset。
- 查询时指定 Distinct。
- 查询时指定 Count。

1. 指定查询记录时的排序方式

指定查询记录时的排序方式的示例代码如下：

```
// SELECT * FROM users ORDER BY age desc, name;
db.Order("age desc, name").Find(&users)
```

2. 查询时指定 Limit & Offset

Offset 指定从第几条记录开始查询，Limit 指定返回的最大记录数。Offset 和 Limit

值为 -1 时，去除 Offset 和 Limit 条件，示例代码如下：

```
// SELECT * FROM users OFFSET 5 LIMIT 10;
db.Limit(10).Offset(5).Find(&users)
```

3. 查询时指定 Distinct

Distinct 可以从数据库记录中选择不同的值，示例代码如下：

```
db.Distinct("name", "age").Order("name, age desc").Find(&results)
```

4. 查询时指定 Count

Count 可以获取匹配的条数，示例代码如下：

```
var count int64
// SELECT count(1) FROM users WHERE name = 'jinzhu'; (count)
db.Model(&User{}).Where("name = ?", "jinzhu").Count(&count)
```

GORM 还支持很多高级查询功能，比如内联条件、Not 条件、Or 条件、迭代条件、Group & Having、Joins、Group、FirstOrInit、FirstOrCreate、FindInBatches 等。因为 IAM 项目中没有用到这些高级特性，这里就不展开介绍了，感兴趣的读者可以自行查看 GORM 的官方文档[⊖]。

15.3.8 原生 SQL

GORM 支持原生查询 SQL 和执行 SQL。原生查询 SQL 的用法如下：

```
type Result struct {
    ID   int
    Name string
    Age  int
}

var result Result
db.Raw("SELECT id, name, age FROM users WHERE name = ?", 3).Scan(&result)
```

原生执行 SQL 的用法如下；

```
db.Exec("DROP TABLE users")
db.Exec("UPDATE orders SET shipped_at=? WHERE id IN ?", time.Now(), []
    int64{1,2,3})
```

15.3.9 GORM 钩子

GORM 支持钩子功能，例如下面这段代码在插入记录前执行了 BeforeCreate 钩子：

```
func (u *User) BeforeCreate(tx *gorm.DB) (err error) {
    u.UUID = uuid.New()
```

⊖ 参见 https://gorm.io/zh_CN/docs/index.html。

```
        if u.Name == "admin" {
            return errors.New("invalid name")
        }
        return
}
```

GORM 支持的钩子如表 15-1 所示。

表 15-1 GORM 支持的钩子

钩 子	触发时机
BeforeSave	保存前执行
AfterSave	保存后执行
BeforeCreate	插入记录前执行
AfterCreate	插入记录后执行
BeforeDelete	删除记录前执行
AfterDelete	删除记录后执行
BeforeUpdate	更新记录前执行
AfterUpdate	更新记录后执行
AfterFind	查询记录后执行

15.4 iam-apiserver 中的 CURD 操作

接下来，我将介绍 iam-apiserver 是如何使用 GORM 对数据进行 CURD 操作的。

首先，需要配置连接 MySQL 的各类参数。iam-apiserver 通过 /iam/internal/pkg/options/mysql_options.go 文件中的 NewMySQLOptions 函数创建了一个带有默认值的 MySQLOptions 类型的变量，并将该变量传给 NewApp[㊀] 函数。NewApp 函数最终会调用 MySQLOptions 提供的 AddFlags 方法，将 MySQLOptions 提供的命令行参数添加到 Cobra 命令行中。

接着，在 completedExtraConfig 对象的 New[㊁] 方法中调用 GetMySQLFactoryOr[㊂] 函数，初始化并获取仓库层的实例 mysqlFactory。mysqlFactory 实现了仓库层 store.Factory 接口：

```
type Factory interface {
    Users() UserStore
    Secrets() SecretStore
    Policies() PolicyStore
    Close() error
}
```

㊀ 参见 https://github.com/marmotedu/iam/blob/v1.6.2/pkg/app/app.go。
㊁ 参见 https://github.com/marmotedu/iam/blob/v1.6.2/internal/apiserver/server.go。
㊂ 参见 https://github.com/marmotedu/iam/blob/v1.6.2/internal/apiserver/store/mysql/mysql.go。

GetMySQLFactoryOr 函数采用了第 8 章中介绍过的单例模式，以确保 iam-apiserver 进程中只有一个仓库层的实例，这样可以减少内存开支和系统的性能开销。

在 GetMySQLFactoryOr 函数中，我们使用 github.com/marmotedu/iam/pkg/db 包提供的 New 函数，创建了 MySQL 实例。New 函数代码如下：

```
func New(opts *Options) (*gorm.DB, error) {
    dsn := fmt.Sprintf(`%s:%s@tcp(%s)/%s?charset=utf8&parseTime=%t&loc=%s`,
        opts.Username,
        opts.Password,
        opts.Host,
        opts.Database,
        true,
        "Local")

    db, err := gorm.Open(mysql.Open(dsn), &gorm.Config{
        Logger: logger.New(opts.LogLevel),
    })
    if err != nil {
        return nil, err
    }

    sqlDB, err := db.DB()
    if err != nil {
        return nil, err
    }

    // SetMaxOpenConns 用于设置最大打开的连接数，默认值为 0，表示不限制
    sqlDB.SetMaxOpenConns(opts.MaxOpenConnections)

    // SetConnMaxLifetime 用于设置一个连接被使用的最长时间，即超过这个时间会被强制回收
    sqlDB.SetConnMaxLifetime(opts.MaxConnectionLifeTime)

    // SetMaxIdleConns 用于设置闲置的连接数
    sqlDB.SetMaxIdleConns(opts.MaxIdleConnections)

    return db, nil
}
```

上述代码先创建了一个 *gorm.DB 类型的实例，并对该实例进行了如下设置。

- 通过 SetMaxOpenConns 方法，设置了 MySQL 的最大连接数（推荐设置为 100）。
- 通过 SetConnMaxLifetime 方法，设置了 MySQL 的空闲连接最大存活时间（推荐设置为 10s）。
- 通过 SetMaxIdleConns 方法，设置了 MySQL 的最大空闲连接数（推荐设置为 100）。

GetMySQLFactoryOr 函数最后创建了 datastore 类型的变量 mysqlFactory，该变量是仓库层的变量。mysqlFactory 变量中又包含了 *gorm.DB 类型的字段 db。

最终，通过仓库层的变量 mysqlFactory，调用其 db 字段提供的方法来完成数据库的 CURD 操作。例如，创建密钥、更新密钥、删除密钥、获取密钥详情、查询密钥列表，

具体代码如下（代码位于 /iam/internal/apiserver/store/mysql/secret.go 文件中）：

```
// 创建密钥
func (s *secrets) Create(ctx context.Context, secret *v1.Secret, opts metav1.
    CreateOptions) error {
    return s.db.Create(&secret).Error
}

// 更新密钥信息
func (s *secrets) Update(ctx context.Context, secret *v1.Secret, opts metav1.
    UpdateOptions) error {
    return s.db.Save(secret).Error
}

// 删除密钥
func (s *secrets) Delete(ctx context.Context, username, name string, opts metav1.
    DeleteOptions) error {
    if opts.Unscoped {
        s.db = s.db.Unscoped()
    }

    err := s.db.Where("username = ? and name = ?", username, name).Delete(&v1.
        Secret{}).Error
    if err != nil && !errors.Is(err, gorm.ErrRecordNotFound) {
        return errors.WithCode(code.ErrDatabase, err.Error())
    }

    return nil
}

// 返回密钥信息
func (s *secrets) Get(ctx context.Context, username, name string, opts metav1.
    GetOptions) (*v1.Secret, error) {
    secret := &v1.Secret{}
    err := s.db.Where("username = ? and name= ?", username, name).First(&secret).Error
    if err != nil {
        if errors.Is(err, gorm.ErrRecordNotFound) {
            return nil, errors.WithCode(code.ErrSecretNotFound, err.Error())
        }

        return nil, errors.WithCode(code.ErrDatabase, err.Error())
    }

    return secret, nil
}

// 列出数据库中的所有密钥
func (s *secrets) List(ctx context.Context, username string, opts metav1.ListOptions)
    (*v1.SecretList, error) {
```

```
    ret := &v1.SecretList{}
    ol := gormutil.Unpointer(opts.Offset, opts.Limit)

    if username != "" {
        s.db = s.db.Where("username = ?", username)
    }

    selector, _ := fields.ParseSelector(opts.FieldSelector)
    name, _ := selector.RequiresExactMatch("name")

    d := s.db.Where(" name like ?", "%"+name+"%").
        Offset(ol.Offset).
        Limit(ol.Limit).
        Order("id desc").
        Find(&ret.Items).
        Offset(-1).
        Limit(-1).
        Count(&ret.TotalCount)

    return ret, d.Error
}
```

在上述代码中，`s.db` 就是 `*gorm.DB` 类型的字段。上述代码段执行了以下操作。

- 通过 `s.db.Save` 来更新数据库表的各字段。
- 通过 `s.db.Unscoped` 来永久地从表中删除一行记录。对于支持软删除的资源，还可以通过 `opts.Unscoped` 选项来控制是否永久删除记录。`true` 表示永久删除，`false` 表示软删除，默认为软删除。
- 通过 `errors.Is(err, gorm.ErrRecordNotFound)` 来判断 GORM 返回的错误是否找到记录的错误类型。
- 通过以下两行代码，来获取查询条件 `name` 的值：

```
selector, _ := fields.ParseSelector(opts.FieldSelector)
name, _ := selector.RequiresExactMatch("name")
```

整个调用链是：**控制层→业务层→仓库层**。这里你可能要问：我们是如何调用到仓库层的实例 `mysqlFactory` 的？因为控制层实例包含了业务层的实例，所以在创建控制层实例时，我们传入了业务层的实例：

```
type UserController struct {
    srv srvv1.Service
}

// NewUserController 创建一个用户 handle
func NewUserController(store store.Factory) *UserController {
    return &UserController{
        srv: srvv1.NewService(store),
    }
}
```

业务层的实例包含了仓库层的实例。在创建业务层实例时，我们传入了仓库层的实例：

```
type service struct {
    store store.Factory
}

// NewService 返回一个 Service 接口
func NewService(store store.Factory) Service {
    return &service{
        store: store,
    }
}
```

通过这种包含关系，我们在控制层可以调用业务层的实例，在业务层又可以调用仓库层的实例。这样，我们最终通过仓库层实例的 db 字段（*gorm.DB 类型）完成了数据库的 CURD 操作。

15.5 本章总结

GORM 有很多功能，常用的功能有模型定义、连接数据库、创建记录、删除记录、更新记录和查询数据。此外，GORM 还支持原生查询 SQL 和原生执行 SQL，可以满足更加复杂的 SQL 场景。

GORM 中还有一个非常有用的功能是支持钩子。钩子可以在执行某个 CURD 操作前被调用。在钩子中可以添加一些非常有用的功能，例如生成唯一 ID。目前，GORM 支持 BeforeXXX、AfterXXX 和 AfterFind 钩子，其中 XXX 可以是 Save、Create、Delete、Update。

最后，本章还介绍了 IAM 项目的 GORM 实战。

第 16 章 Chapter 16

Web 服务功能实现

在 Go 项目开发中，绝大多数情况下，我们是在写能提供某种功能的后端服务，这些功能以 RPC API 或者 RESTful API 的形式对外提供，能提供这两种 API 的服务也被统称为 Web 服务。本章将通过 RESTful API 风格的 Web 服务，介绍如何实现 Web 服务的核心功能。下面先来介绍 Web 服务的核心功能有哪些，以及如何开发这些功能。

16.1 Web 服务的核心功能

Web 服务有很多功能，为了便于理解，我将这些功能分为基础功能和高级功能两大类，如图 16-1 所示。

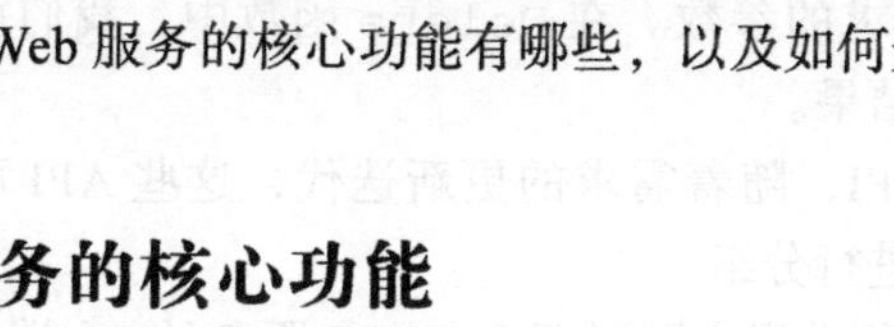

图 16-1 Web 服务功能

16.1.1 基础功能

要实现一个 Web 服务，首先我们要选择通信协议和通信格式。在 Go 项目开发中，有 HTTP+JSON 和 gRPC+Protobuf 两种组合可选。因为 iam-apiserver 主要提供的是 REST 风格的 API，所以我们选择的是 HTTP+JSON 组合。

Web 服务最核心的功能是路由匹配。路由匹配其实就是根据（HTTP 方法，请求路径）匹配到处理这个请求的函数，由该函数处理这次请求，并返回结果，过程如图 16-2 所示。

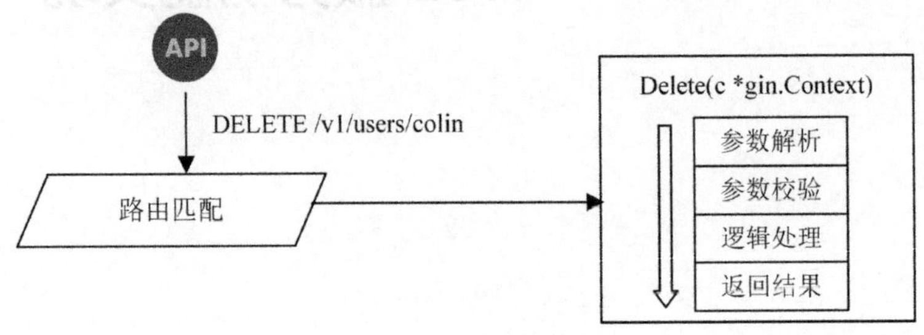

图 16-2 路由匹配

一次 HTTP 请求经过路由匹配，最终将请求交由 `Delete(c *gin.Context)` 函数来处理。变量 `c` 中存放了这次请求的参数。在 `Delete` 函数中，我们可以进行参数解析、参数校验、逻辑处理，最终返回结果。

大型系统可能会有很多个 API，随着需求的更新迭代，这些 API 可能会有多个版本，为了便于管理，需要我们对路由进行分组。

有时候，我们需要在一个服务进程中同时开启 HTTP 服务的 `80` 端口和 HTTPS 的 `443` 端口，这样就可以做到：对内部的服务，访问 `80` 端口，简化服务访问复杂度；对外部的服务，访问更为安全的 HTTPS 服务。显然，我们没必要为相同功能启动多个服务进程，所以这时候就需要 Web 服务能够支持一进程多服务的功能。

综上所述，我们开发 Web 服务最核心的诉求是：输入一些参数，校验通过后，进行业务逻辑处理，然后返回结果。所以 Web 服务还应该能够进行参数解析、参数校验、逻辑处理、返回结果。这些都是 Web 服务的业务处理功能。

16.1.2 高级功能

在处理 HTTP 请求时，我们经常需要针对每一次请求设置一些通用的操作，比如添加 Header、添加 RequestID、统计请求次数等，这就要求 Web 服务能够支持中间件特性。

为了保证系统安全，对于每一个请求，我们都需要进行认证。Web 服务中通常有两种认证方式，一种基于用户名和密码，一种基于 Token。认证通过之后，我们就可以继续处理请求了。

为了方便定位和跟踪某一次请求，系统需要支持 RequestID。定位和跟踪 RequestID 主要是为了排障。

最后，当前的软件架构很多采用了前后端分离的架构。在前后端分离的架构中，前端访问地址和后端访问地址往往是不同的，为了安全，通常我们会针对这种情况为浏览器设置跨域请求，所以需要 Web 服务能够处理浏览器的跨域请求。

到这里，我就把 Web 服务的基础功能和高级功能串讲了一遍。当然，上面只介绍了 Web 服务的核心功能，还有很多其他的功能，你可以通过学习 Gin 的官方文档[1]来了解。

可以看到，Web 服务有很多核心功能，这些功能可以基于 `net/http` 包自己封装。但在实际的项目开发中，我们更多会选择使用基于 `net/http` 包进行封装的优秀开源 Web 框架。本实战项目选择了 Gin 框架。

接下来，我们主要看下 Gin 框架是如何实现以上核心功能的，这些功能在实际的开发中可以直接拿来使用。

16.2 Web 框架为什么选择 Gin

优秀的 Web 框架有很多，为什么要选择 Gin 呢？在回答这个问题之前，我们先来看一下选择 Web 框架时的关注点。在选择 Web 框架时，我们可以关注如下几点。

- 路由功能。
- 是否具备中间件 / 过滤能力。
- HTTP 参数（path、query、form、header、body）解析和返回。
- 性能和稳定性。
- 使用复杂度。
- 社区活跃度。

按 GitHub star 数来排名，当前比较火的 Go Web 框架有 Gin、Beego、Echo、Revel、Martini。经过调研，我从中选择了 Gin 框架，原因是 Gin 具有以下特性：

- 轻量级，代码质量高，性能比较高；
- 项目目前很活跃，并有很多可用的中间件；
- 作为一个 Web 框架，功能齐全，使用起来简单。

Gin 核心的路由功能是通过一个定制版的 HttpRouter[2]来实现的，具有很好的路由性能。Gin 的一些核心功能列举如下。

- 支持 HTTP 方法：GET、POST、PUT、PATCH、DELETE、OPTIONS。
- 支持不同位置的 HTTP 参数：路径参数（path）、查询字符串参数（query）、表单参数（form）、HTTP 头参数（header）、消息体参数（body）。
- 支持 HTTP 路由和路由分组。
- 支持中间件和自定义中间件。

---

[1] 参见 https://github.com/gin-gonic/gin。

[2] 参见 https://github.com/julienschmidt/httprouter。

- ❑ 支持绑定和验证，支持自定义验证器，并可以绑定如下参数：query、path、body、header、form。
- ❑ 支持优雅关闭。
- ❑ 支持 HTTP2。

16.3 Gin 是如何支持 Web 服务的基础功能的

在本节中，我们先通过一个具体的例子看看 Gin 是如何支持 Web 服务的基础功能的，后面再详细介绍这些功能的用法。

我们创建一个 webfeature 目录，用来存放示例代码。因为要演示 HTTPS 的用法，所以需要创建证书文件。具体可以分为两步。

1）执行以下命令创建证书。

```
cat << 'EOF' > ca.pem
-----BEGIN CERTIFICATE-----
MIICSjCCAbOgAwIBAgIJAJHGGR4dGioHMA0GCSqGSIb3DQEBCwUAMFYxCzAJBgNV
BAYTAkFVMRMwEQYDVQQIEwpTb21lLVN0YXRlMSEwHwYDVQQKExhJbnRlcm5ldCBX
aWRnaXRzIFB0eSBMdGQxDzANBgNVBAMTBnRlc3RjYTAeFw0xNDExMTEyMjMxMjla
Fw0yNDExMDgyMjMxMjlaMFYxCzAJBgNVBAYTAkFVMRMwEQYDVQQIEwpTb21lLVN0
YXRlMSEwHwYDVQQKExhJbnRlcm5ldCBXaWRnaXRzIFB0eSBMdGQxDzANBgNVBAMT
BnRlc3RjYTCBnzANBgkqhkiG9w0BAQEFAAOBjQAwgYkCgYEAwEDfBV5MYdlHVHJ7
+L4nxrZy7mBfAVXpOc5vMYztssUI7mL2/iYujiIXM+weZYNTEpLdjyJdu7R5gGUu
g1jSVK/EPHfc74O7AyZU34PNIP4Sh33N+/A5YexrNgJlPY+E3GdVYi4ldWJjgkAd
Qah2PH5ACLrIIC6tRka9hcaBlIECAwEAAaMgMB4wDAYDVR0TBAUwAwEB/zAOBgNV
HQ8BAf8EBAMCAgQwDQYJKoZIhvcNAQELBQADgYEAHzC7jdYlzAVmddi/gdAeKPau
sPBG/C2HCWqHzpCUHcKuvMzDVkY/MP2o6JIW2DBbY64bO/FceExhjcykgaYtCH/m
oIU63+CFOTtR7otyQAWHqXa7q4SbCDlG7DyRFxqG0txPtGvy12lgldA2+RgcigQG
Dfcog5wrJytaQ6UA0wE=
-----END CERTIFICATE-----
EOF

cat << 'EOF' > server.key
-----BEGIN PRIVATE KEY-----
MIICdQIBADANBgkqhkiG9w0BAQEFAASCAl8wggJbAgEAAoGBAOHDFScoLCVJpYDD
M4HYtIdV6Ake/sMNaaKdODjDMsux/4tDydlumN+fm+AjPEK5GHhGn1BgzkWF+slf
3BxhrA/8dNsnunstVA7ZBgA/5qQxMfGAq4wHNVX77fBZOgp9VlSMVfyd9N8YwbBY
AckOeUQadTi2X1S6OgJXgQ0m3MWhAgMBAAECgYAn7qGnM2vbjJNBm0VZCkOkTIWm
V10okw7EPJrdL2mkre9NasghNXbE1y5zDshx5Nt3KsazKOxTT8d0Jwh/3KbaN+YY
tTCbKGW0pXDRBhwUHRcuRzScjli8Rih5UOCiZkhefUTcRb6xIhZJuQy71tjaSy0p
dHZRmYyBYO2YEQ8xoQJBAPrJPhMBkzmEYFtyIEqAxQ/o/A6E+E4w8i+KM7nQCK7q
K4JXzyXVAjLfyBZWHGM2uro/fjqPggGD6QH1qXCkI4MCQQDmdKeb2TrKRh5BY1LR
81aJGKcJ2XbcDu6wMZK4oqWbTX2KiYn9GB0woM6nSr/Y6iy1u145YzYxEV/iMwff
DJULAkB8B2MnyzOg0pNFJqBJuH29bKCcHa8gHJzqXhNO5lAlEbMK95p/P2Wi+4Hd
aiEIAF1BF326QJcvYKmwSmrORp85AkAlSNxRJ50OWrfMZnBgzVjDx3xG6KsFQVk2
ol6VhqL6dFgKUORFUWBvnKSyhjJxurlPEahV6oo6+A+mPhFY8eUvAkAZQyTdupP3
```

```
XEFQKctGz+9+gKkemDp7LBBMEMBXrGTLPhpEfcjv/7KPdnFHYmhYeBTBnuVmTVWe
F98XJ7tIFfJq
-----END PRIVATE KEY-----
EOF

cat << 'EOF' > server.pem
-----BEGIN CERTIFICATE-----
MIICnDCCAgWgAwIBAgIBBzANBgkqhkiG9w0BAQsFADBWMQswCQYDVQQGEwJBVTET
MBEGA1UECBMKU29tZS1TdGF0ZTEhMB8GA1UEChMYSW50ZXJuZXQgV2lkZ2l0cyBQ
dHkgTHRkMQ8wDQYDVQQDEwZ0ZXN0Y2EwHhcNMTUxMTA0MDIyMDI0WhcNMjUxMTAx
MDIyMDI0WjBlMQswCQYDVQQGEwJVUzERMA8GA1UECBMISWxsaW5vaXMxEDAOBgNV
BAcTB0NoaWNhZ28xFTATBgNVBAoTDEV4YW1wbGUsIENvLjEaMBgGA1UEAxQRKi50
ZXN0Lmdvb2dsZS5jb20wgZ8wDQYJKoZIhvcNAQEBBQADgY0AMIGJAoGBAOHDFSco
LCVJpYDDM4HYtIdV6Ake/sMNaaKdODjDMsux/4tDydlumN+fm+AjPEK5GHhGn1Bg
zkWF+slf3BxhrA/8dNsnunstVA7ZBgA/5qQxMfGAq4wHNVX77fBZOgp9VlSMVfyd
9N8YwbBYAckOeUQadTi2X1S6OgJXgQ0m3MWhAgMBAAGjazBpMAkGA1UdEwQCMAAw
CwYDVR0PBAQDAgXgME8GA1UdEQRIMEaCECoudGVzdC5nb29nbGUuZnKCGHdhdGVy
em9vaS50ZXN0Lmdvb2dsZS5iZYISKi50ZXN0LnlvdXR1YmUuY29thwTAqAEDMA0G
CSqGSIb3DQEBCwUAA4GBAJFXVifQNub1LUP4JlnX5lXNlo8FxZ2a12AFQs+bzoJ6
hM044EDjqyxUqSbVePK0ni3w1fHQB5rY9yYC5f8G7aqqTY1QOhoUk8ZTSTRpnkTh
y4jjdvTZeLDVBlueZUTDRmy2feY5aZIU18vFDK08dTG0A87pppuv1LNIR3loveU8
-----END CERTIFICATE-----
EOF
```


2）创建 main.go 文件。

```
package main

import (
    "fmt"
    "log"
    "net/http"
    "sync"
    "time"

    "github.com/gin-gonic/gin"
    "golang.org/x/sync/errgroup"
)

type Product struct {
    Username    string    `json:"username" binding:"required"`
    Name        string    `json:"name" binding:"required"`
    Category    string    `json:"category" binding:"required"`
    Price       int       `json:"price" binding:"gte=0"`
    Description string    `json:"description"`
    CreatedAt   time.Time `json:"createdAt"`
}

type productHandler struct {
    sync.RWMutex
    products map[string]Product
```

```go
}

func newProductHandler() *productHandler {
    return &productHandler{
        products: make(map[string]Product),
    }
}

func (u *productHandler) Create(c *gin.Context) {
    u.Lock()
    defer u.Unlock()

    // 1. 参数解析
    var product Product
    if err := c.ShouldBindJSON(&product); err != nil {
        c.JSON(http.StatusBadRequest, gin.H{"error": err.Error()})
        return
    }

    // 2. 参数校验
    if _, ok := u.products[product.Name]; ok {
        c.JSON(http.StatusBadRequest, gin.H{"error": fmt.Sprintf("product %s
            already exist", product.Name)})
        return
    }
    product.CreatedAt = time.Now()

    // 3. 逻辑处理
    u.products[product.Name] = product
    log.Printf("Register product %s success", product.Name)

    // 4. 返回结果
    c.JSON(http.StatusOK, product)
}

func (u *productHandler) Get(c *gin.Context) {
    u.Lock()
    defer u.Unlock()

    product, ok := u.products[c.Param("name")]
    if !ok {
        c.JSON(http.StatusNotFound, gin.H{"error": fmt.Errorf("can not found
            product %s", c.Param("name"))})
        return
    }

    c.JSON(http.StatusOK, product)
}

func router() http.Handler {
    router := gin.Default()
```

```go
    productHandler := newProductHandler()
    // 路由分组
    v1 := router.Group("/v1")
    {
        productv1 := v1.Group("/products")
        {
            // 路由匹配
            productv1.POST("", productHandler.Create)
            productv1.GET(":name", productHandler.Get)
        }
    }

    return router
}

func main() {
    var eg errgroup.Group

    // 一进程多端口
    insecureServer := &http.Server{
        Addr:         ":8080",
        Handler:      router(),
        ReadTimeout:  5 * time.Second,
        WriteTimeout: 10 * time.Second,
    }

    secureServer := &http.Server{
        Addr:         ":8443",
        Handler:      router(),
        ReadTimeout:  5 * time.Second,
        WriteTimeout: 10 * time.Second,
    }

    eg.Go(func() error {
        err := insecureServer.ListenAndServe()
        if err != nil && err != http.ErrServerClosed {
            log.Fatal(err)
        }
        return err
    })

    eg.Go(func() error {
        err := secureServer.ListenAndServeTLS("server.pem", "server.key")
        if err != nil && err != http.ErrServerClosed {
            log.Fatal(err)
        }
        return err
    })

    if err := eg.Wait(); err != nil {
```

```
            log.Fatal(err)
        }
    }
```

运行以上代码：

```
$ go run main.go
```

打开另外一个终端，请求 HTTP 接口：

```
# 创建产品
$ curl -XPOST -H"Content-Type: application/json" -d'{"username":"colin","name":
    "iphone12","category":"phone","price":8000,"description":"cannot afford"}'
    http://127.0.0.1:8080/v1/products
{"username":"colin","name":"iphone12","category":"phone","price":8000,"descripti
    on":"cannot afford","createdAt":"2021-06-20T11:17:03.818065988+08:00"}

# 获取产品信息
$ curl -XGET http://127.0.0.1:8080/v1/products/iphone12
{"username":"colin","name":"iphone12","category":"phone","price":8000,"descripti
    on":"cannot afford","createdAt":"2021-06-20T11:17:03.818065988+08:00"}
```

上述示例代码存放在 `gopractise-demo/gin/webfeature` 目录中。

另外，Gin 项目仓库中包含了很多使用示例，如果你想了解更多内容，可以参考 gin examples[⊖]。

接下来，我来详细介绍 Gin 是如何支持 Web 服务基础功能的。

16.3.1 HTTP/HTTPS 支持

因为 Gin 是基于 `net/http` 包封装的一个 Web 框架，所以它天然就支持 HTTP/HTTPS。在上述代码中，我们通过以下方式开启一个 HTTP 服务：

```
insecureServer := &http.Server{
    Addr:         ":8080",
    Handler:      router(),
    ReadTimeout:  5 * time.Second,
    WriteTimeout: 10 * time.Second,
}
...
err := insecureServer.ListenAndServe()
```

我们通过以下方式开启一个 HTTPS 服务：

```
secureServer := &http.Server{
    Addr:         ":8443",
    Handler:      router(),
    ReadTimeout:  5 * time.Second,
    WriteTimeout: 10 * time.Second,
```

⊖ 参见 https://github.com/gin-gonic/examples。

```
}
...
err := secureServer.ListenAndServeTLS("server.pem", "server.key")
```

16.3.2 JSON 数据格式支持

Gin 支持多种数据通信格式，例如 application/json、application/xml。我们可以通过 c.ShouldBindJSON 函数将 Body 中的 JSON 格式数据解析到指定的结构体中，并通过 c.JSON 函数返回 JSON 格式的数据。例如：

```
package main

import (
    "net/http"

    "github.com/gin-gonic/gin"
)

type Person struct {
    Name    string `json:"name"`
    Address string `json:"address"`
}

func main() {
    r := gin.Default()
    r.POST("/users", func(c *gin.Context) {
        var person Person
        if err := c.ShouldBindJSON(&person); err != nil {
            c.JSON(http.StatusBadRequest, gin.H{"error": err.Error()})
            return
        }

        c.JSON(200, gin.H{
            "name":    person.Name,
            "address": person.Address,
        })
    })
    r.Run() // 在 0.0.0.0:8080 监听 HTTP 请求
}
```

将以上代码保存在 gin_json.go 中，执行 go run gin_json.go 命令启动 Gin Web 服务。打开一个新的 Linux 终端，并执行以下命令：

```
$ curl -XPOST http://127.0.0.1:8080/users -d'{"name":"colin","address":"shenzhen"}'
{"address":"shenzhen","name":"colin"}
```

可以看到，Gin 通过 c.ShouldBindJSON 函数解析了 HTTP Body 中 JSON 格式的入参，通过 c.JSON 函数返回了 JSON 格式的数据。

16.3.3 路由匹配

Gin 支持两种路由匹配规则，具体分析如下。

1）精确匹配。

例如，路由为 /products/:name，则其匹配情况如表 16-1 所示。

表 16-1 精确匹配

路 径	匹配情况
/products/iphone12	匹配
/products/xiaomi8*	匹配
/products/xiaomi8/music	不匹配
/products/	不匹配

2）模糊匹配。

例如，路由为 /products/*name，则其匹配情况如表 16-2 所示。

表 16-2 模糊匹配

路 径	匹配情况
/products/iphone12	匹配
/products/xiaomi8	匹配
/products/xiaomi8/music	匹配
/products/	匹配

16.3.4 路由分组

Gin 通过 Group 函数实现了路由分组的功能。路由分组是一个非常常用的功能，可以将相同版本的路由分为一组，也可以将相同 RESTful 资源的路由分为一组。例如：

```
v1 := router.Group("/v1", gin.BasicAuth(gin.Accounts{"foo": "bar", "colin": "colin404"}))
{
    productv1 := v1.Group("/products")
    {
        // 路由匹配
        productv1.POST("", productHandler.Create)
        productv1.GET(":name", productHandler.Get)
    }

    orderv1 := v1.Group("/orders")
    {
        // 路由匹配
        orderv1.POST("", orderHandler.Create)
        orderv1.GET(":name", orderHandler.Get)
    }
}
```

```
v2 := router.Group("/v2", gin.BasicAuth(gin.Accounts{"foo": "bar", "colin": "colin404"}))
{
    productv2 := v2.Group("/products")
    {
        // 路由匹配
        productv2.POST("", productHandler.Create)
        productv2.GET(":name", productHandler.Get)
    }
}
```

通过路由分组，我们可以对相同分组的路由做统一处理。比如上面的例子，我们可以通过如下代码给所有属于 v1 分组的路由都添加 gin.BasicAuth 中间件，以实现认证功能。

```
v1 := router.Group("/v1", gin.BasicAuth(gin.Accounts{"foo": "bar", "colin": "colin404"}))
```

16.3.5　一进程多服务

我们可以通过以下方式实现一进程多服务：

```
var eg errgroup.Group
insecureServer := &http.Server{...}
secureServer := &http.Server{...}

eg.Go(func() error {
    err := insecureServer.ListenAndServe()
    if err != nil && err != http.ErrServerClosed {
        log.Fatal(err)
    }
    return err
})
eg.Go(func() error {
    err := secureServer.ListenAndServeTLS("server.pem", "server.key")
    if err != nil && err != http.ErrServerClosed {
        log.Fatal(err)
    }
    return err
}

if err := eg.Wait(); err != nil {
    log.Fatal(err)
})
```

上述代码实现了两个相同的服务，分别监听不同的端口。这里需要注意的是，为了不阻塞第二个服务，我们需要把 ListenAndServe 函数放在 Go 协程中执行，并且调用 eg.Wait() 来阻塞当前进程，从而让两个 HTTP 服务在 Go 协程中持续监听端口并提供服务。

16.3.6 参数解析、参数校验、逻辑处理、返回结果

此外，Web服务还应该具有参数解析、参数校验、逻辑处理、返回结果4种功能，因为这些功能联系紧密，故放在一起来介绍。

在productHandler的Create方法中，我们通过c.ShouldBindJSON来解析参数，接下来自己编写校验代码，然后将product信息保存在内存中（也就是在业务逻辑中处理），最后通过c.JSON返回创建的product信息。代码如下：

```
func (u *productHandler) Create(c *gin.Context) {
    u.Lock()
    defer u.Unlock()

    // 1) 参数解析
    var product Product
    if err := c.ShouldBindJSON(&product); err != nil {
        c.JSON(http.StatusBadRequest, gin.H{"error": err.Error()})
        return
    }

    // 2) 参数校验
    if _, ok := u.products[product.Name]; ok {
        c.JSON(http.StatusBadRequest, gin.H{"error": fmt.Sprintf("product %s
            already exist", product.Name)})
        return
    }
    product.CreatedAt = time.Now()

    // 3) 逻辑处理
    u.products[product.Name] = product
    log.Printf("Register product %s success", product.Name)

    // 4) 返回结果
    c.JSON(http.StatusOK, product)
}
```

你可能会问：HTTP的请求参数可以存放在不同的位置，那么Gin是如何解析的呢？这里，我们先来看一下HTTP有哪些参数类型。

- **路径参数（path）**：例如在gin.Default().GET("/user/:name", nil)中，name就是路径参数。
- **查询字符串参数（query）**：例如在/welcome?firstname=Lingfei&lastname=Kong中，firstname和lastname就是查询字符串参数。
- **表单参数（form）**：例如在curl -X POST -F 'username=colin' -F 'password=colin1234' http://mydomain.com/login中，username和password就是表单参数。
- **HTTP头参数（header）**：例如在curl -X POST -H 'Content-Type: application/ json' -d '{"username":"colin","password":"col-

in1234"}' http://mydomain.com/login 中，Content-Type 就是 HTTP 头参数。

- **消息体参数（body）**：例如在 curl -X POST -H 'Content-Type: application/json' -d '{"username":"colin","password":"colin1234"}' http://mydomain.com/login 中，username 和 password 就是消息体参数。

Gin 提供了一些函数，来分别读取这些 HTTP 参数。每种类型会提供两种函数，一种函数可以直接读取某个参数的值，另外一种函数会把同类 HTTP 参数绑定到一个 Go 结构体中。比如，有如下路径参数：

```
gin.Default().GET("/:name/:id", nil)
```

我们可以直接读取每个参数：

```
name := c.Param("name")
id := c.Param("id")
```

我们也可以将所有的路径参数绑定到结构体中：

```
type Person struct {
    ID string `uri:"id" binding:"required,uuid"`
    Name string `uri:"name" binding:"required"`
}

if err := c.ShouldBindUri(&person); err != nil {
    // 程序代码
    return
}
```

Gin 在绑定参数时，是通过结构体的 tag 来判断要绑定哪类参数到结构体中的。注意，不同的 HTTP 参数有不同的结构体 tag，列举如下。

- **路径参数**：uri。
- **查询字符串参数**：query。
- **表单参数**：form。
- **HTTP 头参数**：header。
- **消息体参数**：可以根据 Content-Type 自动选择使用 JSON 或者 XML 格式，也可以调用 ShouldBindJSON 或者 ShouldBindXML 直接指定使用哪种格式。

针对每种参数类型，Gin 都有对应的函数来获取和绑定这些参数。这些函数都是基于如下两个函数进行封装的。

1）ShouldBindWith(obj interface{}, b binding.Binding) error。这是一个非常重要的函数，很多 ShouldBindXXX 函数底层都是调用 ShouldBindWith 函数来完成参数绑定的。该函数会根据传入的绑定引擎，将参数绑定到传入的结构体中，如果绑定失败，只返回错误内容，但不终止 HTTP 请求。ShouldBindWith 支持多种绑定引擎，例如 binding.JSON、binding.Query、binding.Uri、binding.Header 等，

更详细的信息可以参考 binding.go[⊖]。

2）MustBindWith(obj interface{}, b binding.Binding) error。这是另外一个非常重要的函数，很多 BindXXX 函数底层都是调用 MustBindWith 函数来完成参数绑定的。该函数会根据传入的绑定引擎，将参数绑定到传入的结构体指针中，如果绑定失败，返回错误并终止请求，同时返回 HTTP 400 错误。MustBindWith 所支持的绑定引擎与 ShouldBindWith 函数一样。

Gin 基于 ShouldBindWith 和 MustBindWith 这两个函数，又衍生出很多新的 Bind 函数。这些函数可以满足不同场景下获取 HTTP 参数的需求。Gin 提供的函数可以获取 5 种类型的 HTTP 参数。

- **路径参数**：ShouldBindUri、BindUri。
- **查询字符串参数**：ShouldBindQuery、BindQuery。
- **表单参数**：ShouldBind。
- **HTTP 头参数**：ShouldBindHeader、BindHeader。
- **消息体参数**：ShouldBindJSON、BindJSON 等。

这里要注意，Gin 并没有提供类似 ShouldBindForm、BindForm 这类函数来绑定表单参数，但我们可以通过 ShouldBind 来绑定表单参数。当 HTTP 方法为 GET 时，ShouldBind 只绑定 Query 类型的参数。当 HTTP 方法为 POST 时，ShouldBind 会先检查 Content-Type 是否是 JSON 或者 XML，如果都不是，则绑定 Form 类型的参数。

所以，ShouldBind 可以绑定 Form 类型的参数，但前提是 HTTP 方法是 POST，并且 content-type 不是 application/json、application/xml。

在 Go 项目开发中，我建议使用 ShouldBindXXX，这样可以确保我们设置的 HTTP Chain（Chain 可以理解为一个 HTTP 请求的一系列处理插件）能够继续被执行。

16.4 Gin 是如何支持 Web 服务的高级功能的

前文介绍了 Gin 是如何支持 Web 服务的基础功能的，本节再来介绍一下 Gin 是如何支持 Web 服务的高级功能的。Web 服务比较核心的高级功能是中间件、认证、RequestID、跨域和优雅关停。

16.4.1 中间件

Gin 支持中间件，所以 HTTP 请求在转发到实际的处理函数之前，会被一系列中间件进行处理。中间件可以解析 HTTP 请求并做一些逻辑处理，例如：跨域处理，或者生成 X-Request-ID 并保存在 context 中，以便追踪某个请求。处理完之后，我们可以选择中

⊖ 参见 https://github.com/gin-gonic/gin/blob/v1.7.2/binding/binding.go#L72。

断并返回这次请求，也可以选择将请求继续转交给下一个中间件处理。当所有的中间件都处理完之后，请求才会转给路由函数进行处理。具体流程如图 16-3 所示。

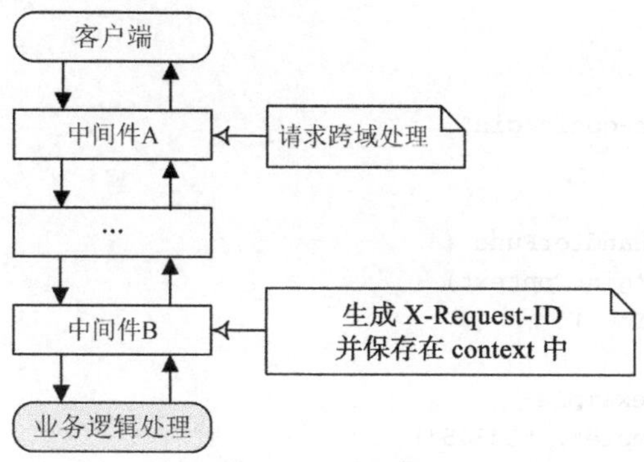

图 16-3　中间件

通过中间件，我们可以对所有请求进行统一处理，提高开发效率，并使代码更简洁。但是，因为所有的请求都需要经过中间件的处理，所以可能会增加请求延时。对于如何使用中间件，我有如下建议。

- 将中间件做成可加载的，并在配置文件中指定程序启动时要加载哪些中间件。
- 只将一些通用的、必要的功能做成中间件。
- 在编写中间件时，一定要保证中间件的代码质量和性能。

在 Gin 中，我们可以通过 `gin.Engine` 的 `Use` 方法来加载中间件。中间件可以加载到不同的位置上，而且不同的位置，作用范围也不同，例如：

```
router := gin.New()
router.Use(gin.Logger(), gin.Recovery()) // 中间件作用于所有的 HTTP 请求
v1 := router.Group("/v1").Use(gin.BasicAuth(gin.Accounts{"foo": "bar", "colin":
      "colin404"})) // 中间件作用于 v1 group
v1.POST("/login", Login).Use(gin.BasicAuth(gin.Accounts{"foo": "bar", "colin":
    "colin404"})) // 中间件只作用于 /v1/login API
```

Gin 框架本身也支持一些中间件，列举如下。

- **gin.Logger()**：Logger 中间件会将日志写到 `gin.DefaultWriter`，`gin.DefaultWriter` 默认为 `os.Stdout`。
- **gin.Recovery()**：Recovery 中间件可以从任何 Panic 状态恢复，并且写入一个 `500` 状态码。
- **gin.CustomRecovery(handle gin.RecoveryFunc)**：类似 Recovery 中间件，但是在恢复时还会调用传入的 handle 方法进行处理。
- **gin.BasicAuth()**：HTTP 请求基本认证（使用用户名和密码进行认证）。

另外，Gin 支持自定义中间件。中间件其实是一个函数，函数类型为 `gin.HandlerFunc`，`HandlerFunc` 底层类型为 `func(*Context)`。以下是一个 Logger 中间件的实现：

```go
package main

import (
    "log"
    "time"

    "github.com/gin-gonic/gin"
)

func Logger() gin.HandlerFunc {
    return func(c *gin.Context) {
        t := time.Now()

        // 设置变量 example
        c.Set("example", "12345")

        // 请求之前

        c.Next()

        // 请求之后
        latency := time.Since(t)
        log.Print(latency)

        // 访问我们发送的状态
        status := c.Writer.Status()
        log.Println(status)
    }
}

func main() {
    r := gin.New()
    r.Use(Logger())

    r.GET("/test", func(c *gin.Context) {
        example := c.MustGet("example").(string)

        // 打印 : "12345"
        log.Println(example)
    })

    // 在 0.0.0.0:8080: 监听请求
    r.Run(":8080")
}
```

另外，还有很多开源的中间件可供选择，如表16-3所示。

表 16-3　开源中间件

中间件	功　能
gin-jwt	JWT 中间件，实现 JWT 认证
gin-swagger	自动生成 Swagger 2.0 格式的 RESTful API 文档
cors	实现 HTTP 请求跨域
sessions	会话管理中间件
authz	基于 casbin 的授权中间件
pprof	Gin pprof 中间件
go-gin-prometheus	Prometheus 指标导出
gzip	支持 HTTP 请求和响应的 Gzip 压缩
gin-limit	HTTP 请求并发控制中间件
requestid	给每个请求生成 uuid，并添加到返回的 X-Request-ID 头中

16.4.2　认证、RequestID、跨域

认证、RequestID、跨域这三个高级功能，都可以通过 Gin 的中间件来实现，例如：

```
router := gin.New()

// 添加认证中间件
router.Use(gin.BasicAuth(gin.Accounts{"foo": "bar", "colin": "colin404"}))

// 添加生成 RequestID 的中间件
router.Use(requestid.New(requestid.Config{
    Generator: func() string {
        return "test"
    },
}))

// 设置跨域配置
router.Use(cors.New(cors.Config{
    AllowOrigins:     []string{"https://foo.com"},
    AllowMethods:     []string{"PUT", "PATCH"},
    AllowHeaders:     []string{"Origin"},
    ExposeHeaders:    []string{"Content-Length"},
    AllowCredentials: true,
    AllowOriginFunc: func(origin string) bool {
        return origin == "https://github.com"
    },
    MaxAge: 12 * time.Hour,
}))
```

16.4.3　优雅关停

当 Go 项目上线后，我们还需要不断迭代来丰富项目功能、修复 Bug 等，这就意味着

我们要不断重启 Go 服务。对 HTTP 服务来说，如果访问量大，重启服务的时候可能还有很多连接没有断开，很多请求没有完成。如果这时候直接关停服务，会导致这些连接直接断掉，请求异常终止，从而对用户体验和产品口碑造成影响。

我们期望 HTTP 服务可以在处理完所有请求后，正常地关闭这些连接，也就是优雅地关停服务。目前，有两种方法来优雅关停 HTTP 服务，详细分析如下。

1）借助第三方的 Go 包。

如果使用第三方的 Go 包来实现优雅关停，目前用得比较多的包是 fvbock/endless[⊖]。我们可以使用 fvbock/endless 来替换 net/http 的 ListenAndServe 方法，例如：

```
router := gin.Default()
router.GET("/", handler)
// [...]
endless.ListenAndServe(":4242", router)
```

2）编码实现。

借助第三方包的好处是可以稍微减少一些编码工作量，但缺点是引入了一个新的依赖包，因此我更倾向于自己编码实现。Go 1.8 及以上版本通过 http.Server 内置的 Shutdown 方法实现了优雅关停。下面是一个示例：

```
// +build go1.8

package main

import (
    "context"
    "log"
    "net/http"
    "os"
    "os/signal"
    "syscall"
    "time"

    "github.com/gin-gonic/gin"
)

func main() {
    router := gin.Default()
    router.GET("/", func(c *gin.Context) {
        time.Sleep(5 * time.Second)
        c.String(http.StatusOK, "Welcome Gin Server")
    })

    srv := &http.Server{
        Addr:    ":8080",
        Handler: router,
```

⊖ 参见 https://github.com/fvbock/endless。

```
    }

    // 在 Go 协程中初始化服务器，这样它就不会阻塞下面的优雅关停处理
    go func() {
        if err := srv.ListenAndServe(); err != nil && err != http.ErrServerClosed {
            log.Fatalf("listen: %s\n", err)
        }
    }()

    // 等待中断信号优雅关停服务器
    quit := make(chan os.Signal, 1)
    // kill（不带参数）表示发送 syscall.SIGTERM 信号（默认）
    // kill -2 表示发送 syscall.SIGINT 信号
    // kill -9 表示发送 syscall.SIGKILL 信号，该信号不能被获取到，所以这里不需要添加它
    signal.Notify(quit, syscall.SIGINT, syscall.SIGTERM)
    <-quit
    log.Println("Shutting down server...")

    // context 用于通知服务器它有 5s 的时间来完成当前正在处理的请求
    ctx, cancel := context.WithTimeout(context.Background(), 5*time.Second)
    defer cancel()
    if err := srv.Shutdown(ctx); err != nil {
        log.Fatal("Server forced to shutdown:", err)
    }

    log.Println("Server exiting")
}
```

如上述示例所示，我们需要把 srv.ListenAndServe 放在 Go 协程中执行，才不会阻塞 srv.Shutdown 函数。但这就需要用到一种可以让整个进程常驻的机制。

这里，我们借助了有缓冲机制的通道，并且调用 signal.Notify 函数将该通道绑定到 SIGINT、SIGTERM 信号上。这样，收到 SIGINT、SIGTERM 信号后，quilt 通道会被写入值，从而结束阻塞状态，使程序继续运行，执行 srv.Shutdown(ctx)，优雅关停 HTTP 服务。

16.5　本章总结

本章主要介绍了 Web 服务的核心功能，以及如何开发这些功能。在实际的项目开发中，我们一般会使用基于 net/http 包进行封装的优秀开源 Web 框架。

当前比较火的 Go Web 框架有 Gin、Beego、Echo、Revel、Martini。你可以根据需要自行选择。我比较推荐 Gin，它是目前比较受欢迎的 Web 框架之一。Gin 支持 Web 服务的很多基础功能，例如 HTTP/HTTPS、JSON 格式的数据、路由分组和匹配、一进程多服务等。另外，Gin 还支持 Web 服务的一些高级功能，例如中间件、认证、RequestID、跨域和优雅关停服务等。

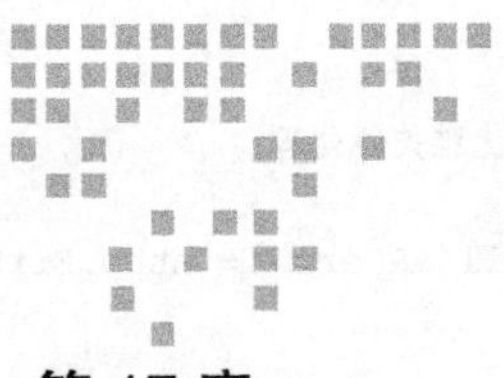

Chapter 17　第 17 章

IAM 应用构建

应用开发是软件开发工程师最核心的工作。我在 7 年的 Go 开发生涯中构建了大大小小 50 多个后端应用，深谙其中的痛点，列举如下。

- **重复造轮子**：同样的功能每次都要重新开发，不仅浪费时间和精力，而且每次实现的代码质量更是参差不齐。
- **理解成本高**：相同的功能，有 *N* 个服务对应着 *N* 种不同的实现方式，如果功能升级，或者有新成员加入，都可能需要重新理解 *N* 次。
- **功能升级的开发工作量大**：一个应用由 *N* 个服务组成，如果要升级其中的某个功能，需要同时更新 *N* 个服务的代码。

想要解决上面这些问题，一个比较好的思路是：找出相同的功能，然后用一种优雅的方式去实现它，并通过 Go 包的形式，供所有的服务使用。

接下来，我会带你找出服务的通用功能，并给出优雅的构建方式，帮助你一劳永逸地解决这些问题。在提高开发效率的同时，也能提高你的代码质量。因为使用到了 Pflag、Viper 和 Cobra 包来构建这些通用功能，所以本章会先介绍这 3 个包的核心功能和使用方式，再介绍如何构建应用。

提示　本章代码存放在 /iam/pkg/app 目录下。

17.1　如何构建应用框架

在构建应用框架前，首先你要明白一个应用框架包含哪些部分。在我看来，一个应用框架需要包含以下 3 个部分。

- **命令行参数解析**：主要用来解析命令行参数，这些命令行参数可以影响命令的运行效果。
- **配置文件解析**：一个大型应用通常具有很多参数，为了便于管理和配置，我们通常会将这些参数放在一个配置文件中，供程序读取并解析。
- **应用的命令行框架**：应用最终是通过命令来启动的。这里有 3 个需求点，一是命令需要具备 Help 功能，这样才能告诉使用者如何使用；二是命令需要能够解析命令行参数和配置文件；三是命令需要能够初始化业务代码，并最终启动业务进程。也就是说，命令需要具备框架的能力，来纳管这 3 个部分。

针对这 3 个部分的功能，你可以自己开发，也可以使用业界已有的成熟实现。与之前的想法一样，我建议你采用业界已有的成熟实现。

17.2 应用构建三剑客

前文提到，在构建应用框架时，我们可以采用业界已有的成熟实现。针对命令行参数，可以通过 Pflag 来解析，针对配置文件，可以通过 Viper 来解析，针对应用的命令行框架，则可以通过 Cobra 来实现。目前这 3 个包也是最受欢迎的包，并且三者不是割裂的，而是有联系的。我们可以通过有机地组合这 3 个包，实现一个非常强大、优秀的应用命令行框架。

17.2.1 命令行参数解析工具：Pflag

在 Go 服务开发中，我们经常需要给开发的组件加上各种启动参数来配置服务进程，影响服务的行为。像 kube-apiserver 就有多达 200 多个启动参数，而且这些参数的类型各不相同（例如 `string`、`int`、`ip` 等类型），使用方式也不相同（例如需要支持 `--` 长选项，`-` 短选项等），所以我们需要一个强大的命令行参数解析工具。

虽然 Go 源码中提供了一个标准库 Flag 包，用来对命令行参数进行解析，但在大型项目中应用更广泛的是另外一个包：Pflag。Pflag 提供了很多强大的特性，非常适合用来构建大型项目，一些耳熟能详的开源项目都是用 Pflag 来进行命令行参数解析的，例如 Kubernetes、Istio、Helm、Docker、Etcd 等。

接下来，我就来介绍一下如何使用 Pflag。我们主要是通过创建 Flag 和 FlagSet 两种结构体类型来使用 Pflag 的。

1. Pflag 包中 Flag 的定义

Pflag 可以对命令行参数进行处理。一个命令行参数在 Pflag 包中会被解析为一个 `Flag` 类型的变量。`Flag` 是一个结构体，定义如下：

```
type Flag struct {
    Name                string // flag长选项的名称
```

```
    Shorthand           string // flag 短选项的名称，一个缩写的字符
    Usage               string // flag 的使用文本
    Value               Value  // flag 的值
    DefValue            string // flag 的默认值
    Changed             bool   // 记录 flag 的值是否有被设置过
    NoOptDefVal         string // 当 flag 出现在命令行，但是没有指定选项值时的默认值
    Deprecated          string // 记录该 flag 是否被放弃
    Hidden              bool   // 如果值为 true，则从 help/usage 输出信息中隐藏该 flag
    ShorthandDeprecated string // 如果 flag 的短选项被废弃，当使用 flag 的短选项时打印该信息
    Annotations         map[string][]string // 给 flag 设置注解
}
```

Flag 的值是一个 Value 类型的接口，Value 定义如下：

```
type Value interface {
    String() string              // 将 flag 类型的值转换为 string 类型的值，并返回 string 的内容
    Set(string) error            // 将 string 类型的值转换为 flag 类型的值，转换失败报错
    Type() string                // 返回 flag 的类型，例如 string、int、ip 等
}
```

通过将 Flag 的值抽象成一个接口，我们就可以自定义 Flag 的类型了。只要实现了 Value 接口的结构体，就是一个新类型。

2. Pflag 包中 FlagSet 的定义

Pflag 除了支持单个的 Flag 之外，还支持 FlagSet。FlagSet 是一些预先定义好的 Flag 的集合，几乎所有的 Pflag 操作都需要借助 FlagSet 提供的方法来完成。在实际开发中，我们可以使用两种方法来获取并使用 FlagSet。

1）调用 NewFlagSet 创建一个 FlagSet。

2）使用 Pflag 包定义的全局 FlagSet：CommandLine。实际上，CommandLine 也是由 NewFlagSet 函数创建的。

先来看下第一种方法，自定义 FlagSet。下面是一个自定义 FlagSet 的示例：

```
var version bool
flagSet := pflag.NewFlagSet("test", pflag.ContinueOnError)
flagSet.BoolVar(&version, "version", true, "Print version information and quit.")
```

我们可以通过定义一个新的 FlagSet 来定义命令及其子命令的 Flag。

再来看第二种方法，使用全局 FlagSet。下面是一个使用全局 FlagSet 的示例：

```
import (
    "github.com/spf13/pflag"
)

pflag.BoolVarP(&version, "version", "v", true, "Print version information and quit.")
```

pflag.BoolVarP 函数定义如下：

```
func BoolVarP(p *bool, name, shorthand string, value bool, usage string) {
    flag := CommandLine.VarPF(newBoolValue(value, p), name, shorthand, usage)
```

```
    flag.NoOptDefVal = "true"
}
```

可以看到，pflag.BoolVarP 最终调用了 CommandLine。CommandLine 是一个包级别的变量，定义为：

```
// CommandLine是默认的命令行标志集，从os.Args中解析
var CommandLine = NewFlagSet(os.Args[0], ExitOnError)
```

在一些不需要定义子命令的命令行工具中，我们可以直接使用全局的 FlagSet，更加简单方便。

3. Pflag 使用方法

除了两个核心结构体，Pflag 还有很多强大的功能。接下来，我将详细介绍 7 个 Pflag 的常见使用方法。

1）支持多种命令行参数定义方式。

Pflag 支持以下 4 种命令行参数定义方式：

- 支持长选项、默认值和使用文本，并将标志的值存储在指针中。

```
var name = pflag.String("name", "colin", "Input Your Name")
```

- 支持长选项、短选项、默认值和使用文本，并将标志的值存储在指针中。

```
var name = pflag.StringP("name", "n", "colin", "Input Your Name")
```

- 支持长选项、默认值和使用文本，并将标志的值绑定到变量。

```
var name string
pflag.StringVar(&name, "name", "colin", "Input Your Name")
```

- 支持长选项、短选项、默认值和使用文本，并将标志的值绑定到变量。

```
var name string
pflag.StringVarP(&name, "name", "n","colin", "Input Your Name")
```

上面的函数命名是有规则的：

- 函数名带 Var 说明是将标志的值绑定到变量，否则是将标志的值存储在指针中。
- 函数名带 P 说明支持短选项，否则不支持短选项。

2）使用 Get<Type> 获取参数的值。

可以使用 Get<Type> 来获取标志的值，<Type> 代表 Pflag 所支持的类型。例如：有一个 pflag.FlagSet，带有一个名为 flagname 的 int 类型的标志，可以使用 GetInt() 来获取 int 值。注意，flagname 必须存在且必须是 int，例如：

```
i, err := flagset.GetInt("flagname")
```

3）获取非选项参数。

代码示例如下：

```
package main

import (
    "fmt"

    "github.com/spf13/pflag"
)

var (
    flagvar = pflag.Int("flagname", 1234, "help message for flagname")
)

func main() {
    pflag.Parse()

    fmt.Printf("argument number is: %v\n", pflag.NArg())
    fmt.Printf("argument list is: %v\n", pflag.Args())
    fmt.Printf("the first argument is: %v\n", pflag.Arg(0))
}
```

执行上述代码，输出如下：

```
$ go run example1.go arg1 arg2
argument number is: 2
argument list is: [arg1 arg2]
the first argument is: arg1
```

在定义完标志之后，可以调用 `pflag.Parse()` 来解析定义的标志。解析后，可通过 `pflag.Args()` 返回所有的非选项参数，如通过 `pflag.Arg(i)` 返回第 i 个非选项参数。参数下标的取值范围是 0 到 `pflag.NArg() - 1`。

4）指定了选项，但是没有指定对应选项的默认值设置。

创建一个 Flag 后，我们可以为这个 Flag 设置 `pflag.NoOptDefVal`。如果一个 Flag 具有 NoOptDefVal，并且没有在命令行上为该 Flag 设置值，则该标志将设置为 NoOptDefVal 指定的值。例如：

```
var ip = pflag.IntP("flagname", "f", 1234, "help message")
pflag.Lookup("flagname").NoOptDefVal = "4321"
```

上述代码会产生的结果如表 17-1 所示。

表 17-1　命令行参数解析效果

命令行参数	解析结果
--flagname=1357	ip=1357
-flagname	ip=4321
[nothing]	ip=1234

5）弃用标志或者标志的简写。

Pflag 可以弃用标志或者标志的简写。弃用的标志或标志简写在帮助文本中会被隐藏，并在使用不推荐的标志或简写时打印正确的用法提示。例如，弃用名为 logmode 的标志，并告知用户应该使用哪个标志代替：

```
// 弃用标志，并指定命令行中输出的标志名和使用消息
pflag.CommandLine.MarkDeprecated("logmode", "please use --log-mode instead")
```

这样隐藏了帮助文本中的 logmode，并且当使用 logmode 时，打印了 Flag --logmode has been deprecated, please use --log-mode instead。

6）保留名为 port 的标志，但是弃用它的简写形式。

```
pflag.IntVarP(&port, "port", "P", 3306, "MySQL service host port.")

// 弃用速记标志，并指定命令行中输出的标志名和使用消息
pflag.CommandLine.MarkShorthandDeprecated("port", "please use --port only")
```

这样隐藏了帮助文本中的简写 P，并且当使用简写 P 时，打印了 Flag shorthand -P has been deprecated, please use --port only。usage message 在此处必不可少，并且不应为空。

7）隐藏标志。

可以将 Flag 标记为隐藏的，这意味着它仍将正常运行，但不会显示在 usage/help 文本中。例如：隐藏名为 secretFlag 的标志，只在内部使用，并且不希望它显示在帮助文本或者使用文本中。代码如下：

```
// 通过标志名隐藏一个标志
pflag.CommandLine.MarkHidden("secretFlag")
```

至此，Pflag 包的重要用法就介绍完了。接下来，我们再来看一下如何解析配置文件。

17.2.2　配置解析神器：Viper

几乎所有的后端服务都需要一些配置项来配置。一些小型的项目，配置不是很多，可以选择只通过命令行参数来传递配置。但是大型项目配置很多，通过命令行参数传递就变得很麻烦，不好维护。标准的解决方案是将这些配置信息保存在配置文件中，在程序启动时加载和解析。Go 生态中有很多包可以加载并解析配置文件，目前最受欢迎的是 Viper 包。

Viper 是 Go 应用程序现代化的、完整的解决方案，能够处理不同格式的配置文件，让我们在构建现代应用程序时，不必担心配置文件格式。Viper 也能够满足我们对应用配置的各种需求。

Viper 可以从不同的位置读取配置。不同位置的配置具有不同的优先级，高优先级的配置会覆盖低优先级的配置。配置按优先级从高到低排列如下：

1）通过 viper.Set 函数显式设置的配置。

2）命令行参数。

3）环境变量。

4）配置文件。

5）Key-value 存储。

6）默认值。

注意 Viper 配置键不区分大小写。

Viper 有很多功能，最重要的两类功能是读入配置和读取配置。Viper 提供不同的方式来实现这两类功能，详细介绍如下。

1. 读入配置

读入配置，就是将配置读入 Viper 中，具体有如下读入方式。

- 设置默认的配置文件名。
- 读取配置文件。
- 监听和重新读取配置文件。
- 从 io.Reader 读取配置。
- 从环境变量读取。
- 从命令行标志读取。
- 从远程 Key-value 存储读取。

下面详细分析几种常用的读入方式，如下所示。

（1）设置默认值

一个好的配置系统应该支持默认值。Viper 支持对键设置默认值，当没有通过配置文件、环境变量、远程配置或命令行标志设置键时，设置默认值通常是很有用的，它可以让程序在没有明确指定配置时也能够正常运行。例如：

```
viper.SetDefault("ContentDir", "content")
viper.SetDefault("LayoutDir", "layouts")
viper.SetDefault("Taxonomies", map[string]string{"tag": "tags", "category": "categories"})
```

（2）读取配置文件

Viper 可以读取配置文件来解析配置，支持 JSON、TOML、YAML、YML、Properties、Props、Prop、HCL、Dotenv、Env 格式。Viper 支持搜索多个路径，并且默认不配置任何搜索路径，将默认决策留给应用程序。

以下是使用 Viper 搜索和读取配置文件的示例：

```
package main

import (
    "fmt"

    "github.com/spf13/pflag"
```

```go
	"github.com/spf13/viper"
)

var (
	cfg  = pflag.StringP("config", "c", "", "Configuration file.")
	help = pflag.BoolP("help", "h", false, "Show this help message.")
)

func main() {
	pflag.Parse()
	if *help {
		pflag.Usage()
		return
	}

   // 从配置文件中读取配置
	if *cfg != "" {
		viper.SetConfigFile(*cfg)   // 指定配置文件名
		viper.SetConfigType("yaml") // 如果配置文件名中没有文件扩展名，则需要指定配置文件的格
		                            式，告诉 Viper 以何种格式解析文件
	} else {
		viper.AddConfigPath(".")          // 把当前目录加入配置文件的搜索路径中
		viper.AddConfigPath("$HOME/.iam") // 配置文件搜索路径，可以设置多个配置文件搜索路径
		viper.SetConfigName("config")     // 配置文件名称（没有文件扩展名）
	}

	if err := viper.ReadInConfig(); err != nil { // 读取配置文件。如果指定了配置文件名，则
	                                               使用指定的配置文件，否则在注册的搜索路
	                                               径中搜索
		panic(fmt.Errorf("Fatal error config file: %s \n", err))
	}

	fmt.Printf("Used configuration file is: %s\n", viper.ConfigFileUsed())
}
```

Viper 支持设置多个配置文件搜索路径，但需要注意添加搜索路径的顺序。Viper 会根据添加的路径顺序搜索配置文件，如果找到则停止搜索。如果调用 SetConfigFile 直接指定配置文件名，并且配置文件名没有文件扩展名时，需要显式指定配置文件的格式，以使 Viper 能够正确解析配置文件。如果通过搜索的方式查找配置文件，则需要注意，SetConfigName 设置的配置文件名是不带扩展名的，在搜索时 Viper 会在文件名之后追加文件扩展名，并尝试搜索所有支持的扩展类型。

（3）监听和重新读取配置文件

Viper 支持在运行时让应用程序实时读取配置文件，也就是热加载配置。可以通过 WatchConfig 函数热加载配置。在调用 WatchConfig 函数之前，需要确保程序已经添加了配置文件的搜索路径。另外，还可以为 Viper 提供一个回调函数，以便在每次发生更改时运行，例如：

```
viper.WatchConfig()
viper.OnConfigChange(func(e fsnotify.Event) {
    // 配置文件发生变更之后会调用的回调函数
    fmt.Println("Config file changed:", e.Name)
})
```

我不建议在实际开发中使用热加载功能，因为即使配置热加载功能，程序中的代码也不一定会热加载。例如：我们修改了服务监听端口，但是服务没有重启，这时候服务还是监听老的端口，会造成监听结果不一致。

（4）设置配置值

我们可以通过 viper.Set() 函数来显式设置配置值：

```
viper.Set("user.username", "colin")
```

（5）使用环境变量

Viper 还支持环境变量。可以通过以下 5 个函数来支持环境变量。

- AutomaticEnv()。
- BindEnv(input ...string) error。
- SetEnvPrefix(in string)。
- SetEnvKeyReplacer(r *strings.Replacer)。
- AllowEmptyEnv(allowEmptyEnv bool)。

这里要注意：Viper 读取环境变量是区分大小写的。Viper 提供了一种机制来确保 Env 变量是唯一的。通过使用 SetEnvPrefix，可以告诉 Viper 在读取环境变量时使用前缀。比如，我们设置了 viper.SetEnvPrefix("VIPER")，当使用 viper.Get("apiversion") 时，实际读取的环境变量是 VIPER_APIVERSION。

还有一个魔法函数 SetEnvKeyReplacer，该函数允许你使用 strings.Replacer 对象来重写 Env 键。如果你想在 Get() 调用中使用 - 或者 .，但希望你的环境变量使用 _ 分隔符，则可以通过 SetEnvKeyReplacer 来实现。比如，我们设置了环境变量 USER_SECRET_KEY=bVix2WBv0VPfrDrvlLWrhEdzjLpPCNYb，但我们想用 viper.Get("user.secret-key")，那我们就调用函数：

```
viper.SetEnvKeyReplacer(strings.NewReplacer(".", "_", "-", "_"))
```

如上述代码所示，在调用 viper.Get() 函数时，会用 _ 替换 . 和 -。默认情况下，空环境变量被认为是未设置的，会返回到下一个配置源。若要将空环境变量视为已设置，可以使用 AllowEmptyEnv 方法。使用环境变量示例如下：

```
// 使用环境变量
os.Setenv("VIPER_USER_SECRET_ID", "QLdywI2MrmDVjSSv6e95weNRvmteRjfKAuNV")
os.Setenv("VIPER_USER_SECRET_KEY", "bVix2WBv0VPfrDrvlLWrhEdzjLpPCNYb")

viper.AutomaticEnv()              // 读取环境变量
viper.SetEnvPrefix("VIPER")  // 设置环境变量前缀：VIPER_，如果是 viper，将自动转变为大写。
```

```
viper.SetEnvKeyReplacer(strings.NewReplacer(".", "_", "-", "_")) // 将viper.
    Get(key)key 字符串中的 . 和 - 替换为 _
viper.BindEnv("user.secret-key")
viper.BindEnv("user.secret-id", "USER_SECRET_ID") // 绑定环境变量名到 key
```

（6）使用标志

Viper 支持 Pflag 包，能够绑定键到 Flag。与 BindEnv 类似，在调用绑定方法时，Viper 不会设置该值，但会在访问它时设置。对于单个标志，可以调用 BindPFlag() 进行绑定：

```
viper.BindPFlag("token", pflag.Lookup("token"))    // 绑定单个标志
```

还可以绑定一组现有的 Pflag（pflag.FlagSet）：

```
viper.BindPFlags(pflag.CommandLine)                    // 绑定标志集
```

2. 读取配置

Viper 提供了如下方法来读取配置。

- ❑ Get(key string) interface{}。
- ❑ Get<Type>(key string) <Type>。
- ❑ AllSettings() map[string]interface{}。
- ❑ IsSet(key string) : bool。

每一个 Get 方法在找不到值的时候都会返回零值。为了检查给定的 key 是否存在，可以使用 IsSet() 方法。<Type> 可以是 Viper 支持的类型，注意首字母大写：Bool、Float64、Int、IntSlice、String、StringMap、StringMapString、StringSlice、Time、Duration。例如：GetInt()。

常见的读取配置方法有以下几种。

1）访问嵌套的键。

例如，加载下面的 JSON 文件：

```
{
    "host": {
        "address": "localhost",
        "port": 5799
    },
    "datastore": {
        "metric": {
            "host": "127.0.0.1",
            "port": 3099
        },
        "warehouse": {
            "host": "198.0.0.1",
            "port": 2112
        }
    }
}
```

Viper 可以通过传入 . 分隔的路径来访问嵌套字段：

```
viper.GetString("datastore.metric.host") // (返回 "127.0.0.1")
```

如果 datastore.metric 被直接赋值覆盖（如被 Flag、环境变量、Set() 方法等覆盖），那么 datastore.metric 的所有子键都将变为未定义状态，即它们被高优先级配置级别覆盖了。

如果存在与分隔的键路径匹配的键，则直接返回其值。例如：

```
{
    "datastore.metric.host": "0.0.0.0",
    "host": {
        "address": "localhost",
        "port": 5799
    },
    "datastore": {
        "metric": {
            "host": "127.0.0.1",
            "port": 3099
        },
        "warehouse": {
            "host": "198.0.0.1",
            "port": 2112
        }
    }
}
```

通过 viper.GetString 获取值：

```
viper.GetString("datastore.metric.host") // 返回 "0.0.0.0"
```

2）反序列化。

Viper 可以支持将所有或特定的值解析到结构体、映射等。可以通过两个函数来实现：

```
Unmarshal(rawVal interface{}) error
UnmarshalKey(key string, rawVal interface{}) error
```

下面是一个示例：

```
type config struct {
    Port int
    Name string
    PathMap string `mapstructure:"path_map"`
}

var C config

err := viper.Unmarshal(&C)
if err != nil {
    t.Fatalf("unable to decode into struct, %v", err)
}
```

如果想要解析那些键本身就包含 .（默认的键分隔符）的配置，则需要修改分隔符：

```
v := viper.NewWithOptions(viper.KeyDelimiter("::"))

v.SetDefault("chart::values", map[string]interface{}{
    "ingress": map[string]interface{}{
        "annotations": map[string]interface{}{
            "traefik.frontend.rule.type":                 "PathPrefix",
            "traefik.ingress.kubernetes.io/ssl-redirect": "true",
        },
    },
})

type config struct {
    Chart struct{
        Values map[string]interface{}
    }
}

var C config

v.Unmarshal(&C)
```

Viper 在后台使用 github.com/mitchellh/mapstructure 来解析值，其默认情况下使用 mapstructure 标志。当我们需要将 Viper 读取的配置反序列到我们定义的结构体变量中时，一定要使用 mapstructure 标志。

3）序列化成字符串。

有时候我们需要将 Viper 中保存的所有设置序列化到一个字符串中，而不是将它们写入一个文件中，示例如下：

```
import (
    yaml "gopkg.in/yaml.v2"
    // ...
)

func yamlStringSettings() string {
    c := viper.AllSettings()
    bs, err := yaml.Marshal(c)
    if err != nil {
        log.Fatalf("unable to marshal config to YAML: %v", err)
    }
    return string(bs)
}
```

17.2.3　现代化的命令行框架：Cobra

Cobra 既是一个可以创建强大的现代 CLI 应用程序的库，也是一个可以生成应用和命令文件的程序。有许多大型项目都是用 Cobra 来构建应用程序的，例如 Kubernetes、

Docker、Etcd、Rkt、Hugo 等。

Cobra 建立在 commands、arguments 和 flags 结构之上。commands 代表命令，arguments 代表非选项参数，flags 代表选项参数（也叫标志）。一个好的应用程序应该是易懂的，可以让用户清晰地知道如何去使用这个应用程序的。应用程序通常遵循如下模式：APPNAME VERB NOUN --ADJECTIVE 或者 APPNAME COMMAND ARG --FLAG。例如：

```
git clone URL --bare # clone 是一个命令，URL 是一个非选项参数，bare 是一个选项参数
```

这里，VERB 代表动词，NOUN 代表名词，ADJECTIVE 代表形容词。

Cobra 提供了两种方式来创建命令：Cobra 命令和 Cobra 库。Cobra 命令可以生成一个 Cobra 命令模板，而命令模板也是通过引用 Cobra 库来构建命令的。所以，这里我直接介绍如何使用 Cobra 库来创建命令。

1. 使用 Cobra 库创建命令

如果要用 Cobra 库编码实现一个应用程序，需要首先创建一个空的 main.go 文件和一个 rootCmd 文件，之后可以根据需要添加其他命令。具体步骤如下：

1）创建 rootCmd。

```
$ mkdir -p newApp2 && cd newApp2
```

通常情况下，我们会将 rootCmd 放在文件 cmd/root.go 中，例如：

```
var rootCmd = &cobra.Command{
    Use:   "hugo",
    Short: "Hugo is a very fast static site generator",
    Long: `A Fast and Flexible Static Site Generator built with
                love by spf13 and friends in Go.
                Complete documentation is available at http://hugo.spf13.com`,
    Run: func(cmd *cobra.Command, args []string) {
        // 程序代码
    },
}

func Execute() {
    if err := rootCmd.Execute(); err != nil {
        fmt.Println(err)
        os.Exit(1)
    }
}
```

还可以在 init() 函数中定义标志和处理配置，例如：

```
import (
    "fmt"
    "os"

    homedir "github.com/mitchellh/go-homedir"
    "github.com/spf13/cobra"
```

```
    "github.com/spf13/viper"
)

var (
        cfgFile     string
            projectBase string
        userLicense string
)

func init() {
    cobra.OnInitialize(initConfig)
    rootCmd.PersistentFlags().StringVar(&cfgFile, "config", "", "config file
      (default is $HOME/.cobra.yaml)")
    rootCmd.PersistentFlags().StringVarP(&projectBase, "projectbase", "b", "",
      "base project directory eg. github.com/spf13/")
    rootCmd.PersistentFlags().StringP("author", "a", "YOUR NAME", "Author name
      for copyright attribution")
    rootCmd.PersistentFlags().StringVarP(&userLicense, "license", "l", "", "Name
      of license for the project (can provide `licensetext` in config)")
    rootCmd.PersistentFlags().Bool("viper", true, "Use Viper for configuration")
    viper.BindPFlag("author", rootCmd.PersistentFlags().Lookup("author"))
    viper.BindPFlag("projectbase", rootCmd.PersistentFlags().Lookup("projectbase"))
    viper.BindPFlag("useViper", rootCmd.PersistentFlags().Lookup("viper"))
    viper.SetDefault("author", "NAME HERE <EMAIL ADDRESS>")
    viper.SetDefault("license", "apache")
}

func initConfig() {
    // 不要忘记从cfgFile或主目录读取配置
    if cfgFile != "" {
        // 使用命令行选项中指定的配置文件
        viper.SetConfigFile(cfgFile)
    } else {
        // 获取主目录
        home, err := homedir.Dir()
        if err != nil {
            fmt.Println(err)
            os.Exit(1)
        }

        // 在主目录中搜索后缀为“.cobra”的配置文件(无扩展名)
        viper.AddConfigPath(home)
        viper.SetConfigName(".cobra")
    }

    if err := viper.ReadInConfig(); err != nil {
        fmt.Println("Can't read config:", err)
        os.Exit(1)
    }
}
```

2）创建 main.go 文件。

我们还需要一个 main 函数来调用 rootCmd，通常我们会创建一个 main.go 文件，在 main.go 中调用 rootCmd.Execute() 来执行命令：

```
package main

import (
    "{pathToYourApp}/cmd"
)

func main() {
    cmd.Execute()
}
```

> 注意　main.go 中不建议放很多代码，通常只需要调用 cmd.Execute() 即可。

3）添加命令。

除了 rootCmd，还可以调用 AddCommand 添加其他命令。通常情况下，我们会把其他命令的源码文件放在 cmd/ 目录下。例如，添加一个 version 命令，可以创建 cmd/version.go 文件，内容为：

```
package cmd

import (
    "fmt"

    "github.com/spf13/cobra"
)

func init() {
    rootCmd.AddCommand(versionCmd)
}

var versionCmd = &cobra.Command{
    Use:   "version",
    Short: "Print the version number of Hugo",
    Long:  `All software has versions. This is Hugo's`,
    Run: func(cmd *cobra.Command, args []string) {
        fmt.Println("Hugo Static Site Generator v0.9 -- HEAD")
    },
}
```

上面的示例通过调用 rootCmd.AddCommand(versionCmd) 给 rootCmd 命令添加了一个 versionCmd 命令。

4）编译并运行。

将 main.go 文件中的 {pathToYourApp} 替换为对应的路径，例如本示例中 pathTo-

YourApp 为 github.com/marmotedu/gopractise-demo/cobra/newApp2。

```
$ go mod init github.com/marmotedu/gopractise-demo/cobra/newApp2
$ go build -v .
$ ./newApp2 -h
A Fast and Flexible Static Site Generator built with
love by spf13 and friends in Go.
Complete documentation is available at http://hugo.spf13.com

Usage:
hugo [flags]
hugo [command]

Available Commands:
help Help about any command
version Print the version number of Hugo

Flags:
-a, --author string Author name for copyright attribution (default "YOUR NAME")
--config string config file (default is $HOME/.cobra.yaml)
-h, --help help for hugo
-l, --license licensetext Name of license for the project (can provide
    licensetext in config)
-b, --projectbase string base project directory eg. github.com/spf13/
--viper Use Viper for configuration (default true)

Use "hugo [command] --help" for more information about a command.
```

通过步骤 1）～4），我们就成功创建和添加了 Cobra 应用程序及其命令。

2. 使用标志

Cobra 可以跟 Pflag 结合使用，实现强大的标志功能。具体步骤如下。

1）使用持久标志。

标志可以是“持久的”，这意味着该标志可用于它所分配的命令以及该命令下的每个子命令。可以在 rootCmd 上定义持久标志：

```
rootCmd.PersistentFlags().BoolVarP(&Verbose, "verbose", "v", false, "verbose output")
```

2）使用本地标志。

也可以分配一个本地标志，本地标志只能在它所绑定的命令上使用：

```
rootCmd.Flags().StringVarP(&Source, "source", "s", "", "Source directory to read from")
```

--source 标志只能在 rootCmd 上引用，而不能在 rootCmd 的子命令上引用。

3）将标志绑定到 Viper。

将标志绑定到 Viper，这样就可以使用 viper.Get() 获取标志的值。

```
var author string

func init() {
```

```
    rootCmd.PersistentFlags().StringVar(&author, "author", "YOUR NAME", "Author
        name for copyright attribution")
    viper.BindPFlag("author", rootCmd.PersistentFlags().Lookup("author"))
}
```

4）设置标志为必选。

默认情况下，标志是可选的，但也可以将标志设置为必选。当标志设置为必选，但是没有提供标志时，Cobra 会报错。示例如下：

```
rootCmd.Flags().StringVarP(&Region, "region", "r", "", "AWS region (required)")
rootCmd.MarkFlagRequired("region")
```

3. 非选项参数验证

在执行命令的过程中，我们经常会传入非选项参数，并且需要对这些非选项参数进行验证。Cobra 提供了机制来对非选项参数进行验证。可以使用 Command 结构体的 `Args` 字段来验证非选项参数。Cobra 也内置了一些验证函数。

- NoArgs：如果存在任何非选项参数，该命令将报错。
- ArbitraryArgs：该命令将接收任何非选项参数。
- OnlyValidArgs：如果有任何非选项参数不在 Command 结构体的 ValidArgs 字段中，该命令将报错。
- MinimumNArgs(int)：如果没有至少 N 个非选项参数，该命令将报错。
- MaximumNArgs(int)：如果有多于 N 个非选项参数，该命令将报错。
- ExactArgs(int)：如果非选项参数个数不为 N，该命令将报错。
- ExactValidArgs(int)：如果非选项参数的个数不为 N，或者非选项参数不在 Command 的 ValidArgs 字段中，该命令将报错。
- RangeArgs(min, max)：如果非选项参数的个数不在 min 和 max 之间，该命令将报错。

使用预定义验证函数，示例如下：

```
var cmd = &cobra.Command{
    Short: "hello",
    Args: cobra.MinimumNArgs(1), // 使用内置的验证函数
    Run: func(cmd *cobra.Command, args []string) {
        fmt.Println("Hello, World!")
    },
}
```

当然你也可以自定义验证函数，示例如下：

```
var cmd = &cobra.Command{
    Short: "hello",
    // Args: cobra.MinimumNArgs(10),                        // 使用内置的验证函数
    Args: func(cmd *cobra.Command, args []string) error { // 自定义验证函数
        if len(args) < 1 {
            return errors.New("requires at least one arg")
```

```
        }
        if myapp.IsValidColor(args[0]) {
            return nil
        }
        return fmt.Errorf("invalid color specified: %s", args[0])
    },
    Run: func(cmd *cobra.Command, args []string) {
        fmt.Println("Hello, World!")
    },
}
```

4. PreRun 和 PostRun 钩子函数

在运行 `Run` 函数时，我们可以运行一些钩子函数，比如 `PersistentPreRun` 和 `PreRun` 函数在 `Run` 函数之前执行，`PersistentPostRun` 和 `PostRun` 在 `Run` 函数之后执行。如果子命令没有指定 `Persistent*Run` 函数，则子命令将会继承父命令的 `Persistent*Run` 函数。这些函数的运行顺序如下：

1）PersistentPreRun；

2）PreRun；

3）Run；

4）PostRun；

5）PersistentPostRun。

注意 父级的 `PreRun` 只会在父级命令运行时调用，而不会在子命令运行时调用。

Cobra 还支持很多其他有用的特性，比如：自定义 Help 命令；自动添加 `--version` 标志，输出程序版本信息；当用户提供无效标志或无效命令时，可以打印出 usage 信息；当我们输入的命令有误时，会根据注册的命令，推算出可能的命令等。

17.3 构建应用的基础：应用的三大基本功能

我们目前见到的 Go 后端服务基本上可以分为 API 服务和非 API 服务两类。

- **API 服务**：通过对外提供 HTTP/RPC 接口来完成指定的功能。比如订单服务是通过调用创建订单的 API 接口，来创建商品订单。
- **非 API 服务**：通过监听、定时运行等方式，而不是通过 API 调用来完成某些任务。比如数据处理服务是通过定时从 Redis 中获取数据，处理后存入后端存储中。再比如消息处理服务是通过监听消息队列（如 NSQ/Kafka/RabbitMQ），收到消息后进行处理。

API 服务和非 API 服务的启动流程基本一致，都可以分为以下 3 步。

1）应用框架的构建，这是最基础的一步。

2）应用初始化。

3）服务启动。

两种服务的启动流程如图 17-1 所示。

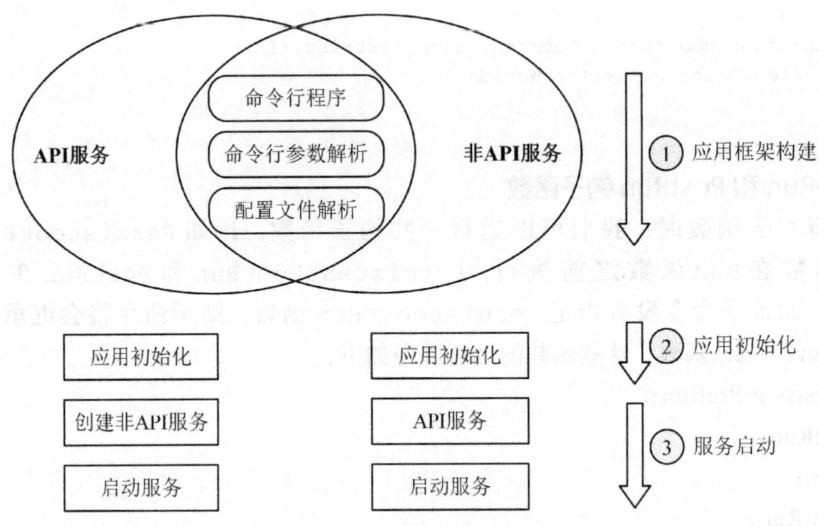

图 17-1 应用通用功能

如图 17-1 所示，命令行程序、命令行参数解析和配置文件解析是所有服务都需要具备的功能，这些功能有机结合到一起，共同构成了应用框架。即我们要构建的任何一个应用程序至少要具备命令行程序、命令行参数解析和配置文件解析这 3 种功能。

- **命令行程序**：用来启动一个应用。命令行程序需要实现诸如应用描述、帮助信息、参数校验等功能。根据需要，还可以实现命令自动补全、打印命令行参数等高级功能。
- **命令行参数解析**：用来在启动时指定应用程序的命令行参数，以控制应用的行为。
- **配置文件解析**：用来解析不同格式的配置文件。

另外，上述 3 种功能与业务关系不大，可以抽象成一个统一的框架。应用初始化、创建 API/ 非 API 服务、启动服务跟业务联系比较紧密，难以抽象成一个统一的框架。

17.4 iam-apiserver 是如何构建应用框架的

这里，我通过讲解 iam-apiserver 的应用构建方式来讲解如何构建应用。iam-apiserver 程序的 main 函数位于 /iam/cmd/iam-apiserver/apiserver.go 文件中，其构建代码可以简化为：

```
import (
    ...
    "github.com/marmotedu/iam/internal/apiserver"
```

```go
    "github.com/marmotedu/iam/pkg/app"
)

func main() {
    ...
    apiserver.NewApp("iam-apiserver").Run()
}

const commandDesc = `The IAM API server validates and configures data ...`

// NewApp 使用默认的参数创建一个 App 对象
func NewApp(basename string) *app.App {
    opts := options.NewOptions()
    application := app.NewApp("IAM API Server",
        basename,
        app.WithOptions(opts),
        app.WithDescription(commandDesc),
        app.WithDefaultValidArgs(),
        app.WithRunFunc(run(opts)),
    )

    return application
}

func run(opts *options.Options) app.RunFunc {
    return func(basename string) error {
        log.Init(opts.Log)
        defer log.Flush()

        cfg, err := config.CreateConfigFromOptions(opts)
        if err != nil {
            return err
        }

        return Run(cfg)
    }
}
```

可以看到，iam-apiserver 是通过调用包 github.com/marmotedu/iam/pkg/app 来构建应用的。也就是说，IAM 项目将构建应用的功能抽象成了一个 Go 包，通过 Go 包提高代码的封装性和复用性。iam-authz-server、iam-pump 和 iam-watcher 组件也都是通过 github.com/marmotedu/iam/pkg/app 来构建应用的。

构建应用的流程也很简单，只需要创建一个 application 实例即可：

```go
opts := options.NewOptions()
application := app.NewApp("IAM API Server",
    basename,
    app.WithOptions(opts),
    app.WithDescription(commandDesc),
```

```
    app.WithDefaultValidArgs(),
    app.WithRunFunc(run(opts)),
)
```

在创建应用实例时，我传入了下面这些参数。

- IAM API Server：应用的简短描述。
- basename：应用的二进制文件名。
- opts：应用的命令行选项。
- commandDesc：应用的详细描述。
- run(opts)：应用的启动函数，初始化应用，并最终启动 HTTP 和 GRPC Web 服务。

创建应用时，你还可以根据需要来配置应用实例，比如 iam-apiserver 组件在创建应用时，指定了 WithDefaultValidArgs 来校验命令行非选项参数的默认校验逻辑。

可以看到，iam-apiserver 通过简单的几行代码就创建出了一个应用。之所以这么方便，是因为应用框架的构建代码都封装在 github.com/marmotedu/iam/pkg/app 包中。接下来，我们来重点看下 github.com/marmotedu/iam/pkg/app 包是如何实现的。为了方便描述，我在下文中将其统称为 App 包。

17.5 App 包的设计和实现

先来看 App 包目录下的文件：

```
[colin@dev iam]$ ls pkg/app/
app.go  cmd.go  config.go  doc.go  flag.go  help.go  options.go
```

pkg/app 目录下的 5 个主要文件是 app.go、cmd.go、config.go、flag.go、options.go，分别实现了应用程序框架中的应用、命令行程序、命令行参数解析、配置文件解析和命令行选项 5 个功能，具体关系如图 17-2 所示。

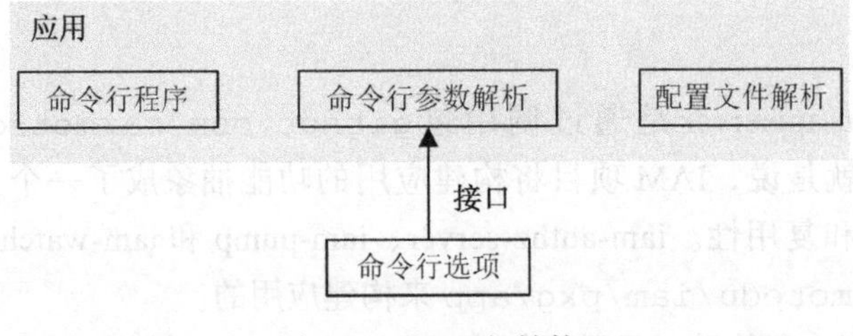

图 17-2 App 包结构

在图 17-2 中，应用由命令行程序、命令行参数解析、配置文件解析三部分组成。命令行参数解析功能通过命令行选项来构建，二者通过接口解耦合：

```
type CliOptions interface {
    // AddFlags 将标志添加到指定的 FlagSet 对象中
```

```
    // AddFlags(fs *pflag.FlagSet)
    Flags() (fss cliflag.NamedFlagSets)
    Validate() []error
}
```

通过接口，应用可以定制自己独有的命令行参数。接下来，我们再来看一下如何具体构建应用的每个部分。

17.5.1 构建应用

APP 包提供了 NewApp 函数来构建一个应用：

```
func NewApp(name string, basename string, opts ...Option) *App {
    a := &App{
        name:     name,
        basename: basename,
    }

    for _, o := range opts {
        o(a)
    }

    a.buildCommand()

    return a
}
```

NewApp 使用了设计模式中的选项模式来动态配置 App，支持 WithRunFunc、WithDescription、WithValidArgs 等选项。

17.5.2 命令行程序构建

NewApp 最终会调用 buildCommand 方法来构建 Cobra Command 类型的命令，命令的功能通过指定 Cobra Command 类型的各个字段来实现。通常可以指定 Use、Short、Long、SilenceUsage、SilenceErrors、RunE、Args 等字段。

在 buildCommand 函数中，我们也可以根据应用的设置添加不同的命令行参数，例如：

```
if !a.noConfig {
    addConfigFlag(a.basename, namedFlagSets.FlagSet("global"))
}
```

上述代码的意思是：如果我们设置了 noConfig=false，那么就会在命令行参数 global 分组中添加以下命令行选项：

```
-c, --config FILE Read configuration from specified FILE, support JSON, TOML,
      YAML, HCL, or Java properties formats.
```

为了更加易用和人性化，命令还具有以下 3 个功能。

- **帮助信息**：执行 -h/--help 命令时，输出的帮助信息。通过 cmd.SetHelpFunc 函数可以指定帮助信息。
- **使用信息（可选）**：当用户提供无效的标志或命令时，向用户显示“使用信息”。我们可以通过 cmd.SetUsageFunc 函数指定使用信息。如果不想每次输错命令打印一大堆使用信息，你可以通过设置 SilenceUsage: true 来关闭该功能。
- **版本信息**：打印应用的版本。知道应用的版本号，对故障排查非常有帮助。可以通过 verflag.AddFlags 指定版本信息。例如，App 包通过 github.com/marmotedu/component-base/pkg/version 指定了以下版本信息：

```
$ _output/platforms/linux/amd64/iam-apiserver --version
2021-12-22 00:19:59.279  INFO  app/app.go:294 ==> WorkingDir: /home/colin/
    workspace/golang/src/github.com/marmotedu/iam
    gitVersion: v1.6.2
    gitCommit: 26bf0c0d0f853a0a60123309ff03a4569aa2e631
gitTreeState: clean
    buildDate: 2021-12-21T16:17:10Z
    goVersion: go1.21.4
        compiler: gc
        platform: linux/amd64
$ _output/platforms/linux/amd64/iam-apiserver --version=raw
2021-12-22 00:20:10.558  INFO  app/app.go:294 ==> WorkingDir: /home/colin/
    workspace/golang/src/github.com/marmotedu/iam
version.Info{GitVersion:"v1.6.2", GitCommit:"26bf0c0d0f853a0a60123309ff03a
    4569aa2e631", GitTreeState:"clean", BuildDate:"2021-12-21T16:17:10Z",
    GoVersion:"go1.21.4", Compiler:"gc", Platform:"linux/amd64"}
```

接下来，我们再来看看应用需要实现的另外一个重要功能，也就是命令行参数解析。

17.5.3 命令行参数解析

App 包在构建应用和执行应用两个阶段来实现命令行参数解析。

我们先来看构建应用阶段。App 包在 buildCommand 方法中通过以下代码段给应用添加了命令行参数：

```go
var namedFlagSets cliflag.NamedFlagSets
if a.options != nil {
    namedFlagSets = a.options.Flags()
    fs := cmd.Flags()
    for _, f := range namedFlagSets.FlagSets {
        fs.AddFlagSet(f)
    }
    ...
}

if !a.noVersion {
    verflag.AddFlags(namedFlagSets.FlagSet("global"))
}
```

```
    if !a.noConfig {
        addConfigFlag(a.basename, namedFlagSets.FlagSet("global"))
    }
    globalflag.AddGlobalFlags(namedFlagSets.FlagSet("global"), cmd.Name())
    // 将新的全局标志集添加到 cmd FlagSet 中
    cmd.Flags().AddFlagSet(namedFlagSets.FlagSet("global"))
```

namedFlagSets 中引用了 Pflag 包。上述代码先通过 a.options.Flags() 创建并返回了一批 FlagSet，a.options.Flags() 函数会对 FlagSet 进行分组。通过一个 for 循环，将 namedFlagSets 中保存的 FlagSet 添加到 Cobra 应用框架的 FlagSet 中。

buildCommand 还会根据应用的配置，选择性添加一些 flag。例如，在 global 分组下添加 --version 和 --config 选项。

执行 -h 打印命令行参数如下：

```
...
    Usage:
        iam-apiserver [flags]

Generic flags:

        --server.healthz Add self readiness check and install /healthz router.
            (default true)
        --server.max-ping-count int The max number of ping attempts when
            server failed to startup. (default 3)

...

Global flags:

    -h, --help                      help for iam-apiserver
            --version version[=true]    Print version information and quit.
```

这里有下面两个技巧供你借鉴。

1）将 flag 分组。一个大型系统可能会有很多个 flag，例如 kube-apiserver 就有 200 多个 flag，这时对 flag 分组就很有必要了。通过分组，我们可以很快地定位到需要的分组及该分组具有的标志。例如，我们想了解 MySQL 有哪些标志，可以先找到 MySQL 分组：

```
Mysql flags:

    --mysql.database string
        Database name for the server to use.
    --mysql.host string
        MySQL service host address. If left blank, the following related mysql
            options will be ignored. (default "127.0.0.1:3306")
    --mysql.log-mode int
        Specify gorm log level. (default 1)
    ...
```

2）flag 的名字带有层级关系。这样不仅可以知道该 flag 属于哪个分组，而且可以避免重名。例如：

```
$ _output/platforms/linux/amd64/iam-apiserver -h |grep host
    --mysql.host string MySQL service host address. If left blank, the following
        related mysql options will be ignored. (default "127.0.0.1:3306")
    --redis.host string Hostname of your Redis server. (default "127.0.0.1")
```

对于 MySQL 和 Redis，可以指定相同的 host 标志。通过 --mysql.host 也可以知道该 flag 隶属于 mysql 分组，代表的是 MySQL 的 host。

我们再来看应用执行阶段。通过 viper.Unmarshal 将配置 Unmarshal（解包）到 Options 变量中。这样就可以使用 Options 变量中的值，来执行后面的业务逻辑。

我们传入的 Options 是一个实现了 CliOptions 接口的结构体变量。CliOptions 接口定义为：

```
type CliOptions interface {
    Flags() (fss cliflag.NamedFlagSets)
    Validate() []error
}
```

因为 Options 实现了 Validate 方法，所以我们就可以在应用框架中调用 Validate 方法来校验参数是否合法。另外，还可以通过以下代码来判断选项是否可补全和打印：如果可以补全，则补全选项；如果可以打印，则打印选项的内容。实现代码如下：

```
func (a *App) applyOptionRules() error {
    if completeableOptions, ok := a.options.(CompleteableOptions); ok {
        if err := completeableOptions.Complete(); err != nil {
            return err
        }
    }

    if errs := a.options.Validate(); len(errs) != 0 {
        return errors.NewAggregate(errs)
    }

    if printableOptions, ok := a.options.(PrintableOptions); ok && !a.silence {
        log.Infof("%v Config: `%s`", progressMessage, printableOptions.String())
    }

    return nil
}
```

通过配置补全，可以确保一些重要的配置项具有默认值，即使这些配置项没有被配置，程序也仍然能够正常启动。一个大型项目有很多配置项，我们不可能对每一个配置项都进行配置。所以，给重要的配置项设置默认值，就显得很重要了。

我们来看一下 iam-apiserver 提供的 Validate 方法：

```
func (s *ServerRunOptions) Validate() []error {
 var errs []error
```

```
    errs = append(errs, s.GenericServerRunOptions.Validate()...)
    errs = append(errs, s.GrpcOptions.Validate()...)
    errs = append(errs, s.InsecureServing.Validate()...)
    errs = append(errs, s.SecureServing.Validate()...)
    errs = append(errs, s.MySQLOptions.Validate()...)
    errs = append(errs, s.RedisOptions.Validate()...)
    errs = append(errs, s.JwtOptions.Validate()...)
    errs = append(errs, s.Log.Validate()...)
    errs = append(errs, s.FeatureOptions.Validate()...)

    return errs
}
```

可以看到，每个配置分组都实现了 `Validate()` 函数，对自己负责的配置进行校验。通过这种方式，程序会更加清晰。因为只有配置提供者才更清楚如何校验自己的配置项，所以最好的做法是将配置的校验工作放权给配置提供者（分组）。

17.5.4　配置文件解析

在 buildCommand 函数中，我们通过 addConfigFlag 函数调用，添加了 `-c, --config FILE` 命令行参数，用来指定配置文件：

```
addConfigFlag(a.basename, namedFlagSets.FlagSet("global"))
```

在 addConfigFlag 函数中，我们指定了 Cobra 在执行命令之前需要做的初始化工作：

```
func() {
    if cfgFile != "" {
        viper.SetConfigFile(cfgFile)
    } else {
        viper.AddConfigPath(".")

        if names := strings.Split(basename, "-"); len(names) > 1 {
            viper.AddConfigPath(filepath.Join(homedir.HomeDir(), "."+names[0]))
            viper.AddConfigPath(filepath.Join("/etc", names[0]))
        }

        viper.SetConfigName(basename)
    }

    if err := viper.ReadInConfig(); err != nil {
        _, _ = fmt.Fprintf(os.Stderr, "Error: failed to read configuration file(%s):
            %v\n", cfgFile, err)
        os.Exit(1)
    }
}
```

上述代码实现了以下功能：

- 如果命令行参数中没有指定配置文件的路径，则加载默认路径下的配置文件，通过

viper.AddConfigPath、viper.SetConfigName 来设置配置文件搜索路径和配置文件名。通过设置默认的配置文件，可以使我们不用携带任何命令行参数，即可运行程序。

- 支持环境变量，通过 viper.SetEnvPrefix 来设置环境变量前缀，避免跟系统中的环境变量重名。通过 viper.SetEnvKeyReplacer 重写了 Env 键。

如上所述，我们给应用添加了配置文件的命令行参数，并设置在命令执行前读取配置文件。执行命令，将配置文件中的配置项和命令行参数绑定，并将 Viper 的配置解包到传入的 Options 中（以下代码位于 runCommand 函数中）：

```
if !a.noConfig {
    if err := viper.BindPFlags(cmd.Flags()); err != nil {
        return err
    }

    if err := viper.Unmarshal(a.options); err != nil {
        return err
    }
}
```

Viper 的配置是命令行参数和配置文件配置合并后的配置。如果在配置文件中指定了 MySQL 的 host 配置，同时指定了 --mysql.host 参数，则会优先取命令行参数设置的值。这里需要注意的是，不同于 YAML 格式的分级方式，命令行参数是通过 . 来分级的。

至此，我们已经成功构建了一个优秀的应用框架，接下来我们看看这个应用框架具有哪些优点。

17.6 IAM 应用构建的优秀特性

借助 Cobra 自带的能力构建出的应用天然具备帮助信息、使用信息、子命令、子命令自动补全、非选项参数校验、命令别名、PreRun、PostRun 等功能，这些功能对于一个应用来说是非常有用的。

Cobra 可以集成 Pflag，即通过将创建的 Pflag FlagSet 绑定到 Cobra 命令的 FlagSet 中，使得 Pflag 支持的标志能直接集成到 Cobra 命令中。这个特性有很多好处，例如：cobra -h 可以打印出所有设置的 Flag，Cobra Command 命令提供的 GenBashCompletion 方法可以实现命令行选项的自动补全。

通过 viper.BindPFlags 和 viper.ReadInConfig 函数，我们可以统一配置文件、命令行参数的配置项，使得应用的配置项更加清晰好记。面对不同场景，我们可以选择不同的配置方式，使配置更加灵活。例如：要配置 HTTPS 的绑定端口，可以通过 --secure.bind-port 配置，也可以通过配置文件配置（命令行参数优先于配置文件）：

```
secure:
    bind-port: 8080
```

可以通过 viper.GetString("secure.bind-port") 这类方式获取应用的配置，这种方式更加灵活，而且全局可用。

将应用框架的构建方法封装为一个 Go 包，可以提高应用构建代码的封装性和复用性。

17.7　构建应用的注意事项

当然，你也可以使用其他方式构建自己的应用程序。比如，直接在 main.go 文件中通过 gopkg.in/yaml.v3 包解析配置，通过 Go 标准库的 flag 包简单添加一些命令行参数，例如 --help、--config、--version。

但是，你在自己独立构建应用程序时，很可能会踩到以下 3 个坑。

- 构建的应用功能简单，扩展性差，导致后期扩展复杂。
- 构建的应用没有帮助信息和使用信息，或者信息格式杂乱，增加了应用的使用难度。
- 命令行选项和配置文件支持的配置项相互独立，导致在启动应用时，不知道该使用哪种方式来配置。

在我看来，对于小的应用，自己根据需要构建没什么问题，但是对于一个大型项目，还是建议在应用开发之初就采用一些功能多、扩展性强的优秀包。这样，随着应用的迭代，我们才可以零成本地进行功能添加和扩展，同时也可以体现我们的专业性和技术深度，提高代码质量。

如果你有特殊需求，一定要自己构建应用框架，那么我有以下几条建议。

- 应用框架应该清晰易读、扩展性强。
- 应用程序应该至少支持如下命令行选项：-h 打印帮助信息；-v 打印应用程序的版本；-c 支持指定配置文件的路径。
- 如果你的应用有很多命令行选项，那么建议支持 --secure.bind-port 这样的长选项，通过选项名字，就可以知道选项的作用。
- 配置文件使用 YAML 格式，YAML 格式的配置文件能支持复杂的配置，还清晰易读。
- 如果你有多个服务，那么要保持所有服务的应用构建方式是一致的。

17.8　本章总结

一个应用框架应该具有命令、命令行参数解析、配置文件解析 3 种功能，我们可以通过 Cobra 来构建命令，通过 Pflag 来解析命令行参数，通过 Viper 来解析配置文件。一个项目可能包含多个应用，这些应用都需要通过 Cobra、Viper、Pflag 来构建。为了不重复造轮子，简化应用的构建，我们可以将这些功能封装为一个 Go 包，以便直接调用。

IAM 项目的应用都是通过 github.com/marmotedu/iam/pkg/app 包来构建的，在构建时，我们调用 App 包提供的 NewApp 函数来构建一个应用。在构建应用时，只需要提供应用简短 / 详细描述、应用二进制文件名称和命令行选项即可。

最后，如果你想自己构建应用，我的建议是：设计一个清晰、易读、易扩展的应用框架；支持一些常见的选项，例如 -h，-v，-c 等；如果应用的命令行选项比较多，建议使用 --secure.bind-port 这样的长选项。

第 18 章 *Chapter 18*

IAM 认证功能实现

保证应用的安全是软件开发的最基本要求。我们可以通过多种途径来保障应用的安全，例如网络隔离、设置防火墙、设置 IP 黑白名单等。不过在我看来，这些更多是从运维角度来解决应用的安全问题。作为开发者，我们也可以从软件层面，即通过认证来实现。

在本章，我以 HTTP 服务为例，介绍当前常见的 4 种认证方法：基础认证（Basic 认证）、摘要认证（Digest 认证）、开放授权（OAuth 认证）、令牌认证（Bearer 认证）。还有很多基于这 4 种方法的变种，这里就不再介绍了。

IAM 项目使用了基础认证和令牌认证，其中，基础认证用于前端登录的场景，令牌认证用于调用后端 API 服务的场景。本章的后半部分会介绍 IAM 项目是如何设计和实现访问认证功能的。

 提示 本章代码分别存放在以下目录中：

- /iam/internal/apiserver
- /iam/internal/pkg/middleware

18.1 认证与授权的区别

在介绍 4 种基本的认证方法之前，我们先来看一下认证和授权的区别，这是很多开发者都容易搞混的两个概念。

- **认证（Authentication，英文缩写为 authn）**：用来验证某个用户是否具有访问系统的权限。如果认证通过，该用户就可以访问系统，从而创建、修改、删除、查询平台支持的资源。

- 授权（Authorization，英文缩写为 authz）：用来验证某个用户是否具有访问某个资源的权限，如果授权通过，该用户就可以对资源做增、删、改、查等操作。

认证和授权的区别如图 18-1 所示。

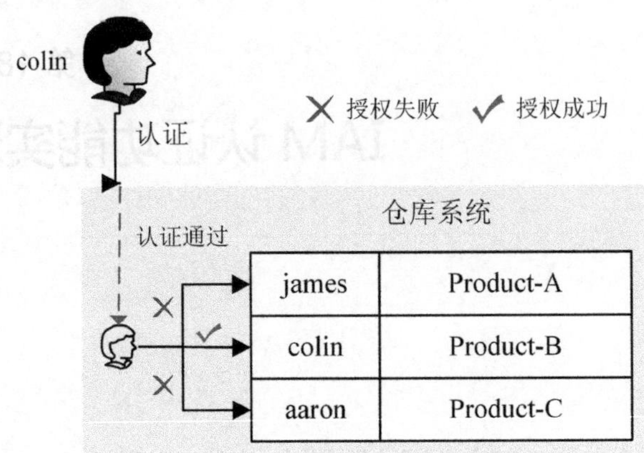

图 18-1 认证和授权的区别

在图 18-1 中，我们有一个仓库系统，用户 james、colin、aaron 分别创建了 Product-A、Product-B、Product-C。现在用户 colin 通过用户名和密码（认证）成功登录到仓库系统中，但他只能成功访问自己创建的产品 Product-B（授权成功），不能访问 Product-A、Product-C，因为这两个产品不属于他（授权失败）。由此可见：**认证证明了你是谁，授权决定了你能做什么。**

上面，我介绍了认证和授权的区别。接下来，我们就回到本章的重心：应用程序如何进行访问认证。

18.2 4 种基本的认证方式

前文提到，常见的认证方式有 4 种，先来看基础认证。

18.2.1 基础认证

基础认证（Basic 认证）是最简单的认证方式。它简单地将“用户名:密码”进行 base64 编码后，放到 HTTP Authorization Header 中。HTTP 请求到达后端服务后，由后端服务解析出 Authorization Header 中的 base64 字符串，解码获取用户名和密码，并将用户名和密码与数据库中记录的值进行比较，如果匹配则认证通过。例如：

```
$ basic=`echo -n 'admin:Admin@2021'|base64`
$ curl -XPOST -H"Authorization: Basic ${basic}" http://127.0.0.1:8080/login
```

通过 base64 编码，我们可以将密码以非明文的方式传输，增加一定的安全性。但是，base64 不是加密技术，入侵者仍然可以截获 base64 字符串，并反编码获取用户名和密码。另外，即使 Basic 认证对密码进行了加密，入侵者仍可通过加密后的用户名和密码进行重放攻击。

所以，基础认证虽然简单，但极不安全。使用基础认证的唯一方式就是将它和 SSL 配合使用，来确保整个认证过程是安全的。

为了支持前端通过用户名和密码登录，IAM 项目仍然使用了基础认证，但前后端使用 HTTPS 来通信，以保证认证的安全性。

> **注意**　在设计系统时，我们要遵循一个通用的原则：不要在请求参数中使用明文密码，也不要在任何存储中保存明文密码。

18.2.2　摘要认证

摘要认证（Digest 认证）是另一种 HTTP 认证协议，它与基本认证兼容，但修复了基本认证的严重缺陷。摘要认证具有如下特点。

- 绝不会用明文方式在网络上发送密码。
- 可以有效防止恶意用户进行重放攻击。
- 可以有选择地防止对报文内容的篡改。

摘要认证的过程如图 18-2 所示。

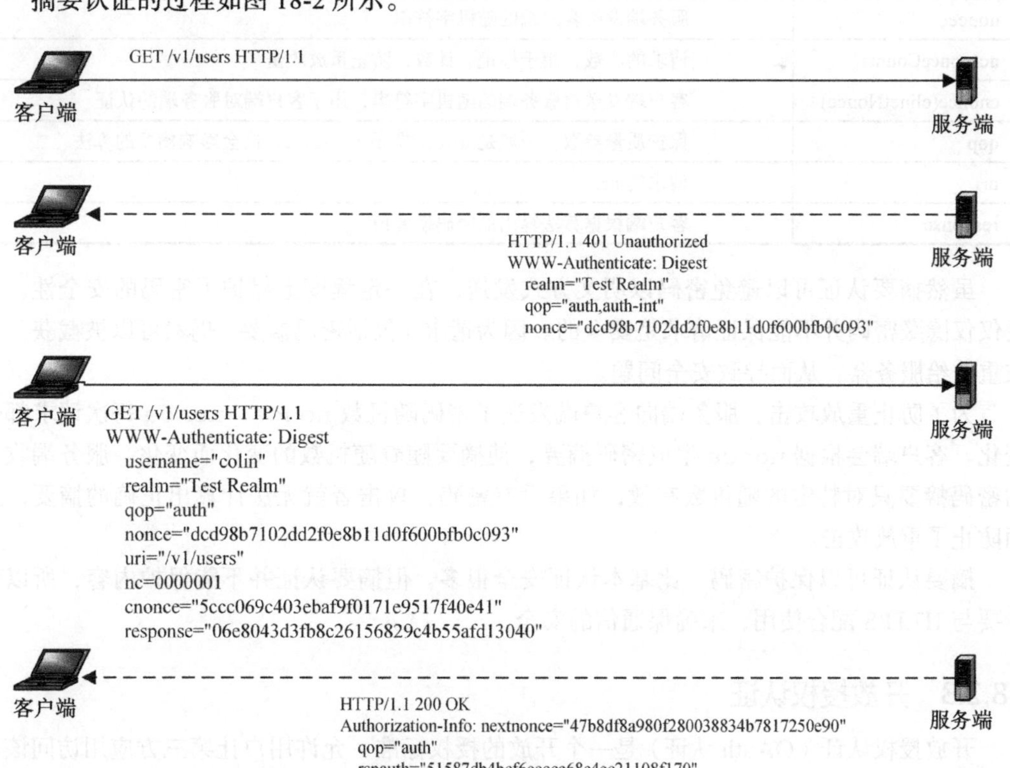

图 18-2　摘要认证过程

在图 18-2 中，完成摘要认证的步骤如下。

1）客户端请求服务端的资源。

2）在客户端能够证明它知道密码从而确认其身份之前，服务端认证失败，返回 401 错误，并返回 WWW-Authenticate 头，里面包含认证需要的信息。

3）客户端根据 WWW-Authenticate 头中的信息，选择加密算法，并使用密码随机数 nonce，计算出密码摘要 response，再次请求服务端。

4）服务端将客户端提供的密码摘要与服务端内部计算出的摘要进行对比。如果匹配，就说明客户端知道密码，认证通过，并返回一些与授权会话相关的附加信息，放在 Authorization-Info 中。

WWW-Authenticate 头中包含的信息如表 18-1 所示。

表 18-1 WWW-Authenticate 头中包含的信息

字段名	说 明
username	用户名
realm	服务端返回的 realm，一般是域名
method	HTTP 请求方法
nonce	服务端发给客户端的随机字符串
nc(nonceCount)	请求的次数，用于标记、计数，防止重放攻击
cnonce(clinetNonce)	客户端发送给服务端的随机字符串，用于客户端对服务端的认证
qop	保护质量参数，一般是 auth 或 auth-int，这会影响摘要的算法
uri	请求的 uri
response	客户端根据算法算出的密码摘要值

虽然摘要认证可以避免密码以明文方式发送，在一定程度上保护了密码的安全性，但是仅仅隐藏密码并不能保证请求是安全的。因为请求（包括密码摘要）仍然可以被截获，并被重放给服务器，从而导致安全问题。

为了防止重放攻击，服务端向客户端发送了密码随机数 nonce，nonce 每次请求都会变化。客户端会根据 nonce 生成密码摘要，使摘要随着随机数的变化而变化。服务端收到的密码摘要只对特定的随机数有效，如果没有密码，攻击者就无法计算出正确的摘要，进而防止了重放攻击。

摘要认证可以保护密码，比基本认证安全很多。但摘要认证并不能保护内容，所以仍然要与 HTTPS 配合使用，来确保通信的安全。

18.2.3 开放授权认证

开放授权认证（OAuth 认证）是一个开放的授权标准，允许用户让第三方应用访问该用户在某一个 Web 服务上存储的私密资源（例如照片、视频、音频等），而无须将用户名和密码提供给第三方应用。OAuth 认证目前的版本是 2.0 版本。

OAuth 2.0 一共有 4 种授权模式，分别为密码模式、隐式授权模式、客户端凭证模式和授权码授权模式。接下来，我将具体介绍每一种授权模式。

1. 密码模式

密码模式就是用户把用户名和密码直接告诉给第三方应用，由第三方应用使用用户名和密码换取令牌。所以，使用此授权方式的前提是无法采用其他授权方式，并且用户高度信任某应用。认证流程如下。

1）网站 A 向用户发出获取用户名和密码的请求。

2）用户同意后，网站 A 凭借用户名和密码向网站 B 换取令牌。

3）网站 B 验证用户身份后，给出网站 A 令牌，网站 A 凭借令牌可以访问网站 B 对应权限的资源。

2. 隐式授权模式

这种模式适用于前端应用，认证流程如下。

1）网站 A 提供一个跳转到网站 B 的链接，用户单击后跳转至网站 B，并请求授权。

2）用户登录网站 B，获取授权后，跳转回网站 A 指定的重定向 `redirect_url` 地址，并携带网站 B 返回的令牌，用户在网站 B 的数据可供网站 A 使用。

3）这种授权模式存在“中间人攻击”的风险，因此只能用于一些安全性要求不高的场景，并且令牌的有效时间要非常短。

3. 客户端凭证模式

这种模式是在命令行中请求授权，适用于没有前端的命令行应用，认证流程如下。

1）应用 A 在命令行向应用 B 请求授权，此时应用 A 需要携带应用 B 提前颁发的 `secretID` 和 `secretKey`，其中 `secretKey` 出于安全性考虑，需在后端发送。

2）应用 B 接收到 `secretID` 和 `secretKey`，并进行身份验证，验证通过后返回给应用 A 令牌。

4. 授权码授权模式

这种模式就是第三方应用先提前申请一个授权码，再使用授权码来获取令牌。相对来说，这种模式安全性更高，前端传送授权码，后端存储令牌，与资源的通信都是在后端，可以避免令牌泄露导致的安全问题。授权码授权模式的认证流程如图 18-3 所示。

1）网站 A 提供一个跳转到网站 B 的链接 +`redirect_url`，用户单击后跳转至网站 B。

2）用户携带向网站 B 提前申请的 `client_id`，向网站 B 发起身份验证请求。

3）用户登录网站 B，通过验证，授予网站 A 权限，此时网站跳转回 `redirect_url`，其中会有网站 B 通过验证后的授权码附在该 URL 之后。

4）网站 A 携带授权码向网站 B 请求令牌，网站 B 验证授权码后，返回令牌，即 `access_token`。

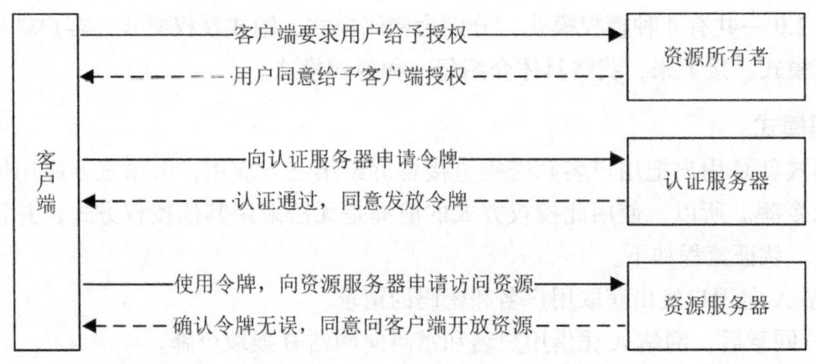

图 18-3 OAuth 2.0 授权码授权模式的认证流程

18.2.4 令牌认证

令牌认证（Bearer 认证）是一种 HTTP 身份验证方式。令牌认证的核心是 Bearer Token。Bearer Token 是一个加密字符串，通常由服务端根据密钥生成。客户端在请求服务端时，必须在请求头中包含 `Authorization: Bearer <token>`。服务端收到请求后，解析出 `<token>`，并校验 `<token>` 的合法性，如果校验通过，则认证通过。跟基本认证一样，令牌认证需要配合 HTTPS 一起使用，以保证认证安全性。

当前最流行的 Token 编码方式是 JSON Web Token（JWT，音同 jot，详见 JWT RFC 7519㊀）。接下来，我通过讲解 JWT 认证来帮助你了解令牌认证的原理。

18.3 基于 JWT 的 Token 认证机制实现

在典型业务场景中，为了区分用户和保证安全，我们必须对 API 请求进行鉴权，但是不能要求每一个请求都进行登录操作。合理做法是，在第一次登录之后产生一个有一定有效期的 Token，并将它存储在浏览器的 Cookie 或 LocalStorage 之中。之后的请求都携带这个 Token，在请求到达服务端后，由服务端用这个 Token 对请求进行认证。在第一次登录之后，服务端会将这个 Token 用文件、数据库或缓存服务器等方法保存下来，以便与之后请求进行比对。也可以采用更简单的方法：直接用密钥来签发 Token。这样就可以省下额外的存储，也可以减少每一次请求时对数据库的查询压力。这种方法在业界已经有一种标准的实现方式，即 JWT。

18.3.1 JWT 简介

JWT 是 Bearer Token 的一个具体实现，由 JSON 数据格式组成，通过 HASH 散列算法

㊀ 参见 https://tools.ietf.org/html/rfc7519。

生成一个字符串。该字符串可以用来进行授权和信息交换。

使用 JWT Token 进行认证有很多优点，比如无须在服务端存储用户数据，可以减轻服务端压力；采用 JSON 数据格式，易读性更好。除此之外，使用 JWT Token 还有跨语言、轻量级等优点。

18.3.2　JWT 认证流程

使用 JWT 进行认证的流程如图 18-4 所示。

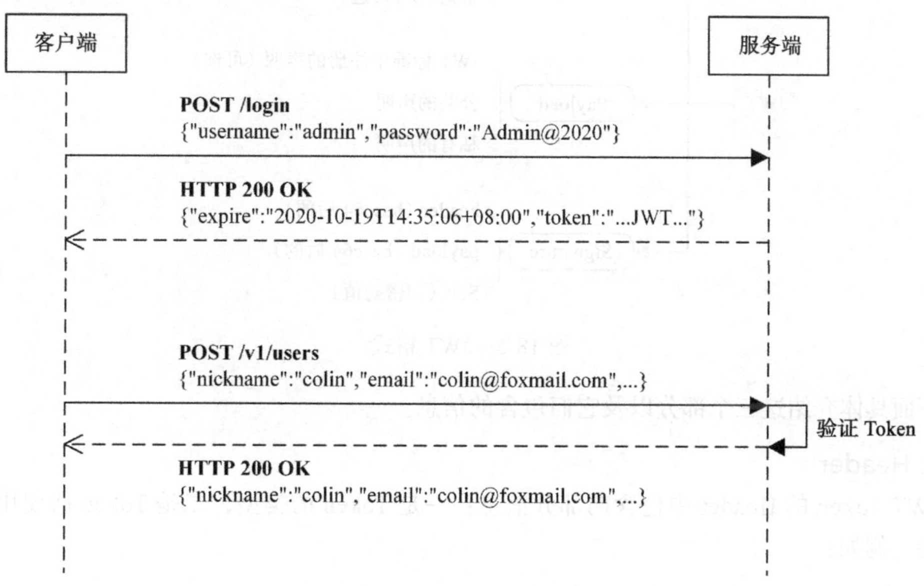

图 18-4　JWT 认证流程

JWT 认证流程具体可以分为四步。

1）客户端使用用户名和密码请求登录接口。

2）服务端收到请求后，会验证用户名和密码。如果用户名和密码跟数据库记录不一致，则验证失败。如果一致则验证通过，服务端会签发一个 Token 返回给客户端。

3）客户端收到请求后会将 Token 缓存起来，比如放在浏览器 Cookie 或者 LocalStorage 中，之后每次请求都会携带该 Token。

4）服务端收到请求后，会验证请求中的 Token，如果验证通过，则进行业务逻辑处理，处理完后返回处理后的结果。

18.3.3　JWT 格式

JWT 由三部分组成，分别是 Header、Payload（载荷）和 Signature（签名），它们之间用圆点 . 连接，例如：

eyJhbGciOiJIUzI1NiIsInR5cCI6IkpXVCJ9.eyJhdWQiOiJpYW0uYXBpLm1hcm1vdGVkdS5jb20i
LCJleHAiOjE2NDI4NTY2MzcsImlkZW50aXR5IjoiYWRtaW4iLCJpc3MiOiJpYW0tYXBpc2Vyd
mVyIiwib3JpZ19pYXQiOjE2MzUwODA2MzcsInN1YiI6ImFkbWluIn0.Shw27RKENE_2MVBq7-
c8OmgYdF92UmdwS8xE-Fts2FM

JWT 中每部分包含的信息如图 18-5 所示。

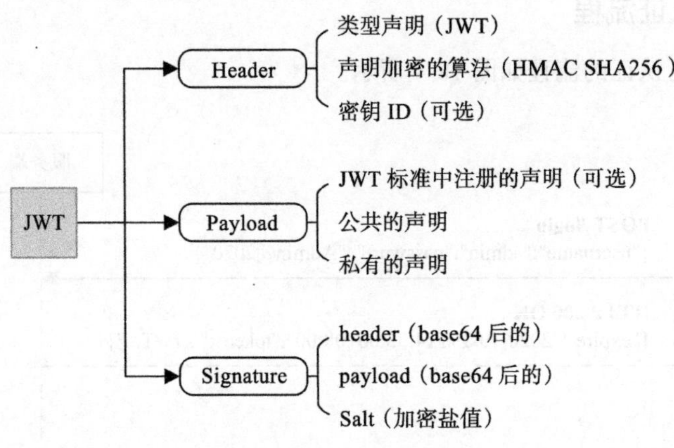

图 18-5　JWT 格式

下面具体介绍这三个部分以及它们包含的信息。

1. Header

JWT Token 的 Header 中包含两部分信息：一是 Token 的类型，二是 Token 所使用的加密算法。例如：

```
{
    "typ": "JWT",
    "alg": "HS256"
}
```

参数说明如下。

- typ：说明 Token 的类型是 JWT。
- alg：说明 Token 的加密算法，这里是 HS256（alg 算法可以有多种）。

这里，我们将 Header 进行 base64 编码：

```
$ echo -n '{"typ":"JWT","alg":"HS256"}'|base64
eyJ0eXAiOiJKV1QiLCJhbGciOiJIUzI1NiJ9
```

在某些场景下，可能还会有 kid 选项，用来标识一个密钥 ID，例如：

```
{
    "alg": "HS256",
    "kid": "XhbY3aCrfjdYcP1OFJRu9xcno8JzSbUIvGE2",
    "typ": "JWT"
}
```

2. Payload

Payload 中携带 Token 的具体内容，由三部分组成：JWT 标准中注册的声明（可选）、公共的声明、私有的声明。

JWT 标准中注册的声明部分有以下标准字段，如表 18-2 所示。

表 18-2　JWT 标准中声明部分字段

字段名	描　述
iss（Issuer）	JWT 的签发者，其值应为大小写敏感的字符串或 URL
sub（Subject）	主题，sub 可以用来鉴别一个用户
exp（Expiration Time）	JWT 过期时间
aud（Audience）	接收 JWT 的一方，其值应为大小写敏感的字符串或 URL，一般可以为特定的 App、服务或模块。服务端的安全策略在签发时和验证时，aud 必须是一致的
iat（Issued At）	JWT 签发时间
nbf（Not Before）	JWT 生效时间
jti（JWT ID）	JWT ID，令牌的唯一标识符，通常用于一次性消费的 Token

本例中的 Payload 的内容为：

```
{
    "aud": "iam.authz.marmotedu.com",
    "exp": 1604158987,
    "iat": 1604151787,
    "iss": "iamctl",
    "nbf": 1604151787
}
```

这里，我们将 Payload 进行 base64 编码：

```
$ echo -n '{"aud":"iam.authz.marmotedu.com","exp":1604158987,"iat":1604151787,"i
    ss":"iamctl","nbf":1604151787}'|base64
eyJhdWQiOiJpYW0uYXV0aHoubWFybW90ZWR1LmNvbSIsImV4cCI6MTYwNDE1ODk4NywiaWF0Ijox
NjA0MTUxNzg3LCJpc3MiOiJpYW1jdGwiLCJuYmYiOjE2MDQxNTE3ODd9
```

除此之外，还有公共的声明和私有的声明。公共的声明可以添加任何需要的信息，一般添加用户的相关信息或其他业务需要的信息，注意不要添加敏感信息。私有声明是客户端和服务端所共同定义的声明，因为 base64 是对称解密的，所以一般不建议存放敏感信息。

3. Signature

Signature 是 Token 的签名部分，通过如下方式生成：将 Header 和 Payload 分别进行 base64 编码后，用 . 连接。再使用 Header 中声明的加密方式，利用 secretKey 对连接后的字符串进行加密，加密后的字符串即 Signature。

secretKey 是密钥，保存在服务器中，一般通过配置文件来保存。图 18-6 是一个 secretKey

配置示例：

```
# JWT 配置
jwt:
  realm: iam jwt # jwt 标识
  key: dfVpOK8LZeJLZHYmHdb1VdyRrACKpqoo # 服务端密钥
  timeout: 24h # token 过期时间(小时)
  max-refresh: 24h # token 更新时间(小时)
```

图 18-6 secretKey 配置示例

这里要注意，**密钥一定不能泄露。密钥泄露后，入侵者可以使用该密钥来签发 JWT，从而入侵系统。**

最后生成的 Token 如下：

```
eyJ0eXAiOiJKV1QiLCJhbGciOiJIUzI1NiJ9.eyJhdWQiOiJpYW0uYXV0aHoubWFybW90ZWR1LmNvbSI
    sImV4cCI6MTYwNDE1ODk4NywiaWF0IjoxNjA0MTUxNzg3LCJpc3MiOiJpYW1jdGwiLCJuYmYiOjE
    2MDQxNTE3ODd9.LjxrK9DuAwAzUD8-9v43NzWBN7HXsSLfebw92DKd1JQ
```

签名后服务端会返回生成的 Token，客户端下次请求会携带该 Token。服务端收到 Token 后会解析出 `header.payload`，然后用相同的加密算法和密钥对 `header.payload` 再进行一次加密得到 Signature，并对比加密后的 Signature 和收到的 Signature 是否相同，如果相同则验证通过，如果不相同则返回 `HTTP 401 Unauthorized` 错误。

最后，关于 JWT 的使用，我还有两点建议。

- 不要在 Token 里存放敏感信息。
- Payload 中的过期时间不要设置太大，一般开发版本设置为 7 小时，线上版本设置为 2 小时。当然，你也可以根据需要自行设置。

18.4 如何设计 IAM 项目的认证功能

在开发认证功能之前，我们要根据需求认真考虑下如何设计认证功能，并在设计阶段通过技术评审。我们先来看一下如何设计 IAM 项目的认证功能。

首先，我们要梳理清楚认证功能的使用场景和需求。

- IAM 项目的 iam-apiserver 服务提供了 IAM 系统的管理流功能接口，它的客户端可以是前端（这里也叫控制台），也可以是 App 端。
- 为了方便用户在 Linux 系统下调用，IAM 项目还提供了 iamctl 命令行工具。
- 为了支持在第三方代码中调用 iam-apiserver 提供的 API，IAM 项目还支持了 API 调用。
- 为了提高用户在代码中调用 API 的效率，IAM 项目提供了 Go SDK。

可以看到，iam-apiserver 有很多客户端，每种客户端适用的认证方式是有区别的。控制台、App 端需要登录系统，所以需要使用“用户名 : 密码”这种认证方式，也即 Basic 认证。iamctl、API 调用、Go SDK 因为可以不用登录系统，所以可以采用更安全的认证方式：Bearer 认证。同时，Basic 认证作为 iam-apiserver 已经集成的认证方式，仍然可以供 iamctl、API 调用、Go SDK 使用。

这里有个地方需要注意：如果 iam-apiserver 采用 Bearer Token 的认证方式，目前最受欢迎的 Token 格式是 JWT。而 JWT 需要密钥（后面统一用 secretKey 来指代），因此需要在 iam-apiserver 服务中为每个用户维护一个密钥，这样会增加开发和维护成本。

业界有一个更好的实现方式：将 iam-apiserver 提供的 API 注册到 API 网关中，通过 API 网关中的 Token 认证功能，来实现对 iam-apiserver API 的认证。有很多 API 网关可供选择，例如腾讯云 API 网关、Tyk、Kong 等。

这里需要注意：通过 iam-apiserver 创建的密钥对是提供给 iam-authz-server 使用的。

另外，我们还需要调用 iam-authz-server 提供的 RESTful API：`/v1/authz`，来进行资源授权。API 调用比较适合采用 Bearer 认证方式。

当然，`/v1/authz` 也可以直接注册到 API 网关中，这也是我推荐的一种方式。但在这里，为了展示实现 Bearer 认证的过程，iam-authz-server 自己实现了 Bearer 认证，后续我会详细介绍这一点。

Basic 认证需要用户名和密码，Bearer 认证则需要密钥，所以 iam-apiserver 需要将用户名、密码、密钥等信息保存在后端的 MySQL 中，持久存储起来。

在进行认证的时候，我们需要获取密码或密钥进行反加密，这就需要查询密码或密钥。查询密码或密钥有两种方式。一种是在请求到达时查询数据库。因为数据库的查询操作延时高，会导致 API 延时较高，所以不太适合用在数据流组件中。另一种是将密码或密钥缓存在内存中，这样请求到来时，就可以直接从内存中查询，从而提升查询速度，提高接口性能。

但是，将密码或密钥缓存在内存中，就要考虑内存和数据库的数据一致性，这会增加代码实现的复杂度。因为管控流组件对性能延时要求不那么敏感，而数据流组件一定要实现非常高的接口性能，所以 iam-apiserver 在请求到来时查询数据库，而 iam-authz-server 则将密钥信息缓存在内存中。

这里总结了一张 IAM 项目的认证设计图，如图 18-7 所示。

另外，为了将控制流和数据流区分开来，密钥的 CURD 操作也放在了 iam-apiserver 中，但是 iam-authz-server 需要用到这些密钥信息。为了解决这个问题，目前的做法总结如下。

- iam-authz-server 通过 gRPC API 请求 iam-apiserver，获取所有的密钥信息。
- 当 iam-apiserver 有密钥更新时，会发布一条消息到 Redis 通道中。因为 iam-authz-server 与 iam-apiserver 订阅了同一个 Redis 通道，所以 iam-authz-server 在监听到通道有新消息时，会获取、解析消息，并更新它缓存的密钥信息。这样，我们就能确保 iam-authz-server 内存中缓存的密钥和 iam-apiserver 中的密钥一致。

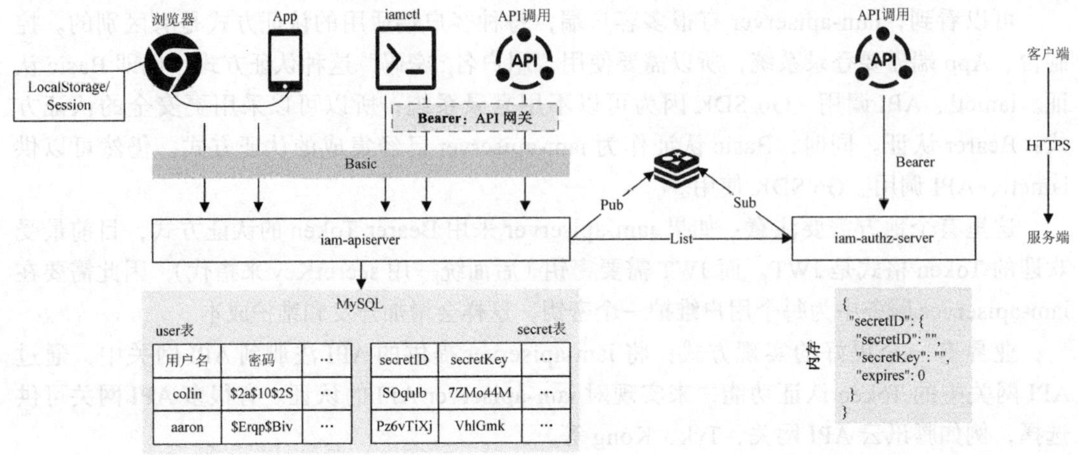

图 18-7 IAM 认证设计图

你可能会问：将所有密钥都缓存在 iam-authz-server 中，那岂不是要占用很大的内存？别担心，这个问题我也想过，并且替你计算好了：8 GB 的内存大概能保存约 8 千万个密钥信息，完全够用。即使后期不够用，也可以加大内存。

不过这里还是有个小缺陷：如果 Redis 宕掉，或者出现网络抖动，可能会造成 iam-apiserver 和 iam-authz-server 内存中保存的密钥数据不一致，但这不妨碍我们学习认证功能的设计和实现。

最后注意一点：Basic 认证请求和 Bearer 认证请求都可能被截获并重放。所以，为了确保 Basic 认证和 Bearer 认证的安全性，IAM 项目在和服务端通信时都需要配合使用 HTTPS 协议。

18.5 IAM 项目是如何实现 Basic 认证的

我们已经知道，IAM 项目中主要用了 Basic 和 Bearer 两种认证方式。要支持 Basic 认证和 Bearer 认证，并根据需要选择不同的认证方式，所以，在 IAM 项目中，我采用设计模式中的策略模式，将每一种认证方式都视作一个策略，通过选择不同的策略，来使用不同的认证方法。

IAM 项目实现了如下策略（位于 /iam/internal/pkg/middleware/auth 目录中）。

- auto 策略：该策略会根据 HTTP 头 `Authorization: Basic XX.YY.ZZ` 和 `Authorization: Bearer XX.YY.ZZ` 自动选择使用 Basic 认证还是 Bearer 认证。
- basic 策略：该策略实现了 Basic 认证。
- jwt 策略：该策略实现了 Bearer 认证，JWT 是 Bearer 认证的具体实现。
- cache 策略：该策略其实是一个 Bearer 认证的实现，Token 采用了 JWT 格式，因为 Token 中的密钥 ID 是从内存中获取的，所以叫缓存认证。

iam-apiserver 通过创建需要的认证策略，并加载到需要认证的 API 路由上，来实现 API 认证。具体代码如下（位于 internal/apiserver/router.go 文件中）：

```
jwtStrategy, _ := newJWTAuth().(auth.JWTStrategy)
g.POST("/login", jwtStrategy.LoginHandler)
g.POST("/logout", jwtStrategy.LogoutHandler)
g.POST("/refresh", jwtStrategy.RefreshHandler)
```

上述代码通过 newJWTAuth[⊖]函数创建了 auth.JWTStrategy 类型的变量，该变量包含了一些认证相关函数：

- LoginHandler：实现了 Basic 认证，完成登录认证。
- RefreshHandler：重新刷新 Token 的过期时间。
- LogoutHandler：用户注销时调用。登录成功后，如果项目在 Cookie 中设置了认证相关的信息，执行 LogoutHandler 则会清空这些信息。

下面，我来分别介绍 LoginHandler、RefreshHandler 和 LogoutHandler。

1. LoginHandler

先来看 LoginHandler。该函数定义位于 github.com/appleboy/gin-jwt 包的 auth_jwt.go 文件中，函数代码如下：

```
func (mw *GinJWTMiddleware) LoginHandler(c *gin.Context) {
    if mw.Authenticator == nil {
        mw.unauthorized(c, http.StatusInternalServerError, mw.HTTPStatusMessageF
            unc(ErrMissingAuthenticatorFunc, c))
        return
    }

    data, err := mw.Authenticator(c)

    if err != nil {
        mw.unauthorized(c, http.StatusUnauthorized, mw.HTTPStatusMessageFunc(err, c))
        return
    }

    // 创建 Token
    token := jwt.New(jwt.GetSigningMethod(mw.SigningAlgorithm))
    claims := token.Claims.(jwt.MapClaims)

    if mw.PayloadFunc != nil {
        for key, value := range mw.PayloadFunc(data) {
            claims[key] = value
        }
    }

    expire := mw.TimeFunc().Add(mw.Timeout)
```

⊖ 参见 https://github.com/marmotedu/iam/blob/v1.6.2/internal/apiserver/auth.go#L59。

```
        claims["exp"] = expire.Unix()
        claims["orig_iat"] = mw.TimeFunc().Unix()
        tokenString, err := mw.signedString(token)

        if err != nil {
            mw.unauthorized(c, http.StatusUnauthorized, mw.HTTPStatusMessageFunc(Err
                FailedTokenCreation, c))
            return
        }

        // 设置 Cookie
        if mw.SendCookie {
            expireCookie := mw.TimeFunc().Add(mw.CookieMaxAge)
            maxage := int(expireCookie.Unix() - mw.TimeFunc().Unix())

            if mw.CookieSameSite != 0 {
                c.SetSameSite(mw.CookieSameSite)
            }

            c.SetCookie(
                mw.CookieName,
                tokenString,
                maxage,
                "/",
                mw.CookieDomain,
                mw.SecureCookie,
                mw.CookieHTTPOnly,
            )
        }

        mw.LoginResponse(c, http.StatusOK, tokenString, expire)
    }
```

从 LoginHandler 函数的代码实现中可以知道，LoginHandler 函数会执行 Authenticator 函数，来完成 Basic 认证。如果认证通过，则会签发 JWT，并执行 PayloadFunc 函数设置 Token Payload。如果我们设置了 SendCookie=true，还会在 Cookie 中添加认证相关的信息，例如 Token、Token 的生命周期等。最后执行 LoginResponse 方法返回 Token 和 Token 的过期时间。

Authenticator、PayloadFunc、LoginResponse 这三个函数，是我们在创建 JWT 认证策略时指定的。先来看 Authenticator 函数。Authenticator 函数从 HTTP Authorization Header 中获取用户名和密码，并校验密码是否合法，代码如下：

```
func authenticator() func(c *gin.Context) (interface{}, error) {
    return func(c *gin.Context) (interface{}, error) {
        var login loginInfo
        var err error

        // 同时支持消息头和消息体
```

```
        if c.Request.Header.Get("Authorization") != "" {
            login, err = parseWithHeader(c)
        } else {
            login, err = parseWithBody(c)
        }
        if err != nil {
            return "", jwt.ErrFailedAuthentication
        }

        // 根据登录用户名获取用户信息
        user, err := store.Client().Users().Get(c, login.Username, metav1.
            GetOptions{})
        if err != nil {
            log.Errorf("get user information failed: %s", err.Error())

            return "", jwt.ErrFailedAuthentication
        }

        // 对比传入的密码是否与用户设置的密码相同
        if err := user.Compare(login.Password); err != nil {
            return "", jwt.ErrFailedAuthentication
        }

        user.LoginedAt = time.Now()
        _ = store.Client().Users().Update(c, user, metav1.UpdateOptions{})

        return user, nil
    }
}
```

Authenticator 函数需要获取用户名和密码。它首先会判断是否有 Authorization 请求头，如果有，则调用 parseWithHeader 函数获取用户名和密码，否则调用 parseWithBody 从请求体中获取用户名和密码。如果都获取失败，则返回认证失败错误。

所以，IAM 项目支持以下两种请求方式：

```
$ curl -XPOST -H"Authorization: Basic YWRtaW46QWRtaW5AMjAyMQ==" http://127.0.0.1:8080/
    login # 用户名：密码通过base64加码后，通过HTTP Authorization Header进行传递，因为密码
    非明文，建议使用这种方式。
$ curl -s -XPOST -H'Content-Type: application/json' -d'{"username":"admin","pass
    word":"Admin@2021"}' http://127.0.0.1:8080/login # 用户名和密码在HTTP Body中
    传递，因为密码是明文，所以不建议在实际开发中，使用这种方式。
```

这里，我们来看一下 parseWithHeader 是如何获取用户名和密码的。假设请求为：

```
$ curl -XPOST -H"Authorization: Basic YWRtaW46QWRtaW5AMjAyMQ==" http://127.0.0.1:8080/
    login
```

其中，YWRtaW46QWRtaW5AMjAyMQ== 的值由以下命令生成：

```
$ echo -n 'admin:Admin@2021'|base64
YWRtaW46QWRtaW5AMjAyMQ==
```

parseWithHeader 实际上执行的是上述命令的逆向步骤。

1）获取 Authorization 头的值，并调用 strings.SplitN 函数，获取一个切片变量 auth，其值为 ["Basic","YWRtaW46QWRtaW5AMjAyMQ=="]。

2）将 YWRtaW46QWRtaW5AMjAyMQ== 进行 base64 解码，得到 admin:Admin@2021。

3）调用 strings.SplitN 函数获取 admin:Admin@2021，得到用户名为 admin，密码为 Admin@2021。

parseWithBody 则调用 Gin 的 ShouldBindJSON 函数从请求体中解析出用户名和密码。

获取到用户名和密码之后，程序会从数据库中查询出该用户对应的加密后的密码，这里我们假设是 xxxx。最后 authenticator 函数调用 user.Compare 来判断 xxxx 是否和通过 user.Compare 加密后的字符串相匹配，如果匹配则认证成功，否则返回认证失败。

再来看一下 PayloadFunc 函数：

```
func payloadFunc() func(data interface{}) jwt.MapClaims {
    return func(data interface{}) jwt.MapClaims {
        claims := jwt.MapClaims{
            "iss": APIServerIssuer,
            "aud": APIServerAudience,
        }
        if u, ok := data.(*v1.User); ok {
            claims[jwt.IdentityKey] = u.Name
            claims["sub"] = u.Name
        }

        return claims
    }
}
```

PayloadFunc 函数会设置 JWT 中 Payload 部分的 iss、aud、sub、identity 字段，供后面使用。

再来看第三个函数，LoginResponse 函数：

```
func loginResponse() func(c *gin.Context, code int, token string, expire time.Time) {
    return func(c *gin.Context, code int, token string, expire time.Time) {
        c.JSON(http.StatusOK, gin.H{
            "token":  token,
            "expire": expire.Format(time.RFC3339),
        })
    }
}
```

该函数用来在 Basic 认证成功之后将 Token 和 Token 的过期时间返回给调用者：

```
$ curl -XPOST -H"Authorization: Basic YWRtaW46QWRtaW5AMjAyMQ==" http://
    127.0.0.1:8080/login
{"expire":"2021-09-29T01:38:49+08:00","token":"XX.YY.ZZ"}
```

登录成功后，iam-apiserver 会返回 Token 和 Token 的过期时间，同时前端可以将这些信息缓存在 Cookie 或 LocalStorage 中，使得之后的请求都可以使用 Token 来进行认证。使用 Token 进行认证，不仅能够提高认证的安全性，还能够避免查询数据库，提高认证效率。

2. RefreshHandler

RefreshHandler 函数会先执行 Bearer 认证，如果认证通过，则重新签发 Token。

3. LogoutHandler

最后，我们来看一下 LogoutHandler 函数：

```
func (mw *GinJWTMiddleware) LogoutHandler(c *gin.Context) {
    // 删除与认证相关的 Cookie
    if mw.SendCookie {
        if mw.CookieSameSite != 0 {
            c.SetSameSite(mw.CookieSameSite)
        }

        c.SetCookie(
            mw.CookieName,
            "",
            -1,
            "/",
            mw.CookieDomain,
            mw.SecureCookie,
            mw.CookieHTTPOnly,
        )
    }

    mw.LogoutResponse(c, http.StatusOK)
}
```

可以看到，LogoutHandler 其实是用来清空 Cookie 中 Bearer 认证的相关信息的。

总结：Basic 认证通过用户名和密码来进行认证，通常用在登录接口 /login 中。用户登录成功后，会返回 JWT，前端会将该 JWT 保存在浏览器的 Cookie 或 LocalStorage 中，供后续请求使用。后续请求均会携带该 Token，以完成 Bearer 认证。另外，有了登录接口，一般还会配套 /logout 接口和 /refresh 接口，分别用来注销和刷新 Token。

这里你可能会问，为什么要刷新 Token？因为通过登录接口签发的 Token 有过期时间，有了刷新接口，前端就可以根据需要自行刷新 Token 的过期时间。过期时间可以通过 iam-apiserver 配置文件的 jwt.timeout[㊀]配置项来指定。登录后签发 Token 时使用的密钥（secretKey）由 jwt.key[㊁]配置项来指定。

㊀ 参见 https://github.com/marmotedu/iam/blob/v1.6.2/configs/iam-apiserver.yaml。

㊁ 参见 https://github.com/marmotedu/iam/blob/v1.6.2/configs/iam-apiserver.yaml。

18.6 IAM 项目是如何实现 Bearer 认证的

前文介绍了 Basic 认证。这里，我再来介绍一下 IAM 项目中 Bearer 认证的实现方式。IAM 项目中有两个地方实现了 Bearer 认证，分别是 iam-apiserver 和 iam-authz-server。下面我来分别介绍下它们是如何实现 Bearer 认证的。

18.6.1 iam-authz-server Bearer 认证实现

我们先来看看 iam-authz-server 是如何实现 Bearer 认证的。iam-authz-server 通过在 /v1 路由分组中加载 cache 认证中间件来使用 cache 认证策略：

```
auth := newCacheAuth()
apiv1 := g.Group("/v1", auth.AuthFunc())
```

newCacheAuth[㊀]函数定义如下：

```
func newCacheAuth() middleware.AuthStrategy {
    return auth.NewCacheStrategy(getSecretFunc())
}

func getSecretFunc() func(string) (auth.Secret, error) {
    return func(kid string) (auth.Secret, error) {
        cli, err := store.GetStoreInsOr(nil)
        if err != nil {
            return auth.Secret{}, errors.Wrap(err, "get store instance failed")
        }

        secret, err := cli.GetSecret(kid)
        if err != nil {
            return auth.Secret{}, err
        }

        return auth.Secret{
            Username: secret.Username,
            ID:       secret.SecretId,
            Key:      secret.SecretKey,
            Expires:  secret.Expires,
        }, nil
    }
}
```

newCacheAuth 函数调用 auth.NewCacheStrategy 创建了一个 cache 认证策略，并在创建时传入了 getSecretFunc 函数，该函数会返回密钥的信息。密钥信息包含以下字段：

```
type Secret struct {
    Username string
```

㊀ 参见 https://github.com/marmotedu/iam/blob/v1.6.2/internal/authzserver/jwt.go。

```
    ID      string
    Key     string
    Expires int64
}
```

再来看 cache 认证策略实现的 AuthFunc 方法：

```
func (cache CacheStrategy) AuthFunc() gin.HandlerFunc {
    return func(c *gin.Context) {
        header := c.Request.Header.Get("Authorization")
        if len(header) == 0 {
            core.WriteResponse(c, errors.WithCode(code.ErrMissingHeader, "Authorization
              header cannot be empty."), nil)
            c.Abort()

            return
        }

        var rawJWT string
        // 从消息头获取 Token
        fmt.Sscanf(header, "Bearer %s", &rawJWT)

        // 使用自定义验证逻辑
        var secret Secret

        claims := &jwt.MapClaims{}
        // 验证 Token
        parsedT, err := jwt.ParseWithClaims(rawJWT, claims, func(token *jwt.
            Token) (interface{}, error) {
            if _, ok := token.Method.(*jwt.SigningMethodHMAC); !ok {
                return nil, fmt.Errorf("unexpected signing method: %v", token.
                    Header["alg"])
            }

            kid, ok := token.Header["kid"].(string)
            if !ok {
                return nil, ErrMissingKID
            }

            var err error
            secret, err = cache.get(kid)
            if err != nil {
                return nil, ErrMissingSecret
            }

            return []byte(secret.Key), nil
        }, jwt.WithAudience(AuthzAudience))
        if err != nil || !parsedT.Valid {
            core.WriteResponse(c, errors.WithCode(code.ErrSignatureInvalid, err.
                Error()), nil)
            c.Abort()
```

```
            return
        }

        if KeyExpired(secret.Expires) {
            tm := time.Unix(secret.Expires, 0).Format("2006-01-02 15:04:05")
            core.WriteResponse(c, errors.WithCode(code.ErrExpired, "expired at:
                %s", tm), nil)
            c.Abort()

            return
        }

        c.Set(CtxUsername, secret.Username)
        c.Next()
    }
}

// KeyExpired 检查 key 是否过期，如果 user.SessionState.Expires 的值为 0，则忽略
func KeyExpired(expires int64) bool {
    if expires >= 1 {
        return time.Now().After(time.Unix(expires, 0))
    }

    return false
}
```

AuthFunc 函数依次执行了以下 4 个步骤来完成 JWT 认证，每一步中又有一些小步骤，下面我们来一起看看。

1. 获取 Token

从 Authorization: Bearer XX.YY.ZZ 请求头中获取 XX.YY.ZZ，XX.YY.ZZ 即为 JWT 的 Token。

2. 解析 Token

调用 github.com/dgrijalva/jwt-go 包提供的 ParseWithClaims 函数，该函数会依次执行以下操作。

1）调用 ParseUnverified 函数从 Token 中获取 Header、Claims 等信息。依次执行以下操作。

a）从 Token 中获取第一段 XX，对其 base64 解码后得到 Token 的 Header{"alg":"HS256","kid":"a45yPqUnQ8gljH43jAGQdRo0bXzNLjlU0hxa","typ":"JWT"}。

b）从 Token 中获取第二段 YY，对其 base64 解码后得到 Token 的 Payload{"aud":"iam.authz.marmotedu.com","exp":1625104314,"iat":1625097114,"iss":"iamctl","nbf":1625097114}。

c）根据 Token Header 中的 alg 字段，获取 Token 加密函数。

d）最终，ParseUnverified 函数会返回 Token 类型的变量，Token 类型包含 Method、

Header、Claims、Valid 这些重要字段，这些字段会用于后续的认证步骤中。

2）调用传入的 keyFunc 获取密钥，keyFunc 的实现如下：

```
func(token *jwt.Token) (interface{}, error) {
    if _, ok := token.Method.(*jwt.SigningMethodHMAC); !ok {
        return nil, fmt.Errorf("unexpected signing method: %v", token.Header["alg"])
    }

    kid, ok := token.Header["kid"].(string)
    if !ok {
        return nil, ErrMissingKID
    }

    var err error
    secret, err = cache.get(kid)
    if err != nil {
        return nil, ErrMissingSecret
    }

    return []byte(secret.Key), nil
}
```

可以看到，keyFunc 接收 *Token 类型的变量，并获取 Token Header 中的 kid。kid 即为密钥 ID：secretID。接着，调用 cache.get(kid) 获取密钥 secretKey。cache.get 函数即为 getSecretFunc。getSecretFunc 函数会根据 kid，从内存中查找密钥信息，密钥信息中包含了 secretKey。

3）从 Token 中获取 Signature 签名字符串 ZZ，也即 Token 的第三段。

4）获取到 secretKey 之后，token.Method.Verify 验证 Signature 签名字符串 ZZ，也即 Token 的第三段是否合法。token.Method.Verify 实际上是使用了相同的加密算法和相同的 secretKey 加密 XX.YY 字符串。假设加密之后的字符串为 WW，接下来我们对 WW 和 ZZ base64 解码后的字符串进行比较，如果相等则认证通过，如果不相等则认证失败。

3. 验证 secret 是否过期

调用 KeyExpired，验证 secret 是否过期。secret 信息中包含过期时间，你只需要对比该过期时间与当前时间即可。

4. 设置 Header

设置 HTTP Header username: colin。到这里，iam-authz-server 的 Bearer 认证分析就完成了。

总结：iam-authz-server 通过加载 Gin 中间件的方式，在请求 /v1/authz 接口时进行访问认证。因为 Bearer 认证具有过期时间，而且可以在认证字符串中携带更多有用信息，还具有不可逆加密等优点，所以 /v1/authz 采用了 Bearer 认证，Token 格式采用了 JWT

格式，这也是API认证中最受欢迎的认证方式。

Bearer 认证需要 `secretID` 和 `secretKey`，这些信息会通过调用 iam-apisaerver 提供的 gRPC 接口获取，并缓存在 iam-authz-server 的内存中供认证时查询使用。

当请求来临时，iam-authz-server Bearer 认证中间件从 JWT 的 Token 中解析出 Header，从 Header 的 `kid` 字段中获取到 `secretID`，并根据 `secretID` 查找到 `secretKey`，最后使用 `secretKey` 加密 Token 的 `Header` 和 `Payload`，并与 `Signature` 部分进行对比。如果相等，则认证通过。如果不等，则认证失败。

18.6.2 iam-apiserver Bearer 认证实现

我们再来看看 iam-apiserver 的 Bearer 认证。iam-apiserver 的 Bearer 认证通过以下代码（位于 `router.go` 文件中）指定使用了 auto 认证策略：

```
v1.Use(auto.AuthFunc())
```

`auto.AuthFunc()` 的实现如下：

```
func (a AutoStrategy) AuthFunc() gin.HandlerFunc {
    return func(c *gin.Context) {
        operator := middleware.AuthOperator{}
        authHeader := strings.SplitN(c.Request.Header.Get("Authorization"), " ", 2)

        if len(authHeader) != authHeaderCount {
            core.WriteResponse(
                c,
                errors.WithCode(code.ErrInvalidAuthHeader, "Authorization header
                    format is wrong."),
                nil,
            )
            c.Abort()

            return
        }

        switch authHeader[0] {
        case "Basic":
            operator.SetStrategy(a.basic)
        case "Bearer":
            operator.SetStrategy(a.jwt)
            // a.JWT.MiddlewareFunc()(c)
        default:
            core.WriteResponse(c, errors.WithCode(code.ErrSignatureInvalid,
                "unrecognized Authorization header."), nil)
            c.Abort()

            return
```

```
        }

        operator.AuthFunc()(c)

        c.Next()
    }
}
```

从上述代码可以看到，AuthFunc 函数会从 Authorization Header 中解析出认证方式是 Basic 还是 Bearer。如果是 Bearer，则使用 JWT 认证策略。如果是 Basic，则使用 Basic 认证策略。

我们再来看一下 JWT 认证策略的 AuthFunc 函数实现：

```
func (j JWTStrategy) AuthFunc() gin.HandlerFunc {
    return j.MiddlewareFunc()
}
```

我们跟随代码，可以定位到 MiddlewareFunc 函数最终调用了 github.com/appleboy/gin-jwt 包 GinJWTMiddleware 结构体的 middlewareImpl[⊖] 方法：

```
func (mw *GinJWTMiddleware) middlewareImpl(c *gin.Context) {
    claims, err := mw.GetClaimsFromJWT(c)
    if err != nil {
        mw.unauthorized(c, http.StatusUnauthorized, mw.HTTPStatusMessageFunc(err, c))
        return
    }

    if claims["exp"] == nil {
        mw.unauthorized(c, http.StatusBadRequest, mw.HTTPStatusMessageFunc(ErrMi
            ssingExpField, c))
        return
    }

    if _, ok := claims["exp"].(float64); !ok {
        mw.unauthorized(c, http.StatusBadRequest, mw.HTTPStatusMessageFunc(ErrWr
            ongFormatOfExp, c))
        return
    }

    if int64(claims["exp"].(float64)) < mw.TimeFunc().Unix() {
        mw.unauthorized(c, http.StatusUnauthorized, mw.HTTPStatusMessageFunc(Err
            ExpiredToken, c))
        return
    }

    c.Set("JWT_PAYLOAD", claims)
    identity := mw.IdentityHandler(c)
```

⊖ 参见 https://github.com/appleboy/gin-jwt/blob/v2.6.4/auth_jwt.go。

```
    if identity != nil {
        c.Set(mw.IdentityKey, identity)
    }

    if !mw.Authorizator(identity, c) {
        mw.unauthorized(c, http.StatusForbidden, mw.HTTPStatusMessageFunc(ErrFor
            bidden, c))
        return
    }

    c.Next()
}
```

分析上面的代码可以知道，middlewareImpl 的 Bearer 认证流程如下。

1）调用 GetClaimsFromJWT 函数，从 HTTP 请求中获取 Authorization Header，并解析出 Token 字符串进行认证，最后返回 Token Payload。

2）校验 Payload 中的 exp 是否超过当前时间，如果超过就说明 Token 过期，校验不通过。

3）在 gin.Context 中添加 JWT_PAYLOAD 键，供后续程序使用（当然也可能用不到）。

4）通过以下代码在 gin.Context 中添加 IdentityKey 键。IdentityKey 键可以在创建 GinJWTMiddleware 结构体时指定，这里我们设置为 middleware.UsernameKey，也就是 username。

```
identity := mw.IdentityHandler(c)

if identity != nil {
    c.Set(mw.IdentityKey, identity)
}
```

IdentityKey 键的值由 IdentityHandler 函数返回。IdentityHandler 函数为：

```
func(c *gin.Context) interface{} {
    claims := jwt.ExtractClaims(c)

    return claims[jwt.IdentityKey]
}
```

上述函数会从 Token 的 Payload 中获取 identity 域的值，identity 域的值是在签发 Token 时指定的，它的值其实是用户名，你可以查看 payloadFunc 函数了解更多内容。

5）接下来，调用 Authorizator 方法，Authorizator 是一个回调函数，成功时返回真，失败时返回假。Authorizator 也是在创建 GinJWTMiddleware 时指定的，例如：

```
func authorizator() func(data interface{}, c *gin.Context) bool {
    return func(data interface{}, c *gin.Context) bool {
        if v, ok := data.(string); ok {
            log.L(c).Infof("user `%s` is authenticated.", v)

            return true
        }
```

```
        return false
    }
}
```

authorizator 函数返回了一个匿名函数，匿名函数在认证成功后，会打印一条认证成功日志。

18.7　IAM 项目认证功能设计技巧

我在设计 IAM 项目的认证功能时也运用了一些技巧，分享如下。

1. 面向接口编程

在使用 NewAutoStrategy 函数创建 auto 认证策略时，传入了 middleware.AuthStrategy 接口类型的参数，这意味着，Basic 认证和 Bearer 认证都可以有不同的实现，后期可以根据需要扩展新的认证方式。

2. 使用抽象工厂模式

auth.go 文件通过 newBasicAuth、newJWTAuth、newAutoAuth 创建认证策略时，返回的都是接口。通过返回接口，可以在不公开内部实现的情况下，让调用者使用你提供的各种认证功能。

3. 使用策略模式

在 auto 认证策略中，我们会根据 HTTP 请求头 Authorization: XXX X.Y.X 中的 XXX 来选择并设置认证策略（Basic 或 Bearer）。具体可以查看 AutoStrategy 的 AuthFunc 函数：

```
func (a AutoStrategy) AuthFunc() gin.HandlerFunc {
    return func(c *gin.Context) {
        operator := middleware.AuthOperator{}
        authHeader := strings.SplitN(c.Request.Header.Get("Authorization"), " ", 2)
        ...
        switch authHeader[0] {
        case "Basic":
            operator.SetStrategy(a.basic)
        case "Bearer":
            operator.SetStrategy(a.jwt)
            // a.JWT.MiddlewareFunc()(c)
        default:
            core.WriteResponse(c, errors.WithCode(code.ErrSignatureInvalid,
                "unrecognized Authorization header."), nil)
            c.Abort()

            return
        }
```

```
        operator.AuthFunc()(c)

        c.Next()
    }
}
```

在上述代码中，如果选择Basic认证方式，则设置operator.SetStrategy(a.basic)。如果选择Bearer认证方式，则设置operator.SetStrategy(a.jwt)。SetStrategy方法的入参是AuthStrategy类型的接口，都实现了AuthFunc() gin.HandlerFunc函数，用来进行认证，所以最后我们调用operator.AuthFunc()(c)即可完成认证。

18.8 本章总结

在开发Go应用时，我们需要通过认证来保障应用的安全。认证是用于验证某个用户是否具有访问系统的权限的，如果认证通过，则该用户可以访问系统，从而创建、修改、删除、查询平台支持的资源。业界目前有4种常用的认证方式：Basic、Digest、OAuth、Bearer。其中Basic和Bearer用得最多。

Basic认证通过用户名和密码来进行认证，主要用于用户登录场景；Bearer认证通过Token来进行认证，通常用于API调用场景。不管是Basic认证还是Bearer认证，都需要结合HTTPS来使用，以最大程度地保证请求的安全性。

在IAM项目中，iam-apiserver实现了Basic认证和Bearer认证，iam-authz-server实现了Bearer认证。本章后半部分介绍了iam-apiserver的认证实现。

第 19 章 Chapter 19

IAM API 服务构建

IAM 项目有很多组件，在本章，我会介绍 IAM 项目的管理流服务：iam-apiserver。iam-apiserver 是一个 Web 服务，通过暴露众多 API 来对外提供功能。在介绍 iam-apiserver 代码实现之前，我先介绍一下 API 的基础知识，以帮助你理解 iam-apiserver 的 API 设计。接着我会详细介绍 iam-apiserver 的功能、使用方法、代码实现以及一些核心功能。本章的主要内容如下。

- ❑ RESTful API 介绍。
- ❑ RPC API 介绍。
- ❑ iam-apiserver 设计和实现详解。
- ❑ iam-apiserver 服务核心功能实现讲解。

提示 本章代码分别存放在以下目录中：

- ❑ /iam/cmd/iam-apiserver
- ❑ /iam/internal/apiserver
- ❑ /iam/internal/pkg/middleware

iam-apiserver 的配置文件为 /iam/configs/iam-apiserver.yaml。

19.1 RESTful API 介绍

API（Application Programming Interface，应用程序编程接口）是一些预先定义的函数或者接口，目的是提供应用程序与开发人员基于某软件或硬件访问一组例程的能力，而又无须访问源码，或理解内部工作机制的细节。

绝大部分的 Go 后端服务需要编写 API，对外提供服务。所以在开发 API 服务之前，我们需要确定一种 API 风格。API 风格也可以理解为 API 类型。目前业界常用的 API 风格有三种：REST、RPC 和 GraphQL。我们需要根据项目需求，并结合 API 风格的特点，确定使用哪种 API 风格，这对以后的编码实现、通信方式和通信效率都有很大的影响。

Go 项目开发中用得最多的 API 风格是 REST 和 RPC，IAM 实战项目也使用了 REST 和 RPC 来构建项目。本章我会详细介绍 REST 和 RPC 这两种风格，如果你对 GraphQL 感兴趣，GraphQL 中文官网[㊀]有很多文档和代码示例，你可以自行学习。

19.1.1 什么是 RESTful API

在回答"RESTful API 是什么"之前，我们先来看下 REST 是什么意思：REST 代表的是表现层状态转移（REpresentational State Transfer），由 Roy Fielding 在他的论文 *Architectural Styles and the Design of Network-based Software Architectures*[㊁]里提出。REST 本身并没有创造新的技术、组件或服务，它只是一种软件架构风格，是一组架构约束条件和原则，而不是技术框架。

REST 有一系列规范，满足这些规范的 API 均可称为 RESTful API。REST 规范把所有内容都视为资源，也就是说网络上一切皆资源。REST 架构对资源的操作包括获取、创建、修改和删除，这些操作正好对应 HTTP 提供的 GET、POST、PUT 和 DELETE 方法。HTTP 动词与 REST 风格 CRUD 的对应关系如表 19-1 所示。

表 19-1 HTTP 动词与 REST 风格 CRUD 的对应关系

HTTP 方法	行 为	URI	示例说明
GET	获取资源列表	/users	获取用户列表
GET	获取一个具体的资源	/users/admin	获取 admin 用户的详细信息
POST	创建一个新的资源	/users	创建一个新用户
PUT	以整体的方式更新一个资源	/users/admin	更新 user 为 admin 的用户
DELETE	删除服务器上的一个资源	/users/admin	删除 user 为 admin 的用户

REST 风格虽然适用于很多传输协议，但在实际开发中，由于 REST 天生和 HTTP 相辅相成，因此 HTTP 已经成为实现 RESTful API 的事实上的标准。REST 具有以下核心特点。

- 以资源（resource）为中心，所有的东西都抽象成资源，所有的行为都应该是在资源上的 CRUD 操作。
- 资源对应面向对象范式里的对象，面向对象范式以对象为中心。
- 资源使用 URI 标识，每个资源实例都有一个唯一的 URI 标识。例如，如果我们有一个用户，用户名是 admin，那么它的 URI 标识就可以是 `/users/admin`。

㊀ 参见 https://graphql.cn/。

㊁ 参见 https://www.ics.uci.edu/~fielding/pubs/dissertation/top.htm。

- 资源是有状态的，可以使用 JSON/XML 等在 HTTP 请求体里表征资源的状态。
- 客户端通过四个 HTTP 动词，对服务器端资源进行操作，实现"表现层状态转化"。
- 无状态，这里的无状态是指每个 RESTful API 请求都包含了所有足够完成本次操作的信息，服务器端无须保持会话。无状态对于服务端的弹性扩容来说是很重要的。

为了避免混淆概念，这里强调下 REST 和 RESTful API 的区别：**REST 是一种规范，而 RESTful API 是满足这种规范的 API。**

19.1.2 RESTful API 设计原则

上面我们说了，RESTful API 就是满足 REST 规范的 API，由此看来，RESTful API 的核心是规范，那么具体有哪些规范呢？本节我就从 URI 设计、API 版本管理等 7 个方面，详细介绍 RESTful API 的设计原则，然后通过一个示例来帮助你快速启动一个 RESTful API 服务。希望你学完本章之后，对如何设计 RESTful API 有一个清晰的了解。

1. URI 设计

资源都是使用 URI 标识的，我们应该按照一定的规范来设计 URI。通过规范化可以使 API 更加易读、易用。以下是 URI 设计时应该遵循的一些规范。

- 资源名使用名词而不是动词，并且用名词复数表示。资源分为 Collection 和 Member 两种。
  - **Collection**：一堆资源的集合。例如我们的系统里有很多用户（User），这些用户的集合就是 Collection。Collection 的 URI 标识应该是域名/资源名复数，例如 `https://iam.api.marmotedu.com/users`。
  - **Member**：单个特定资源。例如系统中特定名字的用户，就是 Collection 里的一个 Member。Member 的 URI 标识应该是域名/资源名复数/资源名称，例如 `https://iam.api.marmotedu/users/admin`。
- URI 结尾不应包含 `/`。
- URI 中不能出现下划线 `_`，必须用中杠线 `-` 代替（有些人推荐用 `_`，有些人推荐用 `-`，统一使用一种格式即可，我比较推荐用 `-`）。
- URI 路径用小写，不要用大写。
- 避免层级过深的 URI。超过 2 层的资源嵌套会很乱，建议将其他资源转化为 `?` 参数，比如：

```
/schools/tsinghua/classes/rooma/students/zhang # 不推荐
/students?school=qinghua&class=rooma           # 推荐
```

这里有个地方需要注意：在实际的 API 开发中，你可能会发现有些操作不能很好地映射为一个 REST 资源，这时候，你可以参考下面的做法。

- 将一个操作变成资源的一个属性，比如想在系统中暂时禁用某个用户，可以这么设计 URI：`/users/zhangsan?active=false`。

- 将操作当作一个资源的嵌套资源，比如一个 GitHub 的加星操作：

```
PUT /gists/:id/star # github star action
DELETE /gists/:id/star # github unstar action
```

- 如果以上都不能解决问题，有时可以打破这类规范。比如登录操作，登录不属于任何一个资源，URI 可以设计为：/login。

在设计 URI 时，如果你遇到一些不确定的地方，推荐参考 GitHub 标准 RESTful API[㊀]。

2. REST 资源操作映射为 HTTP 方法

通常 RESTful API 都是使用 HTTP 原生的 GET、PUT、POST、DELETE 来标识对资源的 CRUD 操作的，形成的规范如表 19-2 所示。

表 19-2 REST 资源操作与 HTTP 方法映射表

	Collection 资源（/users）	Member 资源 (/users/:username)
GET	获取一个 Collection 下所有 Member 的信息	获取一个 Member 的状态表征
PUT	用另外一个 Collection 替换这个 Collection。不常用，不建议使用	更新一个 Member 的状态表征
POST	在 Collection 中新建一个 Member	没有这类操作
DELETE	删除整个 Collection，可以用来批量删除资源	删除这个 Member

对资源的操作应该满足安全性和幂等性。

- **安全性**：不会改变资源状态，可以理解为只读的。
- **幂等性**：执行 1 次和执行 *N* 次，对资源状态改变的效果是等价的。

使用不同 HTTP 方法时，资源操作的安全性和幂等性对照关系如表 19-3 所示。

表 19-3 HTTP 方法安全性和幂等性对照表

HTTP 方法	是否安全	是否幂等
GET	是	是
POST	否	否
PUT	否	是
DELETE	否	是

在使用 HTTP 方法的时候，有以下两点需要注意。

- GET 返回的结果，要尽量可用于 PUT、POST 操作中。例如，调用者用 GET 方法获得了一个 user 的信息，修改 user 的邮件，然后将此结果用 PUT 方法更新。这要求 GET、PUT、POST 操作的资源属性是一致的。
- 如果对资源进行状态或属性变更，要用 PUT 方法，POST 方法仅用于创建或者批量删除这两种场景。

㊀ 参见 https://developer.github.com/v3/。

在设计 API 时，我们经常会遇到批量删除的需求，需要在请求中携带多个需要删除的资源名，但是 HTTP 的 DELETE 方法不能携带多个资源名，这时可以通过下面 3 种方式来解决。

1）发起多个 DELETE 请求。

2）操作路径中带多个 id，id 之间用分隔符分隔，例如：`DELETE /users?ids=1,2,3`。

3）直接使用 POST 方式来批量删除，body 中传入需要删除的资源列表。

其中，**第 2 种**是我最推荐的方式，因为它使用了匹配的 DELETE 动词，并且不需要发送多次 DELETE 请求。

> **提示**　这 3 种方式都有各自的使用场景，你可以根据需要自行选择。如果选择了某一种方式，那么整个项目都需要统一用这种方式。

3. 统一的返回格式

一般来说，一个系统的 RESTful API 会向外界开放多个资源的接口，每个接口的返回格式要保持一致。另外，每个接口都会返回成功和失败两种消息，这两种消息的格式也要保持一致。不然，客户端代码要适配不同接口的返回格式，每个返回格式又要适配成功和失败两种消息格式，会大大增加用户的学习和使用成本。

返回的格式没有强制的标准，你可以根据实际的业务需要返回不同的格式。在第 13 章中我推荐了一种返回格式，它也是业界最常用和推荐的返回格式，格式如下：

```
{
    "code": 100101,
    "message": "Database error",
    "reference": "https://github.com/marmotedu/iam/tree/master/docs/guide/zh-CN/
        faq/iam-apiserver"
}
```

4. API 版本管理

随着时间的推移、需求的变更，一个 API 往往满足不了所有的需求，这时候就需要对 API 进行修改。我们对 API 进行修改时，不能影响其他调用系统的正常使用，这就要求 API 变更做到向下兼容，也就是新老版本共存。

但在实际场景中，很可能会出现同一个 API 无法向下兼容的情况。这时最好的解决办法是从一开始就引入 API 版本机制，当不能向下兼容时，就引入一个新的版本，老的版本则保留原样。这样既能保证服务的可用性和安全性，又能满足新需求。

API 版本有不同的标识方法，在 RESTful API 开发中，通常将版本标识放在如下 3 个位置。

- URL 中，比如 `/v1/users`。
- HTTP Header 中，比如 `Accept: vnd.example-com.foo+json; version=1.0`。
- Form 参数中，比如 `/users?version=v1`。

IAM 实战项目的版本标识是放在 URL 中的，比如 /v1/users，这样做的好处是很直观。GitHub、Kubernetes、Etcd 等很多优秀的 API 均采用这种方式。

这里要注意，有些开发人员不建议将版本放在 URL 中，因为他们觉得不同的版本可以理解成同一种资源的不同表现形式，所以应该采用同一个 URI。对于这一点，没有严格的标准，根据项目实际需要选择一种方式即可。

5. API 命名

通常 API 的命名方式有三种，分别是驼峰命名法（如 serverAddress）、蛇形命名法（如 server_address）和脊柱命名法（如 server-address）。

驼峰命名法和蛇形命名法都需要切换输入法，会增加操作的复杂性，也容易出错，所以这里建议用脊柱命名法。GitHub API 用的就是脊柱命名法，例如 selected-actions。

6. 统一分页、过滤、排序、搜索功能

通常情况下，REST 资源的查询接口都需要实现分页、过滤、排序、搜索功能，因为这些功能是每个 REST 资源都能用到的，所以可以实现为一个公共的 API 组件。下面来详细介绍下这些功能。

- **分页**：在列出一个 Collection 下所有的 Member 时，应该提供分页功能，例如 /users?offset=0&limit=20（limit 指定返回记录的数量；offset 指定返回记录的开始位置）。引入分页功能可以减少 API 响应的延时，也可以避免返回太多条目，导致服务器 / 客户端响应特别慢，甚至导致服务器 / 客户端崩溃的情况。
- **过滤**：如果用户不需要一个资源的全部状态属性，可以在 URI 参数里指定返回哪些属性，例如 /users?fields=email,username,address。
- **排序**：用户很多时候会根据创建时间或者其他因素，列出一个 Collection 中的前 100 个 Member，这时可以在 URI 参数中指明排序参数，例如 /users?sort=age,desc。
- **搜索**：当一个资源的 Member 太多时，用户可能想通过搜索，快速找到需要的 Member，或者想搜索有没有名字为 xxx 的某类资源，这时候就需要提供搜索功能。建议按模糊匹配来搜索。

7. 域名

API 的域名设置主要有两种方式，分析如下。

- https://marmotedu.com/api，这种方式适合 API 将来不会有进一步扩展的情况，比如刚开始 marmotedu.com 域名下只有一套 API 系统，未来也只有这一套 API 系统。
- https://iam.api.marmotedu.com，如果 marmotedu.com 域名下未来会新增另一个系统 API，这时最好的方式是每个系统的 API 拥有专有的 API 域名，比如：storage.api.marmotedu.com，network.api.marmotedu.com。腾讯云的域名就是采用这种方式。

到这里，我们就将 REST 设计原则中的核心原则讲完了，这里有一点需要注意：不同

公司、不同团队、不同项目可能采取不同的 REST 设计原则，以上所列的原则基本上都是大家公认的原则。

19.1.3　RESTful API 示例

上面介绍了一些概念和原则，这里我们通过一个"Hello World"程序，来教你用 Go 快速启动一个 RESTful API 服务，示例代码存放在 /iam/gopractise-demo/apistyle/ping/main.go[⊖]。

```
package main

import (
    "log"
    "net/http"
)

func main() {
    http.HandleFunc("/ping", pong)
    log.Println("Starting http server ...")
    log.Fatal(http.ListenAndServe(":50052", nil))
}

func pong(w http.ResponseWriter, r *http.Request) {
    w.Write([]byte("pong"))
}
```

上述代码通过 `http.HandleFunc` 向 HTTP 服务注册了一个 pong handler，在 pong handler 中编写真实的业务代码：返回 pong 字符串。

创建完 `main.go` 文件后，在当前目录下执行 `go run main.go` 启动 HTTP 服务，在一个新的 Linux 终端下发送 HTTP 请求，使用 `curl` 命令进行测试：

```
$ curl http://127.0.0.1:50052/ping
pong
```

19.2　RPC API 介绍

上一节介绍了 RESTful API 风格，这一节将介绍另外一种常用的 API 风格：RPC。在 Go 项目开发中，如果业务对性能要求比较高，并且需要提供给多种编程语言调用，这时候就可以考虑使用 RPC API。RPC 在 Go 项目开发中用得也非常多，需要我们认真掌握。

19.2.1　什么是 RPC

根据维基百科的定义，RPC（Remote Procedure Call，远程过程调用）是一个计算机通

⊖　参见 https://github.com/marmotedu/gopractise-demo/blob/v1.0.0/apistyle/ping/main.go。

信协议。该协议允许运行于一台计算机的程序调用另一台计算机的子程序，且程序员不用额外地为这个交互操作编程。

通俗来讲，就是服务端实现了一个函数，客户端使用 RPC 框架提供的接口，像调用本地函数一样调用这个函数，并获取返回值。RPC 屏蔽了底层的网络通信细节，使得开发人员无须关注网络编程的细节，可以将更多的时间和精力放在业务逻辑本身的实现上，从而提高开发效率。

RPC 的调用过程如图 19-1 所示。

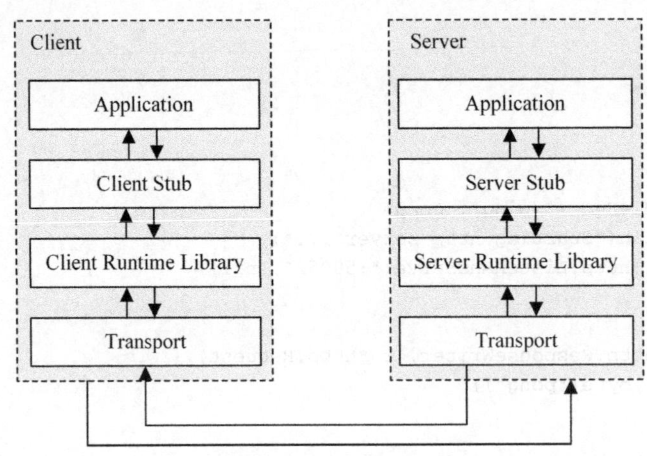

图 19-1 RPC 调用过程

RPC 调用具体过程分析如下。

1）Client 通过本地调用，调用 Client Stub。

2）Client Stub 将参数打包（也叫 Marshalling）成一个消息，然后发送这个消息。

3）Client 所在的操作系统将消息发送给 Server。

4）Server 端接收到消息后，将消息传递给 Server Stub。

5）Server Stub 将消息解包（也叫 Unmarshalling）得到参数。

6）Server Stub 调用服务端的子程序（函数），处理完后，将最终结果按照相反的步骤返回给 Client。

这里需要注意，`Stub` 负责调用参数和返回值的流化（serialization）、参数的打包和解包，以及网络层的通信。Client 端一般叫 `Stub`，Server 端一般叫 `Skeleton`。

目前，业界有很多优秀的 RPC 协议，例如腾讯的 Tars、阿里的 Dubbo、微博的 Motan、Facebook 的 Thrift、RPCX 等。但使用最多的还是 gRPC，这也是本书所采用的 RPC 框架，所以接下来我会重点介绍 gRPC 框架。

19.2.2 gRPC 简介

gRPC 是由 Google 开发的高性能、开源、跨多种编程语言的通用 RPC 框架，基于 HTTP

2.0 协议开发，默认采用 Protocol Buffers 数据序列化协议。gRPC 具有如下特性。

- 支持多种语言，例如 Go、Java、C、C++、C#、Node.js、PHP、Python、Ruby 等。
- 基于 IDL（Interface Definition Language，接口定义语言）文件定义服务，通过 proto3 工具生成指定语言的数据结构、服务端接口以及客户端 Stub。这种方式也可以将服务端和客户端解耦，使客户端和服务端可以并行开发。
- 通信协议基于标准的 HTTP/2 设计，支持双向流、消息头压缩、单 TCP 的多路复用、服务端推送等特性。
- 支持 Protobuf 和 JSON 序列化数据格式。Protobuf 是一种语言无关的高性能序列化框架，可以减少网络传输流量，提高通信效率。

这里要注意的是，gRPC 的全称不是 `Golang Remote Procedure Call`，而是 `Google Remote Procedure Call`。

gRPC 的调用过程如图 19-2 所示。

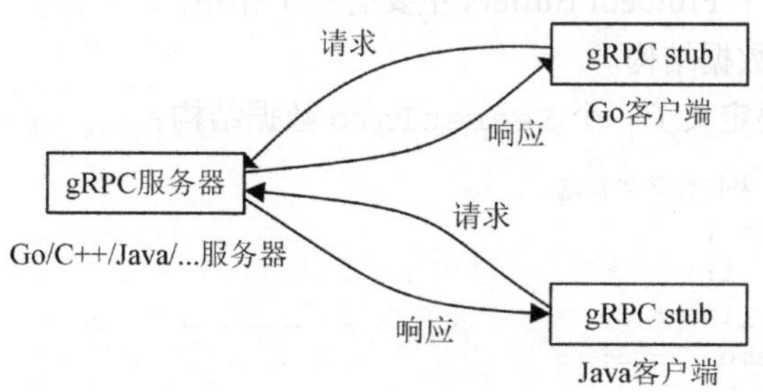

图 19-2　gRPC 调用过程

在 gRPC 中，客户端可以直接调用部署在不同机器上的 gRPC 服务所提供的方法，调用远端的 gRPC 方法就像调用本地的方法一样，非常简单方便。通过 gRPC 调用，我们可以非常容易地构建出一个分布式应用。

像很多其他的 RPC 服务一样，gRPC 也是通过 IDL 语言，预先定义好接口（接口的名字、传入参数和返回参数等）。在服务端，gRPC 服务实现我们所定义的接口。在客户端，gRPC 存根提供了与服务端相同的方法。

gRPC 支持多种语言，比如可以用 Go 语言实现 gRPC 服务，并通过 Java 语言客户端调用 gRPC 服务所提供的方法。这种多语言支持特性可以使编写的 gRPC 服务满足客户端多语言的需求。

gRPC API 通常使用的数据传输格式是 Protocol Buffers。接下来，我们就一起了解下 Protocol Buffers。

19.2.3 Protocol Buffers 介绍

Protocol Buffers（也称为 ProtocolBuffer/ Protobuf）是 Google 开发的一套对数据结构进行序列化的方法，可用作（数据）通信协议、数据存储格式等，也是一种更加灵活、高效的数据格式，与 XML、JSON 类似。它的传输性能非常好，所以常被用在一些对数据传输性能要求比较高的系统中，作为数据传输格式。Protocol Buffers 的主要特性有以下几个。

- **更快的数据传输速度**：Protobuf 在传输时，会将数据序列化为二进制数据，与 XML、JSON 的文本传输格式相比，可以节省大量的 IO 操作，从而提高数据传输速度。
- **跨平台多语言**：Protobuf 自带的编译工具 protoc 可以基于 Protobuf 定义文件，编译出不同语言的客户端或者服务端，供程序直接调用，因此可以满足多语言需求的场景。
- **具有非常好的扩展性和兼容性**：可以更新已有的数据结构，而不破坏和影响原有的程序。
- **基于 IDL 文件定义服务**：基于 IDL 文件定义服务，并通过 proto3 工具生成指定语言的数据结构、服务端和客户端接口。

在 gRPC 的框架中，Protocol Buffers 主要有三个作用。

1）可以用来定义数据结构。

例如，下面的代码定义了一个 `SecretInfo` 数据结构：

```
// SecretInfo 包含密钥的详细信息
message SecretInfo {
    string name = 1;
    string secret_id  = 2;
    string username   = 3;
    string secret_key = 4;
    int64 expires = 5;
    string description = 6;
    string created_at = 7;
    string updated_at = 8;
}
```

2）可以用来定义服务接口。

下面的代码定义了一个 `Cache` 服务，服务包含 `ListSecrets` 和 `ListPolicies` 两个 API。

```
// Cache 实现了 Cache RPC 服务
service Cache{
  rpc ListSecrets(ListSecretsRequest) returns (ListSecretsResponse) {}
  rpc ListPolicies(ListPoliciesRequest) returns (ListPoliciesResponse) {}
}
```

3）可以通过 Protobuf 序列化和反序列化，提升传输效率。

19.2.4 gRPC 示例

现在，我们已经对 gRPC 这一通用 RPC 框架有了一定的了解，但是可能还不清楚怎么使用 gRPC 编写 API。接下来，我就通过 gRPC 官方的一个示例来快速展示如何使用 gRPC。这个示例分为以下 4 个步骤。

1）定义 gRPC 服务。

2）生成客户端和服务端代码。

3）实现 gRPC 服务。

4）实现 gRPC 客户端。

示例代码存放在 /iam/gopractise-demo/apistyle/greeter[⊖]目录下。代码结构如下：

```
$ tree
├── client
│   └── main.go
├── helloworld
│   ├── helloworld.pb.go
│   └── helloworld.proto
└── server
    └── main.go
```

client 目录存放客户端的代码，helloworld 目录存放服务的 IDL 定义，server 目录存放服务器端的代码。

下面具体介绍这四个步骤。

1）定义 gRPC 服务。

首先，定义 gRPC 服务。进入 `helloworld` 目录，新建文件 `helloworld.proto`：

```
$ cd helloworld
$ vi helloworld.proto
```

文件内容如下：

```
syntax = "proto3";

option go_package = "github.com/marmotedu/gopractise-demo/apistyle/greeter/helloworld";

package helloworld;

// 问候服务定义
service Greeter {
    // 发送一个问候
    rpc SayHello (HelloRequest) returns (HelloReply) {}
}

// HelloRequest 请求信息中包含一个用户名
message HelloRequest {
    string name = 1;
}

// HelloReply 返回信息中包含返回的消息
message HelloReply {
    string message = 1;
}
```

⊖ 参见 https://github.com/marmotedu/gopractise-demo/tree/v1.0.0/apistyle/greeter。

在 helloworld.proto 定义文件中，option 关键字用于对 .proto 文件进行一些设置，其中 go_package 是必须设置的，而且它的值必须是包导入的路径。package 关键字指定生成的 .pb.go 文件所在的包名。我们通过 service 关键字定义服务，然后指定该服务拥有的 RPC 方法，并定义方法的请求和返回的结构体类型：

```
service Greeter {
    // 发送一个问候
    rpc SayHello (HelloRequest) returns (HelloReply) {}
}
```

gRPC 支持定义 4 种类型的服务方法，分别是简单模式、服务端数据流模式、客户端数据流模式和双向数据流模式。

- **简单模式（Simple RPC）**：最简单的 gRPC 模式。客户端发起一次请求，服务端响应一个数据。定义格式为 rpc SayHello (HelloRequest) returns (HelloReply) {}。
- **服务端数据流模式（Server-side streaming RPC）**：客户端发送一个请求，服务端返回数据流响应，客户端从流中读取数据直到为空。定义格式为 rpc SayHello (HelloRequest) returns (stream HelloReply) {}。
- **客户端数据流模式（Client-side streaming RPC）**：客户端将消息以流的方式发送给服务端，服务端全部处理完成之后返回一次响应。定义格式为 rpc SayHello (stream HelloRequest) returns (HelloReply) {}。
- **双向数据流模式（Bidirectional streaming RPC）**：客户端和服务端都可以向对方发送数据流，这个时候双方的数据可以同时互相发送，也就是可以实现实时交互 RPC 框架原理。定义格式为 rpc SayHello (stream HelloRequest) returns (stream HelloReply) {}。

本示例使用了简单模式。.proto 文件也包含了 Protocol Buffers 消息的定义，包括请求消息和返回消息。例如请求消息：

```
// HelloRequest 请求信息中包含一个用户名
message HelloRequest {
    string name = 1;
}
```

2）生成客户端和服务端代码。

接下来，我们需要根据 .proto 服务定义生成 gRPC 客户端和服务端接口。可以使用 protoc 编译工具，并指定使用其 Go 语言插件来生成：

```
$ protoc -I. --go_out=plugins=grpc:$GOPATH/src helloworld.proto
$ ls
helloworld.pb.go  helloworld.proto
```

可以看到，新增了一个 helloworld.pb.go 文件。

3）实现 gRPC 服务。

接着，我们就可以实现 gRPC 服务了。进入 server 目录，新建 main.go 文件：

```
$ cd ../server
$ vi main.go
```

main.go 内容如下：

```
// 启动一个实现了 Greeter 服务的 gRPC 服务
package main

import (
    "context"
    "log"
    "net"

    pb "github.com/marmotedu/gopractise-demo/apistyle/greeter/helloworld"
    "google.golang.org/grpc"
)

const (
    port = ":50051"
)

// server 实现了 helloworld.GreeterServer 接口
type server struct {
    pb.UnimplementedGreeterServer
}

// 实现 helloworld.GreeterServer 接口的 SayHello 方法
func (s *server) SayHello(ctx context.Context, in *pb.HelloRequest) (*pb.
    HelloReply, error) {
    log.Printf("Received: %v", in.GetName())
    return &pb.HelloReply{Message: "Hello " + in.GetName()}, nil
}

func main() {
    lis, err := net.Listen("tcp", port)
    if err != nil {
        log.Fatalf("failed to listen: %v", err)
    }
    s := grpc.NewServer()
    pb.RegisterGreeterServer(s, &server{})
    if err := s.Serve(lis); err != nil {
        log.Fatalf("failed to serve: %v", err)
    }
}
```

上述代码实现了上一步根据服务定义生成的 Go 接口。代码中先定义了一个 Go 结构体 server，并为 server 结构体添加 SayHello(context.Context, pb.HelloRequest) (pb.HelloReply, error) 方法，也就是说 server 是 GreeterServer 接口（位于

helloworld.pb.go 文件中）的一个实现。在实现了 gRPC 服务所定义的方法之后，就可以通过 net.Listen(...) 指定监听客户端请求的端口。接着，通过 grpc.NewServer() 创建一个 gRPC 服务实例，并通过 pb.RegisterGreeterServer(s, &server{}) 将该服务注册到 gRPC 框架中。最后，通过 s.Serve(lis) 启动 gRPC 服务。

创建完 main.go 文件后，在当前目录下执行 go run main.go，启动 gRPC 服务。

4）实现 gRPC 客户端。

打开一个新的 Linux 终端，进入 client 目录，新建 main.go 文件：

```
$ cd ../client
$ vi main.go
```

main.go 内容如下：

```
// 实现 Greeter 服务的客户端
package main

import (
    "context"
    "log"
    "os"
    "time"

    pb "github.com/marmotedu/gopractise-demo/apistyle/greeter/helloworld"
    "google.golang.org/grpc"
)

const (
    address     = "localhost:50051"
    defaultName = "world"
)

func main() {
    // 与 gRPC 服务建立连接
    conn, err := grpc.Dial(address, grpc.WithInsecure(), grpc.WithBlock())
    if err != nil {
        log.Fatalf("did not connect: %v", err)
    }
    defer conn.Close()
    c := pb.NewGreeterClient(conn)

    // 请求 RPC 服务，并打印其返回信息
    name := defaultName
    if len(os.Args) > 1 {
        name = os.Args[1]
    }
    ctx, cancel := context.WithTimeout(context.Background(), time.Second)
    defer cancel()
    r, err := c.SayHello(ctx, &pb.HelloRequest{Name: name})
    if err != nil {
```

```
        log.Fatalf("could not greet: %v", err)
    }
    log.Printf("Greeting: %s", r.Message)
}
```

上述代码通过以下代码创建了一个 gRPC 连接，用来跟服务端进行通信：

```
// 与 gRPC 服务建立连接
conn, err := grpc.Dial(address, grpc.WithInsecure(), grpc.WithBlock())
if err != nil {
    log.Fatalf("did not connect: %v", err)
}
defer conn.Close()
```

在创建连接时，可以指定不同的选项，用来控制创建连接的方式，例如 grpc.WithInsecure()、grpc.WithBlock() 等。gRPC 支持很多选项，更多的选项可以参考其仓库下 dialoptions.go[⊖]文件中以 With 开头的函数。

建立好连接之后，我们需要创建一个客户端 stub，用来执行 gRPC 请求 c := pb.NewGreeterClient(conn)。创建完成之后，就可以像调用本地函数一样，调用远程方法了。例如，下面一段代码通过 c.SayHello 这种本地式调用方式调用了远端的 SayHello 接口：

```
r, err := c.SayHello(ctx, &pb.HelloRequest{Name: name})
if err != nil {
    log.Fatalf("could not greet: %v", err)
}
log.Printf("Greeting: %s", r.Message)
```

从上面的调用格式中，我们可以看到 gRPC 调用具有下面两个特点。

- **调用方便**：gRPC 屏蔽了底层的网络通信细节，使得调用 gRPC 就像调用本地方法一样方便，调用方式跟大家所熟知的调用类的方法一致：ClassName.ClassFunc(params)。
- **不需要打包和解包**：gRPC 调用的入参和返回的结果都是 Go 的结构体，不需要对传入参数进行打包操作，也不需要对返回参数进行解包操作，简化了调用步骤。

最后，创建完 main.go 文件后，在当前目录下执行 go run main.go 发起 gRPC 服务调用：

```
$ go run main.go
2020/10/17 07:55:00 Greeting: Hello world
```

至此，我们用 4 个步骤创建并调用了一个 gRPC 服务。接下来我再讲解一个在具体场景中的注意事项。

在做服务开发时，我们经常会遇到一种场景：定义一个接口，接口会通过判断是否传

⊖ 参见 https://github.com/grpc/grpc-go/blob/v1.37.0/dialoptions.go。

入某个参数，决定接口行为。例如，我们想提供一个 GetUser 接口，期望 GetUser 接口在传入 username 参数时，根据 username 查询用户的信息，如果没有传入 username，则默认根据 userId 查询用户信息。这时候，我们需要判断客户端有没有传入 username 参数。我们不能根据 username 是否为空值来判断，因为我们不能区分客户端传的是空值，还是没有传 username 参数。这是由 Go 语言的语法特性导致的：如果客户端没有传入 username 参数，Go 会默认赋值为所在类型的零值，而字符串类型的零值就是空字符串。

那我们怎么判断客户端有没有传入 username 参数呢？最好的方法是通过指针来判断，如果是 nil 指针就说明没有传入，非 nil 指针就说明传入，具体实现步骤如下。

1）编写 Protobuf 定义文件。

新建 user.proto 文件，内容如下：

```
syntax = "proto3";

package proto;
option go_package = "github.com/marmotedu/gopractise-demo/protobuf/user";

//go:generate protoc -I. --experimental_allow_proto3_optional --go_out=plugins=grpc:.

service User {
    rpc GetUser(GetUserRequest) returns (GetUserResponse) {}
}

message GetUserRequest {
    string class = 1;
    optional string username = 2;
    optional string user_id = 3;
}

message GetUserResponse {
    string class = 1;
    string user_id = 2;
    string username = 3;
    string address = 4;
    string sex = 5;
    string phone = 6;
}
```

注意，这里我们在需要设置为可选字段的前面添加了 optional 标识。

2）使用 protoc 工具编译 Protobuf 文件。

编译命令如下：

```
$ protoc --go_out=plugins=grpc:. user.proto
```

上述编译命令会生成 user.pb.go 文件，其中的 GetUserRequest 结构体定义如下：

```go
type GetUserRequest struct {
    state         protoimpl.MessageState
    sizeCache     protoimpl.SizeCache
    unknownFields protoimpl.UnknownFields

    Class string `protobuf:"bytes,1,opt,name=class,proto3" json:"class,omitempty"`
    Username *string `protobuf:"bytes,2,opt,name=username,proto3,oneof"
        json:"username,omitempty"`
    UserId *string `protobuf:"bytes,3,opt,name=user_id,json=userId,proto3,oneof"
        json:"user_id,omitempty"`
}
```

3）编写 gRPC 接口实现。

新建一个 `user.go` 文件，内容如下：

```go
package user

import (
    "context"

    pb "github.com/marmotedu/api/proto/apiserver/v1"

    "github.com/marmotedu/iam/internal/apiserver/store"
)

type User struct {
}

func (c *User) GetUser(ctx context.Context, r *pb.GetUserRequest) (*pb.
    GetUserResponse, error) {
    if r.Username != nil {
        return store.Client().Users().GetUserByName(r.Class, r.Username)
    }

    return store.Client().Users().GetUserByID(r.Class, r.UserId)
}
```

至此，我们就可以在 `GetUser` 方法中通过判断 `r.Username` 是否为 `nil`，来判断客户端是否传入了 `Username` 参数。

19.3　REST 与 gRPC

本节再来对比下 REST 和 RPC（以 gRPC 为例）这 2 种 API 风格，如表 19-4 所示。在实际开发中，你可以根据自己的需求在实际应用时进行选择。

表 19-4 REST 与 gRPC

对比项	REST	gRPC
优点	❑ 相对来说，REST 更规范、更标准、更通用，无论哪种语言都支持 HTTP，可以对接外部很多系统，只要满足 HTTP 调用即可； ❑ RESTful 接口通常采用 JSON 作为数据通信格式，JSON 格式可读性强、易于理解，开发调试都很方便； ❑ 客户端和服务端松耦合，让变更更加方便	❑ 屏蔽网络细节，调用远程接口像调用本地方法一样，简单、方便； ❑ gRPC 往往会采用 Protocol Buffers 作为数据传输格式，这种格式数据传输效率高； ❑ gRPC 基于 HTTP/2 标准，性能更好
缺点	❑ 扩展性差：随着需求的变化，单个 RESTful 接口可能会变得越来越臃肿； ❑ 性能相对于 gRPC 偏差	❑ Protobuf 数据格式可读性差； ❑ gRPC 不支持浏览器调用，因此不能用作外部服务； ❑ gRPC 调试不方便，没有 RESTful 中 postman 和 curl 之类的调试工具
使用场景	❑ 接口对外，需要接口规范易懂； ❑ 对系统性能要求不高； ❑ 提供的 API 天生围绕资源、对象、管理展开	❑ 消息密集型、对系统性能和延时要求比较高； ❑ 偏向内部的 API； ❑ 提供的 API 很难进行资源、对象抽象

当然，更多的时候，RESTful API 和 gRPC API 是一种合作关系，对内业务使用 gRPC API，对外业务使用 RESTful API，如图 19-3 所示。

19.4 iam-apiserver 服务介绍

iam-apiserver 是一个 Web 服务，通过一个名为 iam-apiserver 的进程，对外提供 RESTful API，完成用户、密钥、策略 3 种 REST 资源的增删改查。接下来，我从功能和使用方法两个方面来具体介绍下。

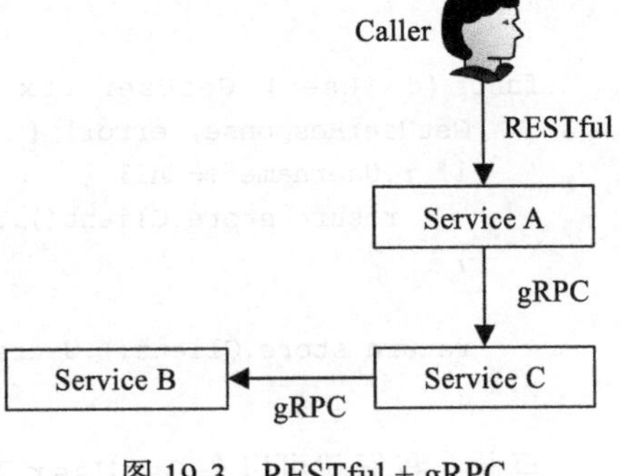

图 19-3 RESTful + gRPC

19.4.1 iam-apiserver 功能介绍

这里，我们可以通过 iam-apiserver 提供的 RESTful API，来看看 iam-apiserver 具体提供的功能。iam-apiserver 提供的 RESTful API 可以分为 4 类，具体分析如下。

1. 认证相关接口

认证相关接口如表 19-5 所示。

表 19-5 认证相关接口

接口名称	接口功能
POST /login	用户登录
POST /logout	用户登出
POST /refresh	刷新 Token

2. 用户相关接口

用户相关接口如表 19-6 所示。

表 19-6　用户相关接口

接口名称	接口功能
POST /v1/users	创建用户
DELETE /v1/users	批量删除用户
DELETE /v1/users/:name	删除用户
PUT /v1/users/:name/change_password	修改用户密码
PUT /v1/users/:name	修改用户属性
GET /v1/users/:name	查询用户信息
GET /v1/users	查询用户列表

3. 密钥相关接口

密钥相关接口如表 19-7 所示。

表 19-7　密钥相关接口

接口名称	接口功能
POST /v1/secrets	创建密钥
DELETE /v1/secrets/:name	删除密钥
PUT /v1/secrets/:name	修改密钥属性
GET /v1/secrets/:name	查询密钥信息
GET /v1/secrets	查询密钥列表

4. 策略相关接口

策略相关接口如表 19-8 所示。

表 19-8　策略相关接口

接口名称	接口功能
POST /v1/policies	创建授权策略
DELETE /v1/policies	批量删除授权策略
DELETE /v1/policies/:name	删除授权策略
PUT /v1/policies/:name	修改授权策略属性
GET /v1/policies/:name	查询授权策略信息
GET /v1/policies	查询授权策略列表

19.4.2　iam-apiserver 使用方法介绍

上面介绍了 iam-apiserver 有哪些功能，本节就介绍下如何使用这些功能。我们可以通过不同的客户端访问 iam-apiserver，例如前端、API 调用、SDK、iamctl 等。这些客户端最终都会执行 HTTP 请求调用 iam-apiserver 提供的 RESTful API。所以，我们首先需要有一个顺手的 RESTful API 客户端工具来执行 HTTP 请求，完成开发测试。

因为不同的开发者执行 HTTP 请求的方式、习惯不同，为了方便讲解，这里我统一通过 cURL 工具来执行 HTTP 请求。

标准的 Linux 发行版都安装了 cURL 工具。cURL 可以很方便地完成 RESTful API 的调用场景，比如设置 Header、指定 HTTP 请求方法、指定 HTTP 消息体、指定权限认证信息等。通过 -v 选项，也能输出 REST 请求的所有返回信息。cURL 功能很强大，有很多参数，这里只列出其常用的参数：

```
-X/--request [GET|POST|PUT|DELETE|…]   指定请求的 HTTP 方法
-H/--header                             指定请求的 HTTP Header
-d/--data                               指定请求的 HTTP 消息体（Body）
-v/--verbose                            输出详细的返回信息
-u/--user                               指定账号、密码
-b/--cookie                             读取 cookie
```

此外，如果你想使用带 UI 界面的工具，这里我推荐你使用 Insomnia[㊀]。Insomnia 是一个跨平台的 RESTful API 客户端，与 Postman、Apifox 是一类工具。Insomnia 功能强大，主要用于接口管理、测试。Insomnia 界面如图 19-4 所示。

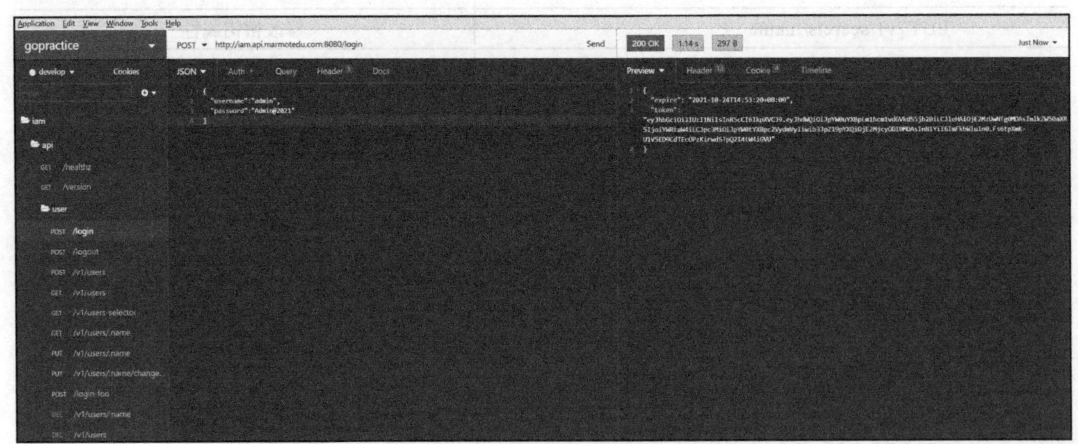

图 19-4 Insomnia 界面

当然，也有很多其他优秀的带 UI 界面的 RESTful API 客户端，例如 Postman、Apifox 等，你可以根据需要自行选择。

接下来，我用对密钥资源的增删改查操作，来演示如何使用 iam-apiserver 的功能。我

㊀ 参见 https://insomnia.rest/。

们需要完成以下 6 步操作。

1）登录 iam-apiserver，获取 token。

```
$ curl -s -XPOST -H"Authorization: Basic `echo -n 'admin:Admin@2021'|base64`" 
    http://127.0.0.1:8080/login | jq -r .token
eyJhbGciOiJIUzI1NiIsInR5cCI6IkpXVCJ9.eyJhdWQiOiJpYW0uYXBpLm1hcm1vdGVkdS5jb20iLCJ
    leHAiOjE2MzUwNTk4NDIsImlkZW50aXR5IjoiYWRtaW4iLCJpc3MiOiJpYW0tYXBpc2VydmVyIiw
    ib3JpZ19pYXQiOjE2MjcyODM4NDIsInN1YiI6ImFkbWluIn0.gTS0n-7njLtpCJ7mvSnct2p3TxN
    TUQaduNXxqqLwGfI
```

这里为了便于使用，将 token 设置为环境变量：

```
TOKEN=eyJhbGciOiJIUzI1NiIsInR5cCI6IkpXVCJ9.eyJhdWQiOiJpYW0uYXBpLm1hcm1vdGVkdS5jb
    20iLCJleHAiOjE2MzUwNTk4NDIsImlkZW50aXR5IjoiYWRtaW4iLCJpc3MiOiJpYW0tYXBpc2Vyd
    mVyIiwib3JpZ19pYXQiOjE2MjcyODM4NDIsInN1YiI6ImFkbWluIn0.gTS0n-7njLtpCJ7mvSnct
    2p3TxNTUQaduNXxqqLwGfI
```

2）创建一个名为 secret0 的密钥。

```
$ curl -v -XPOST -H "Content-Type: application/json" -H"Authorization: Bearer 
    ${TOKEN}" -d'{"metadata":{"name":"secret0"},"expires":0,"description":"adm
    in secret"}' http://iam.api.marmotedu.com:8080/v1/secrets
* About to connect() to iam.api.marmotedu.com port 8080 (#0)
*   Trying 127.0.0.1...
* Connected to iam.api.marmotedu.com (127.0.0.1) port 8080 (#0)
> POST /v1/secrets HTTP/1.1
> User-Agent: curl/7.29.0
> Host: iam.api.marmotedu.com:8080
> Accept: */*
> Content-Type: application/json
> Authorization: Bearer eyJhbGciOiJIUzI1NiIsInR5cCI6IkpXVCJ9.eyJhdWQiOiJpYW0uYXB
    pLm1hcm1vdGVkdS5jb20iLCJleHAiOjE2MzUwNTk4NDIsImlkZW50aXR5IjoiYWRtaW4iLCJpc3
    MiOiJpYW0tYXBpc2VydmVyIiwib3JpZ19pYXQiOjE2MjcyODM4NDIsInN1YiI6ImFkbWluIn0.
    gTS0n-7njLtpCJ7mvSnct2p3TxNTUQaduNXxqqLwGfI
> Content-Length: 72
>
* upload completely sent off: 72 out of 72 bytes
< HTTP/1.1 200 OK
< Content-Type: application/json; charset=utf-8
< X-Request-Id: ff825bea-53de-4020-8e68-4e87574bd1ba
< Date: Mon, 26 Jul 2021 07:20:26 GMT
< Content-Length: 313
<
* Connection #0 to host iam.api.marmotedu.com left intact
{"metadata":{"id":60,"instanceID":"secret-jedr3e","name":"secret0","createdAt":"2021-
    07-26T15:20:26.885+08:00","updatedAt":"2021-07-26T15:20:26.907+08:00"},"username"
    :"admin","secretID":"U6CxKs0YVWyOp5GrluychYIRxDmMDFd1mOOD","secretKey":"fubNIn8jL
    A55ktuuTpXM8Iw5ogdR2mlf","expires":0,"description":"admin secret"}
```

可以看到，请求返回头中返回了X-Request-Id请求头，X-Request-Id唯一标识这次请求。如果这次请求失败，就可以将X-Request-Id提供给运维或者开发，通过X-Request-Id定位出失败的请求，进行排障。另外X-Request-Id在微服务场景中，也可以透传给其他服务，从而实现请求调用链。

3）获取secret0的详细信息。

```
$ curl -XGET -H"Authorization: Bearer ${TOKEN}" http://iam.api.marmotedu.
    com:8080/v1/secrets/secret0
{"metadata":{"id":60,"instanceID":"secret-jedr3e","name":"secret0","created
    At":"2021-07-26T15:20:26+08:00","updatedAt":"2021-07-26T15:20:26+08:00"},"user
    name":"admin","secretID":"U6CxKs0YVWyOp5GrluychYIRxDmMDFd1mOOD","secretKey":"f
    ubNIn8jLA55ktuuTpXM8Iw5ogdR2mlf","expires":0,"description":"admin secret"}
```

4）更新secret0的描述。

```
$ curl -XPUT -H"Authorization: Bearer ${TOKEN}" -d'{"metadata":{"name":"secr
    et"},"expires":0,"description":"admin secret(modify)"}' http://iam.api.
    marmotedu.com:8080/v1/secrets/secret0
{"metadata":{"id":60,"instanceID":"secret-jedr3e","name":"secret0","created
    At":"2021-07-26T15:20:26+08:00","updatedAt":"2021-07-26T15:23:35.878+08:00-
    "},"username":"admin","secretID":"U6CxKs0YVWyOp5GrluychYIRxDmMDFd1mOOD","sec
    retKey":"fubNIn8jLA55ktuuTpXM8Iw5ogdR2mlf","expires":0,"description":"admin
    secret(modify)"}
```

5）获取密钥列表。

```
$ curl -XGET -H"Authorization: Bearer ${TOKEN}" http://iam.api.marmotedu.
    com:8080/v1/secrets
{"totalCount":1,"items":[{"metadata":{"id":60,"instanceID":"secret-jedr3e","n
    ame":"secret0","createdAt":"2021-07-26T15:20:26+08:00","updatedAt":"2021-
    -07-26T15:23:35+08:00"},"username":"admin","secretID":"U6CxKs0YVWyOp5Grluyc
    hYIRxDmMDFd1mOOD","secretKey":"fubNIn8jLA55ktuuTpXM8Iw5ogdR2mlf","expires":-
    0,"description":"admin secret(modify)"}]}
```

6）删除secret0。

```
$ curl -XDELETE -H"Authorization: Bearer ${TOKEN}" http://iam.api.marmotedu.
    com:8080/v1/secrets/secret0
null
```

上面演示了密钥的使用方法，用户和策略资源类型的使用方法与此类似。详细的使用方法可以参考/iam/scripts/test.sh脚本，该脚本是用来测试IAM系统的，里面包含了各个接口的请求方法。

这里，我还想顺便介绍下如何测试IAM系统中的各个部分。确保iam-apiserver、iam-authz-server、iam-pump、iam-watcher等服务正常运行后，进入IAM项目的根目录，执行以下命令：

```
$ ./scripts/install/test.sh iam::test::test          # 测试整个 IAM 系统是否正常运行
$ ./scripts/install/test.sh iam::test::smoke         # 冒烟测试，测试基本的功能是否正常运行
$ ./scripts/install/test.sh iam::test::login         # 测试登录接口是否可以正常访问
$ ./scripts/install/test.sh iam::test::user          # 测试用户接口是否可以正常访问
$ ./scripts/install/test.sh iam::test::secret        # 测试密钥接口是否可以正常访问
$ ./scripts/install/test.sh iam::test::policy        # 测试策略接口是否可以正常访问
$ ./scripts/install/test.sh iam::test::apiserver     # 测试 iam-apiserver 服务是否正常运行
$ ./scripts/install/test.sh iam::test::authz         # 测试 authz 接口是否可以正常访问
$ ./scripts/install/test.sh iam::test::authzserver   # 测试 iam-authz-server 服务是否正常运行
$ ./scripts/install/test.sh iam::test::pump          # 测试 iam-pump 是否正常运行
$ ./scripts/install/test.sh iam::test::watcher       # 测试 iam-watcher 是否正常运行
$ ./scripts/install/test.sh iam::test::iamctl        # 测试 iamctl 工具是否可以正常使用
$ ./scripts/install/test.sh iam::test::man           # 测试 man 文件是否正确安装
```

所以，每次发布完 iam-apiserver 后，你可以执行以下命令来完成 iam-apiserver 的功能测试：

```
$ export IAM_APISERVER_HOST=127.0.0.1 # iam-apiserver 部署服务器的 IP 地址
$ export IAM_APISERVER_INSECURE_BIND_PORT=8080 # iam-apiserver HTTP 服务的监听端口
$ ./scripts/install/test.sh iam::test::apiserver
```

19.5 iam-apiserver 代码实现

上一节介绍了 iam-apiserver 的功能和使用方法，本节我们再来看看 iam-apiserver 具体的代码实现。我会从配置处理、启动流程、请求处理流程、代码架构 4 个方面来讲解。

19.5.1 iam-apiserver 配置处理

iam-apiserver 服务的 main 函数位于 /iam/cmd/iam-apiserver/apiserver.go 文件中，你可以跟读代码，了解 iam-apiserver 的代码实现。这里，我先来了解 iam-apiserver 服务的一些设计思想。

iam-apiserver 中有 3 种配置：Options 配置、应用配置和 HTTP/gRPC 服务配置。

- **Options 配置**：用来构建命令行参数，它的值来自于命令行选项或者配置文件（也可能是二者合并后的配置）。Options 可以用来构建应用框架，Options 配置也是应用配置的输入。
- **应用配置**：iam-apiserver 组件中需要的一切配置。例如，启动 HTTP/gRPC 需要配置监听地址和端口，初始化数据库需要配置数据库地址、用户名、密码等。
- **HTTP/gRPC 服务配置**：启动 HTTP 服务或者 GRPC 服务需要的配置。

这三种配置的关系如图 19-5 所示。

Options 配置接管命令行选项，应用配置接管整个应用的配置，HTTP/gRPC 服务配置接管与 HTTP/gRPC 服务相关的配置。这 3 种配置相互独立，可以解耦命令行选项、应用和应用内的服务，使得这 3 个部分独立扩展，又不相互影响。

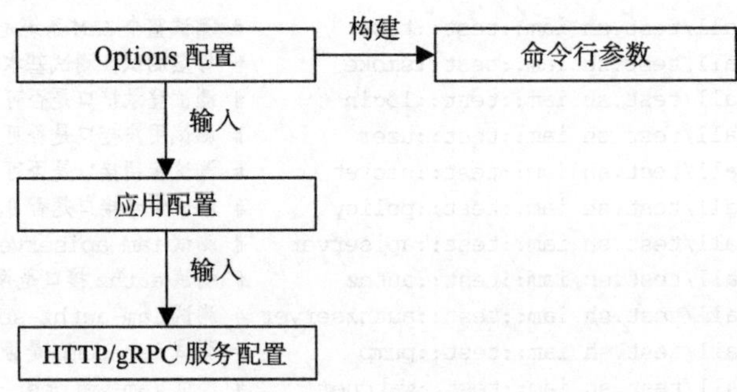

图 19-5 配置关系

iam-apiserver 根据 Options 配置来构建命令行参数和应用配置。iam-apiserver 通过 github.com/marmotedu/iam/pkg/app 包的 buildCommand 方法来构建命令行参数。这里的核心是，通过 NewApp 函数构建 Application 实例时，传入的 Options 实现了 Flags() (fss cliflag.NamedFlagSets) 方法，通过 buildCommand 方法中的以下代码，将 option 的 Flag 添加到 cobra 实例的 FlagSet 中：

```
if a.options != nil {
    namedFlagSets = a.options.Flags()
    fs := cmd.Flags()
    for _, f := range namedFlagSets.FlagSets {
        fs.AddFlagSet(f)
    }
    ...
}
```

iam-apiserver 通过 CreateConfigFromOptions 函数来构建应用配置：

```
cfg, err := config.CreateConfigFromOptions(opts)
if err != nil {
    return err
}
```

根据应用配置来构建 HTTP/gRPC 服务配置。例如，以下代码根据应用配置，构建了 HTTP 服务器的 Address 参数：

```
func (s *InsecureServingOptions) ApplyTo(c *server.Config) error {
    c.InsecureServing = &server.InsecureServingInfo{
        Address: net.JoinHostPort(s.BindAddress, strconv.Itoa(s.BindPort)),
    }

    return nil
}
```

其中，c *server.Config 是 HTTP 服务器的配置。s *InsecureServingOptions 是应用配置。

19.5.2　iam-apiserver 启动流程

接下来，我们来详细看看 iam-apiserver 的启动流程设计。iam-apiserver 启动流程如图 19-6 所示。

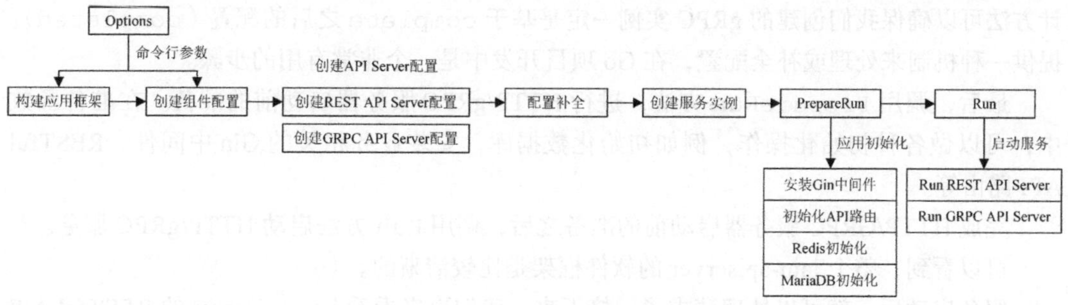

图 19-6　iam-apiserver 启动流程

首先，通过 `opts := options.NewOptions()` 创建带有默认值的 `Options` 类型变量 `opts`。`opts` 变量作为 `github.com/marmotedu/iam/pkg/app` 包的 `NewApp` 函数的输入参数，最终在 App 框架中，被来自命令行参数或配置文件的配置（也可能是二者合并后的配置）所填充，`opts` 变量中各个字段的值会用来创建应用配置。

接着，注册 `run` 函数到 App 框架中。`run` 函数是 iam-apiserver 的启动函数，里面封装了我们自定义的启动逻辑。在 `run` 函数中，我们首先要初始化日志包，这样就可以根据需要，在后面的代码中随时记录日志了。

然后，创建应用配置。应用配置和 `Options` 配置其实是完全独立的，二者可能完全不同，但在 iam-apiserver 中，二者的配置项是相同的。

之后，根据应用配置，创建 HTTP/gRPC 服务器所使用的配置。在创建配置后，我们需要先分别进行配置补全，再使用补全后的配置创建 Web 服务实例，例如：

```
genericServer, err := genericConfig.Complete().New()
if err != nil {
    return nil, err
}
extraServer, err := extraConfig.complete().New()
if err != nil {
    return nil, err
}
...
func (c *ExtraConfig) complete() *completedExtraConfig {
    if c.Addr == "" {
        c.Addr = "127.0.0.1:8081"
    }

    return &completedExtraConfig{c}
}
```

上面的代码首先调用 `Complete` / `complete` 函数补全配置，再基于补全后的配置，新建一个 HTTP/gRPC 服务实例。

这里有个设计技巧：`complete` 函数返回的是一个 `*completedExtraConfig` 类型的实例，通过调用 `completedExtraConfig` 结构体提供的 `New` 方法来创建 g，这种设计方法可以确保我们创建的 gRPC 实例一定是基于 `complete` 之后的配置（`completed`）。提供一种机制来处理或补全配置，在 Go 项目开发中是一个非常有用的步骤。

最后，调用 `PrepareRun` 方法，进行 HTTP/gRPC 服务器启动前的准备。在准备函数中，可以做各种初始化操作，例如初始化数据库，安装业务相关的 Gin 中间件、RESTful API 路由等。

完成 HTTP/GRPC 服务器启动前的准备之后，调用 `Run` 方法启动 HTTP/gRPC 服务。

可以看到，整个 iam-apiserver 的软件框架是比较清晰的。

服务启动后，就可以处理请求了。接下来，我们再来看看 iam-apiserver 的 RESTful API 请求处理流程。

19.5.3 iam-apiserver 的 RESTful API 请求处理流程

iam-apiserver 的请求处理流程也是清晰、规范的，具体流程如图 19-7 所示。

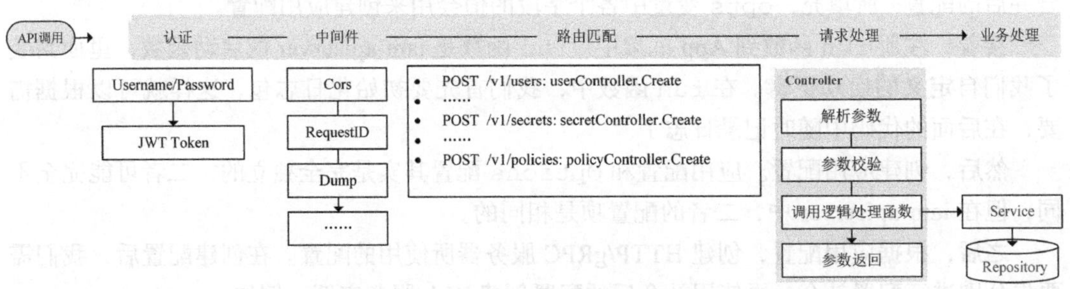

图 19-7 iam-apiserver 请求处理流程

结合图 19-7，我们来看看 iam-apiserver 的 RESTful API 请求处理流程，以更好地理解 iam-apiserver 是如何处理 HTTP 请求的。

首先，通过 API 调用（`<HTTP Method> + <HTTP Request Path>`）请求 iam-apiserver 提供的 RESTful API。

接着，Gin Web 框架接收到 HTTP 请求之后，会通过认证中间件完成请求的认证。认证通过后，请求会被加载的一系列中间件所处理，例如跨域、RequestID、Dump 等中间件。

最后，根据 `<HTTP Method> + <HTTP Request Path>` 进行路由匹配。举个例子，假设我们请求的 RESTful API 是 `POST + /v1/secrets`，那么 Gin Web 框架会根据 HTTP 方法和 HTTP 请求路径，查找注册的 Controller，最终匹配到 `secretController.Create`

创建的 Controller。在创建 Controller 时，会依次执行请求参数解析、请求参数校验、调用业务层的方法创建密钥、处理业务层的返回结果，最后返回最终的 HTTP 请求结果。

19.5.4 iam-apiserver 代码架构

iam-apiserver 代码设计遵循简洁架构设计。一个简洁架构一般具有以下 5 个特性。

- **独立于框架**：该架构不会依赖某些功能强大的软件库。这可以让你将这样的框架作为工具，按需使用，而不是陷入框架的约束中。
- **可测试性**：业务规则可以在没有 UI、数据库、Web 服务或其他外部元素的情况下进行测试。在实际的开发中，我们通过 Mock 来解耦这些依赖。
- **独立于 UI**：在无须改变系统其他部分的情况下，UI 可以轻松地改变。例如，在没有改变业务规则的情况下，Web UI 可以替换为控制台 UI。
- **独立于数据库**：你可以用 MongoDB、Oracle、Etcd 或者其他数据库来替换 MariaDB，你的业务规则不需要绑定到数据库。
- **独立于外部媒介**：实际上，你的业务规则可以简单到根本不去了解外部世界。

所以，基于这些特性，架构的每一层都必须是独立和可测试的。iam-apiserver 代码架构分为 4 层：模型层（Model）、控制层（Controller）、业务层（Service）、仓库层（Repository）。从控制层、业务层到仓库层，从左到右，层级依次加深。模型层独立于其他层，可供其他层引用。如图 19-8 所示。

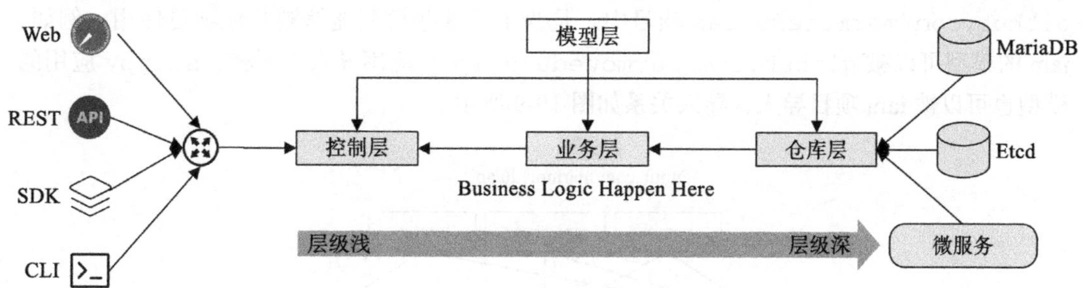

图 19-8　iam-apiserver 代码架构

层与层之间导入包时有严格的导入关系，可以防止包的循环导入问题。导入关系分析如下。

- 模型层的包可以被仓库层、业务层和控制层导入。
- 控制层能够导入业务层和仓库层的包。这里需要注意，如果没有特殊需求，控制层要避免导入仓库层的包，需要完成的业务功能都通过业务层来完成。这样可以使代码逻辑更加清晰、规范。
- 业务层能够导入仓库层的包。

1. iam-apiserver 的四层架构

接下来，我们就来详细看一下每一层所完成的功能，以及其中的一些注意点。

（1）模型层

模型层在有些软件架构中也叫作实体层（Entity），可以在这一层中存储对象的结构和它的方法。IAM 项目模型层中的模型存放在 `https://github.com/marmotedu/api/v1.6.2/master/apiserver/v1` 目录下，定义了 `User`、`UserList`、`Secret`、`SecretList`、`Policy`、`PolicyList`、`AuthzPolicy` 模型及其方法。例如：

```
type Secret struct {
    // metav1.TypeMeta `json:",inline"`

    // 所有 REST 资源共享的元数据
    metav1.ObjectMeta `json:"metadata,omitempty"`
    Username string `json:"username" gorm:"column:username" validate:"omitempty"`
    SecretID string `json:"secretID" gorm:"column:secretID" validate:"omitempty"`
    SecretKey string `json:"secretKey" gorm:"column:secretKey" validate:"omitempty"`

    // Required: true
    Expires int64  `json:"expires" gorm:"column:expires" validate: "omitempty"`
    Description  string `json:"description" gorm:"column:description" validate:
        "description"`
}
```

之所以将模型层的模型存放在 `github.com/marmotedu/api` 项目中，而不是 `github.com/marmotedu/iam` 项目中，是为了让这些模型能够被其他项目使用。例如，iam 的模型可以被 `github.com/marmotedu/shippy` 应用导入。同样，`shippy` 应用的模型也可以被 iam 项目导入，导入关系如图 19-9 所示。

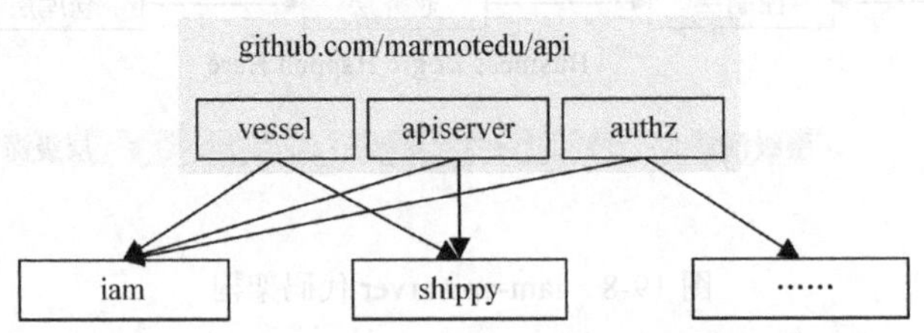

图 19-9　iam-apiserver 模型依赖

上面的依赖关系都是单向的，且依赖关系清晰，不存在循环依赖的情况。

要增加 `shippy` 的模型定义，只需要在 `api` 目录下创建新的目录即可。例如，`shippy` 应用中有一个 `vessel` 服务，其模型所在的包可以为 `github.com/marmotedu/api/vessel`。

另外，这里的模型既可以作为数据库模型，又可以作为 API 的请求模型（入参、出参）。如果我们能够确保创建资源时的资源属性、保存在数据库中的资源属性、返回资源的属性三者一致，就可以使用同一个模型。通过使用同一个模型，我们可以使代码更加简洁、易维护，提高开发效率。如果这三个属性有差异，你可以另外新建模型来适配。

（2）仓库层

仓库层用于跟数据库 / 第三方服务进行 CURD 交互，作为应用程序的数据引擎进行应用数据的输入和输出。这里需要注意，仓库层仅对数据库 / 第三方服务执行 CRUD 操作，不封装任何业务逻辑。

仓库层也负责选择应用中使用什么样的数据库，可以是 MySQL、MongoDB、MariaDB、Etcd 等。无论使用哪种数据库，都要在这层决定。仓库层依赖于连接数据库或其他第三方服务（如果存在的话）。

仓库层也会起到数据转换的作用：将从数据库 / 微服务中获取的数据转换为控制层、业务层能识别的数据结构，将控制层、业务层的数据格式转换为数据库或微服务能识别的数据格式。

iam-apiserver 的仓库层位于 /iam/internal/apiserver/store/mysql 目录下，用于跟 MariaDB 进行交互，完成 CURD 操作。例如，从数据库中获取密钥：

```
func (s *secrets) Get(ctx context.Context, username, name string, opts metav1.GetOptions)
    (*v1.Secret, error) {
    secret := &v1.Secret{}
    err := s.db.Where("username = ? and name= ?", username, name).First(&secret).Error
    if err != nil {
        if errors.Is(err, gorm.ErrRecordNotFound) {
            return nil, errors.WithCode(code.ErrSecretNotFound, err.Error())
        }

        return nil, errors.WithCode(code.ErrDatabase, err.Error())
    }

    return secret, nil
}
```

（3）业务层

业务层主要用来完成业务逻辑处理，我们可以把所有的业务逻辑处理代码放在业务层。业务层会处理来自控制层的请求，并根据需要请求仓库层完成数据的 CURD 操作。业务层功能如图 19-10 所示。

iam-apiserver 的业务层位于 /iam/internal/apiserver/service 目录下。下面是 iam-apiserver 业务层中用来创建密钥的函数：

```
func (s *secretService) Create(ctx context.Context, secret *v1.Secret, opts
    metav1.CreateOptions) error {
    if err := s.store.Secrets().Create(ctx, secret, opts); err != nil {
        return errors.WithCode(code.ErrDatabase, err.Error())
    }

    return nil
}
```

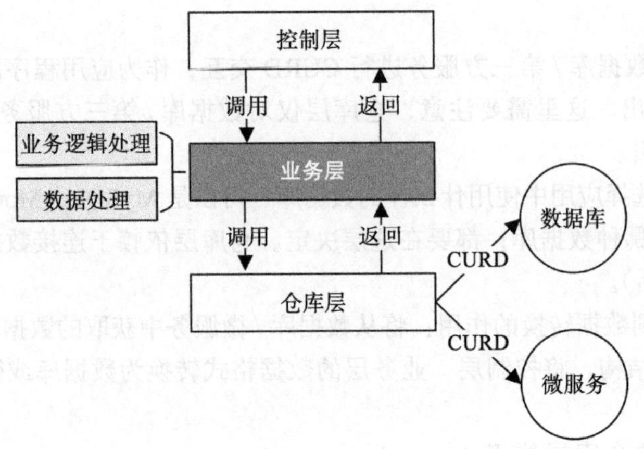

图 19-10 业务层

可以看到，业务层最终请求仓库层的 s.store 的 Create 方法，将密钥信息保存在 MariaDB 数据库中。

（4）控制层

控制层接收 HTTP 请求，并进行参数解析、参数校验、逻辑分发处理、请求返回等操作。控制层会将逻辑分发给业务层，由业务层处理后返回，返回数据在控制层中被整合再加工，最终返回请求方。控制层相当于实现了业务路由的功能。具体流程如图 19-11 所示。

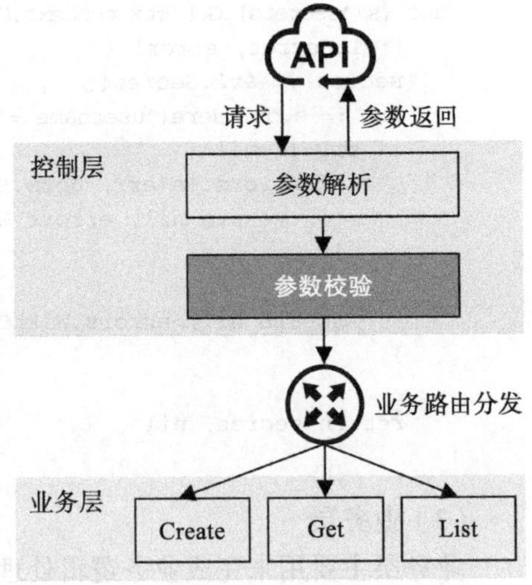

图 19-11 控制层

这里我有个建议，不要在控制层写复杂的代码，如果需要，请将这些代码分发到业务层或其他包中。

iam-apiserver 的控制层位于 internal/apiserver/controller 目录下。下面是 iam-apiserver 控制层中创建密钥的代码：

```
func (s *SecretController) Create(c *gin.Context) {
    log.L(c).Info("create secret function called.")

    var r v1.Secret

    if err := c.ShouldBindJSON(&r); err != nil {
        core.WriteResponse(c, errors.WithCode(code.ErrBind, err.Error()), nil)

        return
    }

    if errs := r.Validate(); len(errs) != 0 {
```

```
        core.WriteResponse(c, errors.WithCode(code.ErrValidation, errs.
            ToAggregate().Error()), nil)

        return
    }

    username := c.GetString(middleware.UsernameKey)

    secrets, err := s.srv.Secrets().List(c, username, metav1.ListOptions{
        Offset: pointer.ToInt64(0),
        Limit:  pointer.ToInt64(-1),
    })
    if err != nil {
        core.WriteResponse(c, err, nil)

        return
    }

    if secrets.TotalCount >= maxSecretCount {
        core.WriteResponse(c, errors.WithCode(code.ErrReachMaxCount, "secret
            count: %d", secrets.TotalCount), nil)

        return
    }

    // 这里必须给 Username 赋值
    r.Username = username

    // 生成密钥 ID 和密钥 Key
    r.SecretID = idutil.NewSecretID()
    r.SecretKey = idutil.NewSecretKey()

    if err := s.srv.Secrets().Create(c, &r, metav1.CreateOptions{}); err != nil {
        core.WriteResponse(c, err, nil)

        return
    }

    core.WriteResponse(c, nil, r)
}
```

上述代码完成了以下操作。

1）解析 HTTP 请求参数。

2）调用 `r.Validate()` 进行参数验证，这里可以添加一些业务性质的参数校验，例如：`secrets.TotalCount >= maxSecretCount`。

3）生成密钥 ID 和密钥 Key。

4）调用业务层 `s.srv` 的 `Create` 方法，完成密钥的创建。

5）返回 HTTP 请求参数。

2. 不同层之间的通信

上面我们介绍了 iam-apiserver 采用的 4 层结构，接下来再来看看每一层之间是如何通信的。

除了模型层，控制层、业务层、仓库层之间都是通过接口进行通信的。通过接口通信，一方面可以使相同的功能支持不同的实现（即具有插件化能力），另一方面也可以使每一层的代码变得可测试。

这里，我用创建密钥 API 请求的例子来讲解层与层之间是如何进行通信的。

（1）控制层和业务层之间的通信

密钥的增、删、改、查都是通过 SecretController 提供的方法来进行的，创建密钥调用的是它的 Create 方法：

```
func (s *SecretController) Create(c *gin.Context) {
    ...
    if err := s.srv.Secrets().Create(c, &r, metav1.CreateOptions{}); err != nil {
        core.WriteResponse(c, err, nil)

        return
    }
    ...
}
```

在 Create 方法中，我们调用了 s.srv.Secrets().Create() 来创建密钥。s.srv 是一个接口类型，定义如下：

```
type Service interface {
    Users() UserSrv
    Secrets() SecretSrv
    Policies() PolicySrv
}

type SecretSrv interface {
    Create(ctx context.Context, secret *v1.Secret, opts metav1.CreateOptions) error
    Update(ctx context.Context, secret *v1.Secret, opts metav1.UpdateOptions) error
    Delete(ctx context.Context, username, secretID string, opts metav1.
        DeleteOptions) error
    DeleteCollection(ctx context.Context, username string, secretIDs []string,
        opts metav1.DeleteOptions) error
    Get(ctx context.Context, username, secretID string, opts metav1.GetOptions)
        (*v1.Secret, error)
    List(ctx context.Context, username string, opts metav1.ListOptions) (*v1.
        SecretList, error)
}
```

可以看到，控制层通过业务层提供的 Service 接口类型剥离了业务层的具体实现。业务层的 Service 接口类型提供了 Secrets() 方法，该方法返回了一个实现了 SecretSrv 接口的实例。控制层通过调用该实例的 Create(ctx context.Context, secret *v1.Secret, opts metav1.CreateOptions) error 方法来完成密钥的创建。至于业务层是如何创建密钥的，控制层不需要知道，也就是说业务层在创建密钥时可以有多种实现。

这里用到了设计模式中的工厂方法模式。Service 是工厂接口，里面包含一系列创建具体业务层对象的工厂函数：Users()、Secrets()、Policies()。通过工厂方法模式，我们不仅隐藏了业务层对象的创建细节，而且可以很方便地在 Service 工厂接口实现方法中添加新的业务层对象。

例如，我们想新增一个 Template 业务层对象，用来在 iam-apiserver 中预置一些策略模板，可以使用如下代码实现：

```
type Service interface {
    Users() UserSrv
    Secrets() SecretSrv
    Policies() PolicySrv
    Templates() TemplateSrv
}

func (s *service) Templates() TemplateSrv {
    return newTemplates(s)
}
```

接下来，新建一个 template.go 文件：

```
type TemplateSrv interface {
    Create(ctx context.Context, template *v1.Template, opts metav1.CreateOptions) error
    // 其他方法
}

type templateService struct {
    store store.Factory
}

var _ TemplateSrv = (*templateService)(nil)

func newTemplates(srv *service) *TemplateService {
    // 这里可以添加更多的创建逻辑
    return &templateService{store: srv.store}
}

func (u *templateService) Create(ctx context.Context, template *v1.Template,
    opts metav1.CreateOptions) error {
    // 程序代码

    return nil
}
```

可以看到，我们通过以下三步新增了一个业务层对象。

1）在 Service 接口定义中，新增了一个入口：Templates() TemplateSrv。

2）在 service.go 文件中，新增了一个函数：Templates()。

3）新建了 template.go 文件，在 template.go 中定义了 templateService 结构体，并为它实现了 TemplateSrv 接口。

可以看到，新增的 Template 业务对象的代码几乎都闭环在 template.go 文件中。除了新增一个工厂方法 Templates() TemplateSrv 外，对已有的 Service 工厂接口的创建方法没有其他任何入侵。这样可以避免影响已有业务。

在实际项目开发中，你也有可能会用到下面这种错误的创建方式：

```
// 错误方法一
type Service interface {
    UserSrv
    SecretSrv
    PolicySrv
    TemplateSrv
}
```

在上面的创建方式中，如果你想创建 User 和 Secret，那只能定义两个不同的方法，CreateUser 和 CreateSecret，远没有在 User 和 Secret 各自的域中提供同名的 Create 方法来得优雅。

IAM 项目中还有其他地方也使用了工厂方法模式，例如 Factory 工厂接口。

（2）业务层和仓库层之间的通信

业务层和仓库层也是通过接口来通信的。例如，在业务层中创建密钥的代码如下：

```
func (s *secretService) Create(ctx context.Context, secret *v1.Secret, opts
    metav1.CreateOptions) error {
    if err := s.store.Secrets().Create(ctx, secret, opts); err != nil {
        return errors.WithCode(code.ErrDatabase, err.Error())
    }

    return nil
}
```

Create 方法中调用了 s.store.Secrets().Create() 方法来将密钥保存到数据库中。s.store 是一个接口类型，定义如下：

```
type Factory interface {
    Users() UserStore
    Secrets() SecretStore
    Policies() PolicyStore
    Close() error
}
```

业务层与仓库层的通信实现，和控制层与业务层的通信实现类似，所以这里不再详细介绍。

3. iam-apiserver 代码测试

到这里我们知道了，控制层、业务层和仓库层之间是通过接口来通信的。接口通信有一个好处，就是可以让各层变得可测。接下来，我们就来看看如何测试各层的代码。因为后面第 25 章会详细介绍如何测试 Go 代码，所以这里只介绍下测试思路。

（1）模型层

因为模型层不依赖其他任何层，所以我们只需要测试其中定义的结构及其函数和方法即可。

（2）控制层

控制层依赖业务层，意味着该层需要业务层来支持测试。你可以通过 `golang/mock` 来模拟业务层，测试用例可参考 `TestUserController_Create`。

（3）业务层

该层依赖仓库层，意味着该层需要仓库层来支持测试。有两种方法来模拟仓库层。

- 通过 `golang/mock` 来模拟仓库层。
- 自己开发一个假的仓库层。

使用 `golang/mock` 的测试用例可以参考 `Test_secretService_Create`。假的仓库层可以参考 `fake`，使用该假的仓库层进行测试的测试用例为 `Test_userService_List`。

（4）仓库层

仓库层依赖数据库，如果调用了其他微服务，还会依赖第三方服务。我们可以通过 `sqlmock` 来模拟数据库连接，通过 `httpmock` 来模拟 HTTP 请求。

19.6 iam-apiserver 服务核心功能实现讲解

上面介绍了 iam-apiserver 是如何构建 Web 服务的。接下来，我们再来看看 iam-apiserver 中的核心功能实现。在讲解这些核心功能时，我也会分享我的程序设计思路。

iam-apiserver 中包含了很多优秀的设计思想和实现，这些点可能比较零碎，但我觉得很值得分享出来。我将这些关键代码设计分为 3 类，分别是与应用框架相关的特性、与编程规范相关的特性和其他特性。接下来，我们就来详细看看这些设计点，以及它们背后的设计思想。

19.6.1 与应用框架相关的特性

与应用框架相关的特性包括 3 个，分别是优雅关停、健康检查和插件化加载中间件。

1. 优雅关停

在介绍优雅关停之前，我们先来看看不优雅的停止服务方式是什么样的。

当我们需要重启服务时，首先需要停止服务，这时可以通过两种方式来实现：

- 在 Linux 终端输入 Ctrl + C（其实是发送 `SIGINT` 信号）；
- 发送 `SIGTERM` 信号，例如 `kill` 或者 `systemctl stop` 等。

当我们使用以上两种方式停止服务时，会产生下面两个问题：

- 有些请求正在处理，如果服务端直接退出，会造成客户端连接中断，请求失败；
- 程序可能需要做一些清理工作，比如等待进程内任务队列的任务执行完成，或者拒绝接收新的消息等。

这些问题都会对业务造成影响，所以我们需要一种优雅的方式来关停应用。在Go开发中，我们通常通过拦截SIGINT和SIGTERM信号来实现优雅关停。当收到这两个信号时，应用进程会做一些清理工作，然后结束阻塞状态，继续执行余下的代码，最后自然退出进程。

先来看一个简单的优雅关停的示例代码：

```
package main

import (
    "context"
    "log"
    "net/http"
    "os"
    "os/signal"
    "time"

    "github.com/gin-gonic/gin"
)

func main() {
    router := gin.Default()
    router.GET("/", func(c *gin.Context) {
        time.Sleep(5 * time.Second)
        c.String(http.StatusOK, "Welcome Gin Server")
    })

    srv := &http.Server{
        Addr:    ":8080",
        Handler: router,
    }

    go func() {
        // 在Go协程中启动服务
        if err := srv.ListenAndServe(); err != nil && err != http.ErrServerClosed {
            log.Fatalf("listen: %s\n", err)
        }
    }()

    quit := make(chan os.Signal)
    signal.Notify(quit, os.Interrupt)
    <-quit // 阻塞等待接收通道数据
    log.Println("Shutdown Server ...")

    ctx, cancel  := context.WithTimeout(context.Background(),  5*time.Second)
        // 5s 缓冲时间处理已有请求
```

```
    defer cancel()
    if err := srv.Shutdown(ctx); err != nil { // 调用 net/http 包提供的优雅关闭函数：Shutdown
        log.Fatal("Server Shutdown:", err)
    }
    log.Println("Server exiting")
}
```

上述代码实现优雅关停的思路如下：

1）将 HTTP 服务放在 Go 协程中运行，程序不阻塞，继续执行。

2）创建一个无缓冲的通道的 quit 函数，调用 signal.Notify(quit, os.Interrupt)。通过调用 signal.Notify 函数，可以将进程收到的 os.Interrupt(SIGINT) 信号发送给 quit 函数。

3）quit 函数阻塞了当前的 Go 协程（也就是 main 函数所在的 Go 协程），等待从 quit 通道接收关停信号。通过以上步骤，我们成功启动了 HTTP 服务，并阻塞了 main 函数，防止了启动 HTTP 服务的 Go 协程退出。当我们输入 Ctrl+C 时，进程会收到 SIGINT 信号，并将该信号发送到通道的 quit 通道中，<-quit 收到通道另一端传来的数据后，结束阻塞状态，程序继续执行。这里，quit 函数的唯一目的是阻塞当前的 Go 协程，所以对收到的数据直接丢弃。

4）打印退出消息，提示准备退出当前服务。

5）调用 net/http 包提供的 Shutdown 方法，Shutdown 方法会在指定的时间内处理完现有请求，并返回。

6）最后，程序执行完 log.Println("Server exiting") 代码后，退出 main 函数。

iam-apiserver 也实现了优雅关停，实现思路与上面的代码类似，但是直接使用了封装好的 shutdown 包[⊖]，这个方法更加友好、灵活。shutdown 包的使用方法如下：

```
package main
import (
    "fmt"
    "time"

    "github.com/marmotedu/iam/pkg/shutdown"
    "github.com/marmotedu/iam/pkg/shutdown/shutdownmanagers/posixsignal"
)
func main() {
    // 初始化 shutdown 实例
    gs := shutdown.New()
    // 添加 posix shutdown 管理器
    gs.AddShutdownManager(posixsignal.NewPosixSignalManager())
    // 添加自定义优雅关停逻辑
    gs.AddShutdownCallback(shutdown.ShutdownFunc(func(string) error {
        fmt.Println("Shutdown callback start")
        time.Sleep(time.Second)
```

⊖ 参见 https://github.com/marmotedu/iam/tree/v1.6.2/pkg/shutdown。

```
        fmt.Println("Shutdown callback finished")
        return nil
    }))
    // 启动 shutdown 管理器
    if err := gs.Start(); err != nil {
        fmt.Println("Start:", err)
        return
    }
    // 其他程序代码
    time.Sleep(time.Hour)
}
```

上述代码通过 gs := shutdown.New() 创建 shutdown 实例 gs；通过 AddShutdownManager 方法添加监听的信号；通过 AddShutdownCallback 方法设置监听到指定信号时，需要执行的回调函数。这些回调函数可以执行一些清理工作。最后，通过 Start 方法启动 shutdown 实例。

iam-apiserver 使用 shutdown 包实现优雅关停功能的步骤具体可以分为以下 3 个。

步骤 1：创建 shutdown 实例并注册需要监听的 Linux 信号。

```
func createAPIServer(cfg *config.Config) (*apiServer, error) {
    gs := shutdown.New()
    gs.AddShutdownManager(posixsignal.NewPosixSignalManager())
    ...
    server := &apiServer{
        gs:             gs,
        ...
    }

    return server, nil
}
```

如上所示，在 posixsignal.NewPosixSignalManager() 函数中注册 SIGINT 和 SIGTERM 信号。

步骤 2：添加收到指定的 Linux 信号时需要执行的回调函数。

```
s.gs.AddShutdownCallback(shutdown.ShutdownFunc(func(string) error {
    mysqlStore, _ := mysql.GetMySQLFactoryOr(nil)
    if mysqlStore != nil {
        _ = mysqlStore.Close()
    }

    s.gRPCAPIServer.Close()
    s.genericAPIServer.Close()

    return nil
}))
```

如上述代码所示，当收到 SIGINT 或 SIGTERM 信号后，系统会分别调用 mysqlStore.

Close()、s.gRPCAPIServer.Close()、s.genericAPIServer.Close() 关闭 MySQL 连接、RPC 连接、HTTP/HTTPS 连接。

步骤 3：启动 shutdown 实例。

```
if err := s.gs.Start(); err != nil {
    log.Fatalf("start shutdown manager failed: %s", err.Error())
}
```

2. 健康检查

通常我们会根据进程是否存在来判定 iam-apiserver 是否健康，例如执行 ps -ef|grep iam-apiserver。在实际开发中，我发现有时候服务进程仍然存在，但是 HTTP 服务却不能接收和处理请求，所以更加靠谱的检查方法是，直接请求 iam-apiserver 的健康检查接口。

我们可以在启动 iam-apiserver 进程后，手动调用 iam-apiserver 健康检查接口进行检查。但还有更方便的方法：启动服务后自动调用健康检查接口。关于这个方法的具体实现，你可以查看 GenericAPIServer 提供的 ping 方法了解更多内容。在 ping 方法中，你需要注意函数中的以下代码：

```
url := fmt.Sprintf("http://%s/healthz", s.InsecureServingInfo.Address)
if strings.Contains(s.InsecureServingInfo.Address, "0.0.0.0") {
    url = fmt.Sprintf("http://127.0.0.1:%s/healthz", strings.Split(s.Insecure-
            ServingInfo.Address, ":")[1])
}
```

当 HTTP 服务监听所有网卡时，我们的请求 IP 为 127.0.0.1；当 HTTP 服务监听指定网卡时，我们需要请求该网卡的 IP 地址。

3. 插件化加载中间件

iam-apiserver 支持插件化加载 Gin 中间件，通过这种插件机制，我们可以按需自行选择中间件。iam-apiserver 中间件存放在 /iam/internal/pkg/middleware 目录中。

那么，为什么要将中间件做成一种插件化的机制呢？一方面，每个中间件都完成某种功能，但这些功能不是所有情况下都需要的；另一方面，中间件是追加在 HTTP 请求链路上的一个处理函数，会影响 API 接口的性能。为了保证 API 接口的性能，我们也需要选择性地加载中间件。例如，在测试环境中为了方便调试，我们可以选择加载 dump 中间件。dump 中间件可以打印请求包和返回包信息，以协助我们进行调试。但是在现网环境中，我们并不需要 dump 中间件来协助调试，因为如果加载了 dump 中间件，请求时会打印大量的请求信息，严重影响 API 接口的性能。这时候，我们就期望中间件能够按需加载。

iam-apiserver 通过 InstallMiddlewares[⊖] 函数来安装 Gin 中间件，函数代码如下：

```
func (s *GenericAPIServer) InstallMiddlewares() {
    // 添加必要的中间件
    s.Use(middleware.RequestID())
```

⊖ 参见 https://github.com/marmotedu/iam/blob/v1.6.2/internal/pkg/server/genericapiserver.go。

```
    s.Use(middleware.Context())

    // 添加自定义中间件
    for _, m := range s.middlewares {
        mw, ok := middleware.Middlewares[m]
        if !ok {
            log.Warnf("can not find middleware: %s", m)

            continue
        }

        log.Infof("install middleware: %s", m)
        s.Use(mw)
    }
}
```

可以看到，在安装中间件时，我们不仅安装了一些必备的中间件，还安装了一些可配置的中间件。

上述代码安装了两个默认的中间件：RequestID 和 Context。

RequestID 中间件主要用来在 HTTP 请求头和返回头中设置 X-Request-ID 请求头。如果 HTTP 请求头中没有 X-Request-ID HTTP 请求头，则创建 64 位的 UUID，如果有就复用。UUID 是调用 github.com/satori/go.uuid 包提供的 NewV4().String() 方法来生成的：

```
rid = uuid.NewV4().String()
```

另外，这里有一条 Go 常量的设计规范需要注意：要将常量与该常量相关的功能包放在一起，不要将一个项目的常量都集中放在 const 这类包中。例如，在 requestid.go 文件中，我们定义了 XRequestIDKey = "X-Request-ID" 常量，如果在其他地方需要使用 XRequestIDKey，只需要引入 XRequestIDKey 所在的包，并使用即可。

Context 中间件用来在 gin.Context 中设置 requestID 和 username 键。在打印日志时，将 gin.Context 类型的变量传递给 log.L() 函数，log.L() 函数会在日志输出中输出 requestID 和 username 域：

```
2021-07-09 13:33:21.362 DEBUG apiserver v1/user.go:106 get 2 users from backend storage.
    {"requestID": "f8477cf5-4592-4e47-bdcf-82f7bde2e2d0", "username": "admin"}
```

requestID 和 username 字段可以方便我们后期过滤并查看日志。

除了默认的中间件，iam-apiserver 还支持一些可配置的中间件，列举如下。

- recovery：捕获任何异常，并恢复。
- secure：添加一些安全和资源访问相关的 HTTP 头。
- nocache：禁止客户端缓存 HTTP 请求的返回结果。
- cors：HTTP 请求跨域中间件。
- dump：打印出 HTTP 请求包和返回包的内容，方便调试。注意，禁止在生产环境加载该中间件。

我们可以通过配置 iam-apiserver 配置文件中的 server.middlewares 配置项，来配置这些这些中间件。当然，你也可以根据需要，添加更多的中间件。方法很简单，只需要编写中间件，并将中间件添加到一个 map[string]gin.HandlerFunc 类型的变量中即可，例如（代码位于 /iam/internal/pkg/middleware/middleware.go 文件中）：

```
func defaultMiddlewares() map[string]gin.HandlerFunc {
    return map[string]gin.HandlerFunc{
        "recovery":  gin.Recovery(),
        "secure":    Secure,
        "options":   Options,
        "nocache":   NoCache,
        "cors":      Cors(),
        "requestid": RequestID(),
        "logger":    Logger(),
        "dump":      gindump.Dump(),
    }
}
```

19.6.2 与编程规范相关的特性

与编程规范相关的特性有 4 个，分别是 API 版本、统一的资源元数据、统一的返回、并发处理模板。

1. API 版本

为了方便以后扩展，RESTful API 都需要支持 API 版本特性。在本章前半部分，我介绍了 API 版本号的 3 种标识方法，iam-apiserver 选择了将 API 版本号放在 URL 中，例如 /v1/secret。放在 URL 中的好处是很直观，通过 API 路径就可以知道 API 版本号。另外，API 的路径也可以很好地与控制层、业务层、模型层的代码路径映射。例如，与密钥资源相关的代码的存放位置如下：

```
internal/apiserver/controller/v1/secret/          # 控制层代码存放位置
internal/apiserver/service/v1/secret.go           # 业务层代码存放位置
github.com/marmotedu/api/apiserver/v1/secret.go # 模型层代码存放位置
```

关于代码存放路径，我还有一些经验想要分享。对于 Secret 资源，通常我们需要提供 CRUD 接口。

- C：Create（创建 Secret）。
- R：Get（获取详情）、List（获取 Secret 资源列表）。
- U：Update（更新 Secret）。
- D：Delete（删除指定的 Secret）、DeleteCollection（批量删除 Secret）。

每个接口相互独立，为了减少更新 A 接口代码时因为误操作影响到 B 接口代码的情况，这里建议 CRUD 接口的每个接口单独对应一个文件单独对应，从物理上将不同接口的代码隔离开。这种接口组织方式也有助于我们查找 A 接口的代码所在位置。例如，Secret 控制层相关代码的存放位置如下：

```
$ ls internal/apiserver/controller/v1/secret/
create.go  delete_collection.go  delete.go  doc.go  get.go  list.go  secret.go  update.go
```

业务层和模型层的代码也可以使用这种组织方式。因为 iam-apiserver 中的 Secret 的业务层和模型层代码比较少，所以我将其放在了 /iam/internal/apiserver/service/v1/secret.go 和 github.com/marmotedu/api/apiserver/v1/secret.go 文件中。如果后期 Secret 业务代码增多，我们也可以修改成下面这种方式：

```
$ ls internal/apiserver/service/v1/secret/
create.go  delete_collection.go  delete.go  doc.go  get.go  list.go  secret.go  update.go
```

提示 /v1/secret/ 和 /secret/v1/ 这两种目录组织方式都可以使用，选择一个自己喜欢的就行。

升级 API 版本的相关代码可以直接放在 v2 目录下，例如：

```
internal/apiserver/controller/v2/secret/        # v2 版本控制几层代码存放位置
internal/apiserver/service/v2/secret.go         # v2 版本业务层代码存放位置
github.com/marmotedu/api/apiserver/v2/secret.go # v2 版本模型层代码存放位置
```

这样既能够与 v1 版本的代码物理隔离开，互不影响，又能够方便查找 v2 版本的代码。

2. 统一的资源元数据

iam-apiserver 设计的一大亮点是，像 Kubernetes REST 资源一样，支持统一的资源元数据。iam-apiserver 中所有的资源都是 REST 资源，且 iam-apiserver 将 REST 资源的属性也进一步规范化了。这里的规范化是指所有的 REST 资源均支持两种属性：

- 公共属性；
- 资源自有的属性。

提示 iam-apiserver 的元数据在 /component-base/pkg/meta/v1/types.go 文件中定义。

例如，Secret 资源的定义方式如下：

```
type Secret struct {
    // metav1.TypeMeta `json:",inline"`

    // 所有 REST 资源共享的元数据
    metav1.ObjectMeta `json:"metadata,omitempty"`
    Username  string  `json:"username"  gorm:"column:username"  validate:"omitempty"`
    SecretID  string  `json:"secretID"  gorm:"column:secretID"  validate:"omitempty"`
    SecretKey string  `json:"secretKey" gorm:"column:secretKey" validate:"omitempty"`

    // Required: true
    Expires  int64  `json:"expires"  gorm:"column:expires"    validate:"omitempty"`
```

```
    Description string `json:"description" gorm:"column:description" validate:
        "description"`
}
```

资源自有的属性会因资源不同而不同。这里，我们来重点看一下公共属性 ObjectMeta，定义如下：

```
type ObjectMeta struct {
    ID uint64 `json:"id,omitempty" gorm:"primary_key;AUTO_INCREMENT;column:id"`
    InstanceID string `json:"instanceID,omitempty" gorm:"unique;column:instanceI
        D;type:varchar(32);not null"`
    Name string `json:"name,omitempty" gorm:"column:name;type:varchar(64);not
        null" validate:"name"`
    Extend Extend `json:"extend,omitempty" gorm:"-" validate:"omitempty"`
    ExtendShadow string `json:"-" gorm:"column:extendShadow" validate:
        "omitempty"`
    CreatedAt time.Time `json:"createdAt,omitempty" gorm:"column:createdAt"`
    UpdatedAt time.Time `json:"updatedAt,omitempty" gorm:"column:updatedAt"`
}
```

接下来，我来详细介绍公共属性中每个字段的含义及作用。

（1）ID

这里的 ID，映射为 MariaDB 数据库中的 id 字段。id 字段在一些应用中会作为资源的唯一标识。但 iam-apiserver 没有使用 ID 作为资源的唯一标识，而是使用了 InstanceID。iam-apiserver 中的 ID 的唯一作用是与数据库 id 字段进行映射，代码中并没有使用到 ID。

（2）InstanceID

InstanceID 是资源的唯一标识，格式为 <resource identifier>-xxxxxx。其中，<resource identifier> 是资源的英文标识符号，xxxxxx 是随机字符串。字符集合为 abcdefghijklmnopqrstuvwxyz1234567890，长度≥6，例如 secret-yj8m30、user-j4lz3g、policy-3v18jq。

腾讯云、阿里云、华为云也都采用这种格式的字符串作为资源唯一标识。

InstanceID 的生成和更新都是自动化的，通过 gorm 提供的 AfterCreate 钩子在记录插入数据库之后生成并更新到数据库的 instanceID 字段：

```
func (s *Secret) AfterCreate(tx *gorm.DB) (err error) {
    s.InstanceID = idutil.GetInstanceID(s.ID, "secret-")

    return tx.Save(s).Error
}
```

如上述代码所示，在 Secret 记录插入 iam 数据库的 secret 表之后，调用 idutil.GetInstanceID 生成 InstanceID，并通过 tx.Save(s) 更新到数据库 secret 表的 instanceID 字段。

通常情况下，应用中的 REST 资源只会保存到数据库中的一张表里，这样就能保证应用中每个资源的数据库 ID 是唯一的。所以 GetInstanceID(uid uint64, prefix string) string函数使用github.com/speps/go-hashids包提供的方法，对这个数据库ID进行哈希，最终得到一个数据库级别的唯一的字符串（例如3v18jq），并根据传入的前缀得到资源的InstanceID。

使用这种方式生成资源的唯一标识，具有下面这两个优点。

- 数据库级别唯一。
- InstanceID是长度可控的字符串，长度最小是6个字符，但会根据表中的记录个数动态变长。根据我的测试，2176782336条记录以内生成的InstanceID长度都在6个字符以内。长度可控的另外一个好处是方便记忆和传播。

这里需要注意：如果同一个资源分别存放在不同的表中，那么在使用这种方式时，生成的InstanceID可能相同（不过概率很小，几乎为零）。这时候，我们就需要使用分布式ID生成技术。这又是另外一个话题了，这里不再扩展讲解。

在实际开发中，不少开发者会使用数据库ID字段（例如121）和36位或64位的UUID（例如20cd59d4-08c6-4e86-a9d4-a0e51c420a04）来作为资源的唯一标识。相较于这两种资源标识方式，<resource identifier>-xxxxxx标识方式具有以下优点。

- 看标识名就知道是什么类型的资源，例如secret-yj8m30说明该资源是secret类型的资源。在实际的排障过程中，这种标识方式能够有效减少误操作。
- 长度可控，占用数据库空间小。iam-apiserver的资源标识长度基本可以认为是12个字符（secret/policy是6个字符，再加6位随机字符）。
- 避免数据泄露。相比使用121这类数值作为资源唯一标识，<resource identifier>-xxxxxx可以隐藏数据库记录条数，避免内部数据泄露。

另外，还有一些系统如Kubernetes，使用资源名作为资源唯一标识。这种方式有个弊端，就是当系统中同类资源太多时，创建资源很容易重名，所以iam-apiserver不采用这种设计方式。

我们使用instanceID来作为资源的唯一标识。在代码中，我们经常需要根据instanceID来查询资源，所以，需要在数据库中将该字段设置为唯一索引，一方面可以防止instanceID不唯一，另一方面也能加快查询速度。

（3）Name

Name即资源的名字，用于辨别不同资源。

（4）Extend、ExtendShadow

Extend和ExtendShadow是iam-apiserver设计的又一大亮点。

在实际开发中，我们经常会遇到一个问题：随着业务发展，我们需要为某个资源增加一些属性，这时，可以选择在数据库中新增一个数据库字段。但是，随着业务系统的演进，数据库中的字段越来越多，代码也要做适配，导致后面的维护越来越难。

我们还可能遇到这种情况：我们将上面说的字段保存在数据库中叫作meta的字段中，数据库中meta字段的数据格式是{"disable":true,"tag":"colin"}。但是，我们如果想在代码中使用这些字段，需要解包到一个结构体中，例如：

```
metaData := `{"disable":true,"tag":"colin"}`
meta := make(map[string]interface{})
if err := json.Unmarshal([]byte(metaData), &meta); err != nil {
    return err
}
```

再存入数据中时，又要打包成 JSON 格式的字符串，例如：

```
meta := map[string]interface{}{"disable": true, "tag": "colin"}
data, err := json.Marshal(meta)
if err != nil {
    return err
}
```

可以看到，这种操作有些烦琐。

因为每个资源都可能需要用到扩展字段，那么有没有一种通用的解决方案呢？iam-apiserver 就通过 Extend 和 ExtendShadow 解决了这个问题。

Extend 是 Extend 类型的字段，Extend 类型其实是 map[string]interface{} 的类型别名。在程序中，我们可以很方便地引用 Extend 包含的属性，也就是 map 的键。Extend 字段在保存到数据库中时，会自动打包成字符串，并保存在 ExtendShadow 字段中。

ExtendShadow 是 Extend 在数据库中的影子。同样，当从数据库查询数据时，ExtendShadow 的值会自动解包到 Extend 类型的变量中，供程序使用。

具体实现代码见 Extend 类型及其方法：

- 借助 GORM 提供的 BeforeCreate、BeforeUpdate 钩子，在插入、更新记录时，将 Extend 的值转换成字符串，保存在 ExtendShadow 字段中，并最终保存在数据库的 extendShadow 字段中。
- 借助 GORM 提供的 AfterFind 钩子，在查询数据后，将 ExtendShadow 的值解包到 Extend 字段中，之后程序就可以通过 Extend 字段来使用其中的属性。

（5）CreatedAt

资源的创建时间。每个资源在创建时，都应该记录资源的创建时间，以帮助后期进行排障、分析等。

（6）UpdatedAt

资源的更新时间。每个资源在更新时，都应该记录资源的更新时间。资源更新时，该字段由 GORM 自动更新。

可以看到，ObjectMeta 结构体包含很多字段，每个字段负责实现各自的功能。如果把 ObjectMeta 作为所有资源的公共属性，那么这些资源就会自带这些能力。

当然，有些开发者可能会说，User 资源其实是不需要 user-xxxxxx 这种资源标识的，所以 InstanceID 这个字段其实是无用的字段。但是在我看来，和功能冗余相比，功能规范化、不重复造轮子，以及 ObjectMeta 的其他功能更加重要。所以，也建议所有的 REST 资源都使用统一的资源元数据。

3. 统一的返回

在第 13 章中提过，API 的接口返回格式应该是统一的。要想返回一个固定格式的消息，最好的方式就是使用同一个返回函数。因为 API 接口都是通过同一个函数来返回的，其返回格式自然是统一的。

IAM 项目通过 `github.com/marmotedu/component-base/pkg/core` 提供的 `WriteResponse` 函数来返回结果。`WriteResponse` 函数定义如下：

```
func WriteResponse(c *gin.Context, err error, data interface{}) {
    if err != nil {
        log.Errorf("%#+v", err)
        coder := errors.ParseCoder(err)
        c.JSON(coder.HTTPStatus(), ErrResponse{
            Code:      coder.Code(),
            Message:   coder.String(),
            Reference: coder.Reference(),
        })

        return
    }

    c.JSON(http.StatusOK, data)
}
```

可以看到，`WriteResponse` 函数会判断 `err` 是否为 `nil`。如果 `err` 不为 `nil`，则将 `err` 解析为 `github.com/marmotedu/errors` 包中定义的 `Coder` 类型的错误，并调用 `Coder` 接口提供的 `Code()`、`String()`、`Reference()` 方法，获取该错误的业务码、对外展示的错误信息和排障文档。如果 `err` 为 `nil`，则调用 `c.JSON` 返回 `JSON` 格式的数据。

4. 并发处理模板

在 Go 项目开发中，我们经常会遇到这样一种场景：查询列表接口时得到多条记录，但是需要针对每一条记录做一些其他逻辑处理。因为是多条记录，比如 100 条，假设处理每条记录的延时为 *X* 毫秒，那么串行处理完 100 条记录的整体延时就是 `100 * X` 毫秒。如果 *X* 比较大，那整体延时是非常高的，会严重影响 API 接口的性能。

这时候，我们自然就会想到利用 CPU 的多核能力来并发处理这 100 条记录。这种场景我们在实际开发中会经常遇到，所以有必要将这种处理过程抽象成一个并发处理模板，以便在后续查询时使用，节省时间和处理成本。例如，iam-apiserver 中的查询用户列表接口 `List` 在需要返回每个用户所拥有的策略个数时就用到了并发处理。这里，我试着将其抽象成一个模板，代码如下：

```
func (u *userService) List(ctx context.Context, opts metav1.ListOptions) (*v1.
    UserList, error) {
    users, err := u.store.Users().List(ctx, opts)
    if err != nil {
```

```
        log.L(ctx).Errorf("list users from storage failed: %s", err.Error())

        return nil, errors.WithCode(code.ErrDatabase, err.Error())
    }

    wg := sync.WaitGroup{}
    errChan := make(chan error, 1)
    finished := make(chan bool, 1)

    var m sync.Map

    // 并发查询，降低接口延时
    for _, user := range users.Items {
        wg.Add(1)

        go func(user *v1.User) {
            defer wg.Done()

            // 这里可以添加自定义业务逻辑
            policies, err := u.store.Policies().List(ctx, user.Name, metav1.
                ListOptions{})
            if err != nil {
                errChan <- errors.WithCode(code.ErrDatabase, err.Error())

                return
            }

            m.Store(user.ID, &v1.User{
                ...
                Phone:       user.Phone,
                TotalPolicy: policies.TotalCount,
            })
        }(user)
    }

    go func() {
        wg.Wait()
        close(finished)
    }()

    select {
    case <-finished:
    case err := <-errChan:
        return nil, err
    }

    infos := make([]*v1.User, 0, len(users.Items))
    for _, user := range users.Items {
        info, _ := m.Load(user.ID)
        infos = append(infos, info.(*v1.User))
```

```
	}

	log.L(ctx).Debugf("get %d users from backend storage.", len(infos))

	return &v1.UserList{ListMeta: users.ListMeta, Items: infos}, nil
}
```

在上面的并发模板中，我实现了并发处理查询结果中的3个功能。

第1个功能，Go协程报错即返回。Go协程中的代码段报错时，会将错误信息写入errChan中。我们通过List函数中的select语句，实现只要有一个Go协程发生错误，即返回：

```
select {
case <-finished:
case err := <-errChan:
	return nil, err
}
```

第2个功能，保持查询顺序。我们从数据库查询出的列表是有顺序的，比如默认按数据库ID字段升序排列，或者按照我们指定的其他排序方法排列。在并发处理中，这些顺序会被打断。但为了确保最终返回的结果跟我们预期的排序效果一样，在并发模板中，我们还需要保证最终返回结果跟查询结果的顺序一致。

上面的模板将处理后的记录保存在Map中，Map的键为数据库ID。按照查询的ID顺序，依次从Map中取出ID的记录，例如：

```
var m sync.Map
for _, user := range users.Items {
	...
	go func(user *v1.User) {
		...
		m.Store(user.ID, &v1.User{})
	}(user)
}
...
infos := make([]*v1.User, 0, len(users.Items))
for _, user := range users.Items {
	info, _ := m.Load(user.ID)
	infos = append(infos, info.(*v1.User))
}
```

通过上面这种方式，我们可以确保最终返回的结果与数据库的查询结果的排序一致。

第3个功能，并发安全。Go语言中的Map不是并发安全的，要想实现并发安全，需要自己实现（如加锁），或者使用sync.Map。上面的模板使用了sync.Map。

当然，如果期望List接口能在期望时间内返回，还可以添加超时机制，例如：

```
select {
case <-finished:
```

```
	case err := <-errChan:
		return nil, err
	case <-time.After(time.Duration(30 * time.Second)):
		return nil, fmt.Errorf("list users timeout after 30 seconds")
	}
```

Go 协程虽然很轻量，但还是会消耗资源，如果我们需要处理几百上千的并发，就需要用协程池来复用协程，达到节省资源的目的。Go 语言中有很多优秀的协程包供我们直接使用，比如 ants、tunny 等。

19.6.3 其他特性

除了上面那两大类，这里我还想介绍一下关键代码设计中的其他特性，包括插件化选择 JSON 库、调用链实现、数据一致性。

1. 插件化选择 JSON 库

Go 语言提供的标准 JSON 解析库 encoding/json 在开发高性能、高并发的网络服务时会产生性能问题。所以很多开发者在实际的开发中，往往会选用第三方的高性能 JSON 解析库，例如 jsoniter（https://github.com/json-iterator/go）、mailru/easyjson、buger/jsonparser 等。

很多开发者选择了 jsoniter，也有一些开发者选择了 easyjson。jsoniter 的性能略高于 encoding/json。但随着 Go 版本的不断迭代，encoding/json 库的性能越来越好，jsoniter 的性能优势也越来越有限。所以，IAM 项目使用了 jsoniter 库，并准备随时切回 encoding/json 库。

为了方便切换不同的 JSON 包，iam-apiserver 采用了一种插件化的机制来使用不同的 JSON 包。具体通过 Go 的标签编译选择运行的解析库来实现。

标签编译就是在源代码里添加标注，通常称为编译标签（build tag）。编译标签通过注释的方式在靠近源代码文件顶部的地方添加。go build 在构建一个包的时候，会读取这个包里的每个源文件并且分析编译便签，这些标签决定了这个源文件是否参与本次编译。例如：

```
// +build jsoniter

package json

import jsoniter "github.com/json-iterator/go"
```

+build jsoniter 就是编译标签。这里要注意，一个源文件可以有多个编译标签，多个编译标签之间是逻辑“与”的关系；一个编译标签可以包括由空格分隔的多个标签，这些标签是逻辑“或”的关系。例如：

```
// +build linux darwin
// +build 386
```

编译标签和包的声明之间应该使用空行隔开，否则编译标签会被当作包声明的注释，而不是编译标签。

具体来说，iam-apiserver 服务是如何实现插件化选择 JSON 库的呢？

首先，它自定义了一个 github.com/marmotedu/component-base/pkg/json 包来适配 encoding/json 和 json-iterator。github.com/marmotedu/component-base/pkg/json 包中有两个文件。

- **json.go**：映射了 encoding/json 包的 Marshal、Unmarshal、MarshalIndent、NewDecoder、NewEncoder 方法。
- **jsoniter.go**：映射了 github.com/json-iterator/go 包的 Marshal、Unmarshal、MarshalIndent、NewDecoder、NewEncoder。

json.go 和 jsoniter.go 通过编译标签确定 Go 编译器在构建代码时选择使用哪一个 JSON 文件。

接着，通过在执行 go build 时指定 -tags 参数，来选择编译哪个 JSON 文件。

json/json.go、json/jsoniter.go 这两个 Go 文件的顶部都有一行注释 // +build !jsoniter 和 // +build jsoniter：// +build !jsoniter 表示 tags 不是 jsoniter 的时候编译这个 Go 文件。// +build jsoniter 表示 tags 是 jsoniter 的时候编译这个 Go 文件。也就是说，这两个条件是互斥的，只有当 tags=jsoniter 的时候，才会使用 json-iterator，其他情况使用 encoding/json。

例如，如果我们想使用 jsoniter 包，可以这样编译项目：

```
$ go build -tags=jsoniter
```

2. 调用链实现

调用链对查日志、排障帮助非常大。所以，iam-apiserver 中也实现了调用链，通过 requestID 来串联整个调用链。

具体通过以下两步来实现。

1）将 ctx context.Context 类型的变量作为函数的第一个参数，在函数调用时传递。

2）不同函数中，通过 log.L(ctx context.Context) 来记录日志。

在请求到来时，请求会通过 Context 中间件处理：

```
func Context() gin.HandlerFunc {
    return func(c *gin.Context) {
        c.Set(log.KeyRequestID, c.GetString(XRequestIDKey))
        c.Set(log.KeyUsername, c.GetString(UsernameKey))
        c.Next()
    }
}
```

在 Context 中间件中，我们在 gin.Context 类型的变量中设置 log.KeyRequestID 键，其值为 36 位的 UUID。UUID 通过 RequestID 中间件生成，并设置在 Gin 请求的 Context 中。

RequestID 中间件在 Context 中间件之前被加载，所以在 Context 中间件被执行时，我们能够获取到 RequestID 生成的 UUID。

log.L(ctx context.Context) 函数在记录日志时，会从头 ctx 中获取到 log.KeyRequestID，并作为一个附加字段随日志打印。

通过以上方式，我们最终可以形成 iam-apiserver 的请求调用链，日志示例如下：

```
2021-07-19 19:41:33.472 INFO    apiserver       apiserver/auth.go:205   user `admin`
    is authenticated.  {"requestID": "b6c56cd3-d095-4fd5-a928-291a2e33077f",
    "username": "admin"}
2021-07-19 19:41:33.472 INFO    apiserver    policy/create.go:22      create policy
    function called.  {"requestID": "b6c56cd3-d095-4fd5-a928-291a2e33077f",
    "username": "admin"}
...
```

另外，ctx context.Context 作为函数 / 方法的第一个参数，为后期扩展提供了方便。例如，如果我们有以下调用关系：

```
package main

import "fmt"

func B(name, address string) string {
    return fmt.Sprintf("name: %s, address: %s", name, address)
}

func A() string {
    return B("colin", "sz")
}

func main() {
    fmt.Println(A())
}
```

上面的代码最终调用 B 函数打印出用户名及其地址。如果随着业务的发展，我们希望 A 调用 B 时传入用户的电话，同时 B 中打印出用户的电话号码，那么，我们可能会考虑给 B 函数增加一个电话号参数，例如：

```
func B(name, address, phone string) string {
    return fmt.Sprintf("name: %s, address: %s, phone: %s", name, address)
}
```

如果我们后面还要增加年龄、性别等属性呢？按这种方式不断增加 B 函数的参数，不仅麻烦，而且要改动所有调用 B 的函数，工作量也很大。这时候，可以考虑通过 ctx context.Context 来传递这些扩展参数，实现如下：

```
package main

import (
    "context"
    "fmt"
```

```
)

func B(ctx context.Context, name, address string) string {
    return fmt.Sprintf("name: %s, address: %s, phone: %v", name, address, ctx.
        Value("phone"))
}

func A() string {
    ctx := context.WithValue(context.TODO(), "phone", "1812884xxxx")
    return B(ctx, "colin", "sz")
}

func main() {
    fmt.Println(A())
}
```

这样，我们下次需要新增参数时，只需要调用 context 的 WithValue 方法：

```
ctx = context.WithValue(ctx, "sex", "male")
```

在 B 函数中，通过 context.Context 类型的变量提供的 Value 方法，从 context 中获取 sex 键即可：

```
return fmt.Sprintf("name: %s, address: %s, phone: %v, sex: %v", name, address,
    ctx.Value("phone"), ctx.Value("sex"))
```

3. 数据一致性

为了提高 iam-authz-server 的响应性能，我将密钥和授权策略信息缓存在 iam-authz-server 部署机器的内存中。同时，为了实现高可用，需要保证 iam-authz-server 启动的实例个数至少为两个，但这会带来数据一致性的问题。所以多个 iam-authz-server 实例中缓存的数据要一致，并且要跟 iam-apiserver 数据库中保存的一致。iam-apiserver 通过如下方式来实现数据一致性，如图 19-12 所示。

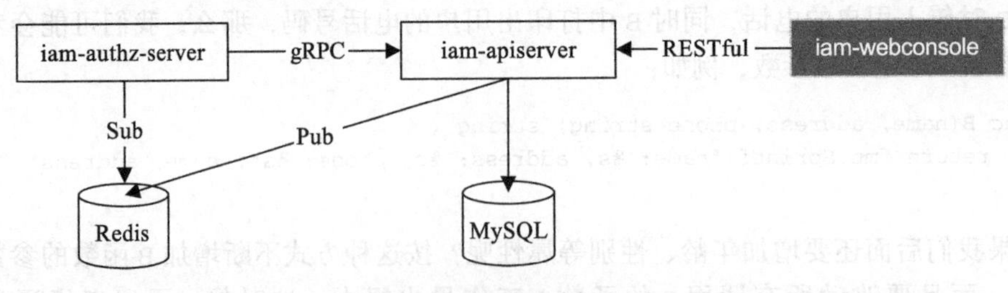

图 19-12 数据一致性

具体流程如下。

1）iam-authz-server 启动时，会通过 gRPC 调用 iam-apiserver 的 GetSecrets 和 GetPolicies 接口，获取所有的密钥和授权策略信息。

2）当通过控制台调用 iam-apiserver 密钥 / 授权策略的写接口（POST、PUT、DELETE）时，

iam-apiserver 会向 Redis 的 iam.cluster.notifications 通道发送 SecretChanged/PolicyChanged 消息。

3）iam-authz-server 会订阅 iam.cluster.notifications 通道，当监听到有 SecretChanged/PolicyChanged 消息时，会请求 iam-apiserver 拉取所有的密钥 / 授权策略。

Redis 的 Sub/Pub 机制可以保证每个 iam-authz-server 节点的缓存数据跟 iam-apiserver 数据库中保存的数据一致。所有节点都调用 iam-apiserver 的同一个接口来拉取数据的方式可以保证所有 iam-authz-server 节点的数据是一致的。

19.7　本章总结

本章首先介绍了两种常用 API 风格：RESTful API 风格和 RPC API 风格。其中，RESTful API 风格因为规范、易理解、易用，所以适合用在需要对外提供 API 的场景中。而 RPC API 因为性能比较高、调用方便，更适合用在内部业务中。

本章也介绍了 iam-apiserver 的功能和使用方法，以及它的代码实现。iam-apiserver 是一个 Web 服务，提供了 RESTful API 来完成用户、密钥、策略三种 REST 资源的增删改查操作。我们可以通过 cURL、Insomnia 等工具，完成 RESTful API 请求。

本章最后介绍了 iam-apiserver 服务的核心功能，例如优雅关停、健康检查、调用链实现、数据一致性等，具体的实现，你可以返回书中再查看一遍。

Chapter 20 第 20 章

IAM Authz 服务构建

在第 19 章，我们介绍了 IAM 的控制流服务 iam-apiserver 的设计和实现。本章我们再来看一下 IAM 数据流服务 iam-authz-server 的设计和实现。本章的主要内容如下。

- ❑ 权限基础知识介绍。
- ❑ iam-authz-server 服务设计和实现详解。

提示 本章代码分别存放在以下目录中：

❑ /iam/cmd/iam-authz-server

❑ /iam/internal/authzserver

iam-authz-server 的配置文件为 /iam/configs/iam-authz-server.yaml。

20.1 权限基础知识介绍

在开始讲解 iam-authz-server 服务设计和实现之前，我先来介绍一个比较重要的背景知识：权限模型。

你在工作中可能会遇到这样的情况：张三因为误操作删除了李四的资源。你在刷新闻时，也可能会刷到这么一条爆款新闻：某某程序员删库跑路。操作之所以恐怖，新闻之所以爆款，是因为这些行为往往会带来很大的损失。

那么如何避免这些风险呢？答案就是对资源做好权限管控，这也是项目开发中绕不开的话题。

可以说，保证应用的资源安全，已经成为一个应用的必备能力。作为开发人员，你一定要知道如何保障应用的资源安全。那么如何才能保障资源的安全呢？我认为我们至少需要掌握下面这两点：

- **权限模型**：我们需要了解业界成熟的权限模型，以及这些模型的适用场景。只有具备足够宽广的知识面和视野，我们才能避免闭门造车，设计出优秀的资源授权方案。
- **编码实现**：选择或设计出了优秀的资源授权方案后，就要编写代码实现该方案了。本书的 IAM 应用，就是一个资源授权方案的落地项目。你可以通过对 IAM 应用的学习，来掌握如何实现一个资源授权系统。

无论是第一点还是第二点，我们都需要掌握基本的权限模型知识。接下来，我就来介绍一下业界优秀的权限模型以及这些模型的适用场景，以便帮助我们设计出更好的资源授权系统。

20.1.1 权限相关术语介绍

在介绍业界常见的权限模型前，我们先来看一下在权限模型中出现的术语，如表 20-1 所示。

表 20-1 权限相关术语

英文名	中文名	描 述
Subject	主题	通常是用户或者用户组
Action	操作	对对象的操作，比如访问、创建、删除、查询、修改等
Object	对象	权限所作用的对象，通常指各类资源
Effect	效力	限规则匹配后的操作，比如允许 / 拒绝
Condition	生效条件	权限生效的条件
Permission	权限	用来指代是否允许某人在某种条件下对某种资源做某种操作
Role	角色	权限集合，包含一个或多个权限
Policy	策略	一组规则 / 声明，在特定用户尝试执行特定操作时进行评估，然后将策略应用于用户、组和角色

20.1.2 权限模型介绍

不同的权限模型具有不同的特点，可以满足不同的需求。接下来，我就详细介绍 5 种常见的权限模型，以便大家在设计权限系统时，能够根据需求选择合适的权限模型。

- 权限控制列表（Access Control List，ACL）。
- 自主访问控制（Discretionary Access Control，DAC）。
- 强制访问控制（Mandatory Access Control，MAC）。
- 基于角色的访问控制（Role-Based Access Control，RBAC）。
- 基于属性的权限验证（Attribute-Based Access Control，ABAC）。

这里先简单介绍下。ACL 是一种简单的权限模型；DAC 基于 ACL，将权限下放给具有此权限的主题；MAC 弥补了 DAC 因为权限下放而导致的控制过于分散的缺陷。

DAC 和 MAC 都是基于 ACL 的权限模型。ACL 及其衍生的权限模型可以算是旧时代的权限模型，其灵活性和功能性已满足不了现代应用的权限需求，所以 RBAC 应运而生。RBAC 也是迄今为止最为普及的权限模型。

但是，随着组织和应用规模的增长，模型所需的角色数量越来越多，变得越来越难以管理，进而导致角色爆炸和职责分离（SoD）失败。最后，我们引入了一种新的、更动态的访问控制形式，称为基于属性的访问控制，也就是 ABAC。ABAC 被一些人看作是权限系统设计的未来。腾讯云的 CAM、AWS 的 IAM、阿里云的 RAM 都是 ABAC 类型的权限访问服务。

1. 简单的权限模型：ACL

ACL 用于判断用户是否可以对资源做特定的操作。例如，允许 Colin 创建文章的 ACL 策略为：

```
Subject: Colin
Action: Create
Object: Article
```

在 ACL 权限模型下，权限管理是围绕资源（Object）来设定的。ACL 权限模型也是比较简单的一种模型。

2. 基于 ACL 下放权限的权限模型：DAC

DAC 是 ACL 的扩展模型，灵活性更强。通过这种模型，我们不仅可以判断 Subject 是否可以对 Object 做 Action 操作，同时也能让 Subject 将 Object、Action 的相同权限授权给其他的 Subject。例如，Colin 可以创建文章：

```
Subject: Colin
Action: Create
Object: Article
```

因为 Colin 具有创建文章的权限，所以它也可以授予 James 创建文章的权限：

```
Subject: James
Action: Create
Object: Article
```

3. 基于 ACL 且安全性更高的权限模型：MAC

MAC 是 ACL 的扩展模型，安全性更高。在 MAC 权限模型中，Subject 和 Object 同时具有安全属性。在做授权时，需要同时满足两点才能授权通过：

- Subject 可以对 Object 做 Action 操作。
- Object 可以被 Subject 做 Action 操作。

例如，我们设定了“Colin 和 James 可以创建文章”这个 MAC 策略：

```
Subject: Colin
Action: Create
```

```
Object: Article
Subject: James
Action: Create
Object: Article
```

我们还有另外一个 MAC 策略“文章可以被 Colin 创建”：

```
Subject: Article
Action: Create
Object: Colin
```

在上述策略中，Colin 可以创建文章，但是 James 不能创建文章，因为第二条要求没有满足。

> 注意　在 ACL 及其扩展模型中，Subject 可以是用户，也可以是组或群组。

ACL、DAC 和 MAC 是旧时代的权限控制模型，无法满足现代应用对权限控制的需求，于是诞生了新时代的权限模型：RBAC 和 ABAC。

4. 最普及的权限模型：RBAC

RBAC 引入了 Role（角色）的概念，并且将权限与角色进行关联。用户通过扮演某种角色，获得该角色的所有权限。具体如图 20-1 所示。

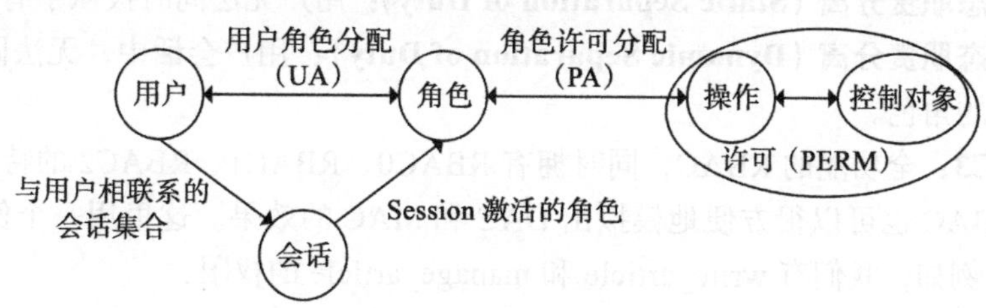

图 20-1　RBAC 权限模型

如图 20-1 所示，每个用户关联一个或多个角色，每个角色关联一个或多个权限，每个权限又包含一个或者多个操作，操作包含了对资源的操作集合。通过用户和权限解耦，可以实现非常灵活的权限管理。例如，RBAC 可以满足以下两个权限场景。

- **可以通过角色批量给一个用户授权**。例如，公司新来了一位同事，需要赋予他虚拟机的生产、销毁、重启和登录权限。这时候，我们可以将这些权限抽象成一个运维角色。如果再有新同事来，就可以通过授权运维角色，直接批量授权这些权限，而不用一个个地给用户授权。
- **可以批量修改用户的权限**。例如，我们有很多用户同属于运维角色，这时候对运维角色的任何权限变更，就相当于对运维角色关联的所有用户的权限变更，而不用一个个去修改这些用户的权限。

RBAC又分为RBAC0、RBAC1、RBAC2、RBAC3。RBAC0是RBAC的核心思想，RBAC1是基于RBAC的角色分层模型，RBAC2增加了RBAC的约束模型。而RBAC3其实相当于RBAC1 + RBAC2。

对这4种RBAC的详细介绍如下。

- **RBAC0**：基础模型，只包含核心的四要素，也就是用户（User）、角色（Role）、权限（Permission）、会话（Session）。用户和角色可以是多对多的关系，权限和角色也可以是多对多的关系。
- **RBAC1**：在RBAC0的基础上添加了角色继承。角色继承，即角色可以继承自其他角色，在拥有其他角色权限的同时，还可以关联额外的权限。
- **RBAC2**：在RBAC0的基础上添加了约束。RBAC2具有以下核心特性。
  - **互斥约束**：包括互斥用户、互斥角色、互斥权限。同一个用户不能拥有相互排斥的角色，两个互斥角色不能分配一样的权限集，互斥的权限不能分配给同一个角色，在Session中，同一个角色不能拥有互斥权限。
  - **基数约束**：一个角色被分配的用户数量是有限的，而基数约束是指有多少用户能拥有这个角色。例如，一个角色是专门为公司CEO创建的，那这个角色的数量就是有限的。
  - **先决条件角色**：要想获得较高的权限，首先要拥有低一级的权限。例如，先有副总经理权限，才可能有总经理权限。
  - **静态职责分离（Static Separation of Duty）**：用户无法同时被赋予有冲突的角色。
  - **动态职责分离（Dynamic Separation of Duty）**：用户会话中，无法同时激活有冲突的角色。
- **RBAC3**：全功能的RBAC，同时拥有RBAC0、RBAC1、RBAC2的特性。

此外，RBAC也可以很方便地模拟出DAC和MAC的效果。这里用一个例子来协助你理解RBAC。例如，我们有write_article和manage_article的权限：

```
Permission:
    - Name: write_article
        - Effect: "allow"
        - Action: ["Create", "Update", "Read"]
        - Object: ["Article"]
    - Name: manage_article
        - Effect: "allow"
        - Action: ["Delete", "Read"]
        - Object: ["Article"]
```

同时，我们也有Writer、Manager和CEO 3个角色，Writer具有write_article权限，Manager具有manage_article权限，CEO具有所有权限：

```
Role:
  - Name: Writer
    Permissions:
```

```
        - write_article
    - Name: Manager
      Permissions:
        - manage_article
    - Name: CEO
      Permissions:
        - write_article
        - manage_article
```

接下来，我们对 Colin 用户授予 Writer 角色：

```
Subject: Colin
Roles:
    - Writer
```

那么现在 Colin 就具有 Writer 角色的 write_article 权限，即拥有可以创建文章的权限。

接下来，再对 James 用户授予 Writer 和 Manager 角色：

```
Subject: James
Roles:
    - Writer
    - Manager
```

那么现在 James 就具有 Writer 角色和 Manager 角色的所有权限：write_article、manage_article，这些权限允许 James 创建和删除文章。

5. 最强大的权限模型：ABAC

ABAC 规定了哪些属性的用户可以对哪些属性的资源在哪些生效条件下进行哪些操作。与 RBAC 相比，ABAC 对权限的控制粒度更细，主要规定了下面这 4 类属性。

- 用户属性，例如性别、年龄、工作等。
- 资源属性，例如创建时间、所属位置等。
- 操作属性，例如创建、修改等。
- 环境属性，例如来源 IP、当前时间等。

下面是一个 ABAC 策略：

```
Subject:
    Name: Colin
    Department: Product
    Role: Writer
Action:
    - create
    - update
Resource:
    Type: Article
    Tag:
        - technology
        - software
    Mode:
```

```
        - draft
Contextual:
    IP: 10.0.0.10
```

上面权限策略描述的意思是，产品部门的Colin拥有一个Writer角色，可以通过来源IP是`10.0.0.10`的客户端，创建和更新带有technology和software标签的草稿文章。

> 提示 ABAC有时也被称为PBAC（Policy-Based Access Control，基于策略的访问控制）或CBAC（Claims-Based Access Control，基于声明的访问控制）。

这里，我通过现实中的ABAC授权策略来帮助你理解ABAC权限模型。下面是一个腾讯云的CAM策略，也是一种ABAC授权模式：

```
{
    "version": "2.0",
    "statement": [
        {
            "effect": "allow",
            "action": [
                "cos:List*",
                "cos:Get*",
                "cos:Head*",
                "cos:OptionsObject"
            ],
            "resource": "qcs::cos:ap-shanghai:uid/1250000000:Bucket1-1250000000/dir1/*",
            "condition": {
                "ip_equal": {
                    "qcs:ip": [
                        "10.217.182.3/24",
                        "111.21.33.72/24"
                    ]
                }
            }
        }
    ]
}
```

上面的授权策略表示：用户只能在`10.217.182.3/24`或者`111.21.33.72/24`网段调用云API（`cos:List*`、`cos:Get*`、`cos:Head*`、`cos:OptionsObject`），对`1250000000`用户下的`dir1`目录下的文件进行读取操作。

这里，ABAC规定的4类属性如下所示。

- **用户属性**：用户为`1250000000`。
- **资源属性**：`dir1`目录下的文件。
- **操作属性**：读取（`cos:List*`、`cos:Get*`、`cos:Head*`、`cos:OptionsObject`都是读取API）。
- **环境属性**：`10.217.182.3/24`或者`111.21.33.72/24`网段。

20.1.3 相关开源项目

上一节，我介绍了权限模型的相关知识，但是现在如果让你真正去实现一个权限系统，你可能还是不知从何入手。在这里，我列出了一些 GitHub 上比较优秀的开源项目，帮助你学习这些项目是如何落地的。你也可以基于这些项目进行二次开发，开发一个满足业务需求的权限系统。

1. Casbin

casbin/casbin 是一个用 Go 语言编写的访问控制框架，功能强大，支持 ACL、RBAC、ABAC 等访问模型，很多优秀的权限管理系统都是基于 Casbin 来构建的。Casbin 的核心功能都是围绕访问控制来构建的，不负责身份认证。如果你需要实现一个权限管理系统，Casbin 是一定要好好研究的开源项目。

2. keto

ory/keto 是一个云原生权限控制服务，通过提供 RESTful API 进行授权，支持 RBAC、ABAC、ACL、AWS IAM 策略、Kubernetes Roles 等权限模型，可以解决下面这些问题：

- 是否允许某些用户修改此博客文章？
- 是否允许某个服务打印该文档？
- 是否允许 ACME 组织的成员修改其租户中的数据？
- 是否允许在星期一的下午 4 点到下午 5 点，从 IP `10.0.0.2` 发出的请求执行某个 Job？

3. go-admin

go-admin-team/go-admin 是一个基于 Gin + Vue + Element UI 的前后端分离权限管理系统脚手架，它的访问控制模型采用了 Casbin 的 RBAC 访问控制模型，功能强大。go-admin 的功能列举如下：

- 基础用户管理功能。
- JWT 鉴权。
- 代码生成器。
- RBAC 权限控制。

该项目还支持 RESTful API 设计规范、Swagger 文档、GORM 库等。go-admin 不仅是一个优秀的权限管理系统，也是一个优秀的、功能齐全的 Go 开源项目。你在做项目开发时，也可以参考该项目的构建思路。

4. LyricTian/gin-admin

LyricTian/gin-admin 与 go-admin 类似，是一个基于 Gin+Gorm+Casbin+Wire 的权限管理脚手架，自带前端，在做权限管理系统调研时也非常值得参考。

gin-admin 大量采用了 Go 后端开发常用的技术，比如 Gin、GORM、JWT 认证、RESTful API、Logrus 日志包、Swagger 文档等。因此，你在做 Go 后端服务开发时，也可以学习该项目的构建方法。

5. gin-vue-admin

flipped-aurora/gin-vue-admin 是一个基于 Gin 和 Vue 开发的全栈前后端分离的后台管理系统，集成了 JWT 鉴权、动态路由、动态菜单、Casbin 鉴权、表单生成器、代码生成器、RBAC 权限管理模型等功能。

20.1.4 开源项目选择建议

介绍了那么多优秀的开源项目，最后我想给你一些选择建议。如果你想研究 ACL、RBAC、ABAC 等权限模型如何落地，我强烈建议你学习 Casbin 项目。Casbin 目前有近万的 GitHub star 数，处于活跃的开发状态。有很多项目都在使用 Casbin，例如 go-admin、gin-admin、gin-vue-admin 等。

keto 类似于 Casbin，主要通过 Go 包的方式，对外提供授权能力。keto 也是一个非常优秀的权限类项目，当你研究完 Casbin 后，如果还想研究下其他授权类项目，建议读下 keto 的源码。

go-admin、gin-vue-admin、gin-admin 都是基于 Casbin 的 Go 项目。其中，gin-vue-admin 是后台管理系统框架，里面包含了 RBAC 权限管理模块。go-admin 和 gin-admin 都是 RBAC 权限管理脚手架。所以，如果你想找一个比较完整的 RBAC 授权系统（自带前后端），建议你优先研究下 go-admin，如果还有精力，可以再研究下 gin-admin、gin-vue-admin。

20.2 iam-authz-server 的功能介绍

iam-authz-server 目前的唯一功能是通过提供 `/v1/authz` RESTful API 完成资源授权。`/v1/authz` 接口是通过 `github.com/ory/ladon` 来完成资源授权的。

iam-authz-server 承载了数据流的请求，需要确保 API 具有较高的性能。为了保证 API 的性能，iam-authz-server 在设计上使用了大量的缓存技术。

20.2.1 github.com/ory/ladon 包介绍

因为 iam-authz-server 资源授权是通过 `github.com/ory/ladon` 来完成的，所以为了更好地理解 iam-authz-server 的授权策略，我们先来了解 `github.com/ory/ladon` 包。

Ladon 是用 Go 语言编写的用于实现访问控制策略的库，类似于 RBAC（Role-Based Access Control，基于角色的访问控制系统）和 ACL（Access Control Lists，访问控制列表）。但是与 RBAC 和 ACL 相比，Ladon 可以实现更细粒度的访问控制，并且能够在更为复杂的环境中（例如多租户、分布式应用程序和大型组织）工作。

为了解决在特定条件下，谁能够 / 不能够对哪些资源做哪些操作的问题，Ladon 引入了授权策略。授权策略是一个有语法规范的文档，这个文档描述了谁在什么条件下能够对哪些资源做哪些操作。Ladon 可以用请求的上下文，去匹配设置的授权策略，最终判断出当前授权请求是否通过。下面是一个 Ladon 的授权策略样例：

```
{
    "description": "One policy to rule them all.",
    "subjects": ["users:<peter|ken>", "users:maria", "groups:admins"],
    "actions" : ["delete", "<create|update>"],
    "effect": "allow",
    "resources": [
        "resources:articles:<.*>",
        "resources:printer"
    ],
    "conditions": {
        "remoteIP": {
            "type": "CIDRCondition",
            "options": {
                "cidr": "192.168.0.1/16"
            }
        }
    }
}
```

策略（Policy）由若干元素构成，用来描述授权的具体信息，你可以把它们看成一组规则。其核心元素包括主题（Subject）、操作（Action）、效力（Effect）、资源（Resource）以及生效条件（Condition）。元素保留字仅支持小写，它们在描述上没有顺序要求。对于没有特定约束条件的策略，Condition 元素是可选项。具体分析如下。

- **Subject**：主题名是唯一的，代表一个授权主题。例如，ken 或者 printer-service.mydomain.com。
- **Action**：描述允许或拒绝的操作。
- **Effect**：描述策略产生的结果是“允许（allow）”还是“拒绝（deny）”。
- **Resource**：描述授权的具体数据。
- **Condition**：描述策略生效的约束条件。
- **Description**：策略的描述。

有了授权策略，我们就可以传入请求上下文，由 Ladon 来决定请求能否通过授权。下面是一个请求示例：

```
{
    "subject": "users:peter",
    "action" : "delete",
    "resource": "resources:articles:ladon-introduction",
    "context": {
        "remoteIP": "192.168.0.5"
    }
}
```

可以看到，在 `remoteIP="192.168.0.5"` 生效条件下，针对主题 `users:peter` 对资源 `resources:articles:ladon-introduction` 的 `delete` 操作，授权策略的效力

是允许的。所以 Ladon 会返回如下结果：

```
{
    "allowed": true
}
```

Ladon 支持很多生效条件，具体如表 20-2 所示。

表 20-2 Ladon 生效条件介绍

生效条件	描 述
CIDRCondition	检查传入的 key 值是否匹配 condition 所设定的 CIDR，key 值是一个 remote IP
StringEqualCondition	检查传入的 key 值是否是字符串类型，并且等于 condition 所设定的值
BooleanCondition	检查传入的 key 值是否是 bool 类型，并且等于 condition 所设定的值
StringMatchCondition	检查传入的 key 值是否匹配 condition 指定的正则规则
EqualsSubjectCondition	检查传入的 key 值是否与主题匹配
StringPairsEqualCondition	检查传入的 key 值是否包含两个元素的数组，并且数组中的两个元素是否相等
ResourceContainsCondition	检查传入的 key 值是否出现在 resource 字符串中

至于如何使用这些生效条件，你可以参考 Ladon 生效条件使用示例[⊖]。此外，Ladon 还支持自定义生效条件。

另外，Ladon 还支持授权审计，用来记录授权历史。我们可以通过在 `ladon.Ladon` 中附加一个 `ladon.AuditLogger` 来实现：

```
import "github.com/ory/ladon"
import manager "github.com/ory/ladon/manager/memory"

func main() {

    warden := ladon.Ladon{
        Manager: manager.NewMemoryManager(),
        AuditLogger: &ladon.AuditLoggerInfo{}
    }

    // ...
}
```

在上面的示例中，我们提供了 `ladon.AuditLoggerInfo`，该 `AuditLogger` 会在授权时打印调用的策略到标准错误。`AuditLogger` 是一个接口：

```
// AuditLogger 记录允许和拒绝的授权请求
type AuditLogger interface {
    LogRejectedAccessRequest(request *Request, pool Policies, deciders Policies)
    LogGrantedAccessRequest(request *Request, pool Policies, deciders Policies)
}
```

⊖ 参见 https://github.com/marmotedu/geekbang-go/blob/master/LadonCondition 使用示例 .md。

要实现一个新的 AuditLogger，你只需要实现 AuditLogger 接口就可以了。比如，我们可以实现一个 AuditLogger，将授权日志保存到 Redis 或者 MySQL 中。

Ladon 支持跟踪一些授权指标，比如 deny、allow、not match、error。你可以通过实现 ladon.Metric 接口，来对这些指标进行处理。ladon.Metric 接口定义如下：

```
// Metric 用于暴露授权指标给 Prometheus
type Metric interface {
    // RequestDeniedBy 用于记录被拒绝的授权请求
    RequestDeniedBy(Request, Policy)
    // RequestAllowedBy 用于记录被允许的授权请求
    RequestAllowedBy(Request, Policies)
    // RequestNoMatch 用于记录没有匹配到授权策略的请求
    RequestNoMatch(Request)
    // RequestProcessingError 用于记录产生未知错误的授权请求
    RequestProcessingError(Request, Policy, error)
}
```

例如，你可以通过下面的示例，将这些指标暴露给 Prometheus：

```
type prometheusMetrics struct{}

func (mtr *prometheusMetrics) RequestDeniedBy(r ladon.Request, p ladon.Policy) {}
func (mtr *prometheusMetrics) RequestAllowedBy(r ladon.Request, policies ladon.
    Policies) {}
func (mtr *prometheusMetrics) RequestNoMatch(r ladon.Request) {}
func (mtr *prometheusMetrics) RequestProcessingError(r ladon.Request, err error) {}

func main() {

    warden := ladon.Ladon{
        Manager: manager.NewMemoryManager(),
        Metric:  &prometheusMetrics{},
    }

    // ...
}
```

在使用 Ladon 的过程中，有两个地方需要注意。

- 所有检查都区分大小写，因为主题值可能是区分大小写的 ID。
- 如果 ladon.Ladon 无法将策略与请求匹配，会默认授权结果为拒绝，并返回错误。

20.2.2 iam-authz-server 使用方法介绍

前文介绍了 iam-authz-server 的资源授权功能，下面我们来了解如何使用 iam-authz-server，即如何调用 /v1/authz 接口完成资源授权。你可以通过下面的 3 个步骤完成资源授权请求。

1. 登录 iam-apiserver，创建授权策略和密钥

这一步又分为 3 个小步骤。

1）登录 iam-apiserver 系统，获取访问令牌。

```
$ token=`curl -s -XPOST -H'Content-Type: application/json' -d'{"username":"admin",
    "password":"Admin@2021"}' http://127.0.0.1:8080/login | jq -r .token`
```

2）创建授权策略。

```
$ curl -s -XPOST -H"Content-Type: application/json" -H"Authorization: Bearer $token"
    -d'{"metadata":{"name":"authztest"},"policy":{"description":"One policy to rule
    them all.","subjects":["users:<peter|ken>","users:maria","groups:admins"],
    "actions":["delete","<create|update>"],"effect":"allow","resources":["resource
    s:articles:<.*>","resources:printer"],"conditions":{"remoteIP":{"type":"CID
    RCondition","options":{"cidr":"192.168.0.1/16"}}}}}' http://127.0.0.1:8080/
    v1/policies
```

3）创建密钥，并从请求结果中提取 secretID 和 secretKey。

```
$ curl -s -XPOST -H"Content-Type: application/json" -H"Authorization: Bearer
    $token" -d'{"metadata":{"name":"authztest"},"expires":0,"description":"admin
    secret"}' http://127.0.0.1:8080/v1/secrets
{"metadata":{"id":23,"name":"authztest","createdAt":"2021-04-08T07:24:50.0716714
    22+08:00","updatedAt":"2021-04-08T07:24:50.071671422+08:00"},"username":"adm
    in","secretID":"ZuxvXNfG08BdEMqkTaP41L2DLArlE6Jpqoox","secretKey":"7Sfa5EfAP
    IwcTLGCfSvqLf0zZGCjF3l8","expires":0,"description":"admin secret"}
```

2. 生成访问 iam-authz-server 的 token

iamctl 提供了 `jwt sigin` 子命令，可以根据 secretID 和 secretKey 签发 token，非常方便。

```
$ iamctl jwt sign ZuxvXNfG08BdEMqkTaP41L2DLArlE6Jpqoox 7Sfa5EfAPIwcTLGCfSvqLf0zZ
    GCjF3l8 # iamctl jwt sign $secretID $secretKey
eyJhbGciOiJIUzI1NiIsImtpZCI6Ilp1eHZYTmZHMDhCZEVNcWtUYVA0MUwyRExBcmxFNkpwcW9veCIs
    InR5cCI6IkpXVCJ9.eyJhdWQiOiJpYW0uYXV0aHoubWFybW90ZWR1LmNvbSIsImV4cCI6MTYxNzg
    0NTE5NSwiaWF0IjoxNjE3ODM3OTk1LCJpc3MiOiJpYW1jdGwiLCJuYmYiOjE2MTc4Mzc5OTV9.za
    9yLM7lHVabPAlVQLCqXEaf8sTU6sodAsMXnmpXjMQ
```

可以通过 `iamctl jwt show <token>` 来查看 token 的内容：

```
$ iamctl jwt show eyJhbGciOiJIUzI1NiIsImtpZCI6Ilp1eHZYTmZHMDhCZEVNcWtUYVA0MUwyRE
    xBcmxFNkpwcW9veCIsInR5cCI6IkpXVCJ9.eyJhdWQiOiJpYW0uYXV0aHoubWFybW90ZWR1LmNvb
    SIsImV4cCI6MTYxNzg0NTE5NSwiaWF0IjoxNjE3ODM3OTk1LCJpc3MiOiJpYW1jdGwiLCJuYmYiO
    jE2MTc4Mzc5OTV9.za9yLM7lHVabPAlVQLCqXEaf8sTU6sodAsMXnmpXjMQ
Header:
{
    "alg": "HS256",
    "kid": "ZuxvXNfG08BdEMqkTaP41L2DLArlE6Jpqoox",
    "typ": "JWT"
}
Claims:
{
    "aud": "iam.authz.marmotedu.com",
```

```
    "exp": 1617845195,
    "iat": 1617837995,
    "iss": "iamctl",
    "nbf": 1617837995
}
```

我们生成的 token 包含下面这些信息。

- **Header**。
  - alg：生成签名的算法。
  - kid：密钥 ID。
  - typ：token 的类型，这里是 JWT。
- **Claims**。
  - aud：JWT 的 token 的接收者。
  - exp：JWT 的 token 的过期时间（UNIX 时间格式）。
  - iat：JWT 的 token 的签发时间（UNIX 时间格式）。
  - iss：签发者，因为我们是用 iamctl 工具签发的，所以这里的签发者是 iamctl。
  - nbf：JWT 的 token 的生效时间（UNIX 时间格式），默认是签发时间。

3. 调用 `/v1/authz` 接口，完成资源授权请求

请求方法如下：

```
$ curl -s -XPOST -H'Content-Type: application/json' -H'Authorization: Bearer eyJ
   hbGciOiJIUzI1NiIsImtpZCI6Ilp1eHZYTmZHMDhCZEVNcWtUYVA0MUwyRExBcmxFNkpwcW9veCI
   sInR5cCI6IkpXVCJ9.eyJhdWQiOiJpYW0uYXV0aHoubWFybW90ZWR1LmNvbSIsImV4cCI6MTYxNz
   g0NTE5NSwiaWF0IjoxNjE3ODM3OTk1LCJpc3MiOiJpYW1jdGwiLCJuYmYiOjE2MTc4Mzc5OTV9.
   za9yLM7lHVabPAlVQLCqXEaf8sTU6sodAsMXnmpXjMQ' -d'{"subject":"users:maria","ac
   tion":"delete","resource":"resources:articles:ladon-introduction","context":
   {"remoteIP":"192.168.0.5"}}' http://127.0.0.1:9090/v1/authz
{"allowed":true}
```

如果授权通过，则返回 `{"allowed":true}`。如果授权失败，则返回：

```
{"allowed":false,"denied":true,"reason":"Request was denied by default"}
```

20.3 iam-authz-server 的代码实现

接下来，我们来看一下 iam-authz-server 的具体实现，我会从配置处理、启动流程、请求处理流程和代码架构 4 个方面来讲解。

20.3.1 iam-authz-server 的配置处理

iam-authz-server 服务的 main 函数位于 /iam/cmd/iam-authz-server/`authzserver.go` 文件中，你可以跟读代码，了解 iam-authz-server 的代码实现。iam-authz-server 的服务框架设

计与 iam-apiserver 的服务框架设计一样，也有 3 种配置：Options 配置、组件配置和 HTTP 服务配置。

Options 配置见 `options.go` 文件：

```
type Options struct {
    RPCServer                string
    ClientCA                 string
    GenericServerRunOptions  *genericoptions.ServerRunOptions
    InsecureServing          *genericoptions.InsecureServingOptions
    SecureServing            *genericoptions.SecureServingOptions
    RedisOptions             *genericoptions.RedisOptions
    FeatureOptions           *genericoptions.FeatureOptions
    Log                      *log.Options
    AnalyticsOptions         *analytics.AnalyticsOptions
}
```

和 iam-apiserver 相比，iam-authz-server 多了 `AnalyticsOptions`，用来配置 iam-authz-server 内的 Analytics 服务，Analytics 服务会将授权日志异步写入 Redis 中。

iam-apiserver 和 iam-authz-server 共用了 `GenericServerRunOptions`、`InsecureServing`、`SecureServing`、`FeatureOptions`、`RedisOptions`、`Log` 等配置。所以，我们只需要用简单的几行代码，就可以将很多配置项都引入 iam-authz-server 的命令行参数中，这也是命令行参数分组带来的好处：批量共享。

20.3.2 iam-authz-server 启动流程

接下来，我们来详细看下 iam-authz-server 的启动流程。

iam-authz-server 的启动流程也和 iam-apiserver 基本保持一致。二者比较大的不同在于 `Options` 参数配置和应用初始化内容不同。另外，与 iam-apiserver 相比，iam-authz-server 只提供了 RESTful API 服务。启动流程如图 20-2 所示。

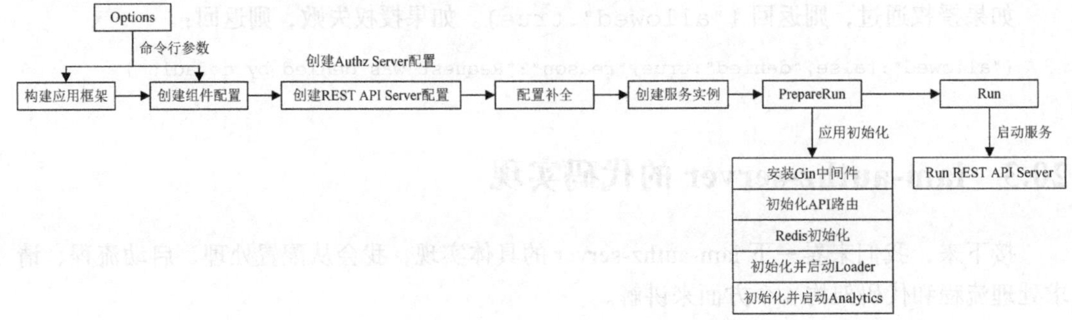

图 20-2 iam-authz-server 启动流程

20.3.3 iam-authz-server 的 RESTful API 请求处理流程

iam-authz-server 的请求处理流程也是清晰、规范的，具体如图 20-3 所示。

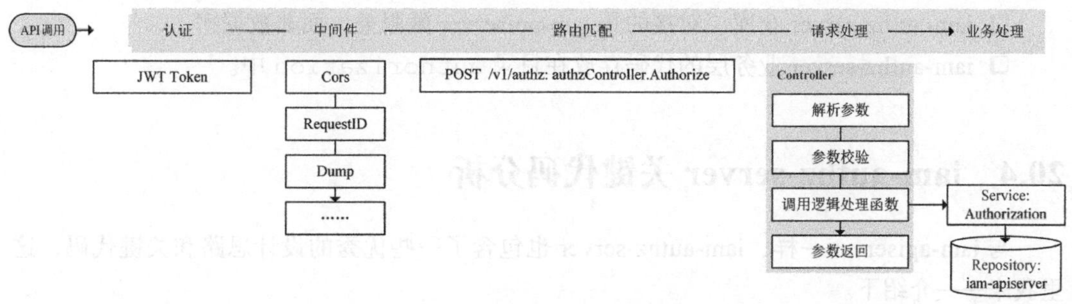

图 20-3 iam-authz-server 请求处理流程

首先，我们通过 API 调用（`<HTTP Method>` + `<HTTP Request Path>`）请求 iam-authz-server 提供的 RESTful API `POST /v1/authz`。

接着，Gin Web 框架接收到 HTTP 请求之后，会通过认证中间件完成请求的认证。iam-authz-server 采用了 Bearer 认证方式。

然后，请求会被我们加载的一系列中间件所处理，例如跨域、RequestID、Dump 等中间件。

最后，根据 `<HTTP Method>` + `<HTTP Request Path>` 进行路由匹配。比如，我们请求的 RESTful API 是 `POST /v1/authz`，Gin Web 框架会根据 `HTTP Method` 和 `HTTP Request Path`，查找注册的 Controller，最终匹配到 `authzController.Authorize` 创建的 Controller。在给 Controller 授权时，会先解析请求参数，接着校验请求参数、调用业务层的方法进行资源授权，最后处理业务层的返回结果，并返回最终的 HTTP 请求结果。

20.3.4 iam-authz-server 的代码架构

iam-authz-server 的代码设计和 iam-apiserver 一样，遵循简洁架构设计原则。iam-authz-server 的代码架构也分为 4 层，分别是模型层（Model）、控制层（Controller）、业务层（Service）和仓库层（Repository）。从控制层、业务层到仓库层，层级依次加深。模型层独立于其他层，可供其他层引用，如图 20-4 所示。

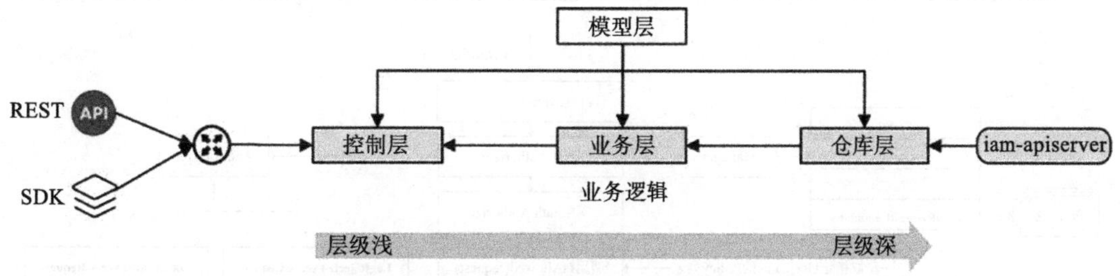

图 20-4 iam-authz-server 代码架构

iam-authz-server 和 iam-apiserver 的代码架构有 3 点不同。

- ❑ iam-authz-server 客户端不支持前端和命令行。

- ❑ iam-authz-server 仓库层对接的是 iam-apiserver 微服务，而非数据库。
- ❑ iam-authz-server 业务层的代码存放在目录 `authorization` 中。

20.4 iam-authz-server 关键代码分析

与 iam-apiserver 一样，iam-authz-server 也包含了一些优秀的设计思路和关键代码，这里我来一一介绍下。

20.4.1 资源授权

先来看一下 iam-authz-server 是如何实现资源授权的。

我们可以调用 iam-authz-server 的 `/v1/authz` API，实现资源的访问授权。`/v1/authz` 对应的 controller 方法是 `Authorize`：

```
func (a *AuthzController) Authorize(c *gin.Context) {
    var r ladon.Request
    if err := c.ShouldBind(&r); err != nil {
        core.WriteResponse(c, errors.WithCode(code.ErrBind, err.Error()), nil)

        return
    }

    auth := authorization.NewAuthorizer(authorizer.NewAuthorization(a.store))
    if r.Context == nil {
        r.Context = ladon.Context{}
    }

    r.Context["username"] = c.GetString("username")
    rsp := auth.Authorize(&r)

    core.WriteResponse(c, nil, rsp)
}
```

该函数使用 `github.com/ory/ladon` 包进行资源访问授权，授权流程如图 20-5 所示。

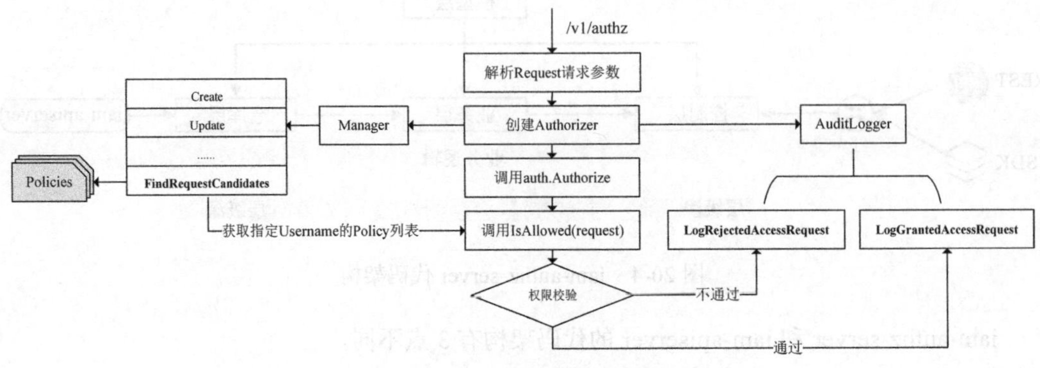

图 20-5 资源访问授权流程

具体分为以下几个步骤。

1）解析请求。

在Authorize方法中调用c.ShouldBind(&r)，将API请求参数解析到ladon.Request类型的结构体变量中。

2）创建访问授权实例。

调用authorization.NewAuthorizer函数，该函数会创建并返回包含Manager和AuditLogger字段的Authorizer类型的变量。Manager包含一些函数，比如Create、Update和FindRequestCandidates等，用来对授权策略进行增删改查。AuditLogger包含LogRejectedAccessRequest和LogGrantedAccessRequest函数，分别用来记录被拒绝的授权请求和被允许的授权请求，并作为审计数据使用。

3）进行访问授权。

调用auth.Authorize函数，对请求进行访问授权。auth.Authorize函数内容如下：

```
func (a *Authorizer) Authorize(request *ladon.Request) *authzv1.Response {
    log.Debug("authorize request", log.Any("request", request))

    if err := a.warden.IsAllowed(request); err != nil {
        return &authzv1.Response{
            Denied: true,
            Reason: err.Error(),
        }
    }

    return &authzv1.Response{
        Allowed: true,
    }
}
```

该函数会调用a.warden.IsAllowed(request)完成资源访问授权。IsAllowed函数会调用FindRequestCandidates(r)查询所有的策略列表。注意，我们只需要查询请求用户的policy列表。在Authorize函数中，我们将username存入ladon Request的context中：

```
r.Context["username"] = c.GetHeader("username")
```

在FindRequestCandidates函数中，我们可以从Request中取出username，并根据username查询缓存中的policy列表。FindRequestCandidates实现如下：

```
func (m *PolicyManager) FindRequestCandidates(r *ladon.Request) (ladon.Policies, error) {
    username := ""

    if user, ok := r.Context["username"].(string); ok {
        username = user
    }

    policies, err := m.client.List(username)
```

```
        if err != nil {
            return nil, errors.Wrap(err, "list policies failed")
        }

        ret := make([]ladon.Policy, 0, len(policies))
        for _, policy := range policies {
            ret = append(ret, policy)
        }

        return ret, nil
    }
```

IsAllowed 函数代码如下：

```
func (l *Ladon) IsAllowed(r *Request) (err error) {
    policies, err := l.Manager.FindRequestCandidates(r)
    if err != nil {
        go l.metric().RequestProcessingError(*r, nil, err)
        return err
    }

    return l.DoPoliciesAllow(r, policies)
}
```

IsAllowed 会调用 DoPoliciesAllow(r, policies) 函数进行权限校验。如果权限校验不通过（请求在指定条件下不能够对资源做指定操作），就调用 LogRejectedAccessRequest 函数记录被拒绝的请求，并返回值为非 nil 的 error，error 中记录了授权失败的错误信息。如果权限校验通过，则调用 LogGrantedAccessRequest 函数记录被允许的请求，并返回值为 nil 的 error。

为了降低请求延时，LogRejectedAccessRequest 和 LogGrantedAccessRequest 会将授权记录存储在 Redis 中，之后由 iam-pump 进程读取 Redis，并将授权记录持久化存储在 MongoDB 中。

20.4.2 缓存设计

iam-authz-server 主要用于资源访问授权，属于数据流的组件，对接口访问性能有比较高的要求，所以采用了缓存机制，如图 20-6 所示。

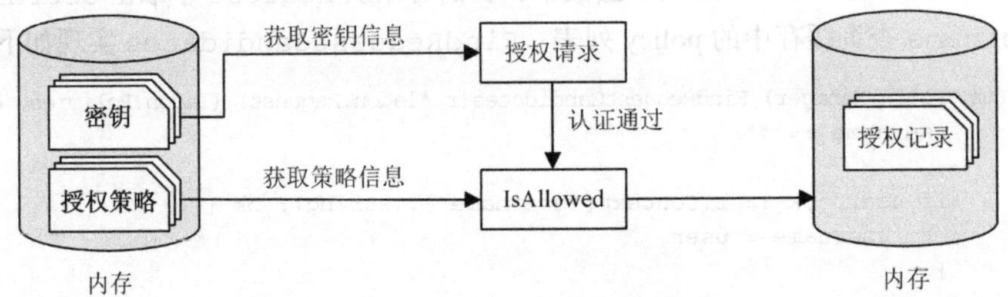

图 20-6 iam-authz-server 缓存设计

iam-authz-server 组件通过缓存密钥和授权策略信息到内存中，加快了密钥和授权策略的查询速度；通过缓存授权记录到内存中，提高了授权数据的写入速度，从而大大降低了授权请求接口的延时。

上面的缓存机制用到了 Redis key-value 存储，所以在 iam-authz-server 初始化阶段，需要先建立 Redis 连接（位于 `initialize` 函数中）：

```
go storage.ConnectToRedis(ctx, s.buildStorageConfig())
```

上述代码会维护一个 Redis 连接，如果 Redis 连接断掉，会尝试重新连接。这种方式可以使我们在调用 Redis 接口进行数据读写时，不用考虑连接断开的问题。

接下来，我们就来详细看看 iam-authz-server 是如何实现缓存机制的。

先来看密钥和策略缓存。

iam-authz-server 通过 load 包来完成密钥和策略的缓存。iam-authz-server 在进程启动时，会创建并启动一个 Load 服务（位于 `initialize` 函数中）：

```
load.NewLoader(ctx, cacheIns).Start()
```

再来创建 Load 服务。我们在创建 Load 服务时，传入了 `cacheIns` 参数。`cacheIns` 是一个实现了 `Loader` 接口的实例：

```
type Loader interface {
    Reload() error
}
```

然后启动 Load 服务。通过 Load 实例的 `Start` 方法来启动 Load 服务：

```
func (l *Load) Start() {
    go startPubSubLoop()
    go l.reloadQueueLoop()
    go l.reloadLoop()
    l.DoReload()
}
```

`Start` 函数先启动了 3 个协程，再调用 `l.DoReload()` 完成一次密钥和策略的同步：

```
func (l *Load) DoReload() {
    l.lock.Lock()
    defer l.lock.Unlock()

    if err := l.loader.Reload(); err != nil {
        log.Errorf("faild to refresh target storage: %s", err.Error())
    }

    log.Debug("refresh target storage succ")
}
```

前文提到，创建 Load 服务时，传入的 `cacheIns` 实例是一个实现了 `Loader` 接口的实例，所以在 DoReload 方法中，我们可以直接调用 Reload 方法。cacheIns 的 Reload 方法会从 iam-apiserver 中同步密钥和策略信息到 iam-authz-server 缓存中。

我们再来看看 startPubSubLoop、reloadQueueLoop、reloadLoop 这 3 个 Go 协程分别完成了什么功能。

1）startPubSubLoop 协程。

startPubSubLoop 函数通过 StartPubSubHandler[⊖] 函数，订阅 Redis 的 iam.cluster.notifications 通道，并注册一个回调函数：

```
func(v interface{}) {
    handleRedisEvent(v, nil, nil)
}
```

handleRedisEvent 函数会将消息解析为 Notification 类型的消息，并判断 Command 的值。如果是 NoticePolicyChanged 或 NoticeSecretChanged，则会向 reloadQueue channel 中写入一个回调函数。因为我们不需要用回调函数做任何事情，所以这里将回调函数设为 nil。reloadQueue 的作用是告诉程序，需要完成一次密钥和策略的同步。

2）reloadQueueLoop 协程。

reloadQueueLoop 函数会监听 reloadQueue，当发现有新的消息（这里是回调函数）写入时，会实时将消息缓存到 requeue 切片中，代码如下：

```
func (l *Load) reloadQueueLoop(cb ...func()) {
    for {
        select {
        case <-l.ctx.Done():
            return
        case fn := <-reloadQueue:
            requeueLock.Lock()
            requeue = append(requeue, fn)
            requeueLock.Unlock()
            log.Info("Reload queued")
            if len(cb) != 0 {
                cb[0]()
            }
        }
    }
}
```

3）reloadLoop 协程。

通过 reloadLoop 函数启动一个 timer 定时器，每隔 1 秒检查 1 次 requeue 切片是否为空，如果不为空，则调用 l.DoReload 方法，从 iam-apiserver 中拉取密钥和策略，并缓存在内存中。

⊖ 参见 https://github.com/marmotedu/iam/blob/v1.6.2/pkg/storage/redis_cluster.go。

密钥和策略的缓存模型如图 20-7 所示。

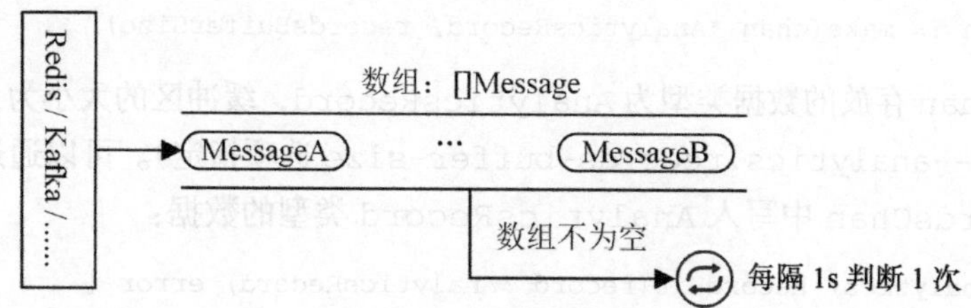

图 20-7 密钥和策略缓存模型

密钥和策略缓存的具体流程如下。

接收上游消息（这里是从 Redis 中接收），将消息缓存到切片或者带缓冲的通道中，并启动一个消费协程去消费这些消息。这里的消费协程是 reloadLoop，reloadLoop 会每隔 1s 判断 1 次 requeue 切片是否长度为 0，如果不为 0，则执行 l.DoReload() 缓存密钥和策略。

讲完了密钥和策略缓存，再来看授权日志缓存。在启动 iam-authz-server 时，iam-authz-server 还会启动一个 Analytics 服务，代码如下（位于 internal/authzserver/server.go 文件中）：

```
if s.analyticsOptions.Enable {
    analyticsStore := storage.RedisCluster{KeyPrefix: RedisKeyPrefix}
    analyticsIns := analytics.NewAnalytics(s.analyticsOptions, &analyticsStore)
    analyticsIns.Start()
}
```

NewAnalytics 函数会根据配置，创建一个 Analytics 实例：

```
func NewAnalytics(options *AnalyticsOptions, store storage.AnalyticsHandler)
    *Analytics {
    ps := options.PoolSize
    recordsBufferSize := options.RecordsBufferSize
    workerBufferSize := recordsBufferSize / uint64(ps)
    log.Debug("Analytics pool worker buffer size", log.Uint64("workerBufferSize",
        workerBufferSize))

    recordsChan := make(chan *AnalyticsRecord, recordsBufferSize)

    analytics = &Analytics{
        store:                       store,
        poolSize:                    ps,
        recordsChan:                 recordsChan,
        workerBufferSize:            workerBufferSize,
        recordsBufferFlushInterval: options.FlushInterval,
    }

    return analytics
}
```

上述代码创建了一个带缓冲的 recordsChan：

```
recordsChan := make(chan *AnalyticsRecord, recordsBufferSize)
```

recordsChan 存放的数据类型为 AnalyticsRecord，缓冲区的大小为 recordsBufferSize（通过 --analytics.records-buffer-size 选项指定）。可以通过 RecordHit 函数，向 recordsChan 中写入 AnalyticsRecord 类型的数据：

```
func (r *Analytics) RecordHit(record *AnalyticsRecord) error {
    // 检查是否应该停止记录授权日志
    if atomic.LoadUint32(&r.shouldStop) > 0 {
        return nil
    }

    // 将这些授权日志发送到 recordsChan，然后由 work 消费（处理后保存到 Redis 中）这些日志
    r.recordsChan <- record

    return nil
}
```

iam-authz-server 是通过调用 LogGrantedAccessRequest 和 LogRejectedAccessRequest 函数来记录授权日志的。在记录授权日志时，它会将授权日志写入 recordsChan channel 中。LogGrantedAccessRequest 函数代码如下：

```
func (auth *Authorization) LogGrantedAccessRequest(r *ladon.Request, p ladon.
    Policies, d ladon.Policies) {
    conclusion := fmt.Sprintf("policies %s allow access", joinPoliciesNames(d))
    rstring, pstring, dstring := convertToString(r, p, d)
    record := analytics.AnalyticsRecord{
        TimeStamp:  time.Now().Unix(),
        Username:   r.Context["username"].(string),
        Effect:     ladon.AllowAccess,
        Conclusion: conclusion,
        Request:    rstring,
        Policies:   pstring,
        Deciders:   dstring,
    }

    record.SetExpiry(0)
    _ = analytics.GetAnalytics().RecordHit(&record)
}
```

如上述代码所示，创建 AnalyticsRecord 类型的结构体变量，并调用 RecordHit 将变量的值写入 recordsChan channel 中。这里将授权日志写入 recordsChan channel 中，而不是直接写入 Redis 中，可以大大减少写入延时，减少接口的响应延时。

还有一个 worker 协程从 recordsChan 中读取数据，并在数据达到一定阈值之后，批量写入 Redis 中。在 Start 函数中，我们创建了一批 worker，worker 个数可以通过 --analytics.pool-size 来指定。Start 函数内容如下：

```
func (r *Analytics) Start() {
    r.store.Connect()

    // 启动工作池
    atomic.SwapUint32(&r.shouldStop, 0)
    for i := 0; i < r.poolSize; i++ {
        r.poolWg.Add(1)
        go r.recordWorker()
    }
}
```

上述代码通过 `go r.recordWorker()` 创建了数量为 `poolSize` 的 `recordWorker`（worker）。`recordWorker` 函数会从 `recordsChan` 中读取授权日志并存入 `recordsBuffer` 中，`recordsBuffer` 的大小为 `workerBufferSize`，`workerBufferSize` 的计算公式为：

```
ps := options.PoolSize
recordsBufferSize := options.RecordsBufferSize
workerBufferSize := recordsBufferSize / uint64(ps)
```

其中，`options.PoolSize` 由命令行参数 `--analytics.pool-size` 指定，代表 worker 的个数，默认为 50；`options.RecordsBufferSize` 由命令行参数 `--analytics.records-buffer-size` 指定，代表缓存的授权日志消息数。也就是说，我们将把缓存的记录平均分配给所有的 worker。

当 `recordsBuffer` 存满或者达到投递最大时间后，调用 `r.Store.AppendToSetPipelined(analyticsKeyName, recordsBuffer)` 将记录批量发送给 Redis。为了提高传输速率，这里将日志内容编码为 msgpack 格式后再传输。

上面的缓存方法可以抽象成一个缓存模型，以适应实际开发中的大部分需要异步转存的场景，如图 20-8 所示。

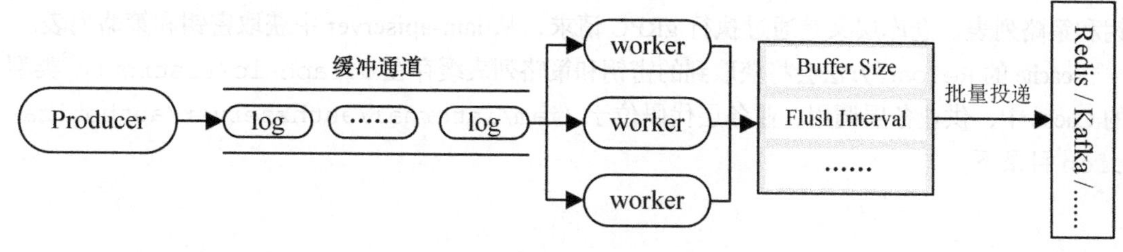

图 20-8 授权日志缓存模型

Producer 将数据投递到带缓冲的通道中，后端有多个 worker 消费通道中的数据，并进行批量投递。你可以设置批量投递的条件，一般至少要包含最大投递日志数和最大投递时间间隔这两个。

通过以上缓冲模型，我们可以将日志转存的时延降到最低。

20.4.3 数据一致性

前文介绍了 iam-authz-server 的 `/v1/authz` 接口，为了最大化地提高性能，该接口采用了大量的缓存设计。因为数据会分别在持久化存储和内存中存储一份，可能导致数据不一致的情况。所以，我们也要确保缓存中的数据和数据库中的数据是一致的。数据一致性架构如图 20-9 所示。

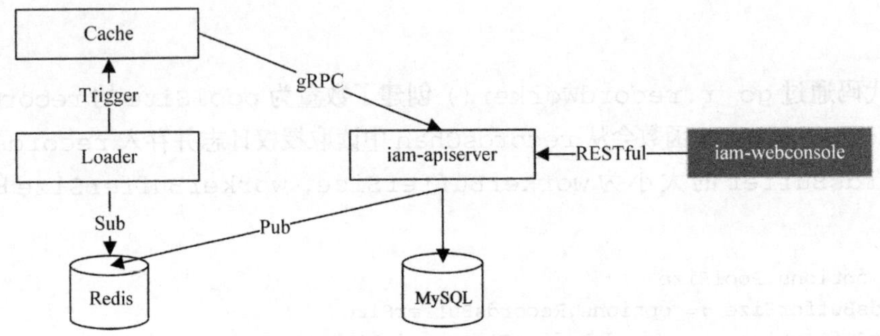

图 20-9 iam-authz-server 数据一致性方案

密钥和策略同步流程如下：

1）通过 iam-webconsole 请求 iam-apiserver 创建（或更新、删除）密钥（或策略）。

2）iam-apiserver 收到“写”请求后，会向 Redis `iam.cluster.notifications` channel 发送 `PolicyChanged` 或 `SecretChanged` 消息。

3）Loader 收到消息后，会触发 `Reload` 方法，重新从 iam-apiserver 中同步密钥和策略信息。

Loader 不会关心 `Reload` 方法的具体实现，只会在收到指定消息时，执行 `Reload` 方法。通过这种方式，可以实现不同的缓存策略。

cache 实例的 `Reload` 方法其实是调用仓库层 `Secret` 和 `Policy` 的 `List` 方法来获取密钥和策略列表。仓库层又是通过执行 gRPC 请求，从 iam-apiserver 中获取密钥和策略列表。

cache 的 `Reload` 方法会将获取到的密钥和策略列表缓存在 `dgraph-io/ristretto`[⊖] 类型的 Cache 中，供业务层调用。业务层代码位于 `/iam/internal/authzserver/authorization` 目录下。

20.5 本章总结

本章介绍了 5 种常见的权限模型。其中，ACL 最简单，ABAC 最复杂，但是功能最强大，也最灵活。RBAC 则介于二者之间。对于一些云计算厂商来说，因为它们面临的授权场景复杂多样，需要一个非常强大的授权模型，所以腾讯云、阿里云和 AWS 等云厂商普遍

⊖ 参见 https://github.com/dgraph-io/ristretto。

采用了 ABAC 模型。

如果你的资源授权需求不复杂，可以考虑 RBAC；如果你需要一个能满足复杂场景的资源授权系统，建议选择 ABAC，ABAC 的设计思路可以参考腾讯云的 CAM、阿里云的 RAM 和 AWS 的 IAM。另外，如果你想深入了解权限模型如何具体落地，建议阅读 Casbin 源码。

本章还介绍了 IAM 数据流服务 iam-authz-server 的设计和实现。iam-authz-server 提供了 `/v1/authz` RESTful API，供第三方用户完成资源授权功能。该接口是使用 Ladon 包来完成资源授权的。Ladon 包解决了“**在特定的条件下，谁能够 / 不能够对哪些资源做哪些操作**”的问题。

iam-authz-server 的配置处理、启动流程和请求处理流程与 iam-apiserver 相同。此外，iam-authz-server 也实现了简洁架构。iam-authz-server 通过缓存密钥和策略信息、缓存授权日志来提高 `/v1/authz` 接口的性能。iam-authz-server 执行完资源授权之后，会将授权日志存放在一个带缓冲的通道中。后端有多个 worker 消费通道中的数据，并进行批量投递。可以设置批量投递的条件，例如最大投递日志数和最大投递时间间隔。

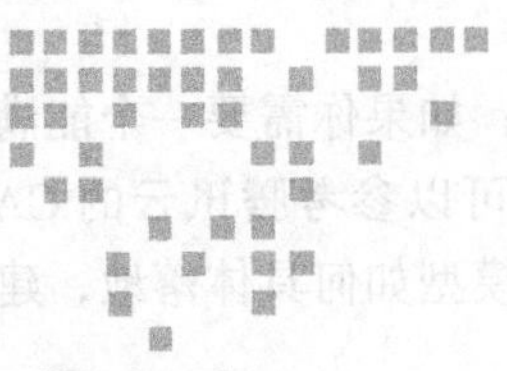

Chapter 21 第21章

IAM Pump服务构建

一个大型应用为了后期的排障、运营等工作需要，会将一些请求数据保存在存储系统中，供日后使用。例如：应用将请求日志保存到Elasticsearch中，方便排障；网关将API请求次数、请求消息体等数据保存在数据库中，供控制台查询展示。

为了满足这些需求，我们需要进行数据采集。数据采集在大型应用中很常见，但我发现不少开发者设计的数据采集服务通常会存在下面这些问题。

- 采集服务只针对某个采集需求进行开发，如果采集需求发生变化，我们就需要修改主代码逻辑，而代码改动势必会带来潜在的Bug，也会增加开发和测试工作量。
- 数据采集服务会导致已有的服务请求延时变长。
- 采集数据性能差，需要较长时间才能采集完一批数据。
- 启停服务时，会导致采集的数据丢失。

本章就来详细讲解如何设计和落地一个数据采集服务，以解决上面这些问题。

> 提示 本章代码存放在/iam/internal/pump目录中。iam-pump配置文件为/iam/configs/iam-pump.yaml。

21.1 数据采集方式的分类

首先，你需要知道当前数据采集有哪些方式，以更好地理解数据处理方案。

目前，数据采集主要有两种方式，分别是同步采集和异步采集。二者的概念和优缺点如表21-1所示。

表 21-1 同步采集和异步采集的概念与优缺点

	概 念	优 点	缺 点
同步采集	数据同步实时地上报给目标系统，例如 MySQL、Elasticsearch、Prometheus 等	数据实时上报，采集逻辑较异步采集简单	增加应用程序的请求延时，影响应用程序性能
异步采集	数据异步上报给目标系统，例如 MySQL、Elasticsearch、Prometheus 等	几乎不会对应用程序的性能产生影响	数据上报有延时，采集逻辑较同步采集复杂

现代应用对性能的要求越来越高，而异步采集对应用程序的性能影响更小，因此异步采集更受开发者欢迎，并得到了大规模的应用。接下来，我要介绍的 IAM Pump 服务采用的就是异步采集的方式。

21.2 数据采集系统设计

本节采用理论 + 实战的方式来展示如何设计一个数据采集服务，这里先介绍数据采集的理论知识，后面会介绍具体的实战案例。

在过往的项目开发中，我发现很多开发人员在添加了数据采集功能后，因为同步上报数据、单线程、上报逻辑不对等原因，让整个应用程序的性能受到了严重影响。那么，如何在采集过程中不影响程序的性能呢？答案就是让数据采集模型化，这样可以使设计出来的采集系统功能更加通用，更能满足未来的很多同类需求，而无须重复开发。

下面将详细介绍如何将数据采集功能模型化，以及该模型是如何解决上面说的各种问题的。

21.2.1 设计时需要解决的核心问题

采集系统首先需要一个数据源 Input，Input 可以是一个或者多个，Input 中的数据来自应用程序上报。采集后的数据通常需要经过处理，比如格式化、增删字段、过滤无用的数据等，然后将处理后的数据存储到下游系统 Output 中，如图 21-1 所示。

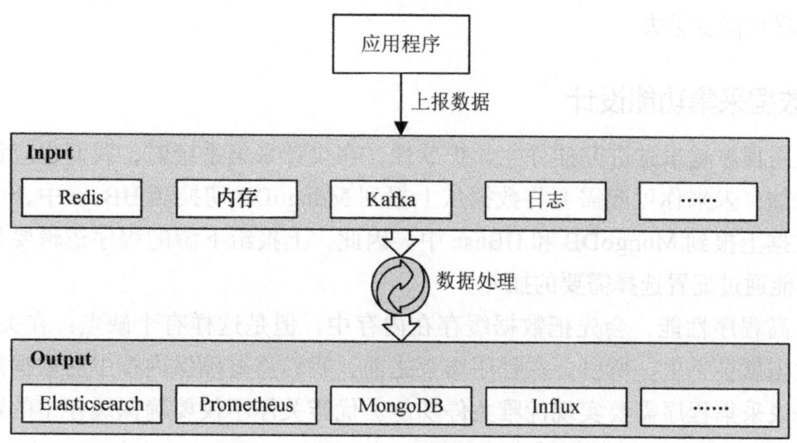

图 21-1 数据采集的 Input 与 Output

这里，我们需要解决3个核心问题：

- 进行数据采集就需要在正常流程中多加一个上报数据环节，这势必会影响程序的性能。那么，如何让程序的性能损失最小化呢？
- 如果Input产生数据的速度大于Output的消费速度，产生数据堆积怎么办呢？
- 数据采集后需要存储到下游系统。在存储之前，我们可能需要对数据进行不同的处理，并存储到不同的下游系统，这种可变的需求如何满足呢？

要解决程序性能损失最小化这个问题，最好的方法是异步上报。如果是异步，我们需要先把数据缓存在内存中，再异步上报到目标系统中。当然，为了提高上报的效率，可以采用批量上报的方式。

要解决数据堆积这个问题，比较好的方法是，将采集的数据先上报到一些具有高吞吐量、可以存储大量数据的中间组件（比如Kafka、Redis）中。这种方法也是业界标准的处理方法。

要解决采集需求多样化这个问题，采集程序需做到插件化、可扩展，以满足可变的需求。

综上所述，要解决这3个问题，其实就涉及数据采集系统中两个功能的设计，即数据上报功能和数据采集功能。接下来我们就来看看如何设计这两个功能。

21.2.2 数据上报功能设计

为了提高异步上报的吞吐量，你可以将数据缓存在内存中（Go中可以使用有缓冲的通道），并使用多个worker去消费内存中的数据，以充分发挥CPU的多核能力。另外，在上报给下游系统时，你也可以采用批量上报的方式。这样不仅可以提高数据的吞吐量，也可以减小下游系统的QPS压力。

在实际项目开发中，我们要结合实际情况设计合理的worker个数和批量上报数据的条数，通常可以将这些指标设计成配置项，通过配置文件灵活配置。

另外，我们也要考虑程序重启、数据堆积等异常场景，以确保数据在这些异常场景下不丢失或者尽可能少丢失。

21.2.3 数据采集功能设计

现代应用程序越来越讲究插件化、扩展性，在设计采集系统时，我们也应该考虑未来的需求。比如，未来你可能需要将数据从上报到MongoDB切换到HBase中，或者可能需要同时将数据上报到MongoDB和HBase中。因此，上报给下游的程序逻辑要具有插件化的能力，并能通过配置选择需要的插件。

为了提高程序性能，会先把数据缓存在内存中。但是这样有个缺点：在关停程序时，内存中的数据就会丢失。所以，在程序结束之前，我们需要确保内存中的数据能够上报成功，也就是说采集程序需要实现优雅关停功能。优雅关停不仅要确保缓存中的数据被成功上报，还要确保正在处理的数据被成功上报。

当然，既然是数据采集，还要能够配置采集的频率。最后，因为采集程序通常是非API类型的，所以还需要对外暴露一个特殊的API，用来返回采集程序的健康状态。

21.2.4 数据采集应用模型

通过上面的分析和设计，我们可以绘制出一个数据采集模型，如图21-2所示。

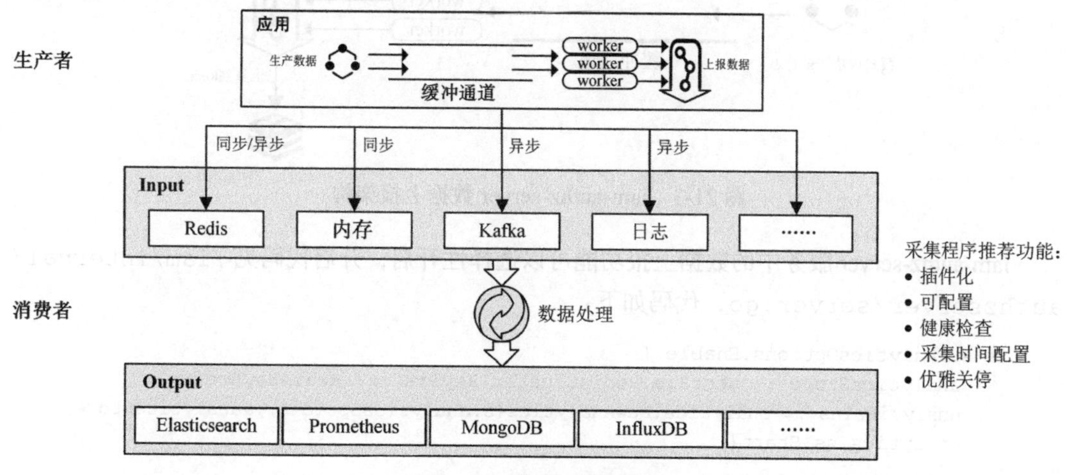

图21-2 数据采集模型

异步上报需要额外的异步逻辑，会增加开发工作量和程序复杂度。所以，对一些Input数据生产速度小于Output消费速度，并且Output具有高吞吐量、低延时特性的场景，也可以采用同步上报，例如同步上报给Redis。

21.3 数据采集系统落地项目：iam-authz-server + iam-pump

前文介绍了数据采集系统的架构，但是只有模型和理论，还不足以满足你对数据采集程序的开发需求。所以，接下来我将介绍如何落地上面的数据采集架构。整个架构包括两部分，分别由不同的服务实现。

- **iam-authz-server**：实现数据上报功能。
- **iam-pump**：实现数据采集功能。

整个采集系统的架构与21.2节中描述的数据采集架构完全一致，这里不再重复说明。

21.3.1 iam-authz-server：数据上报设计

数据上报的最大难点就是如何减少上报逻辑对应用性能的影响。解决思路就是异步上报数据。

接下来我会介绍iam-authz-server的数据上报设计。这是一个非常成熟的设计，在我所开发和了解的项目中被大量采用，有些项目可以承载十亿级/天的请求量。通过这个设计，我们来看看异步上报的具体方法，以及上报过程中要考虑的因素。

iam-authz-server 的数据上报架构如图 21-3 所示。

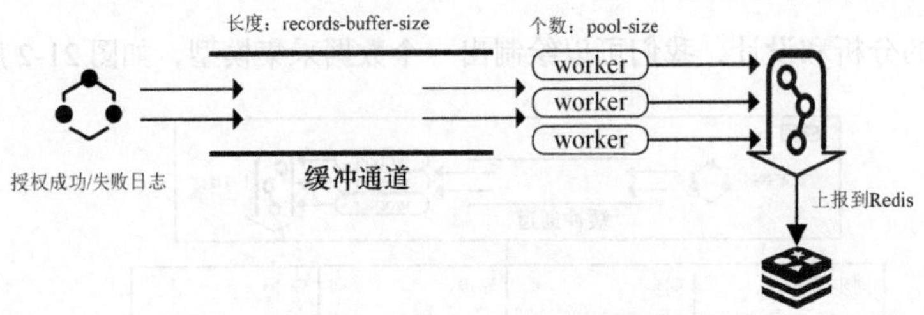

图 21-3 iam-authz-server 数据上报架构

iam-authz-server 服务中的数据上报功能可以选择性开启，开启代码见 `/iam/internal/authzserver/server.go`，代码如下：

```
if s.analyticsOptions.Enable {
    analyticsStore := storage.RedisCluster{KeyPrefix: RedisKeyPrefix}
    analyticsIns := analytics.NewAnalytics(s.analyticsOptions, &analyticsStore)
    analyticsIns.Start()
}
```

如上述代码所示，当 `s.analyticsOptions.Enable` 为 `true` 时，开启数据上报功能。因为数据上报会影响程序的性能，而且在未来可能会存在禁掉数据上报功能的场景，所以在设计 iam-authz-server 时，把数据上报功能做成了可配置的，通过配置文件来启用/禁用该功能。配置方式也很简单：将 `iam-authz-server.yaml`（`/iam/configs/iam-authz-server.yaml`）的 `analytics.enable` 设置为 `true`，代表开启数据上报功能；设置为 `false`，则代表关闭数据上报功能。

建议在设计程序时，将未来的可能变量考虑进去，并将这些变量做成可配置的。这样，如果哪天需求发生变化，修改配置文件即可。这种方式可以将应用程序的变动限制在配置文件中，从而大大降低现网服务出现故障的概率，做到只变更配置文件就可以缩短发布变更的周期。

在上面的代码中，我们通过 `NewAnalytics` 创建了一个数据上报服务，该服务的代码如下：

```
func NewAnalytics(options *AnalyticsOptions, store storage.AnalyticsHandler) *Analytics {
    ps := options.PoolSize
    recordsBufferSize := options.RecordsBufferSize
    workerBufferSize := recordsBufferSize / uint64(ps)
    log.Debug("Analytics pool worker buffer size", log.Uint64("workerBufferSize",
        workerBufferSize))

    recordsChan := make(chan *AnalyticsRecord, recordsBufferSize)

    return &Analytics{
        store:                  store,
```

```
        poolSize:                    ps,
        recordsChan:                 recordsChan,
        workerBufferSize:            workerBufferSize,
        recordsBufferFlushInterval: options.FlushInterval,
    }
}
```

如上述代码所示，根据传入的参数，创建 `Analytics` 类型的变量并返回。变量中有 5 个字段需要关注。

- **store**：`storage.AnalyticsHandler`[⊖]接口类型，提供了 `Connect() bool` 和 `AppendToSetPipelined(string, byte)` 函数，分别用来连接和上报数据给存储系统。iam-authz-server 使用了 Redis。
- **recordsChan**：授权日志会缓存在有缓冲的通道中，其长度可以通过 `iam-authz-server.yaml` 配置文件中的 `analytics.records-buffer-size` 配置。
- **poolSize**：指定开启 worker 的个数，也就是开启多少个 Go 协程来消费 `recordsChan` 中的消息。
- **workerBufferSize**：批量投递给下游系统的消息数。批量投递可以进一步提高消费能力、减少 CPU 消耗。
- **recordsBufferFlushInterval**：设置最迟多久投递一次，也就是投递数据的超时时间。

建议根据部署机器的 CPU 和内存来配置 `analytics.ecords-buffer-size` 和 `analytics.pool-size`。在应用真正上线前，建议你进行压力和负载测试来配置一个合适的值。

Analytics 实例提供了 3 种方法。

- **Start()**：用来启动数据上报服务。
- **Stop()**：用来关停数据上报服务。主程序在收到系统的终止命令后，会调用 `Stop` 方法优雅关停数据上报服务，确保缓存中的数据都上报成功。
- **RecordHit(record *AnalyticsRecord) error**：用来记录 `AnalyticsRecord` 的数据。

通过 `NewXxx`（`NewAnalytics`）返回一个 `Xxx`（`Analytics`）类型的结构体。`Xxx`（`Analytics`）类型带有一些方法，具体如下：

```
func NewAnalytics(options) *Analytics {
    ...
}

func (r *Analytics) Start() {
    ...
}
func (r *Analytics) Stop() {
    ...
}
```

⊖ 参见 https://github.com/marmotedu/iam/blob/v1.6.2/pkg/storage/storage.go。

```
func (r *Analytics) RecordHit(record *AnalyticsRecord) error {
    ...
}
```

上述代码段采用了一种常见的 Go 代码编写方式 / 设计模式。你在以后的开发生涯中会经常遇到这种设计模式。使用这种设计模式有下面两个好处。

- **功能模块化**：将数据上报的功能封装成一个服务模块，数据和方法都围绕着 `Xxx` 结构体来展开。这与 C++、Java、Python 的类有很多相似的地方，你可以这么理解：`Xxx` 相当于类，`NewXxx` 相当于初始化一个类实例，`Start`、`Stop`、`RecordHit` 是这个类提供的方法。功能模块化可以使程序逻辑更加清晰，功能更独立、更好维护，也可以供其他应用使用。
- **方便数据传递**：可以将数据存放在 `Xxx` 结构体字段中，供不同的方法共享使用。如果有并发、数据共享时，注意要给非并发安全的类型加锁，例如 `recordsChan`。

接下来，我会介绍 iam-authz-server 服务中与数据上报相关的三部分核心代码，分别是启动数据上报服务、异步上报授权日志和优雅关停数据上报。

21.3.2 启动数据上报服务

在服务启动时，首先要启动数据上报功能模块。通过调用 `analyticsIns.Start()`[⊖] 启动数据上报服务，代码如下：

```
func (r *Analytics) Start() {
    analytics = r
    r.store.Connect()

    // 启动工作池
    atomic.SwapUint32(&r.shouldStop, 0)
    for i := 0; i < r.poolSize; i++ {
        r.poolWg.Add(1)
        go r.recordWorker()
    }

    // 停止日志清洗 analytics workers
    go r.Stop()
}
```

> **注意** 数据上报和数据采集都大量应用了 Go 协程来并发地执行操作，为了防止潜在的并发读写引起的 Bug，建议你在测试程序编译时加上 `-race`，例如 `go build -race cmd/iam-authz-server/authzserver.go`。然后，在测试过程中观察程序日志，看有无并发问题出现。

`Start` 会开启 `poolSize` 个数的 worker 协程，这些协程共同消费 `recordsChan` 中

⊖ 参见 https://github.com/marmotedu/iam/blob/v1.6.2/internal/authzserver/analytics/analytics.go。

的消息，消费逻辑参见 recordWorker 函数，该函数代码见代码清单 21-1。

代码清单 21-1 recordWorker 函数代码

```
func (r *Analytics) recordWorker() {
    defer r.poolWg.Done()

        // 这是向 Redis 发送一个流水线命令的缓冲区
        // 使用 r.recordsBufferSize 作为数据采集的上游以减少切片重新分配
        recordsBuffer := make([][]byte, 0, r.workerBufferSize)

        // 从通道中读取记录
        lastSentTS := time.Now()
        for {
            readyToSend := false
            select {
            case record, ok := <-r.recordsChan:
                // 检查通道是否已关闭，如果关闭则退出 worker 协程
                if !ok {
                    // 将缓存的日志保存在 Redis 中
                    r.store.AppendToSetPipelined(analyticsKeyName, recordsBuffer)
                    return
                }

                if encoded, err := msgpack.Marshal(record); err != nil {
                    log.Errorf("Error encoding analytics data: %s", err.Error())
                } else {
                    recordsBuffer = append(recordsBuffer, encoded)
                }

                // 确保 recordsBuffer 处于发送就绪状态
                readyToSend = uint64(len(recordsBuffer)) == r.workerBufferSize

            case <-time.After(r.recordsBufferFlushInterval):
                // 在指定的时间过后，强制将缓存中的日志保存在 Redis 中
                readyToSend = true
            }

            // 将日志保存在 Redis 中，并重置 recordsBuffer
            if len(recordsBuffer) > 0 && (readyToSend || time.Since(lastSentTS) >= records-
                BufferForcedFlushInterval) {
                r.store.AppendToSetPipelined(analyticsKeyName, recordsBuffer)
                recordsBuffer = recordsBuffer[:0]
                lastSentTS = time.Now()
            }
        }
}
```

recordWorker 函数会将接收到的授权日志保存在 recordsBuffer 切片中，当数组内元素个数为 workerBufferSize，或者距离上一次投递的时间间隔为 recordsBufferFlushInterval 时，就会将 recordsBuffer 数组中的数据上报给目标系统（Input）。

recordWorker()中有些设计技巧值得参考。

- **使用 msgpack[⊖]序列化消息**：msgpack 是一个高效的二进制序列化格式。它与 JSON 一样，可以让你在各种语言之间交换数据。但是它比 JSON 更快、更小。
- **支持 Batch Windows**：当 worker 的消息数达到指定阈值时，会批量投递消息给 Redis。阈值判断代码为 readyToSend = uint64(len(recordsBuffer)) == r.workerBufferSize。
- **超时投递**：为了避免因为产生消息太慢，一直达不到 Batch Windows 的阈值，从而出现无法投递消息的情况，投递逻辑也支持超时投递，该逻辑通过 case <-time.After(r.recordsBufferFlushInterval) 代码段实现。
- **支持优雅关停**：当 recordsChan 关闭时，将 recordsBuffer 中的消息批量投递给 Redis，之后退出 worker 协程。

这里需要注意，投递完成后，你需要重置 recordsBuffer 和计时器，否则会重复投递数据：

```
recordsBuffer = recordsBuffer[:0]
lastSentTS = time.Now()
```

代码清单 21-1 中还设置了一个最大的超时时间 recordsBufferForcedFlushInterval，以确保消息最迟被投递的时间间隔。也就是说，iam-authz-server 强制要求最大投递间隔为 recordsBufferForcedFlushInterval 秒，以防止配置文件将 recordsBufferFlushInterval 设得过大。

21.3.3 异步上报授权日志

开启了数据上报服务后，当有授权日志产生时，程序就会自动上报数据。iam-authz-server 会在授权成功时调用 LogGrantedAccessRequest 函数，在授权失败时调用 LogRejectedAccessRequest 函数。同时，iam-authz-server 会在这两个函数中调用 RecordHit 函数，记录授权日志。

iam-authz-server 通过调用 RecordHit(record *AnalyticsRecord) error 函数，异步缓存授权日志。调用 RecordHit 后，iam-authz-server 会将 AnalyticsRecord 类型的消息存放到有缓冲的通道中。

这里要注意，在缓存前，需要判断上报服务是否已关停，如果处于关停状态，则丢弃该消息：

```
if atomic.LoadUint32(&r.shouldStop) > 0 {
    return nil
}
```

通过将授权日志写入 recordsChan 有缓冲的通道中，LogGrantedAccessRequest

⊖ 参见 https://github.com/vmihailenco/msgpack。

和 LogRejectedAccessRequest 函数可以不用等待授权日志上报成功就返回，使得整个授权请求的性能损耗几乎为零。

21.3.4 优雅关停数据上报

因为 iam-authz-server 提供 HTTP/HTTPS 服务，会将授权日志记录在 Redis 中，所以在关停服务时，为了避免请求失败、丢失授权日志，iam-authz-server 也需要实现优雅关停的功能。优雅关停功能代码如下：

```
s.gs.AddShutdownCallback(shutdown.ShutdownFunc(func(string) error {
    s.genericAPIServer.Close()
    if s.analyticsOptions.Enable {
        analytics.GetAnalytics().Stop()
    }
    s.redisCancelFunc()

    return nil
}))
```

当收到 SIGINT 或 SIGTERM 信号时，iam-authz-server 会按以下顺序依次关停服务（注意关停服务的顺序）。

1）调用 s.genericAPIServer.Close()，关闭 HTTP/HTTPS 连接，避免产生新的授权日志。

2）调用 analytics.GetAnalytics().Stop()，关闭 Analytics 服务。

3）调用 s.redisCancelFunc()，关闭 Redis 连接。

21.4 iam-pump：数据采集设计

当 iam-authz-server 将数据上报到 Redis 后，iam-pump 会消费 Redis 中的数据，并保存在 MongoDB 中进行持久化存储。iam-pump 的设计要点是：通过插件化、可配置的特性设计，将处理后的 Redis 中的数据存储到下游系统中，并且实现优雅关停功能，这些也是设计数据采集程序的要点和难点所在。

接下来，我们就来看一下 iam-pump 是如何插件化地实现一个数据采集程序的。这个数据采集程序的设计思路已经过大型企业应用的实际落地验证，可以放心使用。

iam-pump 数据采集架构如图 21-4 所示。

接下来，我将介绍 iam-pump 服务中的六部分核心代码。

- ❑ 数据采集插件定义。
- ❑ 初始化数据采集插件。
- ❑ 健康检查。
- ❑ 定期消费 Redis 数据。

- ❑ 优雅关停数据采集服务。
- ❑ 分布式锁机制。

其中，前三项都属于初始化服务的范畴。

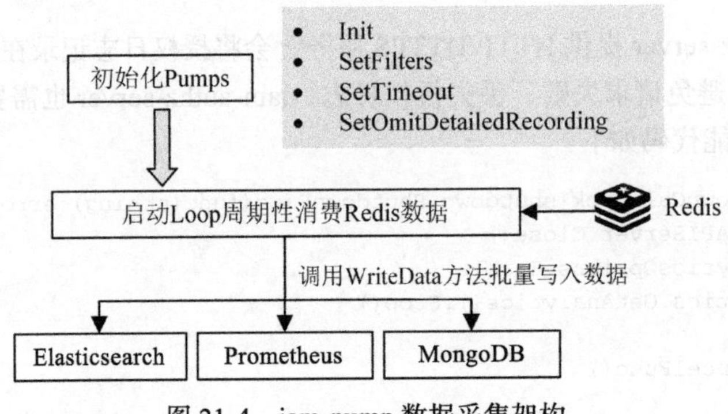

图 21-4 iam-pump 数据采集架构

21.4.1 数据采集插件定义

数据采集组件设计的核心是插件化，这里我将需要上报的系统抽象成一个个 pump 方法，那么如何定义 pump 方法接口呢？接口定义需要参考实际的采集需求，通常来说，至少需要下面这几个函数。

- ❑ **New**：创建一个 pump 方法。
- ❑ **Init**：初始化一个 pump 方法。例如，可以在 `Init` 中创建下游系统的网络连接。
- ❑ **WriteData**：往下游系统写入数据。为了提高性能，最好支持批量写入。
- ❑ **SetFilters**：设置是否过滤某条数据，这也是一个常见的需求。
- ❑ **SetTimeout**：设置超时时间。我在开发过程中遇到过一个"坑"，连接 Kafka 超时，导致整个采集程序超时。所以需要有超时处理，以保证整个采集框架正常运行。

我之前开发过公有云的网关服务，网关服务需要把网关的请求数据转存到 MongoDB 中。有些用户会通过网关上传非常大的文件（百 MB 级别），这些数据转存到 MongoDB 中，会快速消耗 MongoDB 的存储空间（500 GB 存储空间）。为了避免这个问题，在转存数据时，我们需要过滤掉一些比较详细的数据，所以 iam-pump 添加了 `SetOmitDetailedRecording` 来过滤掉详细的数据。

最后 iam-pump 的插件接口定义为：

```
type Pump interface {
    GetName() string
    New() Pump
    Init(interface{}) error
    WriteData(context.Context, []interface{}) error
    SetFilters(analytics.AnalyticsFilters)
    GetFilters() analytics.AnalyticsFilters
```

```
        SetTimeout(timeout int)
        GetTimeout() int
        SetOmitDetailedRecording(bool)
        GetOmitDetailedRecording() bool
    }
```

在实际开发中，如果你有更多的需求，可以在 pump 接口定义中继续添加需要的处理函数。

21.4.2 初始化数据采集插件

定义好插件之后，需要初始化插件。我们在 initialize 函数中初始化 pump：

```
func (s *pumpServer) initialize() {
    pmps = make([]pumps.Pump, len(s.pumps))
    i := 0
    for key, pmp := range s.pumps {
        pumpTypeName := pmp.Type
        if pumpTypeName == "" {
            pumpTypeName = key
        }

        pmpType, err := pumps.GetPumpByName(pumpTypeName)
        if err != nil {
            log.Errorf("Pump load error (skipping): %s", err.Error())
        } else {
            pmpIns := pmpType.New()
            initErr := pmpIns.Init(pmp.Meta)
            if initErr != nil {
                log.Errorf("Pump init error (skipping): %s", initErr.Error())
            } else {
                log.Infof("Init Pump: %s", pmpIns.GetName())
                pmpIns.SetFilters(pmp.Filters)
                pmpIns.SetTimeout(pmp.Timeout)
                pmpIns.SetOmitDetailedRecording(pmp.OmitDetailedRecording)
                pmps[i] = pmpIns
            }
        }
        i++
    }
}
```

initialize 会创建、初始化并调用 SetFilters、SetTimeout、SetOmitDetailed-Recording 来设置这些 pump 方法。Filters、Timeout、OmitDetailedRecording 等信息在 pump 方法的配置文件中指定。

这里有个技巧需要注意：pump 方法的配置文件支持通用配置，也支持自定义配置，配置结构为 PumpConfig：

```
type PumpConfig struct {
```

```
    Type                    string
    Filters                 analytics.AnalyticsFilters
    Timeout                 int
    OmitDetailedRecording bool
    Meta                    map[string]interface{}
}
```

pump 方法的自定义配置可以存放在 map 类型的变量 `Meta` 中。通用配置可以使配置共享，减少开发和维护工作量，自定义配置可以适配 pump 方法的差异化配置。

21.4.3 健康检查

因为 iam-pump 是一个非 API 服务，为了监控其运行状态，这里也安装了一个健康检查接口。iam-pump 组件通过调用 `genericapiserver.ServeHealthCheck`㊀函数启动了一个 HTTP 服务，`ServeHealthCheck` 函数代码如下：

```
func ServeHealthCheck(healthPath string, healthAddress string) {
    http.HandleFunc("/"+healthPath, func(w http.ResponseWriter, r *http.Request) {
        w.Header().Set("Content-type", "application/json")
        w.WriteHeader(http.StatusOK)
        _, _ = w.Write([]byte(`{"status": "ok"}`))
    })

    if err := http.ListenAndServe(healthAddress, nil); err != nil {
        log.Fatalf("Error serving health check endpoint: %s", err.Error())
    }
}
```

在启动的 HTTP 服务中，健康检查路径通过 `--health-check-path` 配置，服务监听地址通过 `--health-check-address` 配置。如果请求 `http://<health-check-address>/<health-check-path>` 返回 `{"status": "ok"}`，说明 iam-pump 可以正常工作。

这里的健康检查只是简单返回了一个字符串，在实际开发工作中，我们可以封装更复杂的逻辑。

iam-pump 默认的健康检查请求地址为 `http://127.0.0.1:7070/healthz`。

21.4.4 定期消费 Redis 数据

初始化 pump 之后，我们就可以通过 `Run` 函数启动消费逻辑了。`Run` 函数会定期（通过配置 `--purge-delay` 设置轮询时间）执行 `pump`㊁方法，`pump` 方法会从 Redis 中批量拉取授权日志，并上报给下游系统。`pump` 函数代码如下：

```
func (s *pumpServer) pump() {
```

㊀ 参见 https://github.com/marmotedu/iam/blob/v1.6.2/internal/pkg/server/health.go。

㊁ 参见 https://github.com/marmotedu/iam/blob/v1.6.2/internal/pump/server.go。

```go
    if err := s.mutex.Lock(); err != nil {
        log.Info("there is already an iam-pump instance running.")

        return
    }
    defer func() {
        if _, err := s.mutex.Unlock(); err != nil {
            log.Errorf("could not release iam-pump lock. err: %v", err)
        }
    }()

    analyticsValues := s.analyticsStore.GetAndDeleteSet(storage.AnalyticsKeyName)
    if len(analyticsValues) == 0 {
        return
    }

    keys := make([]interface{}, len(analyticsValues))

    for i, v := range analyticsValues {
        decoded := analytics.AnalyticsRecord{}
        err := msgpack.Unmarshal([]byte(v.(string)), &decoded)
        log.Debugf("Decoded Record: %v", decoded)
        if err != nil {
            log.Errorf("Couldn't unmarshal analytics data: %s", err.Error())
        } else {
            if s.omitDetails {
                decoded.Policies = ""
                decoded.Deciders = ""
            }
            keys[i] = interface{}(decoded)
        }
    }

    writeToPumps(keys, s.secInterval)
}
```

pump方法会从Redis中获取所有数据，经过msgpack.Unmarshal解压后，传给writeToPumps处理：

```go
func writeToPumps(keys []interface{}, purgeDelay int) {
    if pmps != nil {
        var wg sync.WaitGroup
        wg.Add(len(pmps))
        for _, pmp := range pmps {
            go execPumpWriting(&wg, pmp, &keys, purgeDelay)
        }
        wg.Wait()
    } else {
        log.Warn("No pumps defined!")
    }
}
```

writeToPumps 函数通过调用 execPumpWriting 函数，异步调用 pump 的 WriteData 函数写入数据。execPumpWriting 函数中有以下 2 个设计技巧。

- 将一些通用的处理，例如 Filters、Timeout、OmitDetailedRecording，放在 pump 之外处理，这样可以减少 pump 中代码的重复性。
- 优雅关停。通过如下代码实现优雅关停功能：

```
select {
    case <-stopCh:
        log.Info("stop purge loop")
        return
    default:
}
```

上面的代码需要放在 writeToPumps 之后，这样可以确保所有数据都成功写入 pump 之后，再停止采集逻辑代码的执行。

21.4.5 优雅关停数据采集服务

在关停服务时，为了确保正在处理的数据被成功存储，我们还需要提供优雅关停功能。iam-pump 通过 stopCh 通道传递 SIGINT 和 SIGTERM 信号，当消费逻辑收到这两个信号后，会退出消费循环，见 Run 函数。代码如下：

```
func (s preparedPumpServer) Run(stopCh <-chan struct{}) error {
    ticker := time.NewTicker(time.Duration(s.secInterval) * time.Second)
    defer ticker.Stop()

    for {
        select {
        case <-ticker.C:
        s.pump()
        // 当收到 SIGINT 和 SIGTERM 信号时，退出消费协程
        case <-stopCh:
            log.Info("stop purge loop")

            return nil
        }
    }
}
```

21.4.6 使用分布式锁机制，避免重复消费

为了实现 iam-pump 的容灾能力，在生产环境中我们需要对 iam-pump 进行多副本部署。因为 iam-pump 是有状态的服务，所以需要避免 iam-pump 多个实例之间重复消费等问题。解决有状态服务多实例部署产生的并发问题的最好办法是使用分布式锁。

分布式锁有多种实现，其中一个比较好的方法是基于 Redis 来实现。业界已经有一个成熟的、受欢迎的实现了分布式锁的 Go 包：redsync 包。其使用方式也很简单：创建一个分布

式锁实例，然后在每次执行 pump 方法时尝试获取锁，如果获取成功则继续执行 pump 方法，如果获取失败则终止本次 pump 方法的运行。

创建分布式锁的代码段如下：

```
client := goredislib.NewClient(&goredislib.Options{
    Addr: fmt.Sprintf("%s:%d", cfg.RedisOptions.Host, cfg.RedisOptions.Port),
    Username: cfg.RedisOptions.Username,
    Password: cfg.RedisOptions.Password,
})

rs := redsync.New(goredis.NewPool(client))

server := &pumpServer{
    ...
    mutex: rs.NewMutex("iam-pump", redsync.WithExpiry(10*time.Minute)),
    ...
}
```

在 pump 方法运行时加锁，在 pump 方法返回时释放锁：

```
if err := s.mutex.Lock(); err != nil {
    log.Info("there is already an iam-pump instance running.")

    return
}
defer func() {
    if _, err := s.mutex.Unlock(); err != nil {
        log.Errorf("could not release iam-pump lock. err: %v", err)
    }
}()
```

多个 pump 方法通过抢锁实现了 iam-pump 的容灾能力，并保证了数据一致性。

21.5　本章总结

本章主要介绍如何将数据采集需求转化为一个数据采集模型，并从这个模型出发，设计出一个可扩展、高性能的数据采集服务，以及通过 iam-pump 组件来落地该采集模型。

最后，我还有一条建议：在开发中，你也可以将一些功能抽象成一些通用的模型，并为该模型实现基本框架（引擎），然后将一些需要定制化的功能插件化。通过这种方式，我们可以设计出一个高扩展的服务，使得服务不仅能够满足现在的需求，还能够满足未来的需求。

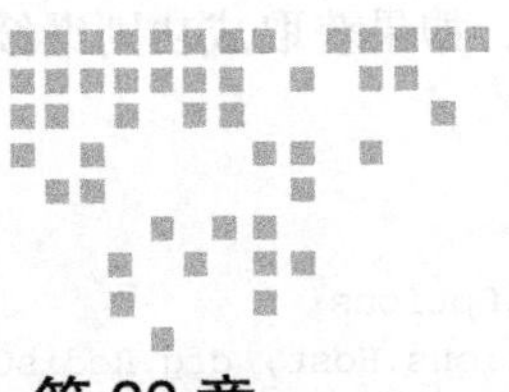

Chapter 22 第 22 章

分布式作业系统设计与实现

在实际的 Go 项目开发中，我们经常会遇到下面这两个功能需求。

- 想定时执行某个任务，例如在每天上午 10:00 清理数据库中的无用数据。
- 轮询数据库表的某个字段，根据字段的状态，进行一些异步的业务逻辑处理。比如，监听到 `table_xxx.status = 'pending'` 时，执行异步的初始化流程，完成之后设置 `table_xxx.status='normal'`。

这两个需求通常可以通过作业系统来实现。IAM 也开发了自己的作业系统。本章就来看一下 IAM 是如何实现作业系统的。

22.1 任务分类

在介绍作业系统之前，我们先来看一下任务的分类，这有助于我们理解作业系统执行的任务类型，进而有助于我们设计作业系统。在我看来，任务可以分为下面 3 类。

- 定时任务：定时任务会在指定的时间点固定执行。只要到达执行任务的时间点，任务就会执行，而不管上一次任务是否完成。
- 间隔任务：上一次任务执行完，间隔一段时间（如 5 秒、5 分钟），再继续执行下一次任务。
- 间隔性定时任务：间隔任务的变种，从上一次任务开始执行时计时，只要间隔时间一到，便执行下一次任务，而不管上一次任务是否完成。

间隔任务和间隔性定时任务的区别是：间隔任务会等待上一次任务执行完，间隔一段时间再执行下一次任务；而间隔性定时任务不会等待上一次任务执行完，只要间隔时间一到，便执行下一次任务。

三者的区别如图 22-1 所示。

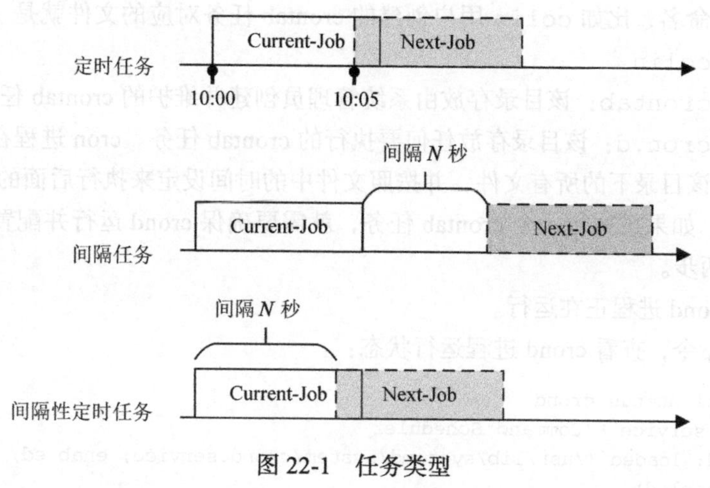

图 22-1　任务类型

22.2　作业系统的常见实现

在开始介绍 IAM 作业系统实现之前，先来了解一下如何执行一个间隔 / 定时任务，以便更好地设计 IAM 的作业系统。通常来说，我们可以通过以下 4 种方法来执行一个间隔 / 定时任务。

1）基于 `time` 包提供的方法（例如 `time.Sleep`、`time.Ticker` 等）自己开发执行间隔 / 定时任务的服务。

2）一些 Go 包支持间隔 / 定时任务，所以我们可以直接使用，免去了自己开发作业调度部分的代码，例如 `github.com/robfig/cron`。

3）借助 Linux 的 crontab 工具执行定时任务。

4）使用开源的作业系统，并通过作业系统来执行间隔 / 定时任务，例如 distribworks/dkron。

上述 4 种方法，每一种都有自己的优缺点。第一种方法开发工作量大、开发效率低，我认为，可以直接使用这些 cron 包来执行间隔 / 定时任务。IAM 项目便采用了第二种方法。

接下来，我先简单介绍第三种和第四种方法：使用 Linux 的 crontab 和使用开源的 Go 作业系统。然后，我们再来重点看看 IAM 项目采用的第二种方法。

1. Linux crontab

crontab 是 Linux 系统自带的定时执行工具，无须人工干预。crontab 通过 crond 进程来提供服务，crond 进程每分钟会定期检查是否有要执行的任务，如果有，则自动执行该任务。crond 进程通过读取 crontab 配置，来判断是否有任务执行，以及何时执行。

crond 进程会在下面这 3 个位置查找 crontab 配置文件。

- /var/spool/cron：该目录存放用户（包括 root）的 crontab 任务，每个任务以登录名命名，比如 colin 用户创建的 crontab 任务对应的文件就是 /var/spool/cron/colin。
- /etc/crontab：该目录存放由系统管理员创建并维护的 crontab 任务。
- /etc/cron.d：该目录存放任何要执行的 crontab 任务。cron 进程在执行时，会自动扫描该目录下的所有文件，并按照文件中的时间设定来执行后面的命令。

可以看到，如果想执行一个 crontab 任务，就需要确保 crond 运行并配置 crontab 任务。具体分为以下两步。

1）确保 crond 进程正在运行。

执行以下命令，查看 crond 进程运行状态：

```
$ systemctl status crond
    crond.service - Command Scheduler
    Loaded: loaded (/usr/lib/systemd/system/crond.service; enabled; vendor preset:
        enabled)
    Active: active (running) since Wed 2021-11-17 07:11:27 CST; 2 days ago
 Main PID: 9182 (crond)
    Tasks: 1
    Memory: 728.0K
    CGroup: /system.slice/crond.service
            └─9182 /usr/sbin/crond -n
```

Active: active (running) 说明 crond 进程正在运行，否则可以执行 systemctl start crond 命令启动 crond 进程。

2）配置 crontab 任务。

我们可以通过 crontab -e 来编辑配置文件，例如执行 crontab -e 后进入 vi 交互界面，并配置以下 crontab 任务：

```
# 每分钟输出时间到文件 /tmp/test.txt
*  *  *  *  * echo `date` >> /tmp/test.txt

# 每隔 2 分钟同步一次互联网时间
*/2 * * * * /usr/bin/ntpstat time.windows.com > /dev/null 2>&1
```

编辑后的配置文件保存在 /var/spool/cron/$USER 文件中。你可以通过 crontab -l 或者 sudo cat /var/spool/cron/$USER 来查看已配置的 crontab 任务。

> **提示** 如果想删除所有的 crontab 任务，你可以执行 crontab -r 命令。

配置的 crontab 任务需要遵循 crontab 的时间格式，具体如下：

```
.---------------- minute (0 - 59)
|  .------------- hour (0 - 23)
|  |  .---------- day of month (1 - 31)
|  |  |  .------- month (1 - 12) OR jan,feb,mar,apr ...
```

```
| | | | .---- day of week (0 - 6) (Sunday=0 or 7) OR sun,mon,tue,wed,thu,fri,sat
| | | | |
* * * * * <command to be executed>
```

可以看到，crontab 只能精确到分钟，不能精确到秒。

下面是一些常用的 crontab 时间格式，可供参考：

```
# 每分钟执行一次 <command>
* * * * * <command> # * 代表所有可能的值

# 每隔一小时执行一次 <command>
* */1 * * * <command> # / 表示频率

# 每小时的第 15 分钟和第 30 分钟各执行一次 <command>
15,45 * * * * <command> # "," 表示并列

# 每天上午 8- 11 时，在每小时的第 15 分钟和第 45 分钟各执行一次 <command>
15,45 8-11 * * * <command> # "-" 表示范围

# 每个星期一的上午 8 点到 11 点的第 3 分钟和第 15 分钟执行一次 <command>
3,15 8-11 * * 1 <command>

# 每隔两天的上午 8 点到 11 点的第 3 分钟和第 15 分钟执行一次 <command>
3,15 8-11 */2 * * <command>
```

使用 crontab 执行间隔 / 定时任务的优点是不用做任何开发，只需要配置 crontab 任务即可。但它的缺点也很明显，主要有下面这几个。

- 不能精确到秒。
- <command> 需要手动编写可执行命令。这些可执行命令与项目分离，没办法复用项目提供的包、函数等能力。如果想执行与项目关系紧密的作业，开发起来不方便。
- 单点，如果 crond 进程异常，间隔 / 定时任务就没法继续执行。你可能想说：可以在两台机器上配置并执行相同的间隔 / 定时任务。但是这样会让两台机器同时执行相同的任务，出现冲突或状态不一致的情况。
- 没办法实现间隔任务和间隔性定时任务。

2. 开源的作业系统

除了使用 Linux 系统自带的 crontab 之外，我们还可以使用一些业界优秀的开源作业系统。这里，我列出了一些比较受欢迎的 Go 语言开发的作业系统。之所以只选择 Go 语言开发的项目，一是因为想丰富你的 Go 语言技术栈，二是因为同种语言有助于你学习、改造这些项目。

1）distribworks/dkron：dkron 是一个分布式的、启动迅速、带容错机制的定时作业系统，支持 crontab 表达式。它具有下面这些核心特性。

- 易用：可以通过易操作、漂亮的 Web 界面来管理作业。
- 可靠：具备容错机制，一个节点不可用，其他节点仍可继续执行作业。

❑ 高可扩展性：能够处理大量的计划作业和数千个节点。

2）ouqiang/gocron：gocron 是国人开发的轻量级定时任务集中调度和管理系统，用于替代 Linux crontab。它具有下面这些核心特性。

❑ 具有 Web 界面，方便管理定时任务。

❑ 支持 crontab 时间格式，并精确到秒。

❑ 支持 shell 命令和 HTTP 请求两种任务格式。

❑ 具有任务超时机制、任务依赖机制、任务执行失败可重试机制。

❑ 支持查看任务执行日志，并支持用邮件、Slack、Webhook 等方式通知任务执行结果。

3）shunfei/cronsun：cronsun 是一个分布式作业系统，在单个节点上应用与 crontab 类似。它具有下面这些核心特性。

❑ 具有 Web 界面，方便对多台服务器上的定时任务进行集中式管理。

❑ 任务调度的时间粒度支持到秒级别。

❑ 任务执行失败可重试。

❑ 提供任务可靠性保障（从 N 个节点里面挑一个可用节点来执行任务）。

❑ 任务日志查看。

❑ 任务失败邮件告警（也支持自定义 HTTP 告警接口）。

那么，这么多的开源项目，我们该如何选择呢？这里建议你选择 `distribworks/dkron`。原因是 `distribworks/dkron` Star 数很多，而且功能齐全易用、文档丰富。当然，在实际开发中，你最好也对其他开源项目进行调研，并根据需要选择一个最适合自己的开源项目。

使用这些作业系统的优点是不用自己开发、功能比 crontab 强大，有些还是分布式的作业系统，具备容灾能力。但它们的缺点也很明显。

1）支持的任务种类有限，比如这些作业系统一般会支持通过 shell 脚本及发送 HTTP 请求的方式来执行任务。但不管哪种方式，其实现都与项目分离，且在开发与项目结合紧密的任务插件时不是很简单、高效。

2）很多时候我们只会使用其中一部分能力，或者仅有一到两个项目会使用这类系统，但我们还要部署并维护这些作业系统，导致工作量大，收益小。

3）没办法实现间隔任务。

使用 Linux crontab 和开源的 Go 作业系统的缺点都很明显。因此 IAM 系统选择使用现有的 cron 库封装自己的任务框架，并基于这个框架进行开发。IAM 项目选择了 `robfig/cron` 库，原因是 cron 库 Star 数最多，且功能丰富、使用简单。另外，IAM 还使用 `github.com/go-redsync/redsync` 实现了基于 Redis 的分布式互斥锁。

22.3 IAM 作业系统设计与实现

本节就来详细介绍一下 IAM 作业系统的设计与实现。IAM 作业系统名叫 iam-watcher。

watcher 即观察者，由于 IAM 作业系统里面的任务主要是感知一些状态并执行相应的任务，所以以此命名。

22.3.1 IAM 作业系统实现所使用的 Go 包

iam-watcher 使用了 github.com/robfig/cron 和 github.com/go-redsync/redsync 两个开源的 Go 包，为了降低理解 iam-watcher 的难度，本节会先介绍这两个开源包，再介绍 iam-watcher 的实现。

1. github.com/robfig/cron 使用介绍

github.com/robfig/cron 是一个可以实现类似 Linux crontab 定时任务的 cron 包，但是 cron 包支持到秒级设置。

（1）cron 包支持的时间格式

cron 包支持 crontab 格式和固定间隔格式两种时间格式，下面将分别介绍。

crontab 格式的时间格式，支持的匹配符与 crontab 相同。时间格式如下：

```
┌─────────────────────────── second 范围 (0 - 60)
│ ┌───────────────────────── min (0 - 59)
│ │ ┌─────────────────────── hour (0 - 23)
│ │ │ ┌───────────────────── day of month (1 - 31)
│ │ │ │ ┌─────────────────── month (1 - 12)
│ │ │ │ │ ┌───────────────── day of week (0 - 6) (0 to 6 are Sunday to
│ │ │ │ │ │                               Saturday)
│ │ │ │ │ │
│ │ │ │ │ │
* * * * * *
```

第二种是固定间隔格式，例如 @every <duration>。duration 是一个可以被 time.ParseDuration 解析的字符串，例如 @every 1h30m10s 表示任务每隔 1 小时 30 分 10 秒会被执行一次。这里要注意，间隔不考虑任务的运行时间。例如，如果任务的运行时间是 3 分钟，并且计划每 5 分钟运行一次，则每次运行之前只有 2 分钟的空闲时间。

（2）cron 包使用示例

cron 包的使用方法也很简单，下面是一个简单的使用示例：

```
package main

import (
    "fmt"

    "github.com/robfig/cron/v3"
)

func helloCron() {
    fmt.Println("hello cron")
```

```
}

func main() {
    fmt.Println("starting go cron...")

    //创建一个 cron 实例
    cron := cron.New(cron.WithSeconds(), cron.WithChain(cron.SkipIfStillRunning(nil),
        cron.Recover(nil)))

    //添加一个定时任务
    cron.AddFunc("*  *  *  *  *  *", helloCron)

    //启动计划任务
    cron.Start()

    //关闭计划任务，但是不能关闭已经在执行中的任务
    defer cron.Stop()

    select {} //查询语句，保持程序运行，在这里等同于 for{}
}
```

在上面的代码中，我们通过 cron.New 函数创建了一个 cron 实例；接着通过 cron 实例的 AddFunc 方法，给 cron 实例添加了一个定时任务，即每分钟执行一次 helloCron 函数；最后通过 cron 实例的 Start 方法启动了定时任务。在程序退出时，还执行了 cron.Stop() 关闭定时任务。

（3）拦截器

cron 包还支持安装一些拦截器，这些拦截器可以实现以下功能。

- 从任务的 panic 状态中恢复（cron.Recover()）。
- 如果上一次任务尚未完成，则延迟下一次任务的执行（cron.DelayIfStillRunning()）。
- 如果上一次任务尚未完成，则跳过下一次任务的执行（cron.SkipIfStillRunning()）。
- 记录每个任务的调用（cron.WithLogger()）。
- 任务完成时通知。

如果想使用这些拦截器，只需要在创建 cron 实例时传入相应的 Option 即可，例如：

```
cron := cron.New(cron.WithSeconds(), cron.WithChain(cron.SkipIfStillRunning(nil),
    cron.Recover(nil)))
```

2. github.com/go-redsync/redsync 使用介绍

redsync 可以实现基于 Redis 的分布式锁，使用起来也比较简单。我们直接来看一个使用示例：

```
package main

import (
```

```
    goredislib "github.com/go-redis/redis/v8"
    "github.com/go-redsync/redsync/v4"
    "github.com/go-redsync/redsync/v4/redis/goredis/v8"
)

func main() {
    client := goredislib.NewClient(&goredislib.Options{
        Addr: "localhost:6379",
    })
    pool := goredis.NewPool(client) // 或者使用 pool := redigo.NewPool(...)

    // 创建一个 redisync 实例，用于获取互斥锁
    rs := redsync.New(pool)

    // 通过对所有需要相同锁的实例使用相同的名称来获取新的互斥锁
    mutexname := "my-global-mutex"
    mutex := rs.NewMutex(mutexname)

    // 加锁
    if err := mutex.Lock(); err != nil {
        panic(err)
    }

    // 这里执行你的业务逻辑

    // 释放锁
    if ok, err := mutex.Unlock(); !ok || err != nil {
        panic("unlock failed")
    }
}
```

上面的代码创建了一个 redsync.Redsync 实例，并使用 redsync.Redsync 提供的 NewMutex 方法，创建了一个分布式锁实例 mutex。我们可以通过 mutex.Lock() 加锁，通过 mutex.Unlock() 释放锁。

22.3.2 IAM 作业系统特点

在开发 IAM 的作业系统之前，我们需要先梳理好 IAM 要实现的任务。IAM 需要实现以下两个间隔任务。

- 每隔一段时间从 policy_audit 表中清理超过指定天数的授权策略。
- 每隔一段时间禁用超过指定天数没有登录的用户。

结合上面提到的作业系统的缺点，我将需要设计的作业系统的特点总结如下。

- 分布式的作业系统，当有多个实例时，可确保同一时刻只有 1 个实例在工作。
- 与项目契合紧密，能够方便地复用项目提供的包、函数等能力，提高开发效率。
- 能够执行定时任务、间隔任务、间隔性定时任务。
- 可插件化地加入新的间隔 / 定时任务。

22.3.3 IAM 作业系统实现

iam-watcher 服务的 main 函数位于 /iam/cmd/iam-watcher/watcher.go 文件中。应用框架与 iam-apiserver、iam-authz-server、iam-pump 保持高度一致，这里不再赘述。

整个 iam-watcher 服务的核心实现位于 /iam/internal/watcher/server.go 文件中。该服务在 server.go 文件中调用了 newWatchJob，创建了一个 github.com/robfig/cron.Cron 类型的 cron 实例。newWatchJob 代码如下：

```
func newWatchJob(redisOptions *genericoptions.RedisOptions, watcherOptions
    *options.WatcherOptions) *watchJob {
    logger := cronlog.NewLogger(log.SugaredLogger())

    client := goredislib.NewClient(&goredislib.Options{
        Addr:     fmt.Sprintf("%s:%d", redisOptions.Host, redisOptions.Port),
        Username: redisOptions.Username,
        Password: redisOptions.Password,
    })

    rs := redsync.New(goredis.NewPool(client))

    cron := cron.New(
        cron.WithSeconds(),
        cron.WithChain(cron.SkipIfStillRunning(logger), cron.Recover(logger)),
    )

    return &watchJob{
        Cron:   cron,
        config: watcherOptions,
        rs:     rs,
    }
}
```

上述代码创建了以下两种类型的实例。

- github.com/robfig/cron.Cron：基于 github.com/robfig/cron 包实现的作业系统。
- github.com/go-redsync/redsync.Redsync：基于 Redis 的分布式互斥锁。

这里需要注意，创建 cron 实例时需要增加 cron.SkipIfStillRunning() Option。SkipIfStillRunning 可以使 cron 任务在上一个任务还没执行完时，跳过下一个任务的执行，以此实现间隔任务的效果。

创建实例后，通过 addWatchers() 来注册 cron 任务。addWatchers 函数代码如下：

```
func (w *watchJob) addWatchers() *watchJob {
    for name, watcher := range watcher.ListWatchers() {
        // 通过使用{"watcher": "counter"}键值对来判断这条日志是哪个watcher产生的
        ctx := context.WithValue(context.Background(), log.KeyWatcherName, name)

        if err := watcher.Init(ctx, w.rs.NewMutex(name, redsync.WithExpiry(2*time.
```

```
            Hour)), w.config); err != nil {
            log.Panicf("construct watcher %s failed: %s", name, err.Error())
        }

        _, _ = w.AddJob(watcher.Spec(), watcher)
    }

    return w
}
```

上述函数会调用 `watcher.ListWatchers()` 列出所有的 watcher，并在 for 循环中将这些 watcher 添加到 cron 调度引擎中。watcher 定义如下：

```
type IWatcher interface {
    Init(ctx context.Context, rs *redsync.Mutex, config interface{}) error
    Spec() string
    cron.Job
}

type Job interface {
    Run()
}
```

也就是说，一个 watcher 实现了以下 3 个方法的结构体。

- **Init()**：用来初始化 watcher。
- **Spec()**：用来返回 cron 实例的时间格式，支持 Linux crontab 时间格式和 @every 1d 类型的时间格式。
- **Run()**：用来运行任务。

IAM 实现了两个 watcher。

- **task**：禁用超过 X 天还没有登录过的用户，X 可由 iam-watcher.yaml 配置文件中的 `watcher.task.max-inactive-days` 配置项来配置。
- **clean**：清除 `policy_audit` 表中超过 X 天数后的授权策略，X 可由 iam-watcher.yaml 配置文件中的 `watcher.clean.max-reserve-days` 配置项来配置。

创建完 cron 实例后，我们就可以在 `Run` 函数中启动 cron 任务。Run 函数代码如下：

```
func (s preparedWatcherServer) Run() error {
    stopCh := make(chan struct{})
    s.gs.AddShutdownCallback(shutdown.ShutdownFunc(func(string) error {
        // 等待运行中的任务完成
        ctx := s.cron.Stop()
        select {
        case <-ctx.Done():
            log.Info("cron jobs stopped.")
        case <-time.After(3 * time.Minute):
            log.Error("context was not done after 3 minutes.")
        }
        stopCh <- struct{}{}
```

```
        return nil
    }))

    // 启动 shutdown 管理器
    if err := s.gs.Start(); err != nil {
        log.Fatalf("start shutdown manager failed: %s", err.Error())
    }

    log.Info("star to run cron jobs.")
    s.cron.Start()

    // 阻止主进程退出
    <-stopCh

    return nil
}
```

如上所示，通过 s.cron.Start() 代码来启动 cron 实例，执行 cron 任务。

这里需要注意，我们还需要实现优雅关停功能，即当程序结束时，等待正在执行的作业都结束后，再终止进程。s.cron.Stop() 会返回 context.Context 类型的变量，用来告知调用者 cron 任务何时结束，以使调用者终止进程。在 cron 任务都执行完毕或者超时 3 分钟后，s.gs 实例会执行 os.Exit(0) 退出 iam-watcher 进程。

22.3.4 IAM 作业系统实现解读

task watcher（下文简称 watcher）的实现位于 /iam/internal/watcher/watcher/task/watcher.go 文件中，该文件定义了一个 taskWatcher 结构体：

```
type taskWatcher struct {
    ctx             context.Context
    mutex           *redsync.Mutex
    maxInactiveDays int
}
```

taskWatcher 实现了 IWatcher 接口。在程序启动后，IAM 项目通过 init 函数将 taskWatcher 注册到 internal/watcher/watcher/registry.go 中定义的全局变量 registry 中，通过 func ListWatchers() map[string]IWatcher 函数返回所有注册的 watcher。

这里需要注意，所有的 watcher 在 /iam/internal/watcher/watcher/all/all.go 文件中以匿名包的形式被导入，从而触发 watcher 所在包的 init 函数的执行。init 函数通过调用 watcher.Register("task", &taskWatcher{}) 将 watcher 注册到 registry 变量中。在 all.go 文件中导入匿名包的代码如下：

```
import (
    _ "github.com/marmotedu/iam/internal/watcher/watcher/clean"
    _ "github.com/marmotedu/iam/internal/watcher/watcher/task"
)
```

这样做的好处是，我们不需要修改任何 iam-watcher 的框架代码，就可以插件化地注册一个新的 watcher。不改动 iam-watcher 的主体代码，能够使我们以最小的改动添加一个新的 watcher。例如，我们需要新增一个 cleansecret watcher，只需要执行以下两步即可。

1）在 /iam/internal/watcher/watcher 目录下新建一个 cleansecret 目录，并实现 cleanSecretWatcher。

2）在 /iam/internal/watcher/watcher/all/all.go 文件中以匿名的形式导入 github.com/marmotedu/iam/internal/watcher/watcher/cleansecret 包。

在 taskWatcher 的 Run() 方法中，我们通过以下代码来确保即使有多个 iam-watcher 实例，也只有一个 task watcher 在执行：

```
if err := tw.mutex.Lock(); err != nil {
    log.L(tw.ctx).Info("taskWatcher already run.")

    return
}
defer func() {
    if _, err := tw.mutex.Unlock(); err != nil {
        log.L(tw.ctx).Errorf("could not release taskWatcher lock. err: %v", err)

        return
    }
}()
```

我们在 taskWatcher 的 Run() 方法中查询出所有的用户，并对比 loginedAt 字段中记录的时间和当前时间，来判断是否需要禁止用户。loginedAt 字段记录了用户最后一次登录的时间。

通过 task watcher 的实现，我们可以看到：在 task watcher 中，我们使用了 IAM 项目提供的 mysql.GetMySQLFactoryOr 函数、log 包，以及 Options 配置，可以很方便地开发一个与项目紧密相关的任务。

22.4 本章总结

在 Go 项目开发中，我们经常会需要执行一些间隔 / 定时任务，这时我们就需要一个作业系统。我们可以使用 Linux 提供的 crontab，也可以自己搭建一个作业系统。但这些方法都有一些缺点，所以比较好的方式是基于开源的、优秀的 cron 包，来实现一个作业系统，并基于这个作业系统开发任务插件。

IAM 基于 github.com/robfig/cron 包和 github.com/go-redsync/redsync 包实现了自己的分布式作业系统 iam-watcher。iam-watcher 可以插件化地添加定时任务、间隔任务、间隔性定时任务。至于它的具体实现，你可以阅读 iam-watcher 服务的代码，其 main 函数位于 /iam/cmd/iam-watcher/watcher.go 文件中。

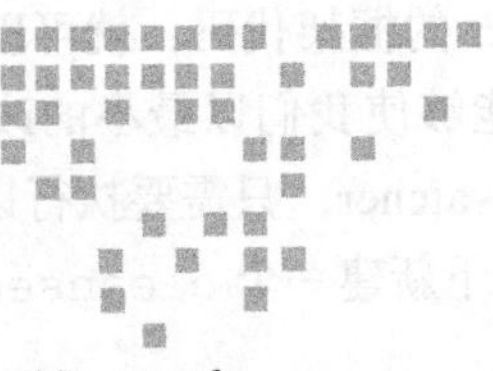

Chapter 23 第 23 章

IAM SDK 设计与实现

后端服务通过 API 对外提供应用的功能，但是用户如果想直接调用 API，需要编写 API 调用的逻辑，并且构造入参和解析返回的数据包，使用起来效率低，而且有一定的开发工作量。

在实际的项目开发中，我们通常会提供对开发者更友好的 SDK 包，供客户端调用。很多大型服务在发布时都会伴随着 SDK 的发布，例如腾讯云的很多产品都提供了 SDK。既然 SDK 如此重要，那么如何设计一个优秀的 Go SDK 呢？本章就来详细介绍 IAM SDK 的设计方法，主要内容有：

- 如何设计一个优秀的 Go SDK？
- IAM 项目 Go SDK 设计和实现。

> 提示 本章代码分别存放在以下目录中：
> - /medu-sdk-go
> - /marmotedu-sdk-go

23.1 什么是 SDK

SDK（Software Development Kit，软件开发工具包）在不同场景下有不同的解释。但是对 Go 后端服务来说，SDK 是指封装了 Go 后端服务 API 的软件包，通常包含与软件相关的库、文档、使用示例，以及封装好的 API 和工具。

调用 SDK 与调用本地函数没有太大的区别。SDK 可以由服务提供者提供，也可以由其他组织或个人提供。为了鼓励开发者使用其系统或语言，SDK 通常都是免费提供的。

服务提供者会根据不同的开发者提供不同语言的 SDK，比如为 Python 开发者提供

Python 版的 SDK，为 Go 开发者提供 Go 版的 SDK。一些比较专业的团队还会有 SDK 自动生成工具，可以根据 API 定义，自动生成不同语言的 SDK。例如，Protobuf 的编译工具 protoc 就可以基于 Protobuf 文件生成 C++、Python、Java、JavaScript、PHP 等语言版本的 SDK。阿里云、腾讯云等也可以基于 API 定义生成不同编程语言的 SDK。

23.2 SDK 设计要点

那么，设计一个好的 SDK 有哪些要点呢？不同的团队会有不同的 SDK 设计方式。我调研了一些优秀 SDK 的实现，发现这些 SDK 有一些共同点。根据我的调研结果，并结合我在实际开发中的经验，我总结出了一套 SDK 设计方法，并在此分享给大家。

23.2.1 如何给 SDK 命名

SDK 的名字目前没有统一的规范，但比较常见的命名方式是 xxx-sdk-go、xxx-sdk-python、xxx-sdk-java。其中，xxx 可以是项目名或者组织名，例如腾讯云在 GitHub 上的组织名为 tencentcloud，那它的 SDK 命名为 tencentcloud-sdk-java、tencentcloud-sdk-python、tencentcloud-sdk-php、tencentcloud-sdk-go。

23.2.2 SDK 的目录结构

不同项目的 SDK 的目录结构也不相同，但一般需要包含下面这些文件或目录。目录名可能会有所不同，但目录功能是类似的。

- **README.md**：SDK 的帮助文档，包含安装、配置和使用 SDK 的方法。
- **examples/sample/**：SDK 的使用示例。
- **sdk/**：SDK 共享的包，里面封装了最基础的通信功能。如果是 HTTP 服务，通常都是基于 net/http 包进行封装的。
- **api**：如果 xxx-sdk-go 只是为某一个服务提供 SDK，我们就可以把该服务的所有 API 封装代码存放在 api 目录下。
- **services/{iam, tms}**：如果 xxx-sdk-go 中的 xxx 是一个组织，那么这个 SDK 很可能会集成该组织中很多服务的 API，此时，我们就可以把某类服务的 API 封装代码存放在 services/<服务名>/<API 版本>下，例如 AWS 的 Go SDK⊖。

一个典型的目录结构如下：

```
├── examples                # 示例代码存放目录
│   └── authz.go
├── go.mod
├── go.sum
├── README.md               # SDK 使用文档
```

⊖ 参见 https://github.com/aws/aws-sdk-go/tree/main/service。

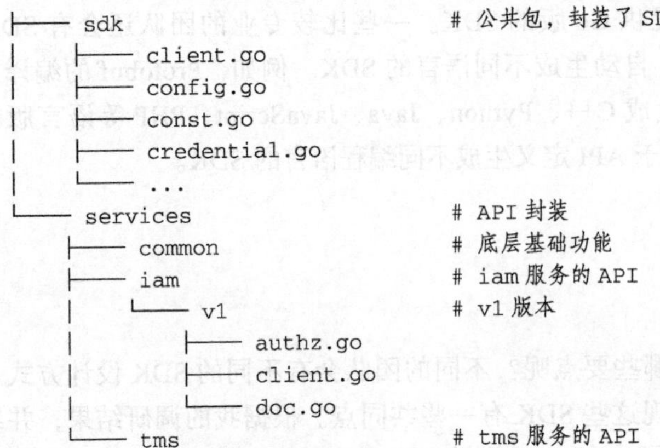

```
├── sdk                          # 公共包，封装了 SDK 配置、API 请求、认证等代码
│   ├── client.go
│   ├── config.go
│   ├── const.go
│   ├── credential.go
│   └── ...
└── services                     # API 封装
    ├── common                   # 底层基础功能
    ├── iam                      # iam 服务的 API
    │   └── v1                   # v1 版本
    │       ├── authz.go
    │       ├── client.go
    │       └── doc.go
    └── tms                      # tms 服务的 API
```

23.2.3 SDK的设计方法

SDK 的设计方法如图 23-1 所示。

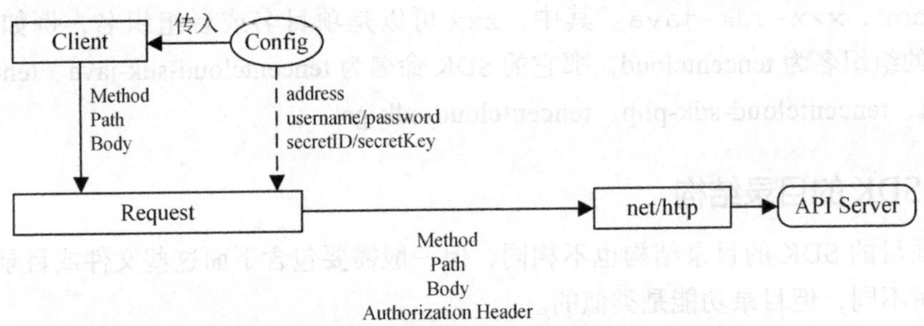

图 23-1 SDK 设计方法

我们可以通过 `Config` 配置创建客户端 `Client`，例如 `func NewClient(config sdk.Config) (Client, error)`，在配置中可以指定如下信息。

- **服务的后端地址**：服务的后端地址可以通过配置文件来配置，也可以直接固化在 SDK 中。
- **认证信息**：最常用的认证方式是通过密钥认证，也有一些是通过用户名和密码认证。
- **其他配置**：例如超时时间、重试次数、缓存时间等。

`Client` 是一个结构体或者 Go 接口。我建议使用接口类型，这样可以将定义和具体实现解耦。`Client` 具有一些方法，例如 `CreateUser`、`DeleteUser` 等，每一个方法对应一个 API。下面是一个 `Client` 的定义：

```
type Client struct {
    client *sdk.Request
}

func (c *Client) CreateUser(req *CreateUserRequest) (*CreateUserResponse, error) {
    // 程序代码
```

```
    resp := &CreateUserResponse{}
    err := c.client.Send(req, resp)
    return resp, err
}
```

调用client.CreateUser(req)会执行HTTP请求。在req中可以指定HTTP请求的方法、路径和请求体。CreateUser函数会调用c.client.Send(req)执行具体的HTTP请求。

c.client是*Request类型的变量。*Request类型的变量具有一些方法，可以根据传入的请求参数req和配置config构造出请求路径、认证头和请求体，并调用net/http包完成最终的HTTP请求，最后将返回结果解包并传入的resp结构体。

根据我的调研分析，目前有两种SDK设计方式可供参考：一种是各大公有云厂商采用的SDK设计方式，另一种是Kubernetes client-go的设计方式。虽然IAM项目分别实现了这两种SDK设计方式，但我还是更倾向于对外提供client-go方式的SDK。这两种设计方式的设计思路与上面介绍的是一致的。

23.3 公有云厂商采用的SDK设计方式

本节先来简单介绍一下公有云厂商采用的SDK设计方式。SDK架构如图23-2所示。

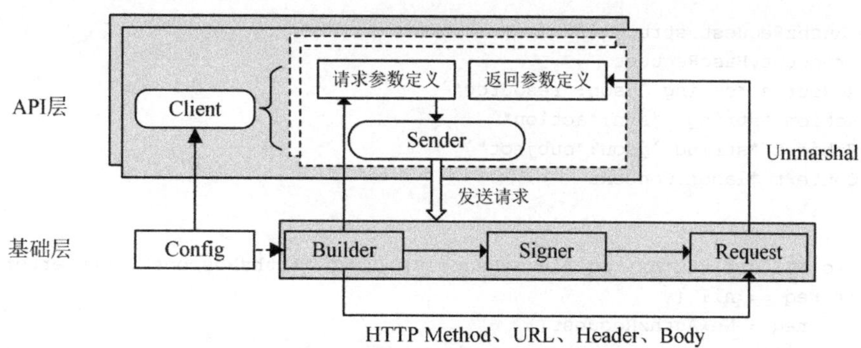

图23-2 公有云厂商采用的SDK架构

SDK框架分为两层，分别是API层和基础层。API层主要用来构建客户端实例，并调用客户端实例提供的方法来完成API请求，每一个方法对应一个API。API层最终会调用基础层提供的能力来完成RESTful API请求。基础层会依次执行构建请求参数（Builder）、签发并添加认证头（Signer）、执行HTTP请求（Request）这3个步骤，来完成具体的RESTful API请求。

为了更好地理解公有云SDK的设计方式，接下来我会结合一些真实的代码来详细讲解API层和基础层的具体设计，SDK代码见medu-sdk-go。

23.3.1 API层：创建客户端实例

客户端在使用服务 A 的 SDK 时，首先需要根据 Config 配置创建一个服务 A 的客户端 Client，Client 实际上是一个结构体，定义如下：

```
type Client struct {
    sdk.Client
}
```

创建客户端时，需要传入认证（例如密钥、用户名 / 密码）、后端服务地址等配置信息。例如，可以通过 NewClientWithSecret 方法来构建一个带密钥对的客户端：

```
func NewClientWithSecret(secretID, secretKey string) (client *Client, err error) {
    client = &Client{}
    config := sdk.NewConfig().WithEndpoint(defaultEndpoint)
    client.Init(serviceName).WithSecret(secretID, secretKey).WithConfig(config)
    return
}
```

创建客户端时，传入的密钥对最终会在基础层中使用，用来签发 JWT。Client 有多个方法（Sender），例如 Authz 等，每个方法代表一个 API。Sender 方法会接收 AuthzRequest 等结构体类型的指针作为输入参数。我们可以调用 client.Authz(req) 来执行 RESTful API 调用，也可以在 client.Authz 方法中添加一些业务逻辑处理。client.Authz 代码如下：

```
type AuthzRequest struct {
    *request.BaseRequest
    Resource *string `json:"resource"`
    Action *string `json:"action"`
    Subject *string `json:"subject"`
    Context *ladon.Context
}

func (c *Client) Authz(req *AuthzRequest) (resp *AuthzResponse, err error) {
    if req == nil {
        req = NewAuthzRequest()
    }

    resp = NewAuthzResponse()
    err = c.Send(req, resp)
    return
}
```

请求结构体中的字段都是指针类型。使用指针的好处是可以判断入参是否被指定，如果 req.Subject == nil 则说明传参中没有 Subject 参数，如果 req.Subject != nil 则说明传参中有 Subject 参数。根据某个参数是否被传入，来执行不同的业务逻辑，这在 Go API 开发中非常常见。

另外，Client 通过匿名的方式继承了基础层中的 Client：

```
type Client struct {
    sdk.Client
}
```

所以，API 层创建的 Client 最终可以直接调用基础层中的 Client 提供的 Send(req, resp) 方法，来执行 RESTful API 调用，并将结果保存在 resp 变量中。

为了方便和 API 层的 Client 进行区分，下面统一将基础层中的 Client 称为 sdk.Client。

最后，一个完整的客户端调用示例代码如下：

```
package main
import (
    "fmt"

    "github.com/ory/ladon"

    "github.com/marmotedu/medu-sdk-go/sdk"
    iamv1 "github.com/marmotedu/medu-sdk-go/services/iam/v1"
)

func main() {
    client, _ := iamv1.NewClientWithSecret("XhbY3aCrfjdYcP1OFJRu9xcno8JzSbUIv
        GE2", "bfJRvlFwsoW9L30DlG87BBW0arJamSeK")

    req := iamv1.NewAuthzRequest()
    req.Resource = sdk.String("resources:articles:ladon-introduction")
    req.Action = sdk.String("delete")
    req.Subject = sdk.String("users:peter")
    ctx := ladon.Context(map[string]interface{}{"remoteIP": "192.168.0.5"})
    req.Context = &ctx

    resp, err := client.Authz(req)
    if err != nil {
        fmt.Println("err1", err)
        return
    }
    fmt.Printf("get response body: `%s`\n", resp.String())
    fmt.Printf("allowed: %v\n", resp.Allowed)
}
```

23.3.2　基础层：构建并执行 HTTP 请求

在 23.3.1 节中，我们创建了客户端实例，并调用了它的 Send 方法来完成最终的 HTTP 请求。这里，我们来看一下 Send 方法具体是如何构建 HTTP 请求的。

sdk.Client 通过 Send 方法，完成最终的 API 调用，代码如下：

```
func (c *Client) Send(req request.Request, resp response.Response) error {
    method := req.GetMethod()
```

```
    builder := GetParameterBuilder(method, c.Logger)
    jsonReq, _ := json.Marshal(req)
    encodedUrl, err := builder.BuildURL(req.GetURL(), jsonReq)
    if err != nil {
        return err
    }

    endPoint := c.Config.Endpoint
    if endPoint == "" {
        endPoint = fmt.Sprintf("%s/%s", defaultEndpoint, c.ServiceName)
    }
    reqUrl := fmt.Sprintf("%s://%s/%s%s", c.Config.Scheme, endPoint, req.GetVersion(),
        encodedUrl)

    body, err := builder.BuildBody(jsonReq)
    if err != nil {
        return err
    }

    sign := func(r *http.Request) error {
        signer := NewSigner(c.signMethod, c.Credential, c.Logger)
        _ = signer.Sign(c.ServiceName, r, strings.NewReader(body))
        return err
    }

    rawResponse, err := c.doSend(method, reqUrl, body, req.GetHeaders(), sign)
    if err != nil {
        return err
    }

    return response.ParseFromHttpResponse(rawResponse, resp)
}
```

上述代码的执行可以分为以下 4 个步骤。

1）Builder：构建请求参数。

2）Signer：签发并添加认证头。

3）Request：执行 HTTP 请求。

4）处理 HTTP 请求并返回结果。

1. Builder：构建请求参数

根据传入的 AuthzRequest 和客户端配置 Config，构建 HTTP 请求参数，包括请求路径和请求体。接下来，我们来看看如何构建 HTTP 请求参数。

1）构建 HTTP 请求路径。

在创建客户端时，通过 NewAuthzRequest 函数创建 /v1/authz RESTful API 请求结构体 AuthzRequest，代码如下：

```
func NewAuthzRequest() (req *AuthzRequest) {
```

```
    req = &AuthzRequest{
        BaseRequest: &request.BaseRequest{
            URL:     "/authz",
            Method:  "POST",
            Header: nil,
            Version: "v1",
        },
    }
    return
}
```

可以看到，创建的 req 中包含 API 版本（Version）、API 路径（URL）和请求方法（Method）。接下来，我们就可以在 Send 方法中构建请求路径：

```
endPoint := c.Config.Endpoint
if endPoint == "" {
    endPoint = fmt.Sprintf("%s/%s", defaultEndpoint, c.ServiceName)
}
reqUrl := fmt.Sprintf("%s://%s/%s%s", c.Config.Scheme, endPoint, req.GetVersion(),
    encodedUrl)
```

在上述代码中，配置 c.Config.Scheme=http/https、endPoint=iam.api.marmotedu.com:8080、req.GetVersion()=v1 和 encodedUrl=/authz，所以最终构建出的请求路径为 http://iam.api.marmotedu.com:8080/v1/authz。

2）构建 HTTP 请求体。

我们在 BuildBody 方法中构建请求体。BuildBody 会将 req 转换成 JSON 格式的字符串。HTTP 请求会以该字符串作为请求体参数。

2. Signer：签发并添加认证头

访问 IAM 的 API 时需要进行认证，所以在发送 HTTP 请求之前，还需要给 HTTP 请求添加认证头，即 Header。

medu-sdk-go 代码提供了 JWT 和 HMAC 两种认证方式，这里采用了 JWT 认证方式。JWT 认证签发方法为 Sign，代码如下：

```
func (v1 SignatureV1) Sign(serviceName string, r *http.Request, body io.ReadSeeker)
    http.Header {
    tokenString := auth.Sign(v1.Credentials.SecretID, v1.Credentials.SecretKey, "medu-
        sdk-go", serviceName+".marmotedu.com")
    r.Header.Set("Authorization", fmt.Sprintf("Bearer %s", tokenString))
    return r.Header

}
```

auth.Sign 方法根据 SecretID 和 SecretKey 签发 JWT 的 Token。

接下来，我们就可以调用 doSend 方法来执行 HTTP 请求了。调用代码如下：

```
rawResponse, err := c.doSend(method, reqUrl, body, req.GetHeaders(), sign)
```

```
if err != nil {
    return err
}
```

可以看到，我们传入了HTTP请求方法method、HTTP请求URL reqUrl、HTTP请求体body，以及用来签发JWT的Token的sign方法。我们在调用NewAuthzRequest创建req时指定了HTTP方法，所以这里的method := req.GetMethod()、reqUrl和请求体都是通过Builder来构建的。

3. Request：执行HTTP请求

调用doSend方法执行HTTP请求，doSend通过调用net/http包提供的http.NewRequest方法来发送HTTP请求，执行完HTTP请求后会返回*http.Response类型的响应。代码如下：

```
func (c *Client) doSend(method, url, data string, header map[string]string, sign
    SignFunc) (*http.Response, error) {
    client := &http.Client{Timeout: c.Config.Timeout}

    req, err := http.NewRequest(method, url, strings.NewReader(data))
    if err != nil {
        c.Logger.Errorf("%s", err.Error())
        return nil, err
    }

    c.setHeader(req, header)

    err = sign(req)
    if err != nil {
        return nil, err
    }

    return client.Do(req)
}
```

4. 处理HTTP请求并返回结果

调用doSend方法返回*http.Response类型的响应后，Send方法会调用ParseFromHttpResponse函数来处理HTTP响应。ParseFromHttpResponse函数代码如下：

```
func ParseFromHttpResponse(rawResponse *http.Response, response Response) error {
    defer rawResponse.Body.Close()
    body, err := ioutil.ReadAll(rawResponse.Body)
    if err != nil {
        return err
    }
    if rawResponse.StatusCode != 200 {
        return fmt.Errorf("request fail with status: %s, with body: %s", rawRes-
            ponse.Status, body)
    }
```

```
    if err := response.ParseErrorFromHTTPResponse(body); err != nil {
        return err
    }

    return json.Unmarshal(body, &response)
}
```

可以看到，ParseFromHttpResponse 函数会先判断 HTTP 响应中的 StatusCode 是否为 200，如果不是 200，则报错。如果是 200，则调用传入的 resp 变量提供的 ParseErrorFromHTTPResponse 方法，来将 HTTP 响应体解包到 resp 变量中。

通过以上 4 步，SDK 调用方调用了 API，并获得了 API 的返回结果 resp。

下面这些公有云厂商的 SDK 均采用了此种设计模式。

- 腾讯云 SDK：tencentcloud-sdk-go。
- AWS SDK：aws-sdk-go。
- 阿里云 SDK：alibaba-cloud-sdk-go。
- 京东云 SDK：jdcloud-sdk-go。
- Ucloud SDK：ucloud-sdk-go。

23.4　marmotedu-sdk-go 客户端设计与创建

前面介绍了公有云厂商普遍采用的 SDK 设计方式。其实，还有一些比较优秀的 SDK 设计方式，比如 Kubernetes 的 client-go SDK 设计方式。IAM 项目参考 client-go，也实现了 client-go 风格的 SDK：marmotedu-sdk-go[⊖]。

相比公有云厂商采用的 SDK 设计方式，client-go 风格的 SDK 具有以下优点。

- 大量使用了 Go 接口特性，将接口的定义与具体实现解耦，可以支持多种实现方式。
- 接口调用层级与资源层级相匹配，调用方式更加友好。
- 多版本共存。

与 medu-sdk-go 相比，marmotedu-sdk-go 的设计和实现要复杂一些，但功能更强大，使用体验也更好。

这里，我们先来看一个使用 SDK 调用 iam-authz-server /v1/authz 接口的示例，代码保存在 /marmotedu-sdk-go/examples/authz_clientset/main.go 文件中：

```
package main

import (
    "context"
    "flag"
    "fmt"
    "path/filepath"
```

⊖ 参见 https://github.com/marmotedu/marmotedu-sdk-go。

```
    "github.com/ory/ladon"

    metav1 "github.com/marmotedu/component-base/pkg/meta/v1"
    "github.com/marmotedu/component-base/pkg/util/homedir"

    "github.com/marmotedu/marmotedu-sdk-go/marmotedu"
    "github.com/marmotedu/marmotedu-sdk-go/tools/clientcmd"
)

func main() {
    var iamconfig *string
    if home := homedir.HomeDir(); home != "" {
        iamconfig = flag.String(
            "iamconfig",
            filepath.Join(home, ".iam", "config"),
            "(optional) absolute path to the iamconfig file",
        )
    } else {
        iamconfig = flag.String("iamconfig", "", "absolute path to the iamconfig file")
    }
    flag.Parse()

    config, err := clientcmd.BuildConfigFromFlags("", *iamconfig)
    if err != nil {
        panic(err.Error())
    }

    // 创建 clientset
    clientset, err := marmotedu.NewForConfig(config)
    if err != nil {
        panic(err.Error())
    }

    request := &ladon.Request{
        Resource: "resources:articles:ladon-introduction",
        Action:   "delete",
        Subject:  "users:peter",
        Context: ladon.Context{
            "remoteIP": "192.168.0.5",
        },
    }

    // 发送资源授权请求
    fmt.Println("Authorize request...")
    ret, err := clientset.Iam().AuthzV1().Authz().Authorize(context.TODO(), request,
        metav1.AuthorizeOptions{})
    if err != nil {
        panic(err.Error())
    }

    fmt.Printf("Authorize response: %s.\n", ret.ToString())
}
```

上面的代码示例依次执行了下面的操作。

1）调用 BuildConfigFromFlags 函数，创建 SDK 的配置实例 config。

2）调用 marmotedu.NewForConfig(config) 创建 IAM 项目的客户端 clientset。

3）调用以下代码请求 /v1/authz 接口执行资源授权请求：

```
ret, err := clientset.Iam().AuthzV1().Authz().Authorize(context.TODO(), request,
    metav1.AuthorizeOptions{})
if err != nil {
    panic(err.Error())
}

fmt.Printf("Authorize response: %s.\n", ret.ToString())
```

调用格式为项目客户端 . 应用客户端 . 服务客户端 . 资源名 . 接口。

所以，上面的代码通过创建项目级别、应用级别和服务级别的客户端，来调用 RESTful API。接下来，我们来看看如何创建这些客户端。

23.4.1 marmotedu-sdk-go 客户端设计

在介绍如何创建客户端之前，我们先来看一下客户端的设计思路。

Go 项目的组织方式是有层级的：项目 → 应用 → 服务。marmotedu-sdk-go 很好地体现了这种层级关系，使得 SDK 的调用更加易懂、易用。marmotedu-sdk-go 的层级关系如图 23-3 所示。

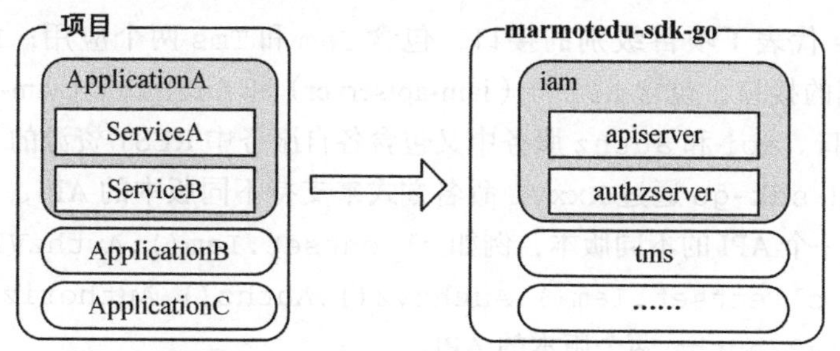

图 23-3 marmotedu-sdk-go 的层级关系

marmotedu-sdk-go 定义了 3 类接口，分别代表了项目、应用和服务级别的 API：

```
// 项目级别的接口
type Interface interface {
    Iam() iam.IamInterface
    Tms() tms.TmsInterface
}

// 应用级别的接口
type IamInterface interface {
    APIV1() apiv1.APIV1Interface
    AuthzV1() authzv1.AuthzV1Interface
```

```
}

// 服务级别的接口
type APIV1Interface interface {
    RESTClient() rest.Interface
    SecretsGetter
    UsersGetter
    PoliciesGetter
}

// 资源级别的客户端
type SecretsGetter interface {
    Secrets() SecretInterface
}

// 资源的接口定义
type SecretInterface interface {
    Create(ctx context.Context, secret *v1.Secret, opts metav1.CreateOptions)
        (*v1.Secret, error)
    Update(ctx context.Context, secret *v1.Secret, opts metav1.UpdateOptions)
        (*v1.Secret, error)
    Delete(ctx context.Context, name string, opts metav1.DeleteOptions) error
    DeleteCollection(ctx context.Context, opts metav1.DeleteOptions, listOpts metav1.
        ListOptions) error
    Get(ctx context.Context, name string, opts metav1.GetOptions) (*v1.Secret, error)
    List(ctx context.Context, opts metav1.ListOptions) (*v1.SecretList, error)
    SecretExpansion
}
```

Interface 代表了项目级别的接口，包含 Iam 和 Tms 两个应用；IamInterface 代表了应用级别的接口，包含 APIV1（iam-apiserver）和 AuthzV1（iam-authz-server）两个服务级别的接口。api 和 authz 服务中又包含各自服务中 REST 资源的 CURD 接口。

marmotedu-sdk-go 通过 XxxV1 命名方式来支持不同版本的 API，好处是可以在程序中同时调用同一个 API 的不同版本，例如 clientset.Iam().AuthzV1().Authz().Authorize()、clientset.Iam().AuthzV2().Authz().Authorize() 分别调用了 /v1/authz 和 /v2/authz 两个版本的 API。

上述关系也可以从目录结构中反映出来。marmotedu-sdk-go 目录设计如下（只列出了一些重要的文件）：

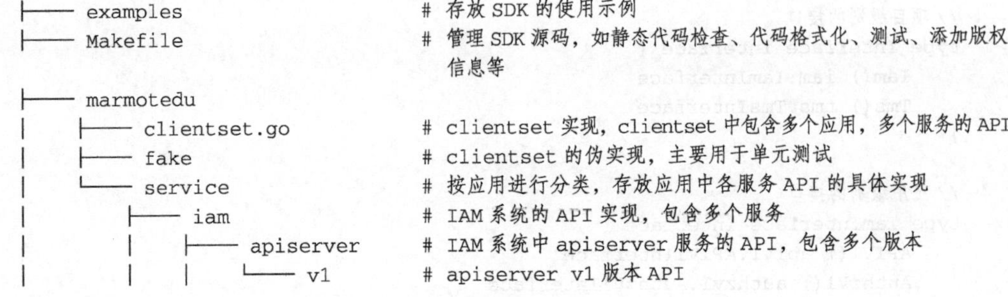

```
├── examples                       # 存放 SDK 的使用示例
├── Makefile                       # 管理 SDK 源码，如静态代码检查、代码格式化、测试、添加版权
                                     信息等
├── marmotedu
│   ├── clientset.go               # clientset 实现，clientset 中包含多个应用，多个服务的 API
│   ├── fake                       # clientset 的伪实现，主要用于单元测试
│   └── service                    # 按应用进行分类，存放应用中各服务 API 的具体实现
│       ├── iam                    # IAM 系统的 API 实现，包含多个服务
│       │   ├── apiserver          # IAM 系统中 apiserver 服务的 API，包含多个版本
│       │   │   └── v1             # apiserver v1 版本 API
```

```
│           │    ├─── authz          # IAM系统中authz服务的API
│           │    │  └─── v1          # authz服务v1版本接口
│           │    └─── iam_client.go # IAM系统的客户端，包含apiserver和authz两个服务的客户端
│           └─── tms                 # tms应用的API实现
├─── pkg                             # 存放一些共享包，可对外暴露
├─── rest                            # HTTP请求的底层实现
├─── third_party                     # 存放修改过的第三方包，例如gorequest
└─── tools
     └─── clientcmd                  # 一些函数，用来帮助创建rest.Config配置
```

每种类型的客户端都可以通过以下相似的方式来创建：

```
config, err := clientcmd.BuildConfigFromFlags("", "/root/.iam/config")
clientset, err := xxxx.NewForConfig(config)
```

/root/.iam/config为配置文件，包含服务的地址和认证信息。BuildConfigFromFlags函数加载配置文件，创建并返回rest.Config类型的配置变量，同时通过xxxx.NewForConfig函数创建需要的客户端。xxxx是所在层级的client包，例如iam、tms。

marmotedu-sdk-go客户端定义了3类接口，这样做的好处如下：

1）API调用格式规范，层次清晰，可以使API调用更加清晰、易记。

2）可以根据需要，自行选择客户端类型，灵活调用。举个例子，假设在A服务中需要同时用到iam-apiserver和iam-authz-server提供的接口，此时我们可以创建应用级别的客户端IamClient，然后通过iamclient.APIV1()和iamclient.AuthzV1()来切换调用不同服务的API。

23.4.2 项目级别客户端创建

Interface对应的客户端实现为Clientset，所在的包为github.com/marmotedu/marmotedu-sdk-go/marmotedu。Clientset客户端的创建方式为：

```
config, err := clientcmd.BuildConfigFromFlags("", "/root/.iam/config")
clientset, err := marmotedu.NewForConfig(config)
```

调用方式为clientset.应用.服务.资源名.接口，例如：

```
rsp, err := clientset.Iam().AuthzV1().Authz().Authorize()
```

项目级别客户端创建的参考示例为marmotedu-sdk-go/examples/authz_clientset/main.go。

23.4.3 应用级别客户端创建

IamInterface对应的客户端实现为IamClient，所在的包为marmotedu-sdk-go/marmotedu/service/iam。IamClient客户端的创建方式为：

```
config, err := clientcmd.BuildConfigFromFlags("", "/root/.iam/config")
iamclient,, err := iam.NewForConfig(config)
```

调用方式为 iamclient.服务.资源名.接口，例如：

```
rsp, err := iamclient.AuthzV1().Authz().Authorize()
```

应用级别客户端创建的参考示例为 marmotedu-sdk-go/examples/authz_iam/main.go。

23.4.4 服务级别客户端创建

AuthzV1Interface 对应的客户端实现为 AuthzV1Client，所在的包为 marmotedu-sdk-go/marmotedu/service/iam/authz/v1。AuthzV1Client 客户端的创建方式为：

```
config, err := clientcmd.BuildConfigFromFlags("", "/root/.iam/config")
client, err := v1.NewForConfig(config)
```

调用方式为 client.资源名.接口，例如：

```
rsp, err := client.Authz().Authorize()
```

服务级别客户端创建的参考示例为 marmotedu-sdk-go/examples/authz/main.go。

了解了 marmotedu-sdk-go 的客户端创建方法，接下来我们再来看看 marmotedu-sdk-go 的实现，即这些客户端具体是如何执行 RESTful API 请求的。

23.5 marmotedu-sdk-go 的实现

marmotedu-sdk-go 的实现和 medu-sdk-go 的实现一样，也是采用分层结构，即 API 层和基础层，如图 23-4 所示。

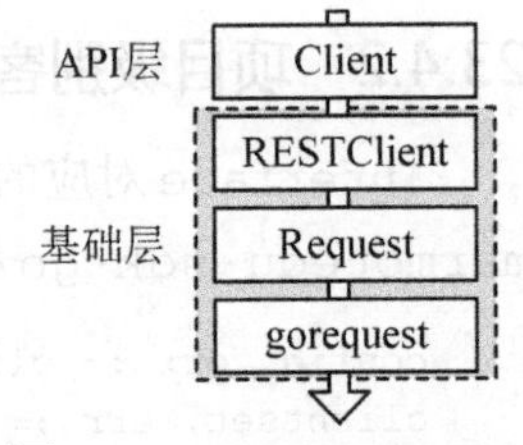

图 23-4 marmotedu-sdk-go 分层设计

RESTClient 是整个 SDK 的核心。RESTClient 通过向下调用 Request 模块来完成 HTTP 请求方法、请求路径、请求体、认证信息的构建。Request 模块最终通过调用 gorequest[⊖] 包提供的方法，完成 HTTP 的 POST、PUT、GET、DELETE 等请求，获取 HTTP 返回结果，并解析到指定的结构体中。RESTClient 向上提供 Post()、Put()、Get()、Delete() 等方法来供客户端完成 HTTP 请求。

marmotedu-sdk-go 提供了两类客户端，分别是 RESTClient 客户端和基于 RESTClient 封装的客户端。

- **RESTClient：** Raw 类型的客户端，可以通过指定 HTTP 的请求方法、请求路径、请求参数等信息，直接发送 HTTP 请求，例如：client.Get().AbsPath("/version").Do().Into()。
- **基于 RESTClient 封装的客户端：** 例如 AuthzV1Client、APIV1Client 等，执行对特定 REST 资源、特定 API 的请求，方便开发者调用。

⊖ 参见 https://github.com/parnurzeal/gorequest。

23.5.1 RESTClient客户端实现

marmotedu-sdk-go通过下面两个步骤，实现了RESTClient客户端。

1. 创建rest.Config类型的变量

BuildConfigFromFlags函数通过加载YAML格式的配置文件，创建rest.Config类型的变量。加载的YAML格式的配置文件的内容为：

```
apiVersion: v1
user:
    #token:                                                # JWT的Token
    username: admin                                       # iam用户名
    password: Admin@2020                                  # iam密码
    #secret-id:                                           # 密钥ID
    #secret-key:                                          # 密钥Key
    client-certificate: /home/colin/.iam/cert/admin.pem  # TLS的客户端证书文件路径
    client-key: /home/colin/.iam/cert/admin-key.pem      # TLS的客户端key文件路径
    #client-certificate-data:
    #client-key-data:

server:
    address: https://127.0.0.1:8443 # iam api-server地址
    timeout: 10s                                          # 请求api-server超时时间
    #max-retries:                                         # 最大重试次数，默认为0
    #retry-interval:                                      # 重试间隔，默认为1s
    #tls-server-name:                                     # TLS服务器名称
    #insecure-skip-tls-verify:                            # 设置为true表示跳过TLS安全
                                                          验证模式，这会使得HTTPS连
                                                          接不安全
    certificate-authority: /home/colin/.iam/cert/ca.pem  # 用于CA授权的cert文件路径
    #certificate-authority-data:
```

在配置文件中，我们可以指定服务的地址、用户名/密码、密钥、TLS证书、超时时间、重试次数等信息。创建方法如下：

```
config, err := clientcmd.BuildConfigFromFlags("", *iamconfig)
if err != nil {
    panic(err.Error())
}
```

在上述代码中，*iamconfig是YAML格式的配置文件的路径。BuildConfigFromFlags函数通过调用LoadFromFile函数来解析YAML配置文件。LoadFromFile最终是通过yaml.Unmarshal的方式来解析YAML格式的配置文件的。

2. 根据rest.Config类型的变量，创建RESTClient客户端

通过RESTClientFor函数来创建RESTClient客户端：

```
func RESTClientFor(config *Config) (*RESTClient, error) {
    ...
```

```
    baseURL, versionedAPIPath, err := defaultServerURLFor(config)
    if err != nil {
        return nil, err
    }

    // 获取 TLS 配置
    tlsConfig, err := TLSConfigFor(config)
    if err != nil {
        return nil, err
    }

    // 仅在收到服务端错误时重试
    client := gorequest.New().TLSClientConfig(tlsConfig).Timeout(config.Timeout).
        Retry(config.MaxRetries, config.RetryInterval, http.StatusInternalServerError)
    // 注意：必须将 DoNotClearSuperAgent 设置为 true，否则客户端将清除 http.Do 之前的消息头
    client.DoNotClearSuperAgent = true

    ...

    clientContent := ClientContentConfig{
        Username:           config.Username,
        Password:           config.Password,
        SecretID:           config.SecretID,
        SecretKey:          config.SecretKey,
        ...
    }

    return NewRESTClient(baseURL, versionedAPIPath, clientContent, client)
}
```

RESTClientFor 函数调用 defaultServerURLFor(config) 生成基本的 HTTP 请求路径：baseURL=http://127.0.0.1:8080，且 versionedAPIPath=/v1。然后，调用 TLSConfigFor 函数生成 TLS 配置，并调用 gorequest.New() 创建 gorequest 客户端。最后，调用 NewRESTClient 函数创建 RESTClient 客户端。

RESTClient 客户端提供了以下方法来供调用者完成 HTTP 请求：

```
func (c *RESTClient) APIVersion() scheme.GroupVersion
func (c *RESTClient) Delete() *Request
func (c *RESTClient) Get() *Request
func (c *RESTClient) Post() *Request
func (c *RESTClient) Put() *Request
func (c *RESTClient) Verb(verb string) *Request
```

可以看到，RESTClient 提供了 Delete、Get、Post、Put 方法，分别用来执行 HTTP 的 DELETE、GET、POST、PUT 方法，同时提供了 Verb 方法以灵活地指定 HTTP 方法。这些方法都返回了 Request 类型的变量。Request 类型的变量提供了一些方法，用来完成具体的 HTTP 请求，例如：

```
type Response struct {
    Allowed bool    `json:"allowed"`
```

```
    Denied  bool   `json:"denied,omitempty"`
    Reason  string `json:"reason,omitempty"`
    Error   string `json:"error,omitempty"`
}

func (c *authz) Authorize(ctx context.Context, request *ladon.Request, opts
    metav1.AuthorizeOptions) (result *Response, err error) {
    result = &Response{}
    err = c.client.Post().
        Resource("authz").
        VersionedParams(opts).
        Body(request).
        Do(ctx).
        Into(result)

    return
}
```

上述代码中，c.client 是 RESTClient 客户端。它通过调用 RESTClient 客户端的 Post 方法，返回了 *Request 类型的变量。*Request 类型的变量提供了 Resource 和 VersionedParams 方法，来构建请求 HTTP URL 中的路径 /v1/authz。同时，通过 Body 方法，我们指定了 HTTP 请求的请求体。

到这里，我们分别构建了 HTTP 请求需要的参数：HTTP 请求方法、请求 URL、请求体。所以，我们之后就可以调用 Do 方法来执行 HTTP 请求，并将返回结果通过 Into 方法保存在传入的 result 变量中。

23.5.2 Request 模块实现

RESTClient 客户端的方法会返回 Request 类型的变量。Request 类型的变量提供了一系列的方法用来构建 HTTP 请求参数，并执行 HTTP 请求。

所以，Request 模块可以理解为最底层的通信层。下面我们来看看 Request 模块具体是如何完成 HTTP 请求的。先来看 Request 结构体的定义：

```
type RESTClient struct {
    // base 是客户端所有调用的根 URL
    base *url.URL
    // group 代表客户端组，例如 iam.api、iam.authz
    group string
    versionedAPIPath string
    // content 描述了 RESTClient 如何编码和解码响应
    content ClientContentConfig
    Client  *gorequest.SuperAgent
}

type Request struct {
    c *RESTClient
```

```
    timeout time.Duration

    // 可通过 setters 方法获取的通用字段
    verb        string
    pathPrefix string
    subpath     string
    params      url.Values
    headers     http.Header

    // 属于 IAM API 约定的请求的结构元素
    // namespace    string
    // namespaceSet bool
    resource     string
    resourceName string
    subresource  string

    err  error
    body interface{}
}
```

再来看 Request 结构体提供的方法：

```
func (r *Request) AbsPath(segments ...string) *Request
func (r *Request) Body(obj interface{}) *Request
func (r *Request) Do(ctx context.Context) Result
func (r *Request) Name(resourceName string) *Request
func (r *Request) Param(paramName, s string) *Request
func (r *Request) Prefix(segments ...string) *Request
func (r *Request) RequestURI(uri string) *Request
func (r *Request) Resource(resource string) *Request
func (r *Request) SetHeader(key string, values ...string) *Request
func (r *Request) SubResource(subresources ...string) *Request
func (r *Request) Suffix(segments ...string) *Request
func (r *Request) Timeout(d time.Duration) *Request
func (r *Request) URL() *url.URL
func (r *Request) Verb(verb string) *Request
func (r *Request) VersionedParams(v interface{}) *Request
```

通过 Request 结构体的定义和使用方法，我们不难猜测出：Request 模块通过 Name、Resource、Body、SetHeader 等方法来设置 Request 结构体中的各个字段。这些字段最终可构建出一个 HTTP 请求，并通过 Do 方法来执行 HTTP 请求。

那么，如何构建并执行一个 HTTP 请求呢？我们可以通过以下 5 步完成构建。

- 构建 HTTP URL。
- 构建 HTTP Method。
- 构建 HTTP Body。
- 执行 HTTP 请求。
- 保存 HTTP 返回结果。

接下来，我们就来具体看看 Request 模块是如何构建这些请求参数，并发送 HTTP 请求的。

1. 构建 HTTP URL

首先，通过 defaultServerURLFor 函数返回 http://iam.api.marmotedu.com:8080 和 /v1，并将二者分别保存在 Request 类型结构体变量中 c 字段的 base 字段和 versionedAPIPath 字段中。

通过 Do 方法执行 HTTP 时，会调用 r.URL() 方法来构建请求的 URL。在 r.URL 方法中，我们通过以下代码段构建了 HTTP 请求 URL：

```
func (r *Request) URL() *url.URL {
    p := r.pathPrefix
    if len(r.resource) != 0 {
        p = path.Join(p, strings.ToLower(r.resource))
    }

    if len(r.resourceName) != 0 || len(r.subpath) != 0 || len(r.subresource) != 0 {
        p = path.Join(p, r.resourceName, r.subresource, r.subpath)
    }

    finalURL := &url.URL{}
    if r.c.base != nil {
        *finalURL = *r.c.bas
    }

    finalURL.Path = p
    ...
}
```

p := r.pathPrefix 和 r.c.base 是通过 defaultServerURLFor 调用返回的 v1 和 http://iam.api.marmotedu.com:8080 来构建的。resourceName 是通过 func (r *Request) Resource(resource string) *Request 来指定的，例如 authz。所以，最终我们构建的 HTTP 请求 URL 为 http://iam.api.marmotedu.com:8080/v1/authz。

2. 构建 HTTP Method

HTTP Method 通过 RESTClient 提供的 Post、Delete、Get 等方法来构建，例如：

```
func (c *RESTClient) Post() *Request {
    return c.Verb("POST")
}

func (c *RESTClient) Verb(verb string) *Request {
    return NewRequest(c).Verb(verb)
}
```

NewRequest(c).Verb(verb) 最终设置了 Request 结构体的 verb 字段，供 Do 方法使用。

3. 构建 HTTP Body

HTTP Body 通过 Request 结构体提供的 Body 方法来指定：

```
func (r *Request) Body(obj interface{}) *Request {
    if v := reflect.ValueOf(obj); v.Kind() == reflect.Struct {
        r.SetHeader("Content-Type", r.c.content.ContentType)
    }

    r.body = obj

    return r
}
```

4. 执行 HTTP 请求

通过 Request 结构体提供的 Do 方法来执行具体的 HTTP 请求，代码如下：

```
func (r *Request) Do(ctx context.Context) Result {
    client := r.c.Client
    client.Header = r.headers

    if r.timeout > 0 {
        var cancel context.CancelFunc
        ctx, cancel = context.WithTimeout(ctx, r.timeout)

        defer cancel()
    }

    client.WithContext(ctx)

    resp, body, errs := client.CustomMethod(r.verb, r.URL().String()).Send(r.body).
        EndBytes()
    if err := combineErr(resp, body, errs); err != nil {
        return Result{
            response: &resp,
            err:      err,
            body:     body,
        }
    }

    decoder, err := r.c.content.Negotiator.Decoder()
    if err != nil {
        return Result{
            response: &resp,
            err:      err,
            body:     body,
            decoder:  decoder,
        }
    }

    return Result{
        response: &resp,
        body:     body,
        decoder:  decoder,
    }
}
```

在Do方法中，我们使用了Request结构体变量中各个字段的值，通过client.CustomMethod来执行HTTP请求。client是*gorequest.SuperAgent类型的客户端。

5. 保存HTTP返回结果

通过Request结构体的Into方法来保存HTTP返回结果：

```
func (r Result) Into(v interface{}) error {
    if r.err != nil {
        return r.Error()
    }

    if r.decoder == nil {
        return fmt.Errorf("serializer doesn't exist")
    }

    if err := r.decoder.Decode(r.body, &v); err != nil {
        return err
    }

    return nil
}
```

r.body是在Do方法执行完HTTP请求后设置的，它的值为HTTP请求返回的Body。

23.5.3 请求认证

接下来，我再来介绍一下marmotedu-sdk-go另外一个比较核心的功能：请求认证。marmotedu-sdk-go支持两种请求认证方式。

- **Basic认证**：通过给请求添加Authorization: Basic xxxx Header来实现。
- **Bearer认证**：通过给请求添加Authorization: Bearer xxxx Header来实现。这种方式支持直接指定JWT的Token，或者指定密钥对由SDK自动生成JWT的Token。

认证头是RESTClient客户端发送HTTP请求时指定的，具体实现位于NewRequest函数中：

```
switch {
    case c.content.HasTokenAuth():
        r.SetHeader("Authorization", fmt.Sprintf("Bearer %s", c.content.BearerToken))
    case c.content.HasKeyAuth():
        tokenString := auth.Sign(c.content.SecretID, c.content.SecretKey, "marmotedu-
            sdk-go", c.group+".marmotedu.com")
        r.SetHeader("Authorization", fmt.Sprintf("Bearer %s", tokenString))
    case c.content.HasBasicAuth():
        // TODO: 获取Token并设置消息头
        r.SetHeader("Authorization", "Basic "+basicAuth(c.content.Username, c.con-
            tent.Password))
}
```

上面的代码会根据配置信息，自动判断使用哪种认证方式。

23.6 本章总结

本章主要介绍了如何设计一个优秀的 Go SDK。通过 SDK，我们可以提高 API 调用效率，减少 API 调用难度，所以大型应用通常都会提供 SDK。不同团队有不同的 SDK 设计方法，但目前比较好的实现是公有云厂商采用的 SDK 设计方式和 Kubernetes client-go 风格的 SDK。

IAM 项目使用了 Kubernetes client-go 风格的 SDK：marmotedu-sdk-go。与公有云厂商的 SDK 设计相比，client-go 风格的 SDK 设计有很多优点，例如可以支持多种接口实现，接口调用方式更加友好，支持多版本共存等。

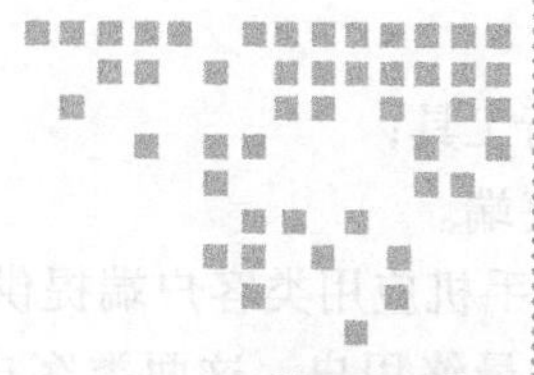

第 24 章 Chapter 24

IAM 客户端工具构建

如果你用过 Kubernetes、Istio、Etcd，那你一定用过这些开源项目所提供的命令行工具：kubectl、istioctl、etcdctl。一个 xxx 项目，通常会有一个 xxxctl 命令行工具，这似乎已经成为一种趋势，在一些大型系统中更是常见。xxxctl 命令行工具有以下两个好处。

- **实现自动化**：可以通过在脚本中调用 xxxctl 工具，实现自动化。
- **提高效率**：通过将应用的功能封装成命令和参数，方便运维、开发人员在 Linux 服务器上调用。

其中，kubectl 是非常优秀的命令行工具，其设计的功能最为复杂，IAM 项目的 iamctl 客户端工具就是仿照 kubectl 来实现的。本章将通过剖析 iamctl 命令行工具的实现，介绍如何实现一个优秀的客户端工具。

> 提示 本章代码分别存放在以下目录中：
> - /iam/cmd/iamctl
> - /iam/internal/iamctl
> - /iam/pkg/cli/genericclioptions

24.1 常见客户端介绍

客户端又叫用户端，与后端服务相对应，安装在客户机上，用户可以使用这些客户端访问后端服务。不同的客户端面向的人群不同，所能提供的访问能力也有差异。常见的客户端有下面这几种：

- 前端，包括浏览器、手机应用；

- ❑ SDK；
- ❑ 命令行工具；
- ❑ 其他终端。

浏览器和手机应用类客户端提供一个交互界面供用户访问后端服务，使用体验最好，面向的人群是最终用户。这两类客户端也称为前端。前端由前端开发人员开发，并通过 API 调用后端的服务。后端开发人员不需要关注这两类客户端，只需要关注如何提供 API 即可。

SDK（Software Development Kit）也是一种客户端，可供开发者调用。开发者调用 API 时，如果是通过 HTTP，除了需要编写 HTTP 的调用代码、HTTP 请求包的封装和返回包的解封，还要处理 HTTP 的状态码，非常烦琐。SDK 其实是封装了 API 的一系列函数集合，使得开发者可以通过调用 SDK 中的函数，调用 API。SDK 可便于开发者调用，减少工作量。

命令行工具是可以在操作系统上执行的一个二进制程序，提供了一种比 SDK 和 API 更方便、快捷的访问后端服务的途径，供运维或者开发人员在服务器上直接使用，或者在自动化脚本中调用。

还有一些其他类客户端，列举如下。

- ❑ **终端设备**：POS 机、学习机、智能音箱等。
- ❑ **第三方应用程序**：通过调用 API 或者 SDK，调用我们提供的后端服务，从而实现自身的功能。
- ❑ **脚本**：通过调用 API 或者命令行工具，调用我们提供的后端服务，从而实现自动化。

这些客户端都是通过调用 API 使用后端服务的，它们与前端一样，也不需要后台开发人员开发。

需要后台开发人员投入工作量进行研发的客户端是 SDK 和命令行工具。这两类客户端有一定的调用顺序，如图 24-1 所示。

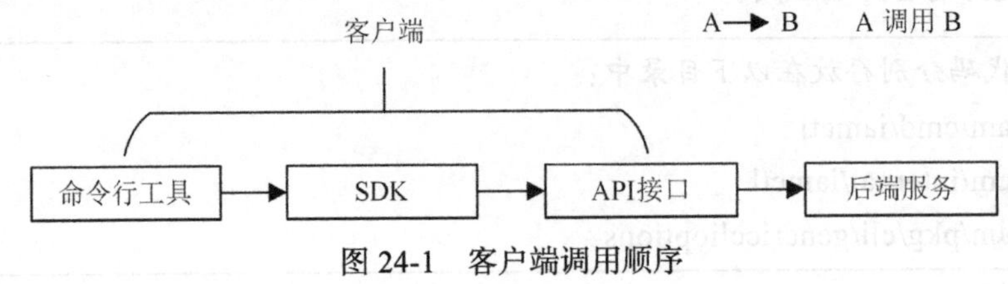

图 24-1　客户端调用顺序

可以看到，SDK 和命令行工具最终都是通过 API 调用后端服务的，保证了服务的一致性，也减少了为适配多个客户端所带来的额外开发工作量。

24.2 大型系统客户端的特点

通过学习 `kubectl`、`istioctl`、`etcdctl` 等优秀的命令行工具，我们可以发现一个大型系统的命令行工具（xxxctl）通常具有以下特点。

- 支持命令和子命令，命令/子命令有自己独有的命令行参数。
- 支持一些特殊的命令。比如支持 completion 命令，可以输出 bash/zsh 自动补全脚本，实现命令行及参数的自动补全。还支持 version 命令，不仅可以输出客户端的版本，还可以输出服务端的版本（如果有需要）。
- 支持全局 option，全局 option 可以作为所有命令及子命令的命令行参数。
- 支持 -h/help，可以打印 xxxctl 的帮助信息，例如：

```
$ iamctl -h
iamctl controls the iam platform, is the client side tool for iam platform.

    Find more information at: https://github.com/marmotedu/iam/blob/master/docs/
        guide/en-US/cmd/iamctl/iamctl.md

    Basic Commands:
        info          Print the host information
        color         Print colors supported by the current terminal
        new           Generate demo command code
        jwt           JWT command-line tool

    Identity and Access Management Commands:
        user          Manage users on iam platform
        secret        Manage secrets on iam platform
        policy        Manage authorization policies on iam platform

    ...

    Usage:
        iamctl [flags] [options]

    Use "iamctl <command> --help" for more information about a given command.
    Use "iamctl options" for a list of global command-line options (applies to all commands).
```

- 支持 xxxctl help [command | command subcommand] [command | command subcommand]，打印命令/子命令的帮助信息，格式通常为命令描述 + 使用方法。例如：

```
$ istioctl help register
Registers a service instance (e.g. VM) joining the mesh

Usage:
    istioctl register <svcname> <ip> [name1:]port1 [name2:]port2 ... [flags]
```

除此之外，一个大型系统的命令行工具还可以支持一些更高阶的功能，例如支持命令分组、支持配置文件、支持命令的使用 example 等。

在 Go 生态中，如果我们要找一个符合上面所有特点的命令行工具，那非 kubectl 莫属。因为本章要重点介绍的 iamctl 命令行工具就是仿照它来实现的，所以这里不再展开介绍 kubectl，不过还是建议你认真研究一下 kubectl 的实现。

24.3 iamctl 的核心实现

本节将介绍 IAM 系统自带的 iamctl 命令行工具，它是仿照 kubectl 来实现的，能够满足一个大型系统命令行工具的需求。我会从 iamctl 的功能、代码结构、命令行选项和配置文件解析 4 个方面来介绍。

24.3.1 iamctl 的功能

iamctl 对命令进行了分类。这里，我也建议你对命令进行分类，因为分类不仅可以帮助你理解命令的用途，还可以帮助你快速定位某类命令。另外，当命令很多时，分类也可以使命令看起来更规整。

iamctl 支持的命令如表 24-1 所示。

表 24-1 iamctl 支持的命令

分 组	命 令	功 能
基础命令	info	打印机器的信息
	color	打印终端支持的颜色
	new	生成命令和子命令
	jwt	签发、解析和验证 JWT 的 Token
身份和访问管理命令	user	IAM 系统用户的增、删、改、查
	secret	IAM 系统密钥的增、删、改、查
	policy	IAM 系统策略的增、删、改、查
故障排除和调试命令	validate	验证 iamctl 是否处在可用状态，主要检查能否连通 iam-apiserver
设置命令	set	做一些系统设置相关的工作
	completion	生成 bash/zash 自动补全脚本
其他命令	version	打印 IAM 客户端和服务端版本

更详细的功能可以参考 iamctl -h。建议在实现 xxxctl 工具时，考虑实现下面这几个功能。

- API 功能。平台具有的 API 功能都能通过 xxxctl 方便地调用。
- 常用工具。一些使用 IAM 系统时有用的功能，比如签发 JWT 的 Token。
- version、completion、validate 命令。

24.3.2 iamctl 代码结构

iamctl 工具的 main 函数位于 iamctl.go 文件中。命令的实现存放在 /iam/internal/iamctl/cmd/cmd.go 文件中。iamctl 的命令统一存放在 /iam/internal/iamctl/cmd 目录下，每个命令都是一个 Go 包，包名即命令名，具体实现存放在 /iam/internal/

iamctl/cmd/<命令>/<命令>.go 文件中。如果命令有子命令，则子命令的实现存放在 /iam/internal/iamctl/cmd/<命令>/<命令>_<子命令>.go 文件中。

使用这种代码组织方式，即使在命令很多的情况下，也能让代码井然有序，方便定位和维护代码。

24.3.3 iamctl 命令行选项

添加命令行选项的代码在 NewIAMCtlCommand 函数中，核心代码为：

```
flags := cmds.PersistentFlags()
...
iamConfigFlags := genericclioptions.NewConfigFlags(true).WithDeprecatedPass-
    wordFlag().WithDeprecatedSecretFlag()
iamConfigFlags.AddFlags(flags)
matchVersionIAMConfigFlags := cmdutil.NewMatchVersionFlags(iamConfigFlags)
matchVersionIAMConfigFlags.AddFlags(cmds.PersistentFlags())
```

NewConfigFlags(true) 返回带有默认值的参数，并通过 iamConfigFlags.AddFlags(flags) 添加到 cobra 的命令行 flag 中。

NewConfigFlags(true) 返回结构体类型的值都是指针类型，这样做的好处是：程序可以判断出是否指定了某个参数，从而可以根据需要添加参数。例如：可以通过 WithDeprecatedPasswordFlag() 和 WithDeprecatedSecretFlag() 添加密码和密钥认证参数。

NewMatchVersionFlags 指定是否需要服务端版本和客户端版本一致。如果不一致，在调用服务接口时会报错。

24.3.4 iamctl 配置文件解析

iamctl 需要连接 iam-apiserver 来完成用户、策略和密钥的增、删、改、查操作，并且需要进行认证。要完成这些功能，需要设置有比较多的配置项。如果每次都在命令行选项指定这些配置项，会很麻烦，也容易出错。

最好的方式是保存到配置文件中，通过加载配置文件完成配置。加载配置文件的代码位于 NewIAMCtlCommand 函数中，如下所示：

```
_ = viper.BindPFlags(cmds.PersistentFlags())
cobra.OnInitialize(func() {
    genericapiserver.LoadConfig(viper.GetString(genericclioptions.FlagIAMConfig), "iamctl")
})
cmds.PersistentFlags().AddGoFlagSet(flag.CommandLine)
```

iamctl 会按以下优先级加载配置文件：

1）命令行参数 --iamconfig 指定的配置文件；

2）当前目录下的 iamctl.yaml 文件；

3）$HOME/.iam/iamctl.yaml 文件。

这种加载方式具有以下两个好处：

- 手动指定不同的配置文件，这在多环境、多配置下尤为重要；
- 可以把配置存放在默认的加载路径中，这样在执行命令时，就不用再指定 --iam-config 参数了。

加载完配置文件之后，我们就可以通过 viper.Get<Type>() 函数来获取配置了。

24.4 iamctl 中子命令是如何构建的

了解了 iamctl 命令行工具的核心实现，我们再来看看在 iamctl 命令行工具中，命令是如何构建的。

24.4.1 如何优雅地构建一个命令

命令行工具的核心能力是提供各类命令，以完成不同功能。每个命令的构建方式可以完全不同，但最好能按相同的方式去构建，并抽象成一个模型，如图 24-2 所示。

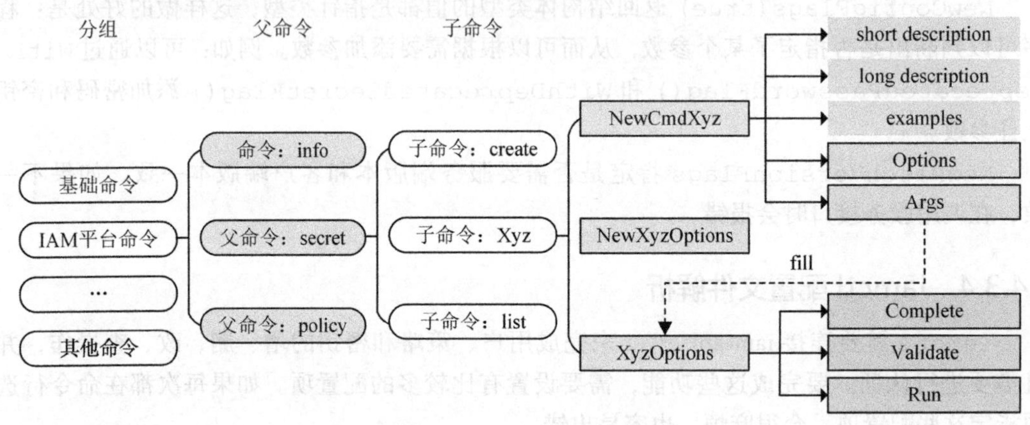

图 24-2 iamctl 命令模型

你可以对一个命令行工具提供的命令进行分组。每组包含多个命令，每个命令又可以具有多个子命令，子命令和父命令在构建方式上完全一致。每个命令的构建方式如下。

- 通过 NewCmdXyz 函数创建命令框架。NewCmdXyz 函数通过创建一个 cobra.Command 类型的变量来创建命令。通过指定 cobra.Command 结构体类型的 Short、Long、Example 字段，来分别指定该命令的使用文档 iamctl -h、详细使用文档 iamctl xyz -h 和使用示例。
- 通过 cmd.Flags().XxxxVar 来给该命令添加命令行选项。
- 为了能在不指定命令行参数时按照默认的方式执行命令，可以通过 NewXyzOptions 函数返回一个设置了默认选项的 XyzOptions 类型的变量。

- XyzOptions 选项具有 Complete、Validate 和 Run3 个方法，分别实现选项补全、选项验证和命令执行等功能。命令的执行逻辑可以在 func (o *XyzOptions) Run(args []string) error 函数中编写。

具体实现案例可以参考 internal/iamctl/cmd/user/user_update.go 文件。

按相同的方式去构建命令，并抽象成一个通用模型，会带来以下4个好处。

- **降低理解成本**：理解一个命令的构建方式，就可以理解其他命令的构建方式。
- **提高新命令的开发效率**：开发新命令时，可以复用其他命令的开发框架，填写业务逻辑即可。
- **自动生成命令**：可以按照规定的命令模型自动生成新的命令。
- **易维护**：因为所有的命令都来自同一个命令模型，所以可以保持一致的代码风格，方便后期维护。

24.4.2 自动生成命令

iamctl 自带命令生成工具。例如，可以通过以下5步自动生成一个 xyz 命令。

1）新建一个 xyz 目录，用来存放 xyz 命令源码。

```
$ mkdir internal/iamctl/cmd/xyz
```

2）在 xyz 目录下，使用 iamctl new 命令生成 xyz 命令源码。

```
$ cd internal/iamctl/cmd/xyz/
$ iamctl new xyz
Command file generated: xyz.go
```

3）将 xyz 命令添加到 root 命令中。

假设 xyz 属于 Settings Commands 命令分组。在 NewIAMCtlCommand 函数中，找到 Settings Commands 分组，将 NewCmdXyz 追加到 Commands 数组后面：

```
{
    Message: "Settings Commands:",
    Commands: []*cobra.Command{
        set.NewCmdSet(f, ioStreams),
        completion.NewCmdCompletion(ioStreams.Out, ""),
        xyz.NewCmdXyz(f, ioStreams),
    },
},
```

4）编译 iamctl。

```
$ make build BINS=iamctl
```

5）测试。

```
$ iamctl xyz -h
A longer description that spans multiple lines and likely contains examples and
    usage of using your command. For
```

```
example:

Cobra is a CLI library for Go that empowers applications. This application is a tool
    to generate the needed files to
quickly create a Cobra application.

Examples:
    # Print all option values for xyz
    iamctl xyz marmotedu marmotedupass

Options:
    -b, --bool=false: Bool option.
    -i, --int=0: Int option.
        --slice=[]: String slice option.
        --string='default': String option.


Usage:
    iamctl xyz USERNAME PASSWORD [options]

Use "iamctl options" for a list of global command-line options (applies to all commands).
$ iamctl xyz marmotedu marmotedupass
The following is option values:
==> --string: default(complete)
==> --slice: []
==> --int: 0
==> --bool: false

The following is args values:
==> username: marmotedu
==> password: marmotedupass
```

至此，我们就添加了一个新的命令 xyz。iamctl new 命令不仅可以生成不带子命令的命令，还可以生成带有子命令的命令，生成方式如下：

```
$ iamctl new -g xyz
Command file generated: xyz.go
Command file generated: xyz_subcmd1.go
Command file generated: xyz_subcmd2.go
```

24.4.3 命令自动补全

cobra 可以根据注册的命令自动生成补全脚本，如补全父命令、子命令和选项参数。在 bash shell 命令行中，可以按照下面的方式配置自动补全功能。

1）生成自动补全脚本。

```
$ iamctl completion bash > ~/.iam/completion.bash.inc
```

2）登录时加载 bash，自动补全脚本。

```
$ echo "source '$HOME/.iam/completion.bash.inc'" >> $HOME/.bash_profile
$ source $HOME/.bash_profile
```

3）测试自动补全功能。

```
$ iamctl xy<TAB>               # 按 TAB 键，自动补全为：iamctl xyz
$ iamctl xyz --b<TAB>          # 按 TAB 键，自动补全为：iamctl xyz --bool
```

24.4.4 更友好的输出

在开发命令时，我们可以通过一些技巧来提高使用体验。例如，使用 `github.com/olekukonko/tablewriter` 包来实现表格功能，使用 `github.com/fatih/color` 包来打印带色彩的字符串，如图 24-3 所示。

具体使用方法可以参考 `internal/iamctl/cmd/validate/validate.go` 文件。

可以使用 `github.com/fatih/color` 包给字符串标示颜色，字符串和颜色的对应关系可通过 `iamctl color` 来查看，如图 24-4 所示。

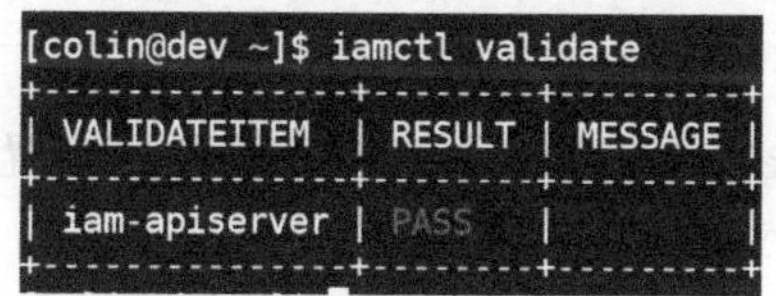

图 24-3 更友好的输出

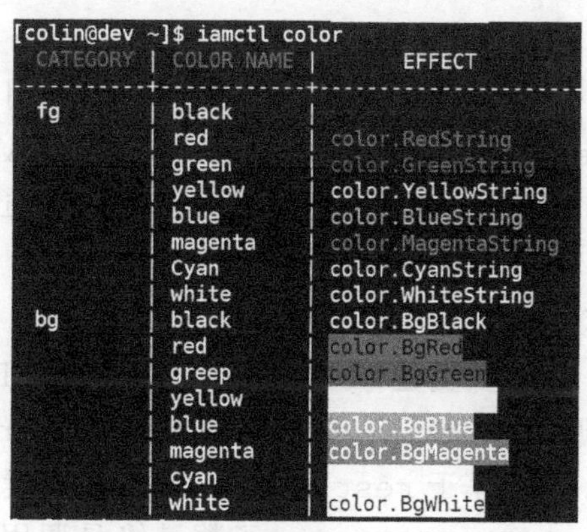

图 24-4 字符串和颜色的对应关系

24.5 iamctl 是如何调用 API 的

上一节介绍了 `iamctl` 命令的构建方式，本节再来看看 `iamctl` 是如何调用服务端 API 的。

Go 后端服务的功能通常通过 API 来对外暴露，一个后端服务可以供多个终端使用，比如浏览器、命令行工具、手机等。为了保持功能的一致性，这些终端都会调用同一套 API 来完成相同的功能，如图 24-5 所示。

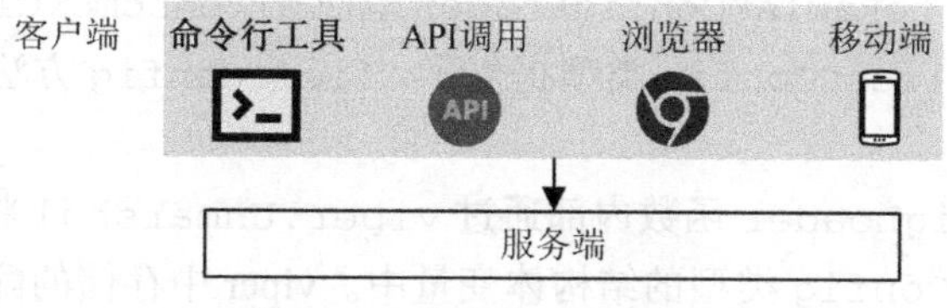

图 24-5 命令行 API 调用

如果命令行工具需要用到后端服务的功能，也需要通过调用 API 的方式实现。理想情况下，Go 后端服务对外暴露的所有 API 功能都可以通过命令行工具来完成。一个 API 对应一个命令，API 的参数映射到命令的参数。

要调用服务端的 API，最便捷的方法是通过 SDK 来调用，对于一些没有实现 SDK 的接口，也需要能够直接调用。所以，命令行工具需要支持以下两种调用方式：

- 通过 SDK 调用服务端 API；
- 直接调用服务端的 API。

iamctl 通过 cmdutil.NewFactory 创建一个 Factory 类型的变量 f。Factory 定义为：

```
type Factory interface {
    genericclioptions.RESTClientGetter
    IAMClientSet() (*marmotedu.Clientset, error)
    RESTClient() (*restclient.RESTClient, error)
}
```

将变量 f 传入命令中，在命令中使用 Factory 接口提供的 RESTClient() 和 IAMClientSet() 方法，分别返回 RESTful API 客户端和 SDK 客户端，从而使用客户端提供的接口函数。详细代码可参考 internal/iamctl/cmd/version/version.go 文件。

24.5.1 客户端配置文件

如果要创建 RESTful API 客户端和 SDK 的客户端，需要调用 f.ToRESTConfig() 函数返回 *github.com/marmotedu/marmotedu-sdk-go/rest.Config 类型的配置变量，然后基于 rest.Config 类型的配置变量创建客户端。

f.ToRESTConfig 函数最终是调用 toRawIAMConfigLoader 函数来生成配置的，代码如下：

```
func (f *ConfigFlags) toRawIAMConfigLoader() clientcmd.ClientConfig {
    config := clientcmd.NewConfig()
    if err := viper.Unmarshal(&config); err != nil {
        panic(err)
    }

    return clientcmd.NewClientConfigFromConfig(config)
}
```

如上述代码所示，toRawIAMConfigLoader 返回 clientcmd.ClientConfig 类型的变量。clientcmd.ClientConfig 类型提供了 ClientConfig 方法，用来返回 *rest.Config 类型的变量。

toRawIAMConfigLoader 函数内部通过 viper.Unmarshal 将 viper 中存储的配置解析到 clientcmd.Config 类型的结构体变量中。viper 中存储的配置是在 cobra 命令启动时通过 LoadConfig 函数加载的，代码如下（位于 NewIAMCtlCommand 函数中）：

```
cobra.OnInitialize(func() {
```

```
genericapiserver.LoadConfig(viper.GetString(genericclioptions.FlagIAMConfig), "config")
})
```

你可以通过 `--config` 选项指定配置文件的路径。

24.5.2　SDK 调用

通过 `IAMClient` 返回 SDK 客户端，代码如下：

```
func (f *factoryImpl) IAMClient() (*iam.IamClient, error) {
    clientConfig, err := f.ToRESTConfig()
    if err != nil {
        return nil, err
    }
    return iam.NewForConfig(clientConfig)
}
```

`marmotedu.Clientset` 提供了 iam-apiserver 的所有接口。

24.5.3　RESTful API 调用

通过 `RESTClient()` 返回 RESTful API 客户端，代码如下：

```
func (f *factoryImpl) RESTClient() (*restclient.RESTClient, error) {
    clientConfig, err := f.ToRESTConfig()
    if err != nil {
        return nil, err
    }
    setIAMDefaults(clientConfig)
    return restclient.RESTClientFor(clientConfig)
}
```

可以通过下面的方式访问 RESTful API：

```
serverVersion *version.Info

client, _ := f.RESTClient()
if err  := client.Get().AbsPath("/version").Do(context.TODO()).Into(&serverVersion);
   err != nil {
   return err
}
```

上面的代码请求了 iam-apiserver 的 `/version` 接口，并将返回结果保存在 `serverVersion` 变量中。

24.6　本章总结

一个大型系统 `xxx`，通常需要一个 `xxxctl` 命令行工具，以便开发、运维人员使用系统功能，同时实现功能自动化。

IAM 项目参考 kubectl，实现了命令行工具 iamctl。iamctl 集成了很多功能，我们可以通过 iamctl 子命令来使用这些功能。例如，可以通过 iamctl 对用户、密钥和策略进行 CURD 操作；可以设置 iamctl 自动补全脚本；可以查看 IAM 系统的版本信息。甚至，你还可以使用 iamctl new 命令快速创建一个 iamctl 子命令模板。

iamctl 使用了 cobra、pflag、viper 包来构建，每个子命令又包含一些基本的功能，例如短描述、长描述、使用示例、命令行选项、选项校验等。iamctl 命令可以加载不同的配置文件，连接不同的客户端。iamctl 通过 SDK 调用、RESTful API 调用两种方式来调用服务端 API。

第五部分 *Part 5*

项目测试

开发完代码，在将其合并到主干代码前，我们还需要对代码做充分的测试。研发侧的测试主要包含两个测试类别：功能测试和性能测试。功能测试主要是单元测试，性能测试包含函数和整个API的性能测试。此外，还有其他一些测试类型可以帮助我们更好地测试代码。本部分就来讨论下如何对我们的代码和API进行充分的测试。

本部分内容如下：

- 第25章　代码测试
- 第26章　性能分析
- 第27章　API Server性能测试和调优

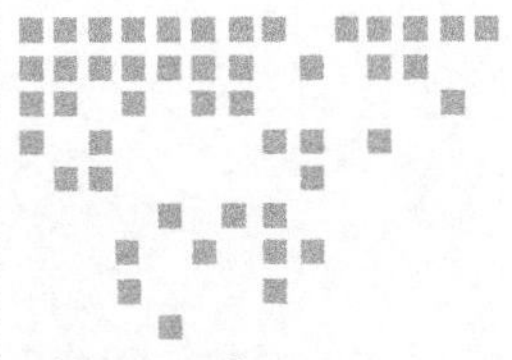

Chapter 25 第 25 章

代码测试

在 Go 项目开发中，我们不仅要开发功能，更要确保这些功能稳定可靠，并且拥有一个不错的性能。要确保这些，就要对代码进行测试。开发人员通常会对代码进行单元测试和性能测试，以分别测试代码的功能是否正常和代码的性能是否满足需求。此外，在 Go 中，还有一些其他的测试类型，值得我们去了解和掌握，例如示例测试、TestMain 函数、Mock 测试、Fake 测试等。IAM 项目也编写了大量测试用例，这些测试用例使用了不同的编写方法，可以帮助我们验证并巩固学到的测试知识。

25.1 如何测试 Go 代码

Go 语言有自带的测试框架 `testing`，可以用来实现单元测试（T 类型）和性能测试(B 类型)。该框架通过 `go test` 命令来执行单元测试和性能测试。

使用 `go test` 命令执行测试用例时，是以 go 包为单位进行测试的。执行时需要指定包名，比如 `go test <包名>`，如果没有指定包名，则默认选择执行命令时所在的包。`go test` 在执行时，会遍历以 `_test.go` 结尾的源码文件，执行其中以 `Test`、`Benchmark`、`Example` 开头的测试函数。

为了演示如何编写测试用例，我预先编写了 4 个函数。假设这些函数保存在 `test` 目录下的 `math.go` 文件中，包名为 `test`，则 `math.go` 代码如下：

```
package test

import (
    "fmt"
    "math"
    "math/rand"
```

```
)

// Abs 返回 x 的绝对值
func Abs(x float64) float64 {
    return math.Abs(x)
}

// Max 返回 x 和 y 的最大值
func Max(x, y float64) float64 {
    return math.Max(x, y)
}
// Min 返回 x 和 y 的最小值
func Min(x, y float64) float64 {
    return math.Min(x, y)
}

// RandInt 从默认 Source 中返回一个非负伪随机整数
func RandInt() int {
    return rand.Int()
}
```

在本章后面的内容中，我会演示如何编写测试用例，来对这些函数进行单元测试、性能测试和示例测试。下面我们先来看一下测试命名规范。

25.2 测试命名规范

我们在对 Go 代码进行测试时，需要编写测试文件、测试包、测试函数、测试变量，且需要遵循一定的规范。这些规范有些来自官方，有些则来自社区。接下来，我会分别介绍一下测试文件、测试包、测试函数和测试变量的命名规范。

25.2.1 测试文件的命名规范

Go 的测试文件的名称必须以 `_test.go` 结尾。例如，我们有一个名为 `person.go` 的文件，那它的测试文件必须命名为 `person_test.go`。这样做是因为，Go 需要区分哪些文件是测试文件。使用 `_text.go` 命名的测试文件可以被 `go test` 命令行工具加载，用来测试相关的代码，但会被 Go 的构建程序忽略掉，不会影响 Go 程序的运行。

25.2.2 测试包的命名规范

Go 的测试方法可以分为白盒测试和黑盒测试两种。

- **白盒测试**：将测试和生产代码放在同一个 Go 包中，可以让我们同时测试 Go 包中可导出和不可导出的标识符。当我们编写的单元测试需要访问 Go 包中不可导出的变量、函数和方法时，就需要编写白盒测试用例。

- **黑盒测试**：将测试和生产代码放在不同的 Go 包中，可以让我们仅测试 Go 包的可导出标识符。这意味着我们的测试包将无法访问生产代码中的任何内部函数、变量或常量。

在白盒测试中，Go 的测试包的名称需要与被测试包的名称保持一致，例如：person.go 定义了一个 person 包，则 person_test.go 的包名也要为 person，这也意味着 person.go 和 person_test.go 都要在同一个目录中。

在黑盒测试中，Go 的测试包的名称需要不同于被测试的包名，但仍然可以存放在同一个目录下。比如，person.go 定义了一个 person 包，则 person_test.go 的包名需要与 person 不同，通常命名为 person_test。

如果不是需要使用黑盒测试，建议在做单元测试时尽量使用白盒测试。一方面，这是 go test 工具的默认行为；另一方面，使用白盒测试，可以测试和使用不可导出的标识符。

测试文件和测试包的命名规范，由 Go 语言及 go test 工具来强制约束。

25.2.3 测试函数的命名规范

测试函数必须以 Test、Benchmark、Example 开头，例如 TestXxx、BenchmarkXxx、ExampleXxx。Xxx 部分为任意字母数字的组合，首字母大写。这是由 Go 语言和 go test 工具来进行约束的，Xxx 一般是需要测试的函数名。

除此之外，还有一些来自社区的约束，这些约束不是强制的，但是遵循这些约束会让测试函数名更加易懂。例如，有以下函数：

```
package main

type Person struct {
    age int64
}

func (p *Person) older(other *Person) bool {
    return p.age > other.age
}
```

很显然，我们可以把测试函数命名为 TestOlder，这个名称可以很清晰地说明它是 Older 函数的测试用例。但是，如果想用多个测试用例来测试 Older 函数，这些测试用例又该如何命名呢？也许你会说，命名为 TestOlder1、TestOlder2 不就行了？

其实，还有其他更好的命名方法。比如，可以将函数命名为 TestOlderXxx，其中 Xxx 代表 Older 函数的某个场景描述。例如，strings.Compare 函数有这些测试函数：TestCompare、TestCompareIdenticalString、TestCompareStrings。

25.2.4 测试变量的命名规范

Go 语言和 go test 没有对变量的命名做任何约束。但是，在编写单元测试用例时，还是有一些规范值得我们去遵守。

单元测试用例通常会有一个实际的输出，在单元测试中，我们会将预期的输出跟实际的输出进行对比，来判断单元测试是否通过。为了清晰地表达函数的实际输出和预期输出，可以将这两类输出命名为 expected/actual，或者 got/want。例如：

```
if c.expected != actual {
    t.Fatalf("Expected User-Agent '%s' does not match '%s'", c.expected, actual)
}
```

或者：

```
if got, want := diags[3].Description().Summary, undeclPlural; got != want {
    t.Errorf("wrong summary for diagnostic 3\ngot:  %s\nwant: %s", got, want)
}
```

针对其他的变量命名，我们可以遵循 Go 语言推荐的变量命名方法，举例如下。

- Go 中的变量名应该短而不是长，这对于范围有限的局部变量来说尤其如此。
- 变量离声明越远，对名称的描述性要求越高。
- 像循环、索引之类的变量，变量名可以是单个字母（i）。如果是不常见的变量和全局变量，变量名就需要具有更多的描述性。

上面介绍了 Go 测试的一些基础知识。接下来，我们来看 4 种基本测试类型。

25.3 4 种基本测试类型

在 Go 语言中，可以使用 testing 包来编写测试用例，完成代码的测试。testing 包支持以下 4 种基本的测试类型。

- 单元测试。
- 性能测试。
- 模糊测试。
- 示例测试。

接下来，我们来看看如何针对不同的测试类型，编写相应的测试用例。

25.3.1 单元测试

单元测试的用例函数以 Test 开头，例如 TestXxx 或 Test_xxx（Xxx 部分为任意字母数字组合，首字母大写）。函数参数必须是 *testing.T，可以使用该类型来记录错误或测试状态。

我们可以调用 testing.T 的 Error、Errorf、FailNow、Fatal、FatalIf 方法来说明测试不通过；可以调用 Log、Logf 方法来记录测试信息。函数列表和相关描述如表 25-1 所示。

表 25-1 testing.T 方法介绍

函 数	描 述
t.Log, t.Logf	正常信息
t.Error, t.Errorf	测试失败信息
t.Fatal, t.Fatalf	致命错误，测试程序退出的信息
t.Fail	当前测试标记为失败
t.Failed	查看失败标记
t.FailNow	标记失败，并终止当前测试函数的执行，需要注意的是，我们只能在运行测试函数的 Goroutine 中调用 t.FailNow 方法，而不能在测试代码创建出的 Goroutine 中调用它
t.Skip	调用 t.Skip 方法相当于先后调用 t.Log 和 t.SkipNow 方法，而调用 t.Skipf 方法则相当于先后调用 t.Logf 和 t.SkipNow 方法。t.Skipped 方法的结果值会告知我们当前的测试是否已被忽略
t.Parallel	标记为可并行运算

下面的代码是两个简单的单元测试函数（函数位于文件 math_test.go[⊖]中）：

```
func TestAbs(t *testing.T) {
    got := Abs(-1)
    if got != 1 {
        t.Errorf("Abs(-1) = %f; want 1", got)
    }
}

func TestMax(t *testing.T) {
    got := Max(1, 2)
    if got != 2 {
        t.Errorf("Max(1, 2) = %f; want 2", got)
    }
}
```

通过 go test 命令来执行如上单元测试用例：

```
$ go test
do some setup
PASS
do some cleanup
ok      github.com/marmotedu/gopractise-demo/test     0.003s
```

go test 命令会自动搜集所有的测试文件，也就是格式为 *_test.go 的文件，从中提取全部测试函数并执行。go test 还支持下面三个参数。

- **-v**：显示所有测试函数的运行细节，例如：

```
$ go test -v
```

⊖ 参见 https://github.com/marmotedu/gopractise-demo/tree/v1.0.0。

```
=== RUN   TestAbs
--- PASS: TestAbs (0.00s)
=== RUN   TestMax
--- PASS: TestMax (0.00s)
PASS
ok      github.com/marmotedu/gopractise-demo/test    0.003s
```

- **-run < regexp>**：指定要执行的测试函数，例如：

```
$ go test -v -run='TestA.*'
=== RUN   TestAbs
--- PASS: TestAbs (0.00s)
PASS
ok      github.com/marmotedu/gopractise-demo/test    0.003s
```

在上面的例子中，我们只运行了以 TestA 开头的测试函数。

- **-count N**：指定执行测试函数的次数，例如：

```
$ go test -v -run='TestA.*' -count=2
=== RUN   TestAbs
--- PASS: TestAbs (0.00s)
=== RUN   TestAbs
--- PASS: TestAbs (0.00s)
PASS
ok      github.com/marmotedu/gopractise-demo/test    0.002s
```

1. 多个输入的测试用例

前面介绍的单元测试用例只有一个输入，但是很多时候，我们需要测试一个函数在多种不同输入下能否正常返回。这时候，可以编写一个稍微复杂点的测试用例，用来支持多输入下的用例测试。例如，可以将 TestAbs 改造成如下函数：

```go
func TestAbs_2(t *testing.T) {
    tests := []struct {
        x    float64
        want float64
    }{
        {-0.3, 0.3},
        {-2, 2},
        {-3.1, 3.1},
        {5, 5},
    }

    for _, tt := range tests {
        if got := Abs(tt.x); got != tt.want {
            t.Errorf("Abs() = %f, want %v", got, tt.want)
        }
    }
}
```

上述测试用例函数中定义了一个结构体数组，即数组中的每一个元素代表一次测试用例。数组元素的值包含输入和预期的返回值：

```
tests := []struct {
    x    float64
    want float64
}{
    {-0.3, 0.3},
    {-2, 2},
    {-3.1, 3.1},
    {5, 5},
}
```

在上述测试用例中，被测函数被放在 for 循环中执行：

```
for _, tt := range tests {
    if got := Abs(tt.x); got != tt.want {
        t.Errorf("Abs() = %f, want %v", got, tt.want)
    }
}
```

上述代码将输入传递给被测函数，并将被测函数的返回值与预期的返回值进行比较。如果相等，则说明此次测试通过；如果不相等，则说明此次测试不通过。通过这种方式，我们就可以在一个测试用例中，测试不同的输入和输出。如果要新增一个测试用例，根据需要添加输入和预期的返回值就可以了，这些测试用例会共享其余的测试代码。

在上面的测试用例中，我们通过 got != tt.want 来对比实际返回结果和预期返回结果。我们也可以使用 github.com/stretchr/testify/assert 包中提供的函数来做结果对比，例如：

```
func TestAbs_3(t *testing.T) {
    tests := []struct {
        x    float64
        want float64
    }{
        {-0.3, 0.3},
        {-2, 2},
        {-3.1, 3.1},
        {5, 5},
    }

    for _, tt := range tests {
        got := Abs(tt.x)
        assert.Equal(t, got, tt.want)
    }
}
```

使用 assert 来对比结果的好处如下。

- 友好的输出结果，易于阅读。
- 因为少了 if got := Xxx(); got != tt.wang {} 的判断，代码变得更加简洁。

- 可以针对每次断言，添加额外的消息说明，例如assert.Equal(t, got, tt.want, "Abs test")。

assert包还提供了很多其他函数，供开发者进行结果对比，例如Zero、NotZero、Equal、NotEqual、Less、True、Nil、NotNil等。如果想了解更多函数及其用法，你可以参考go doc github.com/stretchr/testify/assert。

2. 自动生成单元测试用例

通过上面的学习，你也许可以发现，测试用例其实可以抽象成一个模型，如图25-1所示。

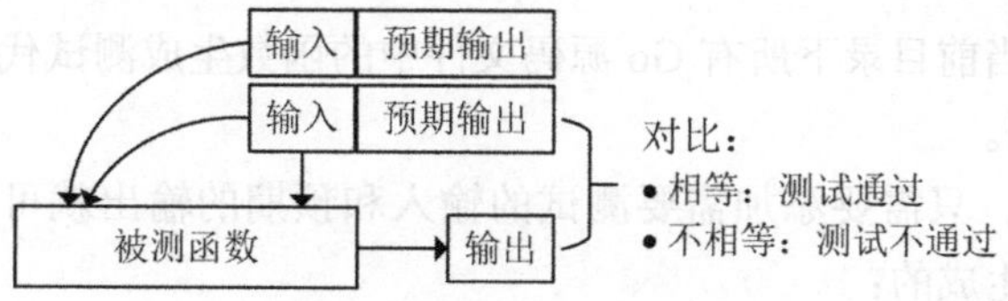

图25-1 测试用例模型

抽象过程可表示为：

```
func TestXxx(t *testing.T) {
    type args struct {
        // TODO: Add function input parameter definition.
    }

    type want struct {
         // TODO: Add function return parameter definition.
    }
    tests := []struct {
        name string
        args args
        want want
    }{
        // TODO: Add test cases.
    }
    for _, tt := range tests {
        t.Run(tt.name, func(t *testing.T) {
            if got := Xxx(tt.args); got != tt.want {
                t.Errorf("Xxx() = %v, want %v", got, tt.want)
            }
        })
    }
}
```

既然测试用例可以抽象成模型，那么我们就可以基于这些模型来自动生成测试代码。Go社区中有一些优秀的工具可供使用，推荐使用gotests[⊖]工具。

⊖ 参见https://github.com/cweill/gotests。

gotests 工具的使用方法可以分成三个步骤。

1）安装 gotests 工具。

```
$ go install github.com/cweill/gotests/gotests@latest
```

执行 gotests 命令的格式为：gotests [options] [PATH] [FILE] ...。gotests 可以为 PATH 下的所有 Go 源码文件中的函数生成测试代码，也可以只为某个 FILE 中的函数生成测试代码。

2）进入测试代码目录，执行 gotests 生成测试用例。

```
$ gotests -all -w .
```

上面的命令会为当前目录下所有 Go 源码文件中的函数生成测试代码。

3）添加测试用例。

生成测试用例后，只需要添加需要测试的输入和预期的输出就可以了。下面的测试用例是通过 gotests 生成的：

```
func TestUnpointer(t *testing.T) {
    type args struct {
        offset *int64
        limit  *int64
    }
    tests := []struct {
        name string
        args args
        want *LimitAndOffset
    }{
        // TODO: Add test cases.
    }
    for _, tt := range tests {
        t.Run(tt.name, func(t *testing.T) {
            if got := Unpointer(tt.args.offset, tt.args.limit); !reflect.DeepEqual(got,
                tt.want) {
                t.Errorf("Unpointer() = %v, want %v", got, tt.want)
            }
        })
    }
}
```

生成模板测试用例之后，只需要补全 TODO 位置的测试数据即可，补全后的测试用例见 gorm_test.go[⊖]文件。

25.3.2 性能测试

讲完了单元测试，接下来，我们来看看性能测试。

性能测试的用例函数必须以 Benchmark 开头，例如 BenchmarkXxx 或 Benchmark_

⊖ 参见 https://github.com/marmotedu/iam/blob/v1.6.2/internal/pkg/util/gormutil/gorm_test.go。

Xxx（Xxx 部分为任意字母数字组合，首字母大写）。

函数参数必须是 *testing.B，函数内以 b.N 作为循环次数，其中 N 会在运行时动态调整，直到性能测试函数可以持续足够长的时间，以便能够可靠地计时。下面的代码是一个简单的性能测试函数（函数位于文件 math_test.go[⊖]中）：

```
func BenchmarkRandInt(b *testing.B) {
    for i := 0; i < b.N; i++ {
        RandInt()
    }
}
```

go test 命令默认不会执行性能测试函数，需要通过指定参数 -bench <pattern> 来运行性能测试函数。-bench 后面可以跟正则表达式，选择需要执行的性能测试函数，例如 go test -bench=".*" 表示执行所有的压力测试函数。执行 go test -bench=".*" 后输出如下：

```
$ go test -bench=".*"
do some setup
goos: linux
goarch: amd64
pkg: github.com/marmotedu/gopractise-demo/test
cpu: Intel(R) Xeon(R) Platinum 8255C CPU @ 2.50GHz
BenchmarkRandInt-16          62378374              19.19 ns/op
PASS
do some cleanup
ok      github.com/marmotedu/gopractise-demo/test     1.223s
```

上面只显示了性能测试函数的执行结果。BenchmarkRandInt 性能测试函数的执行结果如下：

```
BenchmarkRandInt-16          62378374              19.19 ns/op
```

每个函数的性能执行结果一共有 3 列，分别代表不同的意思，分析如下。

- **BenchmarkRandInt-16**：BenchmarkRandInt 表示测试的测试函数名，16 表示有 16 个 CPU 线程参与了此次测试，默认是 GOMAXPROCS 的值。
- **62378374**：说明函数中的循环执行了 62378374 次。
- **19.19 ns/op**：说明每次循环的执行平均耗时是 19.19 纳秒，该值越小，说明代码性能越高。

如果我们的性能测试函数在执行循环前需要做一些耗时的准备工作，我们就需要重置性能测试时间计数，例如：

```
func BenchmarkBigLen(b *testing.B) {
    big := NewBig()
    b.ResetTimer()
    for i := 0; i < b.N; i++ {
```

⊖ 参见 https://github.com/marmotedu/gopractise-demo/blob/v1.0.0/test/math_test.go。

```
        big.Len()
    }
}
```

当然，我们也可以先停止性能测试的时间计数，再开始时间计数，例如：

```
func BenchmarkBigLen(b *testing.B) {
    b.StopTimer() //调用该函数停止压力测试的时间计数
    big := NewBig()
    b.StartTimer()//重新开始时间
    for i := 0; i < b.N; i++ {
        big.Len()
    }
}
```

B 类型的性能测试还支持下面 4 个参数。

- **benchmem**：输出内存分配统计，代码如下。

```
$ go test -bench=".*" -benchmem
do some setup
goos: linux
goarch: amd64
pkg: github.com/marmotedu/gopractise-demo/test
cpu: Intel(R) Xeon(R) Platinum 8255C CPU @ 2.50GHz
BenchmarkRandInt-16     62241424        19.19 ns/op         0 B/op       0 allocs/op
PASS
do some cleanup
ok      github.com/marmotedu/gopractise-demo/test     1.220s
```

指定了 -benchmem 参数后，执行结果中又多了两列：0 B/op，表示每次执行分配了多少内存（字节），该值越小，说明代码内存占用越小；0 allocs/op，表示每次执行分配了多少次内存，该值越小，说明分配内存次数越少，代码性能越高。

- **benchtime**：指定测试时间和循环执行次数（格式为 Nx，例如 100x），代码如下。

```
$ go test -bench=".*" -benchtime=10s # 指定测试时间
do some setup
goos: linux
goarch: amd64
pkg: github.com/marmotedu/gopractise-demo/test
cpu: Intel(R) Xeon(R) Platinum 8255C CPU @ 2.50GHz
BenchmarkRandInt-16          623826945               19.22 ns/op
PASS
do some cleanup
ok      github.com/marmotedu/gopractise-demo/test     13.939s
$ go test -bench=".*" -benchtime=100x # 指定循环执行次数
do some setup
goos: linux
goarch: amd64
pkg: github.com/marmotedu/gopractise-demo/test
cpu: Intel(R) Xeon(R) Platinum 8255C CPU @ 2.50GHz
BenchmarkRandInt-16                100             25.06 ns/op
```

```
PASS
do some cleanup
ok      github.com/marmotedu/gopractise-demo/test  0.005s
```

- **cpu**：指定 GOMAXPROCS 的值。
- **timeout**：指定测试函数执行的超时时间，代码如下。

```
$ go test -bench=".*" -timeout=10s
do some setup
goos: linux
goarch: amd64
pkg: github.com/marmotedu/gopractise-demo/test
cpu: Intel(R) Xeon(R) Platinum 8255C CPU @ 2.50GHz
BenchmarkRandInt-16         62470276             19.19 ns/op
PASS
do some cleanup
ok      github.com/marmotedu/gopractise-demo/test    1.224s
```

25.3.3 模糊测试

2022 年 3 月 15 日，Go 核心团队发布了 Go 1.18 正式版。除了在泛型等语言上有重大突破以外，Go 1.18 还升级了测试系统。Go 1.18 的测试系统新增了模糊测试（Fuzzing），即用随机生成的输入调用测试代码，以检查它是否产生了正确的结果或合理的错误。

单元测试的每个用例都必须由开发人员添加到测试中，因此一些边界情况可能会没有测试到。在模糊测试中，测试框架能够自动寻找可能导致程序崩溃的输入，所以测试用例覆盖会更全面。

模糊测试以 Fuzz 开头，测试用例保存在 _test.go 文件中，入参为 *testing.F，利用 f.Add 函数将种子用例（seed corpus）添加到用例库，通过 f.Fuzz 函数来进行测试。下面是一个模糊测试用例（位于 gopractise-demo/fuzz[⊖]目录中）：

```go
package main

import (
    "testing"
    "unicode/utf8"
)

func FuzzReverse(f *testing.F) {
    testcases := []string{"Hello, world", "", "!12345"}
    for _, tc := range testcases {
        f.Add(tc)
    }
    f.Fuzz(func(t *testing.T, orig string) {
        rev, err1 := Reverse(orig)
        if err1 != nil {
```

⊖ 参见 https://github.com/marmotedu/gopractise-demo/tree/master/fuzz。

```
            return
        }
        doubleRev, err2 := Reverse(rev)
        if err2 != nil {
            return
        }
        if orig != doubleRev {
            t.Errorf("Before: %q, after: %q", orig, doubleRev)
        }
        if utf8.ValidString(orig) && !utf8.ValidString(rev) {
            t.Errorf("Reverse produced invalid UTF-8 string %q", rev)
        }
    })
}
```

你可以执行以下命令来运行模糊测试用例：

```
$ go test -v
=== RUN   FuzzReverse
=== RUN   FuzzReverse/seed#0
=== RUN   FuzzReverse/seed#1
=== RUN   FuzzReverse/seed#2
--- PASS: FuzzReverse (0.00s)
    --- PASS: FuzzReverse/seed#0 (0.00s)
    --- PASS: FuzzReverse/seed#1 (0.00s)
    --- PASS: FuzzReverse/seed#2 (0.00s)
PASS
ok      github.com/marmotedu/gopractise-demo/fuzz       0.002s
```

还可以执行 go test -fuzz=Fuzz 命令来进行随机测试，尝试发现一些可能失败的测试用例。

25.3.4 示例测试

示例测试的用例函数以 Example 开头，没有输入和返回参数，通常保存在 example_test.go 文件中。示例测试可能包含以 Output: 或者 Unordered output: 开头的注释，这些注释放在函数的结尾部分。Unordered output: 开头的注释会忽略输出行的顺序，Output: 开头的注释则不会忽略输出行的顺序。

执行 go test 命令，即执行这些示例测试，并将示例测试输出到标准输出的内容，跟注释做对比（比较时将忽略行前后的空格）。如果相等，则示例测试通过测试。如果不相等，则示例测试没有通过测试。下面是一个简单的示例测试（位于 example_test.go 文件中）：

```
func ExampleMax() {
    fmt.Println(Max(1, 2))
    // Output:
    // 2
}
```

执行 go test 命令，运行示例测试用例：

```
$ go test -v -run='Example.*'
do some setup
=== RUN   ExampleMax
--- PASS: ExampleMax (0.00s)
PASS
do some cleanup
ok      github.com/marmotedu/gopractise-demo/test      0.003s
```

可以看到，ExampleMax 测试通过。这里测试通过是因为 fmt.Println(Max(1, 2)) 向标准输出输出了 2，与 // Output: 后面的 2 一致。

当示例测试不包含 Output: 或者 Unordered output: 注释时，执行 go test 只会编译这些函数，但不会执行这些函数。

1. 示例测试命名规范

示例测试需要遵循一些命名规范，因为只有这样，godoc 才能将示例测试与包级别的标识符进行关联。例如，有以下示例测试（位于 example_test.go 文件中）：

```
package stringutil_test

import (
    "fmt"

    "github.com/golang/example/stringutil"
)

func ExampleReverse() {
    fmt.Println(stringutil.Reverse("hello"))
    // Output: olleh
}
```

godoc 将在 Reverse 函数的文档旁边提供此示例，如图 25-2 所示。

func Reverse

```
func Reverse(s string) string
```

Reverse returns its argument string reversed rune-wise left to right.

▾ Example

Code:

```
fmt.Println(stringutil.Reverse("hello"))
```

Output:

```
olleh
```

图 25-2　Reverse 示例

示例测试名以 Example 开头，后面可以不跟任何字符串，也可以跟函数名、类型名或者类型 _ 方法名，中间用下划线 _ 连接，例如：

```
func Example() { ... }    //代表了整个包的示例
func ExampleF() { ... }   //函数F的示例
func ExampleT() { ... }   //类型T的示例
func ExampleT_M() { ... } //方法T_M的示例
```

当某个函数、类型、方法有多个示例测试时，可以通过后缀来区分，后缀必须以小写字母开头，例如：

```
func ExampleReverse()
func ExampleReverse_second()
func ExampleReverse_third()
```

2. 大型示例

有时候，我们需要编写一个大型的示例测试，此时我们可以编写一个整文件的示例（whole file example），它有这几个特点：文件名以 _test.go 结尾；只包含一个示例测试，文件中没有单元测试函数和性能测试函数；至少包含一个包级别的声明；当展示这类示例测试时，godoc 会直接展示整个文件。例如：

```
package sort_test

import (
    "fmt"
    "sort"
)

type Person struct {
    Name string
    Age  int
}

func (p Person) String() string {
    return fmt.Sprintf("%s: %d", p.Name, p.Age)
}

// ByAge实现了sort.Interface接口
type ByAge []Person

func (a ByAge) Len() int           { return len(a) }
func (a ByAge) Swap(i, j int)      { a[i], a[j] = a[j], a[i] }
func (a ByAge) Less(i, j int) bool { return a[i].Age < a[j].Age }

func Example() {
    people := []Person{
        {"Bob", 31},
        {"John", 42},
        {"Michael", 17},
```

```
        {"Jenny", 26},
    }

    fmt.Println(people)
    sort.Sort(ByAge(people))
    fmt.Println(people)

    // Output:
    // [Bob: 31 John: 42 Michael: 17 Jenny: 26]
    // [Michael: 17 Jenny: 26 Bob: 31 John: 42]
}
```

一个包可以包含多个大型示例测试文件，例如 example_interface_test.go、example_keys_test.go、example_search_test.go 等。

25.4 Go 语言其他测试类型

前面介绍了 Go 中的三种基本测试类型，除此之外，还有一些其他的测试类型值得我们了解和掌握。本节就来介绍 Go 语言中的其他测试类型：TestMain 函数、Mock 测试、Fake 测试。

25.4.1 TestMain 函数

我们在做测试的时候，可能需要在测试之前做些准备工作，例如创建数据库连接等，在测试之后做些清理工作，例如关闭数据库连接、清理测试文件等。这时，我们可以通过在 _test.go 文件中添加 TestMain 函数来完成上述工作，其入参为 *testing.M。

TestMain 是一个特殊的函数（相当于 main 函数），测试用例在执行时，会先执行 TestMain 函数，然后在 TestMain 中调用 m.Run() 函数执行普通的测试函数。可以在 m.Run() 函数前面编写准备逻辑，在 m.Run() 后面编写清理逻辑。

在测试文件 math_test.go 中添加如下 TestMain 函数：

```
func TestMain(m *testing.M) {
    fmt.Println("do some setup")
    m.Run()
    fmt.Println("do some cleanup")
}
```

执行 go test 命令，输出如下：

```
$ go test -v
do some setup
=== RUN   TestAbs
--- PASS: TestAbs (0.00s)
...
=== RUN   ExampleMax
```

```
--- PASS: ExampleMax (0.00s)
PASS
do some cleanup
ok      github.com/marmotedu/gopractise-demo/test    0.006s
```

上述命令在执行测试用例之前打印了 `do some setup`，在测试用例运行完成之后打印了 `do some cleanup`。

IAM 项目的测试用例使用 `TestMain` 函数在执行测试用例前连接了一个 fake 数据库，代码如下（位于 `internal/apiserver/service/v1/user_test.go` 文件中）：

```
func TestMain(m *testing.M) {
    fakeStore, _ := fake.NewFakeStore()
    store.SetClient(fakeStore)
    os.Exit(m.Run())
}
```

单元测试、性能测试、示例测试、`TestMain` 函数是 `go test` 支持的测试类型。此外，为了测试在函数内使用了 Go 接口类型的函数，还延伸出了 Mock 测试和 Fake 测试两种测试类型。

25.4.2 Mock 测试

一般来说，单元测试中是不允许有外部依赖的，也就是说，这些外部依赖都需要被模拟。在 Go 中，我们一般会借助各类 Mock 工具来模拟一些依赖。

GoMock 是由 Go 语言官方开发维护的测试框架，实现了较为完整的基于接口的 Mock 功能，能够与 Go 内置的 `testing` 包良好集成，也能用于其他的测试环境中。GoMock 测试框架包含了 GoMock 包和 `mockgen` 工具两部分，其中 GoMock 包用来完成对象生命周期的管理，`mockgen` 工具用来生成接口对应的 Mock 类源文件。下面，我来分别详细介绍下 GoMock 包和 `mockgen` 工具，以及它们的使用方法。

1. 安装 GoMock

要使用 GoMock，首先需要安装 GoMock 包和 `mockgen` 工具，安装方法如下：

```
$ go get github.com/golang/mock/gomock
$ go install github.com/golang/mock/mockgen@latest
```

下面通过一个获取当前 Go 的最新版本的例子来演示如何使用 GoMock。示例代码的目录结构如下（目录下的代码见 `gomock`[⊖]）：

```
tree .
.
├── go_version.go
├── main.go
└── spider
    └── spider.go
```

⊖ 参见 https://github.com/marmotedu/gopractise-demo/tree/master/gomock。

spider.go 文件中定义了一个 Spider 接口，代码如下：

```
package spider

type Spider interface {
    GetBody() string
}
```

Spider 接口中的 GetBody 方法可以通过抓取 https://golang.org 首页的 Build version 字段来获取 Go 的最新版本。

在 go_version.go 文件中，调用 Spider 接口的 GetBody 方法，代码如下：

```
package gomock

import (
    "github.com/marmotedu/gopractise-demo/gomock/spider"
)

func GetGoVersion(s spider.Spider) string {
    body := s.GetBody()
    return body
}
```

GetGoVersion 函数直接返回表示版本的字符串。正常情况下，我们会写出如下单元测试代码：

```
func TestGetGoVersion(t *testing.T) {
    v := GetGoVersion(spider.CreateGoVersionSpider())
    if v != "go1.8.3" {
        t.Error("Get wrong version %s", v)
    }
}
```

上面的测试代码依赖 spider.CreateGoVersionSpider() 返回一个实现了 Spider 接口的实例（爬虫）。但很多时候，spider.CreateGoVersionSpider() 爬虫可能还没有实现，或者在单元测试环境下不能运行（比如，在单元测试环境中不能连接数据库），此时 TestGetGoVersion 测试用例就无法执行。

那么，如何才能在这种情况下运行 TestGetGoVersion 测试用例呢？可以通过 Mock 工具模拟一个爬虫实例。具体操作分析如下。

首先，用 GoMock 提供的 mockgen 工具，生成要模拟的接口的实现，在 gomock 目录下执行以下命令：

```
$ mockgen -destination spider/mock/mock_spider.go -package spider github.com/
    marmotedu/gopractise-demo/gomock/spider Spider
```

上面的命令会在 spider/mock 目录下生成 mock_spider.go 文件：

```
$ tree .
.
```

```
├── go_version.go
├── go_version_test.go
├── go_version_test_traditional_method.go~
└── spider
    ├── mock
    │   └── mock_spider.go
    └── spider.go
```

mock_spider.go 文件中定义了一些函数/方法，可以支持我们编写 TestGetGoVersion 测试函数。这时候，单元测试代码如下（见 go_version_test.go[⊖]文件）：

```
package gomock

import (
    "testing"

    "github.com/golang/mock/gomock"

    spider "github.com/marmotedu/gopractise-demo/gomock/spider/mock"
)

func TestGetGoVersion(t *testing.T) {
    ctrl := gomock.NewController(t)
    defer ctrl.Finish()

    mockSpider := spider.NewMockSpider(ctrl)
    mockSpider.EXPECT().GetBody().Return("go1.8.3")
    goVer := GetGoVersion(mockSpider)

    if goVer != "go1.8.3" {
        t.Errorf("Get wrong version %s", goVer)
    }
}
```

这一版本的 TestGetGoVersion 通过 GoMock 模拟了一个 Spider 接口，而不用去实现一个 Spider 接口，从而大大降低了编写单元测试用例的复杂度。GoMock 让很多不能测试的函数也变得可测试了。

2. mockgen 工具介绍

前文在介绍如何使用 GoMock 编写单元测试用例时用到了 mockgen 工具来生成 Mock 代码，下面我来详细介绍下 mockgen 工具提供的功能。

mockgen 工具由 GoMock 提供，用于模拟一个 Go 接口。它可以根据给定的接口自动生成 Mock 代码。具体有两种模式，分别是源码模式和反射模式。

（1）源码模式

如果有接口文件，则可以通过以下命令来生成 Mock 代码：

⊖ 参见 https://github.com/marmotedu/gopractise-demo/blob/v1.0.0/gomock/go_version_test.go。

```
$ mockgen -destination spider/mock/mock_spider.go -package spider -source spider/
    spider.go
```

上述命令模拟了 spider/spider.go 文件中定义的 Spider 接口，并将 Mock 代码保存在 spider/mock/mock_spider.go 文件中，文件的包名为 spider。

mockgen 工具的参数说明见表 25-2 所示。

表 25-2 mockgen 参数说明

参 数	说 明
-source	指定需要模拟（mock）的接口文件
-destination	指定模拟文件输出的地方，若不设置则打印到标准输出中
-package	指定模拟文件的包名，若不设置则为 mock_ 前缀加上文件名（如本文的包名会为 mock_spider）
-imports	依赖的需要导入的包
-aux_files	接口文件不止一个文件时附加文件
-build_flags	传递给 build 工具的参数

（2）反射模式

mockgen 工具还支持通过使用反射程序来生成 Mock 代码。它通过传递两个非标志参数，即导入路径和逗号分隔的接口列表来启用，其他参数和源码模式共用，例如：

```
$ mockgen  -destination  spider/mock/mock_spider.go  -package  spider  github.com/
    marmotedu/gopractise-demo/gomock/spider Spider
```

3. 通过注释使用 mockgen

如果有多个文件，并且分散在不同的位置，那么要生成模拟文件时，还需要对每个文件执行多次 mockgen 命令（这里假设包名不相同）。这种操作还是比较烦琐的。mockgen 提供了一种通过注释生成模拟文件的方式，但需要借助 go generate 工具。

在接口文件的代码中添加以下注释（具体代码见 spider.go[⊖]文件）：

```
//go:generate mockgen -destination mock_spider.go -package spider github.com/cz-
    it/blog/blog/Go/testing/gomock/example/spider Spider
```

这时候，只需要在 gomock 目录下执行以下命令，就可以自动生成 Mock 代码：

```
$ go generate ./...
```

4. 使用 Mock 代码编写单元测试用例

生成 Mock 代码之后，就可以使用它们了。这里我们结合 testing 包来编写一个使用了 Mock 代码的单元测试用例。

⊖ 参见 https://github.com/marmotedu/gopractise-demo/blob/v1.0.0/gomock/spider/spider.go#L3。

首先，需要在单元测试代码里创建一个模拟控制器：

```
ctrl := gomock.NewController(t)
```

将 `*testing.T` 传递给 GoMock，生成一个控制器对象，该对象控制了整个模拟过程。在操作完后，还需要进行回收，所以我们一般会在 `NewController` 后面 `defer ctrl.Finish()` 语句，代码如下：

```
defer ctrl.Finish()
```

然后，就可以调用模拟的对象了：

```
mockSpider := spider.NewMockSpider(ctrl)
```

这里的 `spider` 是 `mockgen` 命令里面传递的包名，后面是 `NewMockXxxx` 格式的对象创建函数，`Xxx` 是接口名。这里需要传入控制器对象，返回一个 Mock 实例。

接着，有了 Mock 实例，我们就可以调用其断言方法 `EXPECT()` 了。

GoMock 采用了链式调用法，通过 . 连接函数调用，可以像链条一样连接下去。例如：

```
mockSpider.EXPECT().GetBody().Return("go1.8.3")
```

模拟一个接口的方法，需要模拟该方法的入参和返回值。可以通过参数匹配来模拟入参，通过 Mock 实例的 `Return` 方法来模拟返回值。下面，我们来分别看看如何指定入参和返回值。

先来看如何指定入参。如果函数有参数，可以使用参数匹配来指代函数的参数，例如：

```
mockSpider.EXPECT().GetBody(gomock.Any(), gomock.Eq("admin")).Return("go1.8.3")
```

GoMock 支持以下参数匹配。

- **gomock.Any()**：可以用来表示任意的入参。
- **gomock.Eq(value)**：用来表示与 value 等价的值。
- **gomock.Not(value)**：用来表示非 value 以外的值。
- **gomock.Nil()**：用来表示 None 值。

接下来看如何指定返回值。

通过 `EXPECT()` 得到 Mock 实例，然后调用 Mock 实例的方法，该方法返回第一个 `Call` 对象，然后可以对其进行条件约束，比如使用 Mock 实例的 `Return` 方法约束其返回值。`Call` 对象还提供了以下方法来约束 Mock 实例：

```
func (c *Call) After(preReq *Call) *Call                  // After 声明调用在 preReq 完
                                                            成后执行
func (c *Call) AnyTimes() *Call                           // 允许调用次数为 0 次或更多次
func (c *Call) Do(f interface{}) *Call                    // 声明在匹配时要运行的操作
func (c *Call) MaxTimes(n int) *Call                      // 设置最大的调用次数为 n 次
func (c *Call) MinTimes(n int) *Call                      // 设置最小的调用次数为 n 次
func (c *Call) Return(rets ...interface{}) *Call //       // 声明模拟函数调用返回的值
func (c *Call) SetArg(n int, value interface{}) *Call     // 声明使用指针设置第 n 个参数的值
func (c *Call) Times(n int) *Call                         // 设置调用次数为 n 次
```

上面列出了多个Call象提供的约束方法，接下来我会介绍3种常用的约束方法：指定返回值、指定执行次数和指定执行顺序。

（1）指定返回值

可以提供调用Call的Return函数来指定接口的返回值，例如：

```
mockSpider.EXPECT().GetBody().Return("go1.8.3")
```

（2）指定执行次数

有时候，我们需要指定函数执行多少次，例如：对于接收网络请求的函数，计算其执行了多少次。此时可以通过Call的Times函数来指定执行次数：

```
mockSpider.EXPECT().Recv().Return(nil).Times(3)
```

上述代码执行了三次Recv函数，这里GoMock还支持其他的执行次数限制。

- **AnyTimes()**：表示执行0次到多次。
- **MaxTimes(n int)**：表示如果没有设置，最多执行*n*次。
- **MinTimes(n int)**：表示如果没有设置，最少执行*n*次。

（3）指定执行顺序

有时候，我们还要指定执行顺序，比如要先执行Init操作，然后才能执行Recv操作：

```
initCall := mockSpider.EXPECT().Init()
mockSpider.EXPECT().Recv().After(initCall)
```

最后，可以使用go test来测试使用了Mock代码的单元测试代码：

```
$ go test -v
=== RUN   TestGetGoVersion
--- PASS: TestGetGoVersion (0.00s)
PASS
ok      github.com/marmotedu/gopractise-demo/gomock    0.002s
```

25.4.3 Fake测试

在Go项目开发中，对于比较复杂的接口，我们还可以通过一个Fake接口来进行测试。所谓Fake测试，其实就是针对接口实现一个伪实例。至于如何实现伪实例，你需要根据业务自行实现。例如：IAM项目中iam-apiserver组件就实现了一个fake store，代码见fake[1]目录。更多内容会在本章后面的IAM项目测试实战部分介绍，这里不再展开讲解。

25.5 何时编写和执行单元测试用例

前文介绍了Go代码测试的基础知识，这里我来分享一个在做测试时比较重要的知识

[1] 参见 https://github.com/marmotedu/iam/tree/v1.6.2/internal/apiserver/store/fake。

点：何时编写和执行单元测试用例。通常我们可以选择在编码前、编码中和编码后三个阶段来编写和执行单元测试用例。

25.5.1 编码前：TDD 测试

TDD（Test-Driven Development，测试驱动开发），是敏捷开发的一项核心实践和技术，也是一种设计方法论。简单来说，TDD 的原理是在开发功能代码之前，先编写测试用例代码，然后针对测试用例编写功能代码，使其能够通过测试。这样做的好处在于，通过测试的执行代码肯定满足需求，有助于面向接口编程，降低了代码耦合，也极大降低了 bug 的出现概率。

然而，TDD 的坏处也显而易见：由于测试用例是在进行代码设计之前写的，很有可能限制开发者对代码的整体设计；并且，由于 TDD 对开发人员的要求非常高，体现的思想跟传统开发思维也不一样，因此实施起来比较困难；此外，因为要先编写测试用例，所以 TDD 也可能会影响项目的研发进度。所以，在客观情况不满足的情况下，不建议盲目追求对业务代码使用 TDD 的开发模式。

25.5.2 编码中：增量测试

及时为增量代码编写单元测试代码是一种良好的习惯。一方面，在编码过程中，我们对需求有一定的理解，能够更好地写出单元测试来验证正确性。并且，在单测阶段就发现问题，而不是等到联调测试中才发现，修复的成本也是最小的。

另一方面，在写单测的过程中，我们也能够反思业务代码的正确性、合理性，推动我们在实现的过程中更好地反思代码的设计，并及时调整。

25.5.3 编码后：存量测试

在完成业务需求后，我们可能会遇到这种情况：因为上线时间比较紧张、没有单测相关规划，开发阶段只手动测试了代码是否符合功能。

如果这部分存量代码出现较大的新需求，或者维护已经成为问题，需要大规模重构，那么这正是推动补全单元测试的好时机。为存量代码补充上单元测试，一方面能够推进重构者进一步理解原先的逻辑，另一方面也能够增强重构者重构代码后的信心，降低风险。

但是，补充存量单测可能需要再次回忆理解需求和逻辑设计等细节，且写单测的人可能并不是原编码的设计者，所以编码后编写和执行单元测试用例也有一定的不足。

25.6 测试覆盖率

写单元测试的时候应该尽量全面，尽可能覆盖到所有的测试用例，但有时也会漏掉一些。Go 提供了 cover 工具来统计测试覆盖率，具体步骤如下。

1）生成测试覆盖率数据。

```
$ go test -coverprofile=coverage.out
do some setup
PASS
coverage: 40.0% of statements
do some cleanup
ok      github.com/marmotedu/gopractise-demo/test    0.003s
```

上面的命令在当前目录下生成了 coverage.out 覆盖率数据文件，如图 25-3 所示。

```
github.com/marmotedu/iam/pkg/shutdown/shutdown.go:250:                                    AddShutdownManager       100.0%
github.com/marmotedu/iam/pkg/shutdown/shutdown.go:263:                                    AddShutdownCallback      100.0%
github.com/marmotedu/iam/pkg/shutdown/shutdown.go:275:                                    SetErrorHandler          100.0%
github.com/marmotedu/iam/pkg/shutdown/shutdown.go:283:                                    StartShutdown            100.0%
github.com/marmotedu/iam/pkg/shutdown/shutdown.go:303:                                    ReportError              100.0%
github.com/marmotedu/iam/pkg/shutdown/shutdownmanagers/posixsignal/posixsignal.go:32:    NewPosixSignalManager    100.0%
github.com/marmotedu/iam/pkg/shutdown/shutdownmanagers/posixsignal/posixsignal.go:45:    GetName                  0.0%
github.com/marmotedu/iam/pkg/shutdown/shutdownmanagers/posixsignal/posixsignal.go:50:    Start                    100.0%
github.com/marmotedu/iam/pkg/shutdown/shutdownmanagers/posixsignal/posixsignal.go:65:    ShutdownStart            0.0%
github.com/marmotedu/iam/pkg/shutdown/shutdownmanagers/posixsignal/posixsignal.go:70:    ShutdownFinish           0.0%
github.com/marmotedu/iam/pkg/util/genutil/genutil.go:15:                                  OutDir      函数的单测覆盖率 ——→ 80.0%
total:                                                                                    (statements) 项目的单测覆盖率 ——→ 64.4%
```

图 25-3 单元测试覆盖率

2）分析覆盖率文件。

```
$ go tool cover -func=coverage.out
do some setup
PASS
coverage: 40.0% of statements
do some cleanup
ok      github.com/marmotedu/gopractise-demo/test    0.003s
[colin@dev test]$ go tool cover -func=coverage.out
github.com/marmotedu/gopractise-demo/test/math.go:9:    Abs             100.0%
github.com/marmotedu/gopractise-demo/test/math.go:14:   Max             100.0%
github.com/marmotedu/gopractise-demo/test/math.go:19:   Min             0.0%
github.com/marmotedu/gopractise-demo/test/math.go:24:   RandInt         0.0%
github.com/marmotedu/gopractise-demo/test/math.go:29:   Floor           0.0%
total:                                                  (statements)    40.0%
```

在上述命令的输出中，我们可以看到哪些函数没有测试，哪些函数内部的分支没有测试完全。cover 工具会根据被执行代码的行数与总行数的比例计算出覆盖率。可以看到，Abs 和 Max 函数的测试覆盖率为 100%，Min 和 RandInt 函数的测试覆盖率为 0。

还可以使用 go tool cover -html 生成 HTML 格式的分析文件，以更加清晰地展示代码的测试情况：

```
$ go tool cover -html=coverage.out -o coverage.html
```

上述命令会在当前目录下生成一个 coverage.html 文件，用浏览器打开该文件，可以更加清晰地看到代码的测试情况，如图 25-4 所示。

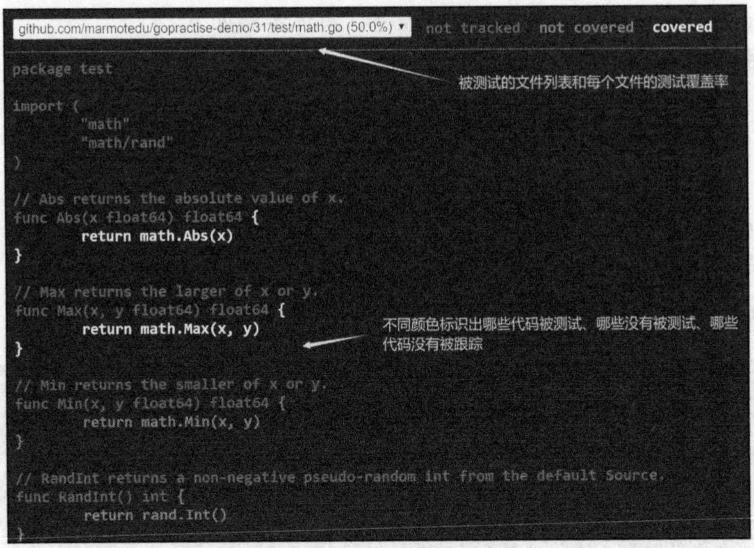

图 25-4 coverage.html

通过图 25-4 可以知道，部分代码没有被测试到，接下来可以有针对性地添加测试用例，而不是一头雾水，不知道需要为哪些代码编写测试用例。

在 Go 项目开发中，我们往往会把测试覆盖率作为代码合并的一个强制要求，所以需要在进行代码测试时，同时生成代码覆盖率数据文件。在进行代码测试时，可以通过分析该文件，来判断代码测试覆盖率是否满足要求，如果不满足则代码测试失败。

25.7 IAM 项目测试实战

IAM 项目也编写了大量测试用例，这些测试用例使用了不同的编写方法，你可以通过学习 IAM 的测试用例来加深对上面内容的理解。

25.7.1 IAM 项目是如何执行测试用例的

首先，我们来看下 IAM 项目是如何执行测试用例的。

在 IAM 项目的源码根目录下，可以通过运行 `make test` 执行测试用例。`make test` 会执行 `scripts/make-rules/golang.mk` 文件中的 `go.test` 伪目标，规则如下：

```
.PHONY: go.test
go.test: tools.verify.go-junit-report
    @echo "===========> Run unit test"
    @set -o pipefail;$(GO) test -race -cover -coverprofile=$(OUTPUT_DIR)/coverage.
        out \\
        -timeout=10m -short -v `go list ./...|\
        egrep -v $(subst $(SPACE),'|',$(sort $(EXCLUDE_TESTS)))` 2>&1 | \\
```

```
	tee >(go-junit-report --set-exit-code >$(OUTPUT_DIR)/report.xml)
	@sed -i '/mock_.*.go/d' $(OUTPUT_DIR)/coverage.out # remove mock_.*.go files
		from test coverage
	@$(GO) tool cover -html=$(OUTPUT_DIR)/coverage.out -o $(OUTPUT_DIR)/coverage.html
```

在上述规则中，通过执行 go test 设置超时时间、竞态检查，开启代码覆盖率检查，覆盖率测试数据保存在 coverage.out 文件中。在 Go 项目开发中，并不是所有的包都需要单元测试，所以上面的命令还过滤掉了一些不需要测试的包，这些包配置在 EXCLUDE_TESTS 变量中：

```
EXCLUDE_TESTS=github.com/marmotedu/iam/test github.com/marmotedu/iam/pkg/log
	github.com/marmotedu/iam/third_party github.com/marmotedu/iam/internal/pump/
	storage github.com/marmotedu/iam/internal/pump github.com/marmotedu/iam/
	internal/pkg/logger
```

同时，Markfile 也调用了 go-junit-report 将 go test 的结果转化成 xml 格式的报告文件，该报告文件会被一些 CI 系统，例如 Jenkins 拿来解析并展示结果。上述代码也同时生成了 coverage.html 文件，该文件可以存放在制品库中，供我们后期分析查看。

这里需要注意，针对 Mock 代码，我们不需要编写测试用例。为了避免影响项目的单元测试覆盖率，我们需要将 Mock 代码的单元测试覆盖率数据从 coverage.out 文件中删除。go.test 规则通过以下命令删除这些无用的数据：

```
sed -i '/mock_.*.go/d' $(OUTPUT_DIR)/coverage.out # 从coverage.out文件中删除匹配mock_.
						*.go 的行
```

另外，还可以通过 make cover 来进行单元测试覆盖率测试。make cover 会执行 scripts/make-rules/golang.mk 文件中的 go.test.cover 伪目标，规则如下：

```
.PHONY: go.test.cover
go.test.cover: go.test
	@$(GO) tool cover -func=$(OUTPUT_DIR)/coverage.out | \\
		awk -v target=$(COVERAGE) -f $(ROOT_DIR)/scripts/coverage.awk
```

上述目标依赖 go.test，也就是说，在执行单元测试覆盖率目标之前，我们会先进行单元测试，然后使用单元测试产生的覆盖率数据 coverage.out 计算出总的单元测试覆盖率，这里是通过 coverage.awk 脚本来计算的。

如果单元测试覆盖率不达标，Makefile 会报错并退出。可以通过 Makefile 的 COVERAGE 变量来设置单元测试覆盖率阈值。

COVERAGE 的默认值为 60，我们也可以在命令行手动指定，例如：

```
$ make cover COVERAGE=80
```

为了确保项目的单元测试覆盖率达标，我们需要设置单元测试覆盖率质量红线。一般来说，这些红线很难靠开发者的自觉性去保障，所以好的方法是将质量红线加入 CI/CD 流程中。

所以，在 Makefile 文件中，我将 cover 放在 all 目标的依赖中，并且位于 build 之前，也就是 all: tidy gen add-copyright format lint cover build。这

样每次当我们执行 make 命令时，项目会自动进行代码测试，并计算单元测试覆盖率，如果覆盖率不达标，则停止构建；如果达标，则继续进行下一步的构建流程。

25.7.2 IAM 项目测试案例分享

接下来，我会展示一些 IAM 项目的测试案例，因为这些测试案例的实现方法在本章前半部分已有详细介绍，所以本节只列出具体的实现代码，而不再介绍这些代码的实现方法。

1. 单元测试案例

我们可以手动编写单元测试代码，也可以使用 gotests 工具生成单元测试代码。

先来看手动编写测试代码的案例。这里单元测试代码见 Test_Option㊀，代码如下：

```
func Test_Option(t *testing.T) {
    fs := pflag.NewFlagSet("test", pflag.ExitOnError)
    opt := log.NewOptions()
    opt.AddFlags(fs)

    args := []string{"--log.level=debug"}
    err := fs.Parse(args)
    assert.Nil(t, err)

    assert.Equal(t, "debug", opt.Level)
}
```

上述代码使用了 github.com/stretchr/testify/assert 包来对比结果。

再来看使用 gotests 工具生成单元测试代码的案例（Table-Driven 的测试模式）。出于效率方面的考虑，IAM 项目的单元测试用例基本都是使用 gotests 工具生成测试用例模板代码，并基于这些模板代码填充测试用例的。代码见 service_test.go㊁文件。

2. 性能测试案例

IAM 项目的性能测试案例，见 BenchmarkListUser 测试函数，代码如下：

```
func BenchmarkListUser(b *testing.B) {
    opts := metav1.ListOptions{
        Offset: pointer.ToInt64(0),
        Limit:  pointer.ToInt64(50),
    }
    storeIns, _ := fake.GetFakeFactoryOr()
    u := &userService{
        store: storeIns,
    }

    for i := 0; i < b.N; i++ {
        _, _ = u.List(context.TODO(), opts)
    }
}
```

㊀ 参见 https://github.com/marmotedu/iam/blob/v1.6.2/pkg/log/log_test.go#L52。

㊁ 参见 https://github.com/marmotedu/iam/blob/v1.6.2/internal/apiserver/service/v1/service_test.go。

3. 模糊测试案例

IAM 项目的模糊测试用例见 FuzzUnpointer 函数，代码如下：

```
func FuzzUnpointer(f *testing.F) {
    testcases := []int64{1, 2, 3, 4, 5}
    for _, tc := range testcases {
        f.Add(tc)
    }
    f.Fuzz(func(t *testing.T, in int64) {
        out := Unpointer(pointer.ToInt64(0), &in)
        want := &LimitAndOffset{
            Offset: 0,
            Limit:  int(in),
        }
        if !reflect.DeepEqual(out, want) {
            t.Errorf("got: %v, want: %v", out, want)
        }
    })
}
```

4. 示例测试案例

IAM 项目的示例测试案例见 example_test.go[1]文件。example_test.go 中的一个示例测试代码如下：

```
func ExampleNew() {
    err := New("whoops")
    fmt.Println(err)

    // Output: whoops
}
```

5. TestMain 测试案例

IAM 项目的 TestMain 测试案例见 user_test.go[2]文件中的 TestMain 函数：

```
func TestMain(m *testing.M) {
    _, _ = fake.GetFakeFactoryOr()
    os.Exit(m.Run())
}
```

TestMain 函数初始化了 fake Factory，然后调用 m.Run 执行测试用例。

6. Mock 测试案例

Mock 代码见 internal/apiserver/service/v1/mock_service.go，Mock 测试案例见 internal/apiserver/controller/v1/user/create_test.go 文件。

可以在 IAM 项目的根目录下执行以下命令，来自动生成所有的 Mock 文件：

---

[1] 参见 https://github.com/marmotedu/errors/blob/v1.0.2/example_test.go。

[2] 参见 https://github.com/marmotedu/iam/blob/v1.6.2/internal/apiserver/service/v1/user_test.go。

```
$ go generate ./...
```

7. Fake 测试案例

fake store 代码实现位于 internal/apiserver/store/fake 目录下。fake store 的使用方式见 user_test.go 文件：

```
func TestMain(m *testing.M) {
    _, _ = fake.GetFakeFactoryOr()
    os.Exit(m.Run())
}

func BenchmarkListUser(b *testing.B) {
    opts := metav1.ListOptions{
        Offset: pointer.ToInt64(0),
        Limit:  pointer.ToInt64(50),
    }
    storeIns, _ := fake.GetFakeFactoryOr()
    u := &userService{
        store: storeIns,
    }

    for i := 0; i < b.N; i++ {
        _, _ = u.List(context.TODO(), opts)
    }
}
```

上述代码通过 TestMain 初始化 fake 实例（store.Factory[㊀]接口类型）：

```
func GetFakeFactoryOr() (store.Factory, error) {
    once.Do(func() {
        fakeFactory = &datastore{
            users:    FakeUsers(ResourceCount),
            secrets:  FakeSecrets(ResourceCount),
            policies: FakePolicies(ResourceCount),
        }
    })

    if fakeFactory == nil {
        return nil, fmt.Errorf("failed to get mysql store fatory, mysqlFactory: %+v",
            fakeFactory)
    }

    return fakeFactory, nil
}
```

GetFakeFactoryOr 函数创建了一些假的用户、密钥、策略，并保存在 fakeFactory 变量中，供后面的测试用例使用，例如 BenchmarkListUser、Test_newUsers 等。

㊀ 参见 https://github.com/marmotedu/iam/blob/v1.6.2/internal/apiserver/store/store.go#L12。

25.8 其他测试工具和包

最后，我再来分享下 Go 项目测试中常用的工具和包，因为内容较多，这里不再详细介绍，感兴趣的读者可以打开链接自行学习。我将这些测试工具和包分为两类，分别是测试框架和 Mock 工具。

1. 测试框架

业界已有很多优秀的开源测试框架，使用这些测试框架可以大大提高我们编写测试用例的效率和质量。常见的测试框架有以下几种。

- **Testify 框架**[一]：Testify 是 Go test 的预判工具，它能让你的测试代码变得更优雅和高效，也能让测试结果变得更详细。
- **GoConvey 框架**[二]：GoConvey 是一款针对 Go 语言的测试框架，可以管理和运行测试用例，同时提供丰富的断言函数，并支持很多 Web 界面特性。

2. Mock 工具

本章介绍了 Go 官方提供的 Mock 框架 GoMock，还有一些其他的优秀 Mock 工具可供我们使用。这些 Mock 工具分别用在不同的 Mock 场景中，详细内容可参见本书第 7 章。不过，为了使本章的测试知识体系更加完整，这里还是再提一次，以便加深理解。

- **Sqlmock**[三]：可以用来模拟数据库连接。数据库是项目中比较常见的依赖，在遇到数据库依赖时都可以用它。
- **Httpmock**[四]：可以用来模拟 HTTP 请求。
- **bouk/monkey**[五]：猴子补丁，能够通过替换函数指针的方式来修改任意函数的实现。如果 `golang/mock`、`sqlmock` 和 `httpmock` 这几种方法都不能满足我们的需求，那么我们可以尝试用猴子补丁的方式来模拟依赖。可以这么说，猴子补丁提供了单元测试模拟依赖的最终解决方案。

25.9 本章总结

开发完代码之后，就需要为代码编写测试用例。Go 语言提供了 `testing` 包，供开发者编写测试用例，并通过 `go test` 命令来执行这些测试用例。`testing` 包可以用来编写单元测试用例、性能测试用例和示例测试用例。此外，在实际项目开发中，我们还需要用到 Mock 测试和 Fake 测试，来测试一些在单元测试环境下不好实现的接口。

[一] 参见 https://github.com/stretchr/testify。

[二] 参见 https://github.com/smartystreets/goconvey。

[三] 参见 https://github.com/DATA-DOG/go-sqlmock。

[四] 参见 https://github.com/jarcoal/httpmock。

[五] 参见 https://github.com/bouk/monkey。

此外，本章还介绍了何时编写和执行测试用例，例如可以选择在编写代码前、编写代码中、编写代码后编写测试用例。为了保证单元测试覆盖率，我们还应该为整个项目设置单元测试覆盖率质量红线，并将该质量红线加入CI/CD流程中。可以通过`go test -coverprofile=coverage.out`命令来生成测试覆盖率数据，通过`go tool cover -func = coverage.out`命令来分析覆盖率文件。

IAM项目中使用了大量的测试方法和技巧来测试代码，为了帮助你加深对测试知识的理解，本章也列举了一些测试案例，供你参考、学习和验证。

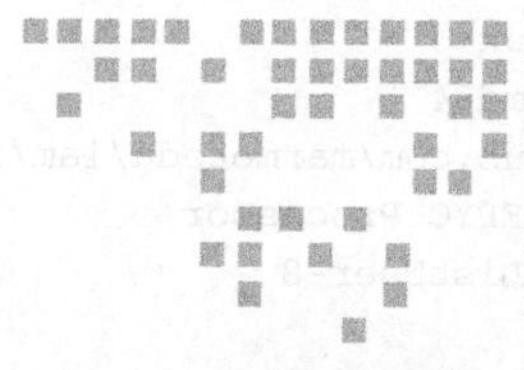

第 26 章 Chapter 26

性能分析

作为开发人员，我们一般都局限在功能的单元测试中，往往不会太关注一些性能细节。但是，如果我们在上线的时候对项目的整体性能没有一个全面的了解，随着请求量越来越大，可能会出现各种各样的问题，比如 CPU 占用高、内存使用率高、请求延时高等。为了避免这些性能瓶颈，在开发的过程中，我们需要通过一定的手段来对程序进行性能分析。

Go 语言已经为开发者内置了很多性能调优、监控的工具和方法，借助这些工具和方法，我们可以很方便地对 Go 程序进行性能分析，大大提升了性能分析的效率。在 Go 语言开发中，开发者基本都是通过内置的 pprof 工具包来进行性能分析的。

在进行性能分析时，我们会先借助一些工具和包生成性能数据文件，再通过 pprof 工具分析性能数据文件，进而分析代码的性能。接下来，我们就分别来看一下如何执行这两步操作。

26.1 生成性能数据文件

要查看性能数据，需要先生成性能数据文件。生成性能数据文件的方法有 3 种，分别是通过命令行、代码和 `net/http/pprof` 包来生成。这些工具和包会分别生成 CPU 和内存性能数据。下面，我们来具体看一下这 3 种方法分别是如何生成性能数据文件的。

26.1.1 通过命令行生成性能数据文件

可以使用 `go test -cpuprofile` 来生成性能数据文件。进入 `internal/apiserver/service/v1` 目录，执行以下命令：

```
$ go test -bench=".*" -cpuprofile cpu.profile -memprofile mem.profile
```

```
goos: linux
goarch: amd64
pkg: github.com/marmotedu/iam/internal/apiserver/service/v1
cpu: AMD EPYC Processor
BenchmarkListUser-8              280        4283077 ns/op
PASS
ok      github.com/marmotedu/iam/internal/apiserver/service/v1    1.798s
```

上面的命令会在当前目录下生成3个文件。

- **v1.test**：测试生成的二进制文件，在性能分析时可以用来解析各种符号。
- **cpu.profile**：CPU 性能数据文件。
- **mem.profile**：内存性能数据文件。

26.1.2 通过代码生成性能数据文件

Go 在语言层面上集成了性能数据采样工具，只需在代码中简单地引入 runtime/pprof 或者 net/http/pprof 包，即可获取程序的性能数据文件，并通过性能数据文件来进行性能分析。net/http/pprof 基于 runtime/pprof 包进行封装，并在 HTTP 端口上暴露出来。

下面的代码通过 net/http/pprof 包来生成性能数据文件，以下代码保存在 pprof.go[1]文件中：

```go
package main

import (
    "os"
    "runtime/pprof"
)

func main() {
    cpuOut, _ := os.Create("cpu.out")
    defer cpuOut.Close()
    pprof.StartCPUProfile(cpuOut)
    defer pprof.StopCPUProfile()

    memOut, _ := os.Create("mem.out")
    defer memOut.Close()
    defer pprof.WriteHeapProfile(memOut)

    Sum(3, 5)

}

func Sum(a, b int) int {
    return a + b
}
```

[1] 参见 https://github.com/marmotedu/gopractise-demo/blob/v1.0.0/pprof/pprof.go。

运行pprof.go文件：

```
$ go run pprof.go
```

运行pprof.go文件后，IAM会在当前目录生成cpu.profile和mem.profile性能数据文件。

26.1.3 通过net/http/pprof生成性能数据文件

如果要分析HTTP Server的性能，可以使用net/http/pprof包来生成性能数据文件。因为IAM项目使用Gin框架作为HTTP引擎，所以这里使用了github.com/gin-contrib/pprof包来启用HTTP性能分析功能。github.com/gin-contrib/pprof包是net/http/pprof的一个简单封装，它将pprof的功能封装成一个Gin中间件，使得我们可以方便地根据需要加载中间件以使用pprof的功能。

github.com/gin-contrib/pprof包的pprof.go[⊖]文件中有以下代码：

```
func Register(r *gin.Engine, prefixOptions ...string) {
    prefix := getPrefix(prefixOptions...)

    prefixRouter := r.Group(prefix)
    {
        ...
        prefixRouter.GET("/profile", pprofHandler(pprof.Profile))
        ...
    }
}

func pprofHandler(h http.HandlerFunc) gin.HandlerFunc {
    handler := http.HandlerFunc(h)
    return func(c *gin.Context) {
        handler.ServeHTTP(c.Writer, c.Request)
    }
}
```

通过上面的代码，你可以看到github.com/gin-contrib/pprof包将net/http/pprof.Profile转换成了gin.HandlerFunc，也就是Gin中间件。

要开启HTTP性能分析，只需要在代码中注册pprof提供的HTTP Handler即可（位于internal/pkg/server/genericapiserver.go文件中）：

```
// 安装 pprof Handler
if s.enableProfiling {
    pprof.Register(s.Engine)
}
```

上述代码根据配置--feature.profiling来判断是否开启HTTP性能分析功能。

⊖ 参见https://github.com/gin-contrib/pprof/blob/v1.3.0/pprof.go。

我们开启完 HTTP 性能分析功能，启动 HTTP 服务 iam-apiserver 后，即可访问 `http://x.x.x.x:8080/debug/pprof`（`x.x.x.x` 是 Linux 服务器的地址）来查看性能数据信息。性能数据信息如图 26-1 所示。

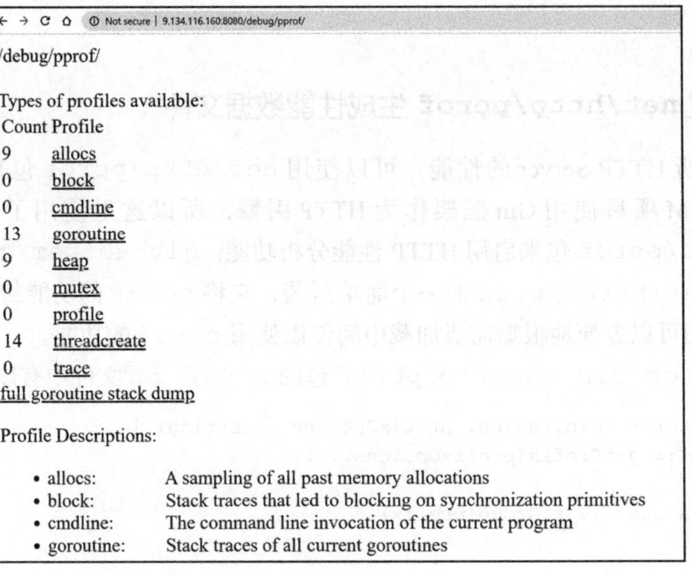
Not secure | 9.134.116.160:8080/debug/pprof/

/debug/pprof/

Types of profiles available:

Count	Profile
9	allocs
0	block
0	cmdline
13	goroutine
9	heap
0	mutex
0	profile
14	threadcreate
0	trace

full goroutine stack dump

Profile Descriptions:

- allocs: A sampling of all past memory allocations
- block: Stack traces that led to blocking on synchronization primitives
- cmdline: The command line invocation of the current program
- goroutine: Stack traces of all current goroutines

图 26-1 性能数据信息

可以通过以下命令获取 CPU 性能数据文件：

```
$ curl http://127.0.0.1:8080/debug/pprof/profile -o cpu.profile
```

执行完上面的命令后，我们需要等待 30s。pprof 会采集这 30s 内的性能数据，而我们需要在这段时间内向服务器连续发送多次请求，请求的频度可以根据场景来决定。30s 之后，`/debug/pprof/profile` 接口会生成 CPU 性能数据文件，被 `curl` 命令保存在当前目录下的 `cpu.profile` 文件中。

同样的，我们可以执行以下命令来生成内存性能数据文件：

```
$ curl http://127.0.0.1:8080/debug/pprof/heap -o mem.profile
```

上述命令会自动下载 heap 文件，并被 `curl` 命令保存在当前目录下的 `mem.profile` 文件中。可以使用 `go tool pprof [mem|cpu].profile` 命令来分析 HTTP 接口的 CPU 和内存性能。也可以使用 `go tool pprof http://127.0.0.1:8080/debug/pprof/profile` 或者 `go tool pprof http://127.0.0.1:8080/debug/pprof/heap` 命令来直接进入 pprof 工具的交互 shell 中。`go tool pprof` 会先下载并保存 CPU 和内存性能数据文件，再分析这些文件。

通过上面的 3 种方法，我们生成了 `cpu.profile` 和 `mem.profile`，接下来就可以使用 `go tool pprof` 来分析这两个性能数据文件，进而分析程序的性能了。

26.2 生成IAM测试用例的性能数据

我们在做性能分析时，主要是对内存和CPU性能进行分析。在分析内存和CPU的性能之前，需要先生成性能数据文件。IAM源码中也有包含性能测试的用例，下面我会借助该用例来介绍如何分析程序的性能。

进入 internal/apiserver/service/v1 目录，user_test.go 文件包含了性能测试函数 BenchmarkListUser。执行以下命令来生成性能数据文件：

```
$ go test -benchtime=30s -benchmem -bench=".*" -cpuprofile cpu.profile
    -memprofile mem.profile
goos: linux
goarch: amd64
pkg: github.com/marmotedu/iam/internal/apiserver/service/v1
cpu: AMD EPYC Processor
BenchmarkListUser-8        175      204523677 ns/op      15331 B/op      268 allocs/op
PASS
ok      github.com/marmotedu/iam/internal/apiserver/service/v1    56.514s
```

上面的命令会在当前目录下产生 cpu.profile、mem.profile 性能数据文件，以及 v1.test 二进制文件。接下来，基于 cpu.profile、mem.profile、v1.test 文件来分析代码的CPU和内存性能。为了获取足够的采样数据，可以将 benchtime 设置为30 s。

在做性能分析时，可以采取不同的手段来分析性能，比如使用采样图、火焰图，也可以使用pprof工具来进行性能分析。

pprof是一个Go程序性能分析工具，用它可以访问并分析性能数据文件，它还会根据要求，提供高可读性的输出信息。你可以使用 go tool pprof 工具来对性能进行分析，分析流程如图26-2所示。

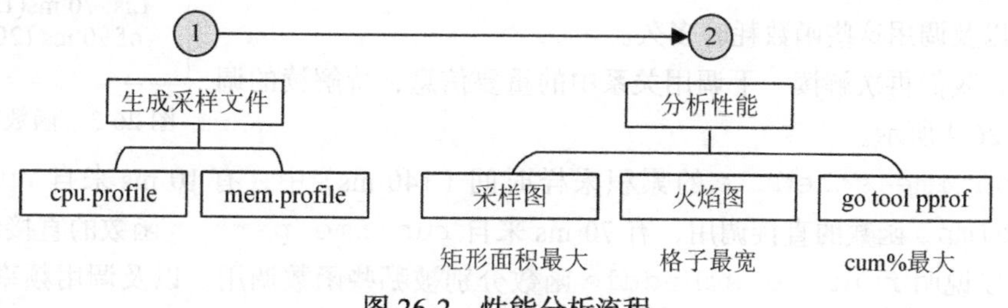

图 26-2 性能分析流程

下面我会运用这些方法来分析CPU性能和内存性能。

26.3 CPU性能分析

在默认情况下，Go语言的运行时系统会以100 Hz的频率对CPU的使用情况进行采样，也就是说每秒采样 100 次，每 10 ms 采样一次。每次采样时，系统会记录正在运行的函数，并统计其运行时间，从而生成 CPU 性能数据。

前文我们已经生成了 CPU 性能数据文件 cpu.profile，接下来会运用上面提到的 3 种方法来分析并优化 CPU 性能。

1. 分析采样图

要分析性能，最直观的方式当然是看图，所以首先需要生成采样图。采样图的生成过程可以分为两个步骤。

1）确保系统安装了 graphviz。

```
$ sudo yum -y install graphviz.x86_64
```

2）执行 go tool pprof 生成调用图。

```
$ go tool pprof -svg cpu.profile > cpu.svg        # svg 格式
$ go tool pprof -pdf cpu.profile > cpu.pdf        # pdf 格式
$ go tool pprof -png cpu.profile > cpu.png        # png 格式
```

以上命令会生成 cpu.pdf、cpu.svg 和 cpu.png 文件，文件中绘制了函数调用关系以及其他采样数据，如图 26-3 所示。

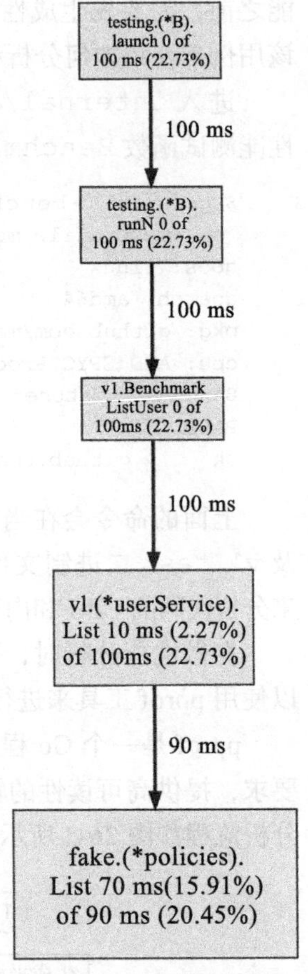

图 26-3 函数调用关系

图 26-3 由有向线段和矩形组成。有向线段描述了函数的调用关系，矩形包含了 CPU 采样数据。从图 26-3 中，我们看到没箭头的一端调用了有箭头的一端，可以知道 v1.(*userService).List 函数调用了 fake.(*policies).List。

线段旁边的数字 90 ms 则说明，v1.(*userService).List 调用了 fake.(*policies).List 函数，在采样周期内，一共耗时 90 ms。通过函数调用关系，我们可以知道某个函数调用了哪些函数，以及调用这些函数耗时多久。

这里，我们再次解读一下调用关系中的重要信息，待解读的调用图如图 26-4 所示。

在 runtime.schedule 的累积采样时间（140 ms）中，有 10 ms 来自 runtime.goschedImpl 函数的直接调用，有 70 ms 来自 runtime.park_m 函数的直接调用。这些数据可以说明 runtime.schedule 函数分别被哪些函数调用，以及调用频率是多少。正是这个原因，函数 runtime.goschedImpl 对函数 runtime.schedule 的调用时间必定小于等于函数 runtime.schedule 的累积采样时间。

我们再来看矩形里的采样数据。这些矩形基本都包含 3 类信息。

- 函数名 / 方法名，该类信息包含了包名、结构体名、函数名 / 方法名，方便我们快速定位到函数 / 方法，例如 fake.(*policies).List 表示 fake 包 policies 结构体的 List 方法。
- 本地采样时间，以及它在采样总数中所占的比例。本地采样时间是指采样点落在该函数中的总时间。

- 累积采样时间，以及它在采样总数中所占的比例。累积采样时间是指采样点落在该函数，以及被该函数直接或者间接调用的函数中的总时间。

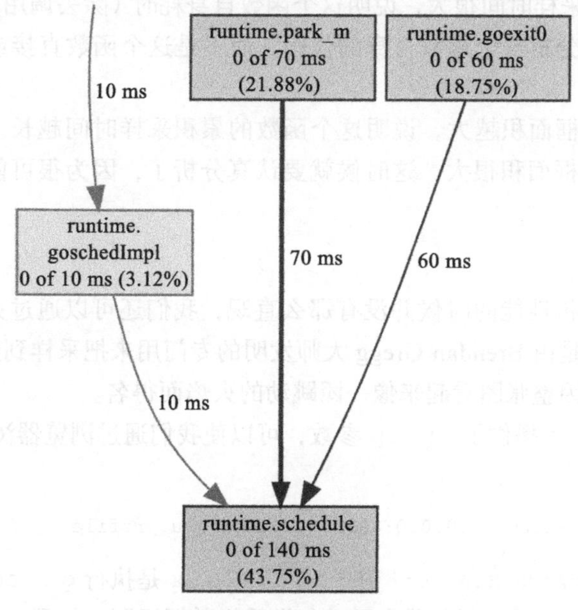

图 26-4 调用图解读

可以通过 `OutDir` 函数来解释本地采样时间和累积采样时间这两个概念。`OutDir` 函数如图 26-5 所示。

```
func OutDir(path string) (string, error) {
    outDir, err := filepath.Abs(path)
    if err != nil {
        return "", err
    }

    stat, err := os.Stat(outDir)
    if err != nil {
        return "", err
    }

    if !stat.IsDir() {
        return "", fmt.Errorf("output directory %s is not a directory", outDir)
    }
    outDir = outDir + "/"
    return outDir, nil
}
```

图 26-5 采样时间解读

整个函数的执行耗时，可认为是累积采样时间，包含了函数调用耗时和非函数调用耗时两部分。其中非函数调用耗时可认为是本地采样时间。

通过累积采样时间，我们可以知道函数的总调用时间，累积采样时间越大，说明调用它所花费的CPU时间越多。但你要注意，这并不一定说明这个函数本身是有问题的，也有可能是函数所调用的函数性能有瓶颈，此时，你应该根据函数调用关系顺藤摸瓜，去寻找这个函数直接或间接调用的函数中最耗费CPU时间的那些函数。

如果函数的本地采样时间很大，说明这个函数自身耗时（除去调用其他函数的耗时）很大，这时候我们需要分析这个函数自身的代码，而不是这个函数直接或者间接调用函数的代码。

采样图中，矩形框面积越大，说明这个函数的累积采样时间越长。因此，如果一个函数的采样图中的矩形框面积很大，这时候就要认真分析了，因为很可能这个函数有需要优化性能的地方。

2. 分析火焰图

其实采样图在分析性能的时候并没有那么直观，我们还可以通过火焰图来更直观地查看性能瓶颈。火焰图是由Brendan Gregg大师发明的专门用来把采样到的堆栈轨迹转化为直观图片显示的工具，因整张图看起来像一团跳动的火焰而得名。

`go tool pprof` 提供了 `-http` 参数，可以使我们通过浏览器浏览采样图和火焰图。执行以下命令：

```
$ go tool pprof -http="0.0.0.0:8081" v1.test cpu.profile
```

然后访问 `http://x.x.x.x:8081/`（`x.x.x.x` 是执行 `go tool pprof` 命令所在服务器的IP地址），此时，浏览器会显示各类采样数据视图，如图26-6所示。

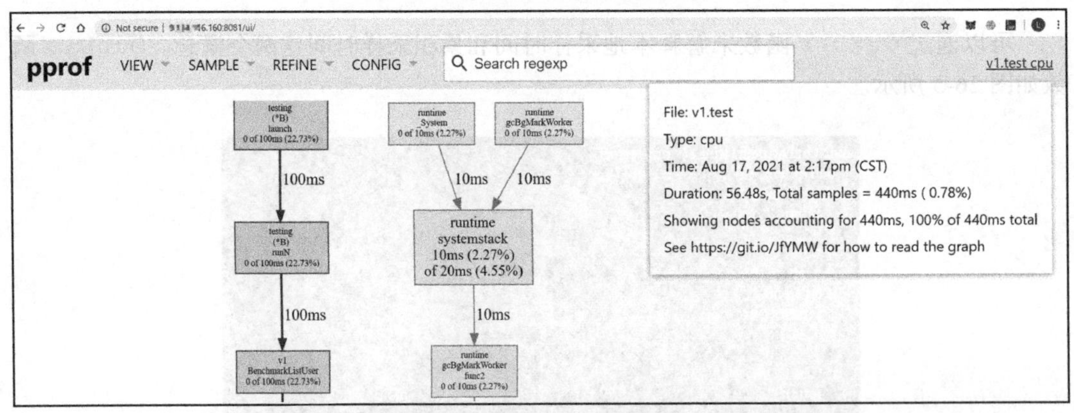

图26-6 各类采样数据视图

上面的用户界面提供了不同的采样数据视图。

- **Top**：类似于linux top命令的形式，从高到低排列。
- **Graph**：默认弹出来的就是该模式，也就是图26-6所示的带有调用关系的图。
- **Flame Graph**：pprof火焰图。
- **Peek**：类似于Top，也是从高到低排列。

- Source：和交互命令式相同，带有源码标注。
- Disassemble：显示所有的总量。

在用户界面选择 **Flame Graph**（**VIEW -> Flame Graph**），即可得到火焰图，如图 26-7 所示。

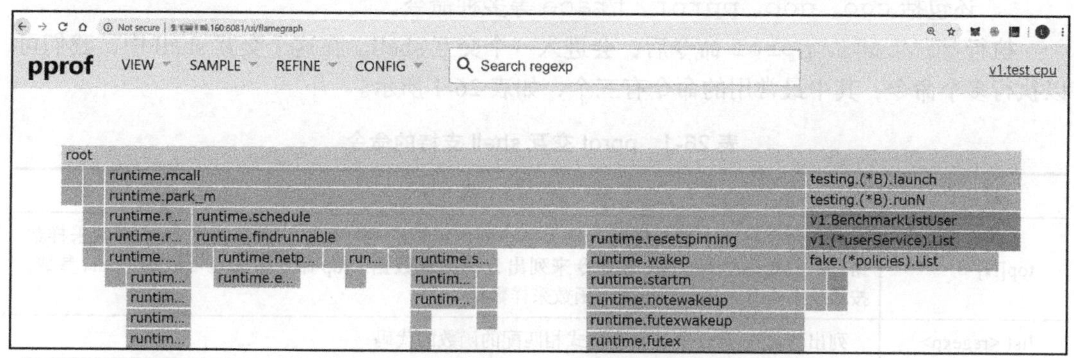

图 26-7　火焰图

火焰图主要包含以下特征。

- 每一列代表一个调用栈，每一个格子代表一个函数。
- 纵轴展示了栈的深度，按照调用关系从上到下排列。最下面的格子代表采样时正在占用 CPU 的函数。
- 调用栈在横向会按照字母排序，并且同样的调用栈会做合并，所以一个格子的宽度越大，说明这个函数越可能出现瓶颈。
- 火焰图格子的颜色是随机的暖色调，以便区分各个调用信息。

查看火焰图时，格子越宽的函数就越可能存在性能问题，我们可以通过分析该函数的代码，找出问题所在。

3. 用 `go tool pprof` 交互模式查看详细数据

可以执行 `go tool pprof` 命令来查看 CPU 的性能数据文件：

```
$ go tool pprof v1.test cpu.profile
File: v1.test
Type: cpu
Time: Aug 17, 2021 at 2:17pm (CST)
Duration: 56.48s, Total samples = 440ms ( 0.78%)
Entering interactive mode (type "help" for commands, "o" for options)
(pprof)
```

`go tool pprof` 输出了很多信息，分析如下。

- **File**：二进制可执行文件名称。
- **Type**：采样文件的类型，例如 cpu、mem 等。
- **Time**：生成采样文件的时间。
- **Duration**：程序执行时间。在上面的例子中，程序总执行时间为 `37.43s`，采样时间为 42.37s。采样程序在采样时，会自动将采样任务分配给多个核心，所以总采样时间可能会大于总执行时间。

- **(pprof)**：命令行提示，表示当前在 go tool 的 pprof 工具命令行中，go tool 还包括 cgo、doc、pprof、trace 等多种命令。

执行 go tool pprof 命令后，会进入一个交互 shell。在这个交互 shell 中，我们可以执行多个命令，其中最常用的命令有三个，如表 26-1 所示。

表 26-1 pprof 交互 shell 支持的命令

命 令	描 述
top[N]	top 命令根据本地采样时间从大到小列出函数的采样数据。默认列出 10 条函数采样数据，我们可以执行 top N 命令来列出 *N* 条采样数据。top 命令后面也可以跟 -cum 参数，按累积采样时间从大到小列出函数采样数据
list <regexp>	列出与 <regexp> 正则表达式相匹配的函数的代码
peek <regexp>	列出与 <regexp> 正则表达式相匹配的函数的调用函数和被调用函数

在交互界面中执行 top 命令，可以查看性能样本数据：

```
(pprof) top
Showing nodes accounting for 350ms, 79.55% of 440ms total
Showing top 10 nodes out of 47
    flat  flat%   sum%        cum   cum%
   110ms 25.00% 25.00%      110ms 25.00%  runtime.futex
    70ms 15.91% 40.91%       90ms 20.45%  github.com/marmotedu/iam/internal/apiser
        ver/store/fake.(*policies).List
    40ms  9.09% 50.00%       40ms  9.09%  runtime.epollwait
    40ms  9.09% 59.09%      180ms 40.91%  runtime.findrunnable
    30ms  6.82% 65.91%       30ms  6.82%  runtime.write1
    20ms  4.55% 70.45%       30ms  6.82%  runtime.notesleep
    10ms  2.27% 72.73%      100ms 22.73%  github.com/marmotedu/iam/internal/apiser-
        ver/service/v1.(*userService).List
    10ms  2.27% 75.00%       10ms  2.27%  runtime.checkTimers
    10ms  2.27% 77.27%       10ms  2.27%  runtime.doaddtimer
    10ms  2.27% 79.55%       10ms  2.27%  runtime.mallocgc
```

上面的输出中，每一行表示一个函数的信息。pprof 程序中最重要的命令就是 top N，该命令用于显示性能数据文件中最靠前的 *N* 个样本（sample）。top 命令会输出多行信息，每一行代表一个函数的采样数据，默认按 flat% 排序。输出的各列含义分析如下。

- **flat**：采样点落在该函数中的总时间。
- **flat%**：采样点落在该函数中时间的百分比。
- **sum%**：前面所有行的 flat% 的累加值，也就是上一项的累积百分比。
- **cum**：采样点落在该函数以及被它调用的函数中的总时间。
- **cum%**：采样点落在该函数以及被它调用的函数中的总时间百分比。
- 函数名。

上述信息可以告诉我们函数执行的时间和耗时排名，进而让我们根据这些信息判断出哪些函数可能有性能问题，或者哪些函数的性能可以进一步优化。

注意，如果我们执行的是go tool pprof mem.profile，那么上面各字段所代表的含义将围绕内存分配大小（字节）而不是按时间展开。

top命令默认是按flat%排序的。在做性能分析时，我们需要先按照cum来排序。通过cum，我们可以直观地看到哪个函数总耗时最多。然后再参考该函数的本地采样时间和调用关系来判断是该函数耗时多，还是它调用的函数耗时多。

执行top -cum，输出如下：

```
(pprof) top20 -cum
Showing nodes accounting for 280ms, 63.64% of 440ms total
Showing top 20 nodes out of 47
     flat  flat%   sum%        cum   cum%
        0     0%     0%      320ms 72.73%  runtime.mcall
        0     0%     0%      320ms 72.73%  runtime.park_m
        0     0%     0%      280ms 63.64%  runtime.schedule
     40ms  9.09%  9.09%      180ms 40.91%  runtime.findrunnable
     10ms 25.00% 34.09%      110ms 25.00%  runtime.futex
     10ms  2.27% 36.36%      100ms 22.73%  github.com/marmotedu/iam/internal/api-
        server/service/v1.(*userService).List
        0     0% 36.36%      100ms 22.73%  github.com/marmotedu/iam/internal/api-
            server/service/v1.BenchmarkListUser
        0     0% 36.36%      100ms 22.73%  runtime.futexwakeup
        0     0% 36.36%      100ms 22.73%  runtime.notewakeup
        0     0% 36.36%      100ms 22.73%  runtime.resetspinning
        0     0% 36.36%      100ms 22.73%  runtime.startm
        0     0% 36.36%      100ms 22.73%  runtime.wakep
        0     0% 36.36%      100ms 22.73%  testing.(*B).launch
        0     0% 36.36%      100ms 22.73%  testing.(*B).runN
     70ms 15.91% 52.27%       90ms 20.45%  github.com/marmotedu/iam/internal/-apis-erver/
        store/fake.(*policies).List
     10ms  2.27% 54.55%       50ms 11.36%  runtime.netpoll
     40ms  9.09% 63.64%       40ms  9.09%  runtime.epollwait
        0     0% 63.64%       40ms  9.09%  runtime.modtimer
        0     0% 63.64%       40ms  9.09%  runtime.resetForSleep
        0     0% 63.64%       40ms  9.09%  runtime.resettimer (inline)
```

从上面的输出可知，v1.BenchmarkListUser、testing.(*B).launch、testing.(*B).runN的本地采样时间占比分别为0%、0%、0%，但是三者的累积采样时间占比却比较高，分别为22.73%、22.73%、22.73%。

本地采样时间占比很小，但是累积采样时间占比很高，说明这3个函数耗时多是因为调用了其他函数，它们自身几乎没有耗时。根据采样图，可以看到函数的调用关系，具体如图26-8所示。

从采样图中，我们可以知道最终v1.BenchmarkListUser调用了v1.(*userService).List函数。v1.(*userService).List函数是我们编写的函数，该函数的

本地采样时间占比为 2.27%，但是累积采样时间占比却高达 22.73%，说明 v1.(*userService).List 调用其他函数时占用了大量的 CPU 时间。

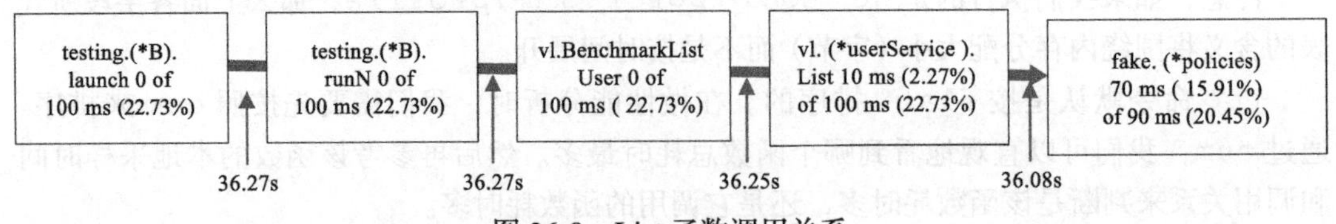

图 26-8 List 函数调用关系

再观察采样图，可以看出 v1.(*userService).List 耗时久是因为调用了 fake.(*policies).List 函数。也可以通过 list 命令查看函数内部的耗时情况，如图 26-9 所示。

```
(pprof) list userService.*List
Total: 440ms
ROUTINE ======================== github.com/marmotedu/iam/internal/apiserver/service/v1.(*userService).List in /home/colin/workspace/golang/src/github.com/marmotedu/iam/internal/apiserver/service/v1/user.go
      10ms      100ms (flat, cum) 22.73% of Total
         .          .    116:           return nil, errors.WithCode(code.ErrDatabase, err.Error())
         .          .    117:   }
         .          .    118:
         .          .    119:   infos := make([]*v1.User, 0)
         .          .    120:   for _, user := range users.Items {
         .       90ms    121:           policies, err := u.store.Policies().List(ctx, user.Name, metav1.ListOptions{})
         .          .    122:           if err != nil {
         .          .    123:                   return nil, errors.WithCode(code.ErrDatabase, err.Error())
         .          .    124:           }
         .          .    125:
         .          .    126:           infos = append(infos, &v1.User{
         .          .    127:                   ObjectMeta: metav1.ObjectMeta{
         .          .    128:                           ID:        user.ID,
         .          .    129:                           Name:      user.Name,
      10ms       10ms    130:                           CreatedAt: user.CreatedAt,
         .          .    131:                           UpdatedAt: user.UpdatedAt,
         .          .    132:                   },
         .          .    133:                   Nickname:   user.Nickname,
         .          .    134:                   Email:      user.Email,
         .          .    135:                   Phone:      user.Phone,
(pprof)
```

图 26-9 list 命令输出

list userService.*List 会列出 userService 结构体内部代码的耗时情况，从图 26-9 也可以看到，u.store.Policies().List 耗时最多。fake.(*policies).List 的本地采样时间占比为 15.91%，说明 fake.(*policies).List 函数本身可能存在瓶颈。走读 fake.(*policies).List 代码可知，该函数是查询数据库的函数，查询数据库会有延时。继续查看 v1.(*userService).List 代码，可以发现以下调用逻辑：

```
func (u *userService) ListWithBadPerformance(ctx context.Context, opts metav1.
    ListOptions) (*v1.UserList, error) {
    ...
    for _, user := range users.Items {
        policies, err := u.store.Policies().List(ctx, user.Name, metav1.ListOptions{})
        ...
        })
    }
    ...
}
```

for 循环中串行调用了 fake.(*policies).List 函数，即每一次循环都会调用有延时的fake.(*policies).List函数。多次调用，v1.(*userService).List函数的耗时自然会累加起来。

现在问题找到了，那怎么优化呢？你可以利用CPU多核特性，开启多个Go协程，这样查询耗时就不是串行累加的，而是取决于最慢的fake.(*policies).List调用。优化后的v1.(*userService).List函数代码见internal/apiserver/service/v1/user.go。用同样的性能测试用例测试优化后的函数，结果如下：

```
$ go test -benchtime=30s -benchmem -bench=".*" -cpuprofile cpu.profile
    -memprofile mem.profile
goos: linux
goarch: amd64
pkg: github.com/marmotedu/iam/internal/apiserver/service/v1
cpu: AMD EPYC Processor
BenchmarkListUser-8     8330     4271131 ns/op    26390 B/op    484 allocs/op
PASS
ok      github.com/marmotedu/iam/internal/apiserver/service/v1    36.179s
```

在上面的命令输出中，ns/op为4271131 ns/op，与第一次的测试结果204523677 ns/op相比，性能提升了97.91%。

注意，为了方便对照，我将优化前的v1.(*userService).List函数重命名为v1.(*userService).ListWithBadPerformance。

26.4 内存性能分析

Go程序运行时，分析器会对程序运行期间的所有堆内存分配进行记录。不管在采样的哪一时刻，也不管堆内存已用字节数是否有增长，只要有字节被分配且数量足够，分析器就会对它进行采样。

内存性能分析方法和CPU性能分析方法比较类似，这里不再重复介绍。你可以借助前面生成的内存性能数据文件mem.profile自行分析。

接下来展示一下内存优化前和优化后的效果。在v1.(*userService).List函数（位于internal/apiserver/service/v1/user.go文件中）中有以下代码：

```
infos := make([]*v1.User, 0)
for _, user := range users.Items {
    info, _ := m.Load(user.ID)
    infos = append(infos, info.(*v1.User))
}
```

此时，运行go test命令，测试内存性能，并对比优化前后的性能数据：

```
$ go test -benchmem -bench=".*" -cpuprofile cpu.profile -memprofile mem.profile
goos: linux
goarch: amd64
```

```
pkg: github.com/marmotedu/iam/internal/apiserver/service/v1
cpu: AMD EPYC Processor
BenchmarkListUser-8    278    4284660 ns/op    27101 B/op    491 allocs/op
PASS
ok      github.com/marmotedu/iam/internal/apiserver/service/v1    1.779s
```

B/op 和 allocs/op 分别为 27101 B/op 和 491 allocs/op。

通过分析代码，我们发现可以将 infos := make([]*v1.User, 0) 优化为 infos := make([]*v1.User, 0, len(users.Items))，以减少 Go 切片的内存重新分配的次数。优化后的代码为：

```
//infos := make([]*v1.User, 0)
infos := make([]*v1.User, 0, len(users.Items))
for _, user := range users.Items {
    info,_ := m.Load(user.ID)
    infos = append(infos, info.(*v1.User))
}
```

再执行 go test 测试性能：

```
$ go test -benchmem -bench=".*" -cpuprofile cpu.profile -memprofile mem.profile
goos: linux
goarch: amd64
pkg: github.com/marmotedu/iam/internal/apiserver/service/v1
cpu: AMD EPYC Processor
BenchmarkListUser-8     276     4318472 ns/op     26457 B/op     484 allocs/op
PASS
ok      github.com/marmotedu/iam/internal/apiserver/service/v1    1.856s
```

优化后的 B/op 和 allocs/op 分别为 26457 B/op 和 484 allocs/op。跟第一次的 27101 B/op 和 491 allocs/op 相比，内存分配次数更少，每次分配的内存也更少。

执行 go tool pprof 命令，查看 CPU 的性能数据文件：

```
$ go tool pprof v1.test mem.profile
File: v1.test
Type: alloc_space
Time: Aug 17, 2021 at 8:33pm (CST)
Entering interactive mode (type "help" for commands, "o" for options)
(pprof)
```

该命令会进入一个交互界面，在交互界面中执行 top 命令，可以查看性能样本数据，例如：

```
(pprof) top
Showing nodes accounting for 10347.32kB, 95.28% of 10859.34kB total
Showing top 10 nodes out of 52
      flat  flat%   sum%        cum   cum%
3072.56kB 28.29% 28.29%   4096.64kB 37.72%   github.com/marmotedu/iam/internal/
    apiserver/service/v1.(*userService).List.func1
1762.94kB 16.23% 44.53%  1762.94kB 16.23%  runtime/pprof.StartCPUProfile
```

```
 1024.52kB  9.43% 53.96%  1024.52kB  9.43%  go.uber.org/zap/buffer.NewPool.func1
 1024.08kB  9.43% 63.39%  1024.08kB  9.43%  time.Sleep
  902.59kB  8.31% 71.70%   902.59kB  8.31%  compress/flate.NewWriter
  512.20kB   4.72% 76.42%   1536.72kB 14.15%   github.com/marmotedu/iam/internal/
     apiserver/service/v1.(*userService).List
  512.19kB  4.72% 81.14%   512.19kB  4.72%  runtime.malg
  512.12kB  4.72% 85.85%   512.12kB  4.72%  regexp.makeOnePass
  512.09kB   4.72% 90.57%    512.09kB   4.72%   github.com/marmotedu/iam/internal/
     apiserver/store/fake.FakeUsers
  512.04kB  4.72% 95.28%   512.04kB  4.72%  runtime/pprof.allFrames
```

上面的内存性能数据的各字段的含义依次如下。

- **flat**：采样点落在该函数中的总内存消耗。
- **flat%**：采样点落在该函数中的总内存消耗百分比。
- **sum%**：上一项的累积百分比。
- **cum**：采样点落在该函数以及被它调用的函数中的总内存消耗。
- **cum%**：采样点落在该函数以及被它调用的函数中的总内存消耗百分比。
- 函数名。

26.5 本章总结

在 Go 项目开发中，我们可以根据 Go 语言提供的`go tool pprof`工具分析代码的性能。具体可以通过两步来实现，分别是生成性能数据文件和分析性能数据文件。

Go 中可以用来生成性能数据文件的方式有 3 种：通过命令行生成性能数据文件，通过代码生成性能数据文件，通过`net/http/pprof`生成性能数据文件。

生成性能数据文件之后，我们就可以使用`go tool pprof`工具来分析性能数据文件了。有 3 种分析性能数据文件的方式，分别是使用采样图、使用火焰图和使用`go tool pprof`交互模式查看详细数据。其中，火焰图直观且高效，推荐使用。

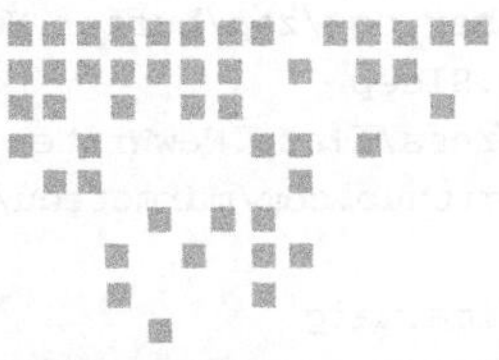

Chapter 27 第 27 章

API Server 性能测试和调优

掌握了性能分析的基本知识之后，本章再来看一下如何分析 API 的性能。

在 API 上线之前，我们需要知道 API 的性能，以便了解 API 服务器所能承载的最大请求量、性能瓶颈，再根据业务的性能要求对 API 进行性能调优或者扩缩容。这样可以使 API 稳定地对外提供服务，并让请求在合理的时间内返回。本章会介绍如何用 Wrk 工具来测试 API Server 的性能，并给出分析方法和结果。

27.1 API 性能测试指标

通常，API 性能测试包括 API 框架的性能和指定 API 的性能。不过，因为指定 API 的性能与该 API 的具体实现（比如有无数据库连接，有无复杂的逻辑处理等）有关，我认为脱离了具体实现来探讨单个 API 的性能是毫无意义的，所以这里只探讨 API 框架的性能。

用来衡量 API 性能的指标主要有 3 个，具体如下。

- **并发数（Concurrent）**：某个时间范围内，同时使用系统的用户个数。广义上的并发数是指同时使用系统的用户个数，这些用户可能调用不同的 API。但严格意义上的并发数是指同时请求同一个 API 的用户个数。本章我们讨论的并发数是严格意义上的并发数。
- **每秒查询数（QPS）**：对一个特定的查询服务器在规定时间内所处理流量多少的衡量标准。

  QPS = 并发数 / 平均请求响应时间

- **请求响应时间（TTLB）**：客户端从发出请求到得到响应的整个时间。这个过程从客户端发起的一个请求开始，到客户端收到服务器端的响应结束。在一些工具中，请求响应时间通常会被称为 TTLB（Time To Last Byte，意思是从发送一个请求到客户端收到最后一个字节的响应所消费的时间）。请求响应时间的单位一般为“秒”或“毫秒”。

这 3 个指标中，衡量 API 性能的最主要指标是 QPS，但是使用时需要指明是多少并发数下的 QPS，否则毫无意义，因为不同并发数下的 QPS 是不同的。举个例子，单用户 100 QPS 和 100 用户 100 QPS 是两个不同的概念，前者说明 API 可以在一秒内串行执行 100 个请求，后者说明在并发数为 100 的情况下，API 可以在一秒内处理 100 个请求。当 QPS 相同时，并发数越大，说明 API 性能越好，并发处理能力越强。

如果并发数设置过大，则 API 要同时处理很多请求，会频繁切换上下文，使得真正用于处理请求的时间变少，QPS 降低，也会使得请求响应时间变长。API 会有一个合适的并发数，使得 API 的 QPS 达到最大，但该并发数不一定是最佳并发数，还要参考该并发数下的平均请求响应时间。

此外，有时也会测试 API 的 TPS（Transactions Per Second，每秒事务数）。一个事务是指客户端向服务端发送请求，然后服务端做出反应的过程。客户端在发送请求时开始计时，在收到服务端响应后结束计时，以此来计算使用的时间和完成的事务个数。

那么，TPS 和 QPS 的区别是什么呢？如果是对一个查询接口（单场景）压测，且这个接口内部不会再去请求其他接口，那么 TPS=QPS，否则，TPS ≠ QPS。如果是对多个接口（混合场景）压测，假设 N 个接口都是查询接口，且这个接口内部不会再去请求其他接口，那么 QPS = N × TPS。

27.2 API 性能测试方法

Linux 下有很多 Web 性能测试工具，常用的有 Jmeter、AB、Webbench 和 Wrk。IAM 项目使用 Wrk 来对 API 进行性能测试。Wrk 非常简单，安装方便，测试结果也相对专业，并且可以支持 Lua 脚本来创建更复杂的测试场景。下面，我来介绍 Wrk 的安装方法和使用方法。

27.2.1 Wrk 的安装方法

Wrk 的安装很简单，一共可分为两步。

1）克隆 Wrk 源码仓库。

```
$ git clone https://github.com/wg/wrk
```

2）编译并安装。

```
$ cd wrk
$ make
$ sudo cp ./wrk /usr/bin
```

27.2.2 Wrk的使用方法

下面来看Wrk的使用方法。执行 `wrk --help` 可以看到Wrk的所有运行参数：

```
$ wrk --help
Usage: wrk <options> <url>
    Options:
        -c, --connections <N>  Connections to keep open
        -d, --duration    <T>  Duration of test
        -t, --threads     <N>  Number of threads to use

        -s, --script      <S>  Load Lua script file
        -H, --header      <H>  Add header to request
            --latency          Print latency statistics
            --timeout     <T>  Socket/request timeout
        -v, --version          Print version details

    Numeric arguments may include a SI unit (1k, 1M, 1G)
    Time arguments may include a time unit (2s, 2m, 2h)
```

常用的参数列举如下。

- **-t**：线程数（线程数不用太多，是核数的2～4倍就行，否则会因为线程切换过多造成效率降低）。
- **-c**：并发数。
- **-d**：测试的持续时间，默认为10s。
- **-T**：请求超时时间。
- **-H**：指定请求的HTTP Header，有些API需要传入一些Header，可通过Wrk的-H参数来传入。
- **--latency**：打印响应时间分布。
- **-s**：指定Lua脚本，Lua脚本可以实现更复杂的请求。

一个简单的测试如下（确保iam-apiserver已经启动，并且开启了健康检查）：

```
$ wrk -t144 -c30000 -d30s -T30s --latency http://10.0.4.57:8080/healthz
Running 30s test @ http://10.0.4.57:8080/healthz
    144 threads and 30000 connections
    Thread Stats   Avg      Stdev     Max   +/- Stdev
        Latency   508.77ms  604.01ms   9.27s   81.59%
        Req/Sec   772.48      0.94k  10.45k    86.82%
    Latency Distribution
        50%  413.35ms
        75%  948.99ms
        90%    1.33s
        99%    2.44s
    2276265 requests in 30.10s, 412.45MB read
    Socket errors: connect 1754, read 40, write 0, timeout 0
Requests/sec:  75613.16
Transfer/sec:     13.70MB
```

下面是对测试结果的解析。

- **144 threads and 30000 connections**：用 `144` 个线程模拟 `30000` 个连接，分别对应 `-t` 和 `-c` 参数。
- **Thread Stats**：线程统计，包括 `Latency` 和 `Req/Sec`。
  - **Latency**：响应时间，有平均值、标准偏差、最大值、标准差占比。
  - **Req/Sec**：每个线程每秒完成的请求数，同样有平均值、标准偏差、最大值、标准差占比。
- **Latency Distribution**：响应时间分布。
  - **50%**：`50%` 的响应时间为 `413.35ms`。
  - **75%**：`75%` 的响应时间为 `948.99ms`。
  - **90%**：`90%` 的响应时间为 `1.33s`。
  - **99%**：`99%` 的响应时间为 `2.44s`。
- **2276265 requests in 30.10s, 412.45MB read**：`30.10s` 完成的总请求数（`2276265`）和数据读取量（`412.45MB`）。
- **Socket errors: connect 1754, read 40, write 0, timeout 0**：错误统计，会统计连接失败请求个数（`1754`）、读失败请求个数、写失败请求个数、超时请求个数。
- **Requests/sec**：`QPS`。
- **Transfer/sec**：平均每秒读取 `13.70 MB` 数据（吞吐量）。

27.3　API Server 性能测试实践

接下来，我们来测试 API Server 的性能。影响 API Server 性能的因素有很多，除了 iam-apiserver 自身的原因之外，服务器的硬件和配置、测试方法、网络环境等都会对其性能产生影响。为了方便对照性能测试结果，这里给出本书的测试环境配置供大家参考。

- **客户端硬件配置**：1 核 4 GB。
- **客户端软件配置**：干净的 `CentOS Linux release 8.2.2004 (Core)`。
- **服务端硬件配置**：2 核 8 GB。
- **服务端软件配置**：干净的 `CentOS Linux release 8.2.2004 (Core)`。
- **测试网络环境**：腾讯云 VPC 内访问，除了性能测试程序外，没有其他资源消耗型业务程序。

测试架构如图 27-1 所示。

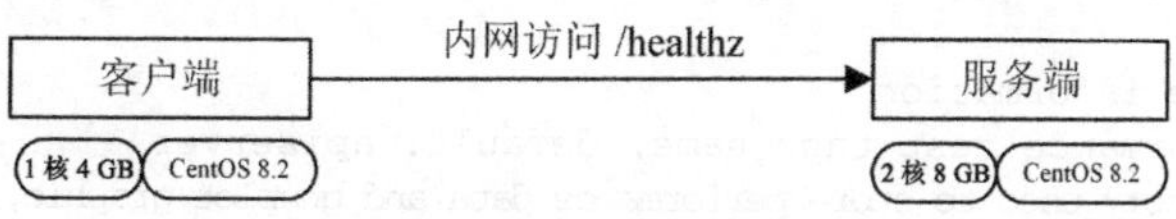

图 27-1　测试架构

27.3.1 性能测试脚本介绍

测试 API Server 的性能时，需要先执行 Wrk，生成性能测试数据。为了能够更直观地查看性能数据，我们还需要以图表的方式展示这些性能数据。本节使用 gnuplot 工具来自动化绘制这些性能图。你可以通过以下方式安装 gnuplot 工具：

```
$ sudo yum -y install gnuplot
```

在本章的测试中，我会绘制下面这两张图，并通过它们来观测和分析 API Server 的性能。

- **QPS 与平均响应时间对比图**：*X* 轴为并发数，*Y* 轴为每秒查询数和请求响应时间。
- **成功率图**：*X* 轴为并发数，*Y* 轴为请求成功率。

为了方便测试 API 性能，我将性能测试和绘图逻辑封装在 scripts/wrktest.sh 脚本中，你可以在 iam 源码根目录下执行如下命令，生成性能测试数据和性能图表：

```
$ scripts/wrktest.sh http://10.0.4.57:8080/healthz
```

上面的命令会执行性能测试，记录性能测试数据，并根据这些性能测试数据绘制出 QPS 和成功率图。

接下来介绍 wrktest.sh 性能测试脚本，并给出一个使用示例。

wrktest.sh 性能测试脚本可以测试 API Server 的性能，记录测试的性能数据，并根据性能数据使用 gnuplot 绘制性能图。

wrktest.sh 也可以对比前后两次的性能测试结果，并通过图表将对比结果展示出来。wrktest.sh 会根据 CPU 的核数自动计算出适合的 Wrk 启动线程数（-t）：CPU 核数 * 3。

wrktest.sh 默认会测试多个并发下的 API 性能，默认测试的并发数有 200、500、1000、3000、5000、10000、15000、20000、25000、50000。我们需要根据自己的服务器配置选择测试的最大并发数，因为本例中服务器配置不高（主要是 8 GB 的内存在高并发下会很快耗尽），所以最大并发数选择了 50000。如果你的服务器配置够高，可以再依次尝试下测试 100000、200000、500000、1000000 并发下的 API 性能。

wrktest.sh 的使用方法如下：

```
$ scripts/wrktest.sh -h

Usage: scripts/wrktest.sh [OPTION] [diff] URL
Performance automation test script.

    URL    HTTP request url, like: http://10.0.4.57:8080/healthz
    diff   Compare two performance test results

OPTIONS:
    -h     Usage information
    -n     Performance test task name, default: apiserver
    -d     Directory used to store performance data and gnuplot graphic, default: _output/wrk

Reprot bugs to <colin404@foxmail.com>.
```

wrktest.sh 提供的命令行参数介绍如下。

- **URL**：需要测试的 API。
- **diff**：如果比较两次测试的结果，需要执行 wrktest.sh diff <data1> <data2>。
- **-n**：本次测试的任务名，wrktest.sh 会根据任务名命名生成的文件。
- **-d**：输出文件存放目录。
- **-h**：打印帮助信息。

wrktest.sh 的主要功能有两个，运行性能测试并获取结果和对比性能测试结果。下面将分别介绍它们的具体使用方法。

1）运行性能测试并获取结果。

执行如下命令：

```
$ scripts/wrktest.sh http://10.0.4.57:8080/healthz
Running wrk command: wrk -t3 -d300s -T30s --latency -c 200 http://10.0.4.57:8080/
    healthz
Running wrk command: wrk -t3 -d300s -T30s --latency -c 500 http://10.0.4.57:8080/
    healthz
Running wrk command: wrk -t3 -d300s -T30s --latency -c 1000 http://10.0.4.57:8080/
    healthz
Running wrk command: wrk -t3 -d300s -T30s --latency -c 3000 http://10.0.4.57:8080/
    healthz
Running wrk command: wrk -t3 -d300s -T30s --latency -c 5000 http://10.0.4.57:8080/
    healthz
Running wrk command: wrk -t3 -d300s -T30s --latency -c 10000 http://10.0.4.57:8080/
    healthz
Running wrk command: wrk -t3 -d300s -T30s --latency -c 15000 http://10.0.4.57:8080/
    healthz
Running wrk command: wrk -t3 -d300s -T30s --latency -c 20000 http://10.0.4.57:8080/
    healthz
Running wrk command: wrk -t3 -d300s -T30s --latency -c 25000 http://10.0.4.57:8080/
    healthz
Running wrk command: wrk -t3 -d300s -T30s --latency -c 50000 http://10.0.4.57:8080/
    healthz

Now plot according to /home/colin/_output/wrk/apiserver.dat
QPS graphic file is: /home/colin/_output/wrk/apiserver_qps_ttlb.png
Success rate graphic file is: /home/colin/_output/wrk/apiserver_successrate.pngz
```

上面的命令默认会在 _output/wrk/ 目录下生成 3 个文件：

- **apiserver.dat**：Wrk 性能测试结果，每列的含义分别为并发数、QPS、平均响应时间、成功率。
- **apiserver_qps_ttlb.png**：QPS 与平均响应时间对比图。
- **apiserver_successrate.png**：成功率图。

这里要注意，请求 URL 中的 IP 地址应该是腾讯云 VPC 内网地址。通过内网访问不仅网络延时最低，而且最安全，所以真实的业务通常都是内网访问的。

2）对比性能测试结果。

假设我们还有另外一次 API 性能测试，测试数据保存在 _output/wrk/http.dat

文件中。执行如下命令，对比两次测试结果：

```
$ scripts/wrktest.sh diff _output/wrk/apiserver.dat _output/wrk/http.dat
```

apiserver.dat 和 http.dat 是两个需要对比的 Wrk 性能数据文件。上述命令默认会在 _output/wrk 目录下生成下面这两个文件。

- **apiserver_http.qps.ttlb.diff.png**：QPS 与平均响应时间对比图。
- **apiserver_http.success_rate.diff.png**：成功率对比图。

27.3.2 关闭 Debug 配置选项

在测试之前，我们需要关闭一些 Debug 选项，以免影响性能测试。

执行下面两步操作，修改 iam-apiserver 的配置文件。

- 将 server.mode 设置为 release，去掉 server.middlewares 中的 dump、logger 中间件。
- 将 log.level 设置为 info，去掉 log.output-paths 中的 stdout。

因为要在执行压力测试时分析程序的性能，所以需要将 feature.profiling 设置 true，以开启性能分析。修改完之后，重新启动 iam-apiserver。

27.3.3 使用 wrktest.sh 测试 IAM API 性能

关闭 Debug 配置选项之后，我们就可以执行 wrktest.sh 命令测试 API 性能了：

```
$ scripts/wrktest.sh http://10.0.4.57:8080/healthz
```

生成的 QPS 与平均响应时间对比图如图 27-2 所示。

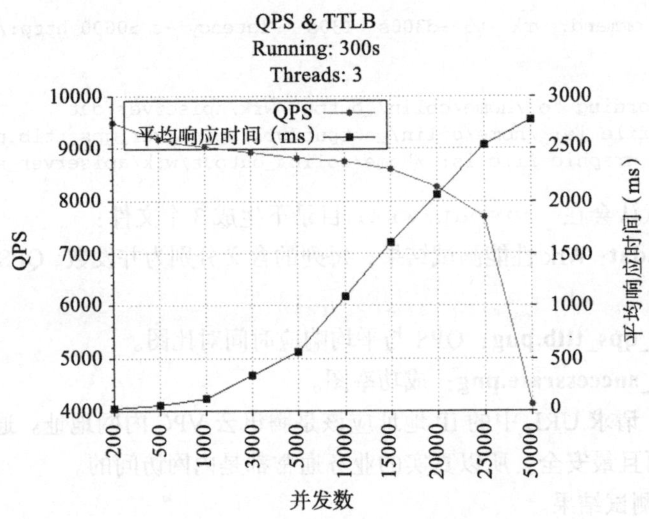

图 27-2 QPS 与平均响应时间对比图

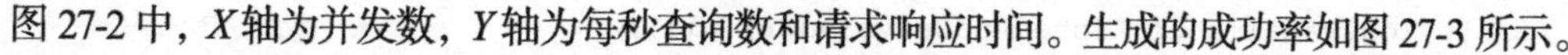

图 27-2 中，*X* 轴为并发数，*Y* 轴为每秒查询数和请求响应时间。生成的成功率如图 27-3 所示。

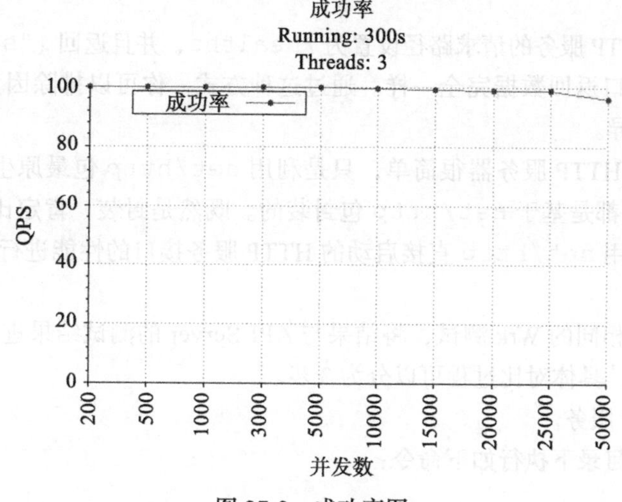

图 27-3　成功率图

图 27-3 中，*X* 轴为并发数，*Y* 轴为请求成功率。

通过图 27-2 和图 27-3 可以看到，API Server 在并发数为 `200` 时，QPS 最大。并发数为 `500` 时，平均响应时间为 `56.33ms`，成功率为 `100.00%`。在并发数达到 `1000` 时，成功率开始下降。更多详细数据可以直接查看 `apiserver.dat` 文件，里面记录了每个并发下具体的 QPS、TTLB 和成功率数据。

有了 API Server 的性能数据，如何判断该 API Server 的 QPS 处于什么水平呢？一方面，可以根据自己的业务需要进行对比。另一方面，可以和性能更好的 Web 框架进行对比。无论哪种方式，都需要有个参照。

这里用 `net/http` 构建最简单的 HTTP 服务器，使用相同的测试工具和测试服务器对性能进行测试。HTTP 服务源码为（位于文件 `tools/httptest/main.go` 中）：

```
package main

import (
    "fmt"
    "log"
    "net/http"
)

func main() {
    http.HandleFunc("/healthz", func(w http.ResponseWriter, r *http.Request) {
        message := `{"status":"ok"}`
        fmt.Fprint(w, message)
    })

    addr := ":6667"
    fmt.Printf("Serving http service on %s\n", addr)
```

```
    log.Fatal(http.ListenAndServe(addr, nil))
}
```

我们将上述 HTTP 服务的请求路径设置为 /healthz，并且返回 {"status":"ok"}，与 API Server 的接口返回数据完全一样。通过这种方式，你可以排除因为返回数据大小不同而造成的性能差异。

可以看到，该 HTTP 服务器很简单，只是利用 net/http 包最原生的功能，Go 中几乎所有的 Web 框架都是基于 net/http 包封装的。既然是封装，肯定比不上原生的性能，所以我们要把它与用 net/http 直接启动的 HTTP 服务接口的性能进行对比，来衡量 API Server 的性能。

我们需要执行相同的 Wrk 测试，将结果与 API Server 的测试结果进行对比，并将对比结果绘制成对比图。具体对比过程可以分为 3 步。

1）启动 HTTP 服务。

在 iam 源码根目录下执行如下命令：

```
$ go run tools/httptest/main.go
```

2）执行 wrktest.sh 脚本，测试该 HTTP 服务的性能。

```
$ scripts/wrktest.sh -n http http://10.0.4.57:6667/healthz
```

上述命令会生成 _output/wrk/http.dat 文件。

3）对比两次性能测试数据。

```
$ scripts/wrktest.sh diff _output/wrk/apiserver.dat _output/wrk/http.dat
```

生成的两张对比图表分别如图 27-4 和图 27-5 所示。

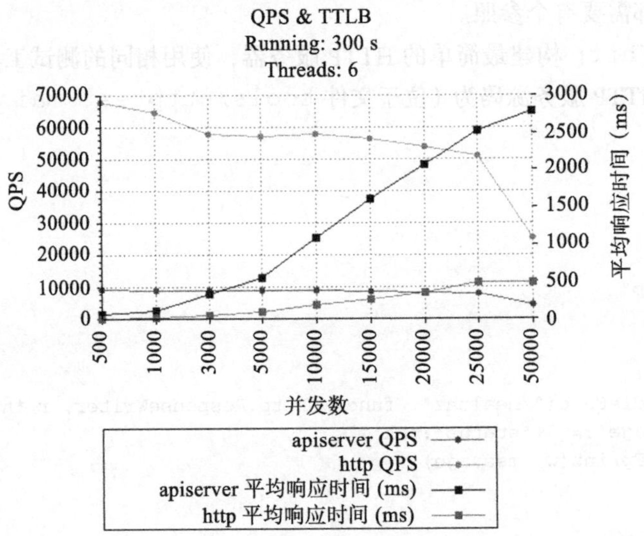

图 27-4　QPS 与平均响应时间对比图

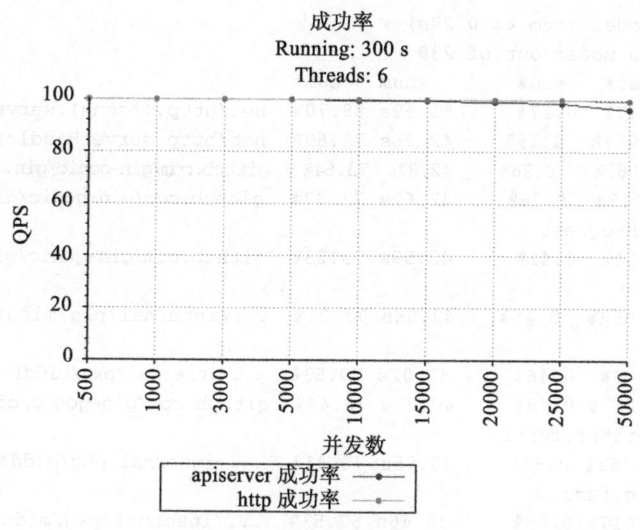

图 27-5 成功率对比图

通过上面两张对比图可以看出，API Server 在 QPS、平均响应时间和成功率上都不如原生的 HTTP Server，其中 API Server 的最大 QPS 只有原生 HTTP Server 最大 QPS 的 13.68%，性能需要优化。

27.4 API Server 性能分析

前文我们测试了 API 的性能，如果性能不合预期，还需要分析性能数据并优化性能。在分析前我们需要先对 API Server 加压，命令如下，这样 API 的性能问题才更能暴露出来。

```
$ scripts/wrktest.sh http://10.0.4.57:8080/healthz
```

在上述命令执行压力测试期间，我们可以打开另外一个 Linux 终端，使用 `go tool pprof` 工具分析 HTTP 的 profile 文件：

```
$ go tool pprof http://10.0.4.57:8080/debug/pprof/profile
```

执行完 `go tool pprof` 后，因为需要采集性能数据，所以该命令会阻塞 30s。

在 pprof 交互 shell 中，执行 `top -cum` 查看累积采样时间。这里执行 `top30 -cum`，多观察一些函数：

```
(pprof) top20 -cum
Showing nodes accounting for 32.12s, 39.62% of 81.07s total
Dropped 473 nodes (cum <= 0.41s)
Showing top 20 nodes out of 167
(pprof) top30 -cum
Showing nodes accounting for 11.82s, 20.32% of 58.16s total
```

```
Dropped 632 nodes (cum <= 0.29s)
Showing top 30 nodes out of 239
      flat  flat%   sum%        cum   cum%
     0.10s  0.17%  0.17%     51.59s 88.70%  net/http.(*conn).serve
     0.01s  0.017%  0.19%    42.86s 73.69%  net/http.serverHandler.ServeHTTP
     0.04s  0.069%  0.26%    42.83s 73.64%  github.com/gin-gonic/gin.(*Engine).ServeHTTP
     0.01s  0.017%  0.28%    42.67s 73.37%  github.com/gin-gonic/gin.(*Engine).hand-
        leHTTPRequest
     0.08s  0.14%  0.41%     42.59s 73.23%  github.com/gin-gonic/gin.(*Context).Next
        (inline)
     0.03s  0.052%  0.46%    42.58s 73.21%  .../internal/pkg/middleware.RequestID.
        func1
         0      0%  0.46%    41.02s 70.53%  .../internal/pkg/middleware.Context.func1
     0.01s  0.017% 0.48%     40.97s 70.44%  github.com/gin-gonic/gin.CustomRecovery-
        WithWriter.func1
     0.03s  0.052% 0.53%     40.95s 70.41%  .../internal/pkg/middleware.LoggerWith-
        Config.func1
     0.01s  0.017% 0.55%     33.46s 57.53%  .../internal/pkg/middleware.NoCache
     0.08s  0.14%  0.69%     32.58s 56.02%  github.com/tpkeeper/gin-dump.DumpWithO-
        ptions.func1
     0.03s  0.052% 0.74%     24.73s 42.52%  github.com/tpkeeper/gin-dump.FormatTo-
        BeautifulJson
     0.02s  0.034% 0.77%     22.73s 39.08%  github.com/tpkeeper/gin-dump.Beautify-
        JsonBytes
     0.08s  0.14%  0.91%     16.39s 28.18%  github.com/tpkeeper/gin-dump.format
     0.21s  0.36%  1.27%     16.38s 28.16%  github.com/tpkeeper/gin-dump.formatMap
     3.75s  6.45%  7.72%     13.71s 23.57%  runtime.mallocgc
     ...
```

因为 top30 内容过多，这里只粘贴了耗时最多的一些关联函数。从上面的列表中，我们可以看到有 ServeHTTP 类的函数，这些函数是 Gin/HTTP 自带的函数，无须对此进行优化。

还有这样一些函数：

```
.../gin.(*Context).Next (inline)
.../internal/pkg/middleware.RequestID.func1
.../internal/pkg/middleware.Context.func1
github.com/gin-gonic/gin.CustomRecoveryWithWriter.func1
.../internal/pkg/middleware.LoggerWithConfig.func1
.../internal/pkg/middleware.NoCache
github.com/tpkeeper/gin-dump.DumpWithOptions.func1
```

可以看到，middleware.RequestID.func1、middleware.Context.func1、gin.CustomRecoveryWithWriter.func1、middleware.LoggerWithConfig.func1 等耗时较久的函数都是我们加载的 Gin 中间件。由于这些中间件消耗了大量的 CPU 时间，所以建议选择性加载，删除一些不需要的中间件，来优化 API Server 的性能。

如果暂时不需要这些中间件，也可以通过配置 iam-apiserver 的配置文件，将 server.middlewares 设置为空或者注释掉，然后重启 iam-apiserver。重启后，再次执行 wrktest.

sh 测试性能，并与原生的 HTTP Server 性能进行对比，对比结果如图 27-6 和图 27-7 所示。

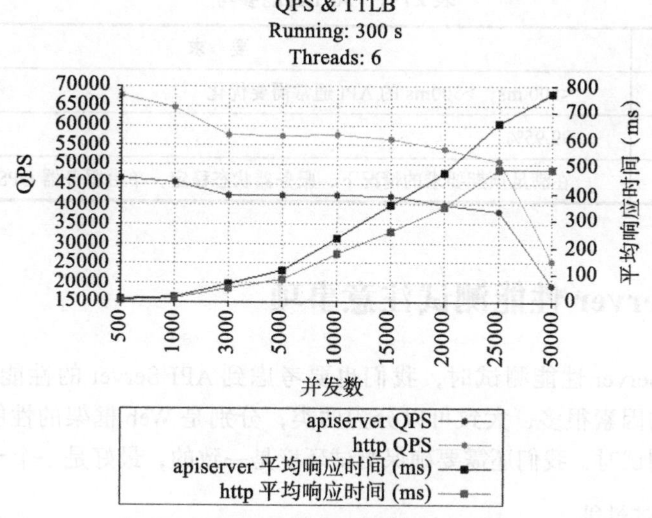

图 27-6　QPS 与平均响应时间对比图

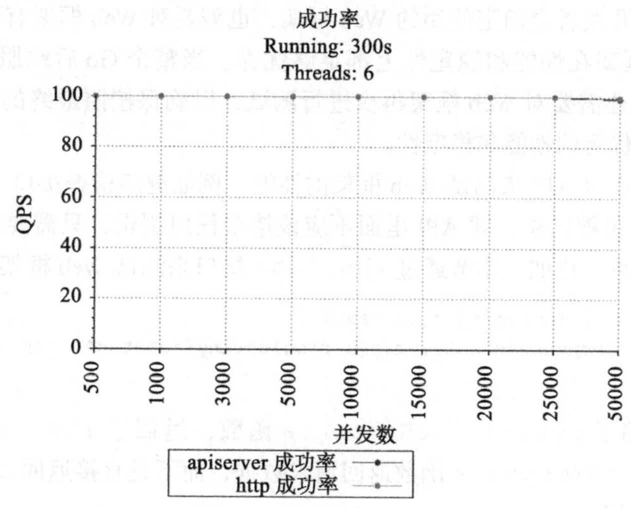

图 27-7　成功率对比图

可以看到，删除无用的 Gin 中间件后，API Server 的性能有了很大的提升。在并发数为 200 时，API Server 性能最好，此时 QPS 为 47812，响应时间为 4.33ms，成功率为 100.00%。在并发数为 50000 时，其 QPS 是原生 HTTP Server 的 75.02%。

API 性能参考

不同团队对 API 的性能要求不同，同一团队对每个 API 的性能要求也不同，所以并没有一个统一的数值标准来衡量 API 的性能，但可以肯定的是，性能越高越好。表 27-1 是我根据自己的研发经验总结出的参考值（并发数可根据需要选择），可供参考。

表 27-1 API 性能参考

指标名称	要 求
响应时间	<500 ms，>500ms 的 API 通常需要优化
请求成功率	99.95%
QPS	在满足预期要求的情况下，服务器状态稳定，单台服务器 QPS 要求在 1000+

27.5 API Server 性能测试注意事项

在进行 API Server 性能测试时，我们也要考虑到 API Server 的性能影响因素。影响 API Server 性能的因素很多，大致可以分为两类，分别是 Web 框架的性能和 API 的性能。另外，在做性能测试时，我们还需要确保测试环境是一致的，最好是一个干净的测试环境。

1. Web 框架的性能

Web 框架的性能至关重要，因为它会影响应用程序的每一个 API 的性能。

在设计阶段，开发者会确定使用的 Web 框架，也需要对 Web 框架有个初步的测试，以确保选择的 Web 框架在性能和稳定性上都足够优秀。当整个 Go 后端服务开发完成之后，在上线之前，我们还需要对 Web 框架再次进行测试，以确保按照最终的使用方式时，Web 框架仍然能够保持优秀的性能和稳定性。

通常开发者会通过 API 来测试 Web 框架的性能，例如健康检查接口 /healthz。开发者需要保证该 API 足够简单，即 API 里面不应该掺杂任何逻辑，只需要象征性地返回一个很小的返回内容即可。比如，本节通过 /healthz 接口来测试 Web 框架的性能：

```
s.GET("/healthz", func(c *gin.Context) {
    core.WriteResponse(c, nil, map[string]string{"status": "ok"})
})
```

接口中只调用了 core.WriteResponse 函数，返回了 {"status":"ok"}。这里使用 core.WriteResponse 函数返回请求数据，而不是直接返回 ok 字符串，是为了保持 API 返回格式统一。

2. API 的性能

除了测试 Web 框架的性能，开发者可能还需要测试某些重要的 API，甚至所有 API 的性能。为了测试 API 在真实场景下的性能，我们会使用 Wrk 这类 HTTP 压力测试工具来模拟多个 API 请求，进而分析 API 的性能。

因为要模拟大量的请求，这时候测试写类接口，例如 Create、Update、Delete 等会存在一些问题，比如可能在数据库中插入很多数据，导致磁盘空间被写满或者数据库被压爆。所以，针对写类接口，可以借助单元测试来测试其性能。根据我的开发经验，写类接口通常对性能要求不高，读类接口反而更可能遇到性能问题，并且读类接口对性能要求很高。针对读类接口，可以使用 Wrk 这类 HTTP 压力测试工具来进行测试。

3. 测试环境

在做性能 / 压力测试时，为了不影响生产环境，我们要确保在测试环境进行压测，并且测试环境的网络不能影响到生产环境的网络。另外，为了更好地进行性能对比和分析，也要保证测试方法和测试环境是一致的，这就要求开发者最好将性能测试自动化，并且每次在同一个测试环境进行测试。

27.6　本章总结

在项目上线前，开发者需要对 API 进行性能测试。通常 API 的性能延时要小于 `500ms`，如果大于这个值，则需要考虑优化性能。在进行性能测试时，我们需要确保每次测试都有一致的测试环境，这样不同测试之间的数据才具有可对比性。本章推荐了一个比较优秀的性能测试工具 Wrk，开发者可以通过编写 shell 脚本，将 Wrk 的性能测试数据自动绘制成图，以便查看、对比性能。

如果发现 API 的性能不符合预期，可以借助 `go tool pprof` 工具来分析性能。在 `go tool pprof` 交互界面，执行 `top -cum` 命令查看累积采样时间，以确定影响性能的代码并优化代码。优化后，再进行测试，如果仍不符合预期，则继续分析 API 的性能。如此往复，直到 API 的性能满足预期为止。

第六部分 *Part 6*

项目部署

开发完应用之后，就需要将应用部署到实际项目中。在这一部分，我会详细介绍如何在生产环境部署 IAM 系统。本部分会介绍两种部署方式。第一种是传统的部署方式，基于物理机 / 虚拟机来部署，容灾、弹性伸缩能力要部署人员自己实现。第二种是容器化部署方式，基于 Docker、Kubernetes 来部署，容灾、弹性伸缩等能力可以借助 Kubernetes 自带的能力来实现。

本部分内容如下：

- 第 28 章　基于虚拟机部署 IAM 系统
- 第 29 章　IAM 容器化部署
- 第 30 章　Helm 应用部署
- 第 31 章　基于 GitHub Actions 的 CI 实战

Chapter 28 第28章

基于虚拟机部署 IAM 系统

在第 2 章，我们快速在单机上部署了 IAM 系统，但这样的系统缺少高可用、弹性扩容等能力，非常脆弱，在遇到流量波峰、发布变更时很容易出问题。在系统真正上线前，我们需要重新调整部署架构，以保证我们的系统具有负载均衡、高可用、弹性伸缩等核心运维能力。

考虑到你手中的系统资源有限，本章会尽量简单地展示如何在物理机 / 虚拟机上部署一个相对高可用的 IAM 系统。按照本章的部署方法，我们可以上线一个中小型的系统。

28.1 部署方案

先来整体看下生产环境中 IAM 系统的部署方案。本书采用 Nginx + Keepalived 的方案来部署一个高可用架构，同时将组件都部署在内网，以保证服务的安全和性能。

该部署方案需要两台物理机 / 虚拟机，组件之间通过内网访问。所需的服务器如表 28-1 所示。

表 28-1 部署 IAM 系统需要的服务器资源

VIP	内网 IP	主机名	Nginx 端口
10.0.4.99	10.0.4.20	VM-4-20-centos	80
10.0.4.99	10.0.4.21	VM-4-21-centos	80

两台服务器均为腾讯云 CVM，VIP（Virtual IP，虚拟 IP）为 `10.0.4.99`。本地部署架构如图 28-1 所示。

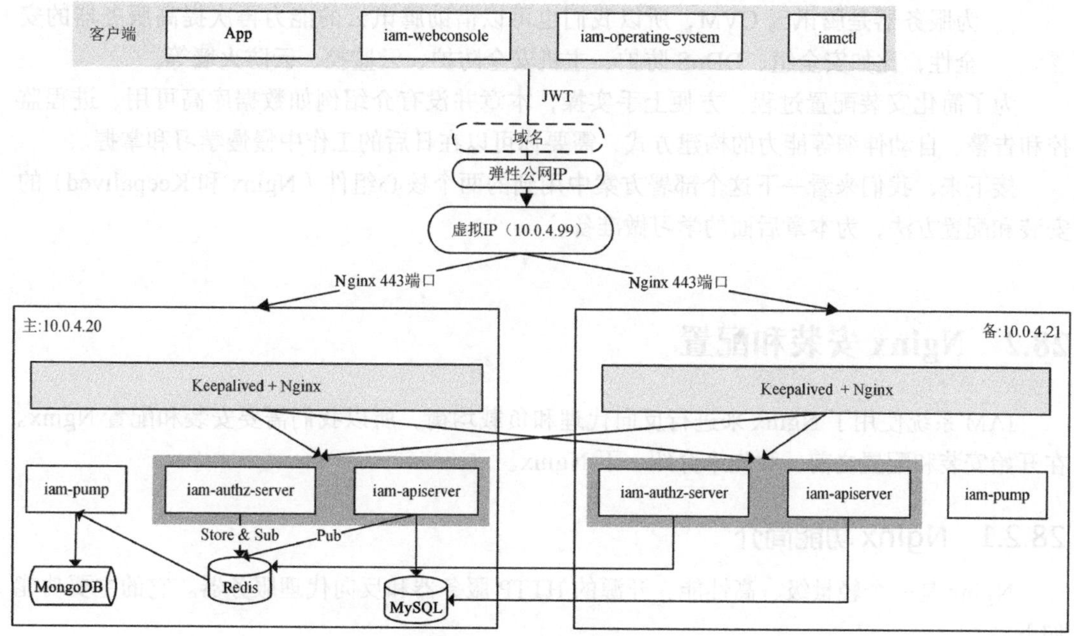

图 28-1　本地部署架构

两台 CVM 服务器，一主一备，共享同一个 VIP。同一时刻，VIP 只在一台主设备上生效。当主服务器出现故障时，备用服务器会自动接管 VIP，继续提供服务。

主服务器上部署了 iam-apiserver、iam-authz-server、iam-pump、iam-watcher 和数据库 MongoDB、Redis、MySQL。备服务器部署了 iam-apiserver、iam-authz-server、iam-pump 和 iam-watcher。备服务器中的组件通过内网 10.0.4.20 访问主服务器中的数据库组件。

主备服务器同时安装了 Keepalived 和 Nginx，通过 Keepalived 实现 Nginx 的高可用，通过 Nginx 的反向代理功能和负载均衡功能实现后端服务 iam-apiserver 和 iam-authz-server 的高可用。

通过给虚拟 IP 绑定腾讯云弹性公网 IP，从而使客户端可以通过外网 IP 访问内网的 Nginx 服务器（443 端口），如果想通过域名访问内网，还可以申请域名指向该弹性公网 IP。

通过以上部署方案，我们可以实现一个具有较高可用性的 IAM 系统，它主要具备下面这几个能力。

- **高性能**：可以通过 Nginx 的负载均衡功能，水平扩容 IAM 服务，从而实现高性能。
- **具备容灾能力**：通过 Nginx 实现 IAM 服务的高可用，通过 Keepalived 实现 Nginx 的高可用，从而实现核心组件的高可用。
- **具备水平扩容能力**：通过 Nginx 的负载均衡功能，实现 IAM 服务的水平扩容。
- **高安全性**：将所有组件部署在内网，客户端只能通过 VIP:443 端口访问 Nginx 服务，同时，通过开启 TLS 认证和 JWT 认证，保障服务有一个比较高的安全性。因为服务器是腾讯云 CVM，所以我们也可以借助腾讯云的能力再次提高服务器的安全性，比如安全组、DDoS 防护、主机安全防护、云监控、云防火墙等。

为了简化安装配置过程，方便上手实操，本章并没有介绍例如数据库高可用、进程监控和告警、自动伸缩等能力的构建方式，需要你可以在日后的工作中慢慢学习和掌握。

接下来，我们来看一下这个部署方案中用到的两个核心组件（Nginx 和 Keepalived）的安装和配置方法，为本章后面的学习做准备。

28.2 Nginx 安装和配置

IAM 系统使用了 Nginx 来进行反向代理和负载均衡，所以我们需要安装和配置 Nginx。在开始安装和配置之前，我先来介绍一下 Nginx。

28.2.1 Nginx 功能简介

Nginx 是一个轻量级、高性能、开源的 HTTP 服务器和反向代理服务器。它的主要功能如下。

- 正向代理。
- 反向代理。
- 负载均衡。
- HTTP 服务器（包含动静分离）。

其中，IAM 系统使用了 Nginx 反向代理和负载均衡的功能。Nginx 的正向代理和 HTTP 服务器（包含动静分离）等功能可以通过 Nginx 官方文档（https://nginx.org/en/docs）了解。

1. Nginx 反向代理功能

Nginx 有很多功能，最常用的功能之一是作为一个反向代理服务器，提供反向代理能力。反向代理（Reverse Proxy）是指通过代理服务器来接收网络上的连接请求，然后将请求转发给内部网络上的服务器，并将从服务器上得到的结果返回给网络上请求连接的客户端。

为什么需要反向代理呢？在实际的生产环境中，服务部署的网络（内网）与外部网络（外网）通常是不通的，这就需要一台既能够访问内网又能够访问外网的服务器来做中转，这种服务器就是反向代理服务器。Nginx 作为反向代理服务器的简单配置如下：

```
server {
    listen      80;
    server_name  iam.marmotedu.com;
    client_max_body_size 1024M;

    location / {
        proxy_set_header Host $http_host;
        proxy_set_header X-Forwarded-Host $http_host;
        proxy_set_header X-Real-IP $remote_addr;
```

```
            proxy_set_header X-Forwarded-For $proxy_add_x_forwarded_for;
            proxy_pass  http://127.0.0.1:8080/;
            client_max_body_size 100m;
        }
    }
```

Nginx 的反向代理功能能够根据不同的配置规则转发到不同的后端服务器上。假如我们在 IP 为 `x.x.x.x` 的服务器上，用上面说的 Nginx 配置启动 Nginx，当我们访问 `http://x.x.x.x:80/` 时，会将请求转发到 `http://127.0.0.1:8080/`。`listen 80` 指定了 Nginx 服务器的监听端口，`proxy_pass  http://127.0.0.1:8080/` 则指定了转发路径。

2. Nginx 负载均衡功能

Nginx 的另一个常用的功能是七层负载均衡。所谓负载均衡，是指当 Nginx 收到一个 HTTP 请求后，会根据负载策略将请求转发到不同的后端服务器上。比如 iam-apiserver 部署在两台服务器 A 和 B 上，当请求到达 Nginx 后，Nginx 会根据服务器 A 和 B 上的负载情况，将请求转发到负载较小的那台服务器上。

这里要求 iam-apiserver 是无状态的服务。Nginx 有多种负载均衡策略，可以满足不同场景下的负载均衡需求。Nginx 的负载策略列举如下：

- **轮询**：最常用的负载均衡策略，也是默认的负载均衡策略。轮询能够根据时间顺序，交替地将请求转发到不同的后端服务器上。如果后端服务器故障，Nginx 能够自动剔除故障服务器。轮询策略适合服务器配置一样，并且部署的是无状态服务的场景。
- **weight**：在轮询策略的基础上，指定访问后端服务器的概率。weight 和访问率成正比，weight 越大，访问的概率就越大。weight 策略通常用在服务器性能不均匀的场景。
- **ip_hash**：每个请求根据来源 IP 的哈希结果进行转发，可以确保相同的客户端固定访问相同的后端服务器，解决 session 不能跨服务器的问题。此负载策略适合有状态的服务，也适合用在服务器负载因请求耗时不一致，而可能造成的过载的场景。
- **least_conn**：将请求转发给连接数较少的后端服务器。
- **fair（第三方）**：根据后端服务器的响应时间来转发请求，响应时间短的服务器会被优先分配到请求。fair 策略需要 Nginx 安装第三方插件。
- **url_hash（第三方）**：根据访问 url 的哈希结果来转发请求。url_hash 策略可以使每个 url 固定转发到同一台后端服务器上。在一些需要缓存命中的场景中，采用 url_hash 策略是一个不错的选择。url_hash 策略需要安装第三方插件。

很多开发者会把反向代理与负载均衡搞混，其实它们是有区别的。二者的区别为：反向代理可以实现负载均衡，是负载均衡的一种实现方式。反向代理也可以不作为负载均衡，例如：只作为客户端和 Web 服务器之间的缓存服务器。同样，负载均衡也可以由其他方式来实现。

还有一些其他的负载均衡工具可供选择，比如 LVS 和 Haproxy。本书选择 Nginx 做负载均衡工具的原因主要是 Nginx 配置简单，功能强大，性能也很好。

28.2.2 Nginx安装和配置步骤

我们分别在10.0.4.20和10.0.4.21服务器上执行以下步骤安装Nginx。

在CentOS 8.x系统上，可以使用yum命令来安装，具体安装过程可以分为下面4个步骤。

1）安装Nginx。

```
$ sudo yum -y install nginx
```

2）确认Nginx安装成功。

```
$ nginx -v
nginx version: nginx/1.14.1
```

如果输出了Nginx的版本号，说明Nginx安装成功。

3）启动Nginx，并设置开机启动。

```
$ sudo systemctl start nginx
$ sudo systemctl enable nginx
```

Nginx默认监听80端口，所以启动Nginx前要确保80端口没有被占用。当然，你也可以通过修改Nginx配置文件/etc/nginx/nginx.conf修改Nginx监听端口。

4）查看Nginx启动状态。

```
$ systemctl status nginx
```

如果输出中有active (running)字符串，则说明成功启动。如果Nginx启动失败，则可以查看/var/log/nginx/error.log日志文件，定位错误原因。

28.2.3 Nginx常用命令

Nginx常用命令如表28-2所示（执行which nginx可以找到Nginx命令所在的路径）。

表28-2 Nginx常用命令

命令	描述
nginx -s stop	快速关闭Nginx（可能不保存相关信息）并迅速终止Web服务
nginx -s quit	优雅关闭Nginx（会保存相关信息），按预期结束Web服务
nginx -s reload	重新加载配置，重载Nginx进程，在我们更新完Nginx配置后，可以执行该命令重新加载Nginx，从而使配置生效
nginx -s reopen	重新打开日志文件
nginx -c filename	指定Nginx配置文件
nginx -t	类似于dryrun，只测试配置文件而不运行Nginx。Nginx将检查配置文件语法的正确性，并尝试打开配置文件中所引用到的文件
nginx -v	打印Nginx的版本
nginx -V	打印Nginx的版本、编译器版本和配置参数

28.3 Keepalived 安装和配置

Nginx 自带负载均衡功能，并且当 Nginx 后端某个服务器故障后，Nginx 会自动剔除该服务器，并将请求转发到可用的服务器，以实现后端 API 服务的高可用。但是 Nginx 是单点的，如果 Nginx 出现故障，就不能访问后端的所有服务器。所以，在实际生产环境中，我们也需要对 Nginx 做高可用。

业界最普遍采用的方法是通过 Keepalived 实现前端 Nginx 的高可用。Keepalived + Nginx 的高可用方案具有服务功能强大、维护简单等特点。

28.3.1 Keepalived 介绍

Keepalived 是一个免费的开源软件，基于 C 语言编写，主要功能是提供 LB（Load Balance，负载均衡）和 HA（High-Availability，高可用）功能。

通过 Linux 的虚拟服务内核模块（IPVS）实现负载均衡，通过 VRRP 协议实现 HA。VRRP（Virtual Router Redundancy Protocol，虚拟路由冗余协议）是用于实现路由器冗余的协议，它将两台或多台路由器设备虚拟成一个设备，并对外提供一个或多个虚拟路由器 IP，如图 28-2 所示。

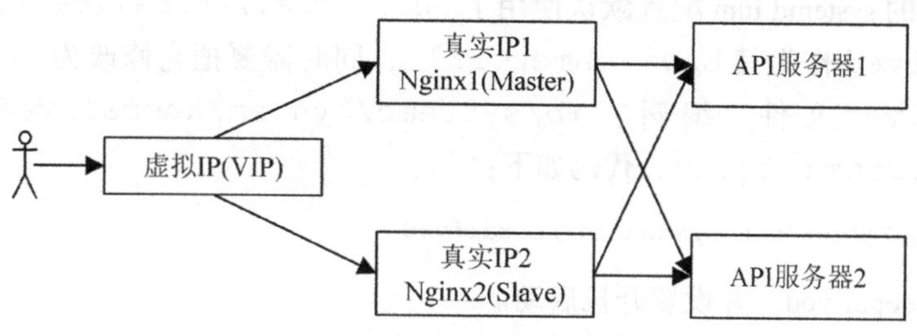

图 28-2 Keepalived 原理

如图 28-2 所示，Nginx + Keepalived 部署在两台服务器上，拥有两个真实的 IP（IP1 和 IP2）。通过一定的技术（如 LVS）虚拟出一个虚拟 IP（VIP），允许外界请求通过访问 VIP 来访问服务。在两台 Nginx + Keepalived 的服务器上，同一时间只有一台会接管 VIP（叫作 Master）提供服务，另一台（叫作 Slave）会检测 Master 的心跳，当发现 Master 停止心跳后，Slave 会自动接管 VIP 以提供服务（此时，Slave 变成 Master）。这样我们就通过 Nginx + Keepalived 的组合方案实现了整个 API 集群的高可用。

Keepalived 的 HA 分为非抢占模式和抢占模式。

- **非抢占模式**：Master 恢复后不抢占 Backup 的 VIP。非抢占模式下节点的状态都为 BACKUP。
- **抢占模式**：Master 从故障中恢复后，会将 VIP 从 Backup 节点中抢占过来，重新接管服务。抢占模式多了一次 VIP 切换，但是便于查看日志，因为非故障状态下都是 Master 在提供服务，所以日志基本都记录在 Master 节点。抢占模式下主节点的状态为 MASTER，备节点的状态为 BACKUP。

28.3.2 Keepalived 安装步骤

我们分别在 10.0.4.20 和 10.0.4.21 服务器上执行下面 5 个步骤来安装 Keepalived。

1）下载 Keepalived 的最新版本（本书安装的是 2.1.5 版本）。

```
$ wget https://www.keepalived.org/software/keepalived-2.1.5.tar.gz
```

2）安装 Keepalived。

```
$ sudo yum -y install openssl-devel # Keepalived 依赖 OpenSSL，先安装依赖
$ tar -xvzf keepalived-2.1.5.tar.gz
$ cd keepalived-2.1.5
$ ./configure --prefix=/usr/local/keepalived
$ make
$ sudo make install
```

3）配置 Keepalived。

```
$ sudo mkdir /etc/keepalived # 安装后，默认没有创建 /etc/keepalived 目录
$ sudo cp /usr/local/keepalived/etc/keepalived/keepalived.conf  /etc/keepalived/
  keepalived.conf
$ sudo cp /usr/local/keepalived/etc/sysconfig/keepalived /etc/sysconfig/keepalived
```

Keepalived 的 systemd uint 配置默认使用了 /usr/local/keepalived/etc/sysconfig/keepalived 作为其 EnvironmentFile，同时需要把它修改为 /etc/sysconfig/keepalived 文件。编辑 /lib/systemd/system/keepalived.service 文件，设置 EnvironmentFile，代码如下：

```
EnvironmentFile=-/etc/sysconfig/keepalived
```

4）启动 Keepalived，并设置开机启动。

```
$ sudo systemctl start keepalived
$ sudo systemctl enable keepalived
```

这里要注意，Keepalived 启动时不会校验配置文件是否正确，所以你要小心修改配置，防止出现意想不到的问题。

5）查看 Keepalived 的启动状态。

```
$ systemctl status keepalived
```

如果输出中有 active (running) 字符串，则说明成功启动。Keepalived 的日志保存在 /var/log/messages 中，有需要的话可以自行查看。

28.3.3 Keepalived 配置文件解析

Keepalived 的默认配置文件为 /etc/keepalived/keepalived.conf。下面是一个 Keepalived 配置：

```
# 全局定义，定义全局的配置选项
```

```
global_defs {
# 指定Keepalived在发生切换操作时发送E-mail，以及发送给哪些E-mail
# 建议在keepalived_notify.sh中发送邮件
    notification_email {
        acassen@firewall.loc
    }
    notification_email_from Alexandre.Cassen@firewall.loc # 发送E-mail时的邮件源地址
        smtp_server 192.168.200.1                         # 发送E-mail时的smtp服务
                                                            器地址
        smtp_connect_timeout 30                           # 连接smtp的超时时间
        router_id VM-4-21-centos                          # 机器标识，通常可以设置为
                                                            hostname
        vrrp_skip_check_adv_addr                          # 如果接收到的报文和上一个
                                                            报文来自同一个路由器，则
                                                            不执行检查。默认是跳过检查
        vrrp_garp_interval 0                              # 单位为秒，在一个网卡上每组
                                                            gratuitous arp消息之间
                                                            的延迟时间，默认为0
        vrrp_gna_interval 0                               # 单位为秒，在一个网卡上每组na
                                                            消息之间的延迟时间，默认为0
}
# 检测脚本配置
vrrp_script checkhaproxy
{
    script "/etc/keepalived/check_nginx.sh"               # 检测脚本路径
        interval 5                                        # 检测时间间隔(秒)
        weight 0                                          # 根据该权重改变priority，当
                                                            值为0时，不改变实例的优先级
}
# VRRP实例配置
vrrp_instance VI_1 {
    state BACKUP                                          # 设置初始状态为'备份'
        interface eth0                                    # 设置绑定VIP的网卡，例如eth0
        virtual_router_id 51                              # 配置集群VRID，互为主备的
                                                            VRID需要是相同的值
        nopreempt                                         # 设置非抢占模式，只能设置在
                                                            状态为backup的节点上
        priority 50                                       # 设置优先级，值的范围是0～254，
                                                            值越大优先级越高，最高的为
                                                            master
        advert_int 1                                      # 组播信息发送时间间隔，两个
                                                            节点必须一致，默认为1秒
# 验证信息，两个节点必须一致
        authentication {
            auth_type PASS                                # 认证方式，可以是PASS或AH
                                                            两种认证方式
                auth_pass 1111                            # 认证密码
        }
    unicast_src_ip 10.0.4.21                              # 设置本机内网IP地址
        unicast_peer {
            10.0.4.20                                     # 对端设备的IP地址
        }
```

```
# VIP，当状态为master时添加，当状态为backup时删除
    virtual_ipaddress {
        10.0.4.99                                    # 设置高可用虚拟VIP，如果是腾
                                                       讯云的CVM，则需要填写控制台申
                                                       请到的HAVIP地址
    }
    notify_master "/etc/keepalived/keepalived_notify.sh MASTER"  # 当切换到MASTER状态时执行脚本
        notify_backup "/etc/keepalived/keepalived_notify.sh BACKUP"  # 当切换到BACKUP状态时执行脚本
        notify_fault "/etc/keepalived/keepalived_notify.sh FAULT"  # 当切换到FAULT状态时执行脚本
        notify_stop "/etc/keepalived/keepalived_notify.sh STOP"  # 当切换到STOP状态时执行脚本
        garp_master_delay 1                          # 设置当切为主状态后多久更新ARP缓存
        garp_master_refresh 5                        # 设置主节点发送ARP报文的时间间隔
        # 跟踪接口，里面任意一块网卡出现问题，都会进入故障(FAULT)状态
        track_interface {
            eth0
        }
    # 要执行的检查脚本
    track_script {
        checkhaproxy
    }
}
```

上述配置文件可分为以下4个部分。

- **global_defs**：全局定义，定义全局的配置选项。
- **vrrp_script checkhaproxy**：检测脚本配置。
- **vrrp_instance VI_1**：VRRP实例配置。
- **virtual_server**：LVS配置。如果没有配置LVS+Keepalived，就不用设置这个选项。本书使用Nginx代替LVS，所以无须配置virtual_server（配置示例中不再展示）。

只有在网络故障或者自身出问题时，Keepalived才会进行VIP切换。但在实际生产环境中，我们往往使用Keepalived来监控其他进程，在业务进程出故障时切换VIP，从而保障业务进程的高可用。

为了让Keepalived感知到Nginx的运行状况，我们需要指定vrrp_script脚本。vrrp_script脚本可以根据退出码，判断Nginx进程是否正常，0表示正常，非0表示不正常。当不正常时，Keepalived会进行VIP切换。为了实现Keepalived对业务进程的监控，需要设置vrrp_script和track_script：

```
vrrp_script checkhaproxy
{
    script "/etc/keepalived/check_nginx.sh"
    interval 3
    weight -20
}

vrrp_instance test
{
```

```
    ...
    track_script
    {
        checkhaproxy
    }
    ...
}
```

上述配置中的一些配置项介绍如下。

- **script**：指定脚本路径。
- **interval**：表示 Keepalived 执行脚本的时间间隔（秒）。
- **weight**：检测权重，可以改变 `priority` 的值。例如，`-20` 表示检测失败时，优先级 `-20`，成功时不变。`20` 表示检测成功时，优先级 `+20`，失败时不变。

28.4　部署 IAM 系统

前面介绍了部署 IAM 用到的两个核心组件，Nginx 和 Keepalived。接下来，我们就来看一下，如何使用 Nginx 和 Keepalived 来部署一个高可用的 IAM 系统。本节会通过下面 4 个步骤来部署 IAM 系统。

1）在服务器上部署 IAM 系统中的服务。

2）配置 Nginx，实现反向代理功能。通过反向代理，使用者可以通过 Nginx 访问部署在内网的 IAM 服务。

3）配置 Nginx，实现负载均衡功能。通过负载均衡，我们可以实现服务的水平扩缩容，使 IAM 系统具备高可用能力。

4）配置 Keepalived，实现 Nginx 的高可用。通过 Nginx + Keepalived 的组合，我们可以实现整个应用架构的高可用。

28.4.1　部署 IAM 系统中的服务

部署一个高可用的 IAM 系统，需要至少两个节点。所以，我们按照先后顺序，分别在 `10.0.4.20` 和 `10.0.4.21` 服务器上部署。

1）在 `10.0.4.20` 服务器上部署 IAM 系统。

首先，我们需要在 `10.0.4.20` 服务器上部署以下组件：iam-apiserver、iam-authz-server、iam-pump、iam-watcher、MariaDB、Redis、MongoDB。这些组件的部署方式可参考本书第 2 章的相关内容，这里不再赘述。

此外，我们还需要设置 MariaDB，给来自 `10.0.4.21` 服务器的数据库连接授权。授权命令如下：

```
$ mysql -hlocalhost -P3306 -uroot -proot # 先以 root 用户登录数据库
MariaDB [(none)]> grant all on iam.* TO iam@10.0.4.21 identified by 'iam1234';
```

```
Query OK, 0 rows affected (0.000 sec)

MariaDB [(none)]> flush privileges;
Query OK, 0 rows affected (0.000 sec)
```

2）在 10.0.4.21 服务器上部署 IAM 系统。

然后，在 10.0.4.21 服务器上安装 iam-apiserver、iam-authz-server、iam-pump 和 iam-watcher 组件。这些组件通过 10.0.4.20 IP 地址连接 10.0.4.20 服务器上的 MariaDB、Redis 和 MongoDB。

28.4.2 配置 Nginx 作为反向代理

假定要访问的 API Server 和 IAM Authorization Server 的域名分别为 iam.api.marmotedu.com 和 iam.authz.marmotedu.com，那么我们需要分别为 iam-apiserver 和 iam-authz-server 配置 Nginx 反向代理。整个配置过程可以分为 5 步（在 10.0.4.20 服务器上操作）。

1）配置 iam-apiserver。

新建 Nginx 配置文件 /etc/nginx/conf.d/iam-apiserver.conf，内容如下：

```
server {
    listen       80;
    server_name  iam.api.marmotedu.com;
    root         /usr/share/nginx/html;
    location / {
        proxy_set_header X-Forwarded-Host $http_host;
        proxy_set_header X-Real-IP $remote_addr;
        proxy_set_header X-Forwarded-For $proxy_add_x_forwarded_for;
        proxy_pass  http://127.0.0.1:8080/;
        client_max_body_size 5m;
    }

    error_page 404 /404.html;
        location = /40x.html {
    }

    error_page 500 502 503 504 /50x.html;
        location = /50x.html {
    }
}
```

在配置时有以下几点需要注意。

- server_name 需要配置为 iam.api.marmotedu.com，因为使用者通过 iam.api.marmotedu.com 访问 iam-apiserver。
- iam-apiserver 默认启动的端口为 8080。
- 由于 Nginx 默认允许客户端请求的最大单文件字节数为 1MB，但在实际生产环境中，这个值可能太小，所以这里将此限制改为 5MB（client_max_body_size

5m)。如果需要上传图片之类的信息，可能需要将它设置成更大的值，比如 50MB。
- server_name 表示访问 Nginx 服务器的域名，例如 curl -H 'Host: iam.api.marmotedu.com' http://x.x.x.x:80/healthz，x.x.x.x 为 Nginx 服务器的 IP 地址。
- proxy_pass 表示反向代理的路径。因为这里是本机的 iam-apiserver 服务，所以 IP 为 127.0.0.1。端口要和 API 服务端口一致，为 8080。

最后还要注意，因为 Nginx 的配置项比较多，所以这里介绍的配置是基础的、未经优化的配置，在实际生产环境中，你需要结合实际情况及时调整。

2）配置 iam-authz-server。

新建 Nginx 配置文件 /etc/nginx/conf.d/iam-authz-server.conf，内容如下：

```
server {
    listen       80;
    server_name  iam.authz.marmotedu.com;
    root         /usr/share/nginx/html;
    location / {
        proxy_set_header X-Forwarded-Host $http_host;
        proxy_set_header X-Real-IP $remote_addr;
        proxy_set_header X-Forwarded-For $proxy_add_x_forwarded_for;
        proxy_pass  http://127.0.0.1:9090/;
        client_max_body_size 5m;
    }

    error_page 404 /404.html;
        location = /40x.html {
    }

    error_page 500 502 503 504 /50x.html;
        location = /50x.html {
    }
}
```

下面是一些配置说明。
- server_name 需要配置为 iam.authz.marmotedu.com，因为我们通过 iam.authz.marmotedu.com 访问 iam-authz-server。
- iam-authz-server 默认启动的端口为 9090。
- 其他配置与 /etc/nginx/conf.d/iam-apiserver.conf 的配置保持一致。

3）配置完 Nginx 后，重启 Nginx。

```
$ sudo systemctl restart nginx
```

4）在 /etc/hosts 中追加下面两行。

```
127.0.0.1 iam.api.marmotedu.com
127.0.0.1 iam.authz.marmotedu.com
```

5）发送 HTTP 请求。

```
$ curl http://iam.api.marmotedu.com/healthz
{"status":"ok"}
$ curl http://iam.authz.marmotedu.com/healthz
{"status":"ok"}
```

分别请求访问 iam-apiserver 和 iam-authz-server 的健康检查接口，结果显示 {"status":"ok"}，说明我们可以成功通过代理访问后端的 API 服务。

在用 curl 请求 http://iam.api.marmotedu.com/healthz 后，后端的请求流程实际上是这样的。

1）因为在 /etc/hosts 中配置了 127.0.0.1 iam.api.marmotedu.com，所以请求 http://iam.api.marmotedu.com/healthz 实际上是请求本机的 Nginx 端口（127.0.0.1:80）。

2）Nginx 会在收到请求后解析请求，得到请求域名为 iam.api.marmotedu.com。根据请求域名去匹配 Nginx 的 server 配置，匹配到 server_name iam.api.marmotedu.com; 配置。

3）匹配到 server 后，把请求转发到该 server 的 proxy_pass 路径。

4）等待 API 服务器返回结果，并返回客户端。

28.4.3 配置 Nginx 处理负载均衡

本书采用 Nginx 轮询的负载均衡策略转发请求。负载均衡需要配置至少两台服务器，所以我们会分别在 10.0.4.20 和 10.0.4.21 服务器上执行相同的操作。下面我来分别介绍一下如何配置这两台服务器，并验证配置是否成功。

1. 10.0.4.20 服务器配置

登录 10.0.4.20 服务器，在 /etc/nginx/nginx.conf 中添加 upstream 配置。配置过程可以分为以下 3 步。

1）在 /etc/nginx/nginx.conf 中添加 upstream。

```
http {
    log_format  main  '$remote_addr - $remote_user [$time_local] "$request" '
                      '$status $body_bytes_sent "$http_referer" '
                      '"$http_user_agent" "$http_x_forwarded_for"';

    access_log  /var/log/nginx/access.log  main;

    sendfile            on;
    tcp_nopush          on;
    tcp_nodelay         on;
    keepalive_timeout   65;
    types_hash_max_size 2048;

    include             /etc/nginx/mime.types;
```

```
    default_type        application/octet-stream;

    # Load modular configuration files from the /etc/nginx/conf.d directory.
    # See http://nginx.org/en/docs/ngx_core_module.html#include
    # for more information.
    include /etc/nginx/conf.d/*.conf;
    upstream iam.api.marmotedu.com {
        server 127.0.0.1:8080
        server 10.0.4.21:8080
    }
    upstream iam.authz.marmotedu.com {
        server 127.0.0.1:9090
        server 10.0.4.21:9090
    }
}
```

配置说明如下：

- upstream是配置在/etc/nginx/nginx.conf文件中的http{ … }部分的。
- 因为要分别为iam-apiserver和iam-authz-server配置负载均衡，所以创建了两个upstream，分别是iam.api.marmotedu.com和iam.authz.marmotedu.com。为了便于识别，upstream的名称和域名最好保持一致。
- 在upstream中，我们需要分别添加所有的iam-apiserver和iam-authz-server的后端（ip:port），为了获得更快的访问速度，可以将本机的后端配置为127.0.0.1:<port>，其他机器的后端则需要配置为<内网>:port格式，例如10.0.4.21:8080、10.0.4.21:9090。

2）修改proxy_pass。

修改/etc/nginx/conf.d/iam-apiserver.conf文件，将proxy_pass修改为：

```
proxy_pass http://iam.api.marmotedu.com/;
```

修改/etc/nginx/conf.d/iam-authz-server.conf文件，将proxy_pass修改为：

```
proxy_pass http://iam.authz.marmotedu.com/;
```

当Nginx转发到http://iam.api.marmotedu.com/域名时，会从iam.api.marmotedu.com upstream配置的后端列表中，根据负载均衡策略选取一个后端，并将请求转发过去。转发http://iam.authz.marmotedu.com/域名的逻辑也一样。

3）配置完Nginx后，重启Nginx。

```
$ sudo systemctl restart nginx
```

最终配置好的配置文件如下（保存在configs/ha/10.0.4.20目录下）。

- **nginx.conf**：configs/ha/10.0.4.20/nginx.conf。
- **iam-apiserver.conf**：configs/ha/10.0.4.20/iam-apiserver.conf。
- **iam-authz-server.conf**：configs/ha/10.0.4.20/iam-authz-server.conf。

2. 10.0.4.21 服务器配置

登录 10.0.4.21 服务器，在 /etc/nginx/nginx.conf 中添加 upstream 配置。配置过程可以分为下面 4 步。

1）在 /etc/nginx/nginx.conf 中添加 upstream。

```
http {
    log_format  main  '$remote_addr - $remote_user [$time_local] "$request" '
                      '$status $body_bytes_sent "$http_referer" '
                      '"$http_user_agent" "$http_x_forwarded_for"';

    access_log  /var/log/nginx/access.log  main;

    sendfile            on;
    tcp_nopush          on;
    tcp_nodelay         on;
    keepalive_timeout   65;
    types_hash_max_size 2048;

    include             /etc/nginx/mime.types;
    default_type        application/octet-stream;

    # Load modular configuration files from the /etc/nginx/conf.d directory.
    # See http://nginx.org/en/docs/ngx_core_module.html#include
    # for more information.
    include /etc/nginx/conf.d/*.conf;
    upstream iam.api.marmotedu.com {
        server 127.0.0.1:8080
        server 10.0.4.20:8080
    }
    upstream iam.authz.marmotedu.com {
        server 127.0.0.1:9090
        server 10.0.4.20:9090
    }
}
```

在 upstream 中，我们需要配置 10.0.4.20 服务器上的 iam-apiserver 和 iam-authz-server 的后端，例如 10.0.4.20:8080、10.0.4.20:9090。

2）创建 /etc/nginx/conf.d/iam-apiserver.conf 文件（iam-apiserver 的反向代理 + 负载均衡配置）。

```
server {
    listen       80;
    server_name  iam.api.marmotedu.com;
    root         /usr/share/nginx/html;
    location / {
        proxy_set_header X-Forwarded-Host $http_host;
        proxy_set_header X-Real-IP $remote_addr;
        proxy_set_header X-Forwarded-For $proxy_add_x_forwarded_for;
```

```
        proxy_pass  http://iam.api.marmotedu.com/;
        client_max_body_size 5m;
    }

    error_page 404 /404.html;
        location = /40x.html {
    }

    error_page 500 502 503 504 /50x.html;
        location = /50x.html {
    }
}
```

3）创建 /etc/nginx/conf.d/iam-authz-server 文件（iam-authz-server 的反向代理 + 负载均衡配置）。

```
server {
    listen       80;
    server_name  iam.authz.marmotedu.com;
    root         /usr/share/nginx/html;
    location / {
        proxy_set_header X-Forwarded-Host $http_host;
        proxy_set_header X-Real-IP $remote_addr;
        proxy_set_header X-Forwarded-For $proxy_add_x_forwarded_for;
        proxy_pass  http://iam.authz.marmotedu.com/;
        client_max_body_size 5m;
    }

    error_page 404 /404.html;
        location = /40x.html {
    }

    error_page 500 502 503 504 /50x.html;
        location = /50x.html {
    }
}
```

4）配置完 Nginx 后，重启 Nginx。

```
$ sudo systemctl restart nginx
```

最终配置好的配置文件如下：（保存在 configs/ha/10.0.4.21 目录下）：

- **nginx.conf**：configs/ha/10.0.4.21/nginx.conf。
- **iam-apiserver.conf**：configs/ha/10.0.4.21/iam-apiserver.conf。
- **iam-authz-server.conf**：configs/ha/10.0.4.21/iam-authz-server.conf。

3. 测试负载均衡

配置完 Nginx 负载均衡器，我们还需要测试其是否配置成功。具体测试步骤如下。

1）执行测试脚本（test/nginx/loadbalance.sh）。

```
#!/usr/bin/env bash

for domain in iam.api.marmotedu.com iam.authz.marmotedu.com
do
    for n in $(seq 1 1 10)
    do
        echo $domain
        nohup curl http://${domain}/healthz &>/dev/null &
    done
done
```

2）分别查看 iam-apiserver 和 iam-authz-server 的日志。

这里只展示下 iam-apiserver 的日志（你可自行查看 iam-authz-server 的日志）。10.0.4.20 服务器的 iam-apiserver 日志如图 28-3 所示。

```
2020-10-13 09:55:47.546 INFO    apiserver/grpc.go:26    Start grpc server at 0.0.0.0:8081
2020-10-13 09:55:47.546 INFO    server/genericapiserver.go:136  Start to listening the incoming requests on
80
2020-10-13 09:55:47.546 INFO    server/genericapiserver.go:153  Start to listening the incoming requests on
443
2020-10-13 09:55:47.546 INFO    server/genericapiserver.go:211  Waiting for the router, retry in 1 second.
[GIN] 2020/10/13 - 09:55:48 | 200 |      65.964µs |       127.0.0.1 | GET      "/healthz"
2020-10-13 09:55:48.547 INFO    server/genericapiserver.go:203  The router has been deployed successfully.
[GIN] 2020/10/13 - 09:56:31 | 200 |        64.1µs |        10.0.4.2 | GET      "/healthz"
[GIN] 2020/10/13 - 09:56:31 | 200 |      49.813µs |        10.0.4.2 | GET      "/healthz"
[GIN] 2020/10/13 - 09:56:31 | 200 |      25.328µs |        10.0.4.2 | GET      "/healthz"
[GIN] 2020/10/13 - 09:56:31 | 200 |      24.396µs |        10.0.4.2 | GET      "/healthz"
[GIN] 2020/10/13 - 09:56:31 | 200 |      36.358µs |        10.0.4.2 | GET      "/healthz"
```

图 28-3 10.0.4.20 服务器的 iam-apiserver 日志

10.0.4.21 服务器的 iam-apiserver 日志如图 28-4 所示。

```
2020-10-13 09:55:41.080 INFO    apiserver/grpc.go:26    Start grpc server at 0.0.0.0:8081
2020-10-13 09:55:41.080 INFO    server/genericapiserver.go:136  Start to listening the incoming requests on
80
2020-10-13 09:55:41.080 INFO    server/genericapiserver.go:153  Start to listening the incoming requests on
443
2020-10-13 09:55:41.080 INFO    server/genericapiserver.go:211  Waiting for the router, retry in 1 second.
[GIN] 2020/10/13 - 09:55:42 | 200 |      77.536µs |       127.0.0.1 | GET      "/healthz"
2020-10-13 09:55:42.081 INFO    server/genericapiserver.go:203  The router has been deployed successfully.
[GIN] 2020/10/13 - 09:56:31 | 200 |     121.787µs |        10.0.4.2 | GET      "/healthz"
[GIN] 2020/10/13 - 09:56:31 | 200 |      55.094µs |        10.0.4.2 | GET      "/healthz"
[GIN] 2020/10/13 - 09:56:31 | 200 |      24.195µs |        10.0.4.2 | GET      "/healthz"
[GIN] 2020/10/13 - 09:56:31 | 200 |       21.73µs |        10.0.4.2 | GET      "/healthz"
[GIN] 2020/10/13 - 09:56:31 | 200 |      76.293µs |        10.0.4.2 | GET      "/healthz"
```

图 28-4 10.0.4.21 服务器的 iam-apiserver 日志

通过图 28-3 和图 28-4，我们可以看到 10.0.4.20 和 10.0.4.21 各收到 5 个 /healthz 请求，说明负载均衡配置成功。

28.4.4 配置 Keepalived

在 28.3.2 节我们分别在 10.0.4.20 和 10.0.4.21 服务器上安装了 Keepalived。本节将介绍如何配置 Keepalived，实现 Nginx 的高可用。为了避免故障恢复时 VIP 切换造成的服务延时，本节采用 Keepalived 的非抢占模式。

配置 Keepalived 的流程比较复杂，分为创建腾讯云 HAVIP、主服务器配置、备服务器配置、测试 Keepalived、VIP 绑定公网 IP 和测试公网访问 6 步，每一步中都有很多小步骤。

1. 创建腾讯云 HAVIP

出于安全考虑（如避免 ARP 欺骗等），公有云厂商的普通内网 IP 不支持主机通过 ARP 宣告 IP。如果用户直接在 `keepalived.conf` 文件中指定一个普通内网 IP 为 virtual IP，那么，当 Keepalived 将 virtual IP 从 MASTER 机器切换到 BACKUP 机器时，我们将无法更新 IP 和 MAC 地址的映射，而是需要调用 API 来进行 IP 切换。所以，这里的 VIP 需要申请腾讯云的 HAVIP。

申请的流程可以分为以下 4 步。

1）登录腾讯云私有网络控制台。

2）在左侧导航栏中选择“IP 与网卡”→“高可用虚拟 IP”。

3）在 HAVIP 管理页面选择所在地域，单击“申请”。

4）在弹出的“申请高可用虚拟 IP”对话框中输入名称，选择 HAVIP 所在的私有网络和子网等信息，单击“确定”即可。

这里选择的私有网络和子网均需要和 `10.0.4.20`、`10.0.4.21` 相同。HAVIP 的 IP 地址可以自动分配，也可以手动填写，这里我们手动填写为 `10.0.4.99`。申请页面如图 28-5 所示。

图 28-5 HAVIP 申请页面

2. 主服务器配置

主服务器配置可以分为两步。

1）修改 Keepalived 配置文件。

登录服务器 10.0.4.20，编辑 /etc/keepalived/keepalived.conf，修改配置，修改后的配置内容如下（参考：configs/ha/10.0.4.20/keepalived.conf）：

```
# 全局定义，定义全局的配置选项
global_defs {
# 指定 Keepalived 在发生切换操作时发送邮件，以及发送哪些邮件
# 建议在 Keepalived_notify.sh 中发送邮件
    notification_email {
        acassen@firewall.loc
    }
    notification_email_from Alexandre.Cassen@firewall.loc # 发送邮件时的邮件源地址
        smtp_server 192.168.200.1                        # 发送邮件时的 smtp 服务器地址
        smtp_connect_timeout 30                          # 连接 smtp 的超时时间
        router_id VM-4-20-centos                         # 机器标识，通常可以设置为
                                                           hostname
        vrrp_skip_check_adv_addr                         # 如果接收到的报文和上一个报
                                                           文来自同一个路由器，则不执
                                                           行检查。默认跳过检查
        vrrp_garp_interval 0                             # 单位是秒，在一个网卡上每组gra-
                                                           tuitous arp 消息之间的延迟
                                                           时间，默认为 0
        vrrp_gna_interval 0                              # 单位是秒，在一个网卡上每组na
                                                           消息之间的延迟时间，默认为 0
}
# 检测脚本配置
vrrp_script checkhaproxy
{
    script "/etc/keepalived/check_nginx.sh"              # 检测脚本路径
        interval 5                                       # 检测时间间隔（秒）
        weight 0                                         # 根据该权重改变 priority，当
                                                           值为 0 时，不改变实例的优先级
}
# VRRP 实例配置
vrrp_instance VI_1 {
    state BACKUP                                         # 设置初始状态为“备份”
        interface eth0                                   # 设置绑定 VIP 的网卡，例如 eth0
        virtual_router_id 51                             # 配置集群 VRID，互为主备的
                                                           VRID 的值相同
        nopreempt                                        # 设置非抢占模式，只能设置在
                                                           state 为 backup 的节点上
        priority 100                                     # 设置优先级，值的范围为 0 ~ 254，
                                                           值越大优先级越高，最高级别为
                                                           master
        advert_int 1                                     # 组播信息发送时间间隔，两个
                                                           节点必须设置一样，默认为 1 秒
# 验证信息，两个节点必须一致
```

```
        authentication {
            auth_type PASS                                 # 认证方式，可以是 PASS 或
                                                             AH 两种认证方式
                auth_pass 1111                             # 认证密码
        }
    unicast_src_ip 10.0.4.20                               # 设置本机内网 IP 地址
        unicast_peer {
            10.0.4.21                                      # 对端设备的 IP 地址
        }
# VIP，当 state 为 master 时添加，当 state 为 backup 时删除
    virtual_ipaddress {
        10.0.4.99                                          # 设置高可用虚拟 VIP，如
                                                             果是腾讯云的 CVM，需要填
                                                             写控制台申请到的 HAVIP 地址
    }
    notify_master "/etc/keepalived/keepalived_notify.sh MASTER"   # 当切换到 MASTER 状态时
                                                                    执行脚本
        notify_backup "/etc/keepalived/keepalived_notify.sh BACKUP" # 当切换到 BACKUP 状态时
                                                                    执行脚本
        notify_fault "/etc/keepalived/keepalived_notify.sh FAULT"  # 当切换到 FAULT 状态时执
                                                                    行脚本
        notify_stop "/etc/keepalived/keepalived_notify.sh STOP"    # 当切换到 STOP 状态时执行
                                                                    脚本
        garp_master_delay 1                                # 设置当切换为主状态后多
                                                             久更新 ARP 缓存
        garp_master_refresh 5                              # 设置主节点发送 ARP 报文
                                                             的时间间隔
        # 跟踪接口，里面任意一块网卡出现问题，都会进入故障（FAULT）状态
        track_interface {
            eth0
        }
    # 要执行的检查脚本
    track_script {
        checkhaproxy
    }
}
```

这里有几条注意事项。

- 确保已经配置了 garp 相关参数。因为 Keepalived 依赖 ARP 报文更新 IP 信息，如果缺少这些参数，会导致某些场景下主设备不发送 ARP，进而导致通信异常。garp 相关参数配置如下：

```
garp_master_delay 1
garp_master_refresh 5
```

- 确定没有采用 strict 模式，即需要删除 vrrp_strict 配置。
- 配置中的 /etc/keepalived/check_nginx.sh 和 /etc/keepalived/keepalived_notify.sh 脚本文件可分别复制自 scripts/check_nginx.sh 和 scripts/keepalived_notify.sh。

2）重启 Keepalived。

```
$ sudo systemctl restart keepalived
```

3. 备服务器配置

备服务器配置也分为两步。

1）修改 Keepalived 配置文件。

登录 10.0.4.21 服务器，编辑 /etc/keepalived/keepalived.conf，修改配置，修改后的配置内容如下（参考：configs/ha/10.0.4.21/keepalived.conf）：

```
# 全局定义，定义全局的配置选项
global_defs {
# 指定 Keepalived 在发生切换操作时发送邮件，以及发送哪些邮件
# 建议在 keepalived_notify.sh 中发送邮件
    notification_email {
        acassen@firewall.loc
    }
    notification_email_from Alexandre.Cassen@firewall.loc # 发送 email 时邮件源地址
        smtp_server 192.168.200.1                     # 发送邮件时的 smtp 服务器地址
        smtp_connect_timeout 30                       # 连接 smtp 的超时时间
        router_id VM-4-21-centos                      # 机器标识，通常可以设置为 hostname
        vrrp_skip_check_adv_addr                      # 如果接收到的报文和上一个报文
                                                        来自同一个路由器，则不执行检
                                                        查。默认跳过检查
        vrrp_garp_interval 0                          # 单位是秒，在一个网卡上每组 gratu-
                                                        itous arp 消息之间的延迟时间，
                                                        默认为 0
        vrrp_gna_interval 0                           # 单位是秒，在一个网卡上每组 na
                                                        消息之间的延迟时间，默认为 0
}
# 检测脚本配置
vrrp_script checkhaproxy
{
    script "/etc/keepalived/check_nginx.sh"           # 检测脚本路径
        interval 5                                    # 检测时间间隔（秒）
        weight 0                                      # 根据该权重改变 priority，当
                                                        值为 0 时，不改变实例的优先级
}
# VRRP 实例配置
vrrp_instance VI_1 {
    state BACKUP                                      # 设置初始状态为“备份”
        interface eth0                                # 设置绑定 VIP 的网卡，例如 eth0
        virtual_router_id 51                          # 配置集群 VRID，互为主备的 VRID
                                                        的值相同
        nopreempt                                     # 设置非抢占模式，只能设置在 state
                                                        为 backup 的节点上
        priority 50                                   # 设置优先级，值的范围为 0 ~ 254，
                                                        值越大优先级越高，最高级别为
                                                        master
        advert_int 1                                  # 组播信息发送时间间隔，两个节点
                                                        必须设置一样，默认为 1 秒
```

```
#验证信息，两个节点必须一致
        authentication {
            auth_type PASS                          # 认证方式，可以是 PASS 或 AH 两
                                                      种认证方式
                auth_pass 1111                      # 认证密码
        }
    unicast_src_ip 10.0.4.21                        # 设置本机内网 IP 地址
        unicast_peer {
            10.0.4.20                               # 对端设备的 IP 地址
        }
# VIP，当 state 为 master 时添加，当 state 为 backup 时删除
    virtual_ipaddress {
        10.0.4.99                                   # 设置高可用虚拟 VIP，如果是腾讯
                                                      云的 CVM，需要填写控制台申请
                                                      到的 HAVIP 地址
    }
    notify_master "/etc/keepalived/keepalived_notify.sh MASTER" # 当切换到 MASTER 状态时执行脚本
        notify_backup "/etc/keepalived/keepalived_notify.sh BACKUP" # 当切换到 BACKUP 状态时执行脚本
        notify_fault "/etc/keepalived/keepalived_notify.sh FAULT"   # 当切换到 FAULT 状态时执行脚本
        notify_stop "/etc/keepalived/keepalived_notify.sh STOP"     # 当切换到 STOP 状态时执行脚本
        garp_master_delay 1                         # 设置当切为主状态后多久更新 ARP
                                                      缓存
        garp_master_refresh 5                       # 设置主节点发送 ARP 报文的时间间隔
        # 跟踪接口，里面任意一块网卡出现问题，都会进入故障 (FAULT) 状态
        track_interface {
            eth0
        }
    # 要执行的检查脚本
    track_script {
        checkhaproxy
    }
}
```

2）重启 Keepalived。

```
$ sudo systemctl restart keepalived
```

4. 测试 Keepalived

在上面的配置中，10.0.4.20 服务器的优先级更高，所以正常情况下 10.0.4.20 将被选择为主节点，如图 28-6 所示。

```
10.0.4.20
[gopher@dev ~]$ ip addr
1: lo: <LOOPBACK,UP,LOWER_UP> mtu 65536 qdisc noqueue state UNKNOWN g
    link/loopback 00:00:00:00:00:00 brd 00:00:00:00:00:00
    inet 127.0.0.1/8 scope host lo
       valid_lft forever preferred_lft forever
    inet6 ::1/128 scope host
       valid_lft forever preferred_lft forever
2: eth0: <BROADCAST,MULTICAST,UP,LOWER_UP> mtu 1500 qdisc fq_codel st
    link/ether 52:54:00:ba:70:2e brd ff:ff:ff:ff:ff:ff
    inet 10.0.4.20/24 brd 10.0.4.255 scope global noprefixroute eth0
       valid_lft forever preferred_lft forever
    inet 10.0.4.99/32 scope global eth0
       valid_lft forever preferred_lft forever
    inet6 fe80::5054:ff:feba:702e/64 scope link
       valid_lft forever preferred_lft forever
```

```
10.0.4.21
[root@VM-4-21-centos keepalived]# ip addr
1: lo: <LOOPBACK,UP,LOWER_UP> mtu 65536 qdisc noqueue state UNKNOWN
    link/loopback 00:00:00:00:00:00 brd 00:00:00:00:00:00
    inet 127.0.0.1/8 scope host lo
       valid_lft forever preferred_lft forever
    inet6 ::1/128 scope host
       valid_lft forever preferred_lft forever
2: eth0: <BROADCAST,MULTICAST,UP,LOWER_UP> mtu 1500 qdisc fq_codel s
    link/ether 52:54:00:7e:86:65 brd ff:ff:ff:ff:ff:ff
    inet 10.0.4.21/24 brd 10.0.4.255 scope global noprefixroute eth0
       valid_lft forever preferred_lft forever
    inet6 fe80::5054:ff:fe7e:8665/64 scope link
       valid_lft forever preferred_lft forever
```

图 28-6 10.0.4.20 被选择为主节点

接下来，我们分别模拟一些故障场景，来看看配置是否生效。

（1）场景 1：Keepalived 故障

在 10.0.4.20 服务器上执行 sudo systemctl stop keepalived，以模拟 Keepalived 故障，查看 VIP，如图 28-7 所示。

```
10.0.4.20
[gopher@dev ~]$ ip addr
1: lo: <LOOPBACK,UP,LOWER_UP> mtu 65536 qdisc noqueue state UNKN
    link/loopback 00:00:00:00:00:00 brd 00:00:00:00:00:00
    inet 127.0.0.1/8 scope host lo
       valid_lft forever preferred_lft forever
    inet6 ::1/128 scope host
       valid_lft forever preferred_lft forever
2: eth0: <BROADCAST,MULTICAST,UP,LOWER_UP> mtu 1500 qdisc fq_co
    link/ether 52:54:00:ba:70:2e brd ff:ff:ff:ff:ff:ff
    inet 10.0.4.20/24 brd 10.0.4.255 scope global noprefixroute
       valid_lft forever preferred_lft forever
    inet6 fe80::5054:ff:feba:702e/64 scope link
       valid_lft forever preferred_lft forever
```

```
10.0.4.21
[root@VM-4-21-centos keepalived]# ip addr
1: lo: <LOOPBACK,UP,LOWER_UP> mtu 65536 qdisc noqueue state UNKN
    link/loopback 00:00:00:00:00:00 brd 00:00:00:00:00:00
    inet 127.0.0.1/8 scope host lo
       valid_lft forever preferred_lft forever
    inet6 ::1/128 scope host
       valid_lft forever preferred_lft forever
2: eth0: <BROADCAST,MULTICAST,UP,LOWER_UP> mtu 1500 qdisc fq_co
    link/ether 52:54:00:7e:86:65 brd ff:ff:ff:ff:ff:ff
    inet 10.0.4.21/24 brd 10.0.4.255 scope global noprefixroute
       valid_lft forever preferred_lft forever
    inet 10.0.4.99/32 scope global eth0
       valid_lft forever preferred_lft forever
    inet6 fe80::5054:ff:fe7e:8665/64 scope link
       valid_lft forever preferred_lft forever
```

图 28-7 Keepalived 故障

可以看到，VIP 从 10.0.4.20 服务器上漂移到 10.0.4.21 服务器上。查看 /var/log/keepalived.log，可以看到 10.0.4.20 服务器新增如下一行日志：

```
[2020-10-14 14:01:51] notify_stop
```

10.0.4.21 服务器新增如下日志：

```
[2020-10-14 14:01:52] notify_master
```

（2）场景 2：Nginx 故障

在 10.0.4.20 和 10.0.4.21 服务器上分别执行 sudo systemctl restart keepalived，让 VIP 漂移到 10.0.4.20 服务器上。

在 10.0.4.20 服务器上执行 sudo systemctl stop nginx，以模拟 Nginx 故障，查看 VIP，如图 28-8 所示。

```
10.0.4.20
[gopher@dev ~]$ ip addr
1: lo: <LOOPBACK,UP,LOWER_UP> mtu 65536 qdisc noqueue state UNKN
    link/loopback 00:00:00:00:00:00 brd 00:00:00:00:00:00
    inet 127.0.0.1/8 scope host lo
       valid_lft forever preferred_lft forever
    inet6 ::1/128 scope host
       valid_lft forever preferred_lft forever
2: eth0: <BROADCAST,MULTICAST,UP,LOWER_UP> mtu 1500 qdisc fq_co
    link/ether 52:54:00:ba:70:2e brd ff:ff:ff:ff:ff:ff
    inet 10.0.4.20/24 brd 10.0.4.255 scope global noprefixroute
       valid_lft forever preferred_lft forever
    inet6 fe80::5054:ff:feba:702e/64 scope link
       valid_lft forever preferred_lft forever
```

```
10.0.4.21
[root@VM-4-21-centos keepalived]# ip addr
1: lo: <LOOPBACK,UP,LOWER_UP> mtu 65536 qdisc noqueue state UNKN
    link/loopback 00:00:00:00:00:00 brd 00:00:00:00:00:00
    inet 127.0.0.1/8 scope host lo
       valid_lft forever preferred_lft forever
    inet6 ::1/128 scope host
       valid_lft forever preferred_lft forever
2: eth0: <BROADCAST,MULTICAST,UP,LOWER_UP> mtu 1500 qdisc fq_co
    link/ether 52:54:00:7e:86:65 brd ff:ff:ff:ff:ff:ff
    inet 10.0.4.21/24 brd 10.0.4.255 scope global noprefixroute
       valid_lft forever preferred_lft forever
    inet 10.0.4.99/32 scope global eth0
       valid_lft forever preferred_lft forever
    inet6 fe80::5054:ff:fe7e:8665/64 scope link
       valid_lft forever preferred_lft forever
```

图 28-8 Nginx 故障

可以看到，VIP 从 10.0.4.20 服务器上漂移到 10.0.4.21 服务器上。查看 /var/log/keepalived.log，可以看到 10.0.4.20 服务器新增如下一行日志：

```
[2020-10-14 14:02:34] notify_fault
```

10.0.4.21 服务器新增如下日志：

```
[2020-10-14 14:02:35] notify_master
```

（3）场景 3：Nginx 恢复

基于场景 2，在 10.0.4.20 服务器上执行 sudo systemctl start nginx，以恢复 Nginx，查看 VIP，如图 28-9 所示。

```
10.0.4.20
[gopher@dev ~]$ ip addr
1: lo: <LOOPBACK,UP,LOWER_UP> mtu 65536 qdisc noqueue state UNK
    link/loopback 00:00:00:00:00:00 brd 00:00:00:00:00:00
    inet 127.0.0.1/8 scope host lo
       valid_lft forever preferred_lft forever
    inet6 ::1/128 scope host
       valid_lft forever preferred_lft forever
2: eth0: <BROADCAST,MULTICAST,UP,LOWER_UP> mtu 1500 qdisc fq_co
    link/ether 52:54:00:ba:70:2e brd ff:ff:ff:ff:ff:ff
    inet 10.0.4.20/24 brd 10.0.4.255 scope global noprefixroute
       valid_lft forever preferred_lft forever
    inet6 fe80::5054:ff:feba:702e/64 scope link
       valid_lft forever preferred_lft forever
```

```
10.0.4.21
[root@VM-4-21-centos keepalived]# ip addr
1: lo: <LOOPBACK,UP,LOWER_UP> mtu 65536 qdisc noqueue state UNK
    link/loopback 00:00:00:00:00:00 brd 00:00:00:00:00:00
    inet 127.0.0.1/8 scope host lo
       valid_lft forever preferred_lft forever
    inet6 ::1/128 scope host
       valid_lft forever preferred_lft forever
2: eth0: <BROADCAST,MULTICAST,UP,LOWER_UP> mtu 1500 qdisc fq_co
    link/ether 52:54:00:7e:86:65 brd ff:ff:ff:ff:ff:ff
    inet 10.0.4.21/24 brd 10.0.4.255 scope global noprefixroute
       valid_lft forever preferred_lft forever
    inet 10.0.4.99/32 scope global eth0
       valid_lft forever preferred_lft forever
    inet6 fe80::5054:ff:fe7e:8665/64 scope link
       valid_lft forever preferred_lft forever
```

图 28-9　Nginx 恢复

可以看到，VIP 仍然在 10.0.4.21 服务器上，没有被 10.0.4.20 抢占。查看 /var/log/keepalived.log，可以看到 10.0.4.20 服务器新增如下一行日志：

```
[2020-10-14 14:03:44] notify_backup
```

10.0.4.21 服务器没有新增日志。

5. VIP 绑定公网 IP

到这里，我们已经成功配置了 Keepalived + Nginx 的高可用方案。但是，我们使用的 VIP 是内网，不能通过外网访问，所以还需要为 VIP 绑定一个外网 IP，供外网访问。在腾讯云上，可通过绑定弹性公网 IP 来实现外网访问，此时我们需要先申请公网 IP，然后为 VIP 绑定弹性公网 IP。具体步骤如下。

1）申请公网 IP：

a）登录**私有网络控制台**；

b）在左侧导航栏中选择“IP 与网卡”→“弹性公网 IP”；

c）在弹性公网 IP 管理页面选择所在地域，单击“申请”。

2）将 VIP 绑定弹性公网 IP：

a）登录**私有网络控制台**；

b）在左侧导航栏中选择“IP 与网卡”→“高可用虚拟”；

c）单击需要绑定的 HAVIP 所在行的“绑定”；

d）在弹出界面中，选择需要绑定的公网 IP 即可，如图 28-10 所示。

绑定的弹性公网 IP 是 106.52.252.139。

注意　在腾讯云平台中，如果 HAVIP 没有绑定实例，绑定 HAVIP 的 EIP 会处于闲置状态，按每小时 0.2 元收取闲置费用。所以，你需要正确配置高可用应用，确保绑定成功。

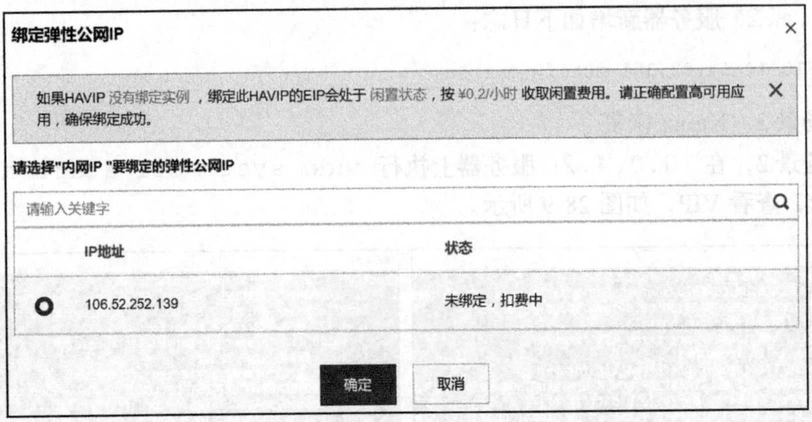

绑定弹性公网IP

如果HAVIP 没有绑定实例，绑定此HAVIP的EIP会处于 闲置状态，按 ¥0.2/小时 收取闲置费用。请正确配置高可用应用，确保绑定成功。

请选择"内网IP "要绑定的弹性公网IP

请输入关键字

	IP地址	状态
○	106.52.252.139	未绑定，扣费中

确定 取消

图 28-10 绑定弹性公网 IP

6. 测试公网访问

最后，可以通过执行如下命令来测试公网访问是否成功：

```
$ curl -H"Host: iam.api.marmotedu.com" http://106.52.252.139/healthz -H"iam.api.
    marmotedu.com"
{"status":"ok"}
```

可以看到，我们可以成功通过公网访问后端的高可用服务。至此，我们就成功部署了一个高可用的 IAM 系统。

28.5 IAM 系统安全性加固

iam-apiserver、iam-authz-server、MariaDB、Redis 和 MongoDB 都提供了绑定监听网卡的功能。我们可以将这些服务绑定到内网网卡上，从而只接收来自内网的请求，加固我们的系统。也可以通过将安全问题统一收敛到 iptables 规则，使我们更容易维护安全类设置。

本书通过 iptables 来加固系统，使系统变得更加安全。下面，我先来对 iptables 工具进行一些简单的介绍。

28.5.1 iptables 简介

iptables 是 Linux 下最优秀的防火墙工具，也是 Linux 内核中 netfilter 网络子系统用户态的工具。netfilter 提供了一系列接口，在一个到达本机的数据包或者经本机转发的数据包流程中添加了一些可供用户操作的点，这些点被称为 HOOK 点。通过在 HOOK 点注册数据包处理函数，可以实现数据包转发、数据包过滤、地址转换等功能。

用户通过 iptables 工具定义各种规则，这些规则通过 iptables 传给内核中的 netfilter。

最终，netfilter 会根据规则对网络包进行过滤。Linux 系统一般会默认安装 iptables 软件。防火墙根据 iptables 里的规则，对收到的网络数据包进行处理。

iptables 里的数据组织结构分为表、链、规则。

- **表（table）**：表可以提供特定的功能，每个表里包含多个链。iptables 里面一共有 5 个表，分别是 filter、nat、mangle、raw、security。这些表分别用于实现包过滤、网络地址转换、包重构、数据追踪处理和 SELinux 标记设置等功能。
- **链（chain）**：链是数据包传播的路径，每一条链中可以有一条或多条规则。当一个数据包到达一个链时，iptables 会从链中第一条规则开始，检查该数据包是否满足规则所定义的条件。如果满足，则根据该条规则所定义的方法处理该数据包，否则，就继续检查下一条规则。如果该数据包不符合链中任一条规则，iptables 就会根据该链预先定义的默认策略来处理数据包。
- **规则（rule）**：规则存储在内核空间的信息包过滤表中，用于描述“如果数据包满足所描述的条件，则按照要求处理这个数据包，如果不满足，则判断下一条规则”。

其中，iptables 中表和链的种类及其功能如表 28-3 所示。

表 28-3　iptables 中表和链的种类及其功能

类别	名称	描述
链	PREROUTING	数据包进入路由之前，可以在此处进行 DNAT
	INPUT	一般处理本地进程的数据包，目的地址为本机
	FORWARD	一般处理转发到其他机器或者网络命名空间的数据包
	OUTPUT	原地址为本机，向外发送，一般处理本地进程的输出数据包
	POSTROUTING	发送到网卡之前，可以在此处进行 SNAT
表	FILTER	用于控制到达某条链上的数据包是继续放行、直接丢弃还是拒绝
	NAT	网络地址转换（Network Address Translation），用于修改数据包的源地址和目的地址
	MANGLE	用于修改数据包的 IP 头信息
	RAW	iptables 是有状态的，其对数据包有链接追踪机制，链接追踪信息可以在 `/proc/net/nf_conntrack` 中看到记录，而 raw 是用来去除链接追踪机制的
	SECURITY	最不常用的表，用在 SELinux 上

在表 28-3 中，5 张表的处理是有顺序的。当数据包到达某一条链时，会按照 RAW、MANGLE、NAT、FILTER、SECURITY 的顺序进行处理。

到这里，我介绍了关于 iptables 的一些基础知识，但这还远远不够。要想使用 iptables 来加固系统，你还需要掌握 iptables 的工具的使用方法。接下来，我先来介绍一下 iptables 是如何处理网络数据包的。

28.5.2　网络数据包处理流程

网络数据包的处理流程如图 28-11 所示。

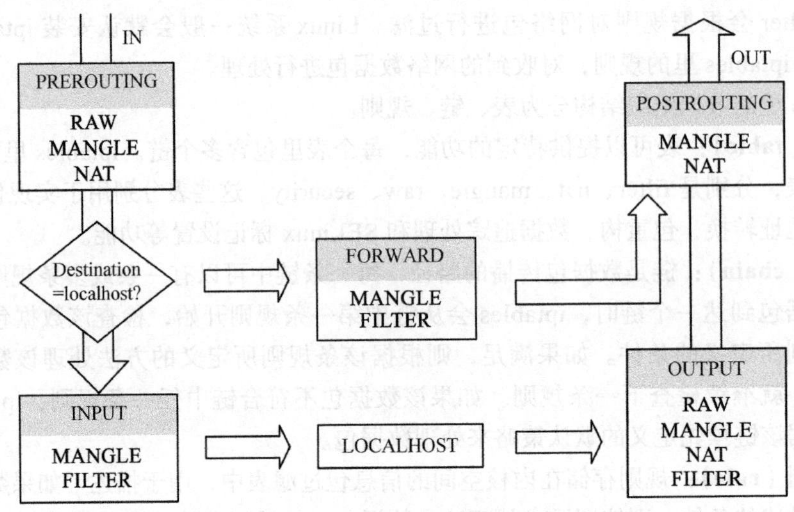

图 28-11 数据包处理流程

具体可以分为两个步骤。

1）当数据包进入网卡后，它首先进入 PREROUTING 链，根据目的 IP 判断是否转发出去。

2）如果数据包目的地是本机，它会到达 INPUT 链。到达后，任何进程都会收到它。本机上的程序可以发送数据包，这些数据包会先经过 OUTPUT 链，然后经 POSTROUTING 链输出。如果数据包是要转发出去，并且内核允许转发，那么数据包会经过 FORWARD 链，最后从 POSTROUTING 链输出。

28.5.3 iptables 工具的使用

iptables 的功能强大，所以使用方法也非常多样。这里，我来介绍 iptables 工具的使用方式，并给出一些使用示例。

1. 命令格式

iptables 的语法格式为：

```
iptables [-t 表名] 命令选项 [链名] [条件匹配] [-j 目标动作或跳转]
```

下面是一个 iptables 的使用示例：

```
iptables -t nat -I PREROUTING -p tcp --dport 8080 -j DNAT --to 10.0.4.88
```

上述命令中涉及的一些参数解释如下。

- 表名 / 链名：指定 iptables 命令所操作的表 / 链。
- 命令选项：指定处理 iptables 规则的方式，例如插入、增加、删除、查看等。
- 条件匹配：指定对符合条件的数据包进行处理。
- 目标动作或跳转：防火墙处理数据包的方式。

iptables 的命令选项又分为管理控制选项和通用选项。管理控制选项及其说明如表 28-4 所示。

表 28-4　管理控制选项及其说明

选　项	说　明
-A	在指定链的末尾添加（append）一条新的规则
-D	删除（delete）指定链中的某一条规则，可以按规则序号和内容删除
-I	在指定链中插入（insert）一条新的规则，默认在第一行添加
-R	修改、替换（replace）指定链中的某一条规则，可以按规则序号和内容替换
-L	列出（list）指定链中所有的规则进行查看
-E	重命名用户定义的链，不改变链本身
-F	清空（flush）
-N	新建（new-chain）一条用户自己定义的规则链
-X	删除指定表中用户自定义的规则链（delete-chain）
-P	设置指定链的默认策略（policy）
-Z	将所有表的所有链的字节和数据包计数器清零
-n	使用数字形式（numeric）显示输出结果
-v	查看规则表详细信息（verbose）的信息
-V	查看版本 (version)
-h	获取帮助（help）

通用选项及其说明如表 28-5 所示。

表 28-5　通用选项及其说明

选　项	说　明
-p	协议，例如 `iptables -A INPUT -p tcp`
-s	源地址，例如 `iptables -A INPUT -s 192.168.1.1`
-d	目的地址，例如 `iptables -A INPUT -d 192.168.12.1`
-sport	源端口，例如 `iptables -A INPUT -p tcp --sport 22`
-dport	目的端口，例如 `iptables -A INPUT -p tcp --dport 22`
-i	指定入口网卡，例如 `iptables -A INPUT -i eth0`
-o	指定出口网卡，例如 `iptables -A FORWARD -o eth0`
-j	指定要进行的处理动作
-m	模块关键字

处理数据包的方式（目标动作或跳转）有多种，具体如表 28-6 所示。

表 28-6　处理数据包的方式

动　作	描　述
ACCEPT	允许数据包通过
DROP	直接丢弃数据包，不给出任何回应信息，这时客户端会感觉请求丢失了，过了超时时间才会有反应
REJECT	拒绝数据包通过，必要时会给数据发送端一个响应信息，使得客户端在刚请求时就会收到拒绝的信息

（续）

动　作	描　述
LOG	在日志文件 /var/log/messages 中记录日志信息，然后将数据包传递给下一条规则
QUEUE	防火墙将数据包移交到用户空间
RETURN	防火墙停止执行当前链中的后续规则，并返回到调用链
REDIRECT	端口重定向，在本机做端口映射
MARK	做防火墙标记
DNAT	目标地址转换
SNAT	源地址转换，解决内网用户用同一个公网地址上网的问题
MASQUERADE	地址伪装，是 SNAT 的一种特殊形式，适用于动态的、临时会变的 IP

2. 命令示例

以下这些命令示例默认使用了 FILTER 表，也即规则存放在 FILTER 表中，相当于每一条 iptables 命令都添加了 -t filter 参数。

1）拒绝进入防火墙的所有 ICMP 协议数据包。

```
$ iptables -I INPUT -p icmp -j REJECT
```

2）允许防火墙转发除 ICMP 协议以外的所有数据包。

```
$ iptables -A FORWARD -p ! icmp -j ACCEPT
```

3）拒绝转发来自 192.168.1.11 主机的数据，允许转发来自 192.168.0.0/24 网段的数据。

```
$ iptables -A FORWARD -s 192.168.1.11 -j REJECT
$ iptables -A FORWARD -s 192.168.0.0/24 -j ACCEPT
```

4）丢弃从外网接口（eth1）进入防火墙本机的源地址为私网地址的数据包。

```
$ iptables -A INPUT -i eth1 -s 192.168.0.0/16 -j DROP
$ iptables -A INPUT -i eth1 -s 172.16.0.0/12 -j DROP
$ iptables -A INPUT -i eth1 -s 10.0.0.0/8 -j DROP
```

5）只允许管理员从 202.13.0.0/16 网段使用 SSH 远程登录防火墙主机。

```
$ iptables -A INPUT -p tcp --dport 22 -s 202.13.0.0/16 -j ACCEPT
$ iptables -A INPUT -p tcp --dport 22 -j DROP
```

6）允许本机开放从 TCP 端口 20:1024 提供的应用服务。

```
$ iptables -A INPUT -p tcp --dport 20:1024 -j ACCEPT
$ iptables -A OUTPUT -p tcp --sport 20:1024 -j ACCEPT
```

7）允许转发来自 192.168.0.0/24 局域网段的 DNS 解析请求数据包。

```
$ iptables -A FORWARD -s 192.168.0.0/24 -p udp --dport 53 -j ACCEPT
$ iptables -A FORWARD -d 192.168.0.0/24 -p udp --sport 53 -j ACCEPT
```

8）禁止其他主机 ping 防火墙主机，但是允许从防火墙上 ping 其他主机。

```
$ iptables -I INPUT -p icmp --icmp-type Echo-Request -j DROP
$ iptables -I INPUT -p icmp --icmp-type Echo-Reply -j ACCEPT
$ iptables -I INPUT -p icmp --icmp-type destination-Unreachable -j ACCEPT
```

9）禁止转发来自 MAC 地址为 `00:0c:29:27:55:3F` 的数据包和主机的数据包。

```
$ iptables -A FORWARD -m mac --mac-source 00:0c:29:27:55:3F -j DROP
```

10）对外开放 TCP 端口 `20`、`21`、`25`、`110`，以及被动模式 FTP 端口 `1250:1280`。

```
$ iptables -A INPUT -p tcp -m multiport --dport 20,21,25,110,1250:1280 -j ACCEPT
```

11）禁止转发源 IP 地址为 `192.168.1.20-192.168.1.99` 的 TCP 数据包。

```
$ iptables -A FORWARD -p tcp -m iprange --src-range 192.168.1.20-192.168.1.99 -j DROP
```

12）禁止转发与正常 TCP 连接无关的非 syn 请求数据包。

```
$ iptables -A FORWARD -m state --state NEW -p tcp ! --syn -j DROP
```

13）拒绝访问防火墙的新数据包，但允许响应连接或与已有连接相关的数据包。

```
$ iptables -A INPUT -p tcp -m state --state NEW -j DROP
$ iptables -A INPUT -p tcp -m state --state ESTABLISHED,RELATED -j ACCEPT
```

14）只开放本机的 Web 服务（`80`）、FTP（`20`、`21`、`20450:20480`），允许外部主机发往服务器其他端口的应答数据包，丢弃其他入站数据包。

```
$ iptables -I INPUT -p tcp -m multiport --dport 20,21,80 -j ACCEPT
$ iptables -I INPUT -p tcp --dport 20450:20480 -j ACCEPT
$ iptables -I INPUT -p tcp -m state --state ESTABLISHED -j ACCEPT
$ iptables -P INPUT DROP
```

到这里，你已经了解了 iptables 的功能，下面来看看如何使用 iptables 来加固 IAM 系统。这里将其分成内网不安全和内网安全两种情况展开介绍。

28.5.4 IAM 安全加固（内网不安全）

在设置 iptables 规则之前，我们需要先梳理系统的访问关系，然后根据这些访问关系设置 iptables 规则。访问关系如图 28-12 所示。

可以看到，IAM 系统服务互访关系分为 4 种。

- 允许公网客户端访问 Nginx 的 `80` 和 `443` 端口。
- Keepalived 服务之间能够互发 VRRP 协议包。
- Nginx 可以访问各节点上的 iam-apiserver、iam-authz-server、iam-pump 和 iam-watcher 组件开启的 HTTP/HTTPS/GRPC 服务。
- IAM 服务可以从各节点访问 Redis、MariaDB、MongoDB 数据库。

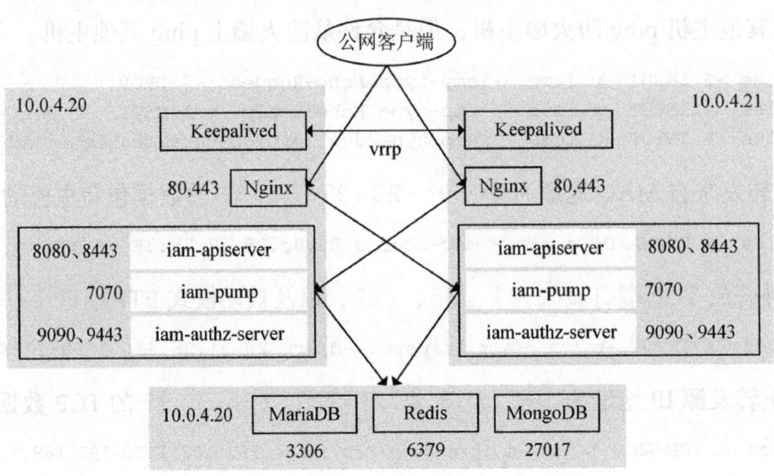

图 28-12 IAM 系统访问关系

这里假定 IAM 系统部署在一个非常大的内网中，该内网部署了很多其他团队的服务，有很多其他团队的研发、测试等人员在内网中执行各种操作。也就是说，我们处在一个不安全的内网中，这时候，如果要加固 IAM 系统，最安全的方式是屏蔽掉未知的来源 IP。

在内网不安全的情况下，加固系统可以分为 3 个步骤，每个步骤中又分为一些小步骤。另外，在需要新增或者删除节点时，我们也需要进行一些变更操作。

1. 设置防火墙规则

基于上面说到的几种互访关系，我们可以在各个节点上设置 iptables 规则来加固系统。我将这些规则设置编写成了 Go 工具，用来自动生成设置这些规则的 shell 脚本。具体设置的过程可以分为 5 步。

1）进入 IAM 项目源码根目录。

2）配置 `access.yaml`（根据此配置，自动生成 iptables 设置脚本），内容如下（位于 `configs/access.yaml` 文件中）：

```
# 允许登录 SSH 节点的来源 IP，可以是固定 IP(例如 10.0.4.2)，也可以是某个网段，0.0.0.0/0 代表不限制来源 IP
ssh-source: 10.0.4.0/24

# IAM 系统节点列表（来源 IP）
hosts:
    - 10.0.4.20
    - 10.0.4.21

# 来源 IP 可以访问的应用端口列表（iam-apiserver, iam-authz-server, iam-pump, iam-watcher
  对外暴露的端口）
ports:
    - 8080
    - 8443
```

```
    - 9090
    - 9443
    - 7070
    - 5050

# 来源 IP 可以访问的数据库端口列表 (Redis, MariaDB, MongoDB)
dbports:
    - 3306
    - 6379
    - 27017
```

上面的配置指定了允许登录机器的子网、Nginx 需要访问的端口列表和各节点需要访问的数据库端口列表。

3）生成 iptables 初始化脚本。

```
$ go run tools/geniptables/main.go -c access.yaml -t app -a -o firewall.sh
$ ls firewall.sh
firewall.sh
```

你可以打开 `firewall.sh` 文件，查看该脚本设置的规则。

4）将 `firewall.sh` 脚本复制到 `10.0.4.20` 和 `10.0.4.21` 节点执行。

```
$ scp firewall.sh root@10.0.4.20:/tmp/
$ scp firewall.sh root@10.0.4.21:/tmp/
```

登录 `10.0.4.20` 和 `10.0.4.21` 机器，执行 `/tmp/firewall.sh`。

5）在 `10.0.4.20`（数据库节点）节点上设置 iptables 规则，以允许各节点访问。

因为数据库节点也位于 `10.0.4.20` 节点，所以只需要添加新的规则，并将 `iptables -A INPUT -j DROP` 规则放到最后执行。

```
$ go run tools/geniptables/main.go -c access.yaml -t db -o addrules.sh
```

然后，将以上 `addrules.sh` 脚本复制到 `10.0.4.20` 节点执行。

注意，因为 iptables 是按顺序进行规则过滤的，所以需要将 `iptables -A INPUT -j DROP` 规则放在新设置规则的后面，否则将无法执行新设置的规则。你可以在设置完 iptables 规则之后，执行下面的命令来将 DROP 放到最后：

```
iptables -A INPUT -j LOG --log-level 7 --log-prefix "Default Deny"
iptables -A INPUT -j DROP
```

接着，在生成的 `addrules.sh` 脚本加入以上设置即可。

2. 设置重启自动加载 iptables 规则

前面我们在各个节点设置了 iptables 规则，但是这些规则在系统重启后会丢失。为了使系统重启后自动重新设置这些规则，我们需要将当前的 iptables 规则保存起来，让系统在重启时自动加载。可以通过以下两步来设置。

1）保存现有的规则。

```
$ sudo iptables-save > /etc/sysconfig/iptables
```

2）添加下面的命令行到 /etc/rc.d/rc.local 文件中。

```
$ iptables-restore < /etc/sysconfig/iptables
```

3. 自动化

上面的步骤自动生成了 iptables 规则，并手动登录到节点进行设置。你肯定也发现了，整个流程手动操作过多，容易出错，效率也低。我们可以参考设置过程，将这些设置工作自动化，比如编写脚本，一键刷新所有节点的 iptables 规则。

另外，我们再来看一下在新增节点和删除节点场景下如何设置 iptables 规则。

（1）新增节点

如果要扩容一个节点，也需要在新节点设置防火墙规则，并在数据库节点设置防火墙规则允许来自新节点的访问。

假如我们新增一个 10.0.4.22 节点，需要通过下面的 4 个步骤设置防火墙规则。

1）编辑 access.yaml，在 hosts 列表下新增 10.0.4.22 节点 IP。编辑后内容如下：

```
# 允许登录 SSH 节点的来源 IP，可以是固定 IP(例如 10.0.4.2)，也可以是某个网段，0.0.0.0/0 代表不限制来源 IP
ssh-source: 10.0.4.0/24

# IAM 系统节点列表（来源 IP）
hosts:
    - 10.0.4.20
    - 10.0.4.21
    - 10.0.4.22

# 来源 IP 可以访问的应用端口列表（iam-apiserver, iam-authz-server, iam-pump, iam-watcher
  对外暴露的端口）
ports:
    - 8080
    - 8443
    - 9090
    - 9443
    - 7070
    - 5050

# 来源 IP 可以访问的数据库端口列表（Redis, MariaDB, MongoDB）
dbports:
    - 3306
    - 6379
    - 27017
```

2）在 10.0.4.22 节点设置 iptables 规则：

```
$ go run tools/geniptables/main.go -c access.yaml -t app -a -o firewall.sh
```

将 firewall.sh 脚本复制到 10.0.4.22 节点，并执行。

3）在已有节点新增规则允许来自 10.0.4.22 的 Nginx 服务的访问：

```
$ go run tools/geniptables/main.go -c access.yaml -t app 10.0.4.22 -o addrules.sh
```

然后，将addrules.sh脚本复制到存量节点，并执行。

4）在数据库节点新增iptables规则，以允许来自新节点的访问：

```
$ go run tools/geniptables/main.go -c access.yaml -t db 10.0.4.22 -o addrules.sh
```

接着，将addrules.sh脚本复制到10.0.4.20节点执行即可。

（2）删除节点

如果要删除一个节点，需要在保留的节点和数据库节点中将该节点的访问权限删除。假如我们要删除10.0.4.22节点，需要通过下面3个步骤设置防火墙规则。

1）在保留节点删除10.0.4.22节点访问权限：

```
$ go run tools/geniptables/main.go -c access.yaml -t app --delete 10.0.4.22 -o delete.sh
```

将delete.sh脚本复制到保留节点（10.0.4.20，10.0.4.21），并执行。

2）在数据库节点删除10.0.4.22节点访问权限：

```
$ go run tools/geniptables/main.go -c access.yaml -t db --delete 10.0.4.22 -o delete.sh
```

然后，将delete.sh脚本复制到10.0.4.20节点执行即可。

3）将下线的节点从access.yaml文件中的hosts部分删除。

28.5.5　IAM安全加固（内网安全）

下面我们来看第二种情况：假定我们的系统部署在一个安全的内网环境中，这时候加固系统就会变得异常简单，只需要允许来源IP为内网IP的客户端访问IAM提供的各类端口即可。在设置完iptables规则之后，后续再新增或者删除节点，就不需要做任何变更了。具体可以分为5个步骤。

1）进入IAM项目源码根目录。

2）配置accesss.yaml（根据此配置，自动生成iptables设置脚本），内容如下（configs/access.yaml文件）：

```
# 允许登录SSH节点的来源IP，可以是固定IP(例如10.0.4.2)，也可以是某个网段，0.0.0.0/0代表不限制来源IP
ssh-source: 10.0.4.0/24

# 来源IP可以访问的应用端口列表（iam-apiserver, iam-authz-server, iam-pump, iam-watcher
  对外暴露的端口）
ports:
  - 8080
    - 8443
    - 9090
    - 9443
    - 7070
    - 5050

# 来源IP可以访问的数据库端口列表（Redis, MariaDB, MongoDB）
dbports:
    - 3306
    - 6379
    - 27017
```

上面配置仅仅指定了 IAM 服务端口和数据库端口。

3）生成 iptables 初始化脚本。

```
$ go run tools/geniptables/main.go -c access.yaml -t app --cidr=10.0.4.0/24 -a -o firewall.sh
$ ls firewall.sh
firewall.sh
```

4）将 firewall.sh 脚本复制到 10.0.4.20 和 10.0.4.21 节点执行：

```
$ scp firewall.sh root@10.0.4.20:/tmp/
$ scp firewall.sh root@10.0.4.21:/tmp/
```

登录 10.0.4.20 和 10.0.4.21 机器执行 /tmp/firewall.sh。

5）在 10.0.4.20（数据库节点）节点上设置 iptables 规则，以允许各节点访问。

因为数据库节点也位于 10.0.4.20 节点，所以只需要添加新的规则，并将 iptables -A INPUT -j DROP 规则放到最后执行即可。

```
$ go run tools/geniptables/main.go -c access.yaml -t db --cidr=10.0.4.0/24 -o
    addrules.sh
```

然后，将以上 addrules.sh 脚本复制到 10.0.4.20 节点执行。

如果要增加节点，你只需要重新执行第 3 步，生成 firewall.sh 脚本，并将 firewall.sh 脚本复制到新节点上执行即可。如果要删除节点，则不需要做任何操作。

28.6 弹性伸缩

弹性伸缩包括扩容和缩容两种。扩容是指当业务量越来越大时，系统能够很容易地增加计算节点，来分散工作负载，从而实现计算等能力的扩展。缩容是指当业务量变小时，系统能够很容易地减少计算节点，从而减小成本。

在系统上线初期，通常业务量不会很大，但是随着产品的迭代，用户量的增多，系统承载的请求量会越来越多，系统承载的压力也会越来越大。这时，系统就需要具备水平扩容的能力，以满足业务需求，同时避免因为系统负载过高造成系统雪崩。

一些电商系统在双 11 这类促销活动之前会提前扩容计算节点，以应对即将到来的流量高峰。但是活动过后，随着流量会逐渐下降，它会进行缩容，以减少计算节点，从而节省成本。

一个可伸缩的系统架构，是我们在进行系统设计时必须要保证的。如果系统不具备伸缩性，那么当后期需要扩缩容时，就需要对代码进行大改，不仅会增加额外的工作量，还会拖累产品的迭代速度。而且改完之后还要测试，发布之后，还可能因为代码变更引入 Bug。总之，不具备伸缩性的系统架构存在很大的安全隐患。

IAM 系统在设计之初就考虑到了系统的伸缩能力，可以很容易地对系统进行扩缩容。下面，我来分别介绍一下如何对系统进行扩容和缩容。

28.6.1　系统扩容

系统扩容的步骤很简单，具体分为以下 5 步。

1）根据需要申请计算节点，如无特殊需求，计算节点的配置、操作系统等要与已有的节点保持一致。

2）在新的节点上部署 iam-apiserver、iam-authz-server、iam-pump、iam-watcher，部署方式与部署其他节点一样。

3）在新节点部署 Nginx，并将新节点的 IP 加入已有所有节点的 Nginx upstream 配置中，重启 Nginx。

4）在新节点部署 Keepalived，并将新节点的 IP 加入已有所有节点的 unicast_peer 配置中，重启 Keepalived。

5）修改 iptables 规则，并刷新所有机器的 iptables。

28.6.2　系统缩容

系统缩容是系统扩容的逆向操作，可以通过以下 5 步来完成。

1）根据需要，确定要删除的节点。

2）关闭待删除节点的 iam-apiserver、iam-authz-server、iam-pump、iam-watcher 服务。

3）从所有保留节点的 Nginx upstream 配置中，删除待删除节点的 IP 地址，重启 Nginx。

4）从所有保留节点的 Keepalived unicast_peer 配置中，删除待删除节点的 IP 地址，重启 Keepalived。

5）修改 iptables 规则，并刷新所有保留机器的 iptables。

28.7　本章总结

本章介绍了如何基于虚拟机来部署 IAM 系统。在部署 IAM 系统时，我们需要确保整个应用具备高可用和弹性扩缩容能力。可以通过 Nginx 的反向代理功能和负载均衡功能实现后端服务 iam-apiserver 和 iam-authz-server 的高可用，通过 Keepalived 实现 Nginx 的高可用，通过 Nginx + Keepalived 组合实现 IAM 系统的高可用和弹性伸缩能力。

部署一个高可用的 IAM 系统，至少需要两台服务器，并且部署相同的服务 iam-apiserver、iam-authz-server、iam-pump、iam-watcher。而且，我们需要选择其中一台服务器部署数据库服务：MariaDB、Redis、MongoDB。为了安全和性能，我们会设置 iam-apiserver、iam-authz-server、iam-pump、iam-watcher 服务通过内网来访问数据库服务，并使用 iptables 规则来加固系统。

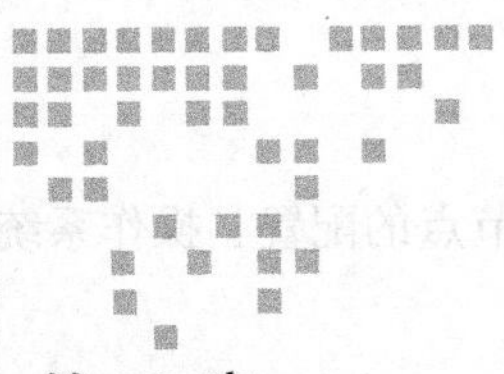

Chapter 29 第 29 章

IAM 容器化部署

在云原生架构中，我们是通过 Docker + Kubernetes 来部署云原生应用的。在本章，我将手把手教你如何在 Kubernetes 集群中部署 IAM 系统。因为步骤比较多，所以希望你能按照本章内容完成每一个操作步骤。相信在实操的过程中，你也会学到更多的知识。本章的主要内容如下：

- ❑ Docker 镜像的构建原理和方式。
- ❑ 编写 Dockerfile 文件。
- ❑ 编写 Kubernetes 资源定义文件。
- ❑ 基于 Kubernetes 的容器化部署实战。

29.1 Docker 镜像的构建原理和方式

首先来看 Docker 镜像的构建原理和方式。开发者可以用多种方式来构建一个 Docker 镜像，最常用的有两种。

- ❑ 通过 `docker commit` 命令，基于一个已存在的容器构建镜像。
- ❑ 编写 Dockerfile 文件，并使用 `docker build` 命令来构建镜像。

上面两种方法中，构建镜像的底层原理是相同的，都是通过以下 3 个步骤来构建镜像。

1）基于原镜像，启动一个 Docker 容器。

2）在容器中进行一些操作，例如执行命令、安装文件等。这些操作产生的文件变更都会被记录在容器的存储层中。

3）将容器存储层的变更提交到新的镜像层中，并添加到原镜像上。

29.1.1 通过 `docker commit` 命令构建镜像

开发者可以通过 `docker commit` 命令来构建一个镜像，命令的格式为 `docker commit`

[选项] [<仓库名>[:<标签>]]。例如，可以通过 4 个步骤构建 Docker 镜像 ccr.ccs.tencentyun.com/marmotedu/iam-apiserver-amd64:test，如图 29-1 所示。

```
[colin@dev iam]$ docker ps ①
CONTAINER ID        IMAGE                                                     COMMAND                  CREATED           STATUS          PORTS
        NAMES
48d1dbb89a7f        ccr.ccs.tencentyun.com/marmotedu/iam-apiserver-amd64:latest   "/opt/iam/bin/iam-ap… "   5 minutes ago     Up 5 minutes
        pensive_lichterman
[colin@dev iam]$ docker pause 48d1dbb89a7f ②
48d1dbb89a7f
[colin@dev iam]$ docker commit 48d1dbb89a7f ccr.ccs.tencentyun.com/marmotedu/iam-apiserver-amd64:test ③
sha256:f34935cad37e0e34453d35b06ece9d64268792f45f07d09a73af3e16ab9d8c64
[colin@dev iam]$ docker images ccr.ccs.tencentyun.com/marmotedu/iam-apiserver-amd64:test ④
REPOSITORY                                            TAG         IMAGE ID          CREATED            SIZE
ccr.ccs.tencentyun.com/marmotedu/iam-apiserver-amd64   test        f34935cad37e      12 seconds ago     34.5MB
[colin@dev iam]$ docker unpause 48d1dbb89a7f
48d1dbb89a7f
```

图 29-1　通过 docker commit 命令构建镜像

具体步骤如下。

1）执行 `docker ps` 获取需要构建镜像的容器 ID 48d1dbb89a7f。

2）执行 `docker pause 48d1dbb89a7f` 暂停 ID 为 48d1dbb89a7f 的容器的运行。

3）执行 `docker commit 48d1dbb89a7f ccr.ccs.tencentyun.com/marmotedu/iam-apiserver-amd64:test`，基于 ID 为 48d1dbb89a7f 的容器构建 Docker 镜像。

4）执行 `docker images ccr.ccs.tencentyun.com/marmotedu/iam-apiserver-amd64:test`，查看镜像是否成功构建。

这种镜像构建方式通常用在下面两个场景中。

- ❑ 构建临时的测试镜像。
- ❑ 容器被入侵后，使用 `docker commit` 基于被入侵的容器构建镜像，从而保留现场，方便以后追溯。

注意，我不建议使用 `docker commit` 来构建现网环境的镜像，主要原因有以下两个：

- ❑ 使用 `docker commit` 构建的镜像包含编译构建、安装软件，以及程序运行产生的大量无用文件，导致镜像体积很大，非常臃肿。
- ❑ 使用 `docker commit` 构建的镜像会丢失所有对该镜像的操作历史，无法还原镜像的构建过程，不利于镜像的维护。

29.1.2　通过 Dockerfile 来构建镜像

在实际开发中，使用 Dockerfile 来构建是最常用，也是最标准的镜像构建方法。Dockerfile 是 Docker 用于构建镜像的文本文件，里面包含一系列用来构建镜像的指令。

`docker build` 命令会读取 Dockerfile 的内容，并将该内容发送给 Docker 引擎，由 Docker 引擎解析 Dockerfile 中的每一条指令，构建镜像。

`docker build` 的命令格式为 `docker build [OPTIONS] PATH | URL | -`。`PATH`、`URL`、`-` 指出了构建镜像的上下文（context），context 中包含构建镜像需要的 Dockerfile 文件和其他文件。默认情况下，Docker 引擎会查找 context 中名为 Dockerfile 的文件，但你也可以通过 `-f` 命令手动指定 Dockerfile 文件。例如：

```
$ docker build -f Dockerfile -t ccr.ccs.tencentyun.com/marmotedu/iam-apiserver-amd64:test.
```

使用 Dockerfile 构建镜像，本质上也是通过镜像创建容器，并在容器中执行相应的指令，然后停止容器，提交存储层的文件变更。与通过 `docker commit` 构建镜像的方式相比，它有 3 个好处。

- Dockerfile 包含镜像制作的完整操作流程，使得其他开发者可以通过 Dockerfile 了解并复现制作过程。
- Dockerfile 中的每一条指令都会创建新的镜像层，这些镜像可以被 Docker Daemon 缓存。再次制作镜像时，Docker 会尽量复用缓存的镜像层，而不是重新逐层构建，从而节省时间和磁盘空间。
- 可以通过 `docker image history [镜像名称]` 查询 Dockerfile 的操作流程，从而了解变更记录。

这里，我通过一个示例来详细介绍通过 Dockerfile 构建镜像的流程。

步骤 1：编写一个 Dockerfile 文件。下面是 iam-apiserver 的 Dockerfile 文件[⊖]的内容：

```
FROM centos:centos8
LABEL maintainer="<colin404@foxmail.com>"

RUN ln -sf /usr/share/zoneinfo/Asia/Shanghai /etc/localtime
RUN echo "Asia/Shanghai" > /etc/timezone

WORKDIR /opt/iam
COPY iam-apiserver /opt/iam/bin/

ENTRYPOINT ["/opt/iam/bin/iam-apiserver"]
```

这里之所以选择 `centos:centos8` 作为基础镜像，是因为 `centos:centos8` 镜像中包含了基本的排障工具，例如 `vi`、`cat`、`curl`、`mkdir` 等。

步骤 2：执行 `docker build` 命令来构建镜像：

```
$ docker build -f Dockerfile -t ccr.ccs.tencentyun.com/marmotedu/iam-apiserver-amd64:test .
```

执行 `docker build` 后的构建流程如下。

1）`docker build` 会将 context 中的文件打包传给 Docker Daemon。如果 context 中有 `.dockerignore` 文件，则会从上传列表中删除满足 `.dockerignore` 规则的文件。但是，如果 `.dockerignore` 文件中有 `.dockerignore` 或者 Dockerfile，那么 `docker build` 命令在排除文件时会忽略掉这两个文件。如果执行 `docker build` 命令时指定了镜像的 tag，则 `docker build` 还会对 repository 和 tag 进行验证。

2）`docker build` 命令向 Docker Server 发送构建镜像的 HTTP 请求，请求中包含需要的 context 信息。

⊖ 参见 https://github.com/marmotedu/iam/blob/v1.6.2/build/docker/iam-apiserver/Dockerfile。

3）Docker Server 接收到构建请求之后，会通过以下流程来构建镜像。

- 创建一个临时目录，并将 context 中的文件解压到该目录下。
- 读取并解析 Dockerfile，遍历其中的指令，根据命令类型分发到不同的模块去执行。
- Docker 引擎为每一条指令创建一个临时容器，在临时容器中执行指令，然后提交到容器，生成一个新的镜像层。

步骤 3：将所有指令构建出的镜像层合并，得到最终镜像。最后一次提交生成的镜像 ID 就是最终的镜像 ID。

为了提高构建效率，`docker build` 默认会缓存已有的镜像层。如果构建镜像时发现某个镜像层已经被缓存，则直接使用该缓存镜像，而无须重新构建。如果不希望使用缓存的镜像，可以在执行 `docker build` 命令时指定 `--no-cache=true` 参数。

Docker 匹配缓存镜像的规则为：遍历缓存中的基础镜像及其子镜像，检查这些镜像的构建指令是否与当前指令完全一致，如果不一致，则说明缓存不匹配。对于 `ADD`、`COPY` 指令，Docker 还会根据文件的校验和（checksum）来判断添加到镜像中的文件是否相同，如果不相同，则说明缓存不匹配。

这里要注意，缓存匹配检查不会检查容器中的文件。比如，当使用 `RUN apt-get -y update` 命令更新了容器中的文件时，缓存策略并不会检查这些文件来判断缓存是否匹配。

最后，可以通过 `docker history` 命令来查看镜像的构建历史，如图 29-2 所示。

```
[colin@dev iam]$ docker image history ccr.ccs.tencentyun.com/marmotedu/iam-apiserver-amd64:test
IMAGE            CREATED         CREATED BY                                          SIZE        COMMENT
f34935cad37e     5 hours ago                                                         8.57kB
7cda0b3483ae     2 weeks ago     /bin/sh -c #(nop)  ENTRYPOINT ["/opt/iam/bin…        0B
b626e2307fc0     2 weeks ago     /bin/sh -c #(nop) COPY file:2bf17185429458ef…       29MB
e6dc0d1c1b7c     2 weeks ago     /bin/sh -c #(nop) WORKDIR /opt/iam                  0B
50d9f675255b     2 weeks ago     /bin/sh -c echo "Asia/Shanghai" > /etc/timez…       14B
34651bd9dcb9     2 weeks ago     /bin/sh -c ln -sf /usr/share/zoneinfo/Asia/S…       33B
aaf0c508836e     2 weeks ago     /bin/sh -c #(nop)  MAINTAINER Lingfei Kong <…        0B
e7b300aee9f9     3 months ago    /bin/sh -c #(nop)  CMD ["/bin/sh"]                  0B
<missing>        3 months ago    /bin/sh -c #(nop) ADD file:c5377eaa926bf412d…       5.58MB
```

图 29-2 镜像的构建历史

29.1.3 其他镜像构建方式

除了前文介绍的两种最常用的镜像构建方式，还有一些其他镜像构建方式，这里简单介绍两种。

1）通过 `docker save` 和 `docker load` 命令构建。

`docker save` 可以将镜像保存为一个 tar 文件，`docker load` 可以将 tar 格式的镜像文件加载到当前机器上，例如：

```
# 在 A 机器上执行，并将 nginx-v1.0.0.tar.gz 复制到 B 机器
$ docker save nginx | gzip > nginx-v1.0.0.tar.gz

# 在 B 机器上执行
$ docker load -i nginx-v1.0.0.tar.gz
```

通过上面的命令，我们就在 B 机器上构建了 `nginx` 镜像。

2）通过 docker export 和 docker import 命令构建。

可以先通过 docker export 保存镜像，再通过 docker import 加载镜像，具体命令如下：

```
# 在 A 机器上执行，并将 nginx-v1.0.0.tar.gz 复制到 B 机器
$ docker export nginx > nginx-v1.0.0.tar.gz

# 在 B 机器上执行
$ docker import - nginx:v1.0.0 nginx-v1.0.0.tar.gz
```

通过 docker export 导出的镜像和通过 docker save 保存的镜像都会丢失所有的镜像构建历史，所以在实际生产环境中，我不建议通过这两种方式来创建镜像。我比较推荐的方式是：在 A 机器上将镜像推送到镜像仓库，在 B 机器上从镜像仓库拉取该镜像。

29.2 编写 Dockerfile 文件

上一节介绍了一些与 Docker 镜像构建有关的基础知识。在实际生产环境中，标准的构建方式是通过 Dockerfile 来构建镜像，这就要求你会编写 Dockerfile 文件。所以本节就来详细介绍一下如何编写 Dockerfile 文件，以及编写 Dockerfile 文件时要遵循的一些最佳实践。

29.2.1 Dockerfile 指令介绍

Dockerfile 指令的基本格式如下：

```
# 注释
INSTRUCTION arguments
```

Dockerfile 指令不区分大小写，但我的建议是将指令都定义为大写形式，以便与参数进行区分。Dockerfile 中，以 # 开头的行是注释行，而在其他位置出现的 # 则会被当成参数，例如：

```
# 注释
RUN echo 'hello world # dockerfile'
```

一个 Dockerfile 文件中包含多条指令，这些指令可以分为 5 类。

- 定义基础镜像的指令：**FROM**。
- 定义镜像维护者的指令：MAINTAINER（可选）。
- 定义镜像构建过程的指令：**COPY**、ADD、**RUN**、USER、**WORKDIR**、ARG、**ENV**、VOLUME、**ONBUILD**。
- 定义容器启动时执行命令的指令：**CMD**、**ENTRYPOINT**。
- 其他指令：EXPOSE、HEALTHCHECK、STOPSIGNAL、**LABEL**。

其中，加粗的指令是编写 Dockerfile 时经常用到的指令，需要重点了解。我把这些常用 Dockerfile 指令的介绍都放在了 GitHub 上，感兴趣的话可以自行参考这篇文章——《Dockerfile

指令详解》⊖。

下面是一个Dockerfile示例:

```
# 第一行必须指定构建该镜像所基于的容器镜像
FROM centos:centos8

# 维护者信息
LABEL maintainer="<colin404@foxmail.com>"

# 镜像的操作指令
RUN ln -sf /usr/share/zoneinfo/Asia/Shanghai /etc/localtime
RUN echo "Asia/Shanghai" > /etc/timezone
WORKDIR /opt/iam
COPY iam-apiserver /opt/iam/bin/

# 容器启动时执行指令
ENTRYPOINT ["/opt/iam/bin/iam-apiserver"]
```

Docker会顺序解释并执行Dockerfile中的指令。注意，第一条指令必须是`FROM`，该指令用于指定构建镜像的基础镜像。接下来，指定镜像维护者的信息，执行镜像操作的指令，最后通过`CMD`或者`ENTRYPOINT`来指定容器启动的命令和参数。

29.2.2 Dockerfile最佳实践

在编写Dockerfile时，只知道Dockerfile指令是不够的，还需要遵循一些编写Dockerfile的最佳实践。这里，我总结了一份编写Dockerfile的最佳实践清单供大家参考。

1）建议所有的Dockerfile指令大写，以便与镜像内执行的指令区分开来。

2）在选择基础镜像时，尽量选择官方镜像，并在满足要求的情况下，尽量选择体积小的镜像。目前，Linux镜像的大小关系如下：`busybox < debian < centos < ubuntu`。最好确保同一个项目中使用统一的基础镜像。如无特殊需求，可以选择使用`debian:jessie`或者`alpine`。

3）在构建镜像时，删除不需要的文件，只安装需要的文件，保持镜像干净、轻量。

4）使用更少的层，把相关的内容放到同一层，并使用换行符进行分隔。这样可以进一步减小镜像的体积，也方便查看镜像历史。

5）不要在Dockerfile中修改文件的权限。因为如果修改文件的权限，那么Docker在构建镜像时会重新复制一份Dockerfile，导致镜像体积越来越大。

6）给镜像打上标签，标签可以帮助你理解镜像的功能，例如：`docker build -t="nginx:3.0-onbuild"`。

7）`FROM`指令应该包含标签，例如使用`FROM debian:jessie`，而不是`FROM debian`。

⊖ 参见https://github.com/marmotedu/geekbang-go/blob/master/Dockerfile指令详解.md。

8）充分利用缓存。Docker引擎会顺序执行Dockerfile中的指令，一旦缓存失效，后续命令将不能使用缓存。所以，为了有效地利用缓存，我们需要尽量将所有的Dockerfile文件中相同的部分都放在前面，而将不同的部分放在后面。

9）优先使用COPY而非ADD指令。与ADD相比，COPY功能简单，而且也够用。ADD可变的行为会导致该指令的行为不清晰，不利于后期维护和理解。

10）推荐将CMD和ENTRYPOINT指令结合使用，使用Excel格式的ENTRYPOINT指令设置固定的默认命令和参数，然后使用CMD指令设置可变的参数。

11）尽量使用共享Dockerfile。共享Dockerfile可以使开发者明确知道Docker镜像的构建过程，也可以将Dockerfile文件加入版本控制系统，方便后续跟踪。

12）使用.dockerignore在构建镜像时忽略非必需的文件。忽略无用的文件，可以提高构建速度。

13）使用多阶段构建。多阶段构建可以大幅减小最终镜像的体积。例如，COPY指令中可能包含一些安装包，安装完成之后这些内容就废弃掉。下面是一个简单的多阶段构建示例：

```
FROM golang:1.11-alpine AS build

# 安装依赖包
RUN go get github.com/golang/mock/mockgen

# 复制源码并执行build命令，此处当文件有变化会产生一层新的镜像层
COPY . /go/src/iam/
RUN go build -o /bin/iam

# 缩小到一层镜像
FROM busybox
COPY --from=build /bin/iam /bin/iam
ENTRYPOINT ["/bin/iam"]
CMD ["--help"]
```

29.3 编写Kubernetes资源定义文件

下面，我们将基于Kubernetes来部署IAM系统。要想在Kubernetes集群中部署应用，需要编写Kubernetes资源定义文件，建议使用YAML格式文件（具体原因会在下文介绍），例如Service、Deployment、ConfigMap、Secret、StatefulSet等。

29.3.1 为什么选择YAML格式来定义Kubernetes资源

在学习如何编写Kubernetes YAML文件前，我先来解释一下为什么使用YAML格式定义Kubernetes的各类资源。与其他格式（例如XML、JSON等）相比，YAML格式不仅支持丰富的数据类型，而且结构清晰，层次分明，表达性极强，易于维护，非常适合用于开

发者配置和管理 Kubernetes 资源。

其实 Kubernetes 支持 YAML 和 JSON 两种格式，JSON 格式通常用来作为接口之间消息传递的数据格式，YAML 格式则用于资源的配置和管理。YAML 和 JSON 这两种格式是可以相互转换的，你可以通过在线工具 json2yaml[⊖]来自动转换 YAML 和 JSON 数据格式。

例如，下面是一个 YAML 文件示例：

```
apiVersion: v1
kind: Service
metadata:
    name: iam-apiserver
spec:
    clusterIP: 192.168.0.231
    externalTrafficPolicy: Cluster
    ports:
    - name: https
        nodePort: 30443
        port: 8443
        protocol: TCP
        targetPort: 8443
    selector:
        app: iam-apiserver
    sessionAffinity: None
    type: NodePort
```

它对应的 JSON 格式的文件内容为：

```
{
    "apiVersion": "v1",
    "kind": "Service",
    "metadata": {
        "name": "iam-apiserver"
    },
    "spec": {
        "clusterIP": "192.168.0.231",
        "externalTrafficPolicy": "Cluster",
        "ports": [
            {
                "name": "https",
                "nodePort": 30443,
                "port": 8443,
                "protocol": "TCP",
                "targetPort": 8443
            }
        ],
        "selector": {
            "app": "iam-apiserver"
        },
```

⊖ 参见 https://www.json2yaml.com/convert-yaml-to-json。

```
        "sessionAffinity": "None",
        "type": "NodePort"
    }
}
```

上述 JSON 格式的内容是通过 `json2yaml` 在线工具转换而来，如图 29-3 所示。

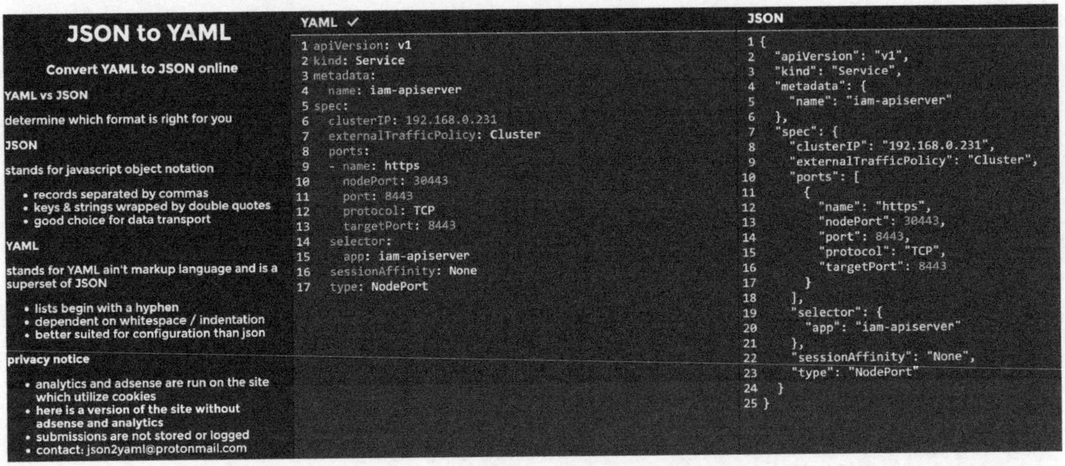

图 29-3 json2yaml

在编写 Kubernetes 资源定义文件的过程中，如果因为 YAML 格式文件中的配置项缩进太深，导致不容易判断配置项的层级，那么你就可以将其转换成 JSON 格式，通过 JSON 格式来判断配置项的层级。

如果你想学习更多关于 YAML 的知识，可以参考官方文档 `YAML 1.2 (3rd Edition)`[⊖]。这里，我们可以先了解一下 YAML 的基本语法。

- ❑ 属性和值都是大小写敏感的。
- ❑ 使用缩进表示层级关系。
- ❑ 禁止使用 Tab 键缩进，只允许使用空格，建议使用两个空格作为一个层级的缩进。元素左对齐，对齐的两个元素属于同一个级别。
- ❑ 使用 # 进行注释，以行为单位。
- ❑ 在 `key: value` 格式的定义中，冒号后要有一个空格。
- ❑ 短横线表示列表项，通常使用一个短横线加一个空格的行式。同一列表的多个项使用同样的缩进级别。
- ❑ 使用 `---` 表示一个新的 YAML 文件开始。

29.3.2 Kubernetes 资源定义概述

Kubernetes 中有很多内置的资源，常用的有 Deployment、StatefulSet、ConfigMap、Service、

⊖ 参见 https://yaml.org/spec/1.2/spec.html。

Secret、Node、Pod、Event、Job、DaemonSet 等。除此之外，Kubernetes 还有一些其他资源。如果你觉得 Kubernetes 内置的资源满足不了需求，还可以自定义资源（CRD）。

Kubernetes 的资源清单可以通过执行以下命令来查看：

```
$ kubectl api-resources
NAME                SHORTNAMES   APIVERSION   NAMESPACED   KIND
bindings                         v1           true         Binding
componentstatuses   cs           v1           false        ComponentStatus
configmaps          cm           v1           true         ConfigMap
endpoints           ep           v1           true         Endpoints
events              ev           v1           true         Event
```

上述输出中，各列的含义如下。

- **NAME**：资源名称。
- **SHORTNAMES**：资源名称简写。
- **APIVERSION**：资源的 API 版本，也称为 group。
- **NAMESPACED**：资源是否具有 Namespace 属性。
- **KIND**：资源类别。

这些资源的配置有相同点，也有不同点。我们先来看下这些资源的相同的配置。

```
---
apiVersion: <string>                        # string 类型，指定 group 的名称，默认为 core。
                                              可以使用 kubectl api-versions 命令，来获取
                                              当前 Kubernetes 版本支持的所有 group
kind: <string>                              # string 类型，资源类别
metadata: <Object>                          # 资源的元数据
    name: <string>                          # string 类型，资源名称
    namespace: <string>                     # string 类型，资源所属的命名空间
    lables: < map[string]string>            # map 类型，资源的标签
    annotations: < map[string]string>       # map 类型，资源的标注
    selfLink: <string>                      # 资源的 RESTful API 路径，格式为：/api/<group>/
                                              namespaces/<namespace>/<type>/<name>。例如：
                                              /api/v1/namespaces/default/services/iam-
                                              apiserver
spec: <Object>                              # 定义用户期望的资源状态（desired state）
status: <Object>                            # 资源当前的状态，以只读的方式显示资源的最近状态。
                                              这个字段由 Kubernetes 维护，用户无法定义
```

你可以通过 `kubectl explain <object>` 命令来查看 Object 资源对象的介绍，并通过 `kubectl explain <object1>.<object2>` 来查看 `<object1>` 的子对象 `<object2>` 的资源介绍，例如：

```
$ kubectl explain service
$ kubectl explain service.spec
$ kubectl explain service.spec.ports
```

YAML 格式的 Kubernetes 资源定义文件支持以下数据类型。

- **string**：表示字符串类型。
- **object**：表示一个对象，需要嵌套多层字段。
- **map[string]string**：表示由 key: value 组成的映射。
- **[]string**：表示字串列表。
- **[]object**：表示对象列表。
- **boolean**：表示布尔类型。
- **integer**：表示整型。

29.3.3 常用的 Kubernetes 资源定义

前文提到 Kubernetes 中有很多资源，其中 Pod、Deployment、Service、ConfigMap 是比较常用的，详细介绍如下。

1. Pod 资源定义

下面是一个 Pod 资源的 YAML 定义：

```
apiVersion: v1                                          # 必需，版本号，常用 v1  apps/v1
kind: Pod                                               # 必需
metadata:                                               # 必需，元数据
    name: string                                        # 必需，名称
    namespace: string                                   # 必需，命名空间
    labels:                                             # 非必需，标签，列表值
        - name: string
    annotations:                                        # 非必需，注解，列表值
        - name: string
spec:                                                   # 必需，容器的详细定义
    containers:                                         # 必需，容器列表，
        - name: string                                  # 必需，容器 1 的名称
          image: string                                 # 必需，容器 1 所用的镜像
          imagePullPolicy: [Always|Never|IfNotPresent]  # 非必需，镜像拉取策略，默认是Always
          command: [string]                             # 非必需，列表值
          args: [string]                                # 非必需，启动参数
          workingDir: string                            # 非必需，容器内的工作目录
          volumeMounts:                                 # 非必需，挂载到容器内的存储卷配置
              - name: string                            # 非必需，存储卷名字，需与【@1】处
                                                          定义的名字一致
                readOnly: boolean                       # 非必需，定义读写模式，默认是读写
          ports:                                        # 非必需，需要暴露的端口
              - name: string                            # 非必需，端口名称
                containerPort: int                      # 非必需，端口号
                hostPort: int                           # 非必需，宿主机需要监听的端口号，设
                                                          置此值时，同一台宿主机不能存在
                                                          同一端口号的 Pod，建议不要设置此值
                proctocol: [tcp|udp]                    # 非必需，端口使用的协议，默认是 TCP
          env:                                          # 非必需，环境变量
              - name: string                            # 非必需，环境变量名称
```

```
      value: string                        # 非必需，环境变量键值对
    resources:                             # 非必需，资源限制
      limits:                              # 非必需，限制容器使用资源的最大值，
                                             当超过此值时，容器会被推出
        cpu: string                        # 非必需，CPU资源，单位是core，从
                                             0.1开始
        memory: string                     # 内存限制，单位为MiB、GiB
      requests:                            # 非必需，启动时分配的资源
        cpu: string
        memory: string
    livenessProbe:                         # 非必需，容器健康检查的探针探测方式
      exec:                                # 探测命令
        command: [string]                  # 探测命令或者脚本
      httpGet:                             # httpGet方式
        path: string                       # 探测路径，例如http://ip:port/path
        port: number
        host: string
        scheme: string
        httpHeaders:
          - name: string
            value: string
        tcpSocket:                         # tcpSocket方式，检查端口是否存在
          port: number
        initialDelaySeconds: 0             # 容器启动完成多少秒后再进行首次探
                                             测，单位为s
        timeoutSeconds: 0                  # 探测响应超时的时间，默认是1s，如
                                             果失败，则认为容器不健康，会重启
                                             该容器
        periodSeconds: 0                   # 探测间隔时间，默认是10s
        successThreshold: 0
        failureThreshold: 0
      securityContext:
        privileged: false
      restartPolicy: [Always|Never|OnFailure]  # 容器重启的策略
      nodeSelector: object                 # 指定运行的宿主机
      imagePullSecrets:                    # 容器下载时使用的Secret名称，需
                                             要与volumes.secret中定义的一致
        - name: string
      hostNetwork: false
      volumes:                             ## 挂载的共享存储卷类型
        - name: string                     # 非必需，【@1】
        emptyDir: {}
        hostPath:
          path: string
        secret:                            # 类型为Secret的存储卷，使用内部的
                                             Secret内的items值作为环境变量
          secrectName: string
          items:
            - key: string
              path: string
```

```
            configMap:                             # 类型为ConfigMap的存储卷
                name: string
                items:
                    - key: string
                      path: string
```

Pod 是 Kubernetes 中最重要的资源之一，可以通过 Pod YAML 定义来创建一个 Pod，也可以通过 DaemonSet、Deployment、ReplicaSet、StatefulSet、Job、CronJob 来创建 Pod。

2. Deployment 资源定义

Deployment 资源的 YAML 定义如下：

```
apiVersion: apps/v1
kind: Deployment
metadata:
    labels:                                        # 设定资源的标签
        app: iam-apiserver
    name: iam-apiserver
    namespace: default
spec:
    progressDeadlineSeconds: 10                    # 指定多少时间内不能完成滚
                                                     动升级就视为失败，滚动升级
                                                     自动取消
    replicas: 1                                    # 声明副本数，建议 >= 2
    revisionHistoryLimit: 5                        # 设置保留的历史版本个数，
                                                     默认是10
    selector:                                      # 选择器
        matchLabels:                               # 匹配标签
            app: iam-apiserver                     # 标签格式为key: value
    strategy:                                      # 指定部署策略
        rollingUpdate:
            maxSurge: 1                            # 最大额外可以存在的副本数，
                                                     可以为百分比，也可以为整数
            maxUnavailable: 1                      # 表示在更新过程中能够进入
                                                     不可用状态的Pod的最大值，
                                                     可以为百分比，也可以为整数
        type: RollingUpdate                        # 更新策略，包括重建(Rec-
                                                     reate)、滚动更新(Rol-
                                                     lingUpdate)
    template:                                      # 指定Pod创建模板。注意：
                                                     以下定义为Pod的资源定义
        metadata:                                  # 指定Pod的元数据
            labels:                                # 指定Pod的标签
                app: iam-apiserver
        spec:
            affinity:
                podAntiAffinity:                   # Pod反亲和性，尽量避免同
                                                     一个应用调度到相同节点
                    preferredDuringSchedulingIgnoredDuringExecution: # 软需求
                    - podAffinityTerm:
```

```
          labelSelector:
            matchExpressions:          # 有多个选项，只有同时满足这些条件的节点才能
                                         运行 Pod
            - key: app
              operator: In             # 设定标签键与一组值的关系，如 In、NotIn、
                                         Exists、Does-NotExist
              values:
              - iam-apiserver
          topologyKey: kubernetes.io/hostname
        weight: 100                    # weight 字段值的范围是1～100
      containers:
      - command:                       # 指定运行命令
        - /opt/iam/bin/iam-apiserver   # 运行参数
        - --config=/etc/iam/iam-apiserver.yaml
        image: ccr.ccs.tencentyun.com/lkccc/iam-apiserver-amd64:v1.
          6.2                          # 镜像名，遵守镜像命名规范
        imagePullPolicy: Always        # 镜像拉取策略。IfNotPresent：优先使
                                         用本地镜像；Never：使用本地镜像，如果
                                         本地镜像不存在，则报错；Always：默认
                                         值，每次都重新拉取镜像
        # lifecycle:                   # Kubernetes 支持 postStart 和 preStop
                                         事件。当一个容器启动后，Kubernetes
                                         将立即发送 postStart 事件；在容器被终结
                                         之前，Kubernetes 将发送一个 preStop 事件
        name: iam-apiserver            # 容器名称，与应用名称保持一致
        ports:                         # 端口设置
        - containerPort: 8443          # 容器暴露的端口
          name: secure                 # 端口名称
          protocol: TCP                # 协议，TCP 和 UDP
        livenessProbe:                 # 存活检查，检查容器是否正常，不正常则重
                                         启实例
          httpGet:                     # HTTP 请求检查方法
            path: /healthz             # 请求路径
            port: 8080                 # 检查端口
            scheme: HTTP               # 检查协议
          initialDelaySeconds: 5       # 启动延时，容器延时启动健康检查的时间
          periodSeconds: 10            # 间隔时间，进行健康检查的时间间隔
          successThreshold: 1          # 健康阈值，表示后端容器从失败到成功的连
                                         续健康检查成功次数
          failureThreshold: 1          # 不健康阈值，表示后端容器从成功到失败的
                                         连续健康检查成功次数
          timeoutSeconds: 3            # 响应超时，每次健康检查响应的最大超时时间
        readinessProbe:                # 就绪检查，检查容器是否就绪，若没有就绪
                                         则停止转发流量到当前实例
          httpGet:                     # HTTP 请求检查方法
            path: /healthz             # 请求路径
            port: 8080                 # 检查端口
            scheme: HTTP               # 检查协议
          initialDelaySeconds: 5       # 启动延时，容器延时启动健康检查的时间
          periodSeconds: 10            # 间隔时间，进行健康检查的时间间隔
```

```
        successThreshold: 1         # 健康阈值，表示后端容器从失败到成功的连
                                      续健康检查成功次数
        failureThreshold: 1         # 不健康阈值，表示后端容器从成功到失败的
                                      连续健康检查成功次数
        timeoutSeconds: 3           # 响应超时，每次健康检查响应的最大超时时间
      startupProbe:                 # 启动探针，可以知道容器内的应用程序是否
                                      已启动
        failureThreshold: 10
        httpGet:
          path: /healthz
          port: 8080
          scheme: HTTP
        initialDelaySeconds: 5
        periodSeconds: 10
        successThreshold: 1
        timeoutSeconds: 3
      resources:                                          # 资源管理
        limits:                                           # 用于设置容器使用资源
                                                            的最大上限，避免异常
                                                            情况下节点资源消耗过多
          cpu: "1"                                        # 设置 CPU 限制，1 核 =
                                                            1000 m
          memory: 1Gi                                     # 设置内存限制，1GiB =
                                                            1024 MiB
        requests:                                         # 用于预分配资源，当集
                                                            群中的节点不能提供请
                                                            求所要求的资源数量时，
                                                            容器会创建失败
          cpu: 250m                                       # 设置 CPU 请求数量
          memory: 500Mi                                   # 设置内存请求数量
        terminationMessagePath: /dev/termination-log      # 容器终止时消息保存路径
        terminationMessagePolicy: File                    # 仅从终止消息文件中检
                                                            索终止消息
        volumeMounts:                                     # 挂载日志卷
        - mountPath: /etc/iam/iam-apiserver.yaml          # 容器内挂载镜像路径
          name: iam                                       # 引用的卷名称
          subPath: iam-apiserver.yaml                     # 指定所引用的卷内的子
                                                            路径，而不是其根路径
        - mountPath: /etc/iam/cert
          name: iam-cert
      dnsPolicy: ClusterFirst
      restartPolicy: Always                               # 重启策略，包括Always、
                                                            OnFailure、Never
      schedulerName: default-scheduler                    # 指定调度器的名字
      imagePullSecrets:                                   # 在 Pod 中设置 Image-
                                                            PullSecret，只有提供
                                                            自己密钥的 Pod 才能访
                                                            问私有仓库
        - name: ccr-registry                              # 镜像仓库的 Secret 需
                                                            要在集群中手动创建
      securityContext: {}                                 # 指定安全上下文
      terminationGracePeriodSeconds: 5                    # 优雅关闭时间，如果这
                                                            个时间内优雅关闭未结
```

```
                              束，则 Kubernetes 会
                              强制关闭
      volumes:                # 配置数据卷，类型详见
                              https://kubernetes.
                              io/zh/docs/conce-
                              pts/storage/volumes
      - configMap:            # ConfigMap类型的
                              数据卷
          defaultMode: 420    # 权限设置0~0777，默
                              认为0664
          items:
              - key: iam-apiserver.yaml
                path: iam-apiserver.yaml
              name: iam                   # ConfigMap名称
          name: iam           # 设置卷名称，与volu-
                              meMounts名称对应
        - configMap:
            defaultMode: 420
            name: iam-cert
          name: iam-cert
```

在部署时，你可以根据需要来配置相应的字段，常见的字段为：labels、name、namespace、replicas、command、imagePullPolicy、container.name、livenessProbe、readinessProbe、resources、volumeMounts、volumes、imagePullSecrets 等。

另外，在部署应用时，我们经常需要提供配置文件，供容器内的进程加载使用。最常用的方法是挂载 ConfigMap 到应用容器中。那么，如何挂载 ConfigMap 到容器中呢？

引用 ConfigMap 对象时，你可以在卷中通过它的名称来引用。你可以自定义 ConfigMap 中特定条目所使用的路径。下面的配置就展示了如何将名为 log-config 的 ConfigMap 挂载到名为 configmap-pod 的 Pod 中：

```
apiVersion: v1
kind: Pod
metadata:
    name: configmap-pod
spec:
    containers:
        - name: test
          image: busybox
          volumeMounts:
             - name: config-vol
               mountPath: /etc/config
    volumes:
        - name: config-vol
          configMap:
              name: log-config
              items:
                  - key: log_level
                    path: log_level
```

如代码所示，名为 log-config 的 ConfigMap 以卷的形式挂载在 Pod 中，且存储在 log_level 条目中的所有内容都被挂载到 Pod 的 /etc/config/log_level 路径下。请注意，这个路径来源于卷的 mountPath 和 log_level 键对应的 path。

这里需要注意，在使用 ConfigMap 之前，我们首先要创建它。接下来，我们来看一下 Con-figMap 资源定义。

3. ConfigMap 资源定义

下面是一个 ConfigMap YAML 示例：

```
apiVersion: v1
kind: ConfigMap
metadata:
   name: test-config4
data: # 存储配置内容
    db.host: 172.168.10.1 # 存储格式为 key: value
    db.port: 3306
```

可以看到，ConfigMap 的 YAML 定义相对简单些。假设我们将上述 YAML 文件保存在 iam-configmap.yaml 文件中，则可以执行以下命令来创建 ConfigMap：

```
$ kubectl create -f iam-configmap.yaml
```

除此之外，kubectl 命令行工具还提供了 3 种创建 ConfigMap 的方式，介绍如下。

1）通过 --from-literal 参数创建。创建命令如下：

```
$ kubectl create configmap iam-configmap --from-literal=db.host=172.168.10.1
    --from-literal=db.port='3306'
```

2）通过 --from-file=<文件> 参数创建。创建命令如下：

```
$ echo -n 172.168.10.1 > ./db.host
$ echo -n 3306 > ./db.port
$ kubectl create cm iam-configmap --from-file=./db.host --from-file=./db.port
```

--from-file 的值也可以是一个目录。当值是目录时，目录中的文件名为 key，目录的内容为 value。

3）通过 --from-env-file 参数创建。创建命令如下：

```
$ cat << EOF > env.txt
db.host=172.168.10.1
db.port=3306
EOF
$ kubectl create cm iam-configmap --from-env-file=env.txt
```

4. Service 资源定义

Service 是 Kubernetes 的另一个核心资源。通过创建 Service，我们可以为一组具有相同功能的容器应用提供一个统一的入口地址，并将请求负载分布到后端的各个容器上。Service 资源的 YAML 定义如下：

```
apiVersion: v1
kind: Service
metadata:
    labels:
        app: iam-apiserver
    name: iam-apiserver
    namespace: default
spec:
    clusterIP: 192.168.0.231                  # 虚拟服务地址
    externalTrafficPolicy: Cluster            # 表示此服务是否希望将外部流量路由到节点本地或集
                                                群范围的端点
    ports:                                    # 服务需要暴露的端口列表
    - name: https                             # 端口名称
        nodePort: 30443                       # 当类型为 NodePort 时，指定映射到物理机的端口号
        port: 8443                            # 服务监听的端口号
        protocol: TCP                         # 端口协议，支持 TCP 和 UDP，默认 TCP
        targetPort: 8443                      # 需要转发到后端 Pod 的端口号
    selector:                                 # 标签选择器配置，将选择具有标签的 Pod 作为其后端 RS
        app: iam-apiserver
    sessionAffinity: None                     # 是否支持会话
        type: NodePort                        # 服务的类型，指定服务的访问方式，默认为 clusterIp
```

了解了常用的 Kubernetes YAML 文件的内容，接下来，我们来了解文件编写过程中常用的技巧。

29.3.4　YAML 文件编写技巧

本节主要介绍 3 个编写技巧，内容如下。

1）使用在线的工具来自动生成模板 YAML 文件。

YAML 文件很复杂，从 0 开始编写一个 YAML 定义文件，不仅工作量大，也容易出错，因此完全没必要。我比较推荐的方式是使用一些工具来自动生成所需的 YAML 文件。

这里我推荐使用 k8syaml[⊖]工具。k8syaml 是一个在线的 YAML 生成工具，当前能够生成 Deployment、StatefulSet、DaemonSet 类型的 YAML 文件。k8syaml 有默认配置，并且有对各字段的详细说明，可供我们使用时参考。

2）使用 kubectl run 命令获取 YAML 模板：

```
$ kubectl run --dry-run=client --image=nginx nginx -o yaml > my-nginx.yaml
$ cat my-nginx.yaml
apiVersion: v1
kind: Pod
metadata:
    creationTimestamp: null
    labels:
        run: nginx
    name: nginx
spec:
```

⊖ 参见 https://k8syaml.com/。

```
    containers:
    - image: nginx
      name: nginx
      resources: {}
    dnsPolicy: ClusterFirst
    restartPolicy: Always
status: {}
```

然后，我们可以基于这个模板来修改配置，形成最终的 YAML 文件。

3）导出集群中已有的资源描述。

有时候，我们想创建一个 Kubernetes 资源，并且发现该资源与集群中已经创建的资源描述相近或者一致，这时可以选择导出集群中已经创建资源的 YAML 描述，并基于导出的 YAML 文件进行修改，获得所需的 YAML。例如：

```
$ kubectl get deployment iam-apiserver -o yaml > iam-authz-server.yaml
```

接着，修改 `iam-authz-server.yaml`。通常，我们需要删除 Kubernetes 自动添加的字段，例如 `kubectl.kubernetes.io/last-applied-configuration`、`deployment.kubernetes.io/revision`、`creationTimestamp`、`generation`、`resourceVersion`、`selfLink`、`uid`、`status`。

以上这些技巧可以帮助你更好地编写和使用 Kubernetes YAML。

29.3.5 使用 Kubernetes YAML 时的一些推荐工具

接下来，我再介绍一些比较流行的 Kubernetes YAML 检查工具。

1. kubeval

`kubeval`[⊖]可以用来验证 Kubernetes YAML 是否符合 Kubernetes API 模式。安装方法如下：

```
$ wget https://github.com/instrumenta/kubeval/releases/latest/download/kubeval-
  linux-amd64.tar.gz
$ tar xf kubeval-linux-amd64.tar.gz
$ mv kubeval $HOME/bin
```

安装完成后，可以对 Kubernetes YAML 文件进行验证：

```
$ kubeval deployments/iam.invalid.yaml
ERR - iam/templates/iam-configmap.yaml: Duplicate 'ConfigMap' resource 'iam' in namespace ''
```

根据提示查看 `iam.yaml` 文件，发现该文件定义了两个名为 `iam` 的同名 ConfigMap：

```
apiVersion: v1
kind: ConfigMap
metadata:
    name: iam
```

⊖ 参见 https://github.com/instrumenta/kubeval。

```
data:
    {}
---
# Source: iam/templates/iam-configmap.yaml
apiVersion: v1
kind: ConfigMap
metadata:
    na me: iam
data:
    iam-: ""
    iam-apiserver.yaml: |
        ...
```

可以看到，使用 kubeval 之类的工具，能让我们在部署的早期无须访问集群就能发现 YAML 文件的错误。

2. kube-score

kube-score[⊖]能够对 Kubernetes YAML 进行分析，并根据内置的检查对其评分。这些检查是根据安全建议和最佳实践而选择的，举例如下。

- 以非 Root 用户启动容器。
- 为 Pod 设置健康检查。
- 定义资源请求和限制。

安装 kube-score 工具，命令如下：

```
$ go install github.com/zegl/kube-score/cmd/kube-score@latest
```

然后，对 Kubernetes YAML 进行评分：

```
$ kube-score score -o ci deployments/iam.invalid.yaml
[OK] iam-apiserver apps/v1/Deployment
[OK] iam-apiserver apps/v1/Deployment
[OK] iam-apiserver apps/v1/Deployment
[OK] iam-apiserver apps/v1/Deployment
[CRITICAL] iam-apiserver apps/v1/Deployment: The pod does not have a matching
    NetworkPolicy
[CRITICAL] iam-apiserver apps/v1/Deployment: Container has the same readiness
    and liveness probe
[CRITICAL] iam-apiserver apps/v1/Deployment: (iam-apiserver) The pod has a container
    with a writable root filesystem
[CRITICAL] iam-apiserver apps/v1/Deployment: (iam-apiserver) The container is running
    with a low user ID
[CRITICAL] iam-apiserver apps/v1/Deployment: (iam-apiserver) The container
    running with a low group ID
[OK] iam-apiserver apps/v1/Deployment
...
```

检查的结果有 OK、SKIPPED、WARNING 和 CRITICAL。CRITICAL 表示需要修复；

⊖ 参见 https://github.com/zegl/kube-score。

WARNING 表示需要关注；SKIPPED 表示因为某些原因略过检查；OK 表示验证通过。

如果你想查看详细的错误原因和解决方案，可以使用 -o human 选项，例如：

```
$ kube-score score -o human deployments/iam.invalid.yaml
```

上述命令会检查 YAML 资源定义文件，如果有不合规的地方，则会报告级别、类别以及错误详情，如图 29-4 所示。

```
[colin@dev iam]$ kube-score score -o human deployments/templates/*.yaml
apps/v1/Deployment iam-apiserver
    [CRITICAL] Pod NetworkPolicy
        · The pod does not have a matching NetworkPolicy
            Create a NetworkPolicy that targets this pod to control who/what can communicate with this pod. Note,
            this feature needs to be supported by the CNI implementation used in the Kubernetes cluster to have an
            effect.
    [CRITICAL] Pod Probes
        · Container has the same readiness and liveness probe
            Using the same probe for liveness and readiness is very likely dangerous. Generally it's better to
            avoid the livenessProbe than re-using the readinessProbe.
            More information: https://github.com/zegl/kube-score/blob/master/README_PROBES.md
    [CRITICAL] Container Security Context
        · iam-apiserver -> The pod has a container with a writable root filesystem
            Set securityContext.readOnlyRootFilesystem to true
        · iam-apiserver -> The container is running with a low user ID
            A userid above 10 000 is recommended to avoid conflicts with the host. Set securityContext.runAsUser
            to a value > 10000
        · iam-apiserver -> The container running with a low group ID
            A groupid above 10 000 is recommended to avoid conflicts with the host. Set
            securityContext.runAsGroup to a value > 10000
    [CRITICAL] Pod NetworkPolicy
        · The pod does not have a matching NetworkPolicy
            Create a NetworkPolicy that targets this pod to control who/what can communicate with this pod. Note,
            this feature needs to be supported by the CNI implementation used in the Kubernetes cluster to have an
            effect.
```

图 29-4 kube-score

当然，除了 kubeval、kube-score 这两个工具，业界还有其他一些 Kubernetes 检查工具，例如 config-lint、copper、conftest、polaris 等。

推荐这样使用这些工具：首先，使用 kubeval 工具做最基本的 YAML 文件验证。验证通过之后，就可以进行更多的测试。如果你没有特别复杂的 YAML 验证要求，只需要用到一些最常见的检查策略，则可以使用 kube-score。如果你有复杂的验证要求，并且希望能够自定义验证策略，则可以考虑使用 copper。当然，polaris、config-lint、copper 也值得大家去尝试。

29.4 Kubernetes 部署实战：部署准备工作

在部署 IAM 系统之前，我们需要完成以下准备工作。

1）开通腾讯云容器服务镜像仓库。

2）安装并配置 Docker。

3）准备一个 Kubernetes 集群。

29.4.1 开通腾讯云容器服务镜像仓库

在 Kubernetes 集群中部署 IAM 系统时，我们需要从镜像仓库下载指定的 IAM 镜像，所以首先需要有一个镜像仓库来托管 IAM 的镜像。你可以选择将 IAM 镜像托管到 DockerHub[1] 上，这也是 Docker 运行时默认获取镜像的地址。但因为 DockerHub 服务部署在国外，国内访问速度很慢，所以，我建议将 IAM 镜像托管在国内的镜像仓库中，例如，腾讯云提供的镜像仓库服务[2]。

如果你已经有腾讯云的镜像仓库，可以忽略开通腾讯云镜像仓库的步骤。在开通腾讯云镜像仓库之前，你需要**注册腾讯云账号，并完成实名认证**。

开通腾讯云镜像仓库的具体步骤如下。

1. 开通个人版镜像仓库

1）登录“**容器服务控制台**”，选择左侧导航栏中的“镜像仓库”→“个人版”。

2）根据以下提示填写相关信息，并单击“开通”进行初始化，如图 29-5 所示。

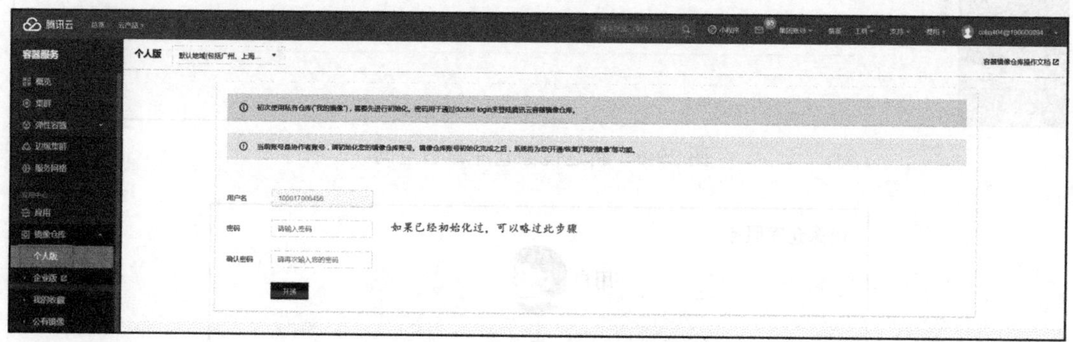

图 29-5　开通个人版镜像仓库

- **用户名**：默认是当前用户的账号 ID，是你登录到腾讯云 Docker 镜像仓库的身份，可在“**账号信息**”[3]页面获取。
- **密码**：你登录到腾讯云 Docker 镜像仓库的凭证。

这里需要你记录用户名及密码，用于推送及拉取镜像。这里假设开通的镜像仓库的用户名为 `10000099xxxx`，密码为 `iam59!z$`。注意：`10000099xxxx` 要替换成你的镜像仓库的用户名。

2. 登录到腾讯云镜像仓库

在开通完镜像仓库后，我们可以通过以下命令来登录腾讯云镜像仓库：

```
$ docker login --username=[username] ccr.ccs.tencentyun.com
```

这里的 `username` 是腾讯云账号 ID，可在腾讯云“账号信息”页面获取。docker 命令会在后面安装。

---

[1] 参见 https://hub.docker.com/。

[2] 参见 https://console.cloud.tencent.com/tke2/registry。

[3] 参见 https://console.cloud.tencent.com/developer。

3. 新建镜像仓库命名空间

如果想使用镜像仓库，我们首先需要创建一个用来创建镜像的命名空间。可以在“命名空间”页签新建命名空间，如图 29-6 所示。

图 29-6 创建了一个名为 marmotedu 的命名空间。

接下来，我将详细介绍镜像仓库服务、命名空间、镜像仓库、标签这四者的关系，如图 29-7 所示。

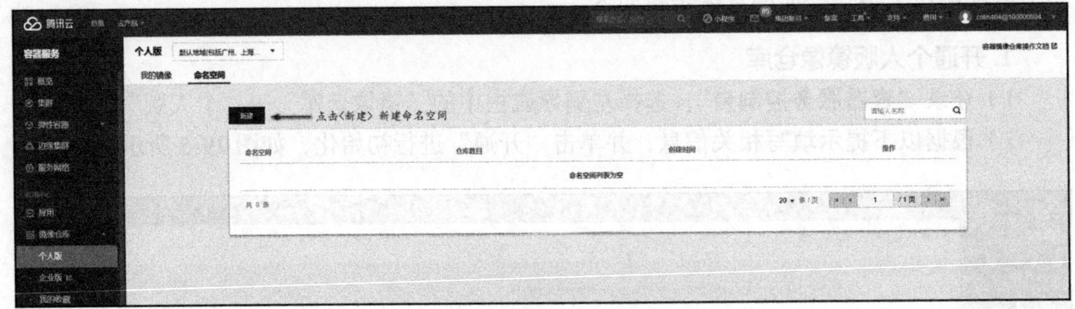

图 29-6 新建镜像仓库命名空间

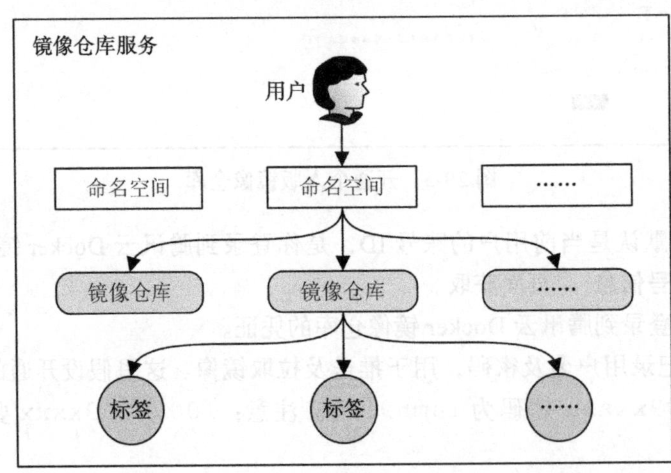

图 29-7 镜像仓库服务、命名空间、镜像仓库、标签的关系

先来看一下使用镜像仓库的格式：<镜像仓库服务地址>/<命名空间>/<镜像仓库>:<标签>，例如 ccr.ccs.tencentyun.com/marmotedu/iam-apiserver-amd64:v1.6.2。

如果想使用一个 Docker 镜像，我们首先需要开通一个镜像仓库服务（Registry），镜像仓库服务都会对外提供一个固定的地址供你访问。在 Registry 中，用户（User）可以创建一个或多个命名空间（Namespace）。命名空间可以简单理解为镜像仓库逻辑上的一个分组。

接下来，我们就可以在 Namespace 中创建一个或多个镜像仓库，例如 iam-apiserver-amd64、iam-authz-server-amd64、iam-pump-amd64、iam-watcher-amd64 等。针对每一个镜

像仓库，又可以创建多个标签（Tag），例如v1.6.1、v1.6.2等。

<镜像仓库>:<标签>又称为镜像。镜像又分为私有镜像和公有镜像，公有镜像可供所有能访问Registry的用户下载使用，私有镜像只能供通过授权的用户使用。

29.4.2 安装Docker

开通完镜像仓库之后，还需要安装Docker，用来构建和测试Docker镜像。下面我来讲解一下具体的安装步骤。

1. 安装Docker前的条件检查

在安装Docker前，我们需要确保CentOS系统启用了centos-extras yum源，默认情况下已经启用，检查方式如下：

```
$ cat /etc/yum.repos.d/CentOS-Extras.repo
# Qcloud-Extras.repo

[extras]
name=Qcloud-$releasever - Extras
baseurl=http://mirrors.tencentyun.com/centos/$releasever/extras/$basearch/os/
gpgcheck=1
enabled=1
gpgkey=file:///etc/pki/rpm-gpg/RPM-GPG-KEY-Qcloud-8
```

如果/etc/yum.repos.d/CentOS-Extras.repo文件存在，且文件中extras部分的enabled= 1，说明已经启用了centos-extras yum源。如果/etc/yum.repos.d/CentOS-Extras.repo文件不存在，或者enabled不为1，则需要创建/etc/yum.repos.d/CentOS-Extras.repo文件，并将上述内容复制进去。

2. 安装Docker的步骤

Docker官方文档Install Docker Engine on CentOS[⊖]提供了3种安装方法，列举如下。

- 通过yum源安装。
- 通过RPM包安装。
- 通过脚本安装。

这里，我们选择最简单的安装方式：**通过Yum源安装**。它具体又分为下面3个步骤。

1）安装Docker。

```
$ sudo yum install -y yum-utils                               # 1）安装yum-utils包，该包提供
                                                                   了yum-config-manager工具
$ sudo yum-config-manager --add-repo https://download.docker.com/linux/centos/
    docker-ce.repo                                            # 2）安装docker-ce.repo yum源
$ sudo yum-config-manager --enable docker-ce-nightly docker-ce-test  # 3）启用nightly和test yum源
$ sudo yum install -y docker-ce docker-ce-cli containerd.io   # 4）安装最新版本的docker
                                                                   引擎和containerd
```

⊖ 参见https://docs.docker.com/engine/install/centos/。

2）启动 Docker。

可以通过以下命令来启动 Docker：

```
$ sudo systemctl start docker
```

Docker 的配置文件是 /etc/docker/daemon.json，这个配置文件默认是没有的，需要我们手动创建：

```
$ sudo tee /etc/docker/daemon.json << EOF
{
    "bip": "172.16.0.1/24",
    "registry-mirrors": [],
    "graph": "/data/lib/docker"
}
EOF
```

daemon.json 文件中常用的配置参数列举如下。

- **registry-mirrors**：仓库地址，可以根据需要修改为指定的地址。
- **graph**：镜像、容器的存储路径，默认是 /var/lib/docker。如果你的 / 目录存储空间满足不了需求，需要将 graph 设置为更大的目录。
- **bip**：指定容器的 IP 网段。

配置完成后，需要重启 Docker：

```
$ sudo systemctl restart docker
```

3）测试 Docker 是否安装成功。

```
$ sudo docker run hello-world
Unable to find image 'hello-world:latest' locally
latest: Pulling from library/hello-world
b8dfde127a29: Pull complete
Digest: sha256:0fe98d7debd9049c50b597ef1f85b7c1e8cc81f59c8d623fcb2250e8bec85b38
Status: Downloaded newer image for hello-world:latest
...
Hello from Docker!
This message shows that your installation appears to be working correctly.
....
```

docker run hello-world 命令会下载 hello-world 镜像，并启动容器，在打印安装成功提示信息后退出。

> 提示 如果通过 yum 源安装失败，可以尝试 Docker 官方文档 Install Docker Engine on CentOS 提供的其他方式安装。

3. 安装后的配置

安装成功后，我们还需要做一些其他配置。主要涉及两个方面，一方面是配置 Docker，使其可供普通用户使用，另一方面是配置 Docker 开机启动。

1）使用普通用户操作 Docker。

在 Linux 系统上操作，为了安全，我们需要以普通用户的身份登录系统并执行相关操作。所以需要配置 Docker，使它可以被普通用户使用。具体配置方法如下：

```
$ sudo groupadd docker                   # 1）创建 docker 用户组
$ sudo usermod -aG docker $USER          # 2）将当前用户添加到 docker 用户组下
$ newgrp docker                          # 3）重新加载组成员身份
$ docker run hello-world                 # 4）确认能够以普通用户使用 Docker
```

如果在执行 `sudo groupadd docker` 时出现 `groupadd: group 'docker' already exists` 错误，说明 docker 组已经存在，可以忽略这个报错。

如果你在将用户添加到 docker 组之前，使用 `sudo` 运行过 Docker 命令，你可能会看到以下错误：

```
WARNING: Error loading config file: /home/user/.docker/config.json -
stat /home/user/.docker/config.json: permission denied
```

这个错误可以通过删除 `~/.docker/` 目录，或者通过以下命令更改 `~/.docker/` 目录的所有者和权限来解决：

```
$ sudo chown "$USER":"$USER" /home/"$USER"/.docker -R
$ sudo chmod g+rwx "$HOME/.docker" -R
```

2）配置 Docker 开机启动。

大部分 Linux 发行版（RHEL、CentOS、Fedora、Debian、Ubuntu 16.04 及更高版本）使用 systemd 来管理服务，包括指定开机时启动的服务。在 Debian 和 Ubuntu 系统，Docker 默认配置为开机启动。在其他系统，我们需要手动配置 Docker 开机启动，配置方式如下（分别需要配置 docker 和 containerd 服务）：

```
$ sudo systemctl enable docker.service          # 设置 docker 开机启动
$ sudo systemctl enable containerd.service      # 设置 containerd 开机启动
```

如果要禁止 `docker`、`containerd` 开机启动，可以执行以下命令：

```
$ sudo systemctl disable docker.service         # 禁止 docker 开机启动
$ sudo systemctl disable containerd.service     # 禁止 containerd 开机启动
```

29.4.3 准备一个 Kubernetes 集群

安装完 Docker 之后，我们还需要准备一个 Kubernetes 集群来调度 Docker 容器。安装 Kubernetes 集群的步骤极其复杂，这里选择一种最简单的方式来准备 Kubernetes 集群：购买一个腾讯云 Serverless 集群。

腾讯云 Serverless 集群是腾讯云容器服务推出的无须用户购买节点即可部署工作负载的集群。你可以把它理解为一个标准的 Kubernetes 集群，不同的是 Serverless 集群是由腾讯云容器服务团队创建和维护的，你只需要访问集群、部署资源，并按照容器真实的资源使用量支付费用。可以登录腾讯云容器服务控制台（https://console.cloud.tencent.com/tke2）购买 Serverless 集群。

如果你想自己搭建 Kubernetes 集群，建议购买 3 台腾讯云 CVM 机器，并参照 follow-me-install-kubernetes-cluster 教程[㊀]来一步步搭建 Kubernetes 集群。CVM 机器建议的最小配置如表 29-1 所示。

表 29-1 机器配置

配 置	OS	用 途
1 核 4 GB	CentOS Linux release 8.2.2004 (Core)	Kubernetes Master、Worker 节点
1 核 4 GB	CentOS Linux release 8.2.2004 (Core)	Kubernetes Master、Worker 节点
1 核 4 GB	CentOS Linux release 8.2.2004 (Core)	Kubernetes Master、Worker 节点

29.5 Kubernetes 部署实战：安装 IAM 系统

上面，我们开通了镜像仓库、安装了 Docker 引擎、安装和配置了 Kubernetes 集群，接下来，我们就来看一下如何将 IAM 系统部署到 Kubernetes 集群中。

假设 IAM 项目仓库根目录路径为 $IAM_ROOT，具体安装步骤如下。

1）配置 scripts/install/environment.sh。

scripts/install/environment.sh 文件中包含各类自定义配置。你可能需要配置与数据库相关的配置（当然，也可以都使用默认值）：

- **MariaDB 配置**：environment.sh 文件中以 MARIADB_ 开头的变量。
- **Redis 配置**：environment.sh 文件中以 REDIS_ 开头的变量。
- **MongoDB 配置**：environment.sh 文件中以 MONGO_ 开头的变量。

其他配置，可使用默认值。

2）创建 IAM 系统的配置文件。

```
$ cd ${IAM_ROOT}
$ make gen.defaultconfigs # 生成 iam-apiserver、iam-authz-server、iam-pump、iam-watcher、
                            iamctl 组件的默认配置文件
$ make gen.ca               # 生成 CA 证书
```

上述命令会将 IAM 的配置文件存放在 ${IAM_ROOT}/_output/configs/ 目录下。

3）创建 IAM 命名空间。

我们将 IAM 系统涉及的各类资源都创建在 iam 命名空间中。将 IAM 资源创建在独立的命名空间中，不仅方便维护，还可以避免影响其他 Kubernetes 资源。

```
$ kubectl create namespace iam
```

4）将 IAM 各服务的配置文件以 ConfigMap 资源的形式保存在 Kubernetes 集群中。

㊀ 参见 https://github.com/opsnull/follow-me-install-kubernetes-cluster。

```
$ kubectl -n iam create configmap iam --from-file=${IAM_ROOT}/_output/configs/
$ kubectl -n iam get configmap iam
NAME    DATA   AGE
iam     4      13s
```

执行 kubectl -n iam get configmap iam 命令，可以成功获取创建的 iam configmap。

如果你觉得每次执行 kubectl 命令都要指定 -n iam 选项很烦琐，可以使用以下命令将 kubectl 上下文环境中的命名空间指定为 iam。设置后，执行 kubectl 命令，默认在 iam 命名空间下执行：

```
$ kubectl config set-context `kubectl config current-context` --namespace=iam
```

5）将 IAM 各服务使用的证书文件，以 ConfigMap 资源的形式创建在 Kubernetes 集群中。

```
$ kubectl -n iam create configmap iam-cert --from-file=${IAM_ROOT}/_output/cert
$ kubectl -n iam get configmap iam-cert
NAME        DATA   AGE
iam-cert    14     12s
```

执行 kubectl -n iam get configmap iam-cert 命令，可以成功获取创建的 iam-cert configmap。

6）创建镜像仓库访问密钥。

在准备阶段，我们开通了腾讯云镜像仓库服务（访问地址为 ccr.ccs.tencentyun.com），并创建了用户 10000099xxxx，其密码为 iam59!z$。

接下来，我们就可以创建 docker-registry 密钥。Kubernetes 在下载 Docker 镜像时，需要 docker-registry secret 来进行认证。创建命令如下：

```
$ kubectl -n iam create secret docker-registry ccr-registry --docker-server=ccr.
    ccs.tencentyun.com --docker-username=10000099xxxx --docker-password='iam59!z$'
```

7）创建 Docker 镜像，并推送到镜像仓库。

将镜像推送到 CCR 镜像仓库前，你首先需要确保你已经登录到腾讯云 CCR 镜像仓库，如果没登录，可以执行以下命令来登录：

```
$ docker login --username=[username] ccr.ccs.tencentyun.com
```

执行 make push 命令构建镜像，并将镜像推送到 CCR 镜像仓库：

```
$ make push REGISTRY_PREFIX=ccr.ccs.tencentyun.com/marmotedu VERSION=v1.6.2
```

上述命令会构建 iam-apiserver-amd64、iam-authz-server-amd64、iam-pump-amd64、iam-watcher-amd64、iamctl-amd64 镜像，并将这些镜像推送到腾讯云镜像仓库的 marmotedu 命名空间下。

构建的镜像如下：

```
$ docker images|grep marmotedu
ccr.ccs.tencentyun.com/marmotedu/iam-apiserver-amd64              v1.6.2
    fd4dce4bdf1a            43 seconds ago          260MB
```

```
ccr.ccs.tencentyun.com/marmotedu/iam-authz-server-amd64              v1.6.2
    a8fb8972ad2e         About a minute ago      260MB
ccr.ccs.tencentyun.com/marmotedu/iamctl-amd64                        v1.6.2
    fc87b7230371         About a minute ago      257MB
ccr.ccs.tencentyun.com/marmotedu/iam-pump-amd64                      v1.6.2
    586a2ba9c9ad         About a minute ago      266MB
ccr.ccs.tencentyun.com/marmotedu/iam-watcher-amd64                   v1.6.2
    c06dafcd6f80         About a minute ago      257MB
```

8）修改`${IAM_ROOT}/deployments/iam.yaml`配置。

这里需要注意，如果在上一个步骤中你构建的镜像 tag 不是`v1.6.2`，那么你需要修改`${IAM_ROOT}/deployments/iam.yaml`文件，并将 iam-apiserver-amd64、iam-authz-server-amd64、iam-pump-amd64、iam-watcher-amd64、iamctl-amd64 镜像的 tag 修改成你构建镜像时指定的 tag。

9）部署 IAM 系统。

```
$ kubectl -n iam apply -f ${IAM_ROOT}/deployments/iam.yaml
```

执行上述命令，在`iam`命令空间下创建一系列 Kubernetes 资源。可以使用以下命令来获取这些资源的状态：

```
$ kubectl -n iam get all
NAME                                      READY   STATUS    RESTARTS   AGE
pod/iam-apiserver-d8dc48596-wkhpl         1/1     Running   0          94m
pod/iam-authz-server-6bc899c747-fbpbk     1/1     Running   0          94m
pod/iam-pump-7dcbfd4f59-2w9vk             1/1     Running   0          94m
pod/iam-watcher-4debadfc67-3c4ad          1/1     Running   0          94m
pod/iamctl-6fc46b8ccb-gs62l               1/1     Running   1          98m

NAME                        TYPE        CLUSTER-IP      EXTERNAL-IP   PORT(S)
    AGE
service/iam-apiserver       ClusterIP   192.168.0.174   <none>     8443/TCP,8080/TCP,
    8081/TCP  101m
service/iam-authz-server    ClusterIP   192.168.0.76    <none>     9443/TCP,9090/TCP
    101m
service/iam-pump            ClusterIP   192.168.0.155   <none>     7070/TCP     101m
service/iam-watcher         ClusterIP   192.168.0.158   <none>     5050/TCP     101m

NAME                               READY   UP-TO-DATE   AVAILABLE   AGE
deployment.apps/iam-apiserver      1/1     1            1           101m
deployment.apps/iam-authz-server   1/1     1            1           101m
deployment.apps/iam-pump           1/1     1            1           101m
deployment.apps/iam-watcher        1/1     1            1           101m
deployment.apps/iamctl             1/1     1            1           101m

NAME                                          DESIRED   CURRENT   READY   AGE
replicaset.apps/iam-apiserver-d8dc48596       1         1         1       101m
replicaset.apps/iam-authz-server-6bc899c747   1         1         1       101m
replicaset.apps/iam-pump-7dcbfd4f59           1         1         1       101m
replicaset.apps/iam-watcher-4debadfc67        1         1         1       101m
replicaset.apps/iamctl-6fc46b8ccb             1         1         1       101m
```

我们看到`pod/iam-apiserver-d8dc48596-wkhpl`、`pod/iam-authz-server-`

6bc899c747-fbpbk、pod/iam-pump-7dcbfd4f59-2w9vk、pod/iam-watcher-4debadfc67-3c4ad、pod/iamctl-6fc46b8ccb-gs621 这 5 个 Pod 都处在 Running 状态，说明服务都成功启动。

29.6　Kubernetes 部署实战：测试 IAM 系统

我们在 iam 命令空间下创建了一个测试 Deployment：iamctl。你可以登录 iamctl Deployment 所创建出来的 Pod，执行一些运维操作和冒烟测试。登录命令如下：

```
$ kubectl -n iam exec -it `kubectl -n iam get pods -l app=iamctl | awk '/iamctl/
    {print $1}'` -- bash
```

登录到 iamctl-xxxxxxxxxx-xxxxx Pod 中后，我们就可以执行运维操作和冒烟测试了。

1）运维操作。

在 iamctl 容器中，你可以使用 iamctl 工具提供的各类功能。iamctl 以子命令的方式对外提供相应功能。命令执行效果如图 29-8 所示。

```
[root@iamctl-6fc46b8ccb-f4v6w install]# iamctl user list
NAME     NICKNAME   EMAIL               PHONE        CREATED              UPDATED
foo1234  foo1234    aa@qq.com                        2021-06-27 21:18:00  2021-06-27 21:18:01
admin    admin      admin@foxmail.com   1812884xxxx  2021-05-27 18:01:40  2021-05-06 05:13:14
[root@iamctl-6fc46b8ccb-f4v6w install]# iamctl secret create foo
secret/foo created
[root@iamctl-6fc46b8ccb-f4v6w install]# iamctl secret list
NAME   SECRETID                          SECRETKEY                         EXPIRES              CREATED
foo    gCtDwwsqevwFX2BIaFuYy79lt4GflYWnpFfF  1xfyIzguVXHC3H4UB5Chj8bpqBlpBIAz  2021-08-21 23:34:56  2021-08-15 23:34:56
[root@iamctl-6fc46b8ccb-f4v6w install]# iamctl secret delete foo
secret/foo deleted
[root@iamctl-6fc46b8ccb-f4v6w install]# iamctl secret list
NAME   SECRETID   SECRETKEY   EXPIRES   CREATED
```

图 29-8　iamctl 运维命令测试

2）冒烟测试。

执行以下命令来运行冒烟测试：

```
# cd /opt/iam/scripts/install
# ./test.sh iam::test::smoke
```

如果 ./test.sh iam::test::smoke 命令打印的输出中的最后一行为为 congratu-lations, smoke test passed! 字符串，说明 IAM 系统安装成功，如图 29-9 所示。

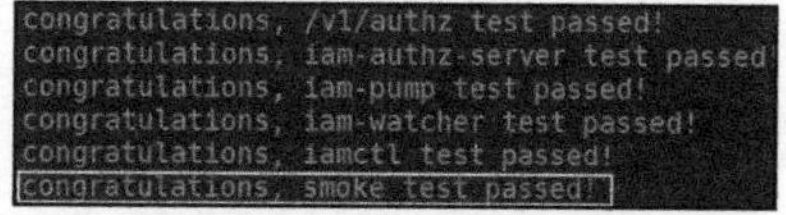

图 29-9　iamctl 冒烟测试

29.7　Kubernetes 部署实战：销毁 Serverless 集群及其资源

好了，到这里，你已经成功在 Serverless 集群中部署了 IAM 系统，Serverless 的使命也就完成了。接下来，为避免账户被持续扣费，我们需要删除 Serverless 集群内的资源和集群。

1）删除 Serverless 集群内创建的 IAM 资源。

```
$ kubectl delete namespace iam
```

因为删除 Namespace 时也会删除 Namespace 下的所有资源，所以上述命令的执行时间会久一点。

2）删除 Serverless 集群。执行以下两步删除 Serverless 集群。

登录腾讯云容器服务控制台，选择所创建的 Serverless 集群，删除即可。

29.8 本章总结

如果想容器化部署应用，首先需要制作 Docker 镜像。本章首先介绍了构建 Docker 镜像的原理和方法，接着介绍了如何编写 Dockerfile 文件，以及编写 Dockerfile 时需要遵循的一些最佳实践。构建完镜像之后，就需要编写 Kubernetes 资源定义文件来部署 IAM 系统。

本章中间部分介绍了 Kubernetes 中最常用的 4 种资源（Pod、Deployment、Service、ConfigMap）的 YAML 定义的写法，以及在编写 YAML 文件时的一些有用的小技巧，比如可以通过在线工具 k8syaml 来自动生成初版的 YAML 文件，再基于此 YAML 文件进行二次修改，从而形成终版。本章还介绍了编写和使用 Kubernetes YAML 时，社区提供的多种工具。比如 kubeval 可以校验 YAML，kube-score 可以给 YAML 文件打分。

本章的最后演示了如何使用腾讯云 Serverless 集群来部署整个 IAM 系统。可以通过以下命令来部署 IAM 系统：

```
$ kubectl -n iam apply -f ${IAM_ROOT}/deployments/iam.yaml
```

部署之后，我们可以登录到 `iamctl-xxxxxxxxxx-xxxxx` Pod，并执行以下命令来测试整个 IAM 系统是否被成功部署：

```
# cd /opt/iam/scripts/install
# ./test.sh iam::test::smoke
```

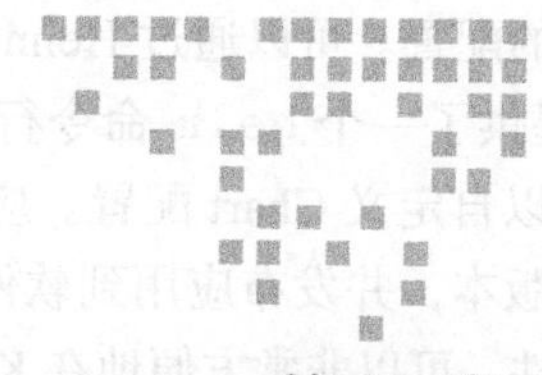

第 30 章 Chapter 30

Helm 应用部署

我们将应用部署在 Kubernetes 时，可能需要创建多个服务。我曾见过一个包含 40 多个微服务的超大型应用，每个服务又包含多个 Kubernetes 资源，比如 Service、Deployment、StatefulSet、ConfigMap 等。同时，相同的应用又要部署在不同的环境中，例如测试环境、预发环境、现网环境等，也就是说应用的配置也不同。

对于一个大型应用，如果基于 YAML 文件一个一个地部署 Kubernetes 资源，是非常烦琐、低效的，而且对这些 YAML 文件的维护也极其复杂，还容易出错。那么，有没有更加高效的方式呢？比如，像 Docker 镜像一样，将应用需要的 Kubernetes 资源文件全部打包在一起，通过这个包来整体部署和管理应用，从而降低应用部署和维护的复杂度。答案是有，我们可以通过 Helm Chart 包来管理这些 Kubernetes 文件，并通过 helm 命令，基于 Chart 包来创建和管理应用。本章将介绍如何使用 Helm 部署 IAM 系统，主要内容如下。

- Helm 基础知识介绍。
- Helm 基本操作实战。
- 使用 Helm 部署 IAM 系统。

30.1 Helm 基础知识介绍

Helm 目前是 Kubernetes 服务编排事实上的标准，提供了多种功能来支持 Kubernetes 的服务编排，例如 helm 命令行工具、Chart 包、Chart 仓库等。

30.1.1 Helm 是什么

Helm 是 Kubernetes 的包管理器，类似于 Python 的 `pip`，CentOS 的 `yum`。Helm 主要用于管理 Chart 包。Helm Chart 包中包含一系列 YAML 格式的 Kubernetes 资源定义文件，

以及这些资源的配置。可以通过 Helm Chart 包来整体维护这些资源。

Helm 也提供了一个 `helm` 命令行工具，该工具可以基于 Chart 包一键创建应用，在创建应用时，可以自定义 Chart 配置。应用发布者可以通过 Helm 打包应用、管理应用依赖关系、管理应用版本，并发布应用到软件仓库。对于使用者来说，使用 Helm 不需要编写复杂的应用部署文件，可以非常方便地在 Kubernetes 上查找、安装、升级、回滚、卸载应用程序。

截至本书完稿时，Helm 的最新版本是 v3，Helm3 以 Helm2 的核心功能为基础，对 Chart repo、发行版管理、安全性和 library Chart 进行了改进。和 Helm2 相比，Helm3 最明显的变化是删除了 Tiller（Helm2 是一种 Client-Server 结构，客户端称为 Helm，服务器称为 Tiller）。Helm3 还新增了一些功能，并废弃或重构了 Helm2 的部分功能，与 Helm2 不再兼容。此外，Helm3 还引入了一些新的实验功能，包括 OCI 支持。

Helm3 架构如图 30-1 所示。

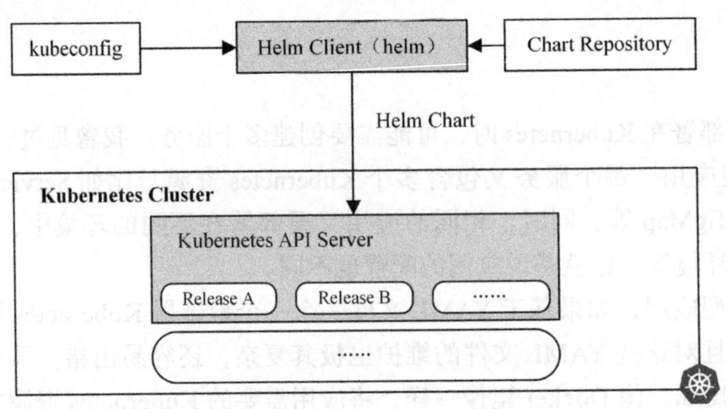

图 30-1 Helm3 架构

在图 30-1 中，核心是 Helm Client（`helm` 命令）和 Helm Chart 包。`helm` 命令可以从 Chart Repository 中下载 Helm Chart 包，读取 `kubeconfig` 文件，并构建 kube-apiserver RESTful API 的 HTTP 请求。通过调用 Kubernetes 提供的 RESTful API，将 Chart 包中包含的所有 YAML 格式的 Kubernetes 资源定义文件创建在 Kubernetes 集群中。

这些资源定义文件以 Release 的形式存在于 Kubernetes 集群中，每个 Release 又包含多个 Kubernetes 资源，例如 Deployment、Pod、Service 等。

30.1.2 Helm 中的三大基本概念

要学习和使用 Helm，一定要了解 Helm 中的三大基本概念，Helm 的所有操作基本都是围绕着这些概念来进行的。Helm 中的三大基本概念如下。

- **Chart**：代表一个 Helm 包。它包含在 Kubernetes 集群中运行应用程序、工具或服务所需的所有 YAML 格式的资源定义文件。
- **Repository（仓库）**：用于存放和共享 Helm Chart，类似于存放源码的 GitHub 的 Repository，以及存放镜像的 Docker 的 Repository。

- **Release**：运行在 Kubernetes 集群中的 Chart 实例。一个 Chart 通常可以在同一个集群中安装多次。每一次安装都会创建一个新的 Release。

30.1.3 我们为什么要使用 Helm

现在你对 Helm 已经有了一定了解，这里我再来详细介绍一下为什么要使用 Helm。先来看一个传统的应用部署模式示例，如图 30-2 所示。

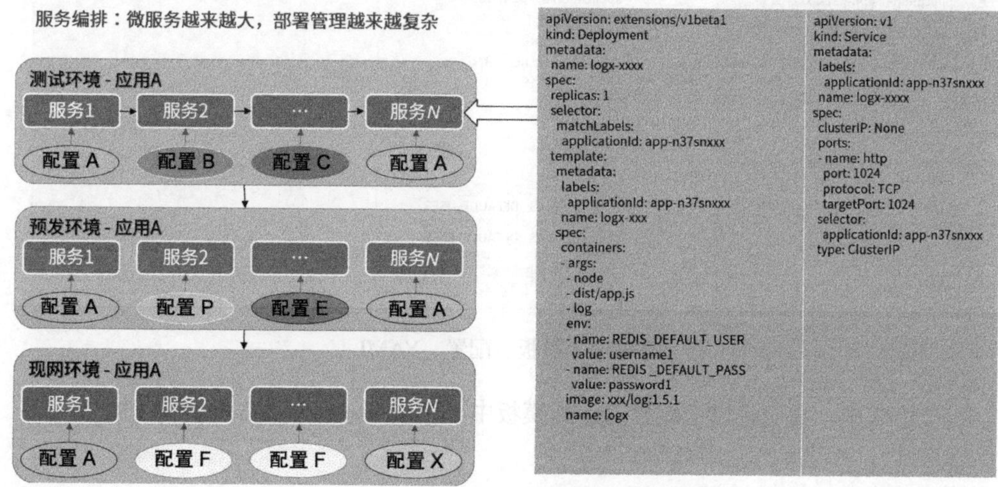

图 30-2 Kubernetes 应用部署模式示例

我们有测试环境、预发环境、现网环境 3 个环境，每个环境中部署一个应用 A，应用 A 中包含多个服务，每个服务又包含自己的配置，不同服务之间的配置有些是共享的，例如配置 A。

每个服务由一个复杂的 Kubernetes YAML 格式的文件来定义并创建，可以看到如果采用传统模式去维护这些 YAML 格式文件，并在不同环境下使用不同的配置去创建应用，是非常复杂的，并且维护后期 YAML 文件和 Kubernetes 集群中部署的应用时也会很复杂。随着微服务规模越来越大，我们会面临以下挑战。

- 微服务化服务数量急剧增多，给服务管理带来了极大的挑战。
- 服务数量急剧增多，增加了管理难度，给运维部署带来极大挑战。
- 服务数量的增多，对服务配置管理也提出了更高的要求。
- 随着服务数量增加，服务依赖关系也变得更加复杂，服务依赖关系的管理难度增大。
- 在环境信息管理方面，在新环境快速部署一个复杂应用变得更加困难。

所以，我们需要一种更好的方式来维护和管理这些 YAML 文件和 Kubernetes 中部署的应用。Helm 可以我们帮助解决上面这些问题。具体解决过程如下。

Helm 主要包含两类文件：模板文件和配置文件。模板文件通常有多个，配置文件通常有一个。Helm 的模板文件基于 `text/template` 模板文件，提供了更加强大的模板渲染能力。Helm 可以将配置文件中的值渲染进模板文件中，最终生成一个可以部署的 Kubernetes YAML 格式的资源定义文件，如图 30-3 所示。

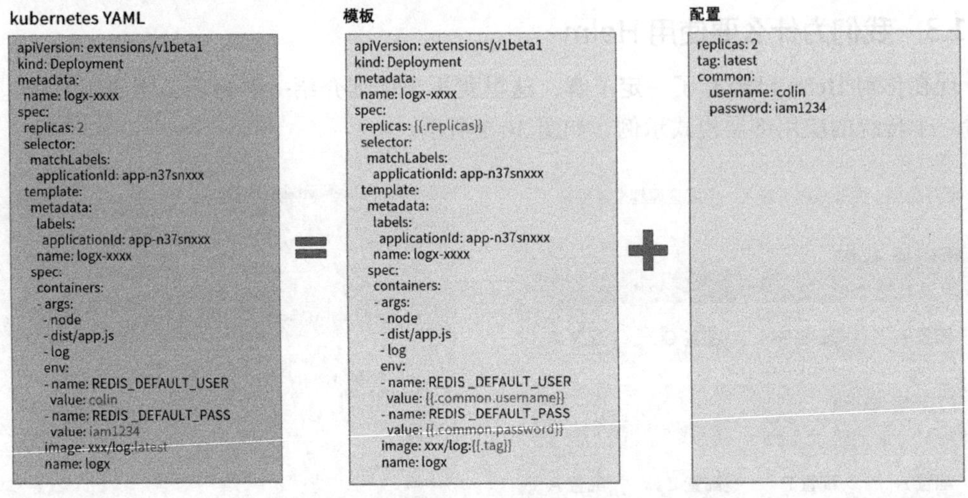

图 30-3 模板、配置、YAML

在图 30-3 中，我们将以下配置渲染到模板中，生成 Kubernetes YAML 文件：

```
replicas: 2
tag: latest
common:
    username: colin
    password: iam1234
```

所以在 Helm 中，部署一个应用可以简化为 Chart 模板（多个服务）+ Chart 配置 -> 应用，如图 30-4 所示。

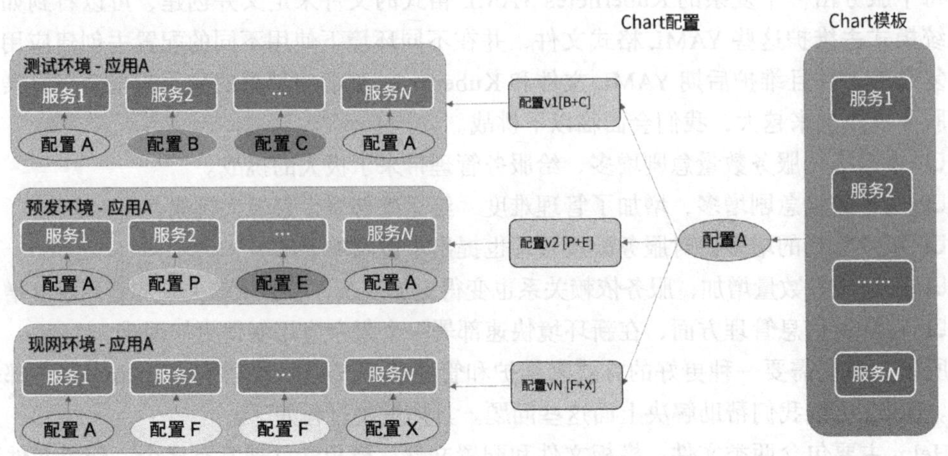

图 30-4 Helm 部署模式

在 Chart 模板中，一个应用只需要编写一次，就可以重复使用。在部署时，可以指定不同的配置，从而将应用部署在不同的环境中，或者在同一环境中部署不同配置的应用。

30.2 Helm 基本操作实战

了解了 Helm 的一些基础知识，这里我们再来学习一下 Helm 的一些基本操作。

在开始之前，你需要确保你有一个可以使用的 Kubernetes 集群。目前最方便快捷、最经济的方式是申请一个腾讯云 Serverless 集群。**这里再提醒下：用完集群后，记得删除集群资源和集群，避免被持续扣费。**

30.2.1 安装 Helm

安装 Helm 的方式有很多种，在连通外网的情况下，可以通过脚本来安装，安装命令如下：

```
$ mkdir -p $HOME/bin
$ wget https://get.helm.sh/helm-v3.6.3-linux-amd64.tar.gz
$ tar -xvzf helm-v3.6.3-linux-amd64.tar.gz
$ mv linux-amd64/helm $HOME/bin
$ chmod +x $HOME/bin/helm
$ helm version
version.BuildInfo{Version:"v3.6.3", GitCommit:"d506314abfb5d21419df8c7e7e6801237
    9db2354", GitTreeState:"clean", GoVersion:"go1.16.5"}
```

如果执行 `helm version` 可以成功打印出 `helm` 命令的版本号，说明 Helm 安装成功。

安装完 `helm` 命令后，可以安装 `helm` 命令的自动补全脚本。假如你用的 shell 是 `bash`，安装方法如下：

```
$ helm completion bash > $HOME/.helm-completion.bash
$ echo 'source $HOME/.helm-completion.bash' >> ~/.bashrc
$ bash
```

执行 `helm comp<TAB>`，会自动补全为 `helm completion`。

30.2.2 Helm 快速入门

你可以通过以下 6 个步骤来快速创建一个 Chart 应用。

1）初始化一个 Helm Chart 仓库。

安装完 Helm 之后，我们就可以使用 `helm` 命令添加一个 Chart 仓库。类似于用来托管 Docker 镜像的 DockerHub 和托管代码的 GitHub，Chart 包也有一个比较流行的托管平台，即 Artifact Hub。

Artifact Hub 上有很多 Chart 仓库可供我们使用，这里我们添加 BitNami 提供的 Chart 仓库：

```
$ helm repo add bitnami https://charts.bitnami.com/bitnami # 添加 Chart Repository
$ helm repo list                                           # 查看添加的 Repository 列表
```

添加完成后，可以通过helm search命令来查询需要的Chart包。helm search支持两种不同的查询方式。

- **helm search repo <keyword>**：从你使用helm repo add添加到本地Helm客户端中的仓库中查找。该命令基于本地数据进行搜索，无须连接外网。
- **helm search hub <keyword>**：从Artifact Hub中查找并列出Helm Charts。Artifact Hub中存放了大量的仓库。

Helm使用模糊字符串匹配算法进行搜索，所以你可以只输入名字的一部分进行搜索。下面是一个helm search的示例：

```
$ helm search repo bitnami
NAME                        CHART VERSION       APP VERSION     DESCRIPTION
bitnami/bitnami-common      0.0.9               0.0.9           DEPRECATED
    Chart with custom templates used in ...
bitnami/airflow             10.2.8              2.1.2
   Apache Airflow is a platform to programmaticall...
bitnami/apache              8.6.1               2.4.48          Chart for Apache HTTP Server
bitnami/argo-cd             1.0.2               2.0.5           Declarative, GitOps contin-
   uous delivery tool fo...
# ... and many more
```

2）安装一个示例Chart。

查询到自己需要的Helm Chart后，就可以通过helm install命令来安装一个Chart。helm install支持从多种源进行安装，列举如下。

- Chart的Repository。
- 本地的Chart Archive，例如helm install foo foo-1.0.0.tgz。
- 一个未打包的Chart路径，例如helm install foo path/to/foo。
- 一个完整的URL，例如helm install foo https://example.com/charts/foo-1.0.0.tgz。

这里我们选择通过bitnami/mysql Chart包来安装一个MySQL应用。你可以执行helm show chart bitnami/mysql命令来简单了解这个Chart的基本信息，也可以执行helm show all bitnami/mysql来获取关于该Chart的所有信息。

接下来，使用helm install命令来安装这个Chart包，安装命令如下：

```
$ helm repo update                          # 确保我们获取的是最新的Chart列表
$ helm install bitnami/mysql --generate-name
NAME: mysql-1629528555
LAST DEPLOYED: Sat Aug 21 14:49:19 2021
NAMESPACE: default
STATUS: deployed
REVISION: 1
TEST SUITE: None
NOTES: ...
```

上面的命令通过安装bitnami/mysql Chart，创建了一个mysql-1629528555

Release。--generate-name 参数用于告诉 Helm 自动为这个 Release 命名。

在安装过程中，Helm 客户端会打印一些有用的信息，包括哪些资源已经被创建，Release 当前的状态，以及是否还需要执行额外的配置步骤。例如，从上述例子的输出中，你可以获取到数据库的 root 密码、登录方式、更新方式等信息。安装完之后，你可以使用 helm status 来追踪 Release 的状态。

每当执行 helm install 的时候，系统都会创建一个新的发布版本。所以一个 Chart 在同一个集群中可以被安装多次，每一个都可以被独立地管理和升级。

helm install 命令会将 templates 渲染成最终的 Kubernetes 能够识别的 YAML 格式，然后安装到 Kubernetes 集群中。helm install 功能非常强大，你可以参考《使用 Helm[⊖]》了解更多内容。

3）安装前自定义 Chart。

上一步只会使用 Chart 的默认配置选项，很多时候我们还需要自定义 Chart 来指定我们想要的配置。使用 helm show values 查看 Chart 的可配置选项：

```
$ helm show values bitnami/mysql  # 为了方便展示，我删除了 helm show values 输出中的`#`注释
# 更多配置
architecture: standalone
auth:
    rootPassword: ""
    database: my_database
    username: ""
    password: ""
    replicationUser: replicator
    replicationPassword: ""
    existingSecret: ""
    forcePassword: false
    usePasswordFiles: false
    customPasswordFiles: {}
initdbScripts: {}
# 更多配置
```

然后，你可以使用 YAML 格式的文件，覆盖上述任意配置项，并在安装过程中使用该文件。

```
$ echo '{auth.database: iam, auth.username: iam, auth.password: iam59!z$}' > values.yaml
$ helm install bitnami/mysql -f values.yaml --generate-name
```

上述命令将为 MySQL 创建一个名为 iam 的默认用户，密码为 iam59!z$，并且授予该用户访问新建的 iam 数据库的权限。Chart 中的其他默认配置保持不变。

安装过程中，有两种传递配置数据的方式。

- **-f, --values**：使用 YAML 文件覆盖配置。可以指定多次，优先使用最右边的文件。
- **--set**：通过命令行的方式对指定配置项进行覆盖。

⊖ 参见 https://helm.sh/zh/docs/intro/using_helm。

如果同时使用两种方式，则 --set 中的值会被合并到 --values 中，但是 --set 中的值优先级更高。在 --set 中覆盖的内容会被保存到 ConfigMap 中。你可以通过 helm get values <release-name> 来查看指定 Release 中 --set 设置的值，也可以通过运行 helm upgrade 并指定 --reset-values 字段来清除 --set 中设置的值。

这里我简单讲解一下 --set 的格式和限制。

--set 选项可以配置为 0 或多个 key-value 对。最简单的用法类似于 --set name=value，等价于下面这个 YAML 格式：

```
name: value
```

多个值之间使用逗号分割，因此 --set a=b,c=d 的 YAML 表示如下：

```
a: b
c: d
```

--set 还支持更复杂的表达式。例如，--set outer.inner=value 被转换为如下格式：

```
outer:
    inner: value
```

列表使用花括号 {} 来表示。例如，--set name={a, b, c} 被转换为如下格式：

```
name:
    - a
    - b
    - c
```

从 2.5.0 版本开始，可以使用数组下标的语法来访问列表中的元素。例如 --set servers[0].port=80 可变为如下格式：

```
servers:
    - port: 80
```

多个值也可以通过这种方式来设置。--set servers[0] [0].host=marmotedu 变为如下格式：

```
servers:
    - port: 80
      host: marmotedu
```

如果需要在 --set 中使用特殊字符，可以使用反斜线来进行转义，比如 --set name=value1\,value2 可变为如下格式：

```
name: "value1,value2"
```

如果是深层嵌套的数据结构，可能很难用 --set 来表达。更多内容可以参考 Values 文件[⊖]。

⊖ 参见 https://helm.sh/docs/chart_template_guide/values_files/。

4）查看当前集群安装了哪些 Release。

通过 `helm list` 可以查看当前集群、当前 Namespace 下安装的 Release 列表：

```
$ helm list
NAME             NAMESPACE    REVISION    UPDATED STATUS  CHART   APP VERSION
mysql-1629528555    default 1      2021-08-21 14:49:19.101935218 +0800 CST deployed
   mysql-8.8.4         8.0.26
mysql-1629529348    default 1      2021-08-21 15:02:32.079969128 +0800 CST deployed
   mysql-8.8.4         8.0.26
```

可以看到，我们创建了两个 Release，这两个 Release 位于 `default` 命名空间中。上述命令也列出了 Release 的更新时间、状态、Chart 的版本等。

5）升级 Release，并且在失败时恢复。

部署完应用之后，如果后续需要升级，可以通过 `helm upgrade` 命令来升级应用。升级操作会基于已有的 Release，根据提供的信息进行升级。Helm 在更新时，只会变更有更改的内容。

例如，这里升级 `mysql-1629528555`，变更它的 root 密码：

```
$ helm upgrade mysql-1629528555 bitnami/mysql --set auth.rootPassword='iam59!z$'
```

在上面的例子中，`mysql-1629528555` 使用相同的 Chart 进行升级，但使用了一个新的 `rootPassword` 配置。

可以使用 `helm get values` 命令，来看看配置值是否真的生效了：

```
$ helm get values mysql-1629528555
USER-SUPPLIED VALUES:
auth:
    rootPassword: iam59!z$
```

可以看到 `rootPassword` 的新值已经被部署到集群中了。

假如发布失败，我们也可以很容易地通过 `helm rollback [RELEASE] [REVISION]` 命令，回滚到之前的发布版本。

```
$ helm rollback mysql-1629528555 1
```

上面这条命令将 `mysql-1629528555` 回滚到了它最初的版本。Release 版本其实是一个增量修订（revision）。每当发生一次安装、升级或回滚操作，revision 的值就会加 `1`。第一次 revision 的值永远是 `1`。

可以使用 `helm history [RELEASE]` 命令来查看一个特定 Release 的修订版本号：

```
$ helm history mysql-1629528555
REVISION   UPDATED                   STATUS        CHART        APP VERSION    DESCRIPTION
1   Sat Aug 21 14:49:19 2021    superseded    mysql-8.8.4      8.0.26  Install complete
2   Sat Aug 21 15:14:45 2021    deployed      mysql-8.8.4      8.0.26  Upgrade complete
```

你还可以指定一些其他的选项来自定义 Helm 在安装、升级、回滚期间的行为。这里，我介绍一些常用的参数供你参考：

- **--timeout**：一个 Go Duration 类型的值，用来表示等待 Kubernetes 命令完成的超时时间，默认值为 5m0s。
- **--no-hooks**：不运行当前命令的钩子。
- **--wait**：表示必须要等到所有的 Pod 都处于 ready 状态、PVC 都被绑定、Deployment 处在 Ready 状态的 Pod 个数达到最小值（Desired 减去 maxUnavailable），才会标记该 Release 为成功。最长等待时间由 --timeout 值指定。如果达到超时时间，Release 将被标记为 FAILED。

这里需要注意，当 Deployment 的 replicas 被设置为 1，但其滚动升级策略中的 maxUnavailable 没有被设置为 0 时，--wait 将返回就绪，因为已经满足了最小就绪 Pod 数。

6）卸载 Release。

你可以使用 helm uninstall 命令卸载一个 Release：

```
$ helm  uninstall mysql-1629528555
```

上述命令会从 Kubernetes 卸载 mysql-1629528555，它将删除和该版本关联的所有资源（Service、Deployment、Pod、ConfigMap 等），包括该 Release 的所有历史版本。

如果在执行 helm uninstall 的时候提供 --keep-history 选项，Helm 将会保存历史版本。你可以通过 helm status 命令查看该版本的信息：

```
$ helm status mysql-1629528555
Status: UNINSTALLED
...
```

30.2.3 Helm 命令

上面介绍了 Helm 的一些命令的用法，如果你想查看 Helm 提供的所有命令，可以执行 helm help。你也可以执行 helm <subcommand> -h 来查看某个子命令的用法，例如：

```
$ helm get -h

This command consists of multiple subcommands which can be used to
get extended information about the release, including:

- The values used to generate the release
- The generated manifest file
- The notes provided by the chart of the release
- The hooks associated with the release

Usage:
    helm get [command]
# ... and many more
```

我整理了一份 Helm 命令列表供参考，如表 30-1 所示。

表 30-1 Helm 命令列表

命令	描述
completion	生成指定 Shell 的自动补全脚本，比如 bash、zsh 等
create	创建一个 Chart 并指定名字
dependency	管理 Chart 依赖
env	打印 Helm 客户端的环境变量信息，例如 HELM_CACHE_HOME、HELM_NAMESPACE、HELM_REPOSITORY_CONFIG 等
get	下载一个 Release。可用子命令包括 all、hooks、manifest、notes、values
help	打印 helm 命令的帮助信息
history	获取 Release 历史
install	安装一个 Chart
lint	检查一个 Chart 包，并打印潜在的问题
list	列出 Release
package	将 Chart 目录打包到 Chart 存储文件中
plugin	安装（install）、列出（list）、卸载（uninstall）Helm 插件
pull	从远程仓库中下载 Chart 并解压到本地。例如 helm pull stable/redis --untar
repo	添加（add）、列出（list）、移除（remove）、更新（update）和索引（index）Chart 仓库
rollback	从之前版本回滚
search	根据关键字搜索 Charts。可用子命令包括 hub、repo
show	查看 Chart 详细信息。可用子命令包括 all、chart、readme、values
status	显示已命名版本的状态
template	本地呈现模板
test	在 Release 中运行 Helm 中的预定义测试
uninstall	卸载一个 Release
upgrade	更新一个 Release
verify	验证给定路径的 Chart 已经被签名且有效
version	查看 Helm 客户端版本

上面这些命令中，有些提供了子命令和命令行参数，具体可以通过执行 helm <subcommand> -h 命令来查看。

30.3 使用 Helm 部署 IAM 系统

本章前半部分介绍了 Helm 的基础知识和基本操作，本节就来带你了解如何通过 Helm 部署 IAM 系统。

通过 Helm 部署 IAM 系统，首先需要制作 IAM Chart 包，然后通过 Chart 包来一键部署 IAM 应用。在实际开发中，我们往往需要将系统部署在不同的环境中，所以我也会演示一下如何在多环境中部署 IAM 系统。

30.3.1 制作 IAM Chart 包

在部署 IAM 系统之前，首先需要制作一个 IAM Chart 包。假设 IAM 项目源码根目录为 `${IAM_ROOT}`，进入 `${IAM_ROOT}/deployments` 目录，在该目录下创建 Chart 包。具体创建流程分为 4 个步骤。

1）创建一个模板 Chart。

Chart 是一个组织在文件目录中的集合，目录名称就是 Chart 名称（没有版本信息）。可以使用 `helm create` 命令来快速创建一个模板 Chart，并基于该 Chart 进行修改，得到你自己的 Chart。创建命令如下：

```
$ helm create iam
```

`helm create iam` 会在当前目录下生成一个 `iam` 目录，用于存放 Chart 文件。Chart 目录结构及文件如下：

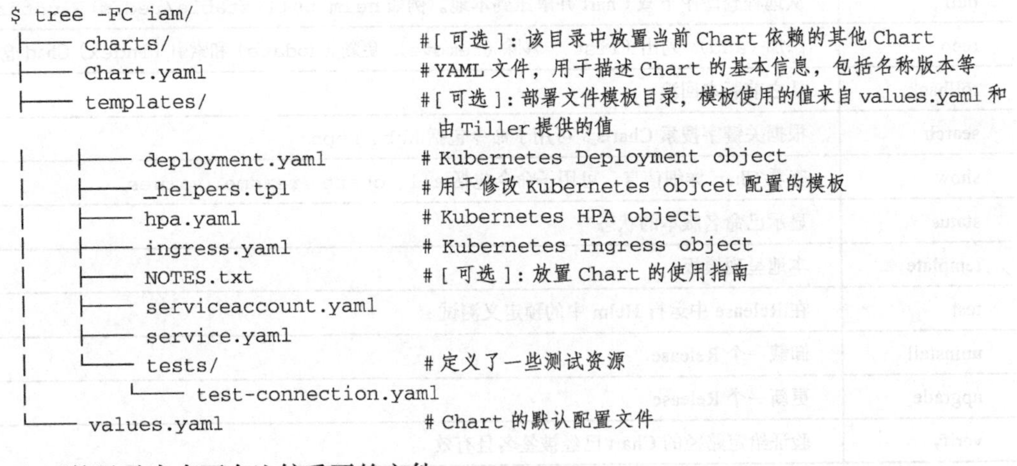

```
$ tree -FC iam/
├── charts/                         #[可选]：该目录中放置当前 Chart 依赖的其他 Chart
├── Chart.yaml                      #YAML 文件，用于描述 Chart 的基本信息，包括名称版本等
├── templates/                      #[可选]：部署文件模板目录，模板使用的值来自 values.yaml 和
                                     由 Tiller 提供的值
│   ├── deployment.yaml             # Kubernetes Deployment object
│   ├── _helpers.tpl                # 用于修改 Kubernetes objcet 配置的模板
│   ├── hpa.yaml                    # Kubernetes HPA object
│   ├── ingress.yaml                # Kubernetes Ingress object
│   ├── NOTES.txt                   # [可选]：放置 Chart 的使用指南
│   ├── serviceaccount.yaml
│   ├── service.yaml
│   └── tests/                      # 定义了一些测试资源
│       └── test-connection.yaml
└── values.yaml                     # Chart 的默认配置文件
```

上面的目录中有两个比较重要的文件：

- ❑ Chart.yaml 文件；
- ❑ templates 目录。

下面我来详细介绍这两个文件。先来看 `Chart.yaml` 文件。`Chart.yaml` 用于描述 `Chart` 的基本信息，包括名称、版本等，内容如下：

```
apiVersion: Chart API 版本（必需）
name: Chart 名称（必需）
version: 语义化版本（必需）
kubeVersion: 兼容 Kubernetes 版本的语义化版本（可选）
description: 对这个项目的一句话描述（可选）
```

```
type: Chart 类型（可选）
keywords:
    - 关于项目的一组关键字（可选）
home: 项目 home 页面的 URL（可选）
sources:
    - 项目源码的 URL 列表（可选）
dependencies:                 # chart 必要条件列表（可选）
    - name: Chart 名称 (nginx)
      version: Chart 版本 ("1.2.3")
      repository:（可选）仓库 URL ("https://example.com/charts") 或别名 ("@repo-name")
      condition:（可选）解析为布尔值的 YAML 路径，用于启用 / 禁用 Chart(e.g. subchart1.enabled )
      tags: #（可选）
          - 用于一次启用 / 禁用一组 Chart 的 tag
      import-values:      #（可选）
          - ImportValue 保存源值到导入父键的映射。每项可以是字符串或者一对子 / 父列表项
      alias:（可选）Chart 中使用的别名。当你要多次添加相同的 Chart 时会很有用
maintainers:                  #（可选）
    - name: 维护者名字（每个维护者都需要）
      email: 维护者邮箱（每个维护者可选）
      url: 维护者 URL（每个维护者可选）
icon: 用作 icon 的 SVG 或 PNG 图片 URL（可选）
appVersion: 包含的应用版本（可选）。不需要语义化，建议使用引号
deprecated: 不被推荐的 Chart（可选，布尔值）
annotations:
    example: 按名称输入的批注列表（可选）.
```

再来看 templates 目录。templates 目录中包含应用中各个 Kubernetes 资源的 YAML 格式资源定义模板，例如：

```
apiVersion: v1
kind: Service
metadata:
    labels:
        app: {{ .Values.pump.name }}
    name: {{ .Values.pump.name }}
spec:
    ports:
    - name: http
      protocol: TCP
      {{- toYaml .Values.pump.service.http| nindent 4 }}
    selector:
      app: {{ .Values.pump.name }}
    sessionAffinity: None
    type: {{ .Values.serviceType }}
```

{{ .Values.pump.name }} 会被 deployments/iam/values.yaml 文件中的 pump.name 的值替换。上面的模板语法扩展了 text/template 包的语法：

```
# 这种方式定义的模板会去除 test 模板尾部所有的空行
{{- define "test"}}
模板内容
```

```
{{- end}}

# 去除test模板头部的第一个空行
{{- template "test" }}
```

下面是用于 YAML 文件前置空格的语法：

```
# 这种方式定义的模板会去除test模板头部和尾部所有的空行
{{- define "test" -}}
模板内容
{{- end -}}

# 可以在test模板每一行的头部增加4个空格，用于对齐YAML文件
{{ include "test" | indent 4}}
```

最后，这里有 3 点需要注意。

- Chart 名称必须是小写字母和数字，单词之间可以使用横杠 - 分隔，Chart 名称中不能用大写字母，也不能用下划线 _ 和 . 号。
- 尽可能使用 SemVer 2[⊖]来表示版本号。
- YAML 文件应该按照双空格的形式缩进（一定不要使用 TAB 键）。

2）编辑 `iam` 目录下的 Chart 文件。

可以基于 `helm create` 生成的模板 Chart 来构建自己的 Chart 包。这里添加创建 iam-apiserver、iam-authz-server、iam-pump、iam-watcher、iamctl 服务需要的 YAML 格式的 Kubernetes 资源文件模板：

```
$ ls -1 iam/templates/*.yaml
iam/templates/hpa.yaml                              # Kubernetes HPA模板文件
iam/templates/iam-apiserver-deployment.yaml         # iam-apiserver服务deployment模板文件
iam/templates/iam-apiserver-service.yaml            # iam-apiserver服务service模板文件
iam/templates/iam-authz-server-deployment.yaml      # iam-authz-server服务deployment模板文件
iam/templates/iam-authz-server-service.yaml         # iam-authz-server服务service模板文件
iam/templates/iamctl-deployment.yaml                # iamctl服务deployment模板文件
iam/templates/iam-pump-deployment.yaml              # iam-pump服务deployment模板文件
iam/templates/iam-pump-service.yaml                 # iam-pump服务service模板文件
iam/templates/iam-watcher-deployment.yaml           # iam-watcher服务deployment模板文件
iam/templates/iam-watcher-service.yaml              # iam-watcher服务service模板文件
```

模板的具体内容可以查看 `deployments/iam/templates/` 目录下的模板文件。在编辑 Chart 时，可以通过 `helm lint` 证格式是否正确，例如：

```
$ helm lint iam
==> Linting iam

1 chart(s) linted, 0 chart(s) failed
```

⊖ 参见 https://semver.org/。

0 chart(s) failed 说明当前 IAM Chart 包是通过校验的。

3）修改 Chart 的配置文件，添加自定义配置。

可以编辑 deployments/iam/values.yaml 文件，定制自己的配置。具体配置可以参考 deployments/iam/values.yaml。在修改 values.yaml 文件时，你可以参考下面这些最佳实践。

- 变量名称以小写字母开头，单词按驼峰区分，例如 chickenNoodleSoup。
- 给所有字符串类型的值加上引号。
- 为了避免整数转换问题，最好将整型存储为字符串，并用 {{ int $value }} 在模板中将字符串转回整型。
- values.yaml 中定义的每个属性都应该文档化。文档字符串应该以它要描述的属性开头，并至少给出一句描述。例如：

```
# serverHost 是 WebServer 的 Host 名称
serverHost: example
# serverPort 是 WebServer 的 HTTP 监听端口
serverPort: 9191
```

这里需要注意，所有的 Helm 内置变量都以大写字母开头，以便与用户定义的 value 进行区分，例如 .Release.Name、.Capabilities.KubeVersion。

为了安全，values.yaml 中只配置与 Kubernetes 资源相关的配置项，例如 Deployment 副本数、Service 端口等。至于 iam-apiserver、iam-authz-server、iam-pump、iam-watcher、iamctl 组件的配置文件，可以创建单独的 ConfigMap，并在 Deployment 中引用。

4）打包 Chart，并上传到 Chart 仓库中。

这是一个可选步骤，你可以根据实际需要来选择。如果想了解具体操作，可以查看 Helm chart 仓库[⊖]获取更多信息。

最后，制作完成的 IAM 系统的 Chart 包见 deployments/iam。

30.3.2 IAM Chart 包部署

上面，我们制作了 IAM 系统的 Chart 包，接下来就使用这个 Chart 包来一键创建 IAM 系统。IAM Chart 部署一共分为 10 个步骤，你可以跟着本节的步骤一步一步操作。

1）配置 scripts/install/environment.sh。

scripts/install/environment.sh 文件中包含各类自定义配置，我们主要配置与数据库相关的配置项即可，其他配置可以使用默认值。

- **MariaDB 配置**：environment.sh 文件中以 MARIADB_ 开头的变量。
- **Redis 配置**：environment.sh 文件中以 REDIS_ 开头的变量。
- **MongoDB 配置**：environment.sh 文件中以 MONGO_ 开头的变量。

⊖ 参见 https://helm.sh/zh/docs/topics/chart_repository。

2）创建IAM系统的配置文件。

```
$ cd ${IAM_ROOT}
$ make gen.defaultconfigs # 生成iam-apiserver、iam-authz-server、iam-pump、iam-watcher、
                            iamctl组件的默认配置文件
$ make gen.ca             # 生成CA证书
```

上面的命令会将IAM的配置文件存放在目录`${IAM_ROOT}/_output/configs/`下。

3）创建`iam`命名空间。

我们将IAM系统涉及的各类资源都创建在`iam`命名空间中。将IAM资源创建在独立的命名空间中，不仅可以方便维护，还可以有效避免影响其他Kubernetes资源。

```
$ kubectl create namespace iam
```

4）将IAM各服务的配置文件以ConfigMap资源的形式保存在Kubernetes集群中。

```
$ kubectl -n iam create configmap iam --from-file=${IAM_ROOT}/_output/configs/
$ kubectl -n iam get configmap iam
NAME   DATA   AGE
iam    4      13s
```

5）将IAM各服务使用的证书文件以ConfigMap资源的形式保存在Kubernetes集群中。

```
$ kubectl -n iam create configmap iam-cert --from-file=${IAM_ROOT}/_output/cert
$ kubectl -n iam get configmap iam-cert
NAME       DATA   AGE
iam-cert   14     12s
```

6）创建镜像仓库访问密钥。

在准备阶段，我们开通了**腾讯云镜像仓库服务**，并创建了用户`10000099xxxx`，密码为`iam59!z$`。

接下来，我们就可以创建镜像仓库访问密钥了。Kubernetes在下载Docker镜像时，需要镜像仓库访问密钥来进行认证。创建命令如下：

```
$ kubectl -n iam create secret docker-registry ccr-registry --docker-server=ccr.
   ccs.tencentyun.com --docker-username=10000099xxxx --docker-password='iam59!z$'
```

7）创建Docker镜像，并推送到镜像仓库。

```
$ make push REGISTRY_PREFIX=ccr.ccs.tencentyun.com/marmotedu VERSION=v1.6.2
```

8）安装IAM Chart包。

上面介绍了4种安装Chart包的方法。这里我们通过未打包的IAM Chart路径来安装Chart包，安装方法如下：

```
$ cd ${IAM_ROOT}
$ helm -n iam install iam deployments/iam
NAME: iam
LAST DEPLOYED: Sat Aug 21 17:46:56 2021
NAMESPACE: iam
```

```
STATUS: deployed
REVISION: 1
TEST SUITE: None
```

执行 `helm install` 后，Kubernetes 会自动部署应用，等到应用的 Pod 都处于 `Running` 状态时，说明已经成功安装：

```
$ kubectl -n iam get pods|grep iam
iam-apiserver-cb4ff955-hs827             1/1     Running     0       66s
iam-authz-server-7fccc7db8d-chwnn        1/1     Running     0       66s
iam-pump-78b57b4464-rrlbf                1/1     Running     0       66s
iam-watcher-45a80c2245-rrlbf             1/1     Running     0       66s
iamctl-59fdc4995-xrzhn                   1/1     Running     0       66s
```

9）测试 IAM 系统。

通过 `helm install` 在 `iam` 命令空间下创建一个测试 Deployment `iamctl`。你可以登录 `iamctl` Deployment 所创建出来的 Pod，执行一些运维操作和冒烟测试。登录命令如下：

```
$ kubectl -n iam exec -it `kubectl -n iam get pods -l app=iamctl | awk '/iamctl/
    {print $1}'` -- bash
```

登录到 `iamctl-xxxxxxxxxx-xxxxx` Pod 中后，我们就可以执行运维操作和冒烟测试了。

先来看运维操作。`iamctl` 工具以子命令的方式对外提供功能，你可以使用它提供的各类功能，如图 30-5 所示。

```
[root@iamctl-6fc46b8ccb-f4v6w install]# iamctl user list
NAME     NICKNAME   EMAIL                PHONE        CREATED               UPDATED
foo1234  foo1234    aa@qq.com                         2021-06-27 21:18:00   2021-06-27 21:18:01
admin    admin      admin@foxmail.com    1812884xxxx  2021-05-27 18:01:40   2021-05-06 05:13:14
[root@iamctl-6fc46b8ccb-f4v6w install]# iamctl secret create foo
secret/foo created
[root@iamctl-6fc46b8ccb-f4v6w install]# iamctl secret list
NAME  SECRETID                          SECRETKEY                         EXPIRES               CREATED
foo   gCtDwwsqevwFX2BIaFuYy79lt4GflYWnpFfF  1xfyIzguVXHC3H4UB5Chj8bpqBlpBIAz  2021-08-21 23:34:56   2021-08-15 23:34:56
[root@iamctl-6fc46b8ccb-f4v6w install]# iamctl secret delete foo
secret/foo deleted
[root@iamctl-6fc46b8ccb-f4v6w install]# iamctl secret list
NAME  SECRETID  SECRETKEY  EXPIRES  CREATED
```

图 30-5　运维操作

再来看冒烟测试：

```
# cd /opt/iam/scripts/install
# ./test.sh iam::test::smoke
```

如果 `./test.sh iam::test::smoke` 命令打印的输出的最后一行为 `congratulations, smoke test passed!` 字符串，说明安装成功。如图 30-6 所示。

```
congratulations, /v1/authz test passed!
congratulations, iam-authz-server test passed!
congratulations, iam-pump test passed!
congratulations, iam-watcher test passed!
congratulations, iamctl test passed!
congratulations, smoke test passed!
```

图 30-6　冒烟测试

10）销毁 Serverless 集群的资源。

```
$ kubectl delete namespace iam
```

你可以根据需要选择是否删除 Serverless 集群。

30.3.3 多环境部署 IAM 系统

在实际的项目开发中，我们需要将 IAM 系统部署到不同的环境中，不同环境的配置文件是不同的，那么 IAM 项目是如何进行多环境部署的呢？IAM 项目在 `configs` 目录下创建了多个 Helm values 文件（格式为 `values-{envName}-env.yaml`），每一个文件代表一个环境配置。

- **values-test-env.yaml**：测试环境 Helm values 文件。
- **values-pre-env.yaml**：预发环境 Helm values 文件。
- **values-prod-env.yaml**：生产环境 Helm values 文件。

在部署 IAM 系统时，可以在命令行指定 `-f` 参数来加载指定的配置，例如：

```
$ helm -n iam install -f configs/values-test-env.yaml iam deployments/iam    # 安装到测试环境
```

30.4 本章总结

当一个应用包含了很多微服务时，手动在 Kubernetes 集群中部署、升级、回滚这些微服务是一件非常复杂的工作。这时候，就需要一个服务编排方案来编排这些服务，从而提高服务部署和维护的效率。

目前业界提供了多种服务编排方案，其中最流行的是 Helm，它已经成为一个事实上的 Kubernetes 服务编排标准。Helm 中有 Chart、Repository 和 Release 三大基本概念。Chart 代表一个 Helm 包，里面包含运行 Kubernetes 应用需要的所有资源定义 YAML 文件。Repository 是 Chart 仓库，用来存放和共享 Helm Chart。Release 是运行在 Kubernetes 集群中的 Chart 的实例。你可以通过 `helm install` 来安装一个 Chart 包，通过 `helm upgrade` 来更新一个 Helm Release，通过 `helm uninstall` 来卸载一个 Helm Release。

本章还通过 `helm create iam` 创建了一个模板 Chart，并基于这个模板 Chart 包进行了二次开发，最终创建了 IAM 系统的 Helm Chart 包，位于 IAM 源码仓库的 `deployments/iam` 目录下。

有了 Helm Chart 包，我们就可以通过 `helm -n iam install iam deployments/iam` 命令来一键部署整个 IAM 系统。当 IAM 系统中的所有 Pod 都处在 `Running` 状态后，说明 IAM 系统被成功部署。之后，可以登录 iamctl 容器，执行 `test.sh iam::test::smoke` 命令，来对 IAM 系统进行冒烟测试。

第 31 章 Chapter 31

基于 GitHub Actions 的 CI 实战

在 Go 项目开发中，我们要频繁地执行静态代码检查、测试、编译、构建等操作。如果每一步都手动执行，效率低不说，还容易出错。所以，在实际开发中，我们通常借助 CI 系统来自动执行这些操作。

当前业界有很多优秀的 CI 系统可供选择，例如 CircleCI、TravisCI、Jenkins、CODING、GitHub Actions 等。这些系统在设计上大同小异，为了减少你的学习成本，我选择了相对容易实践的 GitHub Actions 来展示如何通过 CI 来自动化开发工作。本章的主要内容如下。

- GitHub Actions 的基础知识。
- GitHub Actions 的进阶用法。
- GitHub Actions 实战。
- IAM GitHub Actions 实战。

31.1 GitHub Actions 的基础知识

GitHub Actions 是 GitHub 为托管在 `github.com` 站点的项目提供的持续集成的服务，于 2018 年 10 月推出。GitHub Actions 具有以下功能特性。

- 提供原子的操作配置和组合操作的工作流程配置。
- 全局配置基于 YAML 完成，兼容主流 CI/CD 工具。
- 操作 / 工作流程基于事件触发，包括 Event restrictions、Webhook events、Scheduled events、External events。
- 提供可供运行的托管容器服务，包括 Docker、VM，可运行在 Linux、macOS、Windows 主流系统中。

- 提供主流语言的支持，包括 Node.js、Python、Java、Ruby、PHP、Go、Rust、.NET。
- 提供实时日志流程，方便调试。
- 提供平台内置的操作与第三方提供的操作，开箱即用。

31.1.1 GitHub Actions 的基本概念

在构建持续集成任务时，可以在任务中完成各种操作，比如克隆代码、编译代码、运行单元测试、构建和发布镜像等。GitHub 把这些操作称为 Actions。

Actions 在很多项目中是可以共享的，GitHub 允许开发者将这些可共享的 Actions 上传到 GitHub 的官方 Actions 市场[㊀]，使得开发者可以在 Actions 市场中搜索到他人提交的 Actions。另外，还有一个 awesome actions[㊁]仓库，里面也有不少操作可供开发者使用。如果你需要使用某个操作，不必自己写复杂的脚本，直接引用他人写好的即可。这样整个持续集成过程就变成操作的组合。

actions 其实是一个独立的脚本，可以存放在 GitHub 代码仓库中，通过 `<userName>/<repoName>` 的语法引用。例如，`actions/checkout@v2` 表示 `https://github.com/actions/checkout` 仓库，tag 是 `v2`。`actions/checkout@v2` 也代表一个操作，作用是安装 Go 编译环境。GitHub 官方的相关代码都放在 `https://github.com/actions` 里面。

GitHub Actions 有一些自己的术语，具体介绍如下。

- **workflow（工作流程）**：一个 `.yml` 文件对应一个工作流程，也就是一次持续集成。一个 GitHub 仓库可以包含多个工作流程，只要是在 `.github/workflow` 目录下的 `.yml` 文件都会被 GitHub 执行。
- **job（任务）**：一个工作流程由一个或多个任务构成，每个任务代表一个持续集成任务。
- **step（步骤）**：每个任务由多个步骤构成，一步步完成。
- **action（操作）**：每个步骤可以依次执行一个或多个命令。
- **on**：一个工作流程的触发条件，决定了当前的工作流程在什么时候被执行。

31.1.2 工作流程文件介绍

GitHub Actions 配置文件存放在代码仓库的 `.github/workflows` 目录下，文件后缀为 `.yml`，可以在 workflows 目录下创建多个文件，文件名可以任意取，比如 `iam.yml`。GitHub 只要发现 `.github/workflows` 目录下有 `.yml` 文件，就会自动运行该文件，如果运行过程中存在问题，会以邮件的形式通知到你。

工作流程文件的配置字段非常多，下面介绍一些基本的配置字段。

1）`name`。`name` 字段是工作流程的名称。如果省略该字段，默认为当前工作流程的文件名。

㊀ 参见 https://github.com/marketplace?type = actions。

㊁ 参见 https://github.com/sdras/awesome-actions。

```
name: GitHub Actions Demo
```

2）on。on 字段指定触发工作流程的条件，通常是某些事件。

```
on: push
```

上面配置的意思是，push 事件触发工作流程。

on 字段也可以是事件的数组，例如：

```
on: [push, pull_request]
```

上面配置的意思是，push 事件或 pull_request 事件都可以触发工作流程。

如果你想了解完整的事件列表，可以查看官方文档。除了代码库事件，GitHub Actions 也支持外部事件触发，或者定时运行。

3）on.<push|pull_request>.<tags|branches>。指定触发事件时，可以限定分支或标签。

```
on:
    push:
        branches:
            - master
```

上面的配置指定只有 master 分支发生 push 事件时才会触发工作流程。

4）jobs.<job_id>.name。工作流程文件的主体是 jobs 字段，表示要执行的一项或多项任务。jobs 字段里面需要写出每一项任务的 job_id，具体名称可自定义。job_id 里面的 name 字段是任务的说明。

```
jobs:
    my_first_job:
        name: My first job
    my_second_job:
        name: My second job
```

上面的配置中，jobs 字段包含两项任务，两个 job_id 分别是 my_first_job 和 my_second_job。

5）jobs.<job_id>.needs。needs 字段指定当前任务的依赖关系，即运行顺序。

```
jobs:
    job1:
    job2:
        needs: job1
    job3:
        needs: [job1, job2]
```

在上面的配置中，job1 必须先于 job2 完成，而 job3 必须在 job1 和 job2 完成后才能运行。因此，这个工作流程的运行顺序为：job1、job2、job3。

6）jobs.<job_id>.runs-on。runs-on 字段指定运行所需要的虚拟机环境，它是必填字段。目前可用的虚拟机如下。

- ubuntu-latest、ubuntu-18.04 或 ubuntu-16.04。
- windows-latest、windows-2019 或 windows-2016。
- macOS-latest 或 macOS-10.14。

下面的配置指定虚拟机环境为 ubuntu-18.04。

```
runs-on: ubuntu-18.04
```

7）jobs.<job_id>.steps。steps 字段指定每个 job 的运行步骤，可以包含一个或多个步骤。每个步骤都可以指定下面 3 个字段。

- **jobs.<job_id>.steps.name**：步骤名称。
- **jobs.<job_id>.steps.run**：该步骤运行的命令或者操作。
- **jobs.<job_id>.steps.env**：该步骤所需的环境变量。

下面是一个完整的工作流程文件的范例：

```
name: Greeting from Mona
on: push

jobs:
    my-job:
        name: My Job
        runs-on: ubuntu-latest
        steps:
        - name: Print a greeting
          env:
              MY_VAR: Hello! My name is
              FIRST_NAME: Lingfei
              LAST_NAME: Kong
          run: |
              echo $MY_VAR $FIRST_NAME $LAST_NAME.
```

上面的代码中，steps 字段只包括一个步骤。该步骤先注入 3 个环境变量，然后执行一条 bash 命令。

8）uses。uses 可以引用别人已经创建的 actions 脚本，引用格式为 userName/repoName@verison，例如 uses: actions/setup-go@v1。

9）with。with 指定 actions 的输入参数。每个输入参数都是一个键 / 值对。输入参数被设置为环境变量，该变量的前缀为 INPUT_，需转换为大写。

这里举个例子：我们定义 hello_world 操作所定义的 3 个输入参数（first_name、middle_name 和 last_name），这些输入变量将被 hello-world 操作作为 INPUT_FIRST_NAME、INPUT_MIDDLE_NAME 和 INPUT_LAST_NAME 环境变量使用。

```
jobs:
    my_first_job:
        steps:
            - name: My first step
              uses: actions/hello_world@master
```

```
        with:
            first_name: Lingfei
            middle_name: Go
            last_name: Kong
```

10）run。run 指定执行的命令。可以有多个命令，例如：

```
- name: Build
    run: |
    go mod tidy
    go build -v -o helloci .
```

11）id。id 是 step 的唯一标识。

31.2　GitHub Actions 的进阶用法

上一节介绍了 GitHub Actions 的一些基本知识，本节将介绍 GitHub Actions 的进阶用法。

31.2.1　为工作流加一个 Badge 标记

在操作面板中，单击 **Create status badge** 就可以复制 Badge 的代码内容到 README.md 中。之后，我们就可以直接在 README.md 中看到当前的构建结果，如图 31-1 所示。

图 31-1　为工作流加一个 Badge 标记

31.2.2 构建矩阵

如果想在多个系统或者多个语言版本上测试构建结果，就需要设置构建矩阵。例如，我们想在多个操作系统、多个 Go 版本下运行 CI 任务，可以使用如下配置：

```
name: Go Test

on: [push, pull_request]

jobs:

    helloci-build:
        name: Test with go ${{ matrix.go_version }} on ${{ matrix.os }}
        runs-on: ${{ matrix.os }}

        strategy:
            matrix:
                go_version: [1.15, 1.16]
                os: [ubuntu-latest, macOS-latest]

        steps:

            - name: Set up Go ${{ matrix.go_version }}
              uses: actions/setup-go@v2
              with:
                  go-version: ${{ matrix.go_version }}
                id: go
```

上述配置通过 strategy.matrix 配置了该工作流运行的环境矩阵（格式为 go_version.os）：ubuntu-latest.1.15、ubuntu-latest.1.16、macOS-latest.1.15、macOS-latest.1.16。也就是说，上述示例会在 4 台不同配置的服务器上执行该工作流程。

31.2.3 使用密钥

在构建过程中，我们可能需要用到 ssh 密码或者 token 等敏感数据，而我们不希望这些数据直接暴露在仓库中，此时就可以使用 Secret。

在对应项目中选择 **Settings→ Secrets**，就可以创建密钥，如图 31-2 所示。

配置方法如下：

```
name: Go Test
on: [push, pull_request]
jobs:
    helloci-build:
        name: Test with go
        runs-on: [ubuntu-latest]
        environment:
            name: helloci
        steps:
            - name: use secrets
              env:
                  super_secret: ${{ secrets.YourSecrets }}
```

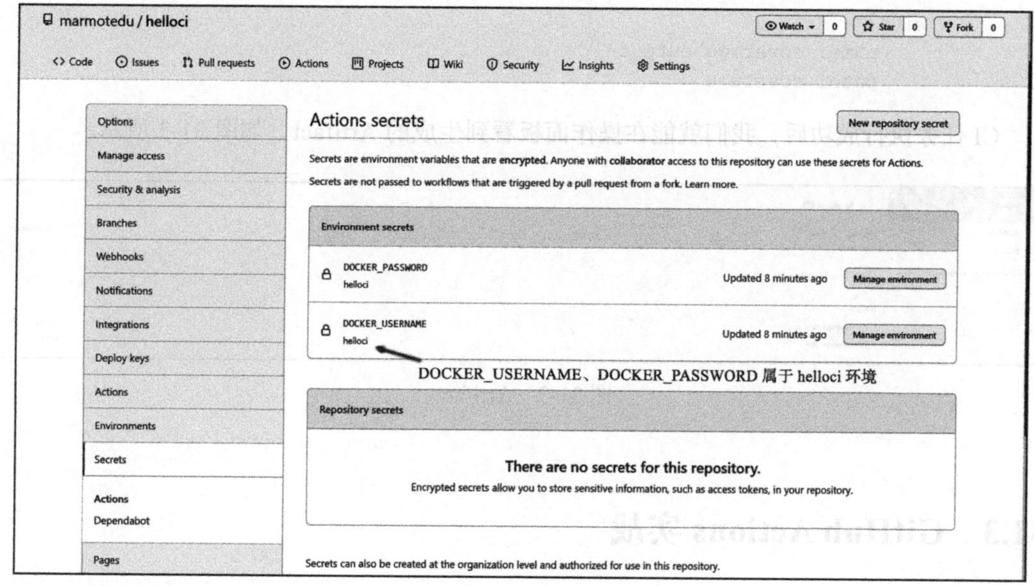

图 31-2　创建密钥

Secret 名称不区分大小写，所以如果新建 Secret 的名字是 name，使用 `secrets.name` 或者 `secrets.Name` 都是可以的。而且，就算此时直接使用 `echo` 打印 `secret`，控制台也只会打印出 `*` 来保护密钥。

这里要注意，你的密钥是属于某一个环境变量的，所以要指明环境的名字：`environment.name`。图 31-2 所示的工作流程配置中的 `secrets.YourSecrets` 属于 `helloci` 环境。

31.2.4　使用 Artifact 保存构建产物

在构建过程中，我们可能需要输出一些构建产物，比如日志文件、测试结果等。这些产物可以使用 GitHub Actions Artifact 来存储。你可以使用 `actions/upload-artifact`[㊀] 和 `actions/download-artifact`[㊁]进行构建参数的相关操作。

这里我以输出 Jest 测试报告为例来演示如何保存 Artifact 产物。Jest 测试后的测试产物是 coverage：

```
steps:
    - run: npm ci
    - run: npm test

    - name: Collect Test Coverage File
      uses: actions/upload-artifact@v1.0.0
```

㊀ 参见 https://github.com/actions/upload-artifact。
㊁ 参见 https://github.com/actions/download-artifact。

```
with:
    name: coverage-output
    path: coverage
```

CI 任务执行成功后，我们就能在操作面板看到生成的 Artifact，如图 31-3 所示。

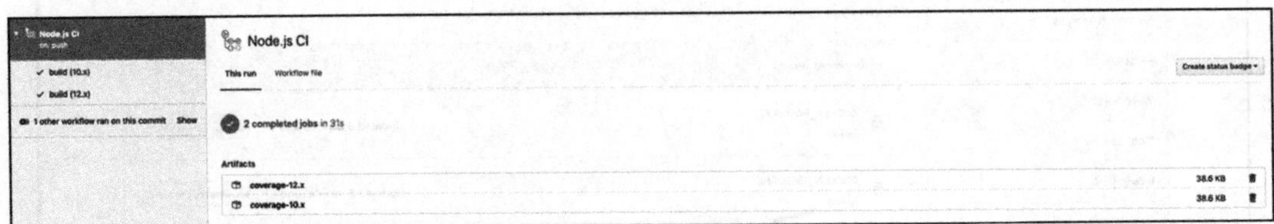

图 31-3 Artifact

31.3 GitHub Actions 实战

上一节介绍了 GitHub Actions 的进阶用法，本节我们就来看一下使用 GitHub Actions 的 6 个具体步骤。

1）创建一个测试仓库。

登录 GitHub 官网 `https://github.com/`，单击 **New repository** 创建一个名为 helloci 的实战项目，如图 31-4 所示。

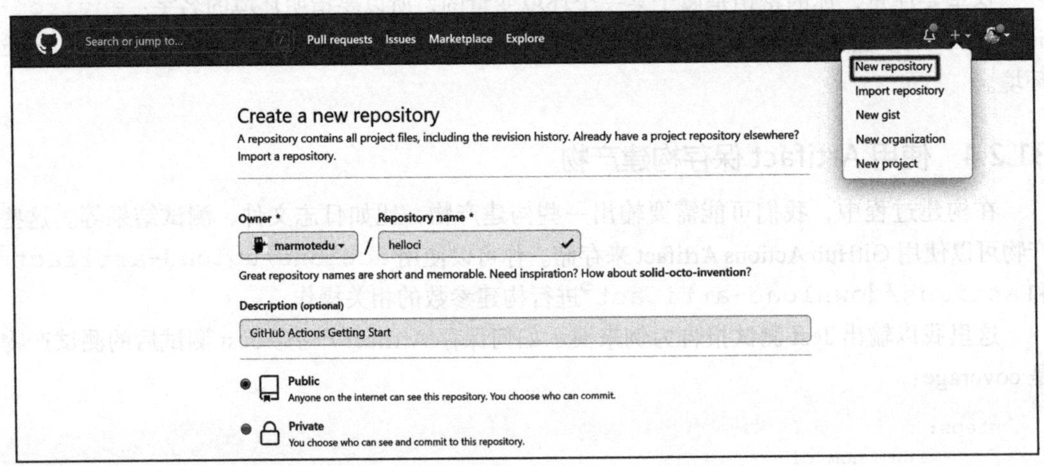

图 31-4 创建 GitHub Actions 实战项目

2）将新的仓库克隆下来，并添加一些文件：

```
$ git clone https://github.com/marmotedu/helloci
```

你可以克隆 `marmotedu/helloci`，并将里面的文件复制到你创建的项目仓库中。

3）创建 GitHub Actions 工作流程配置目录。

```
$ mkdir -p .github/workflows
```

4）配置 GitHub Actions 工作流程。

在 .github/workflows 目录下新建 helloci.yml 文件，内容如下：

```
name: Go Test

on: [push, pull_request]

jobs:

    helloci-build:
        name: Test with go ${{ matrix.go_version }} on ${{ matrix.os }}
        runs-on: ${{ matrix.os }}
        environment:
            name: helloci

        strategy:
            matrix:
                go_version: [1.16]
                os: [ubuntu-latest]

        steps:

            - name: Set up Go ${{ matrix.go_version }}
              uses: actions/setup-go@v2
              with:
                  go-version: ${{ matrix.go_version }}
              id: go

            - name: Check out code into the Go module directory
              uses: actions/checkout@v2

            - name: Tidy
              run: |
                  go mod tidy

            - name: Build
              run: |
                  go build -v -o helloci .

            - name: Collect main.go file
              uses: actions/upload-artifact@v1.0.0
              with:
                  name: main-output
                  path: main.go

            - name: Publish to Registry
              uses: elgohr/Publish-Docker-GitHub-Action@master
              with:
                  name: ccr.ccs.tencentyun.com/marmotedu/helloci:beta # Docker 镜像的名字
                  username: ${{ secrets.DOCKER_USERNAME}}        #用户名
```

```
        password: ${{ secrets.DOCKER_PASSWORD }}     # 密码
        registry: ccr.ccs.tencentyun.com             # 腾讯云 Registry
        dockerfile: Dockerfile                       # 指定 Dockerfile 的
                                                       位置
        tag_names: true                              # 是否将 Release 的 tag
                                                       作为 Docker 镜像的
                                                       tag
```

上面的工作流程文件定义了当 GitHub 仓库有 push、pull_request 事件发生时，会触发 GitHub Actions 工作流程，流程中定义了一个任务 helloci-build，任务中包含多个步骤，每个步骤又包含一些操作。

上面的配置会按顺序执行以下 6 个步骤。

a）准备一个 Go 编译环境。

b）从 marmotedu/helloci 下载源码。

c）添加或删除缺失的依赖包。

d）编译 Go 源码。

e）上传构建产物。

f）构建镜像，并将镜像推送到 ccr.ccs.tencentyun.com/marmotedu/helloci:beta。

5）在推送代码之前，我们需要先创建 DOCKER_USERNAME 和 DOCKER_PASSWORD。其中，DOCKER_USERNAME 保存腾讯云镜像服务（CCR）的用户名，DOCKER_PASSWORD 保存 CCR 的密码。我们将这两个 secret 保存在 helloci 环境中，如图 31-5 所示。

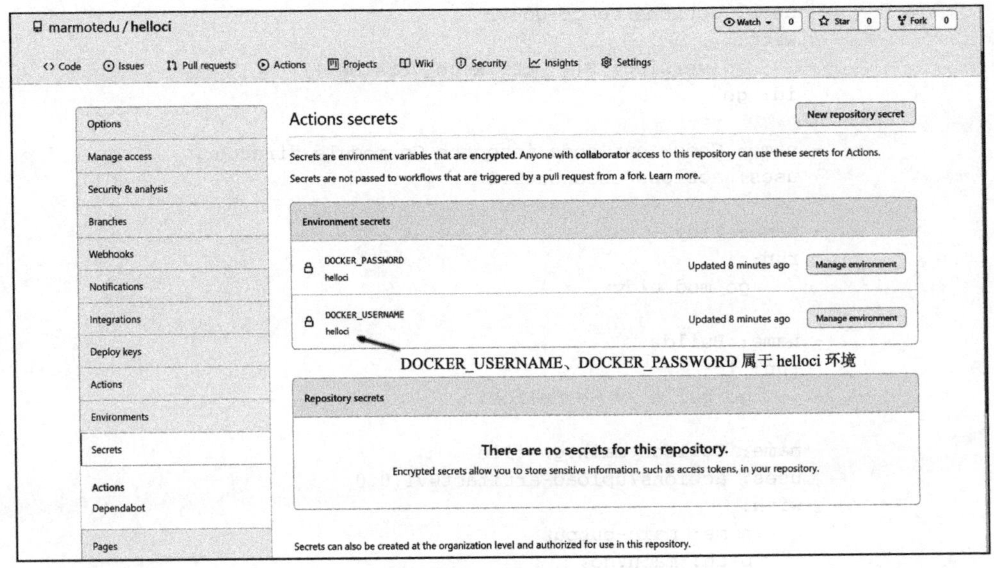

图 31-5 创建 Secret

6）将项目推送到 GitHub，触发工作流程工作流。

```
$ git add .
$ git push origin master
```

打开仓库的 Actions 标签页，可以发现 GitHub Actions 工作流程正在执行，如图 31-6 所示。

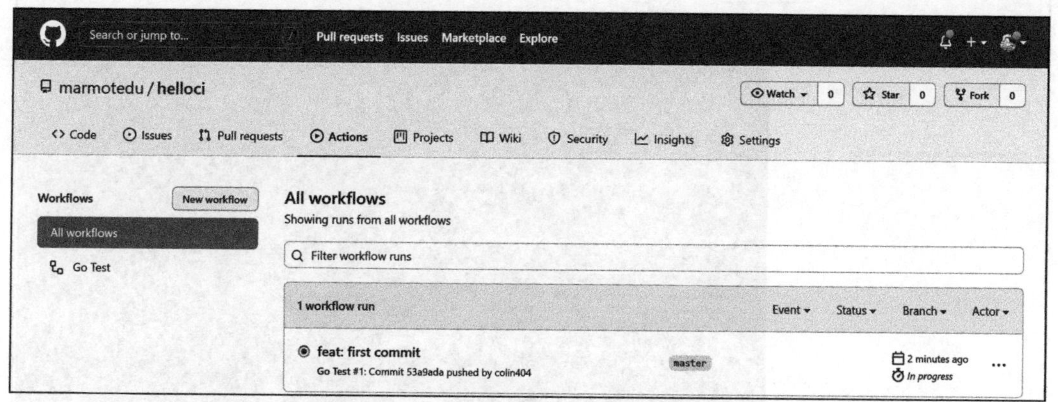

图 31-6　查看 GitHub Actions 工作流程

等工作流程执行完，单击 Go Test 进入构建详情页面，可以看到构建历史，如图 31-7 所示。

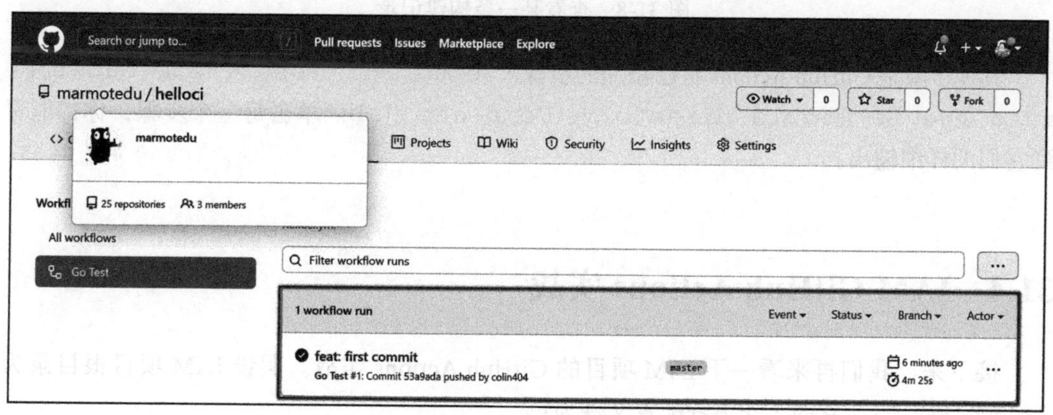

图 31-7　查看构建历史

然后，选择其中一条构建记录，查看其运行详情，如图 31-8 所示。

可以看到，Go Test 工作流程执行了 6 个任务，每个任务执行了下面这些自定义步骤：

a）启动 Go 1.16。

b）将代码签出到 Go module 目录。

c）整理。

d）构建。

e）收集 main.go 文件。

f）发布到注册表。

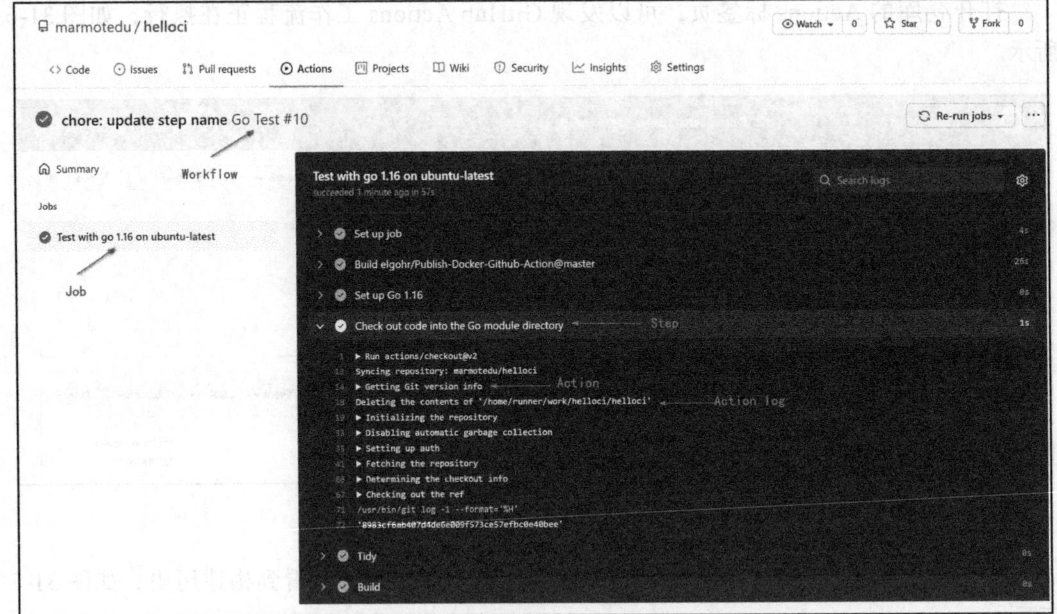

图 31-8 查看某一条构建记录

其他步骤是 GitHub Actions 自己添加的步骤：`Setup Job`、`Post Check out code into the Go module directory`、`Complete job`。单击每一个步骤，你都能看到它们的详细输出。

31.4 IAM GitHub Actions 实战

接下来，我们再来看一下 IAM 项目的 GitHub Actions 实战。假设 IAM 项目根目录为 `${IAM_ROOT}`，它的工作流程配置文件为：

```
$ cat ${IAM_ROOT}/.github/workflows/iamci.yaml
name: IamCI

on:
    push:
        branchs:
        - '*'
    pull_request:
        types: [opened, reopened]

jobs:

    iamci:
```

```yaml
name: Test with go ${{ matrix.go_version }} on ${{ matrix.os }}
runs-on: ${{ matrix.os }}
environment:
  name: iamci

strategy:
  matrix:
      go_version: [1.16]
      os: [ubuntu-latest]

steps:

    - name: Set up Go ${{ matrix.go_version }}
      uses: actions/setup-go@v2
      with:
        go-version: ${{ matrix.go_version }}
      id: go

    - name: Check out code into the Go module directory
      uses: actions/checkout@v2

    - name: Run go modules Tidy
      run: |
        make tidy

    - name: Generate all necessary files, such as error code files
      run: |
        make gen

    - name: Check syntax and styling of go sources
      run: |
        make lint

    - name: Run unit test and get test coverage
      run: |
        make cover

    - name: Build source code for host platform
      run: |
        make build

    - name: Collect Test Coverage File
      uses: actions/upload-artifact@v1.0.0
      with:
        name: main-output
        path: _output/coverage.out

    - name: Set up Docker Buildx
      uses: docker/setup-buildx-action@v1
```

```
      - name: Login to DockerHub
        uses: docker/login-action@v1
        with:
          username: ${{ secrets.DOCKERHUB_USERNAME }}
          password: ${{ secrets.DOCKERHUB_TOKEN }}

      - name: Build docker images for host arch and push images to registry
        run: |
          make push
```

上面的工作流程依次执行了以下步骤。

1）设置 Go 编译环境。

2）下载 IAM 项目源码。

3）添加 / 删除不需要的 Go 包。

4）生成所有的代码文件。

5）对 IAM 源码进行静态代码检查。

6）运行单元测试用例，并计算单元测试覆盖率是否达标。

7）编译代码。

8）收集构建产物 _output/coverage.out。

9）配置 Docker 构建环境。

10）登录 DockerHub。

11）构建 Docker 镜像，并推送到 DockerHub。

IamCI 工作流程运行历史如图 31-9 所示。

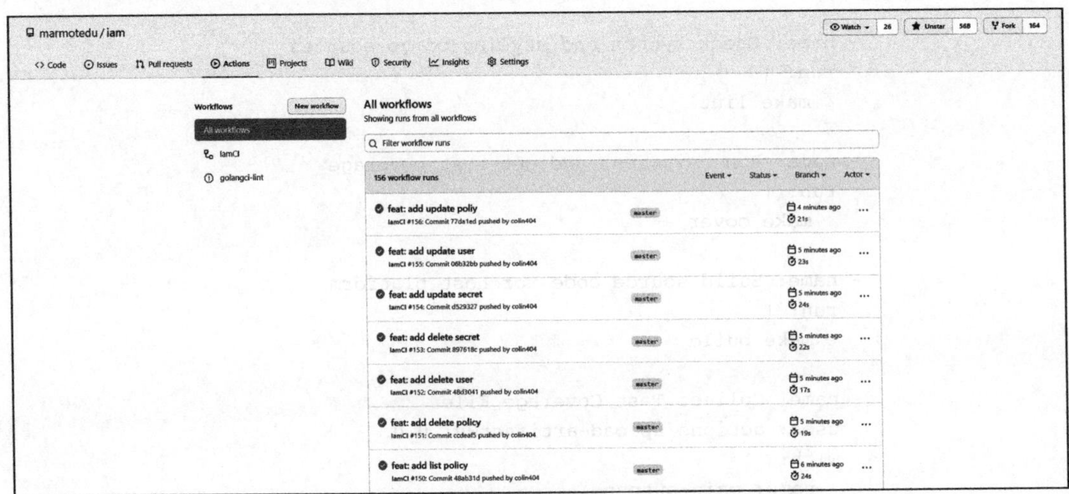

图 31-9 IamCI 工作流程运行历史

IamCI 工作流程的其中一次工作流程的运行结果如图 31-10 所示。

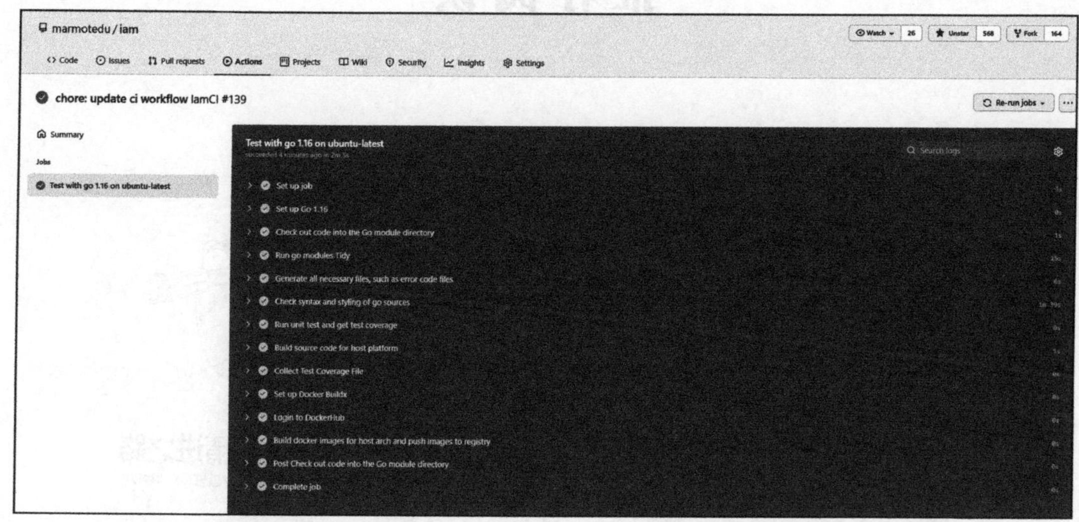

图 31-10　IamCI 工作流程的其中一次工作流程的执行结果

31.5　本章总结

在 Go 项目开发中，我们需要通过 CI 任务来将需要频繁操作的任务自动化，进而提高开发效率，同时减少手动操作带来的失误。这一章，我选择了最易实践的 GitHub Actions 来演示如何构建 CI 任务。

推荐阅读

Go语言精进之路：从新手到高手的编程思想、方法和技巧 1

Go语言精进之路：从新手到高手的编程思想、方法和技巧 2

Go语言学习指南：惯例模式与编程实践

Head First Go语言程序设计

推荐阅读

企业级业务架构设计：方法论与实践

作者：付晓岩

从业务架构“知行合一”角度阐述业务架构的战略分析、架构设计、架构落地、长期管理，以及架构方法论的持续改良

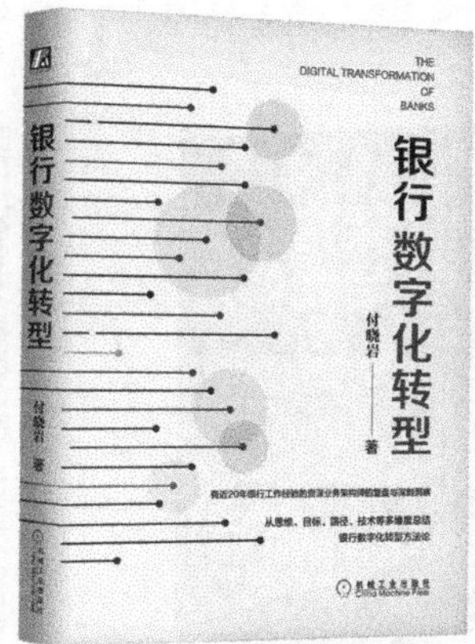

银行数字化转型

作者：付晓岩

有近20年银行工作经验的资深业务架构师的复盘与深刻洞察，从思维、目标、路径、技术多维度总结银行数字化转型方法论

凤凰架构：构建可靠的大型分布式系统

作者：周志明

超级畅销书《深入理解Java虚拟机》作者最新力作，从架构演进、架构设计思维、分布式基石、不可变基础设施、技术方法论5个维度全面探索如何构建可靠的大型分布式系统

架构真意：企业级应用架构设计方法论与实践

作者：范钢 孙玄

资深架构专家撰写，提供方法更优的企业级应用架构设计方法论详细阐述当下热门的分布式系统和大数据平台的架构方法，提供可复用的经验，可操作性极强，助你领悟架构的本质，构建高质量的企业级应用

推荐阅读

架构师的自我修炼
技术、架构和未来
GROW INTO SOFTWARE ARCHITECT
Technology, architecture and the future

数据安全
架构设计与实战
郑云文 编著

企业级业务架构设计
方法论与实践
ENTERPRISE BUSINESS ARCHITECTURE DESIGN

Microservices Patterns
微服务架构
设计模式

软件架构
理论与实践
SOFTWARE ARCHITECTURE
THEORY AND PRACTICE

The Construction of Big Data Platform for Large Enterprises - Architecture and Implementation
企业级大数据平台构建
架构与实现
朱凯 著

架构真经
互联网技术架构的设计原则（原书第2版）
SCALABILITY RULES

系统架构
复杂系统的产品设计与开发
SYSTEM ARCHITECTURE

Pearson
架构即未来
现代企业可扩展的Web架构、流程和组织（原书第2版）
THE ART OF SCALABILITY